Rüdiger Klostermeyer

Digitale Modulation

Operationsverstärker
von J. Federau

Übertragungstechnik
von O. Mildenberger

Digitale Signalverarbeitung mit MATLAB
von M. Werner

Signale und Systeme
von M. Werner

Nachrichtentechnik
von M. Werner

Digitale Modulation
von R. Klostermeyer

Rechnerarchitektur
von H. Malz

Datenkommunikation
von D. Conrads

Kommunikationstechnik
von M. Meyer

Signalverarbeitung
von M. Meyer

Datenübertragung
von P. Welzel

vieweg

Rüdiger Klostermeyer

Digitale Modulation

Grundlagen, Verfahren, Systeme

Mit 134 Abbildungen

Herausgegeben von Otto Mildenberger

Die Deutsche Bibliothek – CIP-Einheitsaufnahme
Ein Titeldatensatz für diese Publikation ist bei
Der Deutschen Bibliothek erhältlich.

Herausgeber:
Prof. Dr.-Ing. Otto Mildenberger lehrte an der Fachhochschule Wiesbaden in den Fachbereichen
Elektrotechnik und Informatik.

1. Auflage Oktober 2001

Der Verlag Vieweg ist ein Unternehmen der Fachverlagsgruppe BertelsmannSpringer.
www.vieweg.de

Konzeption und Layout des Umschlags: Ulrike Weigel, www.CorporateDesignGroup.de

Gedruckt auf säurefreiem Papier

ISBN-13: 978-3-528-03909-7   e-ISBN-13: 978-3-322-89549-3
DOI: 10.1007/978-3-322-89549-3

Vorwort

In der zurückliegenden Zeit ist ein stetiges Wachstum auf Seiten der Kommunikations- bzw. Informationstechnik zu verzeichnen. Damit ist ein Anstieg des Datendurchsatzes zu beobachten, der wiederum einen erhöhten Bandbreitebedarf zur Folge hat. Dieser aufstrebende Zweig der Nachrichtentechnik ist bekannt unter dem Begriff der Breitbandkommunikation. Das vorliegende Buch beschreibt Modulations- und Demodulationsverfahren zur Übertragung von digitalen Nachrichten mit einem sinusförmigen Trägersignal. In vielen Fällen erfolgt die Nachrichtenübertragung über einen Mobilfunkkanal, sodass dessen Eigenschaften und Einflüsse in diesem Zusammenhang hervorgehoben sind.

In den zurückliegenden Jahren, während meiner Lehrtätigkeit an der Ryerson Polytechnic University in Toronto/Canada und anschließend an der Fachhochschule Stralsund, entwickelte sich der Wunsch, die komplexe Thematik aus verschiedenen Blickwinkeln zu betrachten und bei den Herleitungen etwas andere Wege als gewohnt zu beschreiten. Das vorliegende Buch soll die Vielfalt der Annäherungen an dieses Thema erweitern. Die vertiefende Abhandlung des Stoffes ist so präsentiert, dass sich der Leser mit guter Kenntnis über Signale und Systeme sowie der analogen Nachrichtenübertragung einlesen kann. Hilfreich ist sicher eine grundlegende Erfahrung im Umgang mit der Wahrscheinlichkeitstheorie. Jedes Kapitel schließt mit einer Sammlung von Aufgaben und Lösungen ab. Diese sind im Internet unter *http://ntechnik.et.fh-stralsund.de/digitale_modulation* zu finden. Hierdurch und auch auf Grund der schrittweisen Entwicklung des Inhalts ist das Buch für ein Selbststudium geeignet. Fortgeschrittene Studenten der Fachrichtung Elektrotechnik und auch praktizierende Ingenieure der Nachrichtentechnik sind die angesprochenen Leser. Für die Letztgenannten dürften die Kapitel fünf und sechs tiefergreifende Einsicht in die Grundlagen des digitalen Hörrundfunks und des Mobilfunksystems der dritten Generation liefern.

Das komplexe Thema ist in sechs Kapiteln in seiner Breitbandigkeit dargestellt worden. Das erste Kapitel widmet sich den Grundlagen der Modulation. Grundlegende Modulatoren und Demodulatoren zeigen die Besonderheiten und Eigenschaften von amplituden- und winkelmodulierten Signalen. Die Elemente einer Nachrichtenquelle sind nur mit den Methoden der Wahrscheinlichkeitstheorie erfassbar. Dies ist der Inhalt des zweiten Kapitels. Hierin sind nur die Aspekte aufgeführt, die für das Anwendungsgebiet der Nachrichtentechnik erforderlich sind. Kapitel drei beinhaltet die Beschreibung der modulierenden Signale. Drei Punkten gilt das Hauptaugenmerk, den Formaten, der Pulsformung sowie den signalangepassten Filtern. Kapitel vier bildet den Kern des Buches. Hierin ist die digitale Modulation in der linearen und nichtlinearen Form behandelt. Kohärente und nichtkohärente sowie die sequentielle Demodulation bilden in diesem Abschnitt einen weiteren Schwerpunkt. Das Fehlerverhalten verschiedener Modulationsverfahren als Leistungsmerkmal rundet dieses Kapitel ab. Die beiden folgenden Kapitel stellen Anwendungen zuvor behandelter Modulationsarten dar. Kapitel fünf befasst sich mit Multiträgersystemen im Allgemeinen und dem OFDM im Besonderen. Ein kurzer Überblick über trelliscodierte Modulation ist in diesem Abschnitt ebenfalls enthalten. Wie zuvor gilt dem Entwurf von Modulator und Demodulator ein besonderes Interesse. CDMA ist der Inhalt des sechsten Kapitels. Neben dem Grundprinzip sind Korrelationssignale und ihre Eigenschaften hervorgehoben. Die Erzeugung von PN–Sequenzen belegt einen größeren Teil des Kapitels. Das Prinzip der Modulation und Demodulation beendet dieses Kapitel.

Im Literaturverzeichnis ist eine größere Anzahl von Büchern aufgelistet, die sich mit diesem Thema befassen. Der Aufbau des Stoffes in diesem Text, die Beschränkung auf Notwendigkeiten, die schrittweise und nachvollziehbare Entwicklung hin zu den Lösungen sowie die teilweise neuen Wege, die zu gleichen und bekannten Lösungen führen, bilden einen Unterschied zu den anderen Büchern. In den letzten beiden Kapiteln sind Informationen zusammengetragen, angepasst, erweitert und ergänzt, sodass ein kompakter Einblick in die OFDM- und CDMA-Thematik geboten wird. Für Kommentare und Hinweise stehe ich unter *ruediger.klostermeyer@fh–stralsund.de* zur Verfügung.

Bei der Umsetzung dieses Vorhabens standen mir die Professoren H.F. Bauch und G. Volk bei der Durchsicht von Kapiteln und für Diskussionen zur Seite. Die Studenten, nun Diplomingenieure M. Freitag und M. Bode erzielten die dargestellten praktischen Ergebnisse im Rahmen ihrer Diplomarbeiten. Ihnen möchte ich für ihre Unterstützung und ihr Engagement herzlich danken. Eine besondere Anerkennung gilt meiner Frau Rita Sandberg. In den zurückliegenden zwei Jahren erfuhr ich eine allseitige Unterstützung und Verständnis für meine manchmalige (geistige) Abwesenheit. Meiner Frau gilt mein ganz besonderer Dank.

Stralsund, im August 2001   Rüdiger Klostermeyer

Inhaltsverzeichnis

Kapitel 1

Grundlagen der Modulation

1.1 Einführung

Bei der Übertragung von Nachrichten unterscheiden wir zwischen unterschiedlichen Typen von Signalen. Das zu übertragende Nachrichtensignal liegt zunächst im Tiefpassbereich vor und moduliert ein Trägersignal. Dadurch ergibt sich eine Umwandlung des Tiefpass–Signals in ein Bandpass–Signal, um eine Anpassung an den zur Verfügung stehenden Kanal zu ermöglichen. Das Nachrichtensignal selbst setzt sich bei der digitalen Übertragung zusammen aus einer Impulskette, die die Nachrichtensymbole beinhaltet, und dem verwendeten nachrichtentragenden Puls. Je nach Anwendung können auch unterschiedliche Pulsformen auftreten. Die Abbildung ist abhängig von der Modulationsart. Zunächst werden in diesem Abschnitt Tiefpass–Signale betrachtet, im Anschluss daran Bandpass–Signale. Der Transformation von Tiefpass–Signalen in Bandpass–Signalen ist ein weiterer Abschnitt gewidmet, in dem die Amplitudenmodulation und die Winkelmodulation behandelt wird.

Dieses Thema ist vielseitig und kann, da es lediglich die Grundlagen für digitale Modulation darstellen soll, hier nur in kurzer Form behandelt werden. Für tiefergreifende Informationen sei auf die Literatur verwiesen, wie etwa [Mil97], [Fet90] oder [Cou87] und [Lat83].

1.2 Signalbeschreibung

1.2.1 Signale im Tiefpassbereich

Unter einem Tiefpass–Signal versteht man ein Signal, deren Frequenzfunktion bandbegrenzt ist. Weiterhin erstreckt sich das belegte Frequenzband von einer unteren, negativen Grenzfrequenz, f_u, bis zu einer oberen, positiven Grenzfrequenz, f_o. In dem belegten Band $[f_u, f_o]$ ist die Frequenz $f = 0$ enthalten. Bei einem analytischen Bandpass–Signal verhält es sich ähnlich. Hierbei handelt es sich ebenfalls um ein bandbegrenztes Signal, das jedoch i.a. ein Frequenzband mit einer oberen und einer unteren jeweils positiven Grenzfrequenz belegt. Der Unterschied zu einem Tiefpass–Signal liegt nun darin, dass die Frequenz $f = 0$ hierin nicht vorkommt. Beide – und somit Signale im Allgemeinen, seien sie reell oder komplex – sind in zwei Bereichen beschrieben, nämlich dem Zeitbereich und dem Frequenzbereich. Signale im Zeitbereich sind Funktionen x, die reellen

Zeitwerten reelle oder komplexe Zahlen $x(t)$ zuordnen. Trifft

$$\int_{-\infty}^{\infty} \left| x(t) \right|^2 dt < \infty$$

zu, ist $x(t)$ ein Signal endlicher Energie. Für diese Signale besteht eine reichhaltige Theorie der Fourier–Analysis, die wir im folgenden ausgiebig benutzen werden. So ist, falls auch

$$\int_{-\infty}^{\infty} \left| x(t) \right| dt < \infty$$

gilt,

$$X(f) = \mathcal{F}\{x(t)\} = \int_{-\infty}^{\infty} x(t) \mathrm{e}^{-j2\pi f t} dt$$

der Weg von der Zeitfunktion, $x(t)$, zur Frequenzfunktion, $X(f)$. Gilt zudem auch

$$\int_{-\infty}^{\infty} \left| X(f) \right| df < \infty \quad ,$$

ist der Weg zurück, d.h. von der Frequenzfunktion zur Zeitfunktion durch

$$x(t) = \mathcal{F}^{-1}\{X(f)\} = \int_{-\infty}^{\infty} X(f) \mathrm{e}^{j2\pi f t} df$$

beschrieben. Damit lassen sich Signale durch $x(t)$ im Zeitbereich und durch $X(f)$ im Frequenzbereich angeben. Beide Darstellungen sind einander eindeutig zugeordnet. Den Zusammenhang zwischen diesen beiden Partnern gibt

$$x(t) \quad \longleftrightarrow \quad X(f)$$

an. Hierbei wird vorausgesetzt, dass die Transformation überhaupt existiert. So benutzen wir oft Funktionen, für die ein Fourier–Spektrum nicht angegeben werden kann. Ein Eintonsignal, wie etwa $\sin(t)$, weist strenggenommen keine Transformierte auf, obwohl in der Praxis dieses Signal sowohl im Zeitbereich als auch im Frequenzbereich gemessen wird. Dies liegt natürlich daran, dass, wie bei anderen physikalischen Signalen, ein Ein- und oft auch ein Ausschaltvorgang das Zeitintervall $(-\infty, \infty)$ verkürzt. Damit diese Situationen handhabbar sind, ist es wünschenswert, mathematische Ausdrücke für diese Signale anzugeben, obwohl das zugehörige Fourier–Integral nicht für jeden Wert von f konvergiert. Sehr hilfreich bei der weiteren Beschreibung sind "linienförmige Funktionen", die mit dem Dirac-Impuls angegeben sind. Diesen beschreibt etwa der Grenzübergang[1]

$$\delta(t) = \lim_{\Delta \to 0} \frac{1}{\Delta} \Pi\left(\frac{t}{\Delta}\right) \quad .$$

Obwohl auch für $\delta(t)$ die Fourier-Transformierte nicht existiert, kann dennoch durch einen Grenzübergang ein Ergebnis für den Integralausdruck gefunden werden, das mit

---

[1]Hierin steht $\Pi(t)$ abkürzend für eine Rechteckfunktion der Basis und Auslenkung eins. Bei dem Grenzübergang reduziert der Parameter Δ die Basis und erhöht zugleich die Auslenkung. Näheres zu dieser Funktion auf Seite 15.

den in der Praxis vorzufindenden Ergebnissen in Einklang ist. Symbolisch ist dies für den Delta- oder Dirac–Impuls durch

$$\delta(t) \quad \longleftrightarrow \quad 1$$

ausgedrückt. Ein impulsförmiger Verlauf im Zeitbereich weist also eine konstante Frequenzfunktion auf. Auf einen impulsförmigen Verlauf im Frequenzbereich greifen wir zurück bei der Betrachtung von Leistungssignalen. Jedes periodische Signal $x_p(t) = x_p(t - T)$ mit T als der Periodendauer ist ein Leistungssignal, da hierfür, existierende Grenzwerte vorausgesetzt, die Integrale

$$\lim_{T \to \infty} \frac{1}{T} \int_T x_p(t) dt$$

und

$$\lim_{T \to \infty} \frac{1}{T} \int_T |x_p(t)|^2 dt$$

existieren. Ein Signal dieser Art weist ein Linienspektrum auf, das durch eine Überlagerung von gewichteten und um ein ganzzahliges Vielfaches von $1/T$ verschobenen Delta–Impulsen beschrieben ist. Den einfachsten Fall stellt ein Eintonsignal dar, wie es

$$\sin 2\pi F t \quad \longleftrightarrow \quad \frac{1}{2j}\delta(f - F) - \frac{1}{2j}\delta(f + F)$$

zeigt. Im weiteren Verlauf betrachten wir Funktionen auch im verallgemeinerten Sinn zur Berücksichtigung von Impulsen und sich hieraus ergebenden Funktionen und wenden hierbei die Symbolschreibweise mit dem Delta–Impuls an.

Einige Symmetrieeigenschaften erleichtern die Betrachtung allgemeiner Signale. Den Zusammenhang zwischen geraden Signalen und deren Spektren beschreibt

$$x(t) = x(-t) \quad \longleftrightarrow \quad X(f) = X(-f)$$

und den zwischen ungeraden Signalen und deren Spektren

$$x(t) = -x(-t) \quad \longleftrightarrow \quad X(f) = -X(-f) \quad .$$

Ähnliche Ergebnisse erhalten wir für die Transformierte eines konjugiert komplexen Signals, wie es

$$x^*(t) \quad \longleftrightarrow \quad X^*(-f)$$

darlegt. Für ein reelles Zeitsignal erhalten wir somit

$$x(t) = x^*(t) \quad \longleftrightarrow \quad X(f) = X^*(-f) \quad ,$$

die Frequenzfunktion mit dieser Symmetrieeigenschaft wird als hermitesch bezeichnet. Liegt ein imaginäres Zeitsignal vor, erhalten wir eine schiefhermitesche Frequenzfunktion, also $X(f) = -X^*(-f)$. Ist ein Signal komplex, ergibt sich für dessen Realteil die Darstellung im Frequenzbereich zu

$$x(t) + x^*(t) = 2\,\mathrm{Re}\,\{x(t)\} \quad \longleftrightarrow \quad X(f) + X^*(-f)$$

und für dessen Imaginärteil erhalten wir

$$x(t) - x^*(t) = 2j\,\mathrm{Im}\,\{x(t)\} \quad \longleftrightarrow \quad X(f) - X^*(-f) \quad .$$

Die Summe dieser beiden Ausdrücke ergibt

$$
\begin{aligned}
x(t) \;&=\; \mathrm{Re}\,\{x(t)\} + j\,\mathrm{Im}\,\{x(t)\} \\
&\updownarrow \\
X(f) \;&=\; \mathrm{Re}\,\{X(f)\} + j\,\mathrm{Im}\,\{X(f)\} \quad .
\end{aligned}
$$

Hierbei ist zu beachten, dass der Realteil von $x(t)$ ein komplexwertiges Spektrum aufweist, gleiches gilt auch für den Imaginärteil. Die Summe der jeweiligen Anteile ergibt das resultierende Spektrum. Es ist weiterhin ersichtlich, dass für ein reelles Signal der Realteil des Spektrums gerade und der Imaginärteil ungerade ist, wie es mit $X_r(f) = \mathrm{Re}\{X(f)\}$ und $X_i(f) = \mathrm{Im}\{X(f)\}$

$$X(f) + X^*(-f) = X_r(f) + X_r(-f) + j\Big(X_i(f) - X_i(-f)\Big)$$

darlegt. Für ein imaginäres Signal ergibt sich

$$X(f) - X^*(-f) = X_r(f) - X_r(-f) + j\Big(X_i(f) + X_i(-f)\Big) \quad ,$$

was besagt, dass der Realteil der Frequenzfunktion für dieses Signal ungerade und der Imaginärteil gerade ist. Zusammengefasst erhalten wir die folgenden Symmetrieeigenschaften einer Zeitfunktion und ihrer Fourier–Transformierten:

$$
x(t)
\left\{
\begin{array}{l}
\text{reell gerade} \\
\text{reell ungerade} \\
\text{imaginär gerade} \\
\text{imaginär ungerade} \\
\text{gerade} \\
\text{ungerade} \\
\text{reell} \\
\text{imaginär}
\end{array}
\right\}
\longleftrightarrow
X(f)
\left\{
\begin{array}{l}
\text{reell gerade} \\
\text{imaginär ungerade} \\
\text{imaginär gerade} \\
\text{reell ungerade} \\
\text{gerade} \\
\text{ungerade} \\
\text{hermitesch} \\
\text{schiefhermitesch}
\end{array}
\right\} .
$$

Nun stellt sich die Frage nach der Symmetrie des Spektrums eines komplexwertigen Zeitsignals. Der Realteil der spektralen Funktion setzt sich zusammen aus der Transformierten des geraden Anteils von $\mathrm{Re}\,\{x(t)\}$ plus dem des ungeraden Imaginärteils von $\mathrm{Im}\,\{x(t)\}$. Diese Summe ist nun weder gerade noch ungerade. Entsprechendes erhalten wir für den Imaginärteil der spektralen Funktion. Hierbei ist dieser der Beitrag der Transformierten des ungeraden Imaginärteils von $\mathrm{Re}\,\{x(t)\}$ sowie des ungeraden Realteils von $\mathrm{Im}\,\{x(t)\}$. Auch diese Summe ist weder gerade noch ungerade, sondern eine Mischform hiervon. Aus diesem Grund weisen Spektren von komplexwertigen Signalen einen unsymmetrischen Verlauf auf. In Bild 1.1 ist dies dargestellt. Bild 1.1.a zeigt das Spektrum eines reellwertigen Signals, Bild 1.1.b das eines komplexen Signals. In beiden Fällen handelt es sich um Tiefpass–Signale. In der Realität sind die zu beobachtenden Zeitsignale reell, da sonst von dem Realteil getrennt auch der Imaginärteil auftreten muss. Steht jedoch zur Übertragung nur ein Kanal, z.B eine Zweidrahtleitung zur Verfügung,

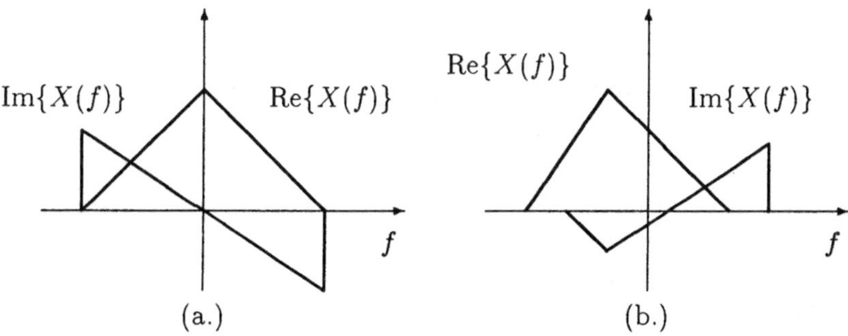

Bild 1.1   Spektrum eines (a.) reellen und (b.) komplexen Tiefpass–Signals

kann nur ein physikalisches, d.h. reelles Signal hierüber übertragen werden. Trotzdem
ist es oft sehr hilfreich, durch das Zusammenführen zweier Signale ein komplexes Signal
zu definieren, deren Anteile durch das Hinzufügen von $j = \sqrt{-1}$ voneinander trennbar
sind. Mit beiden Komponenten formen wir ein reelles Signal, das über den physikalischen
Kanal übertragbar ist. Werden bestimmte Bedingungen eingehalten, ist am Empfangsort
eine Trennung von Real– und Imaginärteil möglich, das ursprüngliche komplexe Signal
können wir wieder zurückgewinnen. Diese Aufteilung in Real– und Imaginärteil ist Inhalt
des Abschnitts über Bandpass–Signale.

1.2.2   Signale und Systeme

Bevor näher darauf eigegangen wird, wie der Zusammenhang ist zwischen Signalen und
Systemen, beginnen wir mit einer kurzen Charakterisierung von Systemen. Systeme
beeinflussen Signale in vorhersagbarer, gewünschter Weise oder einer Art, die oft unvorhersagbar und zumeist ungewünscht ist. Man unterscheidet zwischen linearen und
nichtlinearen Systemen. Bei den zuletzt genannten kann der Zusammenhang zwischen
dem Eingangssignal, $x(t)$, und dem Ausgangssignal, $y(t)$, durch die nichtlineare Kennlinie
und somit die Taylor–Reihe

$$y = c_0 + c_1 x + c_2 x^2 + c_3 x^3 + \cdots$$

angegeben werden. Dieser Ausdruck beschreibt gedächtnislose Systeme. Er ist leicht
durch entsprechende Kombinationen auf solche mit Gedächtnis erweiterbar. Wir beschränken uns an dieser Stelle auf die Betrachtung von linearen Systemen, bei denen bis
auf den Koeffizient c_1 alle anderen gleich null sind. Bei solchen Systemen bewirkt eine
Linearkombination von Eingangssignalen, $x_n(t)$, eine entsprechende Linearkombination
von Ausgangssignalen, $y_n(t)$. Reagiert ein System mit $y_n(t)$ auf $x_n(t)$ und weiterhin mit
$\sum_n a_n y_n(t)$ auf $\sum_n a_n x_n(t)$, wird dieses System als linear bezeichnet und lediglich c_1
ist ungleich null. Sind die Systemparameter zudem unabhängig von der Zeit, handelt
es sich um ein lineares, zeitinvariantes System, einem sogenannten LTI–System. Hierbei
steht die Abkürzung "LTI" für das englische *linear time–invariant*. Ein solches System

reagiert auf eine impulsförmige Erregung $x(t) = \delta(t)$ mit $y(t) = h(t)$, der sogenannten Impulsantwort. Liegt am Eingang eines LTI–Systems ein beliebiges Signal an, ist die Reaktion darauf durch das Faltungsprodukt

$$
\begin{aligned}
y(t) &= \int_{-\infty}^{\infty} x(\tau)h(t - \tau)d\tau \\
&= x(t) * h(t)
\end{aligned}
$$

beschrieben. Eine Motivation für die Definition des Faltungsintegrals und das obige Ergebnis liefert die folgende Anwendung der Linearität und Zeitinvarianz des Systems. Tastet man das Signal im Zeitabstand T ab und bildet aus den Werten $x(nT)$ mit $n = 0, \pm 1, \pm 2, \cdots, \pm N$ den gewichteten Impulskamm

$$
\sum_{n=-N}^{N} x(nT)\delta(t - nT)
$$

als Eingangssignal, so ist die zugehörige Antwort

$$
\sum_{n=-N}^{N} x(nT)h(t - nT) \quad .
$$

Nach Multiplikation mit T liefert der Grenzübergang $T \to 0$ mit $nT = \tau$ und anschließend $N \to \infty$ für Signale endlicher Energie das Verlangte.

Das System, auch Filter genannt, "faltet" das Eingangssignal mit dessen Impulsantwort. Man könnte auf die Idee kommen, ein Filter besser "Falter" zu nennen. Die Grundregeln der Faltungsalgebra wird im weiteren Verlauf als bekannt vorausgesetzt, auf eine wird besonders hingewiesen, nämlich den Verschiebungssatz. Liegt eine Funktion $f(\alpha)$ vor, so ergibt sich für die Faltung mit dem verschobenen Delta–Impuls $\delta(\alpha - \beta)$

$$
f(\alpha) * \delta(\alpha - \beta) = f(\alpha - \beta) \quad ,
$$

also eine um β verschobene Version der Funktion $f(\alpha)$. Hiermit ergibt sich in vielen Fällen eine einfachere und kompaktere Schreibweise in beiden Bereichen.

Die Beschreibung von Signalen im Zeit– und Frequenzbereich erfolgte bisher losgelöst von Systemen. Sind LTI–Systeme im Spiel, ergibt sich bei dem Übergang von $y(t)$ zu $Y(f)$ der von dem Faltungsprodukt "$*$" zum algebraischen Produkt "$\cdot$" und somit

$$
\begin{aligned}
y(t) &= x(t) * h(t) \\
&\updownarrow \\
Y(f) &= X(f) \cdot H(f) \quad ,
\end{aligned}
$$

wobei

$$
H(f) = \mathcal{F}\{h(t)\}
$$

die Übertragungsfunktion des Übertragungssystems darstellt. Weiterhin sind "$*$" und "$\cdot$" einander zugeordnet und können als ein Transformationspaar interpretiert werden. Die Impulsantwort, $h(t)$, und die Übertragungsfunktion, $H(f)$, des Systems bilden ebenfalls ein Transformationspaar, $H(f) \longleftrightarrow h(t)$.

Die bislang aufgeführten Ergebnisse sind auf Signale und LTI–Systeme allgemeiner Art anwendbar. Im folgenden Abschnitt betrachten wir die Signale, die z.B. zwischen Antennen über die Luftschnittstelle ausgetauscht werden.

1.2.3 Signale im Bandpassbereich

Wie zu Beginn dieses Kapitels angegeben, ist ein Bandpass–Signal von einem Tiefpass–Signal dadurch unterscheidbar, indem Frequenzbänder belegt sind, die für TP–Signale die Frequenz $f = 0$ enthalten, BP–Signale hingegen nicht. Zum einen soll ein betrachtetes BP–Signal wie ein TP–Signal bandbegrenzt sein, d.h. es kann eine obere Grenzfrequenz $f_o > 0$ angegeben werden, so dass gilt

$$X(f) = 0 \quad \text{für alle } |f| > f_o \quad .$$

Ferner hat ein BP–Signal die Eigenschaft, dass eine untere Grenzfrequenz $f_u > 0$ existiert, für die

$$X(f) = 0 \quad \text{für alle } |f| < f_u$$

zutrifft. Ein Signal, das lediglich das Frequenzband $[f_u, f_o]$ belegt, ist komplex im Zeitbereich, da keine Symmetrieeigenschaften im Frequenzbereich vorliegen, die ein reelles Signal aufweist. Ein solches BP–Signal ist in Bild 1.2 dargestellt. Hierin sind die Spektralfunktion, $X_{TP}(f)$, eines Tiefpass–Signals $x_{TP}(t)$ auf der Frequenzachse derart um f_T zu positiven Frequenzen hin verschoben, dass der Spektralanteil unterhalb einer unteren Grenzfrequenz gleich null ist, wie es

$$
\begin{aligned}
X_{BP}(f) &= X_{TP}(f - f_T) = X_{TP}(f) * \delta(f - f_T) \\
&\updownarrow \\
x_{BP}(t) &= x_{TP}(t) \cdot e^{j 2\pi f_T t}
\end{aligned}
$$

beschreibt. Das sich ergebende Bandpass–Signal weist keine Spektralanteile bei negativen Frequenzen auf, es ist ein Signal mit nur positiven Frequenzen. Ein Signal mit dieser Eigenschaft heißt analytisches Signal, da man nachweisen kann, dass die Spektraleigenschaften von $X_{BP}(f)$ die Analytizität von $x_{BP}(t)$ bewirken. Die Größe f_T stellt die Trägerfrequenz dar. Eine Verschiebung auf der Frequenzachse um diesen Betrag ergibt im Zeitbereich eine Multiplikation mit der Funktion $e^{j 2\pi f_T t}$. Dadurch wird ein Tiefpass–Signal durch diese Multiplikation in ein Bandpass–Signal transformiert. Ein analytisches Bandpass–Signal weist kein um $f = 0$ symmetrisches Spektrum auf, das zugehörige Signal im Zeitbereich ist folglich komplexwertig, sodass sich folgender Zusammenhang ergibt:

$$
\begin{aligned}
x_{TP}(t) &= x_R(t) + j x_I(t) \\
&= e(t) \cdot e^{j \varphi(t)} \quad ,
\end{aligned}
$$

mit $e(t) = |x_{TP}(t)|$ als der Einhüllenden und $\varphi(t) = \arg\{x_{TP}(t)\}$ als der Winkelfunktion. Hiermit ergibt sich

$$
\begin{aligned}
x_{BP}(t) &= e(t) \cdot e^{j(\varphi(t) + 2\pi f_T t)} \\
&= \left(x_R(t) + j x_I(t) \right) \left(\cos 2\pi f_T t + j \sin 2\pi f_T t \right) \quad ,
\end{aligned}
$$

wobei $x_{TP}(t) = e(t)\,e^{j\varphi(t)}$ als komplexe Einhüllende des Bandpass–Signals bekannt ist. Den Übergang in die physikalische Welt beschreibt die Realteilbildung

$$
\begin{aligned}
x'_{BP}(t) &= \mathrm{Re}\,\{x_{BP}(t)\} \\
&= \frac{1}{2}\,x_{BP}(t) + \frac{1}{2}\,x^*_{BP}(t) \\
&= e(t)\,\cos\left(2\pi f_T t + \varphi(t)\right) \\
&= x_R(t)\,\cos 2\pi f_T t - x_I(t)\,\sin 2\pi f_T t \quad ,
\end{aligned}
$$

was im Frequenzbereich durch

$$
X'_{BP}(f) = \frac{1}{2}\,X_{BP}(f) + \frac{1}{2}\,X^*_{BP}(-f)
$$

dargestellt ist. Das Ergebnis des Wegs zeigt Bild 1.3. Der Ausgangspunkt der Betrachtung ist das analytische Signal von Bild 1.2. Hierin erkennen wir ein Bandpass–Signal,

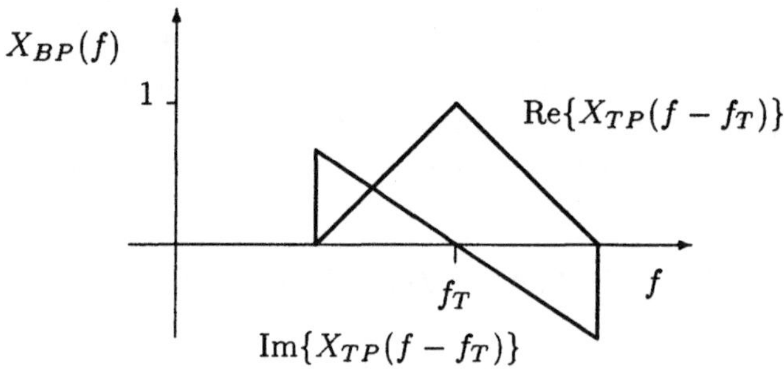

Bild 1.2   Spektrum eines analytischen Bandpass–Signals

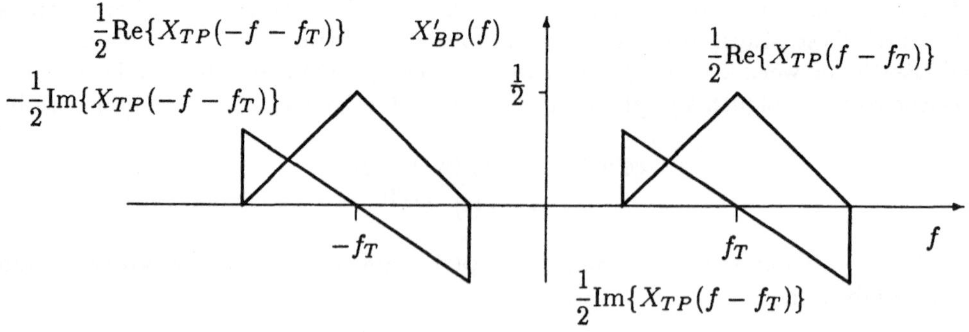

Bild 1.3   Spektrum eines reellen Bandpass–Signals

das sich aus einem reellen Tiefpass–Signal zusammensetzt. Dieses Signal lag symmetrisch zum Nullzentrum vor und wurde um f_T auf der Frequenzachse verschoben. Die Trägerfrequenz von $x_{BP}(t)$ ist also das neue Symmetriezentrum für $X_{BP}(f)$. In Bild 1.3 sehen wir die Frequenzfunktion $X'_{BP}(f)$ des Realteils, $x'_{BP}(t)$, von der Bandpassfunktion $x_{BP}(t)$. Die Reellwertigkeit dieses Bandpass–Signals erkennen wir an dem Symmetriezentrum bei $f = 0$. Das folgende Blockschaltbild 1.4 stellt die Verbundenheit der einzelnen Signale bildlich dar. Hierin sind komplexe Anteile mit einem Doppelpfeil, reelle mit einem einfachen gekennzeichnet. In vielen Fällen erweist es sich als günstiger, die komplexe Schreibweise zu wählen. Aus diesem Grund ist im weiteren Verlauf dieser Schreibweise der Vorzug gegeben. Detaillierter zeigt Bild 1.5 den Schritt von $x_{TP}(t)$ nach $x'_{BP}(t)$, das

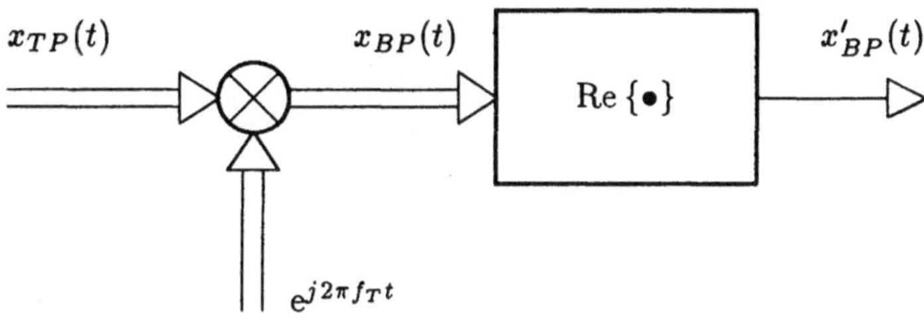

Bild 1.4   Zur Transformation eines Tiefpass–Signals in ein Bandpass–Signal

die Realisierung von

$$x'_{BP}(t) = \text{Re}\Big\{ \big(\text{Re}\,\{x_{TP}(t)\} + j\text{Im}\,\{x_{TP}(t)\}\big)\big(\cos 2\pi f_T t + j\sin 2\pi f_T t\big)\Big\}$$

angibt. Es stellt sich nun die Frage, wie aus einem reellen Bandpass–Signal, $x'_{BP}(t)$, der

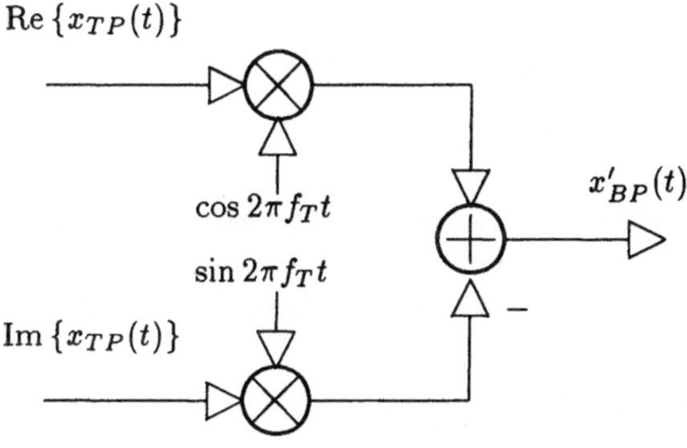

Bild 1.5   Nähere Einzelheiten zu Bild 1.4

imaginäre Partner, $x''_{BP}(t)$, zurückgewonnen werden kann, der durch das Zusammenfügen

$x_{BP}(t) = x'_{BP}(t) + jx''_{BP}(t)$ ein analytisches Signal erzeugt. Wir orientieren uns an den Bildern 1.2 und 1.3 und erkennen, dass der Spektralanteil auf der linken Frequenzachse ausgeblendet werden muss. Diese Filteraufgabe übernimmt die Sprungfunktion

$$u(f) \;=\; \begin{cases} 0 & : \quad f < 0 \\ 1 & : \quad f > 0 \end{cases}$$

$$=\; \frac{1}{2}\bigl(1 + \mathrm{sgn}(f)\bigr) \quad,$$

die durch die Signumfunktion

$$\mathrm{sgn}(f) = \begin{cases} -1 & : \quad f < 0 \\ 1 & : \quad f > 0 \end{cases}$$

ausgedrückt ist. Hiermit erhalten wir aus dem reellen BP–Signal $x_{BP}(t)$ das zugehörige analytische Signal, dessen Frequenzfunktion durch

$$X_{BP}(f) = 2 \cdot X'_{BP}(f) \cdot \frac{1}{2}(1 + \mathrm{sgn}(f))$$

gegeben ist. Der Vorfaktor ”2” ergibt sich durch Vergleich der Bilder 1.2 und 1.3. Also ist $x(t)$ ein analytisches Signal, dessen Abhängigkeit von $x'_{BP}(t)$

$$X_{BP}(f) \;=\; X'_{BP}(f) + j \cdot \bigl(-j \cdot \mathrm{sgn}(f)\bigr)X'_{BP}(f)$$

$$\updownarrow$$

$$x_{BP}(t) \;=\; x'_{BP}(t) + j\mathcal{F}^{-1}\bigl\{-j \cdot \mathrm{sgn}(f)\bigr\} * x'_{BP}(t)$$

$$=\; x'_{BP}(t) + jx''_{BP}(t)$$

beschreibt. Der imaginäre Partner von $x'_{BP}(t)$ ist somit durch

$$x''_{BP}(t) = \mathcal{F}^{-1}\bigl\{-j \cdot \mathrm{sgn}(f)\bigr\} * x'_{BP}(t)$$

gegeben. Das Filter, das $x'_{BP}(t)$ durchlaufen muss, um $x''_{BP}(t)$ zu erzeugen, ist einfach im Frequenzbereich durch die Übertragungsfunktion

$$H_H(f) = -j \cdot \mathrm{sgn}(f)$$

formuliert, woraus sich für die Impulsantwort

$$h_H(t) \;=\; \mathcal{F}^{-1}\bigl\{H_H(f)\bigr\}$$

$$=\; \begin{cases} \frac{1}{\pi t} & : \quad t \neq 0 \\ 0 & : \quad t = 0 \end{cases}$$

ergibt. Ein System mit dieser Übertragungseigenschaft heißt Hilbert–Transformator. Liegt an dessen Eingang ein reelles Signal $x'_{BP}(t)$ vor, reagiert der Hilbert–Transformator hierauf mit $x''_{BP}(t) = h_H(t) * x'_{BP}(t)$, sodass $x_{BP}(t) = x'_{BP}(t) + jx''_{BP}(t)$ ein analytisches Signal ergibt.

Für den Imaginärteil von $x_{BP}(t)$ ergibt sich

$$x''_{BP}(t) \;=\; \mathrm{Im}\{x_{BP}(t)\}$$

$$=\; \frac{1}{2j}\bigl(x_{BP}(t) - x^*_{BP}(t)\bigr)$$

$$=\; x_R(t)\sin 2\pi f_T t + x_I(t)\cos 2\pi f_T t \quad.$$

Dies ist die Reaktion des Hilbert–Transformators auf das Eingangssignal, das den Realteil des analytischen Bandpass–Signals $x_{BP}(t)$ darstellt,

$$\begin{aligned}
x'_{BP}(t) &= \mathrm{Re}\{x_{BP}(t)\} \\
&= \frac{1}{2}\left(x_{BP}(t) + x^*_{BP}(t)\right) \\
&= x_R(t)\cos 2\pi f_T t - x_I(t)\sin 2\pi f_T t \quad .
\end{aligned}$$

Vergleichen wir diese beiden Signale, erkennen wir eine einfache und praktische Interpretation der Funktionsweise des Hilbert–Transformators, wenn wir das Konzept der Phasen– und Gruppenlaufzeit heranziehen. Nehmen wir hierzu an, es liege ein reelles System mit der Übertragungsfunktion $H(f) = |H(f)|e^{j\,\arg\{H(f)\}}$ vor. Weiterhin sei angenommen, dass der Amplitudengang $|H(f)|$ breitbandig genug ist, um für das interessierende Frequenzband als konstant angesehen zu werden. Der Einfachheit halber wählen wir $|H(f)| = 1$. Der Phasengang $\theta(f) = \arg\{H(f)\}$ sei im interessierenden Frequenzbereich durch einen konstanten Anteil und einen linearen beschreibbar, quadratische und höhere Anteile seien vernachlässigbar, wie es

$$\begin{aligned}
\theta(f) &\approx \theta(f_T) + \left.\frac{d}{df}\theta(f)\right|_{f=f_T}\cdot(f - f_T) \\
&\approx -2\pi f_T T_P - 2\pi(f - f_T)T_G
\end{aligned}$$

für $f > 0$ beschreibt. Den ungeraden Verlauf des Phasengangs nutzen wir für negative Frequenzen. In dem obigen Ausdruck steht

$$T_P = -\frac{1}{2\pi f_T}\theta(f_T)$$

für die Phasenlaufzeit und

$$T_G = -\frac{1}{2\pi}\left.\frac{d}{df}\theta(f)\right|_{f=f_T}\quad .$$

für die Gruppenlaufzeit. Liegt nun ein Signal der Form

$$x(t) = e(t)\cos 2\pi f_T t$$

an diesem System an, reagiert es hierauf mit

$$y(t) = e(t - T_G)\cos\left(2\pi f_T(t - T_P)\right)\quad ,$$

die Gruppenlaufzeit wirkt sich verzögernd nur auf die Einhüllende, die Phasenlaufzeit lediglich auf das eintönige Trägersignal aus. Dem Interessierten sei die Herleitung des allgemeinen Zusammenhangs selbst überlassen. In dem vorliegenden besonderen Fall erhalten wir

$$\begin{aligned}
X''_{BP}(f) &= H_H(f)\cdot X'_{BP}(f) \\
&= -j\cdot\mathrm{sgn}(f)\cdot\frac{1}{2}\left(X_{TP}(f - f_T) + X^*_{TP}(-f - f_T)\right)
\end{aligned}$$

$$= -\frac{j}{2}\underbrace{X_{TP}(f-f_T)\cdot \mathrm{sgn}(f)}_{=\,0 \text{ für } f < 0} - \frac{j}{2}\underbrace{X_{TP}^*(-f-f_T)\cdot \mathrm{sgn}(f)}_{=\,0 \text{ für } f > 0}$$

$$= \frac{1}{2}X_{TP}(f)*(-j)\delta(f-f_T) + \frac{1}{2}X_{TP}^*(-f)*(+j)\delta(f+f_T)$$

$$\updownarrow$$

$$x_{BP}''(t) = \frac{1}{2}x_{TP}(t)\,(-j)\,\mathrm{e}^{j2\pi f_T t} + \frac{1}{2}x_{TP}^*(t)\,(+j)\,\mathrm{e}^{-j2\pi f_T t}$$

$$= \mathrm{Im}\Big\{x_{TP}(t)\,\mathrm{e}^{j2\pi f_T t}\Big\} \ .$$

Im Vergleich hierzu betrachten wir

$$x_{BP}'(t) = \frac{1}{2}x_{TP}(t)\,\mathrm{e}^{j2\pi f_T t} + \frac{1}{2}x_{TP}^*(t)\,\mathrm{e}^{-j2\pi f_T t}$$

$$= \mathrm{Re}\Big\{x_{TP}(t)\,\mathrm{e}^{j2\pi f_T t}\Big\} \ .$$

Wie wir anhand von $x_{BP}'(t)$ und $x_{BP}''(t)$ erkennen, wirkt sich der Hilbert–Transformator ausschließlich auf die Trägersignale aus. Dies zeigen die Faktoren $\pm j = \mathrm{e}^{\pm j\pi/2}$. Die TP–Anteile $x_R(t)$ und $x_I(t)$ werden nicht beeinflusst, was die Gruppenlaufzeit $T_G = 0$ zum Ausdruck bringt. Das Trägersignal erfährt in beiden Anteilen, also dem Cosinus– und Sinusanteil, eine Phasendrehung um $\pi/2$, da $T_P = (4f_T)^{-1}$. Beides zusammengefasst lässt den Schluss zu, dass der Hilbert–Transformator als breitbandiger Phasenschieber angesehen werden kann. Bild 1.6 zeigt die Aufspaltung eines reellen Signals in ein komplexes.

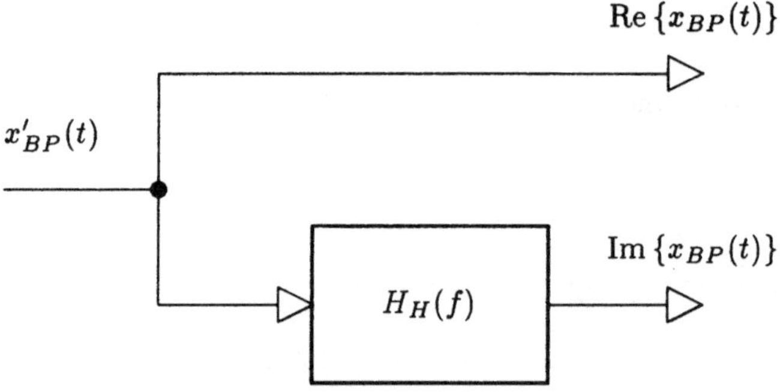

Bild 1.6   Aufspaltung in Real– und Imaginärteil

Bei der praktischen Umsetzung ist zu bedenken, dass die Impulsantwort, $h_H(t)$, Anteile bei Zeiten kleiner als null aufweist, das Filter also nicht kausal ist, was eine Verschiebung der zeitlich begenzten Impulsantwort zu positiven Zeiten hin erforderlich macht. Dies hat zur Folge, dass sich dies in einer Phasendrehung wiederfindet und damit eine von null verschiedene Gruppenlaufzeit bedeutet. Für ein ausgewogenes Verhältnis muss diese Phasenverschiebung auch in dem oberen Zweig berücksichtigt werden, indem im unteren Zweig z.B. ein breitbandiger $3\pi/4$– und im oberen ein $\pi/4$–Phasenschieber zum Einsatz kommt. Die Phasendifferenz beträgt $\pi/2$.

1.3 Amplitudenmodulation

1.3.1 Der Modulationsvorgang

In diesem Abschnitt soll das Gebiet der analogen Amplitudenmodulation (AM) skizziert werden, um eine Grundlage für spätere Kapitel bei der Betrachtung von digitalen Modulationsverfahren zu schaffen.

Bei der AM handelt es sich um die Transformation eines Tiefpass–Signals in ein Bandpass–Signal, wie dies Abschnitt 1.4 beschreibt. Hierbei stellt $m(t)$ das modulierende Tiefpass–Signal und $s_{AM}(t)$ das bandpassförmige AM–Signal dar. Als Trägersignal verwenden wir hierzu ein Eintonsignal mit f_T als der Trägerfrequenz. Der Modulationsvorgang ist durch die Multiplikation im Zeitbereich

$$s_{AM}(t) = m(t) \cdot e^{j 2\pi f_T t}$$

angegeben, mit $m(t) = m_R(t) + j m_I(t)$. Hiernach bewirkt $|m(t)|$ eine direkt proportionale Änderung des Betrags des komplexen Eintonsignals. Das Argument des Trägersignals, $2\pi f_T t$, steigt linear mit der Zeit an und erfährt zudem eine Änderung durch $\arg\{m(t)\}$. Die Produktbildung im Zeitbereich bewirkt eine Faltung im Frequenzbereich. Da es sich um ein komplexes Eintonsignal handelt, resultiert dies in einer Verschiebung der Frequenzfunktion des modulierenden Signals, $M(f)$, auf der Frequenzachse um f_T. Dies zeigt

$$S_{AM}(f) = M(f) * \delta(f - f_T) = M(f - f_T)$$

und ist in Bild 1.7 dargestellt. Für reelle Verhältnisse zeigen die Bilder 1.4 und 1.5

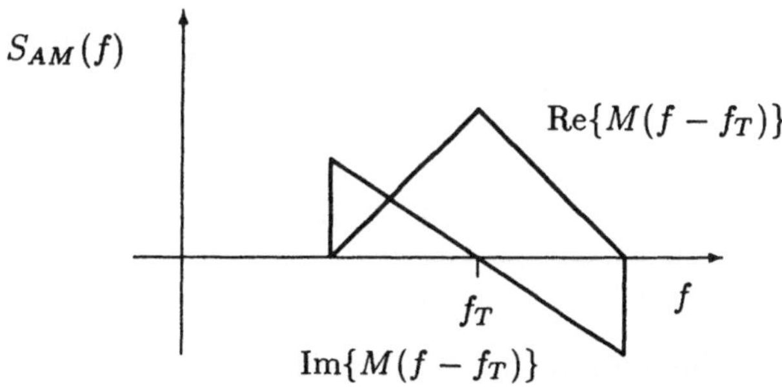

Bild 1.7   AM–Signal

einen Amplitudenmodulator. Hierin entspricht $x_{TP}(t)$ dem Modulationssignal, $m(t)$, und $x_{BP}(t)$ bzw. $x'_{BP}(t)$ dem AM–Signal, $s_{AM}(t)$ bzw. $s'_{AM}(t)$. Das zugehörige Spektrum kann man Bild 1.3 entnehmen. Im weiteren Verlauf gehen wir davon aus, dass zwischen Sender und Empfänger ausschließlich reelle Signale ausgetauscht werden. Ein typisches praktisches Sendespektrum zeigt einen solchen Verlauf mit den erkennbaren Symmetriebeziehungen. Die verschiedenen Arten der AM bauen auf dem dargestellten Verfahren auf. Bei $s_{AM}(t)$ handelt es sich um die AM mit unterdrücktem Träger. Soll

der Träger enthalten sein, ist dem modulierenden Signal lediglich eine Konstante hinzuzufügen. Diese Konstante stellt die Amplitude des Trägersignals dar. Einseitenband–
AM erhält man leicht, indem mit Hilfe eines Bandpassfilters lediglich das gewünschte
Seitenband durchgelassen wird. Diese Art ist mit Verlusten verbunden, die durch Anwendung eines Hilbert–Transformators vermeidbar sind. Hierbei moduliert $m(t)$ einen
Cosinusträger, die Reaktion des Hilbert–Transformators auf $m(t)$, nennen wir sie $m_H(t)$,
einen Sinusträger. Beide AM–Anteile werden überlagert, sodass die Differenz der beiden
Signale, also $m(t)\cos 2\pi f_T t - m_H(t)\sin 2\pi f_T t$ das obere Seitenband ergibt und die Summe das untere Seitenband. Nahezu sämtliche AM–Verfahren sind auf die kurz vorgestellte
Zweiseitenband–AM mit unterdrücktem Träger zurückzuführen. Auf eine tiefergehende
Betrachtung soll im vorliegenden Text nicht näher eingegangen werden.

1.3.2   Der Demodulationsvorgang

Bei der Demodulation von AM–Sinalen muss am Empfangsort die Multiplikation mit dem
Trägersignal wieder rückgängig gemacht werden. Um sich den Vorgang zu verdeutlichen,
erzeugen wir zunächst aus dem rellwertigen AM–Signal, $s'_{AM}(t)$, mit Hilfe des oben
beschriebenen Hilbert–Transformators den zugehörigen imaginären Partner durch die
Faltung $s'_{AM}(t) * h_H(t)$. Damit liegt das komplexwertige AM–Signal wieder vor, sodass
nun die Multiplikation mit dem Trägersignal, wie sie im Sender erfolgt ist, durch die
Multiplikation mit dem invertierten Trägersignal, $e^{-j2\pi f_T t}$, wieder rückgängig gemacht
wird. Dies ist in Bild 1.8 dargestellt.

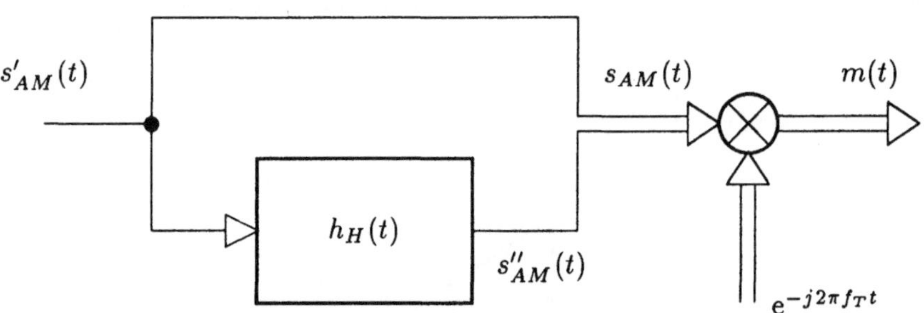

Bild 1.8   AM–Demodulator mit Hilbert–Transformator

Es zeigt sich als einfacher, den Hilbert–Transformator hinter den Mischer zu schalten
und entsprechend anzupassen. Für die oben gezeigte Form erhalten wir

$$M(f) = \left(S'_{AM}(f)\big(1 + j\,H_H(f)\big)\right) * \delta(f + f_T)$$
$$= S'_{AM}(f + f_T)\cdot\big(1 + j\,H_H(f + f_T)\big)$$

und für die mit vertauschter Reihenfolge

$$M(f) = G(f)\cdot\big(S'_{AM}(f) * \delta(f + f_T)\big)$$
$$= G(f)\cdot S'_{AM}(f + f_T)\quad.$$

Hierin steht $G(f)$ für den modifizierten Hilbert–Transformator. Es ist ersichtlich, dass das System mit der Übertragungsfunktion $H_H(f)$ vom Frequenzbereich um $f = 0$ in den um $f = -f_T$ transformiert werden muss. Der Vergleich liefert

$$\begin{aligned} G(f) &= 1 + j\,H_H(f + f_T) \\ &= 1 + \mathrm{sgn}(f + f_T) \quad . \end{aligned}$$

Bei $G(f) \leftrightarrow g(t)$ handelt es sich um eine Struktur, die im Zeitbereich komplexwertig ist. Um an die Komponenten $\mathrm{Re}\{g(t)\} = g_R(t)$ und $\mathrm{Im}\{g(t)\} = g_I(t)$ zu gelangen, betrachten wir den Zusammenhang

$$g(t) = \underbrace{\frac{1}{2}\Big(g(t) + g^*(t)\Big)}_{= \, g_R(t)} + j \cdot \underbrace{\frac{1}{2j}\Big(g(t) - g^*(t)\Big)}_{= \, g_I(t)}$$

$$\updownarrow$$

$$G(f) = \underbrace{\frac{1}{2}\Big(G(f) + G^*(-f)\Big)}_{= \, G_R(f) \, \leftrightarrow \, g_R(t)} + j \cdot \underbrace{\frac{1}{2j}\Big(G(f) - G^*(-f)\Big)}_{= \, G_I(f) \, \leftrightarrow \, g_I(t)} \quad .$$

Für den Realteil der Impulsantwort im Frequenzbereich beschrieben ergibt sich damit

$$\begin{aligned} G_R(f) &= 1 + \frac{1}{2}\big(\mathrm{sgn}(f + f_T) + \mathrm{sgn}(-f + f_T)\big) \\ &= 1 + \Pi\left(\frac{f}{2f_T}\right) \quad , \end{aligned}$$

der Imaginärteil hiervon hat die Frequenzfunktion

$$\begin{aligned} G_I(f) &= \frac{1}{2j}\Big(\mathrm{sgn}(f + f_T) - \mathrm{sgn}(-f + f_T)\Big) \\ &= \left(1 - \Pi\left(\frac{f}{2f_T}\right)\right)(-j) \cdot \mathrm{sgn}(f) \quad . \end{aligned}$$

Zur kompakteren Darstellung einer Rechteckfunktion wurde hier der griechische Großbuchstabe Π eingeführt. Der Grund dafür ist seine Ähnlichkeit mit der Rechteckfunktion. Wir schreiben

$$\Pi\left(\frac{f}{2f_T}\right) = \left\{ \begin{array}{lll} 1 & : & -f_T \leq f \leq f_T \\ 0 & : & \text{sonst} \end{array} \right.$$

und bezeichnen den Nenner des Arguments, $2f_T$, als die Basis der Π–Funktion. Bild 1.9 zeigt die Umsetzung der Struktur des modifizierten Hilbert–Transformators, wenn die Reihenfolge von Hilbert–Transformator und Produktmodulator vertauscht ist. Sie stellt den Zusammenhang $\left(S_{AM}^{(C)}(f) + j\,S_{AM}^{(S)}(f)\right) \cdot \left(G_R(f) + jG_I(f)\right)$ dar, wobei

$$\begin{aligned} s'_{AM}(t)\cos 2\pi f_T t &= s_{AM}^{(C)}(t) \longleftrightarrow S_{AM}^{(C)}(f) \quad , \\ s'_{AM}(t)\sin 2\pi f_T t &= s_{AM}^{(S)}(t) \longleftrightarrow S_{AM}^{(S)}(f) \quad . \end{aligned}$$

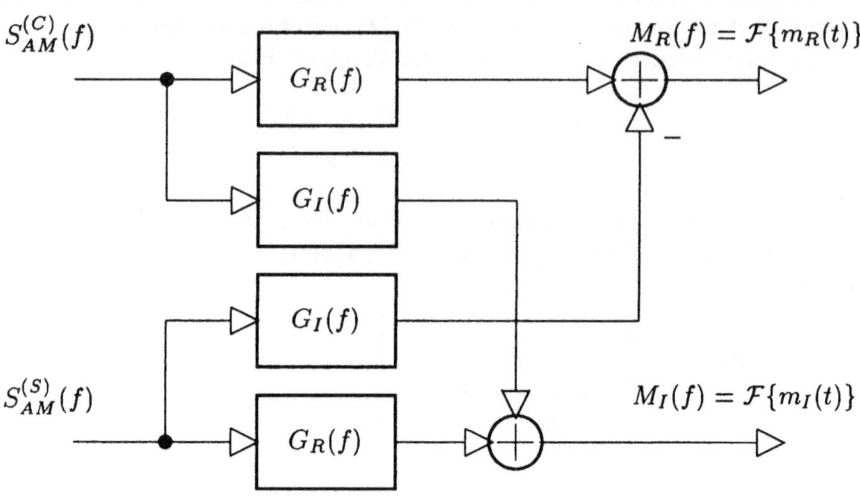

Bild 1.9   Umgesetzter Hilbert–Transformator

In der Darstellung ist die Produktbildung nicht gezeigt, die Eingangssignale des modifizierten Hilbert–Transformators sind $S_{AM}^{(C)}(f)$ für den Cosinuszweig und $S_{AM}^{(S)}(f)$ für den
Sinuszweig. Beide Anteile ergeben im Zeitbereich das Produkt $s'_{AM}(t)\,e^{j2\pi f_T t}$, der Realteil hiervon erscheint im oberen Zweig, der Imaginärteil im unteren. Das Ergebnis dieser
Betrachtung ist

$$S_{AM}^{(C)}(f)G_R(f) - S_{AM}^{(S)}(f)G_I(f) \;=\; M_R(f) \;\longleftrightarrow\; m_R(t) \quad,$$
$$S_{AM}^{(C)}(f)G_I(f) + S_{AM}^{(C)}(f)G_R(f) \;=\; M_I(f) \;\longleftrightarrow\; m_I(t) \quad.$$

Die Auswirkungen der Umsetzung sind wie folgt. Das herabgemischte AM–Signal liegt
im Frequenzbereich zentriert um $f = 0$ und $f = -2f_T$ vor. Die durch $G(f)$ beschriebene
verschobene Ausblendfunktion $1 + \mathrm{sgn}(f + f_T)$ bewirkt, dass lediglich der Tiefpassanteil
das Filter passieren kann. $G_R(f)$ ist ein Tiefpass, dem eine Allpasskomponente überlagert ist und dessen Übertragungsfunktion gewissermaßen auf einem Podest steht. $G_I(f)$
ist eine ideale Bandsperre mit Flanken der Filterkurven bei $\pm f_T$. Der Aufwand, der zu
betreiben ist, schlägt sich darin nieder, dass am Ausgang des Demodulators das Signal
$m(t)$ ohne Abschwächung vorliegt. Es findet keine Unterdrückung von Signalkomponenten statt, unerwünschte Komponenten bei $\pm 2f_T$ heben sich gegenseitig auf.

Auch die folgende Signalbetrachtung erläutert die vereinfachte Demodulationsstruktur,
in der die Hilbert–Transformation umgangen werden kann. Das Signal am Eingang des
Filters ist

$$
\begin{aligned}
s(t) \;&=\; s'_{AM}(t)\,e^{-j2\pi f_T t} \\
\;&=\; \frac{1}{2}\left(s_{AM}(t) + s_{AM}^{*}(t)\right) e^{-j2\pi f_T t} \\
\;&=\; \frac{1}{2}\left(m(t)\,e^{j2\pi f_T t} + m^{*}(t)\,e^{-j2\pi f_T t}\right) e^{-j2\pi f_T t}
\end{aligned}
$$

$$= \frac{1}{2}\, m(t) + \frac{1}{2}\, m^*(t)\, e^{-j2\pi 2 f_T t} \quad .$$

Mit dem Ziel vor Augen, am Ausgang des Demodulators das nachrichtentragende Modulationssignal $m(t)$ zu erhalten, ist es ersichtlich, dass hierzu lediglich ein reelles Tiefpassfilter, d.h. mit einer reellwertigen Impulsantwort erforderlich ist, um aus dem Signal $s(t)$ das modulierende Signal zurückzugewinnen, da gilt

$$\mathrm{TP}\,\{s(t)\} = \frac{1}{2}\cdot m(t) \quad .$$

Es ist daher offensichtlich, dass der Demodulator vereinfacht durch das Blockschaltbild, das Bild 1.10 zeigt, gegeben ist. Der Faktor 1/2 ist durch das Tiefpassfilter begründet, das Signalanteile gezielt unterdrückt, sodass das Ausgangssignal schwächer ist und eine geringere Energie bzw. Leistung aufweist als das Signal am Eingang. Die Realisierung

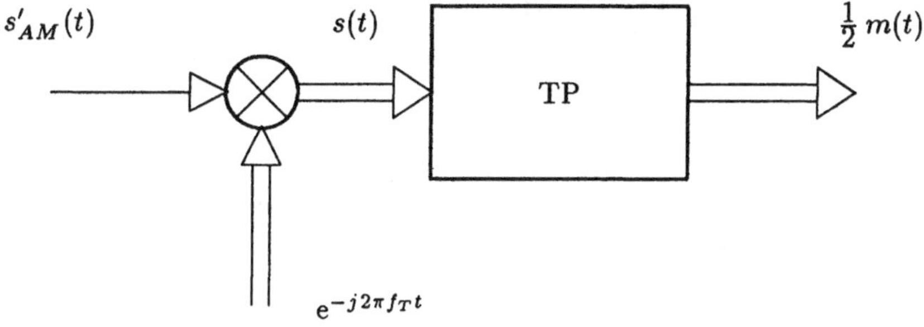

Bild 1.10   Demodulation von AM–Signalen

mit Tiefpassfiltern ist die weniger aufwendige. Die bei der praktischen Umsetzung von Hilbert–Transformatoren auftretenden Schwierigkeiten lassen in vielen Fällen die Tiefpassvariante trotz der hierbei auftretenden Sigalabschwächung vorteilhafter erscheinen.

1.4 Winkelmodulation

1.4.1 Der Modulationsvorgang

In diesem Abschnitt soll die analoge Winkelmodulation behandelt werden. Diese Modulationsart weist gegenüber der Amplitudenmodulation Vorteile auf, die zur Anwendung dieser Modulationsart z.B. im Mobilfunk führen. Die in diesem Abschnitt erarbeiteten Ergebnisse dienen später als Grundlage der digitalen Winkelmodulation.

Wie bei der AM handelt es sich bei der Winkelmodulation (WM) um eine Transformation von einem das Trägersignal modulierenden Tiefpass-Signal, $m(t)$, in ein Bandpass-Signal. Im Gegensatz zu der AM beeinflusst $m(t)$ ausschließlich das Argument des i.a. komplexen Eintonträgersignals, nicht jedoch dessen Einhüllende, diese Größe bleibt konstant. Bevor wir uns wichtigen Sonderfällen zuwenden, betrachten wir zunächst das allgemeine winkelmodulierte Signal, $\varphi(t)$. Wie in Bild 1.11 dargestellt, durchläuft das Modulationssignal, $m(t)$, zuerst ein Formungsfilter mit der Impulsantwort $h(t)$. Setzen wir ein kausales Filter voraus, resultiert dies in dem Argument des Trägersignals, in $2\pi f_T t + \int_{-\infty}^{t} m(\tau)h(t-\tau)d\tau$, wobei das Integral gegebenenfalls im Distributionensinn zu verstehen ist. Somit ergibt sich für das winkelmodulierte Signal

$$\varphi_{WM}(t) = e^{j\left(2\pi f_T t + \int_{-\infty}^{t} m(\tau)h(t-\tau)d\tau\right)} \quad .$$

Hierin ist ersichtlich, dass der Betrag dieses Signals konstant, also unabhängig von dem modulierenden Signal ist. Eine konstante Einhüllende ist eine wichtige Besonderheit von winkelmodulierten Signalen. Das Filter beeinflusst die Bandbreite des resultierenden

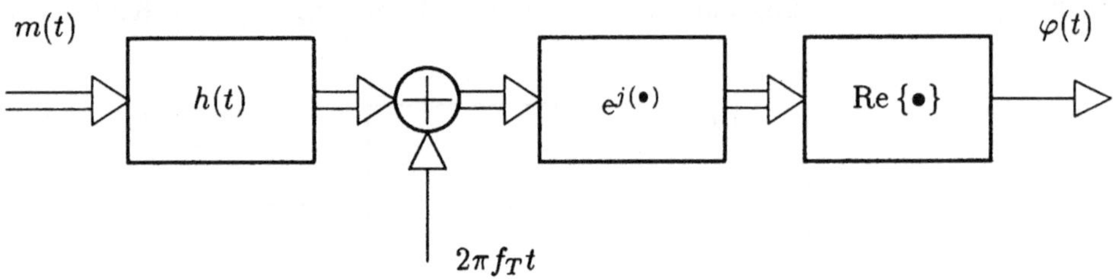

Bild 1.11   Winkelmodulator

Signals, $\varphi_{WM}(t)$. Die bereits erwähnten Sonderfälle ergeben sich zum einen für die Impulsantwort der Form

$$h(t) = k_p \delta(t)$$

und damit zu

$$\varphi_{WM}(t) = \varphi_{PM}(t) = e^{j\left(2\pi f_T t + k_p m(t)\right)} \quad .$$

Hierbei moduliert $m(t)$ direkt die Phase des Trägersignals. Man spricht daher von der Phasenmodulation (PM). Die Modulationstiefe ist durch den Modulationsindex k_p gegeben. Zum anderen führt

$$h(t) = k_f u(t), \quad u(t) = \int_{-\infty}^{t} \delta(\tau)d\tau$$

zu

$$\varphi_{WM}(t) = \varphi_{FM}(t) = e^{j\left(2\pi f_T t + k_f \int_{-\infty}^{t} m(\tau)d\tau\right)} \quad .$$

In diesem Fall moduliert $m(t)$ die zeitabhängige Frequenz des Trägersignals, die durch

$$f(t) = \frac{1}{2\pi}\frac{d}{dt}\left(2\pi f_T t + k_f \int_{-\infty}^{t} m(\tau)d\tau\right)$$

$$= f_T + \frac{k_f}{2\pi}m(t)$$

beschrieben ist. Dieser Ausdruck gibt die Momentanfrequenz an und zeigt, dass sich das Modulationssignal direkt auf die Frequenz auswirkt. Aus diesem Grund liegt eine

Frequenzmodulation (FM) vor. Der Modulationsindex k_f ist ein Maß für die Modulationstiefe. Beide Modulationsarten sind durch einen Integrator bzw. Differentiator ineinander überführbar. Für PM-Signale wird $m(t)$, mit k_p multipliziert, der Trägerphase direkt überlagert. Bei der FM muss $m(t)$ vor der Überlagerung zunächst einen Integrator durchlaufen.

Bei der praktischen Umsetzung ist in den meisten Fällen ein spannungsgesteuerter Oszillator (engl.: *voltage controlled oscillator* $\hat{=}$ VCO) eingesetzt. Hierbei handelt es sich um eine direkte Umsetzung des Eingangssignals, $m(t)$, in ein Eintonsignal der Momentanfrequenz $f(t)$. Den Zusammenhang gibt die mit $f(t)$ angegebene Gerade mit der Konstanten f_T und der Steigung $k_f/2\pi$ an. Eine PM ist auch mit einem VCO möglich. Hierzu muss ein Differentiator dem VCO vorgeschaltet werden. Es ist offensichtlich, dass es sich hierbei um ein nichtlineares System handelt. Es liegt bei der Frequenz/Spanungskennline zwar eine Gerade vor, sie durchläuft jedoch nicht den Ursprung. Die Koeffizienten der Taylor–Reihe dieser Kennlinie sind $c_0 = f_T$ und $c_1 = k_f/2\pi$. Wie weiter oben dargestellt, führt jeder Koeffizient, der neben c_1 vorliegt, zu Nichtlinearitäten. Dies ist auch der Grund für den erhöhten Bandbreitebedarf von winkelmodulierten Signalen, wie im folgenden Abschnitt behandelt.

1.4.2 WM–Spektrum von Ein– und Mehrtonsignalen

Zunächst betrachten wir ein Eintonsignal und ermitteln das zugehörige Spektrum. Periodische Signale können einer Reihenentwicklung nach Fourier unterzogen werden, stellen also Mehrtonsignale dar. Die Frequenzfunktionen dieser Signale ergeben sich aus denen von Eintonsignalen. Hierbei ist zu bedenken, dass wegen des nichtlinearen Zusammenhangs eine Linearkombination von Eintonsignalen am Eingang des VCO nicht zu einer entsprechenden Linearkombination von Einzelreaktionen führt. Aperiodische Signale und deren Spektren werden im anschließenden Abschnitt behandelt.

Gegeben ist das Eintonsignal

$$a(t) = \sin 2\pi f_m t$$

und damit das winkelmodulierte Signal

$$\varphi_{WM}(t) = e^{jk\,a(t)} \cdot e^{j2\pi f_T t} \quad .$$

mit f_T als der Trägerfrequenz. Den Tiefpassanteil hiervon betrachten wir in der Reihendarstellung, die zugehörigen Frequenzanteile ergeben sich bei der Betrachtung der einzelnen Summanden,

$$e^{jk\,a(t)} = 1 + jk\,a(t) + \frac{(jk)^2}{2!}a^2(t) + \frac{(jk)^3}{3!}a^3(t) + \cdots$$

$$\updownarrow$$

$$\mathcal{F}\{e^{jk\,a(t)}\} = \delta(f) + jk \cdot A(f) + \frac{(jk)^2}{2!}A^{*2}(f) + \frac{(jk)^3}{3!}A^{*3}(f) + \cdots \quad .$$

Das Signal $a(t)$ ist periodisch mit der Grundfrequenz f_m, $e^{jk\,a(t)}$ ist damit ebenfalls periodisch und weist die gleiche Grundfrequenz auf. Somit kann dieses Signal durch eine

Fourier–Reihe beschrieben werden,

$$e^{jk\,a(t)} \;=\; \sum_{n=-\infty}^{\infty} \alpha_n e^{j2\pi n f_m t}$$

$$\updownarrow$$

$$\mathcal{F}\{e^{jk\,a(t)}\} \;=\; \sum_{n=-\infty}^{\infty} \alpha_n \delta(f - n f_m) \quad .$$

Bei dieser Darstellung wird eine abkürzende Schreibweise verwendet, nämlich $a^n(t) \longleftrightarrow A^{*n}(f)$. Im Zeitbereich gibt der Exponent, n, an, wieviel Signale $a(t)$ miteinander multipliziert werden sollen. Im Frequenzbereich ergibt sich aus der Multiplikation eine Faltung, $*n$ gibt somit an, wieviel Spektren $A(f)$ miteinander gefaltet werden. Eine Faltung von Linienspektren ist mit der Produktbildung von entsprechenden Polynomen vergleichbar. Bei der Potenzierung von einem Polynom, das das modulierende Signal $a(t)$ im Frequenzbereich

$$a(t) \;=\; \sin 2\pi f_m t$$

$$\updownarrow$$

$$A(f) \;=\; \frac{1}{2j}\delta(f - f_m) - \frac{1}{2j}\delta(f + f_m)$$

beschreibt, ergeben sich mit Hilfe des Pascalschen Dreiecks die Gewichtsfaktoren der einzelnen Spektrallinien. Die Elemente der Tabelle 1.1 sind durch die Binomialkoeffizienten

M	$4f_m$	$3f_m$	$2f_m$	f_m	0	$-f_m$	$-2f_m$	$-3f_m$	$-4f_m$
0				↓	1				
1				1		-1			
2			1	↓	-2		1		
3		1		-3		3		-1	
4	1		-4	↓	6		-4		1
5			.	10		.		.	
.		.		↓		.	.		.
.			.	α_1		.		.	

Tabelle 1.1   Pascalsches Dreieck für $(x - x^{-1})^M$

$$\binom{M}{m} = \frac{M!}{m!(M - m)!} \quad , \qquad 0 \le m \le M$$

gegeben. In diesem Ausdruck steht M für den betrachteten Exponenten und m für das Element der zugehörigen Zeile. Die Faltung von Linienspektren ist einfach durch eine

Polynomdarstellung zu beschreiben. Die Spektrallinien sind darstellbar durch

$$\delta(f - f_m) - \delta(f + f_m) \equiv x - x^{-1} \quad ,$$

wobei $\delta(f - lf_m) \equiv x^l$ gilt. Der folgende Ausdruck ist äquivalent zur Faltung, wobei der Zusammenhang

$$\left(\delta(f - f_m) - \delta(f + f_m)\right)^{*2} \equiv (x - x^{-1})^2$$

$$\delta(f - 2f_m) - 2\delta(f) + \delta(f + 2f_m) \equiv x^2 - 2x^0 + x^{-2}$$

oder allgemein

$$\left(\delta(f - f_m) - \delta(f + f_m)\right)^{*n} \equiv (x - x^{-1})^n$$

und weiterhin

$$\delta(f - lf_m) * \delta(f + kf_m) \equiv x^l \cdot x^{-k}$$

$$\delta\left(f - (l - k)f_m\right) \equiv x^{l-k}$$

besteht. Nun ist offensichtlich, dass die Gewichtsfaktoren durch die Binomialkoeffizienten und damit dem Pascalschen Dreieck gegeben sind[2]. Die Betrachtung für die Spektrallinie $f = f_m$ und damit für α_1 resultiert in

$$\begin{aligned}
\alpha_1 &= 1 \cdot \frac{jk}{2j} - 3 \cdot \frac{1}{3!}\left(\frac{jk}{2j}\right)^3 + 10 \cdot \frac{1}{5!}\left(\frac{jk}{2j}\right)^5 \pm \cdots \\
&= \frac{1}{0!1!}\frac{k}{2} - \frac{1}{1!2!}\left(\frac{k}{2}\right)^3 + \frac{1}{2!3!}\left(\frac{k}{2}\right)^5 \pm \cdots \quad .
\end{aligned}$$

Hier ist der Vergleich mit den Besselschen Funktionen 1. Art, n. Ordnung

$$J_n(x) = \sum_{k=0}^{\infty} \frac{(-1)^k}{k!(n+k)!}\left(\frac{x}{2}\right)^{n+2k}$$

hilfreich. Dieser liefert

$$\alpha_n = J_n(k)$$

und

$$\alpha_{-n} = (-1)^n \alpha_n \quad .$$

Bild 1.12 zeigt den Verlauf für $n = 0$ bis 5. Damit ist das WM–Signal durch

$$\begin{aligned}
\varphi'_{WM}(t) = \operatorname{Re}\{\varphi_{WM}(t)\} &= \operatorname{Re}\left\{\sum_{n=-\infty}^{\infty} J_n(k)e^{j2\pi(f_T + nf_m)t}\right\} \\
&= \sum_{n=-\infty}^{\infty} J_n(k)\cos\left(2\pi(f_T + nf_m)t\right)
\end{aligned}$$

---

[2]Eine alternative Vorgehensweise direkt im Zeitbereich liefert dasselbe Ergebnis. Setzen wir $\xi = e^{j2\pi f_m t}$ und bedenken, dass $\xi^l = e^{j2\pi lf_m t}$ die Schwingung mit der l–fachen Modulationsfrequenz beschreibt, so ergeben die Amplituden der jeweiligen Eintonsignale die Gewichte der zugehörigen Spektrallinie. Dem Interessierten sei die Herleitung der Ergebnisse auf diesem Weg selbst überlassen.

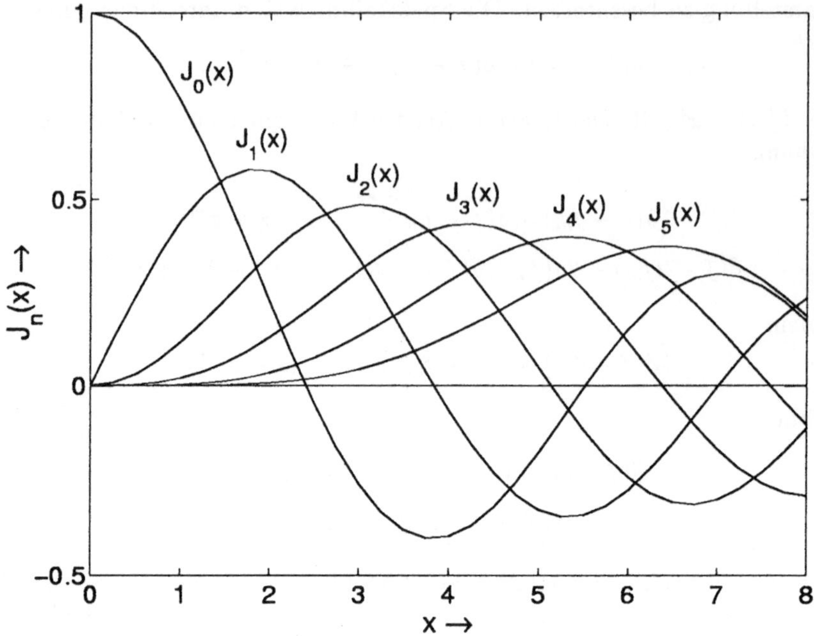

Bild 1.12   Besselsche Funktionen der 1. Art, n. Ordnung

beschrieben. Speziell für ein FM–Signal erhalten wir mit dem modulierenden Signal

$$m(t) = 2\pi f_m \cdot \cos 2\pi f_m t$$

und damit

$$\begin{aligned}
a(t) &= \sin 2\pi f_m t \\
&= 2\pi f_m \cdot \int_{-\infty}^{t} \cos 2\pi f_m \tau \, d\tau
\end{aligned}$$

die Phase

$$\phi(t) = 2\pi f_T t + k \cdot \sin 2\pi f_m t$$

und somit die momentane Frequenz

$$\begin{aligned}
f_i(t) &= \frac{1}{2\pi} \frac{d}{dt} \phi(t) \\
&= f_T + k f_m \cdot \cos 2\pi f_m t \quad .
\end{aligned}$$

Diese variiert somit in den Grenzen von

$$f_T - k f_m \ \leq \ f_i(t) \ \leq \ f_t + k f_m \quad ,$$

wobei $k f_m = \Delta f$ den Modulationshub darstellt. Hiermit erhalten wir für den Faktor

$$k = \frac{\Delta f}{f_m} \quad .$$

Ist $a(t) = \cos 2\pi f_m t$, ergibt sich ein ähnliches Ergebnis. Das Spektrum hiervon ist linienförmig und hat die Form

$$A(f) = \frac{1}{2}\delta(f - f_m) + \frac{1}{2}\delta(f + f_m) \equiv \frac{1}{2}\left(x + x^{-1}\right) \quad .$$

Interessierten ist es selbst überlassen, die Fourier–Koeffizienten zu berechnen. Das Ergebnis hierfür ist

$$\alpha_n = \alpha_{-n} = j^{|n|} J_{|n|}(k) \quad ,$$

was zu der Darstellung

$$\phi_{FM}(f) = \sum_{n=-\infty}^{\infty} j^{|n|} J_{|n|}(k)\delta(f - nf_m) * \delta(f - f_T)$$

$$\updownarrow$$

$$\varphi_{FM}(t) = \sum_{n=-\infty}^{\infty} j^{|n|} J_{|n|}(k)e^{j 2\pi(f_T + nf_m)t}$$

führt. Das reelle FM–Signal ist somit

$$\begin{aligned}
\varphi'_{FM}(t) &= \mathrm{Re}\left\{\varphi_{FM}(t)\right\} \\
&= \sum_{n=-\infty}^{\infty} J_{|n|}(k)\mathrm{Re}\left\{j^{|n|}e^{j\left(2\pi(f_T + nf_m)t\right)}\right\} \\
&= \sum_{n=-\infty}^{\infty} J_{|n|}(k)\cos\left(2\pi(f_T + nf_m)t + |n|\frac{\pi}{2}\right) \quad .
\end{aligned}$$

Zur Betrachtung des Spektrums eines allgemeinen periodischen Signals der Grundfrequenz f_m betrachten wir zunächst den Fall

$$a(t) = \alpha_1 \sin 2\pi f_1 t + \alpha_2 \sin 2\pi f_2 t \quad .$$

Hiermit ergibt sich für den Tiefpassanteil des winkelmodulierten Signals im Zeitbereich

$$\begin{aligned}
e^{jk\, a(t)} &= e^{j\left(k\alpha_1 \sin 2\pi f_1 t + k\alpha_2 \sin 2\pi f_2 t\right)} \\
&= e^{jk\alpha_1 \sin 2\pi f_1 t} \cdot e^{jk\alpha_2 \sin 2\pi f_2 t}
\end{aligned}$$

und im Frequenzbereich

$$\begin{aligned}
\mathcal{F}\left\{e^{jk\, a(t)}\right\} &= \left(\sum_{m=-\infty}^{\infty} J_m(k_1)\cos\left(2\pi m f_1 t\right)\right) \\
&\quad * \left(\sum_{n=-\infty}^{\infty} J_n(k_2)\cos\left(2\pi n f_2 t\right)\right) \quad .
\end{aligned}$$

Jedes Eintonsignal für sich betrachtet weist ein Linienspektrum auf, dessen Spektrallinien äquidistant im Abstand der Frequenz des Eintonsignals vorliegen. Das Spektrum des Summensignals zweier Eintonsignale ist somit das Faltungsprodukt der beiden Einzelspektren. Hierdurch wird klar, dass für ein allgemeines periodisches Signal der Form

$$a(t) = \alpha + \sum_{\kappa=1}^{\infty} \beta_\kappa \cos 2\pi\kappa f_m t + \sum_{\mu=1}^{\infty} \gamma_\mu \sin 2\pi\mu f_m t$$

das resultierende Spektrum mit Hilfe der Polynomschreibweise durch

$$\mathcal{F}\{e^{jk\,a(t)}\} \equiv e^{jk\alpha} \cdot \left(\prod_{\kappa=1}^{\infty} \sum_{\lambda=-\infty}^{\infty} j^{|\lambda|} J_{|\lambda|}(k\beta_\kappa) \cdot x^{\kappa\lambda} \right)$$
$$\cdot \left(\prod_{\mu=1}^{\infty} \sum_{\nu=-\infty}^{\infty} J_\nu(k\gamma_\mu) \cdot x^{\mu\nu} \right)$$

gegeben ist. Sämtliche Anteile der Grundfrequenz sowie der einzelnen Harmonischen werden miteinander gefaltet.

In manchen Fällen ist es jedoch angebracht, die kompaktere Darstellung der Fourier-Reihe

$$a(t) = \sum_{n=-\infty}^{\infty} \alpha_n e^{j2\pi n f_m t}$$

anzuwenden. Für reelle Signale, also für $\alpha_n = \alpha^*_{-n} = |\alpha_n| e^{j\varphi_n}$ gilt mit der Aufteilung in

$$e^{jk\,a(t)} = \ldots \cdot f_{-2}(t) \cdot f_{-1}(t) \cdot f_0(t) \cdot f_1(t) \cdot f_2(t) \cdot \ldots$$

für die einzelnen Terme, hier für $n = 0$

$$f_0(t) = e^{jk\alpha_0}$$

und für den Rest, d.h. für $n \geq 0$

$$f_n(t) \cdot f_{-n}(t) = e^{j\alpha_n e^{j2\pi n f_m t}} \; e^{j\alpha_{-n} e^{-j2\pi n f_m t}}$$
$$\updownarrow$$
$$\mathcal{F}\{f_n(t) \cdot f_{-n}(t)\} \equiv \left(1 + jk\alpha_n x^n + \frac{(jk\alpha_n)^2}{2!} \cdot x^{2n} + \ldots \right)$$
$$\cdot \left(1 + jk\alpha_{-n} x^{-n} + \frac{(jk\alpha_{-n})^2}{2!} \cdot x^{-2n} + \ldots \right)$$
$$= \ldots + \beta_{-1,n} x^{-n} + \beta_{0,n} + \beta_{1,n} x^n + \beta_{2,n} x^{2n} + \ldots \quad ,$$

mit

$$\beta_{l,n} = \beta^*_{-l,n} = J_{|l|}(2k|\alpha_n|) \cdot j^{|l|} \cdot e^{jl\varphi_n} \quad .$$

Dies resultiert in

$$\mathcal{F}\{e^{jk\,a(t)}\} \equiv e^{jk\alpha_0} \prod_{n=1}^{\infty} \sum_{p=-\infty}^{\infty} \beta_{p,n} x^{p\cdot n} \quad ,$$

wobei wiederum die abkürzende Schreibweise $x^l \equiv \delta(f - l f_m)$ gilt und die Produktbildung der Polynome der entsprechenden Faltung entspricht. An diesem Ergebnis ist erkennbar, dass es sich bei der Winkelmodulation um einen nichtlinearen Vorgang handelt.

Wie oben bereits bemerkt, führen Linearkombinationen von Eingangssignalen nicht zu entsprechenden Linearkombinationen der Einzelreaktionen. Weiterhin führt die Faltung von Frequenzfunktionen zu einer Verbreiterung der belegten Bandbreite. WM–Signale belegen eine weitaus größere Bandbreite als das modulierende Signal.

1.4.3 WM–Spektrum von aperiodischen Signalen

In diesem Abschnitt werden aperiodische Signale und deren Spektren behandelt. Bei periodischen Signalen mit der Periode $T_m = 1/f_m$ ergibt sich ein Linienspektrum, dessen Frequenzanteile im Abstand f_m vorliegen. Die Einhüllende der Spektrallinien ist durch die Form des periodisch fortgesetzten Signals im Zeitbereich und der Fourier-Transformierten hiervon gegeben.

Als Beispiel, auf das im Abschnitt über digitale Modulationsverfahren zurückgegriffen wird, betrachten wir das modulierende WM–Signal

$$m(t) = \Pi\left(\frac{t}{T}\right) \quad,$$

ein rechteckörmiges Signal mit der Basis T. Wie bereits bemerkt, steht im vorliegenden Text der griechische Großbuchstabe Π für eine Rechteckfunktion, d.h.

$$\Pi\left(\frac{t}{T}\right) = \left\{ \begin{array}{lll} 1 & : & -\frac{T}{2} \leq t \leq \frac{T}{2} \\ 0 & : & \text{sonst} \end{array} \right. .$$

Der Grund hierfür liegt in der Ähnlichkeit von Π mit dem Funktionsverlauf, den er darstellt. Damit ergibt sich für das winkelmodulierende Signal

$$\begin{aligned} a(t) &= \int_{-\infty}^{t} m(\tau)d\tau \\ &= \left\{ \begin{array}{lll} 0 & : & t \leq -\frac{T}{2} \\ t + \frac{T}{2} & : & -\frac{T}{2} \leq t \leq \frac{T}{2} \\ T & : & t \geq \frac{T}{2} \end{array} \right. . \end{aligned}$$

und mit der oben eingeführten abkürzenden Schreibweise

$$a(t) = t \cdot \Pi\left(\frac{t}{T}\right) + \frac{T}{2} + \frac{T}{4}\,\text{sgn}\left(\frac{T}{2}\right) + \frac{T}{4}\,\text{sgn}\left(t + \frac{T}{2}\right) \quad.$$

Hiermit erhalten wir für das WM–Signal

$$e^{jk\,a(t)} = e^{jk\frac{T}{2}} \cdot e^{jkt\Pi\left(\frac{t}{T}\right)} \cdot e^{jk\frac{T}{4}\text{sgn}\left(t - \frac{T}{2}\right)} \cdot e^{jk\frac{T}{4}\text{sgn}\left(t + \frac{T}{2}\right)}$$

und damit den Ansatz für das zugehörige Spektrum

$$\mathcal{F}\left\{e^{jk\,a(t)}\right\} = e^{jk\frac{T}{2}} \cdot \mathcal{F}\left\{e^{jkt\Pi\left(\frac{t}{T}\right)}\right\} * \mathcal{F}\left\{e^{jk\frac{T}{4}\text{sgn}\left(t - \frac{T}{2}\right)}\right\}$$

$$* \mathcal{F}\left\{e^{jk\frac{T}{4}\text{sgn}\left(t + \frac{T}{2}\right)}\right\} \quad.$$

Mit den einzelnen Beiträgen

$$S_1(f) \;=\; \mathcal{F}\big\{ e^{jkt\Pi(\frac{t}{T})} \big\}$$

$$=\; \delta(f) - T\,\mathrm{si}(\pi f T) + T\,\mathrm{si}\left(\pi f T - k\frac{T}{2}\right)$$

und

$$S_{23}(f) \;=\; \mathcal{F}\big\{ e^{jk\frac{T}{4}\mathrm{sgn}(t-\frac{T}{2})} \big\} * \mathcal{F}\big\{ e^{jk\frac{T}{4}\mathrm{sgn}(t+\frac{T}{2})} \big\}$$

$$=\; \left(\cos k\frac{T}{4}\,\delta(f) + j\sin k\frac{T}{4}\,H_S(f)\,e^{-j\pi f T} \right)$$

$$* \left(\cos k\frac{T}{4}\,\delta(f) + j\sin k\frac{T}{4}\,H_S(f)\,e^{j\pi f T} \right)$$

ergibt sich mit den Zwischenergebnissen

$$T\,\mathrm{si}(\pi f T) * T\,\mathrm{si}(\pi f T) \;=\; T\,\mathrm{si}(\pi f T) \quad ,$$

$$T\,\mathrm{si}(\pi f T) * T\,\mathrm{si}\left(\pi f T - k\frac{T}{2}\right) \;=\; T\,\mathrm{si}\left(\pi f T - k\frac{T}{2}\right) \quad ,$$

$$\left(H_S(f)\cos(\pi f T) \right) * T\,\mathrm{si}(\pi f T) \;=\; -jT\,\mathrm{si}\left(\pi f \frac{T}{2}\right)\sin\left(2\pi f 3\frac{T}{2}\right)$$

und weiterhin mit der Fourier–Transformierten der Signumfunktion,

$$H_S(f) = \begin{cases} -j\dfrac{1}{\pi f} & : \quad f \neq 0 \\[2mm] 0 & : \quad f = 0 \end{cases} \quad ,$$

das resultierende Spektrum

$$\mathcal{F}\big\{ e^{jk\,u(t)} \big\} = S_1(f) * S_{23}(f)$$

$$= e^{jk\frac{T}{2}}\left[\left(\cos^2 k\frac{T}{4} - \sin^2 k\frac{T}{4} \right) \cdot \delta(f) \right.$$

$$+ j\sin^2 k\frac{T}{2}\cdot H_S(f)\cos\pi f T - \left(\cos^2 k\frac{T}{4} - \sin^2 k\frac{T}{4} \right)\cdot T\,\mathrm{si}(\pi f T)$$

$$- \sin k\frac{T}{2}\,\sin 3\pi f T \cdot T\,\mathrm{si}\left(\pi f \frac{T}{2}\right) + T\,\mathrm{si}\left(\pi\left(f - \frac{k}{2\pi}\right)T\right)$$

$$\left. + \sin k\frac{T}{2}\,\sin\left(3\pi\left(f - \frac{k}{2\pi}\right)T\right)\cdot T\,\mathrm{si}\left(\pi\left(f - \frac{k}{2\pi}\right)\frac{T}{2}\right) \right] \quad .$$

Hieran ist ersichtlich, dass – abgesehen von der Linie im Ursprung – ein kontinuierliches Spektrum vorliegt. Die Bandbreite hängt von dem Modulationsindex k ab. Wird dieser erhöht, verschieben sich zwei si–Anteile der oben aufgeführten Beziehung weiter nach rechts zu höheren Frequenzen hin. Zur Abschätzung des Bandbreitebedarfs kann die Carson–Bandbreite herangezogen werden. Der von $m(t)$, an einen VCO angelegt, überstrichene Frequenzbereich beträgt ohne Berücksichtigung der Übergänge von null nach eins und zurück $0 \le f(t) - f_T \le k/2\pi$. Hinzu kommt nach Carson die Bandbreite des modulierenden Signals, die durch den Zusammenhang

$$m(t) = \Pi\left(\frac{t}{T}\right) \quad \longleftrightarrow \quad M(f) = T\,\mathrm{si}\,(\pi f T)$$

festgelegt werden kann. Betrachten wir lediglich den Abstand zwischen den ersten Nullstellen bei $\pm 1/T$ und legen ihn als Bandbreite fest, ergibt sich für die Carson-Bandbreite $B_C = 2/T + k/2\pi$. Auf dieses Ergebnis kommen wir auch bei der Betrachtung der berechneten Frequenzfunktion. Das Ausgangssignal des VCO im Frequenzbereich ist ein um die Trägerfrequenz f_T nach rechts verschobenes Tiefpass–Signal, $\mathcal{F}\left\{e^{jk \cdot a(t)}\right\}$, und der Überlagerung einer konjugiert komplexen, frequenzinvertierten Version hiervon. Der zweite, um $k/2\pi$ verschobene und unbewertete si–Term beschreibt die obere Grenze, der erste si–Term im negativen Frequenzbereich die untere Grenze des belegten Spektrums. Werden zur Betrachtung der Bandbreite die entsprechenden ersten Nullstellen herangezogen, ergibt sich für die untere Grenzfrequenz $f_u = f_T - 1/T$ und für die obere $f_o = f_T + 1/T + k/2\pi$. Die Differenz führt auf den Wert von B_C. Dies zeigt Bild 1.13, wobei hier der Wert $k = 4\pi$ gilt.

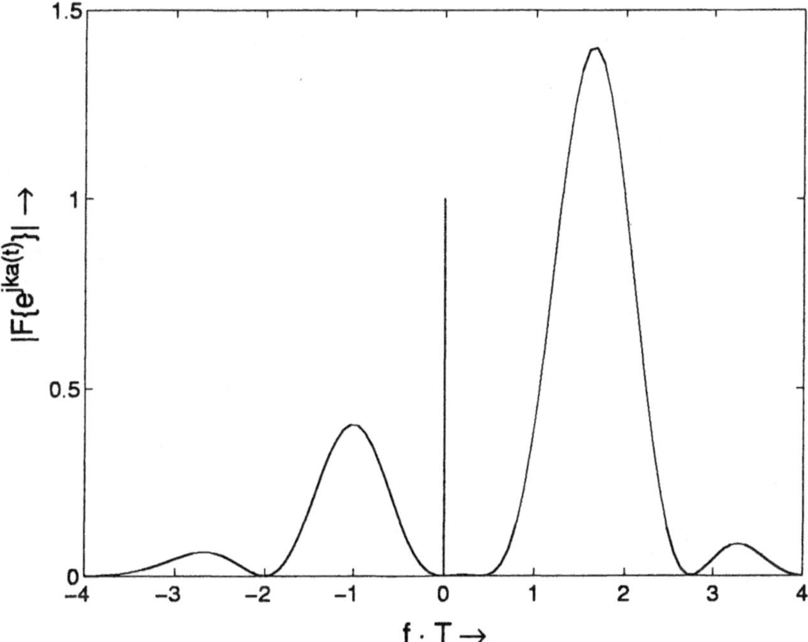

Bild 1.13   FM–Spektrum für ein modulierendes Rechtecksignal

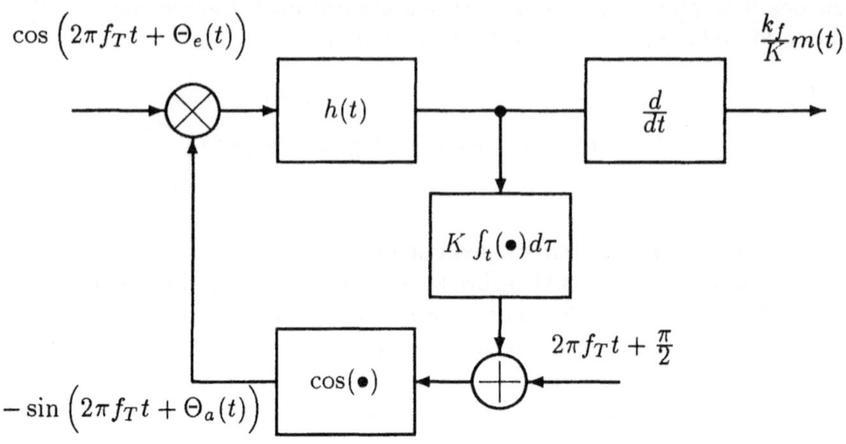

Bild 1.14   Phasenregelkreis

1.4.4   Der Demodulationsvorgang

Der Demodulationsvorgang von winkelmodulierten Signale ist wegen der innewohnenden
Nichtlinearitäten aufwendiger als bei dem amplitudenmodulierter Signale. In der Regel
kommen Phasenregelschleifen zum Einsatz, wie etwa die PLL (engl.: *phase-locked loop*),
die in jedem herkömmlichen Rundfunkempfänger vorzufinden sind. Besonders bei stark
verrauschten Signalen und geringen S/N–Verhältnissen ist diese Art der Demodulation
sehr effektiv. Aus diesem Grund soll sie hier behandelt werden. Die Demodulation von
WM–Signalen ist auch Inhalt des Kapitels über digitale Modulation.

Zum Grundverständnis der Funktionsweise der PLL betrachten wir das Blockschaltbild,
das in Bild 1.14 dargestellt ist. Es besteht aus einem Multiplizierer, der oft als Phasen-
diskriminator bezeichnet wird, einem Schleifenfilter mit der Impulsantwort $h(t)$, einer
Nichtlinearität mit einer cosinusförmigen Übertragungskennlinie und einem Ausgangs-
filter. Das WM–Signal cos $\left(2\pi f_T t + \Theta_e(t)\right)$ erregt diese Regelschleife, wobei $\Theta_e(t)$ wie
oben beschrieben das modulierende Signal, $m(t)$, enthält. Um zum Phasenverlauf des
WM–Signals zu gelangen, multiplizieren wir dieses Signal mit einem ähnlichen Signal.
Der Unterschied hierzwischen liegt in den Phasenanteilen $\Theta_a(t)$ und $\Theta_e(t)$ und weiter einem 90°–Phasenunterschied. Dieser ist erforderlich, um ein Regelsignal zu erhalten, das
dem Vorzeichen der Abweichung folgt. Mögliche, z.B. durch einen Doppler–Versatz her-
vorgerufene Frequenzversätze können in den Phasenanteilen berücksichtigt werden. Dies
drückt sich dann durch einen zusätzlichen rampenförmigen Verlauf aus, wobei der Anstieg den Frequenzversatz darstellt. Vor dem Schleifenfilter, das einen Tiefpasscharakter
aufweist, liegt das Produktsignal

$$
\begin{aligned}
s_1(t) &= -\cos\left(2\pi f_T + \Theta_e(t)\right) \cdot \sin\left(2\pi f_T + \Theta_a(t)\right) \\
&= \frac{1}{2}\sin\left(\Theta_e(t) - \Theta_a(t)\right) + \frac{1}{2}\sin\left(2\pi 2 f_T t + \Theta_a(t) + \Theta_e(t)\right)
\end{aligned}
$$

an. Es ist deutlich, dass dieses Signal einen Tiefpassanteil und einen Bandpassanteil aufweist. Nehmen wir an, dass in der Schleife lediglich der Tiefpassanteil wirksam ist und der ohnehin hochfrequente Bandpassanteil unterdrückt wird, erhalten wir am Ausgang des Filters das effektive Phasensignal

$$s_2(t) = \frac{1}{2} \int_{-\infty}^{t} \sin\Big(\Theta_a(\tau) - \Theta_e(\tau)\Big) h(t - \tau) d\tau \quad ,$$

wobei die Kausalität des Schleifenfilters berücksichtigt ist. Zunächst gilt für dieses Filter $h(t) = \delta(t)$. Hierfür erhalten wir die Signalsituation $s_1(t) = s_2(t)$ und damit

$$\Theta_\Delta(t) = \Theta_e(t) - K \int_{-\infty}^{t} s_1(\tau) d\tau \quad .$$

Die Konstante K steht für den Modulationsindex und gibt die Steigung der Frequenz/Spannungs–Kennlinie eines VCO an. Die Integralgleichung resultiert in der nichtlinearen Integrodifferentialgleichung

$$\frac{d}{dt}\Theta_\Delta(t) = \Theta_e(t) - \frac{K}{2} \int_{-\infty}^{t} \sin\Theta_\Delta(\tau) d\tau \quad .$$

Die PLL mit diesem Schleifenfilter trägt die Bezeichnung PLL erster Ordnung. Interessant ist der Fall für

$$h(t) = u(t) = \frac{1}{2}\Big(1 + \operatorname{sgn}(t)\Big) \quad ,$$

also einem Integrierer als Schleifenfilter. Damit ergibt sich das Ausgangssignal dieses Filters zu

$$s_2(t) = \frac{1}{2} \int_{-\infty}^{t} \sin\Theta_\Delta(\tau) d\tau$$

und weiter für die Phasenabweichung

$$\Theta_\Delta(t) = \Theta_e(t) - \frac{K}{2} \int_{-\infty}^{t} \sin\Theta_\Delta(\tau) d\tau \quad .$$

Ist die Eingangsphase gleich null, ergibt sich aus der Integrodifferentialgleichung die Differentialgleichung

$$\frac{d^2}{dt^2}\Theta_\Delta(t) + \frac{K}{2} \sin\Theta_\Delta(t) = 0 \quad ,$$

die aus der Physik bekannt ist. Sie beschreibt den Verlauf eines Pendels. Für den ausgeregelten Zustand erhalten wir für $s_2(t)$

$$\Theta_a(t) \;=\; K \int_{-\infty}^{t} s_2(\tau) d\tau$$

$$\approx\; \Theta_e(t) = k_f \int_{-\infty}^{t} m(\tau) d\tau$$

und damit als Antwort eines nachgeschalteten Differenzierglieds hierauf

$$s_2(t) \approx \frac{k_f}{K} m(t) \quad .$$

Das nachgeschaltete Ausgangsfilter liefert am Ausgang das gewünschte, zu detektierende Signal $m(t)$ und kann als Frequenzsignal bezeichnet werden. Das nichtlineare Übertragungsglied mit seinem Ein- und Ausgangssignal und dem vorgeschalteten Integrierer stellt einen spannungsgesteuerten Oszillator dar. Für kleine Werte von $\Theta_\Delta(t)$ kann der Regelkreis durch $\sin x \approx x$ linearisiert werden, was eine nähere Betrachtung vereinfacht.

Spätestens bei der Betrachtung der nichtlinearen Integrodifferentialgleichung gelangt man zu der Einsicht, dass eine genaue Lösung der Vorgänge innerhalb einer PLL für den allgemeinen Fall nicht ohne weiteres gefunden werden kann. Zudem kommt ein weiterer Punkt hinzu. Liegen bestimmte Parameter vor, verhält sich die PLL unvorhersagbar. Aus diesem Grund greift man in der Chaos–Theorie auf die PLL als Objekt zur Veranschaulichung chaotischer Vorgänge oft zurück. In der Physik sind einige Pendelstrukturen ebenfalls unvorhersagbar in ihrem Verhalten. Trotzdem sind Pendel aus dem alltäglichen Leben nicht wegzudenken. Dies gilt ebenfalls für die PLL.

Phasenregelschleifen finden eine weite Verwendung in Empfängerstrukturen. Die Vielseitigkeit der PLL zeigt Bild 1.15. Hierin ist aufgezeigt, welche Teilsignale dieses Regelkreises für den jeweiligen Einsatz in Frage kommen. Eine umfassende Behandlung dieser wichtigen Baugruppe beinhalten verschiedene Literaturstellen, wie etwa [Lch82], [Kam92] oder [Hay83].

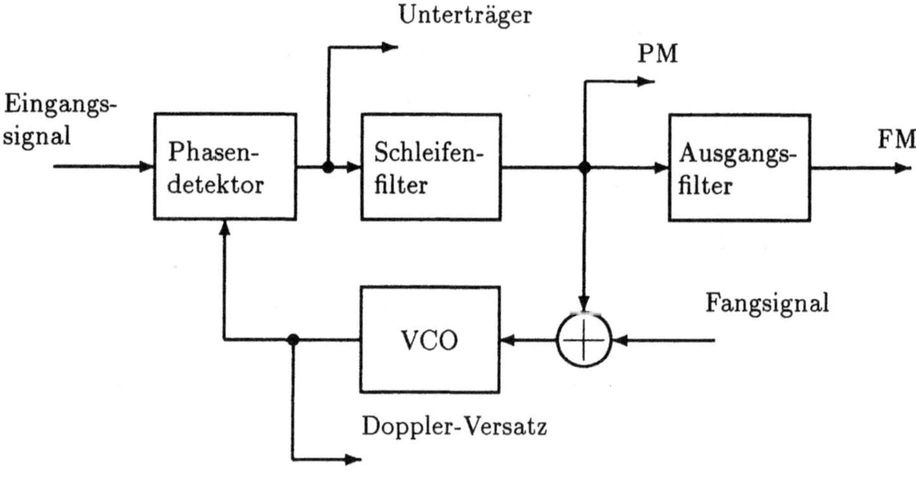

Bild 1.15   Anwendungen von Phasenregelkreisen

In diesem Kapitel wurden Signale im Tiefpass– und Bandpassbereich behandelt. Die Umsetzung von Tiefpass–Signalen in Bandpass–Signale ist durch die Amplituden– und Winkelmodulation beschrieben, der Weg zurück durch den entsprechenden Demodulationsvorgang. Hierbei gilt das Hauptaugenmerk den Grundlagen, auf die im Kapitel für digitale Modulations– und Demodulationserfahren zurückgegriffen und aufgebaut wird.

Für tiefergreifende Abhandlungen sei auf entsprechende und im Verzeichnis angegebene Literatur verwiesen. Aufgaben zu diesem Kapitel sind mit den Lösungen an der im Vorwort angegebenen Stelle zu finden.

Kapitel 2

Wahrscheinlichkeitstheorie

2.1 Einführung

Die Essenz der Nachrichtentechnik ist die Zufälligkeit. Würde ein Zuhörer zuvor schon wissen, was die Sprecherin sagt, wäre keine Notwendigkeit für das Zuhören gegeben. Würde dem ultimativen Empfänger die von dem Sender übermittelte Information bekannt sein, gäbe es keine Notwendigkeit für die Nachrichtenverbindung. Das Wort "zufällig" bedeutet "unvorhersagbar", d.h. auf der Basis der Vergangenheit eines zufälligen Ereignisses sind wir nicht in der Lage, die Zukunft detailliert vorherzusagen. Nehmen wir zum Beispiel das Experiment mit einer Münze. Es ist nicht möglich, das Ergebnis eines Münzwurfs vor dem Wurf anzugeben, obwohl wir intuitiv wissen, dass in 50% der Fälle die Zahl erscheint. Die statistische Regelmäßigkeit von Durchschnitten ist in der Natur häufig zu bebachten und durch Experimente leicht nachzuweisen. Ähnlich wie für die Behandlung vorhersagbarer Vorgänge, wie sie etwa durch eine Formel beschrieben sein kann, liegen mathematische Methoden zur Beschreibung von Ereignissen der in der Realität vorkommenden zufälligen Welt vor. Diese sind Inhalt der Statistik und Wahrscheinlichkeitstheorie.

In diesem Kapitel werden die Grundlagen der Beschreibung von Zufallsprozessen gelegt, auf die die Betrachtung von Informations– und auch Rauschgrößen basiert. Es handelt sich hierbei um ein Werkzeug für den Nachrichteningenieur. Aus diesem Grund soll auf Formalismus soweit wie möglich verzichtet werden, ohne jedoch die Allgemeinheit und Genauigkeit aus den Augen zu verlieren. In der Literatur sind viele Texte zu diesem Thema vertreten. Als ein– und weiterführende Texte sind [Ash93], [Jan00], [Pap84] und [Shb88] zu nennen.

2.2 Modell der Wahrscheinlichkeitstheorie

Mathematische Modelle sind nützlich für die Vorhersage von möglichen Ergebnissen eines in der realen Welt durchgeführten Experiments, wenn zwei Bedingungen erfüllt sind: Erstens, die innewohnenden physikalischen Größen und ihre Eigenschaften sind darstellbar. Und zweitens, die Eigenschaften des Modells müssen mathematisch zusammenhängend und der Analyse zugänglich sein. Ein Zufallsexperiment der realen Welt ist durch drei Größen gekennzeichnet:

1. die Menge aller möglichen Ergebnisse eines Experiments, die voneinander unterscheidbar sind,

2. das Zusammenfügen dieser Ergebnisse zu Klassen, zwischen denen ebenfalls unterschieden werden soll,

3. die relative Häufigkeit, mit der diese Klassen auftreten in einer langen Folge von unabhängigen Durchläufen des Experiments.

In dem mathematischen Modell der Wahrscheinlichkeitstheorie unterscheiden wir zwischen folgenden Größen. Der Wahrscheinlichkeitsraum, Ω, ist die Ansammlung aller möglichen Ergebnisse, s, des Experiments. Ein Ereignis, A, ist die Gruppierung von Ergebnissen und durch

$$A \mathrel{\hat=} \{s : \text{eine Bedingung an } s \text{ ist erfüllt}\}$$

festgelegt. (Lies: Das Ereignis A ist die Menge aller s, für die die Bedingung erfüllt ist.) Das Wahrscheinlichkeitsmaß, das einem Ereignis zugeschrieben ist, stellt eine reelle Zahl zwischen null und eins dar, und ist durch $P(A)$ beschrieben. Das folgende Beispiel verdeutlicht den Zusammenhang.

Beispiel: Der Wahrscheinlichkeitsraum eines dreistelligen binären Zufallszahlengenerators ist durch

$$\Omega \mathrel{\hat=} \{000,\ 001,\ 010,\ 011,\ 100,\ 101,\ 110,\ 111\}$$

gegeben. Der Ausdruck $A \mathrel{\hat=} \{s : s \text{ weist mindestens zwei Einsen auf}\}$ beschreibt das Ereignis $A \mathrel{\hat=} \{011,\ 101,\ 110,\ 111\}$. Treten die einzelnen Ergebnisse gleichwahrscheinlich auf, ist die Auftrittswahrscheinlichkeit hiervon $P(A) = 4/8 = 1/2$.

Mit der Mengenalgebra ist die Verknüpfung unterschiedlicher Ereignisse verschiedener Experimente möglich. Die Festlegung eines Wahrscheinlichkeitsraums und Ereignisse wie A und B setzen die Existenz bestimmter anderer identifizierbarer Mengen von Ergebnissen voraus. Die fünf Ereignisse sind

E1: das Komplement von A:

$$\overline{A} \mathrel{\hat=} \{s : s \text{ ist nicht in } A\} \quad ,$$

E2: die Vereinigungsmenge von A und B:

$$A \cup B \mathrel{\hat=} \{s : s \text{ ist in } A \text{ oder } B \text{ oder beiden}\} \quad ,$$

E3: die Schnittmenge von A und B:

$$A \cap B \mathrel{\hat=} \{s : s \text{ ist sowohl in } A \text{ als auch in } B\} \quad ,$$

E4: die Nullmenge:

$$\emptyset = \overline{\Omega} \mathrel{\hat=} \{\text{keine Ergebnisse}\} \quad ,$$

E5: ausgeschlossene Ereignisse:

$$A \cap B = \emptyset \quad .$$

Die Auftrittswahrscheinlichkeit dieser Ereignisse, die auf dem Wahrscheinlichkeitsraum
definiert sind, müssen den Eigenschaften genügen:

$$0 \leq P(A) \leq 1 \quad ,$$

$$P(\Omega) = 1$$

und für $A \cap B = \emptyset$

$$P(A \cup B) = P(A) + P(B) \quad .$$

Diese Eigenschaften sind durch Experimente des alltäglichen Lebens leicht nachvollziehbar. Die Zuordnung von Wahrscheinlichkeiten für Ereignisse basiert auf diesen Eigenschaften. Sie sind konsistent mit den Anforderungen, die an das mathematische Modell
gestellt werden. Hiermit ergeben sich die weiteren oft angewendeten Aussagen

$$P(\overline{A}) = 1 - P(A) \quad ,$$

$$P(A \cup B) = P(A) + P(B) - P(A \cap B)$$

sowie

$$P(A) = P(A \cap B) + P(A \cap \overline{B}) \quad .$$

Der Wurf eines ausgewogenen Würfels, bei dem die einzelnen Ergebnisse gleichwahrscheinlich auftreten, ist ein Beispiel hierfür.

Beispiel: Die Wahrscheinlichkeit, dass das Ergebnis mit zwei Punkten erscheint, ist 1/6.
Zwei mögliche Ereignisse dieses bekannten Würfelexperiments sind

1. $A \mathrel{\widehat{=}} \{s : $ Die Anzahl der Punkte von s ist gerade.$\}$. Hierfür ist $P(A) = 3/6 = 1/2$.

2. $B \mathrel{\widehat{=}} \{s : $ Die Anzahl der Punkte von s ist kleiner als fünf.$\}$. Hierfür ist $P(B) =$
   4/6.

Die Wahrscheinlichkeit, dass ein Ergebnis des Experiments – Wurf des Würfels – dem
Ereignis $A \cup B$ enspricht, ist $2/6 = 1/3$. Für $P(A \cap B) = P(A) + P(B) - P(A \cup B)$
erhalten wir $3/6 + 4/6 - 2/6 = 5/6$.

2.3   Verbundene zufällige Experimente

Gegeben sind zwei Ereignisse, A und B, eines verbundenen Zufallsexperiments. Das
verbundene Ereignis $A \cap B$ ist definiert als das kombinierte Ereignis, dessen Wahrscheinlichkeit als Verbundwahrscheinlichkeit bezeichnet wird. Nehmen wir an, dass A bei dem
ersten Experiment auftrat und B ereignete sich bei dem zweiten Experiment. Ergibt
sich ein Einfluss von A auf B? Um diese Frage zu beantworten, führen wir die bedingte
Wahrscheinlichkeit ein. Diese ist die Wahrscheinlichkeit des Ereignisses B für den Fall,
dass das Ereignis A eingetreten ist. Der Ausdruck $P(B|A)$ beschreibt diesen Fall. Be-
dingte Wahrscheinlicheiten dienen dazu, die Betrachtung auf einen Unterraum A von Ω

zu beschränken. Der Zusamenhang zwischen $P(A)$, der bedingten Wahrscheinlichkeit, $P(B|A)$, und der Verbundwahrscheinlichkeit $P(A \cap B)$ ist durch

$$P(A \cap B) = P(B|A) \cdot P(A) = P(A|B) \cdot P(B)$$

gegeben. Liegt ein Ergebnispunkt des Ereignisses B, s, in dem Abschnitt $A \cap B$, muss die Wahrscheinlichkeit $P(A|B)$ normiert werden auf den neuen Raum, nämlich A. Ist $P(B)$ die Wahrscheinlichkeit innerhalb des alten Raums, ist diese Wahrscheinlicheit innerhalb des neuen Raums

$$P(B|A) = \frac{P(A \cap B)}{P(A)} \quad .$$

Die Wahrscheinlichkeit wird somit auf den neuen Raum normiert. Sind die Ereignisse A und B statistisch unabhängig, gilt $P(A \cap B) = P(A) \cdot P(B)$ bzw. $P(B|A) = P(B)$, sodass A keinen Einfluss auf B hat.

Hiermit ist die Betrachtung eines binären Übertragungskanals möglich. Als Symbole am Eingang des Kanals stehen m_0 und m_1 an, die am Ausgang zu r_0 und r_1 führen. Die Auftrittswahrscheinlichkeiten sind $P(m_0) = 0{,}2$ und damit $P(m_1) = 0{,}8$. Auf Grund von Rauschen ist die Verbindung fehlerbehaftet. Der Kanal ist damit durch die bedingten Wahrscheinlichkeiten $P(r_0|m_0) = 0{,}9$, $P(r_1|m_0) = 0{,}1$, $P(r_0|m_1) = 0{,}05$ und $P(r_1|m_1) = 0{,}95$ beschrieben, wie in Bild 2.1 dargestellt. Wie lautet damit die Fehlerrate, bzw. die Wahrscheinlichkeit für fehlerhaft detektierte Symbole? Die Wahrscheinlichkeit für eine

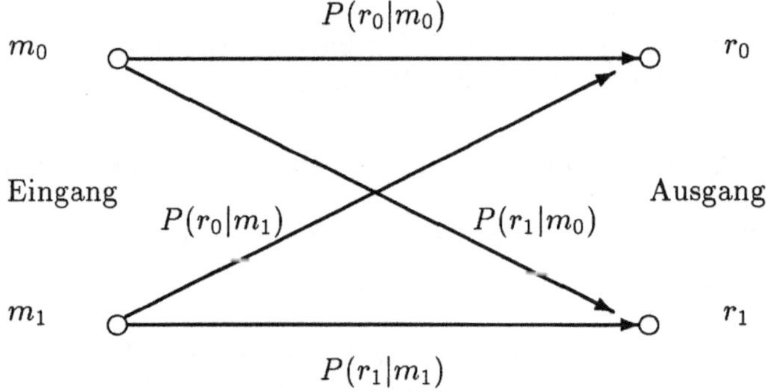

Bild 2.1   Binärer Nachrichtenkanal

fehlerhafte Entscheidung ist durch $P(\text{Fehler}) = 1 - P(\text{kein Fehler})$ gegeben. Somit ist

$$\begin{aligned}
P(\text{kein Fehler}) &= P(m_0 \cap r_0) + P(m_1 \cap r_1) \\
&= P(r_0|m_0)P(m_0) + P(r_1|m_1)P(m_1) \\
&= 0{,}9 \cdot 0{,}2 + 0{,}95 \cdot 0{,}8 \\
&= 0{,}94
\end{aligned}$$

und damit $P(\text{Fehler}) = 0{,}06$. Bei der Ermittlung der Fehlerrate lenkten wir unseren Blick auf die Situation am Eingang des Kanals, d.h. welches Symbol aller Wahrscheinlichkeit nach gesendet worden ist. Am Ausgang des Kanals, also im Empfänger, ist die

Sendestufe verborgen. Es kann somit nur das Ergebnis der Sendung beobachtet werden. Bei diesen Betrachtungen versucht man, durch Beobachten der Empfangssymbole eine Voraussage zu treffen, welche Sendesymbole vorliegen. Dies verdeutlicht, warum rückwärtige bedingte Ereignisse in der Nachrichtentechnik sehr nützlich sind. Hierauf basiert der Entwurf von digitalen Empfängerstrukturen, die in einem späteren Kapitel behandelt werden.

2.4 Zufallsvariablen

2.4.1 Diskrete Zufallsvariablen

In vielen Anwendungen der Wahrscheinlichkeitstheorie ist es sinnvoller, anstelle von Symbolen mit Zahlen zu arbeiten, die entsprechend einer Regel diesen Symbolen zugeordnet sind. Dies ist offensichtlich einfacher, als mit nichtnumerischen Symbolen, wie "Kopf" oder "Zahl" oder "Fehler" umzugehen. Liegt ein Ergebis, s, vor, wird diesem eine Zahl, $x(s)$, zugeordnet, wobei die Abbildungsvorschrift den Wahrscheinlichkeitsraum auf den Zahlenraum projiziert. Die Abbildung, $x(s)$, wird Zufallsvariable (ZV) genannt oder, wenn diskrete Werte hierfür vorliegen, diskrete Zufallsvariable . Ein Beispiel soll dies verdeutlichen.

Beispiel: Eine Münze fällt zweimal. Die ZV $x(s)$ ist definiert als: $x(s)$ *ist die Anzahl der erscheinenden Köpfe.* Diese Abbildung führt zu der in Tabelle 2.1 aufgezeigten Situation.

kombiniertes Ergebnis s	Zufallsvariable $x(s)$	Auftrittswahrscheinlichkeit $P(s)$
Kopf $\cap$ Kopf	2	$P(\text{Kopf} \cap \text{Kopf}) = 1/4$
Kopf $\cap$ Zahl	1	$P(\text{Kopf} \cap \text{Zahl}) = 1/4$
Zahl $\cap$ Kopf	1	$P(\text{Zahl} \cap \text{Kopf}) = 1/4$
Zahl $\cap$ Zahl	0	$P(\text{Zahl} \cap \text{Zahl}) = 1/4$

Tabelle 2.1   Abbildung von s auf $x(s)$ und Wahrscheinlichkeiten

Damit ergibt sich für die Wahrscheinlichkeiten

1. $P[x(s) < 0] = 0$,

2. $P[x(s) = 0] = P(\text{Zahl} \cap \text{Zahl}) = 1/4$,

3. $P[x(s) = 1] = P(\text{Kopf} \cap \text{Zahl}) + P(\text{Zahl} \cap \text{Kopf}) = 2/4$,

4. $P[x(s) = 2] = P(\text{Kopf} \cap \text{Kopf}) = 1/4$,

5. $P[x(s) > 2] = 0$.

Diese ZV $x(s) = x$ ist eine diskrete Zufallsvariable, sie weist lediglich eine endliche Menge von Werten auf.

Ist die ZV $x(s)$ einmal festgelegt, stellt sich die Frage, z.B. wie häufig die Ereignisse $A \,\hat{=}\, \{s : \; a < x(s) \leq b\}$ oder $B \,\hat{=}\, \{s : \; x(s) > d\}$ usw. auftreten. Die Antwort hierauf erhalten wir einfach, wenn die Wahrscheinlichkeitsfunktion, $F_x(X)$, der ZV gegeben ist. Die Funktion $F_x(X)$ ist definiert als

$$F_x(X) \,\hat{=}\, P\{s : \; x(s) \leq X\} \quad .$$

Die graphische Darstellung von $F_x(X)$ für das obige Beispiel zeigt Bild 2.2.

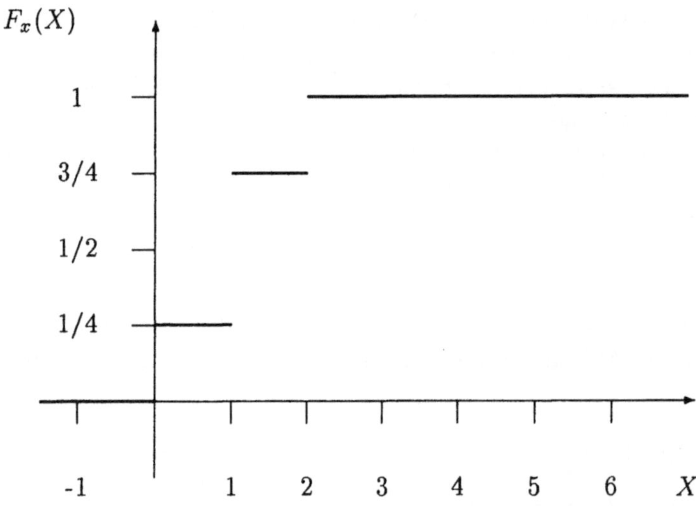

Bild 2.2   Wahrscheinlichkeitsfunktion für das Münzbeispiel

Es ist anhand der Definition der Wahrscheinlichkeitsfunktion offensichtlich, dass die folgenden Eigenschaften bestehen:

$$F_x(X) \;\geq\; 0$$
$$\lim_{X \to -\infty} F_x(X) \;=\; 0$$
$$\lim_{X \to \infty} F_x(X) \;=\; 1$$
$$F_x(X_1) > F_x(X_2) \quad \text{für} \quad X_1 > X_2 \quad .$$

Die Wahrscheinlichkeitsfunktion ist somit eine steigende Funktion. Dies ist leicht nachvollziehbar, da sie die Addition von Wahrscheinlichkeiten darstellt und diese zwischen null und eins liegen.

Eine weitere wichtige Funktion ergibt sich aus der Wahrscheinlichkeitsfunktion, nämlich die Wahrscheinlichkeitsdichtefunktion (WDF), $p_x(X)$. Diese gibt dem Namen nach an, in welchem Bereich von x für die ZV welcher Zuwachs der Wahrscheinlichkeit vorzufinden ist. Dies ist durch die Differentiation der Wahrscheinlichkeitsfunktion bezüglich der Variablen X beschrieben, wie

$$p_x(X) = \frac{d}{dX} F_x(X)$$

zeigt. Für diskrete ZVn ist der Verlauf von $F_x(X)$ treppenförmig. Damit ergibt sich ein impulsförmiger Verlauf von $p_x(X)$. Jeder Impuls ist durch

$$\frac{d}{dX} u(X) = \delta(X)$$

angegeben, wobei

$$u(X) = \frac{1}{2}\big(1 + \text{sgn}(X)\big)$$

die Sprungfunktion darstellt. Damit und mit $P_n = P(X = X_n)$ erhalten wir

$$F_x(X) = \sum_{n=-\infty}^{\infty} P_n u(X - X_n)$$

und weiterhin die WDF

$$\begin{aligned}
p_x(X) &= \frac{d}{dX} F_x(X) \\
&= \sum_{n=-\infty}^{\infty} P_n \delta(X - X_n) \quad .
\end{aligned}$$

Den Verlauf der WDF für das betrachtete Beispiel zeigt Bild 2.3.

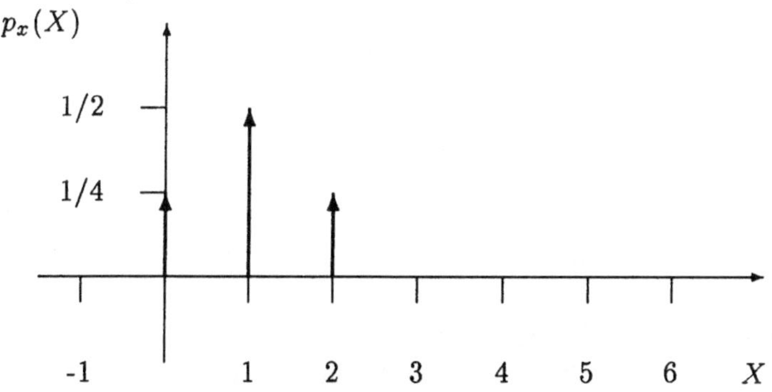

Bild 2.3   Wahrscheinlichkeitsdichtefunktion für das Münzbeispiel

Beispiel: Betrachten Sie eine dreistellige Nachricht, die über einen verrauschten Kanal übertragen wird. Die Wahrscheinlichkeit, dass eine Stelle fehlerhaft ist, sei $P(\text{Fehler}) = 0{,}4$. Die ZV sei die Anzahl der fehlerhaften Stellen in der Nachricht. Bestimmen Sie $p_x(X)$ und $F_x(X)$.

1. Es treten keine Fehler auf, sämtliche drei Stellen, S_1, S_2 und S_3 werden unverfälscht übertragen.

$$
\begin{aligned}
P_0 &= P\{s:\ x(s) = 0\} \\
&= P(S_1 S_2 S_3) \\
&= P(S_1)P(S_2)P(S_3) \\
&= (1 - 0{,}4)^3 = 0{,}216.
\end{aligned}
$$

2. Eine Stelle erweist sich als fehlerbehaftet.

$$
\begin{aligned}
P_1 &= \{s:\ x(s) = 1\} \\
&= P(\overline{S_1}S_2S_3 \cup S_1\overline{S_2}S_3 \cup S_1S_2\overline{S_3}) \\
&= P(\overline{S_1}S_2S_3) + P(S_1\overline{S_2}S_3) + P(S_1S_2\overline{S_3}) \\
&= P(\overline{S_1})P(S_2)P(S_3) + P(S_1)P(\overline{S_2})P(S_3) + P(S_1)P(S_2)P(\overline{S_3}) \\
&= 3 \cdot (1 - 0{,}4)^2 \cdot 0{,}4 = 0{,}432.
\end{aligned}
$$

3. Von den drei Stellen sind zwei falsch.

$$
\begin{aligned}
P_2 &= P\{s:\ x(s) = 2\} \\
&= P(\overline{S_1}\,\overline{S_2}S_3 \cup S_1\overline{S_2}\,\overline{S_3} \cup \overline{S_1}S_2\overline{S_3}) \\
&= P(\overline{S_1}\,\overline{S_2}S_3) + P(S_1\overline{S_2}\,\overline{S_3}) + P(\overline{S_1}S_2\overline{S_3}) \\
&= P(\overline{S_1})P(\overline{S_2})P(S_3) + P(S_1)P(\overline{S_2})P(\overline{S_3}) + P(\overline{S_1})P(S_2)P(\overline{S_3}) \\
&= 3 \cdot (1 - 0{,}4) \cdot 0{,}4^2 = 0{,}288.
\end{aligned}
$$

4. Alle Stellen sind fehlerhaft.

$$
\begin{aligned}
P_0 &= P\{s:\ x(s) = 3\} \\
&= P(\overline{S_1}\,\overline{S_2}\,\overline{S_3}) \\
&= P(\overline{S_1})P(\overline{S_2})P(\overline{S_3}) \\
&= 0{,}4^3 = 0{,}064.
\end{aligned}
$$

Zusammengefasst lautet das Ergebnis

$$
\begin{aligned}
p_x(X) &= 0{,}216 \cdot \delta(X) + 0{,}432 \cdot \delta(X - 1) \\
&\quad + 0{,}288 \cdot \delta(X - 2) + 0{,}064 \cdot \delta(X - 3) \\
F_x(X) &= 0{,}216 \cdot u(X) + 0{,}432 \cdot u(X - 1) \\
&\quad + 0{,}288 \cdot u(X - 2) + 0{,}064 \cdot u(X - 3) \\
&= \begin{cases}
0 & : \quad X < 0 \\
0{,}216 & : \quad 0 \leq X < 1 \\
0{,}648 & : \quad 1 \leq X < 2 \\
0{,}936 & : \quad 2 \leq X < 3 \\
1 & : \quad X > 3 \quad .
\end{cases}
\end{aligned}
$$

Diskrete ZVn spielen besonders bei der digitalen Nachrichtenübertragung eine wichtige Rolle. Hier werden binäre Stellen zu Symbolen zusammengefasst. Sind die Auftrittswahrscheinlichkeiten der Stellen bekannt, ist es auch möglich, die der Symbole anzugeben. Zur Betrachtung von Fehlerwahrscheinlichkeiten und somit der Güte der Übertragung kann das Modell des diskreten Kanals herangezogen werden. Die physikalische Welt ist jedoch nicht diskret. Diese Eigenschaft findet Beachtung bei der Angabe der einzelnen Wahrscheinlichkeiten, die besagen, wieviel der gesendeten Symbole relativ gesehen richtig oder falsch am Ort des Empfängers ankommen. Dass bei der Übertragung von Symbolen Fehler auftreten, ist durch die Gegenwart des Rauschens begründet. Rauschsignale nehmen in der Regel beliebige Werte an, nicht nur eine Anzahl voneinander getrennt beobachtbarer Stufen. Die Betrachtung der ZVn muss somit von diskreten auf kontinuierliche ZVn hin erweitert werden.

2.4.2 Kontinuierliche Zufallsvariablen

Kontinuierliche Zufallsvariablen sind im Sinne von wertkontinuierlichen Zufallsvariablen zu betrachten. Werden diese ZV abgetastet, können die Abtastwerte beliebige Werte annehmen, also von minus bis plus unendlich. Die Wahrscheinlichkeits– und Wahrscheinlichkeitsdichtefunktion sind somit gegenüber dem wertdiskreten Fall zu ändern. Ein einfaches Beispiel veranschaulicht diesen Fall: Betrachten Sie einen rotierenden Pfeil. Der Winkel des zur Ruhe gekommenen Pfeils sei Θ, wobei $0 \leq \Theta < 2\pi$. Es ist offensichtlich, dass der Wahrscheinlichkeitsraum unendlich viele Ergebnispunkte, s, beinhaltet. Wird die ZV, $x(s)$, als $\tan \Theta$ definiert, bildet diese Abbildung den Wahrscheinlichkeitsraum Ω auf die reellen Zahlen $x = \tan \Theta$ ab. Der Wertebereich beträgt dann $-\infty < x < \infty$. Die Wahrscheinlichkeit, dass x einen besonderen Wert, z.B. 6, annnimmt, ist offensichtlich gleich null. Daher ist es sicher bedeutsamer, einen Bereich anzugeben, in dem sich der Wert von x aufhalten kann, als einen spezifischen Punkt. Bei diskreten ZVn ist die Wahrscheinlichkeit für das Auftreten eines Wertes ungleich null. Beide Fälle können durch eine Vorgehensweise beschrieben werden.

Wie bereits oben beschrieben, ist die Wahrscheinlichkeitsfunktion für einen Funktionswert, X, festgelegt als die Wahrscheinlichkeit für alle Ergebnispunkte, s, eines Zufallsexperiments, für die der zugeordnete Wert, also die Zufallsvariable, unterhalb dieses Funktionswerts liegt. Dies ist durch

$$F_x(X) \; \hat{=} \; P\{s : \; x(s) \leq X\} = P[x \leq X]$$

ausgedrückt. Es handelt sich hierbei um eine mit X ansteigende Funktion, die größer gleich null ist. Die Funktion ist kontinuierlich und weist für jeden beliebigen Wert X einen Funktionswert auf. Es wurde aufgeführt, dass es sinnvoller ist, Bereiche zu betrachten. Ist die Breite des Bereichs ΔX, ergibt sich hierfür die Wahrscheinlichkeit, dass die ZV in den Bereich $X - \Delta X < x \leq X$ fällt mit dem Zusammenhang

$$(x \leq X) = (X - \Delta X \leq x) \cap (X - \Delta X < x \leq X)$$

zu

$$\begin{aligned} P[X - \Delta X < x \leq X] \; &= \; P[x \leq X] - P[X - \Delta X \leq x] \\ &= \; F_x(X) - F_x(X - \Delta X) \quad . \end{aligned}$$

Für die Wahl der Breite $\Delta X = 0$, ist die Wahrscheinlichkeit gleich null, dass die ZV den Wert X annimmt. Die Differenzbildung führt zu einer geeigneteren Betrachtung der kontinuierlichen Zufallsvariablen, indem die Integralschreibweise verwendet wird.

Wie im diskreten Fall verstehen wir unter der Wahrscheinlichkeitsdichtefunktion $p_x(X)$ einer ZV x die Häufigkeitsverteilung von x auf der X–Achse. Sie gibt die Wahrscheinlichkeiten an, die in betrachteten Bereichen von X zu erwarten sind. Ist die Wahrscheinlichkeitsfunktion gegeben, wird die Wahrscheinlichkeitsdichtefunktion durch

$$\begin{aligned} p_x(X) &= \lim_{\Delta X \to 0} \frac{F_x(X) - F_x(X - \Delta X)}{\Delta X} \\ &= \frac{d}{dX} F_x(X) \end{aligned}$$

festgelegt. Die WDF weist damit folgende Eigenschaften auf:

$$\begin{aligned} p_x(X) &\geq 0 \;, \\ \int_{-\infty}^{\infty} p_x(X)dX &= 1 \;, \\ P[a < x \leq b] &= \int_a^b p_x(X)dX \;. \end{aligned}$$

In der Praxis haben sich viele Wahrscheinlichkeitsdichtefunktionen als sehr hilfreich zur Beschreibung von Zufallsvariablen erwiesen. Besonders für Systeme zur Nachrichtenübertragung sind

W1: die exponentielle WDF

$$p_x(X) = \begin{cases} \frac{1}{\sigma}\mathrm{e}^{-X/\sigma} & : \quad X \geq 0 \\ 0 & : \quad X < 0 \end{cases}$$

z.B. für den Fall, dass die Zeit zwischen Ereignissen, wie Telephonate, eine ZV darstellt,

W2: die konstante WDF oder Gleichverteilung

$$p_x(X) = \frac{1}{2\sigma} \cdot \Pi\left(\frac{X}{2\sigma}\right) \;,$$

z.B. bei der Verteilung der Nachrichtensymbole,

W3: die gaußsche WDF oder Normalverteilung

$$p_x(X) = \frac{1}{\sqrt{2\pi}\sigma}\mathrm{e}^{-X^2/2\sigma^2}$$

für Rauschsignale sowie

W4: die Rayleigh–WDF

$$p_x(X) = \begin{cases} \frac{X}{\sigma}\mathrm{e}^{-X^2/2\sigma} & : \quad X \geq 0 \\ 0 & : \quad X < 0 \end{cases} \;,$$

zur Beschreibung von Schwunderscheinungen bei der Übertragung über Mehrwegekanäle zu nennen. In diesen Gleichungen ist σ eine Konstante.

Bei verbundenen und bedingten Wahrscheinlichkeiten liegt folgender Zusammenhang vor. Die Integralschreibweise muss auf zwei Zufallsvariablen, x und y erweitert werden. Die WDF des Verbundereignisses, $p_{xy}(X, Y)$, ist somit zweidimensional, wobei R den zutreffenden Bereich angibt, wie

$$P\{s : \ x(s) \ \text{und} \ y(s) \ \text{in} \ R\} = \iint_R p_{xy}(X, Y)\, dX\, dY$$

beschreibt. Ist R durch $a < x \leq b$ und $c < y \leq d$ gegeben, resultiert dies in

$$P[a < x \leq b \cap c < y \leq d] = \int_a^b \int_c^d p_{xy}(X, Y)\, dX\, dY \quad .$$

Das Doppelintegral gibt die Fläche an, die im Bereich R durch $p_{xy}(X, Y)$ beschrieben ist. Sind die ZV statistisch unabhängig, reduziert sich die WDF des Verbundereignisses zu

$$p_{xy}(X, Y) = p_x(X) \cdot p_y(Y) \quad .$$

Für eine statistische Abhängigkeit ergibt sie sich zu

$$p_{xy}(X, Y) = p_{xy}(X|y = Y) \cdot p_y(Y) \quad .$$

Die WDF für x selbst ist auch durch die Verbundwahrscheinlichkeitsdichtefunktion folgenderweise gegeben

$$p_x(X) = \int_{-\infty}^{\infty} p_{xy}(X, Y)\, dY \quad .$$

Ein ähnliches Ergebnis erhalten wir für die Integration über alle möglichen Werte von x, um $p_y(Y)$ zu erhalten. In der Nachrichtentechnik wird häufig ein Ergebnisraum betrachtet, auf dem eine ZV und zusätzliche Ereignisse definiert sind. Die Funktion $p_x(X|A)$ ist die bedingte WDF, für den Fall, dass das Ereignis A eingetreten ist. Dies gibt

$$p_x(X|A) = \frac{P(A|x = X) \cdot p_x(X)}{P(A)}$$

an und wird als Regel von Bayes bezeichnet.

Bisher wurde lediglich eine ZV betrachtet. Besonders in der physikalischen Welt kommt es zur Überlagerung vieler Zufallsgrößen. Um diesen Fall beschreiben zu können, betrachten wir die Verteilung einer Summe zweier Zufallsvariablen. Es stellt sich die Frage nach der WDF der resultierenden Größe, wobei wir davon ausgehen, dass die WDF der Summanden bekannt sind. Ein einfach nachzuvollziehendes Beispiel, das in ähnlicher Form in dem Buch von R. Bracewell [Bra00] gefunden werden kann, soll diesen Fall verdeutlichen.

Beispiel: Betrachten wir zwei Behälter mit Widerständen. In einem Behälter sind 100Ω–Widerstände, in dem anderen 200Ω–Widerstände vorzufinden. Fertigungsbedingt liegen Toleranzbereiche vor, die durch die WDF des 100Ω–Widerstands, $p_{100\Omega}(R)$, und die des

200Ω-Widerstands, $p_{200\Omega}(R)$, beschrieben sind. Aus zwei Widerständen soll ein Serien-
widerstand mit $R = 300\Omega$ realisiert werden. Es ist klar, dass die Summe zweier ZVn zu
einer dritten ZVn führt, nämlich $R_S = R_{100\Omega} + R_{200\Omega}$. Beide WDF bestimmen somit
$p_S(R)$, der WDF des Summenwiderstands. Die Lösung ist wie folgt: Der zuerst gewählte Widerstand aus dem 100Ω-Behälter sei ρ. Soll $R = 300\Omega$ betragen, muss aus dem
200Ω-Behälter der Widerstand $R - \rho$ gezogen werden. Da beide Wahlen voneinander
unabhängig sind, ist die Auftrittswahrscheinlichkeit des kombinierten Ereignisses gleich
dem Produkt der Wahrscheinlichkeiten der beiden Einzelereignisse. Werden alle möglichen Kombinationen in Betracht gezogen, die zum 300Ω-Ergebnis führen, ergibt sich für
die WDF von R_S

$$p_S(R) = \int_{-\infty}^{\infty} p_{100\Omega}(\rho) p_{200\Omega}(R - \rho) d\rho \quad .$$

Die Verknüpfung der beiden WDF zur Beschreibung der WDF der Summenvariablen
geschieht durch die Faltung

$$p_S(R) = p_{100\Omega}(R) * p_{200\Omega}(R) \quad .$$

Allgemein gilt: Liegen zwei unabhängige ZVn, x und y, vor, die durch Summation eine
dritte, z, bilden, ergibt sich die Wahrscheinlichkeitsdichtefunktion der Summe, $p_z(Z)$,
durch die der Summanden, $p_x(Z)$ und $p_y(Z)$, in Form der Faltung

$$p_S(X) = p_1(X) * p_2(X) \quad .$$

Dies ist auch belegt durch die formelle Betrachtung, bei der der Bereich R auf die durch
$y = z - x$ gegebene und dz breite Diagonale gerichtet ist. Für die Wahrscheinlichkeit,
dass der Punkt in diesem diagonalen Streifen liegt, ergibt sich

$$\begin{aligned}
P(z \le Z') &= \int_{-\infty}^{\infty} \int_{-\infty}^{Z'-Y} p_{xy}(X,Y) dX dY \\
&= \int_{-\infty}^{Z'-Y} \int_{-\infty}^{\omega} p_x(X) p_y(Y) dY dX \\
&= \int_{-\infty}^{Z'} \int_{-\infty}^{\infty} p_x(Z-Y) p_y(Y) dY dZ \\
&= \int_{-\infty}^{Z'} p_z(Z) dZ \quad .
\end{aligned}$$

Der Vergleich liefert

$$p_z(Z) = p_x(Z) * p_y(Z) \quad .$$

Bei diesem Punkt werden wir noch etwas verweilen, um den in der Praxis oft angewendeten zentralen Grenzwertsatz zu erläutern. In vielen Fällen gehen wir nämlich davon aus,
dass die z.B. am Eingang eines Empfängers anliegende Rauschgröße einen Zufallsprozess mit einer Gauß-Verteilung darstellt. Die Frage, die sich oft stellt, ist, warum diese
Annahme gerechtfertigt ist.

Wir gehen von folgender Situation aus: Gegeben ist eine Anzahl von n statistisch unabhängigen Zufallsvariablen, die alle die gleiche WDF aufweisen. Ist x_i mit $i = 1, 2, \cdots, n$

eine der ZVn, lässt sich der Mittelwert[1] $\mathrm{E}\{x_i\} = m$ und der quadratische Mittelwert $\mathrm{E}\{x_i^2\} = \sigma^2 + m^2$ angeben. Die Varianz ist damit $\mathrm{V}\{x_i\} = \mathrm{E}\{(x_i - m)^2\} = \sigma^2$. Es ist nun zu zeigen, dass die WDF der Summe der ZV für anwachsendes n gegen eine Gauß–Verteilung strebt.

In dieser Aussage spielt die Summe der ZVn eine wichtige Rolle. Mit

$$s_n = \sum_{i=1}^{n} x_i$$

erhalten wir eine weitere ZV mit den Mittelwerten $\mathrm{E}\{s_n\} = nm$ und $\mathrm{V}\{s_n\} = \mathrm{E}\{(s_n - nm)^2\} = n\sigma^2$. Zur Vereinfachung zentrieren und normieren wir die ZV zu

$$y_i = \frac{x_i - m}{\sigma}$$
$$u_n = \frac{s_n - nm}{\sqrt{n\sigma^2}} \quad,$$

sodass für die Mittelwerte gilt $\mathrm{E}\{u_n\} = \mathrm{E}\{y_i\} = 0$ und $\mathrm{V}\{u_n\} = \mathrm{V}\{y_i\} = 1$. Beide ZVn basieren auf den ZVn x_i, damit lässt sich u_n durch

$$u_n = \frac{\sum_{i=1}^{n} x_i - nm}{\sqrt{n}\,\sigma} = \frac{1}{\sqrt{n}} \sum_{i=1}^{n} y_i$$

beschreiben. Ist $p_{y_i}(Y_i)$ die gemeinsame WDF aller y_i, so ist $p_{y_i}^{*n}(Z_n) = p_{z_n}(Z_n)$ die WDF der ZV $z_n = \sum_{i=1}^{n} y_i$. Hierin steht der Exponent $*n$ für die Faltung von n WDF der Form $p_{y_i}(Z_n)$. Wie wir von den Theoremen der Fourier–Transformation kennen, führt die Faltung zweier Funktionen in einem Bereich zur Multiplikation der entsprechenden, transformierten Funktionen im anderen Bereich. Dies nutzen wir nun, um das Faltungsprodukt näher zu beschreiben. Ist $\Phi_{y_i}(S)$ die Fourier–Transformierte von $p_{y_i}(Y_i)$ und $\Phi_{z_n}(S)$ die von $p_{z_n}(Z_n)$, ergibt sich der Zusammenhang

$$p_{y_i}^{*n}(Z_n) = p_{z_n}(Z_n) \quad \longleftrightarrow \quad \Phi_{y_i}^{n}(S) = \Phi_{z_n}(S) \quad .$$

Der Übergang zu u_n führt zu der WDF

$$p_{u_n}(U_n) = \sqrt{n}\, p_{z_n}(\sqrt{n}\, U_n)$$
$$= \sqrt{n}\, p_{y_i}^{*n}(\sqrt{n}\, U_n) \quad,$$

demzufolge die Transformation

$$\Phi_{u_n}(S) = \int_{-\infty}^{\infty} p_{u_n}(U_n) \mathrm{e}^{-j 2\pi S U_n} dU_n$$
$$= \sqrt{n} \int_{-\infty}^{\infty} p_{z_n}(\sqrt{n}\, U_n) \mathrm{e}^{-j 2\pi S U_n} dU_n$$
$$= \int_{-\infty}^{\infty} p_{y_i}^{*n}(v) \mathrm{e}^{-j 2\pi S v / \sqrt{n}} dv$$
$$= \Phi_{y_i}^{n}\left(\frac{S}{\sqrt{n}}\right)$$

---

[1]Der Begriff der Mittelwerte wird in Abschnitt 2.5 näher behandelt. Bei dieser Betrachtung ist es ausreichend, sich darunter intuitiv die durchschnittlichen Werte vorzustellen, die sich im Mittel für ein Zufallsexperiment ergeben.

ergibt. Damit haben wir nach Einführung einer normierten und zentrierten ZVn sowie durch Umgehen der Faltung durch Fourier–Transformation nun einen Ausdruck für die WDF gefunden. Nebenbei bemerkt trägt die Fourier–Transformierte einer WDF den Namen charakteristische Funktion. Nun können wir zum Grenzwert für $n \to \infty$ übergehen.

Da für $p_{y_i}(Y_i)$ das Integral über $-\infty < Y_i < \infty$ sowie der lineare und der quadratische Mittelwert existieren, ist $\Phi_{y_i}(S)$ zweimal stetig differenzierbar und es gilt

$$
\begin{aligned}
\Phi_{y_i}(S)\Big|_{S=0} &= \int_{-\infty}^{\infty} p_{y_i}(Y_i)\mathrm{e}^{-j2\pi S Y_i}\,dY_i \\
&= 1
\end{aligned}
$$

$$
\begin{aligned}
\frac{d}{dS}\Phi_{y_i}(S)\Big|_{S=0} &= \int_{-\infty}^{\infty} -j2\pi Y_i\, p_{y_i}(Y_i)\mathrm{e}^{-j2\pi S Y_i}\,dY_i \\
&= -j2\pi\, \mathrm{E}\{y_i\} \\
&= 0
\end{aligned}
$$

$$
\begin{aligned}
\frac{d^2}{dS^2}\Phi_{y_i}(S)\Big|_{S=0} &= \int_{-\infty}^{\infty} (-j2\pi Y_i)^2 p_{y_i}(Y_i)\mathrm{e}^{-j2\pi S Y_i}\,dY_i \\
&= -4\pi^2\, \mathrm{V}\{y_i\} \\
&= -4\pi^2 \quad .
\end{aligned}
$$

Nach dem Satz von Taylor können wir schreiben

$$
\Phi_{y_i}\left(\frac{S}{\sqrt{n}}\right) = 1 - \frac{4\pi^2}{2!}\frac{S^2}{n} + r_2\left(\frac{S}{\sqrt{n}}\right) \quad ,
$$

wobei in dem Rest $r_2(S/\sqrt{n})$ nur Terme mit dem Exponenten größer als zwei vorkommen. Für den Grenzübergang $S/\sqrt{n} \to 0$ erhalten wir

$$
\lim_{S/\sqrt{n}\to 0} \frac{r_2\left(\frac{S}{\sqrt{n}}\right)}{\frac{S^2}{n}} = 0 \quad .
$$

Zur Vereinfachung setzen wir fortan $w = 1/n$, was besagt, dass für $n \to \infty$ die neue Variable, w, gegen null strebt. Dann gilt unter Verwendung der Regel von de l'Hospital und dem obigen Grenzwert

$$
\begin{aligned}
\lim_{n\to\infty} \Phi_{u_n}(S) &= \lim_{w\to 0}\left(1 - 2\pi^2 S^2 w + r_2(\sqrt{w}S)\right)^{1/w} \\
&= \mathrm{e}^{\lim_{w\to 0}\frac{1}{w}\ln(1-2\pi^2 S^2 w + r_2(\sqrt{w}S))} \quad .
\end{aligned}
$$

Von dem Rest ist nur der oben angegebene Grenzwert $r_2(v)/v^2 \to 0$ sowie der Wert $r_2(0) = 0$ bekannt. Dies können wir bei dem Auffinden des Grenzwertes anwenden. Mit

$$
Z'(0) = \lim_{x\to 0}\frac{Z(x) - Z(0)}{x - 0} = \frac{d}{dw}Z(w)\Big|_{w=0}
$$

erhalten wir zunächst für den Zählerausdruck

$$Z'(0) = \frac{-2\pi^2 S^2 + \overbrace{\dfrac{d}{dw} r_2(\sqrt{w}S)}^{\lim_{w \to 0} \frac{r_2(\sqrt{w}S)}{w} = 0}}{1 - 2\pi^2 S^2 w + \underbrace{r_2(\sqrt{w}S)}_{r_2(\sqrt{w}S)\big|_{w=0} = 0}}\Bigg|_{w=0} = -2\pi^2 S^2 \quad,$$

damit für den Grenzwert im Exponenten

$$\frac{Z'(0)}{N'(0)} = \frac{-2\pi^2 S^2}{1}$$

und für den tatsächlichen Grenzwert des Exponentialausdrucks

$$\lim_{n \to \infty} \Phi_{u_n}(S) = e^{-\frac{1}{2}(2\pi S)^2} \quad.$$

Die Fourier–Transformierte der WDF von u_n weist einen gaußförmigen Verlauf auf. Um zur WDF zu gelangen, nutzen wir den bekannten Zusammenhang aus Zeit– und Frequenzbereich

$$e^{-\pi t^2} \quad \longleftrightarrow \quad e^{-\pi f^2}$$

und wenden den Ähnlichkeitssatz der Fourier–Transformation an. Letztlich erhalten wir für die WDF des Summenprozesses $x = \lim_{n \to \infty} u_n$

$$p_x(X) = \frac{1}{\sqrt{2\pi}} e^{-\frac{X^2}{2}} \quad,$$

also die bekannte Gauß–Verteilung. Anfangs gingen wir von ZV mit gleicher WDF aus. Der Grenzwert wird jedoch auch erreicht für ZV mit unterschiedlichen und (nahezu) beliebigen WDF. Für tiefergehende Betrachtungen sei auf die entsprechende Literatur (z.B. [Bra00] oder [Khi49]) verwiesen.

Wie gehabt, soll auch hier ein Beispiel diesen Sachverhalt veranschaulichen. Gegeben sei eine ZV mit der WDF

$$p_x(X) = \frac{1}{2\sigma} \Pi\left(\frac{X}{2\sigma}\right) \quad.$$

Nun werden n ZV mit dieser WDF addiert, sodass das Summensignal durch

$$\left(\frac{1}{2\sigma} \Pi\left(\frac{X}{2\sigma}\right)\right)^{*n} \quad \longleftrightarrow \quad \text{si}^n\left(\pi 2\sigma S\right)$$

gegeben ist. Für anwachsendes n wird der Verlauf im X–Bereich breiter und flacher. Dies ist eine Konsequenz der Eigenschaft, dass sich bei der Faltung die Breiten der Faltungspartner addieren. Der flachere Verlauf ist dadurch begründet, dass die Gesamtfläche unter dem Kurvenverlauf eins ist. Der interessante Sachverhalt ist die Tendenz zu einer gaußschen Form, wenn eine sukzessive Faltung bzw. Multiplikation durchgeführt wird.

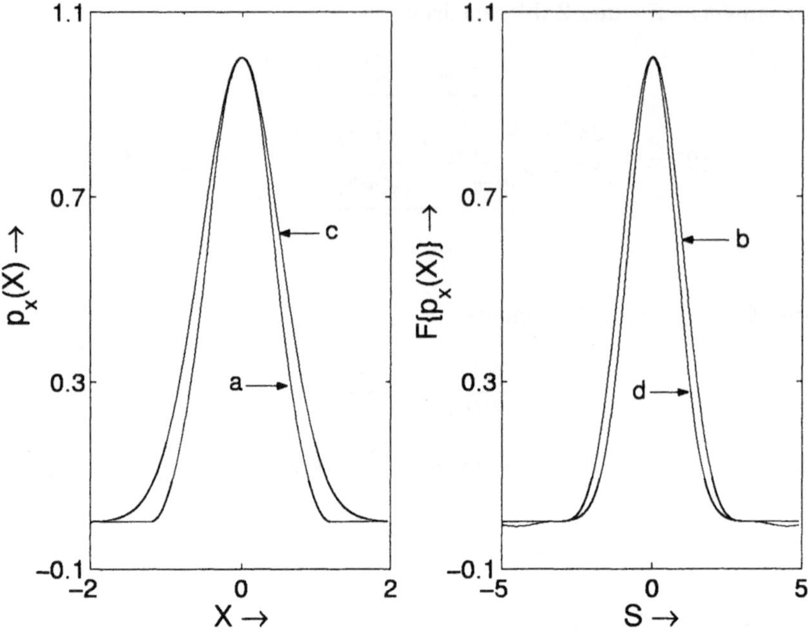

Bild 2.4   Zentraler Grenzwertsatz
                (a) $\Pi^{*n}(X)$, $n = 3$ (b) $\mathrm{si}^n(\pi S)$, $n = 3$
                (c) Gauß–Verteilung   (d) Gauß–Verlauf

Dies ist die Aussage des zentralen Grenzwertsatzes. Hierbei ist es bis auf wenige Aus-
nahmen zutreffend für WDF verschiedener Form. Die in Bild 2.4 aufgeführte graphische
Darstellung zeigt den Zusammenhang für das betrachtete Beispiel, wobei die Funktionen zum besseren Vergleich auf deren Maximalwerte normiert sind. Es ist überraschend
festzustellen, wie schnell sich die Annäherung an die Gaußkurve einstellt. Aus diesem
Grund spielt die gaußsche WDF in der Praxis eine bedeutende Rolle. Bei Widerstands-
rauschen z.B. trägt jedes Molekül seinen Beitrag bei. Es ist nicht verwunderlich, dass
von gaußschem Rauschen die Rede ist. Ein Antennensignal setzt sich zusammen aus
mehreren Anteilen, die über Echopfade am Empfangsort eintreffen. Geht man von regellos schwankenden Größen aus, kann auch hier von einer Gaußverteilung ausgegangen
werden. Die Bedeutung der gaußschen oder Normalverteilung ist offensichtlich. Carl–
Friedrich Gauss erfährt nicht nur wegen dieser Formulierung eine besondere Ehre, indem
der in Deutschland im Umlauf befindliche 10 DM–Geldschein sein Konterfei trägt. Im
Hintergrund des Mathematikers auf dem abgebildeten Schein ist die nach ihm benannte
Funktion deutlich erkennbar. Unter den Anwendern seiner Arbeiten ist diese besondere
Anerkennung gern gesehen.

Das gaußsche Modell ist das am häufigsten in praktischen Systemen angewendete und
ist nicht nur auf die Beschreibung von Rauschgrößen begrenzt. Es beschreibt eine kon-

Abbildung eines 10 DM–Geldscheins

tinuierliche ZV, x, deren WDF durch

$$p_x(X) = \frac{1}{\sqrt{2\pi}\sigma_x} \mathrm{e}^{-\frac{(X-m_x)^2}{2\sigma_x^2}}$$

beschrieben ist. Hierin gibt m_x den Mittelwert und σ_x^2 die Varianz der WDF an. Zur Beschreibung der Wahrscheinlicheit

$$P[x > A] = \int_A^\infty p_x(X)dX$$

muss das Integral über die WDF in dem Bereich $A < X < \infty$ ausgewertet werden. Da hierfür (wegen X^2) keine geschlossene Lösung möglich ist, bietet es sich an, die normierte Form von x zu betrachten. Hierzu betrachten wir

$$p_v(V) = \frac{1}{\sqrt{2\pi}} \mathrm{e}^{-\frac{V^2}{2}}$$

und erhalten durch den Vergleich von $p_x(X)$ mit $p_v(V)$ die normierte Zufallsvariable

$$v = \frac{x - m_x}{\sigma_x} \quad .$$

Die Wahrscheinlichkeit von $v > A_v$ ist damit

$$P[v > A_v] = \frac{1}{\sqrt{2\pi}} \int_{A_v}^\infty \mathrm{e}^{-\frac{V^2}{2}} dV \quad .$$

Die rechte Seite dieser Gleichung ist die Fehlerfunktion oder Q–Funktion. Die Betrachtungen von Wahrscheinlichkeiten bei Gaußverteilungen läuft auf die der Q–Funktion hinaus. Sie ist definiert als

$$Q(A_v) \mathrel{\widehat{=}} \frac{1}{\sqrt{2\pi}} \int_{A_v}^\infty \mathrm{e}^{-\frac{V^2}{2}} dV$$

und liegt als Lösung numerisch berechnet für $A_v \geq 0$ in Form von Tabellen vor. Zur Abdeckung aller Werte von A_v dient die Beziehung

$$Q(A_v) + Q(-A_v) = 1 \quad .$$

Hiermit ist die Wahrscheinlichkeit

$$P[x > A] \;=\; P\left[v > \frac{A - m_x}{\sigma_x}\right]$$

$$=\; Q\left(\frac{A - m_x}{\sigma_x}\right)$$

gegeben. Der Verlauf der Fehlerfunktion ist in Bild 2.5 dargestellt.

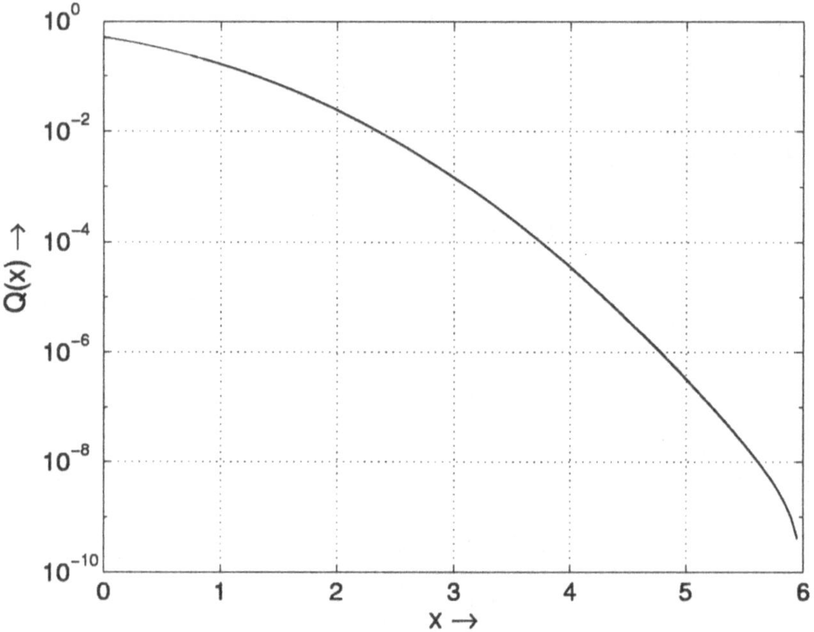

Bild 2.5   Fehlerfunktion, $Q(x)$

Beispiel: Eine Signalquelle erzeugt zufällig Spannungswerte, die gaußverteilt sind. Der Mittelwert sei 10 mV, die Varianz 20 mV. Wie hoch ist die Wahrscheinlichkeit, dass der Spannungswert zwischen 10 mV und 20 mV liegt?

$$P[10\,\text{mV} < x < 20\,\text{mV}] \;=\; P[10\,\text{mV} < x] - P[20\,\text{mV} < x]$$

$$=\; P\left[\frac{10\,\text{mV} - 10\,\text{mV}}{20\,\text{mV}} < v\right]$$

$$-P\left[\frac{20\,\text{mV} - 10\,\text{mV}}{20\,\text{mV}} < v\right]$$

$$=\; P[0 < v] - P[0{,}5 < v]$$

$$=\; Q(0) - Q(0{,}5) \approx 0{,}19 \;\; .$$

In 19 v.H. der Fälle ist hier der Spannungswert in dem Bereich zwischen 10 mV und 20 mV. Wir erkennen zudem ein rapides Absinken der Wahrscheinlichkeit für den Fall, dass der 10 mV breite Bereich zu größeren Werten hin verschoben wird, vorausgesetzt, er liegt oberhalb des Mittelwerts $\mu_x = 10$ mV.

2.5 Statistische Mittelwerte

Bei vielen Anwendungen ist das Wissen über die Wahrscheinlichkeitsdichtefunktion zu detailliert. In vielen Fällen ist es einfacher und vollkommen ausreichend, die ZV nur durch einige Zahlen zu beschreiben. Diese sind das Ergebnis von Betrachtungen, die auf den Verteilungsfunktionen basieren. Man spricht in diesem Zusammenhang von Erwartungswerten oder statistischen Mittelwerten. Im Folgenden werden die verschiedenen Erwartungswerte sowohl für den diskreten als auch den kontinuierlichen Fall definiert [Shb88].

E1: Erwartungswerte für diskrete Zufallsvariablen

(a) Der Erwartungswert einer Funktion der ZV x, $g(x)$, ist definiert als

$$E\{g(x)\} \,\hat{=}\, \sum_{i=1}^{n} g(X_i) P_x[X_i] \quad .$$

(b) Für $g(x) = x$ und $g(x) = x^2$ ergeben sich wichtige Werte zur Beschreibung der ZV. Dies ist zum einen der Mittelwert

$$m_x = E\{x\} \,\hat{=}\, \sum_{i=1}^{n} X_i P_x[X_i]$$

und zum anderen der quadratische Mittelwert bzw. die Varianz

$$\sigma_x^2 = E\{(x - m_x)^2\} \,\hat{=}\, \sum_{i=1}^{n} (X_i - m_x)^2 P_x[X_i] \quad .$$

Die Wurzel aus der Varianz ist die Standardabweichung. Der Mittelwert einer ZV ist ihr durchschnittlicher Wert, die Varianz ein Maß für die Streuung der Werte.

(c) Liegen zwei ZVn vor, ergeben sich zur Beschreibung der Mittelwerte ähnliche Ausdrücke. So ist

$$E\{g(x,y)\} = \sum_{i=1}^{n} \sum_{j=1}^{m} g(X_i, Y_j) P_{xy}[X_i, Y_j]$$

und für eine bedingte Wahrscheinlichkeit

$$E\{g(x,y)|y = Y_j\} = \sum_{i=1}^{n} g(X_i, Y_j) P_{xy}[X_i|Y_j] \quad .$$

Eine bei bedingten Erwartungswerten oft auftretende Größe ist der bedingte Mittelwert

$$E\{x|y = Y_j\} = \sum_{i=1}^{n} X_i P_{xy}[X_i|Y_j] \quad .$$

Er hat eine Bedeutung bei der Abschätzung des Werts einer ZV für den Fall, dass Werte von verwandten ZVn vorliegen.

E2: Erwartungswerte für kontinuierliche Zufallsvariablen beschreiben sowohl diskrete Zufallsvariablen als auch kontinuierliche. Lediglich die Darstellung muss der Art der ZVn angepasst sein. Somit sind für kontinuierliche ZVn die Erwartungswerte wie für den diskreten Fall definiert durch

$$E\{g(x)\} = \int_{-\infty}^{\infty} g(X)p_x(X)dX \quad ,$$

$$m_x = E\{x\} = \int_{-\infty}^{\infty} Xp_x(X)dX \quad ,$$

$$\sigma_x^2 = E\{(x - m_x)^2\} = \int_{-\infty}^{\infty} (X - m_x)^2 p_x(X)dX \quad ,$$

$$E\{g(x,y)\} = \int_{-\infty}^{\infty} \int_{-\infty}^{\infty} g(X,Y)p_{xy}(X,Y)dX dY \quad ,$$

$$E\{g(x,y)|y = Y\} = \int_{-\infty}^{\infty} g(X,Y)p_{x|y}(X|Y)dX dY \quad ,$$

$$E\{x|y = Y\} = \int_{-\infty}^{\infty} Xp_{x|y}(X|Y)dX dY \quad .$$

Es sei bemerkt, dass das Konzept der Erwartungswerte unabhängig von der Art der ZV ist. So sind die Gleichungen für den kontinuierlichen Fall in die für den diskreten überführbar, wenn bei der Beschreibung der WDF die Delta–Funktion $\delta(x)$ angewendet wird.

Zwei weitere Eigenschaften von Erwartungswerten soll diese Betrachtung abrunden. Liegen zwei ZVn vor und gilt

$$E\{xy\} = 0 \quad ,$$

spricht man von Orthogonalität der ZVn x und y. Sind diese voneinander unabhängig, resultiert dies in

$$E\{g(x)h(y)\} = E\{g(x)\}E\{h(y)\} \quad .$$

Die genannten Erwartungswerte lassen sich elektrotechnisch interpretieren. Lassen wir x eine ZV sein, die den Wert einer zufälligen Spannung abgegriffen über einen 1 Ω–Widerstand repräsentiert. Mit Zahlenwerten belegt sollen zwei Werte möglich sein, nämlich $+1$ V mit der Auftrittswahrscheinlichkeit $P[+1 \text{ V}] = 0{,}7$ und -1 V mit $P[-1 \text{ V}] = 0{,}3$. Die statistischen Mittelwerte sind dann:

M1: Der Mittelwert $E\{x\}$ ist die Gleichkomponente der zufälligen Spannung. $m_x = E\{x\} = (+1 \text{ V}) \cdot 0{,}7 + (-1 \text{ V}) \cdot 0{,}3 = 0{,}4 \text{ V}.$

M2: Der quadratische Mittelwert $E\{x^2\}$ bezogen auf den Widerstandswert stellt die Gesamtleistung dar. $E\{x^2\} = (+1\text{ V})^2 \cdot 0,7 + (-1\text{ V})^2 \cdot 0,3 = 1\text{ V}^2$. Die Gesamtleistung ist $1\text{ V}^2/1\ \Omega = 1\text{ W}$.

M3: Die Varianz σ_x^2 bezogen auf den Widerstandswert repräsentiert die Wechselleistung. $\sigma_x^2 = E\{(x-m_x)^2\} = E\{x^2\} - (E\{x\})^2$. Damit ergibt sich $\sigma_x^2/1\ \Omega = 0,84\text{ V}^2/1\ \Omega = 0,84\text{ W}$.

M4: Die Standardabweichung σ_x ist der Effektivwert der Wechselkomponente der Spannung. $\sigma_x = \sqrt{0,84}\text{ V}$.

2.6 Zufallsprozesse

2.6.1 Einführung

Werden bei Zufallsvariablen den Ergebnissen eines Zufallsexperiments Zahlen zugeordnet, handelt es sich bei Zufallsprozessen um Funktionen üblicherweise der Zeit. Anstelle einer Zahl $x(s)$, die nach einer festen Vorschrift auf einen Ergebnispunkt, s, abgebildet wird, ordnen wir dem Ergebnispunkt nun eine Zeitfunktion $x(s,t)$ zu. So könnte es bei einem Münzwurf etwa so sein, dass das Ergebnis "Kopf" die Funktion $\cos(t)$ und "Zahl" die Funktion $\sin(t)$ darstellt. Sind sämtlichen Ergebnispunkten Funktionen zugeordnet, stellt $x(s,t_1)$ eine Zufallsvariable dar. Jede Zeitfunktion wird zur Zeit $t = t_1$ ausgewertet, was jeweils betrachtet wird, ist eine Zahl und damit eine ZV. Bei einer anderen Zeit, z.B. $t = t_2$, liegt eine andere ZV vor. Diese ist durch $x(s,t_2)$ gekennzeichnet. In der Regel betrachten wir Fälle, bei denen der Wahrscheinlichkeitsraum unendlich viele Ergebnispunkte beinhaltet. Die Menge der zugeordneten Funktionen, $\{x(s,t)\}$, ist damit entsprechend reichhaltig. Diese Menge $\{x(s,t)\}$ könnte jede erdenkliche Funktion für $t \in (-\infty, \infty)$ enthalten. Wie bei einem endlichen Wahrscheinlichkeitsraum, kann die Abbildung der Funktionen mit der Zuordnung der entsprechenden Auftrittswahrscheinlichkeiten für jeden Beobachtungszeitraum eine Zufallsvariable definieren.

Das Wahrscheinlichkeitssystem, das sich zusammensetzt aus dem Wahrscheinlichkeitsraum, den zugeordneten Funktionen und den entsprechenden Auftrittswahrscheinlichkeiten heißt Zufallsprozess (ZP) und wird mit $x(t)$ gekennzeichnet. Die einzelnen Ergebnisfunktionen, die auf die Ergebnispunkte, s, abgebildet sind, beschreibt $x(s,t)$. Die Ansammlung aller möglicher Funktionen stellt eine Funktionsschar oder ein Ensemble dar.

2.6.2 Nachrichtentechnische Interpretation

Betrachten Sie das Modell eines digitalen Nachrichtensystems, wie es in Bild 2.6 dargestellt ist. Die Nachrichtenquelle wählt aus einer Menge von M möglichen diskreten Nachrichtensymbolen, $\{m_i\}$, $i = 1, 2, \ldots, M$, das zu sendende Symbol. Jedes Nachrichtensymbol wird anschließend einer Zeitfunktion, dem nachrichtentragenden Puls, zugeordnet. Diese Abbildungsvorschrift ist durch $m_i \longmapsto x_i(t)$ gekennzeichnet, wobei hier die Notwendigkeit auf M voneinander unterscheidbaren Zeitfunktionen besteht. Der Sender überträgt dann $x_k(t)$, wenn am Ausgang der Quelle m_k ansteht. Es ist offensichtlich, dass $x(t)$ einen ZP darstellt. Die Wahrscheinlichkeit für das Senden von $x_k(t)$ ist dann $P(m_k)$. Als nächstes wenden wir uns dem Kanal zu. Die Natur hat die geheimnisvolle

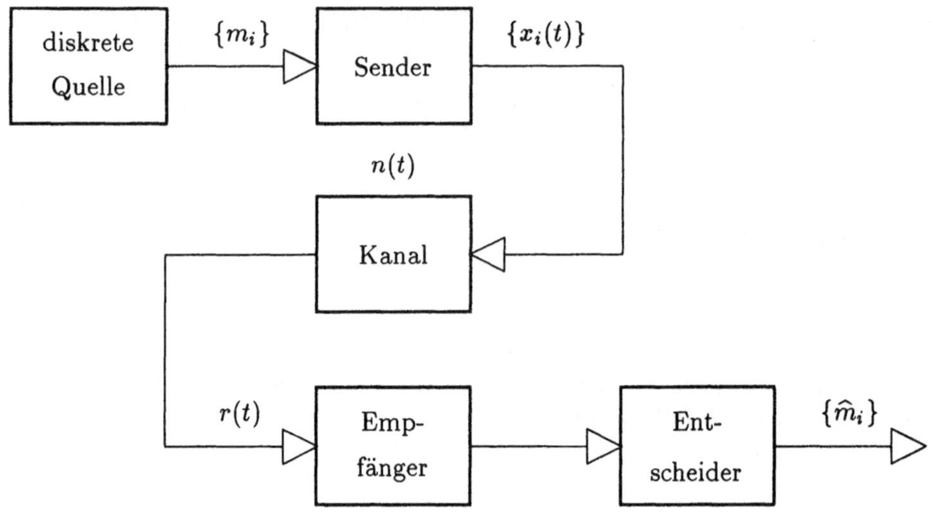

Bild 2.6   Modell einer Nachrichtenstrecke

Neigung, die übertragenen Signale zu stören, indem eine Ergebnisfunktion aus der unendlichen Menge aller störenden Signale, $n(s,t)$, das Nachrichtensignal additiv überlagert. Am Empfangsort liegt dann

$$r(s,t) = x(s,t) + n(s,t)$$

vor. Abkürzend kann dies durch $r(t) = x(t) + n(t)$ beschrieben werden, wobei $r(t)$, $x(t)$ und $n(t)$ Zufallsprozesse sind, die auf dem Wahrscheinlichkeitsraum Ω definiert sind. Die Menge $\{r(s,t)\}$ enthält somit alle möglichen Paare der Sende- und Rauschsignalanteile.

Am Empfangsort liegt der ZP $r(t)$ vor, der das gesendete Nachrichtensymbol, die Abbildungsvorschrift und den rauschbehafteten Kanal umfasst. Die Aufgabe besteht nun darin, das gesendete Nachrichtensymbol auszuwählen, indem zunächst eine Schätzung aller Symbole für die vorliegende Signalsituation erfolgt. Die Entscheidung, welches der Symbole nun empfangen wurde, geschieht nach dem Prinzip der maximalen Wahrscheinlichkeit. Dies bedeutet, dass das Symbol gewählt wird, für das die Wahrscheinlichkeit der richtigen Entscheidung größtmöglich ist. Hierzu müssen im Empfänger die Informationen vorliegen, wie die Sendeeinheit strukturiert ist. Es ist nicht möglich vorherzusagen, welches Symbol empfangen wird, wohl aber, welches Symbol aller Wahrscheinlichkeit nach gesendet worden ist. Der Entwurf des Empfängers basiert auf dem gesamten Ensemble von $r(t)$, nicht nur auf eine oder wenige Ergebnisfunktionen des Ensembles. Als Konsequenz reduzieren wir unsere Betrachtung auf eine durchschnittliche Empfängerleistung in Bezug auf statistische Mittelwerte der ZVn des Zufallsprozesses.

Das Zeitverhalten eines ZPs ist charakterisiert durch die Beschreibung unterschiedlicher Mittelwerte oder Erwartungswerte in Form von deterministischen Funktionen und nicht durch individuelle Funktionen. Da dieser Unterschied oft eine Ursache von Unklarheiten ist, sollen diese Größen im folgenden Abschnitt näher dargelegt werden.

2.6.3 Erwartungswerte der ersten Art

Unter Erwartungswerte der ersten Art verstehen wir statistische Mittelwerte, die auf der Betrachtung einer Zufallsvariablen basieren. Gegeben ist ein Zufallsprozess. Wird dieser zur Zeit t_i ausgewertet, stellt $x(t = t_i) = x_i$ eine ZV dar. Der Mittelwert, quadratische Mittelwert usw., also die statistischen Mittelwerte, die für einen Beobachtungszeitpunkt gelten, heißen Erwartungswerte der ersten Art. Diese Erwartungswerte können von der Beobachtungszeit abhängen.

Beispiel: Ein Zufallsprozess liegt vor, der durch $x(t) = A\cos(2\pi Ft + \theta)$ gegeben ist. A und F sind Konstanten, θ ist eine Zufallsvariable mit einer Gleichverteilung. Wie lauten die Erwartungswerte $E\{x(t_i)\} = E\{x_i\}$ und $E\{x^2(t_i)\} = E\{x_i^2\}$, wobei t_i einen beliebigen Zeitpunkt darstellt?

Die WDF ist

$$p_\theta(\Theta) = \frac{1}{2\pi}\Pi\left(\frac{\Theta}{2\pi}\right) \quad .$$

Hiermit erhalten wir für den Mittelwert

$$E\{x_i\} = \int_{-\pi}^{\pi} A\cos(2\pi Ft + \Theta)\frac{1}{2\pi}d\Theta = 0$$

und für den quadratischen Mittelwert

$$E\{x_i^2\} = \int_{-\pi}^{\pi} \left(A\cos(2\pi Ft + \Theta)\right)^2 \frac{1}{2\pi}\, d\Theta = \frac{A^2}{2} \quad .$$

Die Erwartungswerte der ersten Art charakterisieren einen Zufallsprozess nicht vollständig. Es sind hierzu vertiefte Kenntnnisse über das Verhalten des Prozesses notwendig, wie etwa die Aussage, wie sich die statistischen Bindungen zwischen den Zufallsvariablen in Abhängigkeit von den Beobachtungszeitpunkten ändern. Vom Standpunkt eines Nachrichtentechnikers betrachtet ist eine Beschreibung dieser Änderungen im Frequenzbereich sehr hilfreich und aussagekräftig. Dies bedeutet, dass neben einem Beobachtungszeitpunkt ein weiterer zugelassen werden muss. Man spricht in diesem Fall von Erwartungswerten der zweiten Art.

2.6.4 Erwartungswerte der zweiten Art

Wie bereits bemerkt, basieren Erwartungswerte der zweiten Art auf zwei Beobachtungszeitpunkten. Zu jedem der beiden Zeitpunkte liegt eine Zufallsvariable vor. Erwartungswerte der zweiten Art beschreiben die statistischen Bindungen, die zwischen den

Zufallsvariablen bestehen. Die Differenz zwischen den beiden Beobachtungszeitpunkten spielt eine wichtige Rolle bei der Beschreibung des Zufallsprozesses im Frequenzbereich.

Wir betrachten einen ZP, $x(t)$, zu den Zeiten t_i und t_j. Hierbei gehen wir davon aus, dass $x(t)$ komplexwertig sein kann. Dies führt zu den ZV $x(t_i) = x_i$ und $x(t_j) = x_j$. Der Erwartungswert der zweiten Art, $E\{x^*(t_i)x(t_j)\}$ ist damit durch

$$
\begin{aligned}
E\{x^*(t_i)x(t_j)\} &= \int_{-\infty}^{\infty}\int_{-\infty}^{\infty} X_i^* X_j p_{x_i x_j}(X_i, X_j)\, dX_i\, dX_j \\
&= R_x(t_i, t_j)
\end{aligned}
$$

definiert. Hierin ist $p_{x_i x_j}(X_i, X_j)$ die Verbundwahrscheinlichkeitsdichtefunktion der ZVn x_i und x_j. Der statistische Mittelwert $E\{x^*(t_i)x(t_j)\}$ trägt den Namen Autokorrelationsfunktion (AKF) und wird mit $R_x(t_i, t_j)$ bezeichnet. Die Autokorrelationsfunktion ist ein Ensemblemittelwert zwischen den Zufallsvariablen, definiert durch den Zufallsprozess. Dieser Mittelwert ist ein Maß für die statistische Verbundenheit, die auch als Korrelation bezeichnet ist. Die Autokorrelationsfunktion beschreibt für die meisten praktischen Anwendungen den ZP im Zeitbereich. Im weiteren Verlauf werden wir sehen, dass sich mit dieser Funktion der ZP auch im Frequenzbereich beschreiben lässt. Ein Beispiel zur AKF soll den Zusammenhang zwischen der ZV und den Beobachtungszeiten verdeutlichen.

Beispiel: Bestimmen Sie die AKF für das obige Beispiel.

Zunächst lösen wir die Aufgabe ausführlich nach dem bekannten Muster. Im Anschluss daran bedienen wir uns der wesentlich kürzeren Operatorschreibweise. Zum ausführlicheren Teil:

$$
\begin{aligned}
R_x(t_i, t_j) &= E\{x_i^* x_j\} \\
&= \frac{1}{2\pi}\int_{-\pi}^{\pi} A\cos(2\pi F t_i + \Theta)\cdot A\cos(2\pi F t_j + \Theta)d\Theta \\
&= \frac{A^2}{4\pi}\left(\int_{-\pi}^{\pi}\cos\big(2\pi F(t_j - t_i)\big)d\Theta + \int_{-\pi}^{\pi}\cos\big(2\pi F(t_j + t_i) + 2\Theta\big)d\Theta\right) \\
&= \frac{A^2}{2}\cos\big(2\pi F(t_j - t_i)\big) \\
&= \frac{A^2}{2}\cos 2\pi F\tau \quad, \qquad \tau = t_j - t_i \quad .
\end{aligned}
$$

Nur mit dem Erwartungswertoperator gelöst, ergibt sich ein wesentlich einfacherer Weg:

$$
\begin{aligned}
R_x(t_i, t_j) &= E\{x_i^* x_j\} \\
&= E\big\{A\cos(2\pi F t_i + \Theta)\, A\cos(2\pi F t_j + \Theta)\big\} \\
&= E\left\{\frac{A^2}{2}\Big(\cos\big(2\pi F(t_j - t_i)\big) + \cos\big(2\pi F(t_j + t_i) + 2\Theta\big)\Big)\right\} \\
&= \frac{A^2}{2}E\Big\{\cos\big(2\pi F(t_j - t_i)\big)\Big\} + \frac{A^2}{2}E\Big\{\cos\big(2\pi F(t_j + t_i) + 2\Theta\big)\Big\} \\
&= \frac{A^2}{2}\cos 2\pi F\tau \quad, \qquad \tau = t_j - t_i \quad .
\end{aligned}
$$

Betrachten wir die Ergebnisse für Erwartungswerte der ersten und zweiten Art, stellen wir folgendes fest. Die Erwartungswerte der ersten Art sind unabhängig von der Wahl des Beobachtungszeitpunkts, der Erwartungswert der zweiten Art hängt ausschließlich von der Differenz beider Beobachtungszeitpunkte, $\tau = t_j - t_i$, nicht jedoch von der Wahl des Zeitursprungs ab. Zufallsprozesse, die diesen Bedingungen genügen, heißen stationäre Zufallsprozesse.

Die meisten der in Nachrichtensystemen vorkommenden Zufallsprozesse sind sowohl stationär im weiteren Sinne als auch ergodisch. Ergodisch bedeutet, dass wir ein beliebiges Ergebnissignal aus dem Ensemble wählen können und dass die Zeitmittelwerte dieses zufällig gewählten Signals den Ensemblemittelwerten entsprechen. Mit den Grundlagen hierfür hat sich neben anderen auch der bekannte Mathematiker Birkhoff beschäftigt. In [Bir31a] beschrieb Birkhoff für jedes dynamische System, das durch ein System von Differentialgleichungen gegeben ist, eine mittlere Zeit zwischen den Durchdringungen eines Punktes durch eine Fläche im Raum. Darauf aufbauend formulierte er in [Bir31b] den Beweis für das "ergodische Theorem". Dies besagt, dass eine bestimmte "Zeitwahrscheinlichkeit" existiert, für die sich ein bewegter Punkt in einem Bereich aufhält. Die Zeitwahrscheinlichkeit ist gegeben durch das Verhältnis aus der verstrichenen Zeit, die der Punkt in dem Bereich verbringt, und der totalen verstrichenen Zeit, wobei diese Beobachtungszeit gegen unendlich geht. Einfach ausgedrückt verfügt man in der Praxis üblicherweise nur über einen Funktionsgenerator und nicht über eine beliebig große Anzahl. Somit hat man also nur Zugriff auf ein Signal und nicht ein Ensemble von Signalen. Dies ist ein weiteres Mysterium der Natur, das viele Dinge erheblich vereinfacht.

Die Zeitmittelwerte – und damit für einen ergodischen Prozess die statistischen Mittelwerte – berechnen sich für

Z1: den Mittelwert zu

$$E\{x(t)\} = \lim_{T\to\infty} \int_{-T}^{T} x(t)dt \quad ,$$

Z2: den quadratischen Mittelwert zu

$$E\{|x(t)|^2\} = \lim_{T\to\infty} \int_{-T}^{T} |x(t)|^2 dt \quad ,$$

Z3: und der Autokorreletionsfunktion zu

$$R_x(\tau) = E\{x^*(t)x(t+\tau)\} = \lim_{T\to\infty} \int_{-T}^{T} x^*(t)x(t+\tau)dt \quad .$$

Hierbei muss zwischen Energie- und Leistungssignalen unterschieden werden. Energiesignale sind solche, die eine endliche Energie aufweisen. Die oben aufgeführten Beziehungen gelten für diese Signale. Anders verhält es sich für Leistungssignale. Diese weisen eine endliche Leistung, nicht aber eine endliche Energie auf. Das einfachste und bekannteste Beispiel für diese Signale ist ein Eintonsignal. Um dem Rechnung zu tragen, müssen die Integrale mit dem Vorfaktor $1/2T$ versehen werden. Zurück zum Beispiel mit einem Eintonsignal, das durch eine gleichverteilte Phase beeinflusst ist.

Beispiel: Berechnen Sie die Zeitmittelwerte für den Zufallsprozess der durch

$$x(t) = A\cos(2\pi Ft + \theta)$$

beschrieben ist. Die Phase ist im Bereich $(-\pi, \pi]$ gleichverteilt.

Für den Mittelwert nach (Z1) erhalten wir

$$E\{x(t)\} = \lim_{T\to\infty} \frac{1}{2T} \int_{-T}^{T} A\cos(2\pi Ft + \theta)\,dt = 0 \quad,$$

für den nach (Z2)

$$E\{x^2(t)\} = \lim_{T\to\infty} \frac{1}{2T} \int_{-T}^{T} A^2 \cos^2(2\pi Ft + \theta)\,dt = \frac{A^2}{2}$$

und für die Autokorrelationsfunktion nach (Z3)

$$\begin{aligned}
R_x(\tau) &= E\{x^*(t)x(t+\tau)\} \\
&= \lim_{T\to\infty} \frac{1}{2T} \int_{-T}^{T} A\cos\left(2\pi Ft + \theta\right) A\cos\left(2\pi F(t+\tau) + \theta\right) dt \\
&= \frac{A^2}{2}\cos(2\pi F\tau) \quad.
\end{aligned}$$

Die Ergebnisse für dieses Beispiel zeigen, dass der Prozess ergodisch ist. Aus praktischen Erwägungen gehen wir im weiteren Verlauf von ergodischen Prozessen aus, wenn sie nicht zuvor als andersartig bezeichnet wurden.

Unabhängig davon, ob die Autokorrelationsfunktionen als Ensemblemittelwert oder Zeitmittelwert vorliegt, gelten Eigenschaften, die bei der weiteren Betrachtung von ZPn eine wichtige Rolle spielen. Diese Eigenschaften der Autokorrelationsfunktion, $R_x(\tau)$, des allgemeinen stationären Prozesses $x(t)$ sind:

A1: $R_x(\tau = 0) = E\{|x(t)|^2\}$ entspricht der Gesamtleistung (in 1 Ω),

A2: $\mathrm{Re}\{R_x(\tau)\} \leq R_x(0)$,

A3: $R_x(\tau) = R_x^*(-\tau)$,

A4: $\lim_{\tau\to\infty} R_x(\tau) = |E\{x(t)\}|^2$ entspricht der Gleichleistung (in 1 Ω).

Die Punkte (A2) und (A4) bedürfen einer kurzen Erläuterung. Zu (A2): Die Ausdrücke $|x(t+\tau) \pm x(t)|^2$ haben positive Erwartungswerte zur Folge. Somit ergibt sich die Ungleichung

$$-R_x(0) \leq \mathrm{Re}\{R_x(\tau)\} \leq R_x(0)$$

und damit die Aussage (A2). Zu (A4): Hierbei wird die AKF für einen sehr großen Abstand zwischen den betrachteten ZVn ausgewertet. Die statistischen Bindungen nehmen mit großem Abtand τ ab, sodass wir für $\tau \to \infty$ von unabhängigen ZVn ausgehen können. Daher ergibt sich die Aussage (A4)

$$\lim_{\tau\to\infty} E\{x^*(t)x(t+\tau)\} = E\{x^*(t)\}E\{x(t+\tau\} = |E\{x(t)\}|^2 \quad.$$

Die oben erarbeiteten Ergebnisse sollen nun auf einen in der Praxix oft vorzufindenden Fall angewendet werden. Wir betrachten ein zufälliges binäres Signal, wie es in Bild 2.7 dargestellt ist. Diese in der digitalen Nachrichtentechnik sehr geläufige Form ist durch einen ZP beschrieben und weist die aufgeführten Eigenschaften auf:

1. Jeder Puls hat einen rechteckförmigen Verlauf mit der Dauer T und einem zufälligen Wert ± 1 V.

2. Die Pulswerte sind gleichwahrscheinlich, d.h. $P[+1\ \text{V}] = P[-1\ \text{V}] = 0{,}5$.

3. Alle Pulse sind voneinander statistisch unabhängig.

4. Der Beginn einer Pulskette kann zu jeder Zeit in einem Intervall $[0, T]$ erfolgen. Der Startzeitpunkt ist zufällig und gleichverteilt in diesem Intervall.

Bestimmen Sie den Gleich- und Gesamtanteil der Leistung über einen 1 Ω-Widerstand. Wie lautet die Autokorrelationsfunktion?

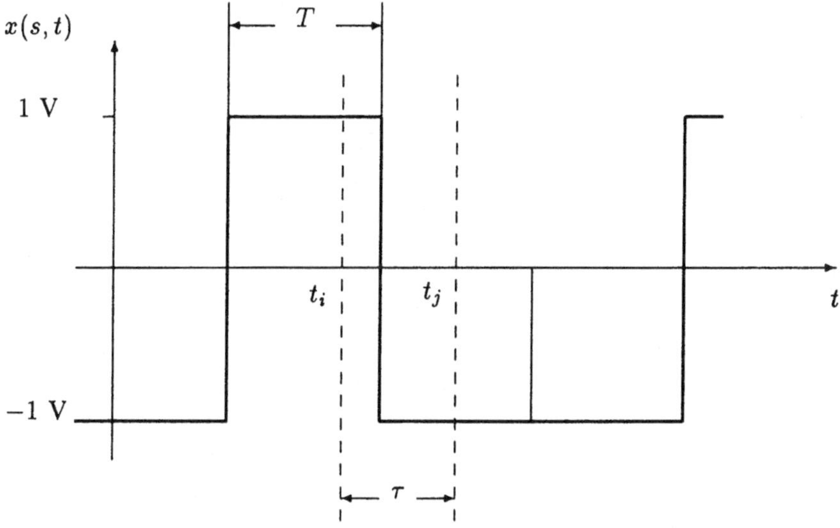

Bild 2.7   Binäres Signal

Die ZV seien $x_i = x(t_i)$ und $x_j = x(t_i + \tau)$. Damit erhalten wir für die Leistungen

1. $E\{x(t)\} = \sum_i x_i P_x(x_i) = (+1) \cdot 0{,}5 + (-1) \cdot 0{,}5 = 0$ [V],

2. $E\{x^2(t)\} = \sum_i x_i^2 P_x(x_i) = (+1)^2 \cdot 0{,}5 + (-1)^2 \cdot 0{,}5 = 1$ [W in 1 Ω].

Die AKF ergibt sich allgemein für jeden beliebigen Wert von τ nach

$$R_x(\tau) \quad = \quad E\{x(t_i)x(t_i + \tau)\} = E\{x_i x_j\}$$

$$\begin{aligned}
&= \sum_k x_{ik} x_{jk} P_{x_i x_j}(x_{ik}, x_{jk}) \\
&= (+1)(+1)P(1,1) + (-1)(-1)P(-1,-1) \\
&\quad (-1)(1)P(-1,1) + (1)(-1)P(1,-1).
\end{aligned}$$

Aus Symmetriegründen resultiert dies zu

$$R_x(\tau) = 2\big(P(1,1) - P(1,-1)\big) \quad .$$

1. Für $0 \leq \tau \leq T$ erhalten wir

$$\begin{aligned}
P(1,-1) &= P(1)P(-1|1) \\
&= 0{,}5 \cdot P\{\text{Übergang liegt in } \tau \cap \text{Übergang fand statt}\} \\
&= 0{,}5 \cdot P\{\text{Übergang liegt in } \tau\} \cdot P\{\text{Übergang fand statt}\} \\
&= 0{,}5 \cdot \frac{\tau}{T} \cdot 0{,}5
\end{aligned}$$

und

$$P(1,1) = 0{,}5 - P(-1,1) \quad .$$

Damit ist für den betrachteten Bereich die AKF

$$\begin{aligned}
R_x(\tau) &= 1 - 4 \cdot P(1,-1) \\
&= 1 - \frac{\tau}{T} \quad \text{für } 0 \leq \tau \leq T \\
&= 1 - \frac{|\tau|}{T} \quad \text{für } -T \leq \tau \leq T \quad .
\end{aligned}$$

Der letzte Schritt ist damit begründet, dass gilt $R_x(\tau) = R_x(-\tau)$.

2. Für $|\tau| > T$ resultiert dies zu

$$\begin{aligned}
R_x(\tau) &= \sum_k x_{ik} x_{jk} P_{x_i x_j}(x_{ik}, x_{jk}) \\
&= \sum_k x_{ik} P_{x_i}(x_{ik}) \cdot \sum_k x_{jk} P_{x_j}(x_{jk}) \\
&= 0 \quad .
\end{aligned}$$

Das Endergebnis für die AKF lautet damit

$$R_x(\tau) = \begin{cases} 1 - \dfrac{|\tau|}{T} & : \quad -T \leq \tau \leq T \\ 0 & : \quad \text{sonst.} \end{cases}$$

Interessierten sei die Aufgabe überlassen, die AKF einer polaren Sequenz zu ermitteln, für die als nachrichtentragender Puls

$$g(t) = \Pi\left(\frac{t}{T/2}\right)$$

verwendet wird.

2.6.5　Leistungsdichtespektrum

Betrachten Sie das Problem, einen Zufallsprozess, $x(t)$, zu filtern. Das Filter soll nicht nur auf eine Ergebnisfunktion hin entworfen werden, sondern auf das gesamte Ensemble, das $x(t)$ darstellt. Die Konzeption des Filters erfolgt somit im durchschnittlichen Sinn, beruht also auf den statistischen Mittelwerten des Prozesses. Es erscheint als sinnvoll, eine Frequenzfunktion zu definieren, die im Frequenzbereich den Prozess beschreibt. Bei der Diskussion über die Autokorrelationsfunktion stellten wir fest, dass die AKF eines ZPs ein Maß für die Korrelation zwischen zwei ZVn ist, die im Abstand τ definiert sind. Für einen gegebenen Abstand zwischen den Beobachtungszeitpunkten ist dann also $R_x(\tau)$ größer für einen sich langsam ändernden Prozess als für einen schnellen. Da die Frequenzfunktion eine Aussage über die Schnelligkeit macht, wie sich die Werte im Zeitbereich ändern, stellt die Autokorrelationsfunktion eine Grundlage für die Beschreibung des Prozesses im Frequenzbereich dar.

Wir beginnen mit der Betrachtung der spektralen Funktion bei deterministischen Signalen. Auch hierfür ist die AKF durch den bekannten Ausdruck gegeben. Jedes Signal kann durch

$$x(t) = \int_{-\infty}^{\infty} x(\vartheta)\delta(t - \vartheta)d\vartheta$$

beschrieben werden. Unter Verwendung dieses Ausdrucks ergibt sich für die AKF des nicht regellos schwankenden Signals

$$\begin{aligned}
R_x(\tau) &= E\{x^*(t)x(t + \tau)\} \\
&= E\left\{ \int_{-\infty}^{\infty} x^*(\vartheta)x(\tau + \vartheta)\,d\vartheta \right\} \\
&= \int_{-\infty}^{\infty} x^*(\vartheta)x(\tau + \vartheta)\,d\vartheta \\
&= x(\tau) * x^*(-\tau) \quad .
\end{aligned}$$

Die AKF eines deterministischen Signals ist also das Faltungsprodukt aus dem Signal selbst und der konjugiert komplexen Zeitinversen hiervon. Im Frequenzbereich erhalten wir damit

$$\mathcal{F}\{R_x(\tau)\}(f) = X(f) \cdot X^*(f) = |X(f)|^2 = S_x(f) \quad .$$

Die Fourier–Transformierte der AKF wird als Leistungsdichtespektrum bezeichnet. Es beschreibt, wie groß der Beitrag der einzelnen Frequenzanteile zur resultierenden Gesamtleistung des Signals $x(t)$ ist. Hiermit ist die Leistung gegeben durch

$$\begin{aligned}
P_x &= R_x(0) \\
&= \int_{-\infty}^{\infty} S_x(f)e^{j2\pi f\tau}\,df \Big|_{\tau=0} \\
&= \int_{-\infty}^{\infty} S_x(f)\,df \quad .
\end{aligned}$$

Das Konzept der Leistungsdichte lässt sich auf im weiten Sinne stationäre Prozesse übertragen. Das Leistungsdichtespektrum (LDS) eines solchen Prozesses ist die Fourier–Transformierte der Autokorrelationsfunktion, sie bilden das Paar

$$R_x(\tau) \quad \longleftrightarrow \quad S_x(f) \quad .$$

Wie bei der Autokorrelationsfunktion liegen Eigenschaften vor, auf die im weiteren Verlauf zurückgegriffen wird. Diese sind für das LDS, $S_x(f)$, des allgemeinen stationären Prozesses $x(t)$:

L1: $S_x(f)$ ist reell und nicht negativ.

L2: $S_x(f)$ ist eine gerade Funktion.

L3: Die Leistung von $x(t)$ ist durch $R_x(0) = \int S_x(f)df$ gegeben.

L4: Weist $R_x(\tau)$ periodische Komponenten auf, resultiert dies in Spektrallinien.

Beipiel: Ermitteln Sie das Leistungsdichtespektrum des binären Signals, dessen Autokorrelationsfunktion als dreieckförmig mit der Basis $2T$ und der Auslenkung eins gegeben ist. Die AKF ist durch $R_x(\tau) = \Lambda(\tau/T)$ beschrieben, wobei der griechische Großbuchstabe Λ wegen seiner Form abkürzend für eine Dreieckfunktion steht. Der Zusammenhang zwischen der Dreieckfunktion und einer Rechteckfunktion ist durch die Faltung

$$\Lambda(t) = \Pi(t) * \Pi(t)$$

gegeben.

Der Zusammenhang zwischen der AKF und dem LDS ist durch die Fourier–Transformation gegeben. Daher erhalten wir

$$
\begin{aligned}
R_x(\tau) &= \Lambda\left(\frac{\tau}{T}\right) \\
&= \begin{cases} 1 - \dfrac{|\tau|}{T} &: \quad -T \le \tau \le T \\ 0 &: \quad \text{sonst.} \end{cases} \\
&\updownarrow \\
S_x(f) &= T\,\mathrm{si}^2(\pi f T)
\end{aligned}
$$

und können erkennen, dass dieses LDS die oben aufgeführten Eigenschaften (L1) bis (L4) aufweist.

Bisher haben wir – ohne näher darauf hinzuweisen – Zufallsprozesse betrachtet, die einen Tiefpasscharakter haben (können). Liegen Prozesse mit Bandpasscharakter vor, wie

$$x_{BP}(t) = x_{TP}(t)\,e^{j2\pi F t} \quad ,$$

weisen diese folgenden Zusammenhang zwischen der AKF des Tiefpassanteils und dem Trägerfrequenzanteil auf.

$$
\begin{aligned}
R_{x_{BP}}(\tau) &= E\{x_{BP}^*(t)x_{BP}(t+\tau)\} \\
&= E\left\{x_{TP}^*(t)x_{TP}(t+\tau)\,e^{j2\pi F\tau}\right\} \\
&= R_{x_{TP}}(\tau)\,e^{j2\pi F\tau}
\end{aligned}
$$

Ist $S_{TP}(f)$ das LDS des Tiefpassanteils, ergibt sich damit das des Bandpassprozesses zu

$$S_{BP}(f) = S_{TP}(f - F) \quad .$$

Die Mittenfrequenz des Bandpass–Signals, F, findet sich somit in dem Leistungsdichtespektrum des Zufallsprozesses wieder.

2.7 Zufallsprozesse und LTI–Systeme

Bekanntlich reagiert ein LTI–System mit der Impulsantwort $h(t)$ auf ein erregendes Signal $g(t)$ mit dem Resultat des Faltungsprodukts $s(t) = g(t) * h(t)$. Die Beschreibung im Frequenzbereich ergibt als Reaktion auf das Spektrum, $G(f)$, am Eingang des Systems mit der Übertragungsfunktion $H(f)$ das Ergebnis des Produkts $S(f) = H(f) \cdot G(f)$. Stellen Sie sich nun vor, dass anstelle eines deterministischen Signals ein Zufallsprozess am System anliegt. Ein Prozess ist zur Genüge durch seine AKF beschrieben, wie der ZP $x(t)$ durch $R_x(\tau)$. Unabhängig von dem Eingangssignal ist das Signal am Ausgang eines LTI–Systems das Faltungsprodukt des Eingangssignals mit der Impulsantwort. Dies trifft selbstverständlich auch für Zufallssignale zu. Zur weiteren Behandlung gehen wir davon aus, dass die Impulsantwort $h(t)$ deterministisch und der ZP am Eingang stationär ist. Hieraus ergeben sich die folgenden Punkte:

1. Der Mittelwert des Ausgangsprozesses, $y(t)$, lautet

$$
\begin{aligned}
m_y &= E\{y(t)\} \\
&= E\{x(t) * h(t)\} \\
&= E\left\{ \int_{-\infty}^{\infty} h(\vartheta)x(t - \vartheta)d\vartheta \right\} \\
&= \int_{-\infty}^{\infty} h(\vartheta)E\{x(t - \vartheta)\}d\vartheta \\
&= E\{x(t)\} \int_{-\infty}^{\infty} h(\vartheta)d\vartheta \\
&= E\{x(t)\} \cdot H(0) \quad .
\end{aligned}
$$

Der Mittelwert des Ausgangsprozesses entspricht dem des Prozesses am Eingang, der durch den Faktor $H(0) = H(f)|_{f=0}$ modifiziert ist.

2. Die AKF von $y(t)$ ist $R_y(\tau)$. Zunächst betrachten wir die sogenannte Kreuzkorrelationsfunktion $R_{xy}(\tau)$, die die statistischen Bindungen zwischen dem Ein– und dem Ausgangsprozess beschreibt.

$$
\begin{aligned}
R_{xy}(\tau) &= E\{x^*(t)y(t + \tau)\} \\
&= E\left\{ x^*(t) \int_{-\infty}^{\infty} x(\vartheta)h(t + \tau - \vartheta)d\vartheta \right\} \\
&= \int_{-\infty}^{\infty} \underbrace{E\{x^*(t)x(\vartheta)\}}_{= R_x(\vartheta - t)} h(t + \tau - \vartheta)d\vartheta
\end{aligned}
$$

$$= \int_{-\infty}^{\infty} R_x(\Theta)h(\tau - \Theta)d\Theta$$

$$= R_x(\tau) * h(\tau)$$

Hiermit lässt sich die AKF des Ausgangsprozesses angeben als

$$\begin{aligned}
R_y(\tau) &= E\{y^*(t)y(t+\tau)\} \\
&= E\left\{ \int_{-\infty}^{\infty} x^*(\mu)h^*(t-\mu)d\mu \cdot \int_{-\infty}^{\infty} x(\nu)h(t+\tau-\nu)d\nu \right\} \\
&= \int_{-\infty}^{\infty} \int_{-\infty}^{\infty} \underbrace{E\{x^*(\mu)x(\nu)\}}_{= R_x(\nu-\mu)} h^*(t-\mu)h(t+\tau-\nu)\,d\mu\,d\nu \\
&= \int_{-\infty}^{\infty} \int_{-\infty}^{\infty} R_x(\lambda)h^*(\mu)h(\tau+\mu-\nu)\,d\mu\,d\lambda \\
&= \int_{-\infty}^{\infty} h^*(\mu)R_{xy}(\tau+\mu)d\mu \\
&= R_{xy}(\tau) * h^*(-\tau) \\
&= R_x(\tau) * h(\tau) * h^*(-\tau) \quad .
\end{aligned}$$

Die AKF des Ausgangsprozesses ist also das Faltungsprodukt aus der AKF des Eingangsprozesses mit der der Impulsantwort des LTI–Systems.

Im Frequenzbereich ergibt sich die Lösung als eine Produktbildung. Das LDS am Ausgang ist somit

$$S_y(f) = S_x(f) \cdot |H(f)|^2 \quad .$$

Die erarbeiteten Ergebnisse sind in Bild 2.8 zusammengefasst dargestellt.

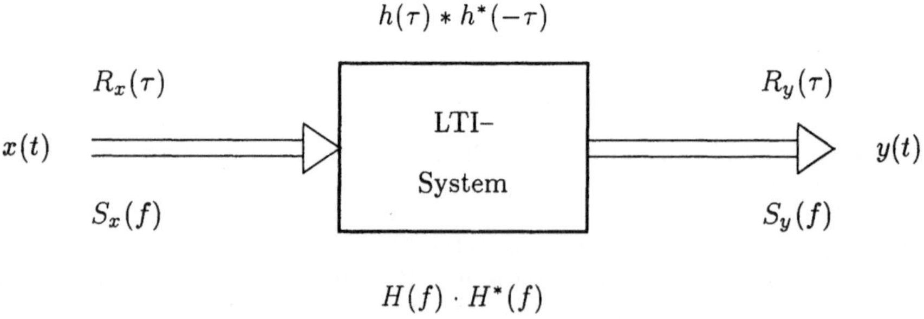

Bild 2.8   Zufallsprozess und LTI–System

In der Praxis ist oft der Fall des weißen Rauschens betrachtet. Hierbei lehnt man sich an die physikalische Welt des Lichts. Weißes Licht enthält alle Farben mit gleicher Intensität. Aus diesem Grund bezeichnet man einen Rauschprozess, dessen LDS konstant ist, als weißes Rauschen. Das LDS ist somit durch

$$S_n(f) = \frac{N_0}{2} \quad , \quad -\infty < f < \infty$$

gekennzeichnet. Damit ergibt sich die AKF des Rauschprozesses zu

$$R_n(\tau) = \frac{N_0}{2}\delta(\tau) \quad .$$

Diese AKF besagt, dass für jeden beliebigen Abstand der Beobachtungszeitpunkte, τ, die Korrelation null ist, d.h. dass die beiden ZV statistisch unabhängig sind. Für $\tau = 0$ handelt es sich um eine ZV. $R_n(0)$ gibt die Gesamtleistung des Rauschprozesses an, die in diesem Fall unendlich ist. Es ist leicht einzusehen, dass weißes Rauschen in der Natur nicht vorkommen kann. Dennoch wird dieser Rauschprozess bei der Behandlung von Rauschen oft herangezogen. Hierbei macht man Gebrauch von der konstanten Rauschleistungsdichte $N_0/2$, die allerdings nur in dem betrachteten Frequenzbereich diese Eigenschaft aufweisen muss. Generell ist die Rauschleistung am Ausgang eines Filters durch

$$N = \frac{N_0}{2} \int_{-\infty}^{\infty} |H(f)|^2 df$$

gegeben. Ist $G = |H(f)|_{\max}^2$ der Maximalwert der Filterfunktion $|H(f)|^2$, kann hiermit die äquivalente Rauschbandbreite nach

$$B_N \mathrel{\widehat{=}} \frac{1}{G} \int_0^{\infty} |H(f)|^2 df$$

definiert werden. Damit erhalten wir für die Rauschleistung

$$N = N_0 G B_n \quad .$$

Das folgende Beispiel veranschaulicht den Zusammenhang zwischen der AKF, dem LDS und der Übertragungsfunktion eines Filters.

Beispiel: Gegeben ist weißes Rauschen der Leistungsdichte $N_0/2$, das an einem idealen Tiefpassfilter anliegt. Die Übertragungsfunktion des Filters sei

$$H(f) = A \cdot \Pi\left(\frac{f}{2B}\right) \quad .$$

Beschreiben Sie den Zufallsprozess am Ausgang des Filters. Wie lautet die Gesamt–, Wechsel– und Gleichleistung des Prozesses am Ausgang für ein Z_0–Widerstandssystem?

Zunächst ermitteln wir das LDS des Ausgangssignals, $m(t)$. Dieses ist

$$\begin{aligned}
S_m(f) &= S_n(f)|H(f)|^2 \\
&= \frac{N_0}{2} \cdot \left| A \cdot \Pi\left(\frac{f}{2B}\right) \right|^2 \\
&= \frac{N_0}{2} \cdot A^2 \cdot \Pi\left(\frac{f}{2B}\right) \quad .
\end{aligned}$$

Innerhalb des interessierenden Bandbereichs, hier $2B$, ist das LDS konstant, außerhalb kann es beliebig sein. Dies führt zu endlichen Leistungen. Da keine Frequenzlinie im Ursprung vorliegt, ist die Gleichleistung gleich null. Dies erkennen wir auch an der AKF, die den Verlauf

$$R_m(\tau) = \frac{N_0}{2} \cdot 2BA^2 \cdot \text{si}\,(\pi 2B\tau)$$

aufweist. Den Mittelwert von $m(t)$ erhalten wir durch die Betrachtung von

$$E\{m(t)\} = \sqrt{\lim_{\tau \to \infty} R_m(\tau)} = 0$$

und damit ist der zugehörige Gleichanteil gleich null. Die Gesamt– und in diesem Fall die Wechselleistung erhalten wir sowohl im Frequenz– als auch im Zeitbereich. Im Zeitbereich ist sie durch

$$R_m(0) = E\{m^2(t)\} = N_0 A^2 B$$

und im Frequenzbereich durch

$$\begin{aligned}
E\{m^2(t)\} &= \frac{N_0}{2} \int_{-\infty}^{\infty} |H(f)|^2 df \\
&= \frac{N_0}{2} \int_{-B}^{B} A^2 df \\
&= N_0 A^2 B
\end{aligned}$$

gegeben. Offensichtlich hängt die Leistung von der Bandbreite des Filters ab. Je größer diese ist, umso stärker ist der Rauschanteil. Der Kehrwert der gesamten Bandbreite, also $1/2B$, gibt den kleinsten Abstand zwischen den ZVn an, die unkorreliert sind. Wird z.B. in diesem Abstand oder in einem ganzzahligen Vielfachen hiervon abgetastet, sind die abgetasteten Rauschwerte statistisch unabhängig. Dies sollte bei dem Entwurf von Empfangsstrukturen berücksichtigt werden.

2.8 Impulsfolgen

Bei der späteren Betrachtung von digitalen Modulationsverfahren ist das Abbilden der zufälligen Nachrichtensymbole auf einen Puls leicht mit dem Filterkonzept zu verdeutlichen. Der Inhalt dieses letzten Abschnitts über Wahrscheinlichkeitstheorie ist die Herleitung eines einfachen und im weiteren Verlauf oft angewendeten Sachverhalts.

Wir betrachten eine Pulsfolge, die im Abstand T Rechteckpulse der Breite Δ und der Höhe $1/\Delta$ aufweist. Die einzelnen Pulse sind zudem mit einer Zufallsgröße gewichtet. Dieses Signal gibt

$$x_p(t) = \sum_{n=-\infty}^{\infty} x_n \frac{1}{\Delta} \Pi\left(\frac{t - nT}{\Delta}\right)$$

wieder und ist in Bild 2.9 dargestellt. Die AKF dieses Zufallsprozesses ist

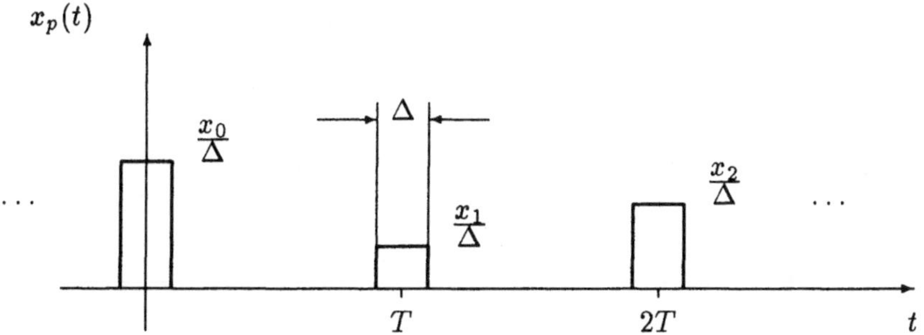

Bild 2.9   Zufallsprozess mit Rechteckpulsen

$$
\begin{aligned}
R_{x_p}(\tau) &= E\{x_p^*(t)x_p(t+\tau)\} \\[2mm]
&= E\left\{\sum_{n=-\infty}^{\infty}\sum_{m=-\infty}^{\infty} x_n^* x_m \frac{1}{\Delta^2}\Pi\left(\frac{t-nT}{\Delta}\right)\Pi\left(\frac{t+\tau-mT}{\Delta}\right)\right\} \\[2mm]
&= \sum_{n=-\infty}^{\infty}\sum_{m=-\infty}^{\infty} \underbrace{E\{x_n^* x_m\}}_{=\,\alpha_{m-n}} \cdot \underbrace{E\left\{\frac{1}{\Delta^2}\Pi\left(\frac{t-nT}{\Delta}\right)\Pi\left(\frac{t+\tau-mT}{\Delta}\right)\right\}}_{=\,R_\Pi(\tau)} \quad .
\end{aligned}
$$

Zur Berechnung der AKF $R_\Pi(\tau)$ beschränken wir uns zunächst auf den Bereich $0 \le \tau' \le T$, da der allgemeine Teil durch ein ganzzahliges Vielfaches der Pulsperiode, T, plus dem Bruchteil hiervon beschrieben wird. Hierfür erhalten wir

$$
\begin{aligned}
R_\Pi(\tau') &= \frac{1}{\Delta^2}P\{\text{Puls}\cap\text{kein Übergang in }\tau'\} \\[2mm]
&= \frac{1}{\Delta^2}\frac{\Delta}{T}P\{\text{kein Übergang in }\tau'\} \\[2mm]
&= \frac{1}{\Delta}\frac{1}{T}\Lambda\left(\frac{\tau'}{\Delta}\right) \quad .
\end{aligned}
$$

Mit diesem Ergebnis ergibt sich $R_{x_p}(\tau)$ zu

$$
R_{x_p}(\tau) = \frac{1}{T}\sum_{l=-\infty}^{\infty} \alpha_l \frac{1}{\Delta}\Lambda\left(\frac{\tau-lT}{\Delta}\right) \quad .
$$

Der Verlauf hiervon ist in Bild 2.10 dargestellt. Für den Grenzübergang $\Delta \to 0$ erhalten wir

$$
\frac{1}{\Delta}\Lambda\left(\frac{\tau-lT}{\Delta}\right) \to \delta(\tau-lT)
$$

sowie

$$
\frac{1}{\Delta}\Pi\left(\frac{\tau-nT}{\Delta}\right) \to \delta(\tau-nT) \quad .
$$

Dies besagt, dass wegen $x(t) = \lim_{\Delta\to 0} x_p(t)$ eine Impulsfolge eine impulsförmige AKF aufweist, wie es $R_x(\tau) = \lim_{\Delta\to 0} R_{x_p}(\tau)$ beschreibt. Hierbei ist die Impulsfolge ein mit

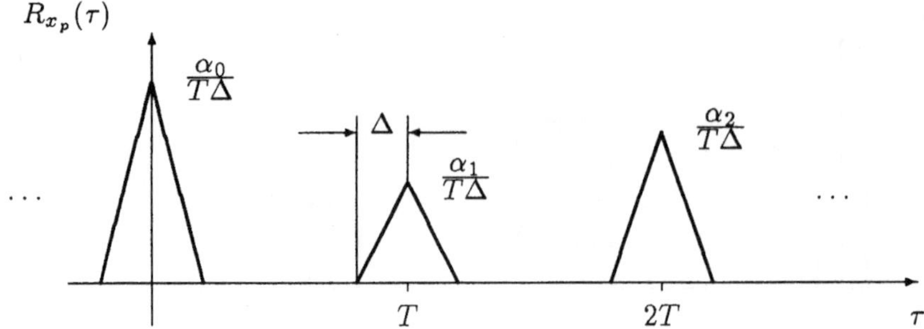

Bild 2.10   Autokorrelationsfunktion des Zufallsprozesses $x_p(t)$

x_n gewichteter Impulskamm

$$x(t) = \sum_{n=-\infty}^{\infty} x_n \delta(t - nT) \quad ,$$

die zugehörige Autokorrelationsfunktion ergibt sich zu

$$R_x(\tau) = \frac{1}{T} \sum_{l=-\infty}^{\infty} \alpha_l \, \delta(\tau - lT) \quad .$$

Mit der Fourier–Transformierten erhalten wir für diesen Prozess das Leistungsdichtespektrum

$$S_x(f) = \frac{1}{T} \sum_{l=-\infty}^{\infty} \alpha_l \, e^{-j2\pi f lT} \quad .$$

Eine Pulsformung kann damit realisiert werden, wenn diese AKF ein sogenanntes Pulsformungsfilter mit der Impulsantwort $g(t)$ durchläuft. Dies wird im Kapitel über digitale Modulationsverfahren näher behandelt. In vielen Fällen führt das Filterkonzept zu
schnellen Lösungen von Problemen. Hierzu trennt man zunächst die Nachrichtenelemente x_n von dem nachrichtentragenden Puls und bildet einen gewichteten Impulskamm.
Hierfür lässt sich die AKF relativ problemlos bestimmen. Die AKF des Nachrichtensignals ergibt sich durch Faltung der gewonnenen AKF mit der des Pulsformungsfilters.
Ist der Puls etwa durch

$$g(t) = \Pi\left(\frac{t}{T/2}\right)$$

gegeben und liegt eine polare Sequenz mit $x_n \in \{-1, \, +1\}$ vor, erhalten wir auf diesem
Weg schnell das Ergebnis

$$R_x(\tau) \;=\; \frac{1}{2}\Lambda\left(\frac{\tau}{T/2}\right)$$

$$\updownarrow$$

$$S_x(f) \;=\; \frac{1}{2}\frac{T}{2}\,\mathrm{si}^2\left(\pi f \frac{T}{2}\right) \quad .$$

Diese Vorgehensweise wird im weiteren Verlauf zur Bestimmung der AKF von Sequenzen häufig angewendet.

In diesem Kapitel sind die Aspekte der Wahrscheinlichkeitstheorie bearbeitet worden, die zum Verständnis der digitalen Nachrichtentechnik notwendig sind. Bedingte und verbundene Wahrscheinlichkeiten finden ihre Anwendung bei der Betrachtung der Nachrichtenformate. Die Autokorrelationsfunktion und das Leistungsdichtespektrum sind bei dem Entwurf der Sende– und Empfangseinrichtung von großer Bedeutung. Viele Entwurfskriterien basieren auf diesen Funktionen. Aufgaben zu diesem Kapitel sind mit den Lösungen an der im Vorwort angegebenen Stelle zu finden.

Kapitel 3

Nachrichtensignale im Basisband

3.1 Einführung

Was ist der Grund für den weitverbreiteten Gang zur digitalen Nachrichtenübertragung? Eines der Hauptargumente, die dafür sprechen, ist die regenerative Erneuerbarkeit der nachrichtentragenden Signale. Diese können als Transportsignale für Nachrichten angesehen werden, die über einen physikalischen Kanal von einem Sender zu einem oder mehreren Empfängern gelangen. Die Natur in ihrer unergründlichen Art übt einen vielschichtigen Einfluss auf die sich im Kanal befindlichen Signale aus. Zum einen ist die Übertragungsfunktion des Kanals nicht nur im Amplitudengang sondern auch im Phasengang alles andere als ideal. Z.B. hat ein bandbreitebegrenzender Effekt ein Auseinanderlaufen des Signals auf der Zeitachse zur Folge. Phasengänge, die neben einem konstanten und linearen Teil auch quadratische, kubische usw. aufweisen, führen zu unterschiedlichen Verzögerungen der einzelnen Spektralanteile. Dies bewirkt, dass die im Sender wohlgeordneten Spektralanteile bei der Übertragung "vermischt" werden. Daneben ist in vielen Fällen der Empfang von Echosignalen zu beobachten. Am Empfangsort liegt dann eine Überlagerung von teilweise nicht einmal vorhandenen Direktkomponenten und einer Vielzahl von Echosignalen hiervon vor, die ebenfalls zu einer zeitlichen Streckung des Nachrichtensignals führen. Das allgegenwärtige Rauschen tut sein Übriges. Signale, die bei der Übertragung diesen Einflüssen ausgesetzt sind, können in regelmäßigen Abständen von den Auswirkungen zu einem gewissen Maß befreit werden, um anschließend den Weg zum Empfänger fortzusetzen.

Möglich ist dies nur, da die Nachrichtensignale auf Alphabete mit einer begrenzten Anzahl von Elementen basieren. Im einfachsten Fall ist dies ein binäres Nachrichtensignal mit einem aus zwei Elementen bestehenden Alphabet, im allgemeinen Fall handelt es sich um ein digitales Nachrichtensignal mit mehr als zwei Elementen. In diesem Zusammenhang sei noch einmal auf den Unterschied zwischen analogen und digitalen Nachrichtensignalen hingewiesen. Im ersten Fall basiert dieses Signal auf einer unendlichen Anzahl von Elementen eines Alphabets und zudem auf einer unendlichen Anzahl von Signalformen. Im zweiten Fall wird in der Regel auf nur eine Signalform und einem Alphabet mit einer begrenzte Zahl von Elementen zurückgegriffen.

Ein großer Vorteil der digitalen Nachrichtenübertragung liegt zudem in der Fehlerkontrolle und −korrektur. Das zusätzliche Rauschen führt zu Fehlentscheidungen. Wegen dessen Allgegenwart ist ein weitreichender Schutz hiervor erforderlich. Claude Elwood

Shannon formulierte in seinem klassischen Aufsatz [Sha48], der neben vielen in seinen
gesammelten Werken [Sha93] nachzulesen ist, dass für einen Kanal mit einer gegebenen
Bandbreite und S/N–Verhältnis eine Kanalkapazität vorliegt. Wird diese nicht überschritten, ist eine fehlerfreie Übertragung möglich. In diesem Zusammenhang erkennen
wir die Wichigkeit der Bandbreite. Diese ist als Ressource zu verstehen, mit der wir
effizient umgehen sollen.

Den Weg, den die Daten von der diskreten Quelle bis zur Senke zurücklegen, zeigt Bild
3.1. Diese Strecke aus dem Blickwinkel der Wahrscheinlichkeitstheorie betrachtet ist
Inhalt von Kapitel 2. Bei der weiteren Abhandlung gehen wir davon aus, dass diese
Zusammenhänge bekannt sind. Die Sendedaten eines Alphabets $\{m_i\}$ mit einer endli-

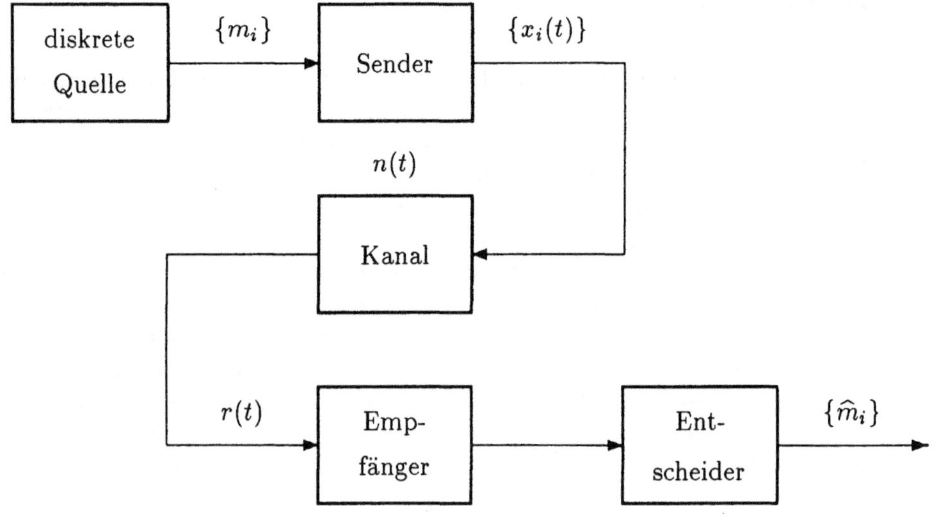

Bild 3.1   Modell einer Nachrichtenstrecke

chen Anzahl von Elementen, $i = 1,\ 2,\ \cdots,\ L$, liegen zunächst im diskreten Bereich vor.
Diesen einzelnen Daten werden nun Signale $\{x_i(t)\}$ zugeordnet. Bei dieser Zuordnung
ist auf die Ausnutzung der gegebenen Bandbreite zu achten. Üblicherweise erfolgt die
Aufteilung in der Auslenkung einer gegebenen Signalform in Richtung der Ordinate. Das
derart aufbereitete Sendesignal $x(t)$ gelangt über den Kanal zum Empfänger. Zunächst
gehen wir davon aus, dass dieses Signal durch additives weißes gaußsches Rauschen (engl.:
additive white Gaussian noise, AWGN), $n(t)$, gestört und durch das Frequenzverhalten
des Kanals beeinflusst wird. Mehrwegeausbreitung ist nicht Gegenstand dieses Kapitels.
Bei der Übertragung geht der Zeitbezug zum Empfänger verloren, sodass am Empfangsort aus dem ankommenden Signal, $r(t)$, eine Information zur Taktableitung entnommen
werden muss. Nachdem dieses Taktsignal rekonstruiert vorliegt, ist eine Zuordnung der
ausgetasteten Signalkomponenten zu den Sendedaten möglich. Am Ende der Kette erhalten wir $\{\widehat{m}_i\}$. Im Entscheider erfolgt eine Abbildung des weitestgehend rekonstruierten
Sendesignals auf das im Sender und Empfänger bekannte Alphabet. Hierbei sind Fehl-

entscheidungen möglich, die Elemente der Folgen $\{m_i\}$ und $\{\widehat{m}_i\}$, die auf dem gleichen Alphabet basieren, können deswegen unterschiedlich sein.

Dieses Kapitel ist wie folgt zusammengesetzt. Wir betrachten das Nachrichtensignal im Tiefpassbereich. Zuerst erfolgt die Abbildung des Alphabets auf ein physikalisches Signal. Neben den Leitungsformaten und der Pulsformung ist die Beschreibung des Sendesignals möglich. Am Empfangsort angelangt und durch den Kanal auch gestört durchläuft das Signal ein signalangepasstes Filter, das im weiteren Verlauf behandelt wird. Die Auswirkungen des Rauschens beschreibt die Bitfehlerrate, die von dem S/N–Verhältnis, der Übertragungsrate und der Bandbreite abhängt. In diesem Zusammenhang sind die Aspekte der fehlererkennenden und –korrigierenden Maßnahmen nicht Gegenstand der Betrachtung. Die Synchronisierung wird in diesem Zusammenhang mit in den Vordergrund gerückt.

3.2 Formatierung von Daten

Wie oben dargelegt, liegt die Nachricht, die es zu übertragen gilt, in Form einer zeitdiskreten Sequenz vor. Da der Sender über einen physikalischen Kanal mit dem Empfänger verbunden ist, liegt es auf der Hand, die Nachricht diesem Kanal anzupassen. Dies geschieht durch die Formatierung und wir verstehen darunter die Darstellung einer logischen Sequenz durch ein physikalisches Signal. Die Zuordnung eines Signals zu einem Element eines gewählten Alphabets, also den logischen Werten, ist auch bekannt unter dem Begriff Formatierungs– oder Signalisierungsschema.

An die Signale sind bestimmte Anforderungen gestellt. Bei der Auswahl ist die Konvergenz sowohl im Zeitbereich als auch im Frequenzbereich zu beachten. Bei schwach abklingenden Signalen im Zeitbereich tritt leicht eine gegenseitige Beeinflussung von hintereinander gesendeten Signalen auf. Ein Signal mit dieser Eigenschaft weist im Frequenzbereich hingegen ein gutes Konvergenzverhalten auf. Das Produkt aus Bandbreite und Dauer des Signals beschreibt dies, wobei (nach der Definition von Bandbreite und Dauer) dieses Produkt einen gewissen Wert nicht unterschreiten kann. Ein Signal mit größerer Dauer belegt also weniger Bandbreite als eins mit geringerer Dauer. Um es anders zu formulieren, bewirkt eine Dehnung in Richtung der Abszisse im Zeitbereich eine Stauchung im Frequenzbereich. Welche Anforderungen sind weiterhin an das Formatierungsschema zu stellen? Gehen wir davon aus, dass die diskreten Nachrichtensymbole gleichverteilt sind, so kann trotzdem eine längere Folge von dem gleichen Symbol auftreten. Bei der Zuordnung eines Signals zu diesem Symbol ist auch ein entsprechend langer konstanter Wert möglich. Wenn man allerdings bedenkt, dass der Systemtakt aus dem Empfangssignal abgeleitet werden muss, sind diese längeren konstanten Werte zu vermeiden. Man spricht von der Transparenz eines Signalisierungsschemas, womit die Fähigkeit zum Ausdruck gebracht ist, u.a. den Systemtakt abzuleiten. Weiterhin hat die Auswahl des Schemas einen Einfluss auf die Trägerrückgewinnung. Tritt ein Zeitmittelwert ungleich null auf, resultiert dies in einer Spektrallinie bei der Trägerfrequenz im Leistungsdichtespektrum. Ist eine Phasenregelschleife auf diese Linie eingestimmt, sind Frequenzversätze auf diese Art kompensierbar. Ein an dieser Stelle letzter Punkt bei der Wahl der Formate betrifft Übertragungsfehler. Einige Formate ermöglichen es, Übertragungsfehler zu erkennen, indem z.B. aufeinanderfolgende Signale mit alternierendem Vorzeichen versehen werden. Bei einer Verletzung der Vorzeichenregel muss dann ein Übertragungsfehler vorliegen.

Bei der Betrachtung der grundlegenden Formatierungsschemas wird zunächst der rechteckförmige Puls als nachrichtentragendes Signal verwendet. Dieser ist strikt zeitbegrenzt, die Dauer soll sich auf T beschränken. Dies führt allerdings dazu, dass die Frequenzfunktion si–förmig ist und schwach konvergiert, die Bandbreite damit sehr groß ist. Dies ist unabhängig davon, wie die Bandbreite für den praktischen Fall definiert ist, ob sie nun bei $\pm 1/T$ oder einem ganzzahligen Vielfachen hiervon liegt. Der Grund, warum dieser Puls hier verwendet wird, liegt in der Einfachheit der Darstellung.

Die folgende Beschreibung des Nachrichtensignals trifft auf alle Formate zu und soll kurz aufgeführt werden. Der Puls sei

$$g(t) = \Pi\left(\frac{t}{T}\right) \quad ,$$

der das Nachrichtensymbol a_k in der Form

$$a_k g_k(t) = a_k g(t - kT)$$

trägt. Hierin stellt a_k das k–te Symbol der Nachrichtensequenz dar, wobei es aus dem Alphabet $\{m_i\}$ mit $i \in \{1, \cdots, L\}$ ausgewählt ist. Damit lässt sich das Nachrichtensignal, $x(t)$, als eine Kette von gewichteten und verschobenen nachrichtentragenden Pulsen beschreiben, wie es

$$
\begin{aligned}
x(t) &= \sum_{k=-\infty}^{\infty} a_k g_k(t) \\
&= \sum_{k=-\infty}^{\infty} a_k g(t - kT)
\end{aligned}
$$

ausdrückt. Die Dauer T gibt den Abstand der äquidistant auftretenden Pulse an und entspricht bei dieser Pulsform zudem der Symboldauer der Nachrichtensequenz $\{a_l\}$, $l = 0, \pm 1, \pm 2, \cdots$. Die diskrete Nachrichtenquelle stellt somit im Abstand T die Symbole zur Verfügung. Da die Basis des verwendeten Pulses der Symboldauer entspricht, kommt es nicht zur Überlappung benachbarter Signalanteile. Man spricht dann von dem intersymbolinterferenzfreien oder kurz ISI–freien Fall.

Bei allen Formatierungsschemas unterscheiden wir zwischen zwei Möglichkeiten. Einmal liegt der Puls über die gesamte Symboldauer vor, was als NRZ–Format (engl.: *nonreturn–to–zero*) bezeichnet wird. Im anderen Fall liegt über T betrachtet der Puls nur einen Bruchteil hiervon ungleich null vor, der verbleibende Teil des Symbolintervalls ist dann gleich null. Dies bezeichnen wir als ein RZ–Format (engl.: *return–to–zero*). Die Pulsform und die Art des Formats, sei es NRZ oder RZ, ist durch $g(t)$ angegeben. Ein RZ–Format mit einem rechteckförmigen Puls, dessen Basis sich über $T/2$ erstreckt, basiert damit auf

$$g(t) = \Pi\left(\frac{t}{T/2}\right) \quad .$$

Die Quelle sendet nach wie vor im Abstand T Symbole aus. Um sich dies zu verdeutlichen, greifen wir, wie in Kapitel 2 dargelegt, auf das Filterkonzept zurück. Hierbei entspricht die Impulsantwort des Filters dem nachrichtentragenden Puls, $g(t)$, das auch die Bezeichnung Pulsformungsfilter trägt. Das Eingangssignal besteht aus einem Impulskamm mit T als dem Abstand zwischen direkt benachbarten Impulsen, die mit den Nachrichtensymbolen gewichtet sind. Die Nachrichtensequenz ist folglich durch

$$a(t) = \sum_{k=-\infty}^{\infty} a_k \delta(t - kT)$$

gegeben. Die Reaktion des Filters auf $a_k \delta(t - kT)$ ist dann $a_k g(t - kT)$, womit sich durch die Überlagerung der verschobenen Anteile das Nachrichtensignal $x(t)$ ergibt. Die einzelnen Formate sind nach der Festlegung des Pulses $g(t)$ durch die Elemente der Nachrichtensequenz $\{a_k\}$ beschrieben. Im folgenden betrachten wir die gängigen Formate im Zeitbereich durch die Autokorrelationsfunktion und im Frequenzbereich durch das Leistungsdichtespektrum.

3.2.1 Unipolares Format

Beginnen wir mit der binären Nachrichtensequenz, deren Elemente aus dem Alphabet $a_k \in \{0, 1\}$ ausgewählt sind. Es liegt nur eine Polarität vor. Einen Auszug aus dieser Pulskette zeigt Bild 3.2. Es ist ersichtlich, dass keine Intersymbolinterferenz auftritt.

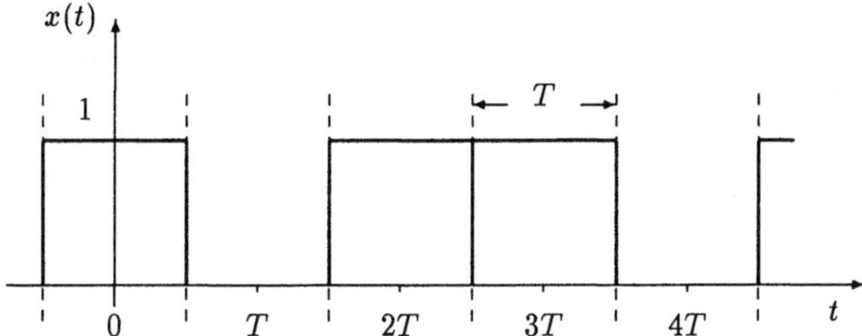

Bild 3.2   Unipolares NRZ–Format, $g(t) = \Pi\left(\frac{t}{T}\right)$

Nun stellt sich die Frage nach der AKF. Wie bereits anhand des Filterkonzepts zuvor behandelt, ergibt sich die AKF des Ausgangssignals aus der Faltung der AKF der Impulsantwort und der des Eingangssignals. Mit der AKF der Nachrichtensequenz

$$\alpha_l = E\{a_n^* a_{n+l}\}$$

und der der Impulsantwort des Filters

$$R_g(\tau) = g(\tau) * g^*(-\tau) = T \Lambda\left(\frac{\tau}{T}\right)$$

erhalten wir die AKF des Signals $x(t)$ mit der in Kapitel 2 behandelten AKF der Impulsfolge

$$R_x(\tau) = R_g(\tau) * \frac{1}{T} \sum_{l=-\infty}^{\infty} \alpha_l \delta(\tau - lT) \quad .$$

Ausgehend von den Auftrittswahrscheinlichkeiten der Symbole von $P[0] = P[1] = 1/2$ ergibt sich für $l = 0$

$$\begin{aligned} \alpha_0 &= \mathrm{E}\{|a_n|^2\} \\ &= P[0] \cdot 0^2 + P[1] \cdot 1^2 = \frac{1}{2} \end{aligned}$$

und weiterhin wegen der statistischen Unabhängigkeit der Symbole untereinander und der Stationarität für $l \neq 0$

$$\begin{aligned} \alpha_l &= \mathrm{E}\{a_n^* a_{n+l}\} \\ &= \mathrm{E}\{a_n^*\}\mathrm{E}\{a_{n+l}\} \\ &= \left|\mathrm{E}\{a_n\}\right|^2 = \frac{1}{4} \quad . \end{aligned}$$

Der obige Ausdruck für $R_x(\tau)$ resultiert somit in

$$R_x(\tau) = \frac{1}{4T} R_g(\tau) + \frac{1}{4T} \sum_{l=-\infty}^{\infty} R_g(\tau - lT) \quad .$$

Der zeitliche Verlauf jedes Summanden ist dreieckförmig, da diese, von einem Vorfaktor abgesehen, eine verschobene Version der AKF des rechteckförmigen Pulses darstellt. Die Basis der Dreieckfunktionen ist $2T$, sie werden im Abstand T mit dem gleichen Faktor $1/4T$ gewichtet periodisch fortgesetzt. Das Summensignal ergibt eine Konstante mit dem Wert $1/4T$. Letztlich ist die AKF des Signals am Ausgang des Pulsformungsfilters durch

$$R_x(\tau) = \frac{1}{4} + \frac{1}{4} \Lambda\left(\frac{\tau}{T}\right)$$

beschrieben, deren Verlauf in Bild 3.3 dargestellt ist. Das zugehörige LDS ergibt sich durch die Fourier–Transformation. Für den allgemeinen Fall des betrachteten Formats wenden wir den Impulskamm

$$\frac{1}{T} \mathrm{III}\left(\frac{\tau}{T}\right) = \sum_{l=-\infty}^{\infty} \delta(\tau - lT)$$

an.

An dieser Stelle ist eine kurze Zwischenbemerkung zum Impulskamm angebracht, der eine Überlagerung von periodisch fortgesetzten δ–Impulsen in einem fest vorgegebenen Abstand ist. Dieser Kamm bietet sich an, wenn eine Reproduktion von Signalen gewünscht ist, um aus einem aperiodischen Signal ein periodisches zu erhalten. Dieser Schritt ist

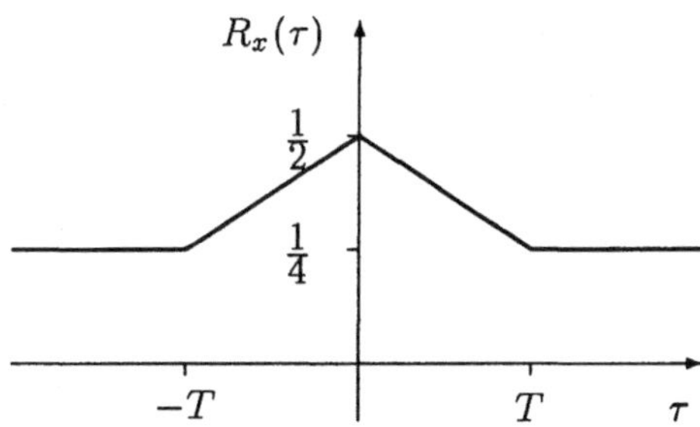

Bild 3.3   AKF des unipolaren NRZ–Formats mit $g(t) = \Pi\!\left(\frac{t}{T}\right)$

durch die Faltung des aperiodischen Signals mit dem Impulskamm beschrieben, dessen Grundform

$$\mathrm{III}(t) = \sum_{l=-\infty}^{\infty} \delta(t - l)$$

ist. Wegen der Ähnlichkeit mit dem kyrillischen Buchstaben Scha wurde er als anschauliches Symbol für einen Impulskamm von Bracewell ([Bra00]) eingeführt. Soll der Abstand zwischen den Impulsen T sein, wenden wir den Dehnungssatz der Fourier–Transformation an, der angibt, dass das Paar $x(t) \longleftrightarrow X(f)$ durch einen Dehnfaktor in

$$x(at) \longleftrightarrow \frac{1}{|a|} X\!\left(\frac{f}{a}\right)$$

überführt wird. Die Dehnung eines δ–Impulses um a führt zu einer Veränderung des Gewichts, was man sich leicht durch einen Rechteckpuls der Basis Δ/a und der Auslenkung $1/\Delta$ und anschließender Grenzwertbetrachtung $\Delta \to 0$ vergegenwärtigen kann. Damit erhalten wir

$$\delta(at) = \frac{1}{|a|}\,\delta(t) \quad .$$

Dies auf die Grundform des Impulskamms angewendet ergibt

$$\begin{aligned}
\mathrm{III}(at) &= \sum_{l=-\infty}^{\infty} \delta(at - l) \\[2mm]
&= \frac{1}{|a|} \sum_{l=-\infty}^{\infty} \delta\!\left(t - \frac{l}{a}\right) \quad .
\end{aligned}$$

Für $a = 1/T$ erhalten wir einen mit dem Faktor T gewichteten Kamm von δ–Impulsen im Abstand T. Eine Faltung des aperiodischen Signals $y(t)$ führt zu einer periodischen Fortsetzung, wobei T die Periode repräsentiert, wie es

$$\begin{aligned}
y_p(t) &= y(t) * \mathrm{III}\!\left(\frac{t}{T}\right) \\[2mm]
&= T \sum_{l=-\infty}^{\infty} y(t - lT)
\end{aligned}$$

zeigt. Zur Darstellung des Impulskamms im Spektralbereich kann eine Fourier–Reihe herangezogen werden. Die Grundform weist im Zeitbereich wie auch im Frequenzbereich einen gleichen Partner auf, nämlich $\mathrm{III}(t) \longleftrightarrow \mathrm{III}(f)$. Unter Einbeziehung des Dehnfaktors $a = 1/T$ erhalten wir

$$\mathrm{III}\left(\frac{t}{T}\right) = T \sum_{l=-\infty}^{\infty} \delta(t - kT)$$

$$\updownarrow$$

$$T\,\mathrm{III}\left(\frac{f}{1/T}\right) = \sum_{k=-\infty}^{\infty} \delta\left(f - \frac{k}{T}\right) \ .$$

Es liegt also in beiden Bereichen ein Impulskamm vor, der im Zeitbereich mit der Periode T und der im Frequenzbereich mit der Periode $1/T$.

Die Anwendung dieses Zusammenhangs stellt den Weg von $R_x(\tau)$ nach $S_x(f)$ in kompakter Weise dar.

$$
\begin{aligned}
R_x(\tau) &= \frac{1}{4T} \cdot R_g(\tau) + \frac{1}{4T} \sum_{l=-\infty}^{\infty} R_g(\tau - lT) \\
&= \frac{1}{4T} \cdot R_g(\tau) + \frac{1}{4T} \cdot R_g(\tau) * \frac{1}{T}\mathrm{III}\left(\frac{\tau}{T}\right) \\
\updownarrow \\
S_x(f) &= \frac{1}{4T} \cdot S_g(f) + \frac{1}{4T} \cdot S_g(f) \cdot \mathrm{III}\left(\frac{f}{1/T}\right) \ .
\end{aligned}
$$

Das LDS besteht somit aus einem frequenzkontinuierlichen und einen frequenzdiskreten Teil. Die Einhüllende der Spektrallinien ist wie der frequenzkontinuierliche Teil durch die Frequenzfunktion des nachrichtentragenden Pulses gegeben. Die Spektrallinien liegen im Abstand $1/T$ vor. Handelt es sich bei dem nachrichtentragenden Signal um den rechteckförmigen Puls der Basis T, ist des zugehörige Spektrum der Form

$$
\begin{aligned}
R_g(\tau) &= \Pi\left(\frac{\tau}{T}\right) * \Pi\left(\frac{\tau}{T}\right) = T\,\Lambda\left(\frac{\tau}{T}\right) \\
\updownarrow \\
S_g(f) &= T^2 \cdot \mathrm{si}^2(\pi f T)
\end{aligned}
$$

mit Nullstellen bei den Frequenzen $\pm 1/T$, $\pm 2/T$, $\cdots$. Die Orte der Linien auf der Frequenzachse stimmen damit mit denen der Nullstellen überein, nur bei $f = 0$ bleibt eine Linie bestehen. Für diesen Fall lautet das LDS

$$S_x(f) = \frac{1}{4} \cdot T \cdot \mathrm{si}^2(\pi f T) + \frac{1}{4}\delta(f) \ .$$

Es ist ersichtlich, dass die si^2–Funktion die Bandbreite bestimmt. Die Spektrallinie im Ursprung stellt den Gleichanteil der Leistung dar, die man auch in Bild 3.3 als konstanten Anteil der AKF erkennt.

Ein Vorteil dieses Formatierungsschemas liegt in seiner Einfachheit begründet. Nachteilig wirkt sich die Aufteilung der Leistung von $x(t)$ aus. Wie Bild 3.3 zeigt, resultiert der Mittelwert in einer Gleichleistung, die hier den Wert $P_G = 1/4$ aufweist. Den Wert erhalten wir durch den Grenzwert $\lim_{\tau \to \infty} R_x(\tau)$. Die Gesamtleistung ist dem Punkt $R_x(0)$ ablesbar und ergibt $P_{ges} = P_G + P_W$, wobei die Wechselleistung, P_W, hier gleich 1/4 ist. Der Übertragung der Nachricht wird somit nur die Hälfte der Gesamtleistung zugewiesen. Weiterhin ergibt eine längere Kette von Nullen den Wert null. Das Format ist somit nicht transparent.

3.2.2 Polares Format

Das Problem der schlechten Leistungseffizienz lösen wir durch das polare Format. Hierbei greifen wir auf das Alphabet $a_k \in \{-1, 1\}$ zurück. Die Folge ist ein Absenken eines unipolaren Formats derart, dass sich der Mittelwert $\mathrm{E}\{x(t)\} = 0$ ergibt. Mit dieser Zuweisung erhalten wir als Folge der obigen Betrachtung $\alpha_0 = 1$ und für $l \neq 0$ die übrigen Koeffizienten $\alpha_l = 0$. Somit ist allgemein für ein polares Format der Zusammenhang zwischen der AKF des nachrichtentragenden Pulses und der des Nachrichtensignals

$$R_x(\tau) = \frac{1}{T}\, R_g(\tau) \quad .$$

Demnach ist das LDS

$$S_x(f) = \frac{1}{T}\, S_g(f) \quad ,$$

also ein frequenzkontinuierliches Spektrum. Für den oft zitierten rechteckförmigen Puls resultiert dies in

$$R_x(\tau) = \frac{1}{2}\, \Lambda\!\left(\frac{\tau}{T}\right)$$

und weiterhin in

$$S_x(f) = \frac{1}{2} \cdot T \cdot \mathrm{si}^2(\pi f T) \quad .$$

Es ist ersichtlich, dass weder ein Gleichanteil bei der AKF und folglich auch keine Spektrallinie bei $f = 0$ vorhanden ist.

Was die Leistungsbetrachtung betrifft, wird die Gesamtleistung (hier 1/2) der Darstellung der Nachricht zur Verfügung gestellt. Nachteilig mag sich das Fehlen einer Spektrallinie im Ursprung auswirken, die zur Trägerableitung hilfreich ist. Dem kann abgeholfen werden, indem diese Linie additiv in Form eines geringen Gleichanteils im Zeitbereich hinzugefügt wird. Wie bei dem unipolaren Format ist die fehlende Transparenz nachteilig.

3.2.3 Bipolares Format

Eine zusätzliche Funktionalität bietet das bipolare Format. Wurden bei den oben betrachteten Formatierungsschemas auf Leistungsverteilungen und Bandbreitebetrachtungen hingewiesen, ermöglicht dieses Format zusätzlich eine Fehlererkennung. Der Unterschied zwischen dem polaren und dem bipolaren Format liegt in der Vergabe der

Polaritäten. In beiden Fällen kommen positive und negative Werte zur Anwendung, nur die Abbildungen sind verschieden. Gilt für das polare Format z.B. die Abbildung einer logischen Null auf die Zahl -1 und die der logischen Eins auf +1, wird bei dem bipolaren Format einer logischen Null die Zahl 0 und einer logischen Eins sowohl +1 als auch -1 zugeordnet. Das Besondere liegt in der Reihenfolge. Die erste logische Eins wird durch +1, die darauffolgende durch eine -1 und, egal wieviel Nullen zwischen den Einsen vorkommen, die nächste wieder durch eine +1 dargestellt. Bei logischen Einsen liegt also eine Zuordnung von positiven und negativen Einsen vor, wobei die Reihenfolge mit alternierendem Vorzeichen ist. Aus diesem Grund trägt dieses Formatierungsschema in der englischen Sprache den Namen AMI–Code für *alternate mark inversion*.

Bipolares Formatieren ist eine Art der ternären Codierung, da ein aus zwei Stufen bestehendes Signal durch drei voneinander unterscheidbare Stufen dargestellt wird. Das Alphabet, das diesem Formatierungsschema zugrunde liegt, besteht aus den drei Elementen $a_k \in \{-1,\, 0,\, 1\}$. Bei der Abbildung einer zufälligen Folge mit voneinander statistisch unabhängigen Elementen nach diesem Muster auf eine Zahlenfolge werden statistische Bindungen einbezogen. Ein Beispiel soll dies verdeutlichen. Die Nachrichtenfolge

$$\{\cdots 0,\, 1,\, 0,\, 1,\, 0,\, 1,\, 1,\, 0,\, 0,\, 1,\, 1,\, 1,\, 1,\, 0,\, 0,\, 0 \cdots\}$$

wird damit auf die Folge

$$\{\cdots 0,\, -1,\, 0,\, 1,\, 0,\, -1,\, 1,\, 0,\, 0,\, -1,\, 1,\, -1,\, 1,\, 0,\, 0,\, 0 \cdots\}$$

abgebildet. Das alternierende Vorzeichen bei den Einsen ist deutlich erkennbar. Wie lauten nun die statistischen Bindungen? Die logischen Werte treten mit den Wahrscheinlichkeiten $P[0] = P[1] = 1/2$ auf. Damit erhalten wir für die Auftrittswahrscheinlichkeiten der Elemente des Alphabets $P[0] = 1/2$, $P[1] = P[-1] = 1/4$. Die folgenden Kombinationen dieser Elemente sind möglich

$$\Omega \,\hat{=}\, \Big\{(0,1),\, (0,0),\, (0,-1),\, (1,0),\, (1,-1),\, (-1,1),\, (-1,0)\Big\} \quad,$$

also sieben von neun Möglichkeiten. Die Kombinationen $(1,1)$ und $(-1,-1)$ sind laut Abbildungsvorschrift nicht vorgesehen. Das in Bild 3.4 dargestellte Korrelationsdiagramm zeigt diesen Fall. Diese graphische Darstellung ist visuell sehr informativ und zudem ein brauchbares Werkzeug zur praktischen Analyse der zu untersuchenden Daten. Bestehende Korrelationseigenschaften werden damit leicht offensichtlich. Zur Bestimmung der AKF der Nachrichtenfolge betrachten wir das dreiwertige Alphabet mit den Auftrittswahrscheinlichkeiten $P[0] = 1/2$ und $P[+1] = P[-1] = 1/4$. Die Koeffizienten der AKF, $\alpha_l = \mathrm{E}\{a_k a_{k+l}\}$, ergeben sich damit und mit den dargestellten Korrelationsdiagrammen wie folgt.

1. Für $l = 0$ erhalten wir

$$\alpha_l = (-1)^2 P[-1] + 0^2 P[0] + (+1)^2 P[+1] = \frac{1}{2} \quad.$$

2. Bei $l = \pm 1$ betrachten wir Bild 3.4. Hierbei beginnen wir bei dem Punkt links oben und enden bei dem rechts unten. Dies führt zu

$$\alpha_l \;=\; (-1)(+1)P[-1 \cap +1] + (0)(-1)P[0 \cap -1] + \cdots$$

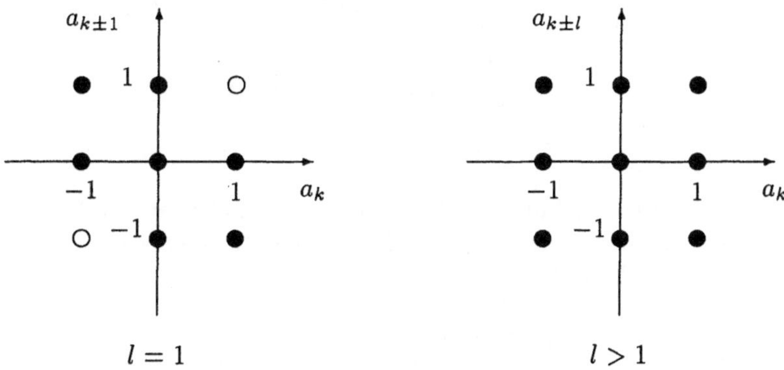

Bild 3.4   Korrelationsdiagramm mit • zulässigen und ○ unzulässigen Punkten

$$
\begin{aligned}
&\cdots + (0)(-1)P[0 \cap -1] + (+1)(-1)P[1 \cap -1] \\
=\ & (-1)(+1)P[-1 \cap +1] + (+1)(-1)P[+1 \cap -1] \\
=\ & -2P[1 \cap -1] \\
=\ & -2P[1]P[-1|+1] \quad .
\end{aligned}
$$

Der Ausdruck $P[-1|+1]$ gibt die Wahrscheinlichkeit für einen Wechsel vom negativen in den positiven Bereich an. Dieser wird durch eine logische Eins ausgelöst, sodass der Wert $1/2$ beträgt. Somit ist $\alpha_{\pm 1} = -1/4$.

3. Zuletzt liegt der Fall $l = \pm 2, \pm 3, \cdots$ an, der durch

$$
\alpha_l = \Big((-1)P[-1] + (0)P[0] + (+1)P[+1] \Big)^2 = 0
$$

angegeben ist.

Zusammengefasst erhalten wir für die Koeffizienten

$$
\alpha_l = \begin{cases}
\ \ \frac{1}{2} & : \quad l = 0 \\
-\frac{1}{4} & : \quad l = \pm 1 \\
\ \ 0 & : \quad l = \pm 2, \pm 3, \cdots
\end{cases}
$$

und damit für die AKF der Nachrichtenfolge

$$
\begin{aligned}
R_a(\tau) &= \frac{1}{T} \sum_{l=-\infty}^{\infty} \alpha_l \delta(\tau - lT) \\
&= \frac{1}{2T}\delta(\tau) - \frac{1}{4T}\delta(\tau + T) - \frac{1}{4T}\delta(\tau - T) \quad .
\end{aligned}
$$

Der Übergang in den Frequenzbereich ergibt das LDS, wie es

$$S_a(f) \;=\; \frac{1}{2T} - \frac{1}{4T}\,e^{j2\pi fT} - \frac{1}{4T}\,e^{-j2\pi fT}$$

$$=\; \frac{1}{2T} - \frac{1}{2T}\,\cos(2\pi fT)$$

$$=\; \frac{1}{T}\,\sin^2(\pi fT)$$

beschreibt. Nach der Beschreibung der Korrelationseigenschaften im Zeit- und im Frequenzbereich lassen sich die entsprechenden Funktionen für das Nachrichtensignal, $x(t)$, formulieren. Für die AKF ergibt sich

$$R_x(\tau) \;=\; R_g(\tau) * R_a(\tau)$$

$$=\; \frac{1}{2T}R_g(\tau) - \frac{1}{4T}R_g(\tau+T) - \frac{1}{4T}R_g(\tau-T)$$

und mit dem bekannten Rechteckpuls der Höhe eins und Basis T

$$R_x(\tau) = \frac{3}{4T}\Pi\left(\frac{\tau}{T}\right) - \frac{1}{4T}\Pi\left(\frac{\tau}{3T}\right) \quad .$$

Letztlich resultiert das LDS in

$$S_x(f) = \frac{1}{T}|G(f)|^2 \sin^2(\pi fT)$$

und weiterhin für den Rechteckpuls in

$$S_x(f) = T\,\mathrm{si}^2(\pi fT) \cdot \sin^2(\pi fT) \quad .$$

Den Verlauf des LDS zeigt Bild 3.5. Wir erkennen, dass sich durch den Sinusterm eine Nullstelle im Spektrum bei $f = 0$ ergibt. Bei Frequenzen im Bereich von $f = \pm 1/T$ wird die Nullstelle der si^2-Funktion verbreitet. Dies erklärt den Einsatz des bipolaren Formats zur Übertragung von Daten über einen Telephonkanal, da dieser nur zwischen 300 Hz und 3.400 Hz Signale übertragen kann. Vom bipolaren Format sind zwei Spektren gezeigt. Sie sind das Ergebnis von Rechteckpulsen unterschiedlicher Basis.

Das Spektrum weist keine linienförmigen Anteile auf. Der Hauptanteil konzentriert sich im Frequenzbereich zwischen null und der ersten Nullstelle. Die darüber hinausgehenden Anteile können unterdrückt werden, was jedoch zu einem Auseinanderlaufen der nachrichtentragenden Pulse im Zeitbereich führt. Bei der Wahl einer geeigneten Pulsform können die Auswirkungen dieser Art auf einem akzeptablen Grad gehalten werden. Das Formatierungsschema ist nicht transparent, da eine längere Folge von Nullen zu einem Nullwert entsprechender Dauer führt.

3.2.4 Manchester–Format

Bei dem bipolaren Format haben wir eine Möglichkeit kennengelernt, die erforderliche Bandbreite durch eine Gewichtsfunktion zu reduzieren. Eine weitere Möglichkeit stellt das Manchester–Format dar. Der belegte Frequenzbereich beschränkt sich mehr oder weniger auf einen Bereich. Zusätzlich kommt die Eigenschaft der Transparenz hinzu. Das betrachtete Format beruht im Wesentlichen auf dem polaren Format. Die besonderen Eigenschaften beruhen auf der Wahl des nachrichtentragenden Pulses. Dieser ist derart geformt, dass der integrale Mittelwert im Zeitbereich gleich null ist. Dies resultiert in einer Nullstelle bei $f = 0$. Diese Nullstelle bei dem bipolaren Format erhielten wir durch Einführen der statistischen Bindungen. Wird als Grundbaustein des Nachrichtenpulses $g_b(t)$ gewählt, ergibt sich damit

$$g(t) = g_b(t + \vartheta) - g_b(t - \vartheta)$$

und mit der vereinfachenden Schreibweise der Faltungsalgebra

$$g(t) = g_b(t) * \Big(\delta(t + \vartheta) - \delta(t - \vartheta)\Big) \quad .$$

Damit ist klar, dass für den Zeitmittelwert

$$\int_{-\infty}^{\infty} g(t)dt = 0$$

gilt und damit der Spektralanteil bei $f = 0$ gleich null ist. Die AKF hiervon erhalten wir durch

$$
\begin{aligned}
R_g(\tau) &= g(\tau) * g(-\tau) \\
&= g_b(\tau) * g_b(-\tau) * \Big(\delta(\tau + \vartheta) - \delta(\tau - \vartheta)\Big) \\
&\qquad\qquad * \Big(\delta(-\tau + \vartheta) - \delta(-\tau - \vartheta)\Big) \\
&= R_{g_b}(\tau) * \Big(2\delta(\tau) - \delta(\tau + 2\vartheta) - \delta(\tau - 2\vartheta)\Big)
\end{aligned}
$$

und das zugehörige LDS durch

$$
\begin{aligned}
S_g(f) &= S_{g_b}(f)\Big(2 - e^{j2\pi f\vartheta} - e^{-j2\pi f\vartheta}\Big) \\
&= S_{g_b}(f) \cdot 4 \sin^2(2\pi f\vartheta) \quad .
\end{aligned}
$$

Wie zuvor betrachten wir rechteckförmige Pulse, die auf das Intervall $t \in [-T/2,\ T/2]$ beschränkt sind. Der Nachrichtenpuls soll sich durch zwei gleiche Rechteckpulse zusammensetzen, deren Basis dem halben Symbolintervall entsprechen und die um plus und minus dem Viertel des Intervalls verschoben sind. Damit ist mit $\vartheta = T/4$

$$g_b(t) = \Pi\Big(\frac{t}{T/4}\Big)$$

und weiterhin die AKF

$$
\begin{aligned}
R_{g_b}(\tau) &= g_b(\tau) * g_b(-\tau) \\
&= \frac{T}{2}\Lambda\Big(\frac{\tau}{T/2}\Big) \quad .
\end{aligned}
$$

Das LDS erhalten wir durch den Übergang in den Frequenzbereich, es ist

$$S_g(f) = T^2\mathrm{si}^2\Big(\pi f\frac{T}{2}\Big) \cdot \sin^2\Big(\pi f\frac{T}{2}\Big) \quad .$$

Um zum LDS des Nachrichtensignals zu gelangen, sind die Folgeelemente und deren statistischen Eigenschaften zu berücksichtigen. Wie eingangs erwähnt, basiert das Manchester–Format auf dem polaren Format. Die AKF der Folge $\{a_k\}$ ist demnach

$$\alpha_l = \begin{cases} 1 & : \quad l = 0 \\ 0 & : \quad l \neq 0 \end{cases}$$

und das LDS

$$S_a(f) = \frac{1}{T} \quad .$$

Wir erhalten somit als Vorfaktor sowohl im Zeitbereich als auch im Frequenzbereich $1/T$, sodass letztlich die AKF durch

$$R_x(\tau) = \frac{1}{T} R_g(\tau)$$

und das LDS durch

$$S_x(f) = \frac{1}{T} S_g(f)$$

beschrieben ist. Auch dieser Verlauf ist in Bild 3.5 dargestellt. Er zeigt deutlich die Betonung der Nullstellen bei $f = 0$ und $\pm 2/T$. Die Frequenzfunktion lässt erkennen, dass eine Konzentration der Leistung auf den Bereich $0 \leq f \leq 2/T$ zu verzeichnen ist. Wir erkennen deutlich, dass das LDS des Manchester–Formats eine gestreckte Version vom LDS des bipolaren Formats ist. Es liegen keine Spektrallinien vor. Das Format ist transparent, durch den stetigen Wechsel zwischen zwei Auslenkungen führen längere Folgen von gleichen Symbolen nicht zu einem kurzzeitig konstanten Wert. Der Vorteil ist ein ständig dynamisches Erregen des Kanals. Der Symboltakt lässt sich folglich relativ einfach aus dem Nachrichtensignal ableiten.

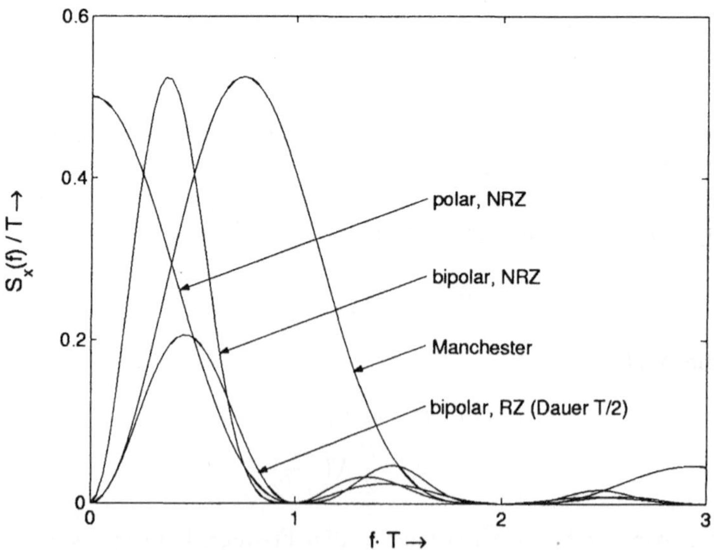

Bild 3.5   Formatierungsschemas

Eine praktische Umsetzung vom bipolaren Format zeigt Bild 3.6. Die erzeugten Nachrichtenfolgen waren das Ergebnis eines Generators, der Pseudozufallszahlen erzeugt. Die nachgeschalteten Pulsformungsfilter führten die spektrale Formung aus. Bei dem realisierten Format kam ein rechteckförmiger Puls mit einer Dauer zur Anwendung, die der Hälfte der Symbolzeit von 2 ms entspricht. Die derart generierten Nachrichtensignale lagen am Eingang eines Spektralanalysators vor. Wegen der Zufälligkeit der Signale war es erforderlich, die gemessenen Spektren über eine gewisse Zeit hinweg zu mitteln. Die resultierenden Verläufe sind unten dargestellt. Hierbei ist zu bemerken, dass die Messergebnisse im logarithmischen Maßstab vorliegen. Klar erkennbar sind die äquidistanten Nullstellen im Abstand von 500 Hz. Bei den Frequenzen 1000 Hz, 2000 Hz usw. treten breitere Einbrüche auf, wie oben näher dargelegt. Das Spektrum nimmt bei etwa 4000 Hz rapide ab. Der Grund für dieses Verhalten ist im erzeugenden System zu finden. Wie bekannt, sind analoge Filter bei Digitalsystemen nicht wegzudenken. Vor der Analog/Digital–Umsetzung agieren sie als Anti–Aliasing Filter, bei der Digital/Analog–Umsetzung als Rekonstruktionsfilter. Die Grenzfrequenz dieser Filter beträgt 3400 Hz, die Absenkung des Leistungsdichtespektrums über diesen Punkt hinaus ist auf die Grenzfrequenz zurückzuführen.

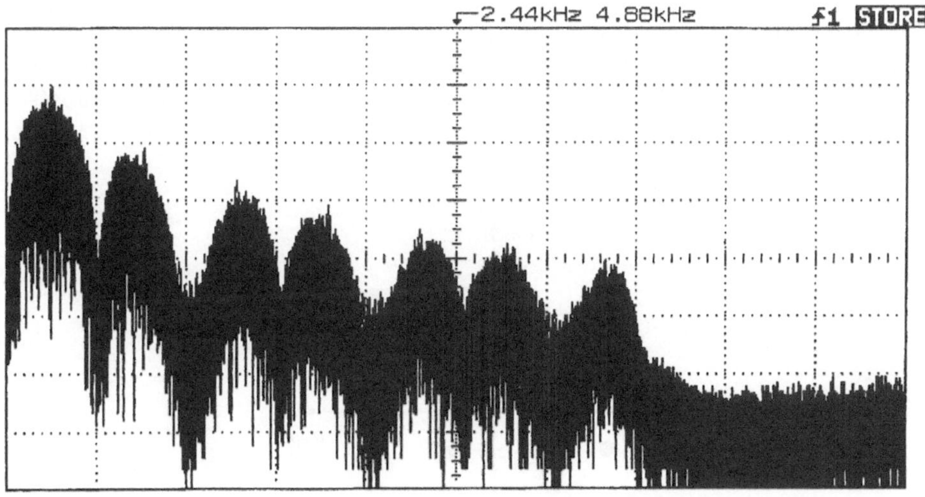

Bild 3.6   Gemessenes Leistungsdichtespektrum eines bipolaren Formats

3.2.5 Formate und Signalraum

Bislang haben wir reelle Formate betrachtet, die auf reellwertige Alphabete zurückgreifen. Bei allgemeinen Signalisierungsschemas ist es jedoch oft angebracht, komplexwertige Alphabete zuzulassen. Den Realteil dieser Folgen sprechen wir dem Inphasenzweig, den Imaginärteil dem Quadraturphasenzweig in einem komplexen Blockschaltbild zu. Das

Alphabet ist dann durch

$$a_k = a_{r,k} + j a_{i,k}$$

beschrieben, wobei $a_{r,k}$ den Realteil und $a_{i,k}$ den Imaginärteil der Folgeelemente a_k repräsentiert. Somit gibt $\{a_k\} = \{a_{r,k}\} + j\{a_{i,k}\}$ die Folgen des I– und Q–Zweigs an.

Für die Autokorrelationsfolge der Nachrichtenfolge sind mögliche Korrelationseigenschaften zwischen den Datenströmen zu beachten. Dies ist allgemein durch

$$\begin{aligned}
\alpha_l &= \mathrm{E}\{a_k^* a_{k+l}\} \\
&= \mathrm{E}\{(a_{r,k} + j a_{i,k})^* (a_{r,k+l} + j a_{i,k+l})\} \\
&= \mathrm{E}\{a_{r,k} a_{r,k+l}\} + \mathrm{E}\{a_{i,k} a_{i,k+l}\} + j\Big(\mathrm{E}\{a_{r,k} a_{i,k+l}\} - \mathrm{E}\{a_{i,k} a_{r,k+l}\}\Big) \\
&= \alpha_{r,l} + j\alpha_{i,l}
\end{aligned}$$

zum Ausdruck gebracht. Das periodische Leistungsdichtespektrum ergibt sich durch die Fourier–Transformation als beliebig komplexe Frequenzfunktion. Wir erkennen den Zusammenhang $\alpha_l = \alpha_{-l}^*$, was zu der Eigenschaft $S_a(f) = S_a^*(f)$ des Leistungsdichtespektrums führt. Es ist somit reell, die AKF, $\alpha_{r,l}$, gibt den geraden Anteil des LDS und die KKF, $\alpha_{i,l}$, den ungeraden Anteil an. Die Symmetrieeigenschaften der Fourier–Transformation besagen weiter, dass die gerade Folge $\alpha_{r,l}$ eine gerade reelle Frequenzfunktion aufweist. Bei der ungeraden Folge $\alpha_{i,l}$ verhält es sich anders, hier ist die Frequenzfunktion imaginär und ungerade. Die Darstellung des allgemeinen Alphabets führt

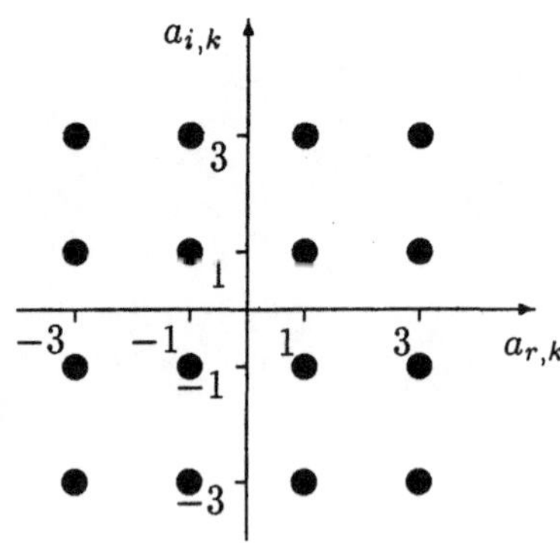

Bild 3.7   Signalraum eines 4x4–Formats

zur Signalkonstellation. Hierbei bilden die Wertepaare von Real– und Imaginärteil den Signalraum. Werden die in Erscheinung tretenden Elemente der beiden Alphabete in der x–y–Ebene dargestellt, formen sie das Konstellationsdiagramm. Für ein einfaches polares Format liegen lediglich die Werte +1 und -1 auf der x–Achse vor. Legen wir ein I/Q–Format fest, bei dem der Real– und der Imaginärteil auf das gleiche Alphabet zurückgreifen, besteht der Signalraum aus den Wertepaaren (1,1), (1,-1), (-1,1) und (-1,-1) und damit aus vier Punkten. Bild 3.7 zeigt den Signalraum für ein Format, das sowohl für das I–Format, als auch für das Q–Format das Alphabet $\{-3 \;\; -1 \;\; 1 \;\; 3\}$ aufweist. Beide Formate schließen keine Kombinationen aus, sodass insgesamt sechzehn Wertepaare existieren.

Bei der später behandelten Fehlerbetrachtung spielen Signalkonstellationen eine große Rolle. Hierbei ist der Ort eines Punktes und die Distanz zu einem benachbarten ausschlaggebend. Weiterhin ist es nicht unerheblich, die Übergänge von einem Punkt zu einem anderen zu betrachten. Dies ist das Thema des nächsten Abschnitts.

3.3 Pulsformung

3.3.1 Intersymbolinterferenz

Die bei der Betrachtung der verschiedenen Formate verwendeten rechteckförmigen Pulse weisen neben der einfachen Form im Zeitbereich keinen Nachteil auf, wohl aber im Frequenzbereich. Die scharfen Übergänge im Verlauf zeigen, dass ein großer Bandbreitebedarf vorliegt. In einem LDS eines Formats mit dieser Pulsform ist ein si^2–förmiger Frequenzverlauf vorzufinden. Wegen der schwachen Konvergenz dieser Funktion ist die benötigte Bandbreite unendlich groß. Bei Kanälen, die in der Praxis zur Anwendung kommen, liegt jedoch eine Bandbegrenzung vor. Wird hierüber ein Nachrichtensignal mit einem rechteckförmigen Puls übertragen, kommt es zu einer Bandbegrenzung des Pulses. Wenn wir bedenken, dass eine Stauchung im Zeitbereich (oder Frequenzbereich) zu einer Dehnung im Frequenzbereich (oder Zeitbereich) führt, ist die auftretende Intersymbolinterferenz nachvollziehbar. Bei der Bandbegrenzung einer si–förmigen Frequenzfunktion, die ein rechteckförmiger Puls der Dauer T aufweist, läuft der Puls im Zeitbereich auseinander. Die Dauer dieses Pulses geht über T hinaus, sodass es zu einer gegenseitigen Beeinflussung zwischen benachbarten Pulsen kommt. Dem Signal $x(t)$ werden nach der Übertragung die Nachrichtensymbole a_k entzogen. Wegen der ISI tritt eine Verfälschung auf. Weiterhin sind die Zeitpunkte von Interesse, zu denen das Signal im Abstand T ausgetastete werden muss, um die Symbole zu erhalten. Hierbei ist es erforderlich, zu jedem beliebigen Zeitpunkt auszutasten, nicht nur zu ganzzahligen Vielfachen des Symbolintervalls bezogen auf den Ursprung des Koordinatensystems. Dies ist durch eine beliebige Zeitkonstante t_0 berücksichtigt. Zusammengefasst lässt sich dies allgemein durch

$$x(t_0 + lT) \;\; = \;\; \left. \sum_{k=-\infty}^{\infty} a_k g(t - kT) \right|_{t=t_0+lT}$$

$$= \;\; \underbrace{a_l g(t_0)}_{\substack{\text{interes-}\\\text{sierendes}\\\text{Symbol}}} \;\; + \;\; \underbrace{\sum_{\substack{k=-\infty\\k\neq l}}^{\infty} a_k g\big(t_0 - (k - l)T\big)}_{\text{ISI}}$$

beschreiben. Das ausgetastete Signal enthält neben dem interessierenden Nachrichtensymbol auch eine Vielzahl von vor- und nachlaufenden Symbolen. Die gegenseitige Beeinflussung ist erkennbar.

3.3.2　Nyquist–Bedingungen

Wie wir erkennen, ist das interessierende Symbol mit dem zum Zeitpunkt t_0 vorliegenden Wert des Pulses $g(t)$ gewichtet. Weniger der Maximalwert von dem Puls als vielmehr die äquidistanten Nullstellen sind zur Detektion der Symbole von Wichtigkeit, weshalb wir $g(t_0) = 1$ setzen. Dies und die Bandbreitebetrachtung führt zu den folgenden Bedingungen für $g(t)$, den sogenannten Nyquist–Bedingungen:

N1: Der Nachrichtenpuls ist reell und bandbegrenzt. Mit der oberen Grenzfrequenz, f_g, soll $G(f) = 0$ für $|f| \geq f_g$ gelten.

N2: Der Puls weist neben einem beliebigen Wert Nullstellen im Abstand T auf, wie es

$$g(t) = \begin{cases} 1 & : \quad t = t_0 \\ 0 & : \quad t = t_0 \pm T, t_0 \pm 2T, \cdots \end{cases}$$

beschreibt.

Ein Puls, der der diesen beiden Bedingung genügt, ist der Puls

$$g(t) \;=\; \frac{1}{T}\,\mathrm{si}\left(\pi\frac{t}{T}\right)$$
$$\updownarrow$$
$$G(f) \;=\; \Pi\left(\frac{f}{1/T}\right)\;.$$

Wird das Nachrichtensignal, das auf diesem si–Puls basiert, zum Zeitpunkt lT ausgetastet, erhalten wir $x(lT) = a_l$, da hierfür $t_0 = 0$ und $g_0 = 1$ gilt. Das Spektrum ist bandbegrenzt. Es ist rechteckförmig mit der Bandbreite $1/T$. Der Puls mit diesen Eigenschaften stellt einen Grenzfall dar. Das Spektrum ist so kompakt wie möglich, die Bandbreite ist, wie wir im weiteren Verlauf sehen werden, minimal. Diese Bandbreite trägt den Namen Nyquist–Bandbreite, B_N. Sie gibt weiterhin die Anzahl der Pulse bzw. Symbole pro Sekunde an. Der Zusammenhang ist durch

$$r_S \;\hat{=}\; B_N = \frac{1}{T}$$

beschrieben. Für einen Kanal der Bandbreite B lässt sich damit eine Symbolrate angeben, die es nicht zu unterschreiten möglich ist. Die maximale Symbolrate ist r_S. Auf der anderen Seite ist der minimale Bandbreitebedarf eines Nachrichtensignals B_N, wenn die gegebenen Symbolrate $r = 1/T$ beträgt.

Die Dauer eines si–Pulses ist unendlich, damit beeinflussen sich benachbarte Pulse einer Pulskette gegenseitig. Lediglich zu den Zeitpunkten lT kommt es zu keiner ISI. Zu diesem Zeitpunkt sind alle si–Pulse $g(lT - kT)$ bis auf eine Ausnahme, nämlich für $l = k$, gleich null. Die Vorteile der maximalen Symbolrate bei minimaler Bandbreite erkauft man sich mit eher schlechten Eigenschaften im Zeitbereich. Zum einen liegt eine schwache Konvergenz vor, die bei der praktischen Umsetzung zu Problemen führt. Ein Puls dieser Form muss dann eine große Dauer aufweisen, eher die darauf folgenden Signalanteile unterdrückt werden können. Zum anderen sind die Steigungen des Pulses bei den Nulldurchgängen sehr groß. Erfolgt die Austastung mit einem geringen Taktversatz, womit bei dem Einsatz von Regelschleifen zur Taktrückgewinnung zu rechnen ist, tritt eine nicht unbeträchtliche Symbolinterferenz auf. Diese beiden Gründe sprechen gegen einen Einsatz des Pulses in praktischen Systemen. Vorzuziehen ist ein Puls, der gute Konvergenzeigenschaften im Zeitbereich und geringe Steigungen bei den Nulldurchgängen aufweist. Der Preis hierfür ist eine erhöhte Bandbreite, die sich durch einen stetigen und nicht sprunghaften Übergang von einem Wert der Frequenzfunktion zu einem anderen ergibt.

3.3.3 Flankenformung im Frequenzbereich

Zur Beschreibung von Pulsen, die ein besseres Verhalten als der si–förmige Puls aufweisen, gehen wir von den Bedingungen (N1) und (N2) aus. Beginnend mit den äquidistanten Nulldurchgängen kann die Forderung mittels der Impulsfolge durch

$$
\begin{aligned}
p(t) &= g(t) \cdot \frac{1}{T} \, \mathrm{III}\!\left(\frac{t - t_0}{T}\right) \\
&= g(t) \cdot \delta(t - t_0) \\
&= \delta(t - t_0)
\end{aligned}
$$

beschrieben werden. Die Fourier–Transformierte ist folglich

$$
\begin{aligned}
P(f) &= G(f) * \left(\mathrm{III}\!\left(\frac{f}{1/T}\right) \mathrm{e}^{-j2\pi f t_0}\right) \\
&= T \sum_{l=-\infty}^{\infty} G\!\left(f - \frac{l}{T}\right) \mathrm{e}^{-j2\pi \frac{l}{T} t_0} \\
&= \mathrm{e}^{-j2\pi f t_0}
\end{aligned}
$$

und besagt, dass das Spektrum des Pulses, $T \cdot G(f)$, im Abstand $1/T$ periodisch fortgesetzt und jeweils mit der Phase $-2\pi t_0/T$ belegt wird. Die Summe weist einen konstanten Betrag mit dem Wert eins und eine lineare Phase auf.

Für den weiteren Verlauf legen wir fest, dass $G(f)$ linearphasig ist und der Form

$$
G(f) = G_0(f) \, \mathrm{e}^{-j2\pi f \tau_0}
$$

entspricht. Hierin sei $G_0(f)$ reellwertig, was zu der Darstellung im Zeitbereich $g(t) = g_0(t - \tau_0)$ mit einer geraden und reellen Funktion $g_0(t)$ führt. Dies eingesetzt in die obige Gleichung resultiert in

$$
T\, \mathrm{e}^{-j2\pi f \tau_0} \sum_{l=-\infty}^{\infty} G_0\!\left(f - \frac{l}{T}\right) \mathrm{e}^{-2\pi \frac{l}{T}(t_0 - \tau_0)} = \mathrm{e}^{-j2\pi f t_0} \quad .
$$

Legen wir weiterhin für die Zeitkonstanten $t_0 = \tau_0 = 0,\ \pm T,\ \pm 2T, \cdots$ fest, vereinfacht sich der Ausdruck zu

$$
T \sum_{l=-\infty}^{\infty} G_0\!\left(f - \frac{l}{T}\right) = 1 \quad .
$$

Dies zeigt Bild 3.8. Wie wir erkennen, ergibt sich eine Frequenzfunktion, die sich über $\pm 1/2T$ erstreckt, was in einer Überlappung benachbarter Spektralanteile resultiert. Der Bereich der Überlappung erstreckt sich von $1/2T - F/2$ bis $1/2T + F/2$. Die sich ergebende Konstante ist nur dann möglich, wenn für die Grenzfrequenz des Pulses $g_0(t)$ ein Wert kleiner als $1/T$ gewählt wird. Es muss somit die Ungleichung

$$f_g = \frac{1}{2T} + \frac{F}{2} \le \frac{1}{T}$$

erfüllt sein, um der Bedingung (N1) zu genügen.

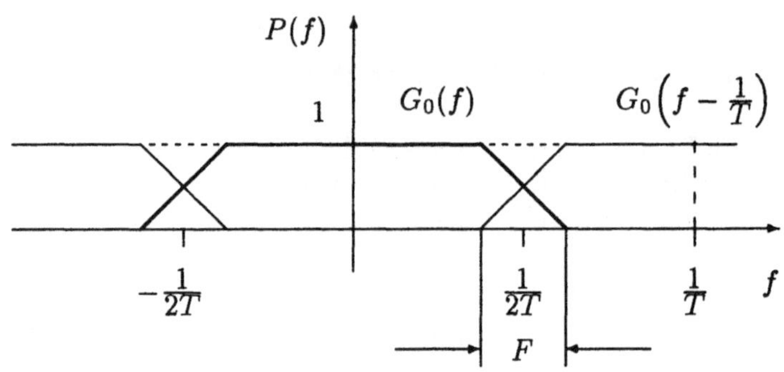

Bild 3.8   Periodisch fortgesetztes Spektrum $G(f)$

Die Verbreiterung des Spektrums über den Frequenzbereich $-1/2T \le f \le 1/2T$ hinaus lässt sich durch die Faltungsoperation beschreiben. Hierzu müssen wir eine Frequenzfunktion $H(f)$ finden, die zum einen die Bedingung (N1) nicht verletzt und weiterhin einen stetigen Verlauf bewirkt. Als Ausgangspunkt liegt das Spektrum des si–Pulses vor, das es zu verbreiten gilt. Bei der Faltung gilt, dass die Ausdehnung des Faltungsprodukts auf der Abszisse sich durch die Addition der Ausdehnungen der miteinander zu faltenden Funktionen ergibt. Dieser Wert darf im vorliegenden Fall $2/T$ nicht überschreiten, sodass die Ausdehnung, F, von $H(f)$ kleiner als oder maximal gleich $1/T$ sein muss. Um zur Form der Flankenfunktion zu gelangen, stellen wir die Rechteckfunktion durch zwei Sprungfunktionen unterschiedlicher Verschiebung und Auslenkung dar. Es gilt

$$\Pi\Big(\frac{f}{1/T}\Big) = u\Big(f + \frac{1}{2T}\Big) - u\Big(f - \frac{1}{2T}\Big) \quad,$$

wobei die Sprungfunktionen die Flanken darstellen. Zur Herleitung des Verlaufs von $H(f)$ betrachten wir eine Sprungfunktion, deren Unstetigkeitsstelle im Ursprung liegt. Die Verschiebung zur "richtigen" Stelle lässt sich leicht durch Faltung mit $\delta(f \pm 1/2T)$ bewerkstelligen.

Wie bereits festgestellt, ist die Ausdehnung der Flankenfunktion auf der Frequenzachse F, sodass sich die Faltung auf den Bereich $-F/2 \le f \le F/2$ erstreckt. Für diesen Bereich erhalten wir

$$\int_{-\infty}^{\infty} u(\vartheta)H(f-\vartheta)d\vartheta = \int_{-F/2}^{f} H(\vartheta)d\vartheta,$$

also die Integration über $H(f)$. Wie oben dargelegt, resultiert die Eigenschaft der äquidistanten Nullstellen in der Überlagerung im Abstand $1/T$ verschobener Frequenzfunktionen des Pulses. Diese Summe ist überall konstant, auch im Bereich der sich überlappenden Flanken. Für diesen Bereich, also $-F/2 \leq f \leq F/2$ erhalten wir

$$
\begin{aligned}
G_0(f) + G_0(-f) &= \int_{-F/2}^{f} H(\vartheta)d\vartheta + \int_{-F/2}^{-f} H(\vartheta)d\vartheta \\
&= \int_{-F/2}^{f} H(\vartheta)d\vartheta + \int_{f}^{F/2} H(-\vartheta)d\vartheta \quad .
\end{aligned}
$$

Ist $H(f)$ eine gerade Funktion, erhalten wir für diese Überlagerung das Integral über den betrachteten Frequenzbereich. Die Bedingungen, die $H(f)$ erfüllen muss, sind damit:

1. Die Frequenzfunktion ist gerade, also

$$
H(f) = H(-f) \quad .
$$

2. Das Integral über den Bereich der Überlappung hat den Wert

$$
\int_{-F/2}^{F/2} H(f)df = 1 \quad .
$$

Die Flankenfunktion, $F(f)$, selbst ist eine ungerade Funktion. Durch das Faltungsprodukt von $\Pi(fT)$ mit $H(f)$ ergibt sich für die ansteigende Flanke $(1 + F(f))/2$ und für die abfallende $(1 - F(f))/2$.

Ein Beispiel soll den Zusammenhang verdeutlichen. Als Funktion zur Beschreibung der Flanken sei

$$
H(f) = \frac{1}{F} \Pi\left(\frac{f}{F}\right)
$$

gewählt. Der sich ergebende Puls $G_0(f)$ ist somit das Faltungsprodukt zweier unterschiedlich breiter Rechteckfunktionen. Im Zeitbereich erhalten wir damit das Produkt zweier si–Funktionen

$$
g_0(t) = \frac{1}{T} \text{si}\left(\pi\frac{t}{T}\right) \cdot \text{si}(\pi F t)
$$

Die Flankenfunktion bewirkt eine Gewichtung der si–Funktion. Der Maximalwert von $g_0(t)$ ist in diesem Fall $g_0 = 1/T$ und liegt bei $t = 0$. Die Nullstellen sind bei $\pm T$, $\pm 2T$, $\cdots$ sowie bei $\pm 1/F$, $,\pm 2/F$, $\cdots$ anzutreffen. Hervorzuheben ist, dass Nullstellen im Symbolabstand vorliegen. Die Flankenfunktion ist durch $H(f)$ gegeben. Wir erhalten hierfür

$$
\begin{aligned}
\int_{-F/2}^{f} H(\vartheta)d\vartheta &= \left(\frac{1}{2} + \frac{f}{F}\right) \cdot \Pi\left(\frac{f}{F}\right) \\
&= \frac{1}{2}\big(1 + F(f)\big) \quad ,
\end{aligned}
$$

wobei die Multiplikation mit der Π–Funktion den Gültigkeitsbereich beschreibt. Die Flankenfunktion ist hierfür

$$F(f) = 2\,\frac{f}{F}\,\Pi\!\left(\frac{f}{F}\right) \quad .$$

Wir erkennen, dass die sprunghaft ansteigende Flanke durch eine linear ansteigende ersetzt ist, die sich über den Bereich F erstreckt. Die Frequenzfunktion eines solchen Pulses zeigt Bild 3.8.

3.3.4   Praktische Pulsformen

In vielen Systemen oft angewendete Formen für den nachrichtentragenden Puls sind die sogenannten Nyquist–Pulse. Hierfür ist

$$H(f) = \frac{\pi}{2F}\cos\left(\pi\frac{f}{F}\right)\cdot\Pi\!\left(\frac{f}{F}\right)$$

und weiterhin

$$\int_{-F/2}^{f} H(\vartheta)\,d\vartheta = \frac{1}{2}\left(1 + \sin\left(\pi\frac{f}{F}\right)\right)\cdot\Pi\!\left(\frac{f}{F}\right)$$

mit der Flankenfunktion

$$F(f) = \sin\left(\pi\frac{f}{F}\right) \quad,\ -\frac{F}{2} \le f \le \frac{F}{2}.$$

Die Gewichtsfunktion für die si–Funktion im Zeitbereich erhalten wir durch Anwendung der Fourier–Transformation, deren Ergebnis

$$
\begin{aligned}
h(t) &= \frac{\pi}{4}\,\mathrm{si}\left(\pi F\left(t+\frac{1}{2F}\right)\right) + \frac{\pi}{4}\,\mathrm{si}\left(\pi F\left(t-\frac{1}{2F}\right)\right) \\[2mm]
&= \frac{\cos\left(\pi F t\right)}{1-\left(2Ft\right)^{2}}
\end{aligned}
$$

ist. Hierbei ist zu beachten, dass bei $t = 1/2F$ eine Lücke im Verlauf auftritt, die durch Anwendung der Regel von de l'Hospital gefüllt werden kann. Diese hierauf angewendet ergibt

$$h\left(\pm\frac{1}{2F}\right) = \frac{\pi}{4} \quad .$$

Der Puls im Zeitbereich ist somit

$$g_0(t) = \frac{1}{T}\,\mathrm{si}\left(\pi\frac{t}{T}\right)\cdot\frac{\cos\left(\pi F t\right)}{1-\left(2Ft\right)^{2}}$$

und im Frequenzbereich

$$
G_0(f) = \begin{cases}
\frac{1}{2}\left(1 + \sin\pi\left(\frac{f}{F} + \frac{1}{2TF}\right)\right) & : \quad -\frac{1}{2T}-\frac{F}{2} \le f \le -\frac{1}{2T}+\frac{F}{2} \\[2mm]
1 & : \quad -\frac{1}{2T}+\frac{F}{2} \le f \le +\frac{1}{2T}-\frac{F}{2} \\[2mm]
\frac{1}{2}\left(1 - \sin\pi\left(\frac{f}{F} - \frac{1}{2TF}\right)\right) & : \quad +\frac{1}{2T}-\frac{F}{2} \le f \le +\frac{1}{2T}+\frac{F}{2} \\[2mm]
0 & : \quad \text{sonst} \quad .
\end{cases}
$$

Zum Schluss führen wir den Wert für F in Abhängigkeit von der Symbolrate $1/T$ ein, wie es

$$F = \alpha \cdot \frac{1}{T} \quad , \quad 0 \le \alpha \le 1$$

beschreibt. Hierin ist α unter dem Namen *roll-off factor* oder Flankenfaktor bekannt. Für die Frequenzfunktion ist

$$G_0(f) \ne 0 \quad , \quad -\frac{r}{2}(1+\alpha) \le f \le \frac{r}{2}(1+\alpha)$$

und wir erhalten damit die Grenzfrequenz

$$f_g = \frac{r}{2}(1+\alpha) = \frac{1}{2T} + \frac{F}{2} \quad .$$

Verschiedene Nyquist–Pulse zeigt Bild 3.9. Wir erkennen, dass bei einem größeren Wert von α der Puls schneller gegen null konvergiert. In allen Fällen liegen Nullstellen im Abstand T vor.

An dieser Stelle ist eine Zwischenbemerkung sinnvoll, die in einem späteren Abschnitt zur Anwendung kommt. Das Spektrum der im Abstand $1/T$ verschobenen und überlagerten Frequenzfunktionen ergibt eine Konstante, d.h. ein Puls ist derart zu wählen, dass diese Konstante möglich ist. In Empfangsstrukturen werden Korrelationsfilter eingesetzt, die als Reaktion auf den nachrichtentragenden Puls dessen Autokorrelationsfunktion ergibt. Die AKF ist im Frequenzbereich durch das Leistungsdichtespektrum beschrieben, das wiederum das Betragsquadrat der Frequenzfunktion ist. Interessant ist nun die Frage, ob ein Puls, der den Nyquist–Bedingungen (N1) und (N2) genügt, eine AKF aufweist, auf die ebenfalls diese Anforderungen zutreffen.

Wie oben dargestellt, resultieren äquidistante Nullstellen des betrachteten Pulses trotz sich überlappender Spektralanteile in einer Konstanten im Frequenzbereich. Nehmen wir die AKF des reellwertigen und geraden Pulses, $R_g(\tau) = g(\tau) * g(-\tau)$, dessen ebenfalls reellwertiges LDS durch $G^2(f)$ gegeben ist. Das Quadrat der Π-Funktion im Bereich $-1/2T + F/2 \le f - lT \le 1/2T + F/2$, $l = 0, \pm 1, \pm 2, \cdots$ ist eins, im Bereich der sich überlappenden Spektralanteile, also für $-1/2T - F/2 \le f - lT \le -1/2T + F/2$ ist die Situation wie folgt. Ist für den Fall des Nachrichtenpulses $g(t)$ der Bereich der sich überlappenden Flanken durch

$$\frac{1}{2}\Big(1 + F(f)\Big) + \frac{1}{2}\Big(1 - F(f)\Big) = 1$$

gegeben, liegt bei der AKF der Fall

$$\left(\frac{1}{2}\Big(1 + F(f)\Big)\right)^2 + \left(\frac{1}{2}\Big(1 - F(f)\Big)\right)^2 = 1$$

vor. Lösen wir diese Gleichung auf, erhalten wir

$$\frac{1}{2}\Big(1 + F^2(f)\Big) = 1 \quad ,$$

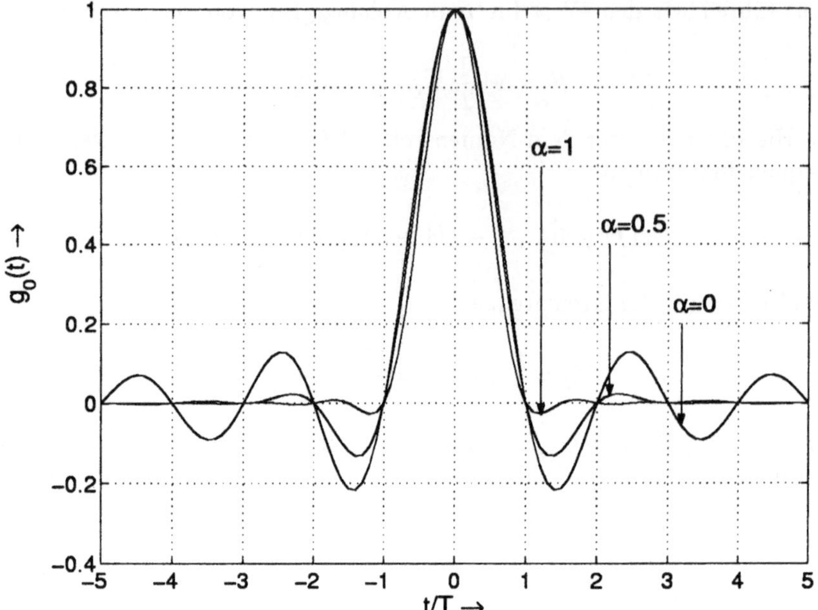

Bild 3.9   Nyquist–Pulse

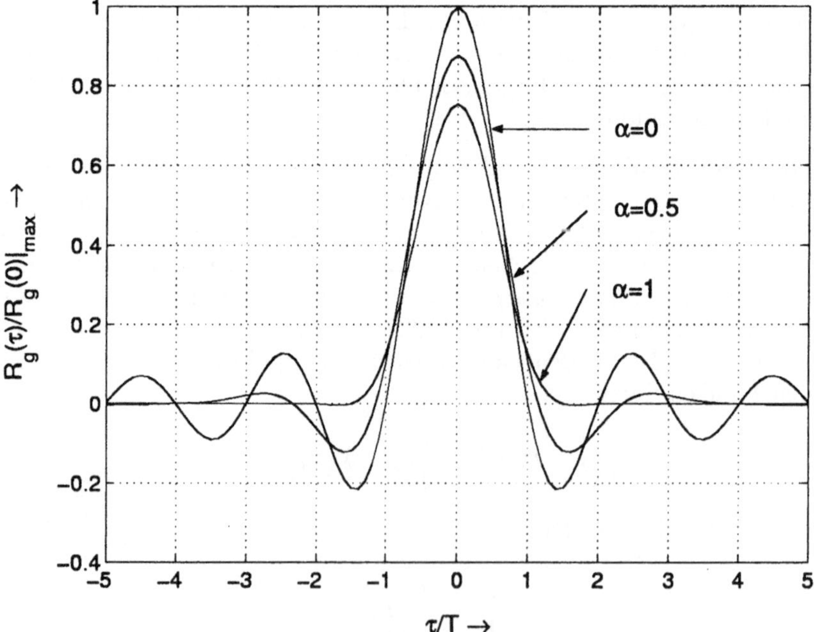

Bild 3.10   Nullstellen der Autokorrelationsfunktion $R_g(\tau)$

bzw.

$$F(f) = \pm 1 \quad .$$

Wenn wir uns daran erinnern, welche Aufgabe $F(f)$ hat, ist diese Lösung offensichtlich unzweckmäßig. Sie trifft z.B. zu für $H(f) = \delta(f)$, womit sich $F(f) = u(f)$ ergibt. Diese Flankenfunktion beschreibt jedoch eine sich sprunghaft ändernde Flanke. Eine Überlappung von Spektralanteilen kommt damit nicht vor. Soll dies jedoch realisiert werden, kann eine konstante Flankenfunktion nicht möglich sein. Somit ist ein konstantes LDS ausgeschlossen und gleiches gilt damit auch für im Symbolabstand äquidistante Nullstellen, wie es Bild 3.10 zeigt.

3.4 Signalangepasste Filter

Bisher haben wir den Weg von der Nachrichtenfolge zu einem Nachrichtensignal verfolgt. Dieses Signal kann über einen Tiefpasskanal direkt, also ohne besondere Modulation übertragen werden. Auf dem Weg vom Sender zum Empfänger bewirkt der Kanal zum einen eine Verformung des Pulses, sodass die Nyquist–Bedingung nicht länger besteht. Zum anderen treten Störeinflüsse zumindest in Form von additivem Rauschen auf. Am Empfangsort angelangt besteht die Aufgabe, aus diesem beeinflussten Signal die gesendeten Elemente der Nachrichtenfolge zurückzugewinnen. Ein einfaches Austasten zu passenden Zeitpunkten reicht üblicherweise hierzu nicht aus. Hierzu sind die Kanaleinflüsse oft zu stark. Das Rauschsignal hat außerdem zur Folge, dass die getroffenen Entscheidungen nur mit gewissen zugeordneten Wahrscheinlichkeiten zutreffen, man also niemals sicher sein kann, dass das detektierte Element dem gesendeten entspricht.

Die Aufgabe des Empfängers besteht nun darin, das Empfangssignal derart zu verarbeiten, dass eine optimale Entscheidung hinsichtlich der Folgeelemente getroffen werden kann. Hierbei bedeutet optimal die Minimierung von Fehlern auf Grund von Rauschen, indem die Signalwirkung bezüglich der Rauschwirkung maximiert wird. Bild 3.11 zeigt das Blockschaltbild der betrachteten Struktur. Sie besteht aus einem Eingangsfilter, einem Austaster und einer Entscheidungsstufe. Am Eingang wird das Empfangssignal,

$$x(t) = \sum_{k=-\infty}^{\infty} a_k g_k(t) \quad ,$$

durch additives weißes gaußsches Rauschen (AWGN), $n(t)$, der Rauschleistungsdichte $S_n(f) = N_0/2$ gestört. Zunächst durchläuft das Summensignal das Filter mit der Übertragungsfunktion $H(f)$, dessen Ausgangssignal im Symboltakt ausgetastet wird. Die sich ergebende Folge aus Nutz– und Rauschanteil liegt an dem Entscheider an. Mit den näher in Kapitel 2 dargelegten Methoden der Wahrscheinlichkeitstheorie können wir die Wahrscheinlichkeit für eine richtige Zuordnung angeben. Ziel ist, die Komponenten derart zu entwerfen, dass die detektierte Ausgangsfolge, $\hat{a}_k$, mit größtmöglicher Wahrscheinlichkeit der gesendeten Folge, a_k, entspricht.

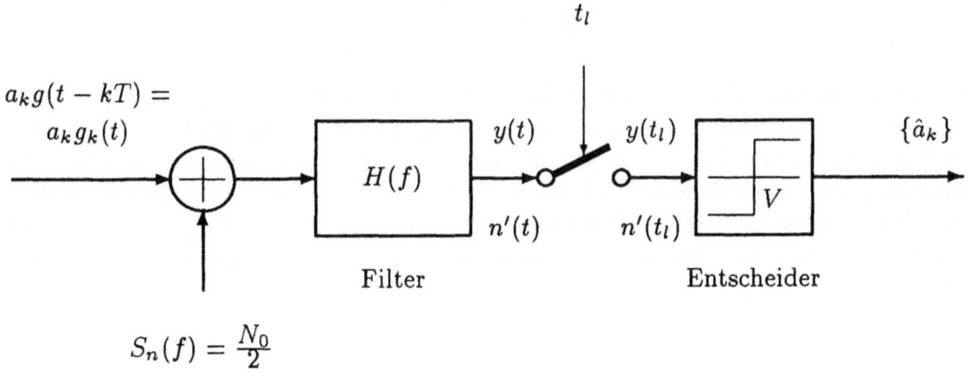

Bild 3.11   Signalangepasstes Filter

3.4.1 Filterfunktion

Die Herleitung der Übertragungsfunktion des Filters beruht zunächst auf der Annahme, dass keine ISI und keine Überlappung benachbarter Pulse in dem Nachrichtensignal vorliegt. Da ein LTI–System vorliegt, ist die Trennung von Nutz– und Rauschanteil angebracht. Beginnen wir mit dem Nutzanteil, der am Ausgang des Filters vorliegt. Das Signal

$$y(t) = \int_{-\infty}^{\infty} a_k G_k(f) H(f)\, e^{j 2\pi f t}\, df$$

repräsentiert die Reaktion des Filters auf den Teil des Nachrichtensignals $a_k g(t - kT) = a_k g_k(t)$. Nach dessen Austastung im Symboltakt T zu den Zeitpunkten $t_l = t_0 + lT$ resultiert dies in der Folge

$$y(t_l) = a_k \int_{-\infty}^{\infty} G_k(f) H(f)\, e^{j 2\pi f t_l}\, df \quad .$$

Bei dem Rauschanteil gehen wir von dem mittelwertfreiem Fall aus. Das AWGN, das das Filter durchlaufen und durch $n'(t)$ dargestellt ist, wird ebenfalls im Symbolabstand ausgetastet. Die Leistung der Rauschfolge ist damit

$$\sigma_{n'}^2 = \frac{N_0}{2} \int_{-\infty}^{\infty} |H(f)|^2 df \quad .$$

Wie bereits erkannt, spielen in unserem Fall Leistungsbetrachtungen eine große Rolle. Aus diesem Grund formulieren wir das Verhältnis aus der momentanen Nutzleistung, $|y(t_l)|^2$, und der Rauschleistung $\sigma_{n'}^2$ und erhalten

$$\frac{|y(t_l)|^2}{\sigma_{n'}^2} = |a_k|^2 \frac{\left| \int_{-\infty}^{\infty} G_k(f) H(f)\, e^{j 2\pi f t_l}\, df \right|^2}{\dfrac{N_0}{2} \int_{-\infty}^{\infty} |H(f)|^2 df} \quad .$$

Es stellt sich nun die Frage, wie $H(f)$ zu wählen ist, damit dieser Ausdruck ein Maximum einnimmt. Hierzu greifen wir auf die Schwarzsche Ungleichung zurück. Sie besagt, dass der Ausdruck $|\int u(x)v(x)dx|^2$ maximal $\int |u(x)|^2 dx \cdot \int |v(x)|^2 dx$ sein kann, wenn $u(x) = Cv^*(x)$ gilt. Hierbei stellt C eine beliebige reelle Konstante dar. Dies auf den obigen Ausdruck angewendet ergibt

$$\frac{|y(t_l)|^2}{\sigma_{n'}^2} \leq |a_k|^2 \frac{\displaystyle\int_{-\infty}^{\infty} |G(f)|^2 df \cdot \int_{-\infty}^{\infty} |H(f)|^2 df}{\displaystyle\frac{N_0}{2} \int_{-\infty}^{\infty} |H(f)|^2 df}$$

$$\leq |a_k|^2 \frac{E_g}{N_0/2} \quad,$$

wobei E_g (dem Zahlenwert nach[1]) die Energie des Pulses $g(t)$

$$E_g = \int_{-\infty}^{\infty} |G(f)|^2 df = \int_{-\infty}^{\infty} |g(t)|^2 dt$$

ist. Der Maximalwert stellt sich für

$$\begin{aligned}
H(f) &= C \cdot G_k^*(f)\, e^{-j 2\pi f t_l} \\
&\updownarrow \\
h(t) &= C \cdot g_k^*(-t) * \delta(t - t_l) \\
&= C \cdot g_k^*(t_l - t)
\end{aligned}$$

ein. Der Verlauf der Impulsantwort ist somit eine mit C gewichtete und um t_l verschobene Form des zeitinversen konjugiert komplexen Pulses. Die Konstante C hat im weiteren Verlauf keinen Einfluss auf die Betrachtung der Fehlerwahrscheinlichkeit. Aus diesem Grund wählen wir $C = 1$. Um zur Reaktion des entworfenen Filters auf den betrachteten Puls zu gelangen, setzen wir $G_k(f)$ in den Ausdruck für $y(t)$ ein und erhalten

$$\begin{aligned}
y(t) &= a_k \int_{-\infty}^{\infty} G_k(f) G_k^*(f)\, e^{j 2\pi f(t - t_l)} df \\
&= a_k R_{g_k}(t - t_l) \quad.
\end{aligned}$$

Wir stellen fest, dass die Antwort des angepassten Filters auf den Puls $g(t)$ dessen AKF, $R_{g_k}(t) = g_k(t) * g_k^*(-t)$, entspricht. Da es sich bei $g_k(t)$ um den um kT verschobenen Puls $g(t)$ handelt, ist die AKF des verschobenen Pulses mit der des unverschobenen identisch, sodass gilt

$$y(t) = a_k R_g(t - t_l) \quad.$$

Weiterhin ist die Impulsantwort für einen Puls festzulegen, bzw. diese dem Puls anzupassen. Die Pulsform ist von Wichtigkeit, nicht die zeitliche Lage. Für $h(t)$ wählen wir daher

$$\begin{aligned}
H(f) &= G^*(f)\, e^{-j 2\pi f t_l} \\
&\updownarrow \\
h(t) &= g^*(t_l - t) \quad.
\end{aligned}$$

---

[1]Die Überprüfung der Einheiten führt leicht zu Diskussionen. Man möge hierbei bedenken, dass $G^*(f)$ vom Filter herrührt und $G(f)$ den Puls beschreibt. Die Übertragungsfunktion hat eine andere Einheit als der Puls. Der sich ergebende Zahlenwert, E_g, kann als Energie interpretiert werden.

Der Maximalwert der AKF liegt bei $t = 0$ vor. Genau im Ursprung muss diese Funktion
ausgetastet werden, um die momentane Leistung des Nutzanteils zu maximieren. Für den
ISI–freien Fall bedeutet dies, dass nach der Zeit T das Integrationsergebnis übernommen
werden muss. Wie wir oben für die Varianz des Rauschens gesehen haben, ist der Wert
das Produkt aus dem LDS des weißen gaußschen Rauschens und dem Integral über das
Betragsquadrat der Übertragungsfunktion. Da diese in direktem Zusammenhang mit der
Frequenzfunktion des Nachrichtenpulses steht, nämlich $|H(f)|^2 = |G(f)|^2$, erhalten wir
hiermit

$$\sigma_{n'}^2 = \frac{N_0}{2} \int_{-\infty}^{\infty} |G(f)|^2 df$$

$$= \frac{N_0}{2} E_g \quad .$$

Die Standardabweichung ist folglich das geometrische Mittel als dem Leistungsdichtespektrum und der Energie des Pulses.

Zur kurzen Erläuterung betrachten wir als Beispiel einen Puls der Form

$$g(t) = \Pi\left(\frac{t}{T}\right) \quad ,$$

der die AKF

$$R_g(t) = T \, \Lambda\left(\frac{t}{T}\right)$$

aufweist. Diese erstreckt sich von $-T$ bis T, das Maximum dieser Funktion ist nach der
Integrationszeit T, also zur Zeit $t_l = 0$ erreicht.

Das am Eingang anliegende Nachrichtensignal $x(t)$ ist ein Zug von gewichteten und im
Abstand T verschobenen Pulsen, wie es

$$x(t) = \sum_{k=-\infty}^{\infty} a_k g(t - kT)$$

beschreibt. Jeder Summand ruft am Ausgang des Filters mit der Impulsantwort $h(t) =
g^*(t_l - t) = g^*(-t) * \delta(t - t_l)$ eine Reaktion hervor, die der im Takt T verschobenen AKF
$R_g(t) * \delta(t - kT - t_l) = R_g(t - kT - t_l)$ entspricht. Die Reaktion des Filters hierauf ist
damit

$$y(t) = \sum_{k=-\infty}^{\infty} a_k R_g(t - kT - t_l) \quad .$$

Um das k–te Symbol mit maximaler Auslenkung zu detektieren, ist der Zeitpunkt $t =
kT + t_l$ zu wählen.

Für das obige Beispiel ist

$$x(t) = \sum_{k=-\infty}^{\infty} a_k \Pi\left(\frac{t - kT}{T}\right) \quad ,$$

womit sich für das Signal vor dem Austaster

$$y(t) = T \sum_{k=-\infty}^{\infty} a_k \Lambda\left(\frac{t - kT}{T}\right)$$

ergibt. Tasten wir dieses Signal zu den Zeitpunkten $t = lT$, $l = 0, \pm 1, \pm 2, \cdots$ aus, erhalten wir die gesendete und mit dem Faktor T belegte Folge $\{a_k\}$. Wir erkennen, dass die Auslenkung größer wird, wenn ein größerer Symbolabstand vorliegt. Dies hat jedoch eine kleinere Symbolrate zur Folge, was nicht zu einem gewünschten Durchsatz beiträgt.

Eine Bemerkung zur Realisierbarkeit. Die Impulsantwort ist die konjugiert komplexe Zeitinverse des verwendeten Pulses. Dies hat zur Folge, dass $h(t)$ nicht kausal sein kann. Um dieses Filter zu realisieren, führen wir eine Verzögerung ein. Die Impulsantwort wird dann nach geeigneter Wahl von t_l kausal. Für das betrachtete Beispiel ergibt $t_l \geq T/2$ diesen Fall. Das Filter ist realisierbar, das Signal $y(t)$ verzögert sich um diese Zeit und muss nun zu den Zeitpunkten $lT + t_l$ ausgetastet werden. Die geeignete Wahl von t_l ist i.a. abhängig von der Dauer des Pulses.

3.4.2 Optimale Entscheiderschwelle

Das Filter hat die Aufgabe, den Nutzanteil des Empfangssignals deutlich vor dem Rauschanteil hervorzuheben. Eine zeitlich abgestimmte Austastung beschreibt die Signalsituation am Eingang des Entscheiders. Hier liegt neben den mit dem Maximum der AKF gewichteten Symbolen, $y(t_l) = a_k E_g$, die Rauschgröße vor. Diese weist eine Gauß–Verteilung auf und ist durch die Mittelwerte $\mu = \mathrm{E}\{n'(t_l)\} = 0$ und $\sigma_{n'}^2 = \sigma^2 = \mathrm{E}\{|n'(t_l)|^2\} = E_g N_0/2$ dargestellt. Das Ziel ist, die Entscheiderschwellen so zu legen, dass die getroffene Entscheidung für das zu detektierende Symbol mit größter Wahrscheinlichkeit die richtige ist.

Zunächst betrachten wir den Fall für ein binäres unipolares Nachrichtensignal, das auf dem Alphabet $\{0, 1\}$ beruht. Wird eine logische Null gesendet und ist diese durch $a_k = 0$ dargestellt, ist $y(t_l) = 0$. Rauschen ist allgegenwärtig, es tritt mit der Leistung σ^2 auf. Die Wahrscheinlichkeit für das Überschreiten des Wertes Y kann mit Hilfe der Wahrscheinlichkeitsdichtefunktion für das Summensignal $r(t_l) = y(t_l) + n'(t_l)$

$$p_r(R|a_k = 0) = \frac{1}{\sqrt{2\pi}\sigma} \mathrm{e}^{-\frac{R^2}{2\sigma^2}}$$

berechnet werden. Für das Senden einer logischen Eins verhält es sich ähnlich. Diese ist durch $a_k = 1$ ausgedrückt, womit das ausgetastete Signal den Wert $y(t_l) = E_g$ ergibt. Die Verteilungskurve ist ähnlich wie die für $a_k = 0$, der Unterschied liegt in der Berücksichtigung des momentanen Anteils E_g. Damit erhalten wir

$$p_r(R|a_k = 1) = \frac{1}{\sqrt{2\pi}\sigma} \mathrm{e}^{-\frac{(R - E_g)^2}{2\sigma^2}} \quad .$$

Hiermit ergibt sich Beschreibung für eine Fehlentscheidung, deren Auftrittswahrscheinlichkeit

$$P_e = P_0 \cdot P_{e0} + P_1 \cdot P_{e1}$$

ist. Für die Elemente des zweiwertigen Alphabets liegen die Auftrittswahrscheinlichkeiten P_0 für $a_k = 0$ und P_1 für $a_k = 1$ vor, sie sind als gleichwahrscheinlich anzunehmen. Wir legen eine beliebige Schwelle, V, fest. Für den Fall einer logischen Null ist die Wahrscheinlichkeit für das Überschreiten dieser Schwelle P_{e0} und stellt damit einen Fehlerfall dar. Liegt eine logische Eins vor, gibt P_{e1} die Wahrscheinlichkeit an, dass der abgetastete Wert die Schwelle unterschreitet und es zu einer falschen Zuordnung kommt. P_e als Funktion von der Schwelle V ausgedrückt ergibt mit $P_0 + P_1 = 1$

$$\begin{aligned}
P_e = P_e(V) &= P_0 \int_V^\infty p_r(R|a_k = 0)dR + P_1 \int_{-\infty}^V p_r(R|a_k = 1)dR \\
&= P_0 - \int_{-\infty}^V \Big(P_1 p_r(R|a_k = 1) - P_0 p_r(R|a_k = 0)\Big)dR \quad .
\end{aligned}$$

Wir ermitteln nun den optimalen Wert für V, für den P_e minimal ist. Unter Verwendung von

$$\frac{d}{dx} \int_{-\infty}^x f(\vartheta)d\vartheta = f(x)$$

erhalten wir die Bedingung für V_{opt}

$$\frac{d}{dV} P_e(V) = -P_1 p_r(V|a_k = 1) + P_0 p_r(V|a_k = 0)\Big|_{V=V_{opt}} = 0 \quad .$$

Da $P_0 = P_1$ gilt, liegt das Minimum der Funktion $P_e(V)$ bei dem Schnittpunkt der Verteilungskurven

$$p_r(R|a_k = 1) = p_r(R|a_k = 0) = p_r(R - E_g|a_k = 0) \quad .$$

Die optimale Schwelle liegt bei

$$V_{opt} = \frac{E_g}{2} \quad .$$

Dass es sich tatsächlich um ein Minimum handelt, lässt sich mit einer Überlegung zeigen. Ausgehend von V_{opt} bewirkt eine Änderung des Schwellwerts zu größeren Werten eine Verringerung von P_{e0} und eine Vergrößerung von P_{e1}. Die Zunahme ist jedoch größer als die Abnahme, sodass sich ein größerer Wert für P_e einstellt. Eine Veränderung von V zu kleineren Werten führt ebenfalls zu einer Zunahme von P_e. Es liegt bei V_{opt} also ein Minimum der Fehlerwahrscheinlichkeit vor.

Die Betrachtung führt für ein polares Format zu einem ähnlichen Ergebnis. Mit dem Alphabet $\{-1, 1\}$ liegen die Verteilungskurven zentriert bei E_g und $-E_g$. Der Schnittpunkt der beiden Funktionen liegt damit bei $V_{opt} = 0$.

Liegen Alphabete mit mehr als zwei Elementen vor, kann diese Betrachtung ebenfalls herangezogen werden (siehe etwa [Ghw92]). Liegen L Elemente in einem gleichen Abstand z.B. nach $a_k = 2k - L + 1$ mit $k = 0, 1, 2, \cdots, L - 1$ vor, existieren L im Abstand $2E_g$

vorliegende Zustände für $y(t_l)$. Die L Verteilungsfunktionen mit der Varianz σ sind um diese Werte zentriert. Der Entscheidungsbereich für ein beliebiges Element ist $2E_g$ breit, von den äußeren Elementen abgesehen. Das Element bei $(-L+1)E_g$ hat zu niedrigeren Werten hin keinen Nachbarn, das Element bei $(L-1)E_g$ zu höheren Werten hin ebenfalls keinen. Ist die Varianz des Rauschens gering genug, dass lediglich Überlappungen' direkt benachbarter Verteilungsfunktionen auftreten und die weiteren vernachlässigbar sind, können die Entscheidungsschwellen ebenfalls an den Orten der Schnittpunkten dieser Wahrscheinlichkeitsdichtefunktionen gelegt werden. In diesem Fall liegen die $L-1$ Schwellen bei den Werten 0, $\pm 2E_g$, $\pm 4E_g, \cdots, \pm(L-2)E_g$.

Allgemein kann folgende Entscheidungsregel für ein L–elementiges Alphabet formuliert werden, dessen Abstände (von den äußeren abgesehen) zueinander $2E_g$ beträgt:

E1: Wähle den Wert a_0, wenn $r(t_l) = y(t_l) + n'(t_l)$ kleiner als $-(L-2)E_g$ ist.

E2: Wähle den Wert a_k mit $k = 1, 2, \cdots, L-2$, wenn $r(t_l) = y(t_l) + n'(t_l)$ in dem Bereich $\Big((2k-L)E_g, (2k-L+2)E_g\Big)$ liegt.

E3: Wähle den Wert a_{L-1}, wenn $r(t_l) = y(t_l) + n'(t_l)$ größer als $(L-2)E_g$ ist.

Dieser Betrachtung liegt ein einmal gewählter Nachrichtenpuls für alle gesendeten Elemente zugrunde. Die Form des Pulses ist konstant, lediglich in der Auslenkung des Pulses finden wir das getragene Symbol wieder.

3.4.3 Fehlerwahrscheinlichkeit

Zur anfänglichen Betrachtung greifen wir wieder auf ein unipolares Format zurück. Die Varianz des Rauschanteils ist $\sigma = E_g N_0/2$, die Werte des Nutzanteils E_g und 0. Wie oben bereits dargelegt, ist die Wahrscheinlichkeit für das Auftreten einer durch Rauschen bedingten Fehlentscheidung P_e. Da die beiden Wahrscheinlichkeitsdichtefunktionen sich lediglich in den momentanen Mittelwerten, nicht aber in der Varianz unterscheiden und zudem die Schwelle bei der Hälfte des Abstandes zwischen den Mittelwerten vorliegt, ist P_{e0} identisch mit P_{e1}. Da weiterhin gleichwahrscheinliche Ereignisse vorliegen, ist $P_e = P_{e0} = P_{e1}$. Für die Fehlerwahrscheinlichkeit erhalten wir somit

$$
\begin{aligned}
P_e &= P_{e0} \\
&= P[R \geq V_{opt} | a_k = 0] \\
&= \frac{1}{\sqrt{2\pi}\sigma} \int_{V_{opt}}^{\infty} e^{-\frac{R^2}{2\sigma^2}} dR \\
&= Q\left(\frac{V_{opt}}{\sigma}\right) \\
&= Q\left(\frac{\frac{E_g}{2}}{\sqrt{E_g \cdot \frac{N_0}{2}}}\right)
\end{aligned}
$$

$$= Q\left(\sqrt{\frac{E_g}{2N_0}}\right) \quad .$$

Es ist die Abhängigkeit von P_e von dem Verhältnis $\mathcal{E} = E_g/N_0$ ersichtlich. Zum Vergleich verschiedener Systeme ist die durchschnittliche Energie pro Bit, E_b, nützlich. Diese ergeben sich für das binäre Format zu

$$E_b = P_o E_0 + P_1 E_1$$

wobei E_0 die Energie darstellt, die für das Symbol $a_k = 0$ erforderlich ist, und entsprechendes für E_1 gilt. Mit $E_b = E_g/2$ erhalten wir für das unipolare Format

$$P_e = Q\left(\sqrt{\frac{E_b}{N_0}}\right)$$
$$= Q\left(\sqrt{\mathcal{E}}\right) \quad .$$

Interessant und von praktischer Relevanz ist das Verhältnis aus Nutz- und Rauschleistung, das S/N-Verhältnis. Die Leistung des Nutzanteils, S, ist gegeben durch E_b/T_b, also der Energie pro Zeiteinheit und mit $r_b = 1/T_b$, der Bitrate, $E_b r_b$. Für die Rauschleistung, N, ergibt sich (nach dem vorangegangenen Kapitel über Wahrscheinlichkeitstheorie) BN_0. Das modifizierte Energie–Verhältnis ist damit durch das Leistungs–Verhältnis

$$\frac{S}{N} = \frac{E_b}{N_0}\frac{r_b}{B} = \mathcal{E}\frac{r_b}{B}$$

darstellbar. Ähnliches ergibt sich für das polare Format. Die Fehlerwahrscheinlichkeit ist hierfür mit $E_b = E_g$

$$P_e = Q\left(\sqrt{\frac{2E_b}{N_0}}\right)$$
$$= Q\left(\sqrt{2\mathcal{E}}\right) \quad .$$

Für ein gegebenes $\mathcal{E}$ ist der Wert von P_e für das polare Format geringer als der des unipolaren Formats, da das Argument dieses Formats um den Faktor $\sqrt{2}$ größer ist, als das des unipolaren.

Für ein Alphabet mit vier Elementen, wie etwa $\{-3, -1, 1, 3\}$, ergibt sich die Situation wie folgt. P_e ergibt sich für diesen Fall durch

$$P_e = P_0 P_{e0} + P_1 P_{e1} + P_2 P_{e2} + P_3 P_{e3} \quad .$$

Für gleichwahrscheinliche Ereignisse sind die Auftrittswahrscheinlichkeiten $P_0 = P_1 = P_2 = P_3 = 1/4$, die Wahrscheinlichkeiten P_{ei} mit $i = 0, 1, 2, 3$ ergeben sich durch Gauß–Verteilungen gleicher Varianz, aber mit unterschiedlichen Gleichanteilen. Die Gauß–Verteilungen liegen im Abstand $2E_g$ entfernt, lediglich die äußeren haben nur einen Wechselwirkungspartner. Die Fehlerwahrscheinlichkeit für diesen Fall ist dann

$$P_e = P_0 P[R > -2E_g | a_k = -3] + P_1 P[R < -2E_g \cup R > 0 | a_k = -1]$$
$$+ P_2 P[R < 0 \cup R > 2E_g | a_k = 1] + P_3 P[R < 2E_g | a_k = 3] \quad .$$

Die Auswertung dieser Gleichung führt zu

$$P_e = \frac{3}{2} Q\left(\frac{E_g}{\sigma}\right) = \frac{3}{2} Q\left(\sqrt{2\frac{E_g}{N_0}}\right) \quad .$$

Die Elemente sind durch die Signale $a_k g(t)$ dargestellt, die Energien hierfür sind $E_k = |a_k|^2 E_g$. Hiermit lässt sich die mittlere Energie des Nachrichtensignals angeben. Diese ist

$$\begin{aligned} E_\phi &= \mathrm{E}\{E_k\} \\ &= \mathrm{E}\{|a_k|^2\}\, E_g \\ &= E_g \sum_k P[a_k]\,|a_k|^2 \quad . \end{aligned}$$

Die mittlere Energie pro Bit des Nachrichtensignals ist damit für den betrachteten Fall mit $n = 2$ Bits pro Element und Puls

$$\begin{aligned} E_b &= \frac{1}{2} E_\phi \\ &= \frac{1}{8}\left((-3)^2 + (-1)^2 + (+1)^2 + (+3)^2\right) E_g = \frac{5}{2} E_g \end{aligned}$$

und ergibt, in die obige Beziehung eingesetzt,

$$P_e = \frac{3}{2} Q\left(\sqrt{\frac{4}{5}\mathcal{E}}\right) \quad .$$

Hierbei haben wir vorausgesetzt, dass sich benachbarte Zeichen nur in einem Bit unterscheiden. Das Symbol a_0 kann das Dibit 00, a_1 01, a_2 10 und a_3 10 repräsentieren. Man spricht in diesem Zusammenhang von einer Gray–Codierung. Eine detaillierte Betrachtung der Gray–Codierung ist in Kapitel 4 zu finden. Der Grund für die im Vergleich zum binären Format erhöhte Fehlerwahrscheinlichkeit ist in der Nachbarschaft zu suchen. Bei dem vierstufigen Format weisen die inneren Elemente zu beiden Seiten Wechselwirkungspartner auf, die beiden äußeren haben nur jeweils einen. Daher ist die Situation für die Fehlerbetrachtung eine etwas andere.

Die betrachteten Fälle haben etwas gemein. Die Abbildung der Symbole geschieht auf die Auslenkungen der Nachrichtenpulse. Ein ähnlicher Fall liegt in der analogen Nachrichtenübertragung vor. Hierbei verändert das modulierende Signal die Amplitude eines Trägersignals. Man spricht bei dieser digitalen Übertragung daher von einer Pulsamplitudenmodulation (PAM).

Die Fehlerbetrachtung macht deutlich, welcher Preis für einen höheren Durchsatz zu zahlen ist. Soll eine konstante Bitfehlerwahrscheinlichkeit und damit Übertragungsgüte gewährleistet werden, ist es erfoderlich, das S/N-Verhältnis entsprechend zu erhöhen. Ein Zahlenbeispiel veranschaulicht dies. Eine zweistufige PAM weist eine Bitfehlerrate von 10^{-6} auf. Der Datendurchsatz soll bei gleichbleibender Güte verdoppelt werden, indem eine vierstufige PAM eingesetzt wird. Das S/N-Verhältnis ist hierfür um ca. 7 dB zu erhöhen. Zu beachten ist, dass eine Verdopplung der Elemente des verwendeten Alphabets und damit der Signalstufen eine Erhöhung der Bits pro Symbol um eins bedeutet.

Ein einfaches Mittel zur Beschreibung der Güte eines Nachrichtensignals ist das sogenannte Augendiagramm. Hiermit kann man sich einen schnellen Eindruck über die Eigenschaften verschaffen, die zum Auffinden der Empfängerparameter erforderlich sind. Bei dem Augendiagramm handelt es sich um die synchronisierte Überlagerung aller möglichen Signalkomponenten. Jede Komponente repräsentiert einen Teil der übertragenen Sequenz. Die Übergänge von verschiedenen Zuständen stellt das Augendiagramm dar, wie es Bild 3.12 zeigt. Dargestellt ist ein unipolares Signal, $x(t)$, das auf einem dreieckförmigen Puls basiert. Der Puls genügt der Nyquist-Bedingung im Zeitbereich. Links dargestellt ist das Signal in der sonst üblichen Erscheinung, rechts davon sehen wir das Augendiagramm. Wird $x(t)$ in direkt angrenzende Zeitfenster der Dauer $2T$ zerlegt und die Fenster übereinander gelegt, erhalten wir den dargestellten Verlauf. Dies ist durch die Modulo-2T-Beschreibung zum Ausdruck gebracht. Hierin bedeutet

$$x \bmod M = x - M \left\lfloor \frac{x}{M} \right\rfloor$$

mit $\lfloor \bullet \rfloor$ als der nächstkleineren ganzen Zahl. Wir erhalten somit die synchronisierte Überlagerung durch die Änderung der Abszisse von t nach

$$t - 2T \left\lfloor \frac{t+T}{2T} \right\rfloor = -T + (t+T) \bmod 2T \quad .$$

Für den binären Fall sieht der hervorgehobene rautenförmige Teil wie ein Auge aus. Liegt eine mehrstufige PAM vor, ändert sich dies in eine Gruppe von Augen in vertikaler Ausrichtung. Für die behandelten Nyquist-Pulse ergeben sich entsprechende Augendia-

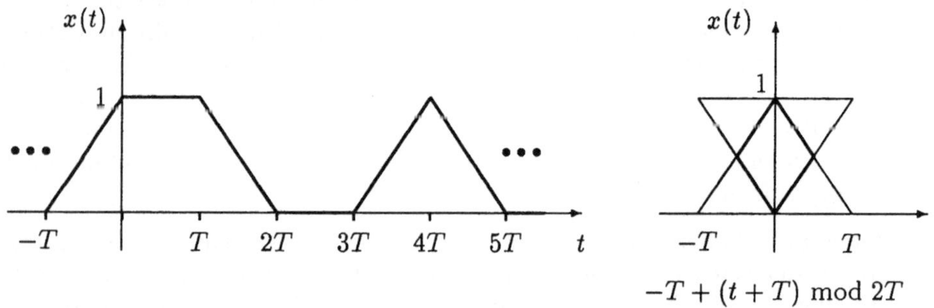

Bild 3.12   Nachrichtensignal und Augendiagramm

gramme, wie in den Bildern 3.13 und 3.14 dargestellt. Das erste zeigt den Fall für einen si-Puls bei einer bipolaren Anwendung. Im zweiten ist ein vierstufiges Signal dargestellt, das mit dem Puls mit $\alpha = 0{,}5$ realisiert ist. Die Parameter, die diesem Diagramm entnommen werden können, sind die horizontale und die vertikale Öffnung, T_h und X_v, sowie die Taktsensitivität, hier durch die Steigung S ausgedrückt. Der ideale Austastzeitpunkt ist der, bei dem das Auge eine maximale vertikale Öffnung aufweist. S besagt, in welchem Maß die Güte von einem Taktversatz abhängig ist. Symbolinterferenz ist ein Grund für eine geschlosseneres Auge, wie auch Rauschen. Beide führen zu einem geschlosseneren

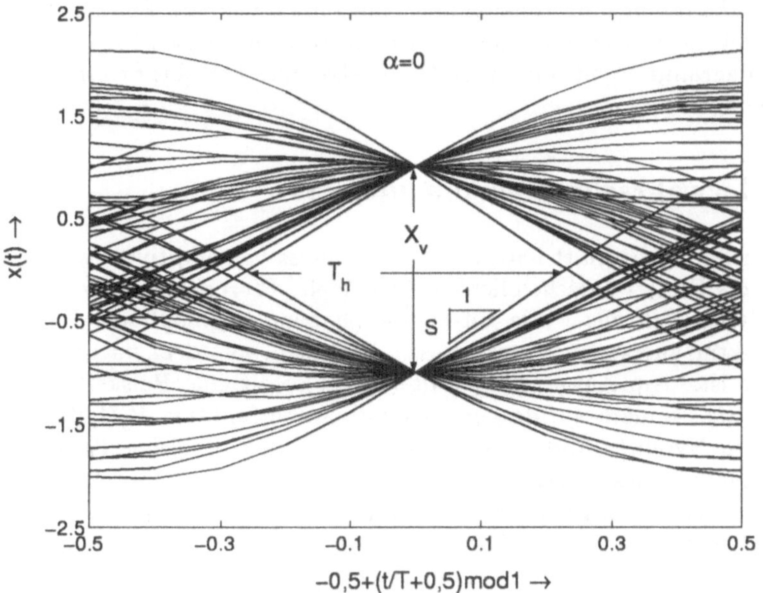

Bild 3.13   Augendiagramm für den binären Fall

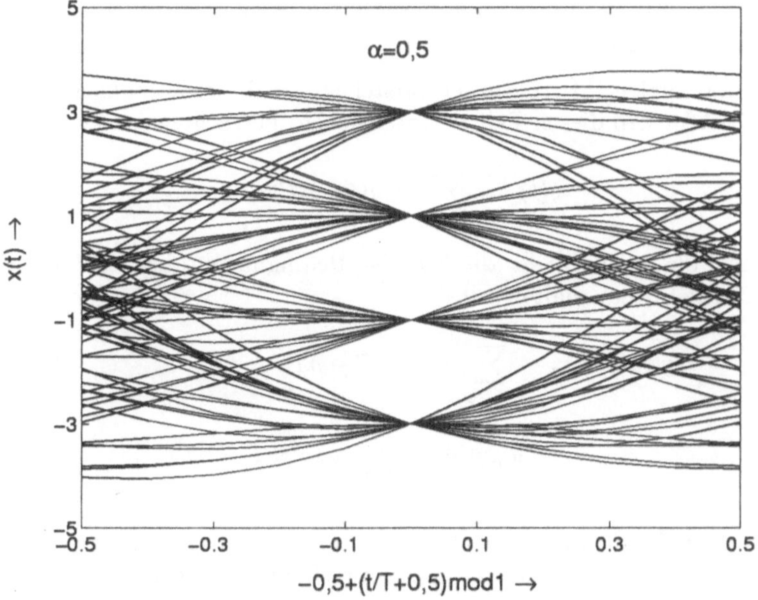

Bild 3.14   Augendiagramm für den quaternären Fall

Auge und zu einer höheren Fehlerwahrscheinlichkeit. In beiden Darstellungen durchlaufen die Signalkomponenten voneinander klar unterscheidbare Punkte. Das Signal ist weder verrauscht, noch liegt in den optimalen Austastzeitpunkten ISI vor. In der Praxis ist ein Augendiagramm leicht mit einem Oszilloskop messbar, das extern im Symboltakt T synchronisiert wird.

3.4.4   Fehlerwahrscheinlichkeit und ISI

Im vorangegangenen Abschnitt haben wir den Einfluss von additivem weißen gaußschen Rauschen auf die Fehlerwahrscheinlichkeit behandelt. Hierbei gingen wir von dem symbolinterferenzfreien Fall aus. Wie wir erkannt haben, durchläuft die Pulskette in der Empfängerstruktur zuerst ein Filter, dessen Impulsantwort dem nachrichtentragenden Puls angepasst ist. Am Ausgang des Filters liegt somit eine Pulskette vor, die nicht auf dem Puls $g(t)$, sondern auf dessen Autokorrelationsfunktion $R_g(t)$ basiert. Bei der Betrachtung von Nyquist–Pulsen stellten wir fest, dass ein solcher Puls den Nyquist–Bedingungen genügt, dies jedoch für die zugehörigen Autokorrelationsfunktionen nicht mehr zutrifft. Liegt am Eingang des Filters zu den optimalen Austastzeitpunkten keine ISI vor, so gilt dies nicht für das Signal am Ausgang, $y(t)$. Ähnliches trifft zu, wenn sich der Kanal bei der Übertragung eines Nachrichtensignals derart auswirkt, dass die Nyquist–Bedingungen nicht mehr eingehalten werden. Den Einfluss von Symbolinterferenz auf die Augenöffnung zeigt Bild 3.15. Die Schließung des Auges ist offensichtlich. Wenn zudem noch Rauschen vorliegt, kommt es zu einer noch geringeren vertikalen Augenöffnung. Beide Effekte haben Einfluss auf die Bitfehlerwahrscheinlichkeit. Symbolinterferenz zu beschreiben und zu erfassen ist nicht so einfach wie bei AWGN, ein Kriterium kann jedoch leicht herangezogen werden, um eine obere Grenze für die Fehlerwahrscheinlichkeit anzugeben.

Kriterium der maximalen ISI: Hierunter verstehen wir die größte anzunehmende Symbolinterferenz (GAS). Um diesen Fall zu untersuchen, betrachten wir das Signal

$$y(t) = \sum_{n=-\infty}^{\infty} a_n q(t - nT)$$

wobei $q(t)$ einen Puls darstellt, der die Nyquist–Bedingungen nicht erfüllen muss. Zum Zeitpunkt mT ausgetastet erhalten wir damit

$$\begin{aligned}
y(mT) &= \sum_{n=-\infty}^{\infty} a_n q(mT - nT) \\
&= a_m q(0) + \sum_{\substack{n=-\infty \\ n \neq m}}^{\infty} a_n q(mT - nT) \quad .
\end{aligned}$$

Für eine L-wertige PAM mit $L = 2^l$, $l = 0, 1, 2, \cdots$, liegt das Alphabet $\{-(L-1), \cdots, -1, 1, 3, \cdots (L-1)\}$ vor. Die Summe nimmt Extremwerte an, wenn $a_n = \pm(L-1)$ für alle n vorliegt, wie es

$$\left| \sum_{\substack{n=-\infty \\ n \neq m}}^{\infty} a_n q(mT - nT) \right| \leq (L-1) \sum_{\substack{n=-\infty \\ n \neq m}}^{\infty} q(mT - nT)$$

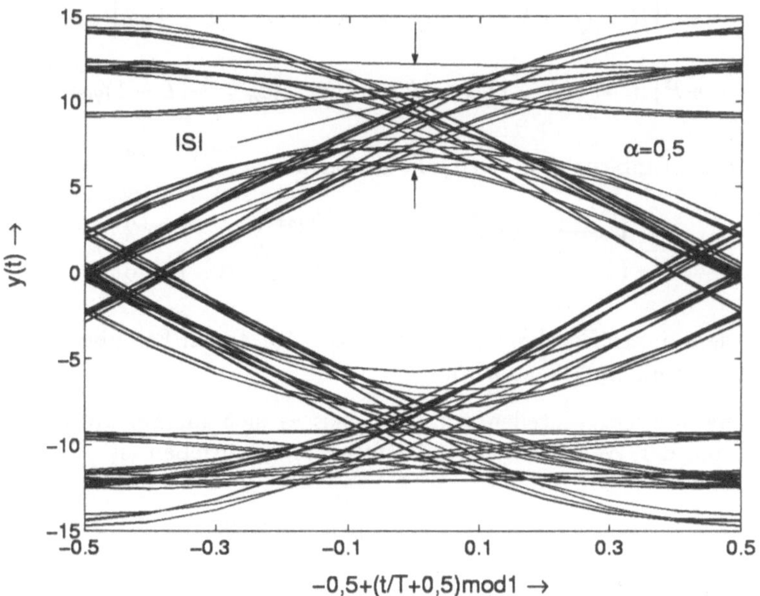

Bild 3.15   Augendiagramm mit Symbolinterferenz

beschreibt. Führen wir $q(0) = q_0$ und

$$D_{max} = \sum_{\substack{n=-\infty \\ n \neq m}}^{\infty} q(mT - nT)$$

ein, lässt sich der durch ISI verschleierte Abtastwert durch

$$a_m q_0 - (L-1)D_{max} \leq y(mT) \leq a_m q_0 + (L-1)D_{max}$$

angeben. Durch ISI schließt sich das Auge, die vertikale Öffnung ist $2q_0 - 2(L-1)D_{max}$. Die Augenöffnung ist umso größer, je größer q_0 und je geringer D_{max} ist.

Die Fehlerwahrscheinlichkeit für die GAS, P_{ei}, lässt sich wie oben beschrieben angeben. Ohne ISI liegen die Entscheidergrenzen mittig zwischen zwei Stufen. Der Abstand hierzwischen ist $2q_0 = 2E_g$. Durch ISI liegt nun keine harte Grenze, sondern ein Bereich ganzzahligen Vielfachen von q_0 und der Breite $2(L-1)D_{max}$ vor. In diesen Bereichen ist eine eindeutige Zuordnung nicht möglich, sie müssen bei der Entscheidungsfindung ausgeschlossen bleiben. Liegen gleichwahrscheinliche Elemente und AWGN mit der Varianz σ vor, erhalten wir

$$\begin{aligned}
P_{ei} = \frac{1}{L}\bigg(& P\Big[R > 2q_0 - (L-1)D_{max} \cup R < (L-1)D_{max}|a_k = q_0\Big] \\
& + P\Big[R > -(L-1)D_{max} \cup R < -2q_0 + (L-1)D_{max}|a_k = -q_0\Big] \\
& + P\Big[\bullet\, |a_k = \pm 3q_0\Big] + \cdots \text{ weitere } \tfrac{L}{2} - 4 \text{ Terme } \cdots
\end{aligned}$$

$$+P\Big[R < (L-1)q_0 - (L-1)D_{max}|a_k = (L-1)q_0\Big]$$

$$+P\Big[R > -(L-1)q_0 + (L-1)D_{max}|a_k = -(L-1)q_0\Big]\Big)$$

und weiterhin nach Einbeziehung der Q–Funktionen

$$P_{ei} = \begin{cases} \dfrac{L+2}{L}\, Q\Big(\dfrac{q_0 - (L-1)D_{max}}{\sigma}\Big) & : \quad L > 2 \\[2ex] Q\Big(\dfrac{q_0 - D_{max}}{\sigma}\Big) & : \quad L = 2 \end{cases} .$$

Wir erkennen, dass dieses Ergebnis mit dem für den ISI–freien Fall übereinstimmt, wenn $D_{max} = 0$ und $q_0 = E_g$ eingesetzt wird.

Zur Bestimmung von D_{max} stellen wir fest, dass es sich hierbei um ein zeitdiskretes Signal handelt und der Wert durch zwei Mittelwerte beschrieben ist,

$$D_{max} = \sum_{\substack{n=-\infty \\ n \neq m}}^{\infty} q(mT - nT)$$

$$= \sum_{n=-\infty}^{\infty} q(nT) - q_0 \quad .$$

Die Summe ist der Mittelwert im Zeitbereich

$$\sum_{n=-\infty}^{\infty} q(nT) = \sum_{n=-\infty}^{\infty} q(nT)\mathrm{e}^{-j2\pi f nT}\Big|_{f=0} = \frac{1}{T}\, Q_p(0) \quad ,$$

der Wert q_0 der im Frequenzbereich mit dem Zusammenhang $Q_p(f) = \sum_n Q(f - n/T)$

$$q(0) = \int_{-\infty}^{\infty} Q(f)\mathrm{e}^{j2\pi f nT}\, df\Big|_{n=0} = \int_{-\infty}^{\infty} Q(f)\, df \quad .$$

Für einen Puls, der den Nyquist–Bedingungen genügt, ergibt sich für die Summe der Wert $1/T$ und für q_0 ebenfalls $1/T$. Für den ISI–freien Fall ist, wie erwartet, D_{max} gleich null.

Wir ermitteln nun den Fall, der für einen Nyquist–Puls mit einer Cosinusflanke eintritt. Die Frequenzfunktion $G_0(f)$ entnehmen wir dem Abschnitt über Pulsformung. Liegt ein signalangepasstes Filter vor, erhalten wir für einen Summanden von $y(t)$ die AKF des Pulses $g_0(t)$, $R_g(t)$. Wie bereits bemerkt, liegen die Nullstellen nicht im Abstand T vor, sodass ISI auftritt. Die Frequenzfunktion $Q(f)$ entspricht dem Betragsquadrat von $G(f)$. Für eine beliebige Flanke der Ausdehnung $0 \leq F \leq 1/T$ ist der Wert für $Q_p(0)$ gleich eins, damit ist der Mittelwert im Frequenzbereich $1/T$. Für den Mittelwert im Frequenzbereich ergibt sich

$$q(0) = \frac{1}{T} - \frac{F}{4} \quad ,$$

womit wir schließlich

$$D_{max} = \frac{F}{4}$$

erhalten. Ist $F = 0$, was für eine si–Funktion für $g(t)$ und damit auch gleichzeitig für $R_g(t)$ zutrifft, ist D_{max} gleich null und es tritt keine ISI auf. Jeder andere Wert für F führt zu einer Schließung des Auges und somit zu einer Zunahme der Fehlerwahrscheinlichkeit. Eine straffere oberen Grenze für die Fehlerwahrscheinlichkeit im Zusammenhang von Rauschen und Symbolinterferenz ist von Saltzberg (siehe [Sal68]) beschrieben. Weitere können der Literatur entnommen werden.

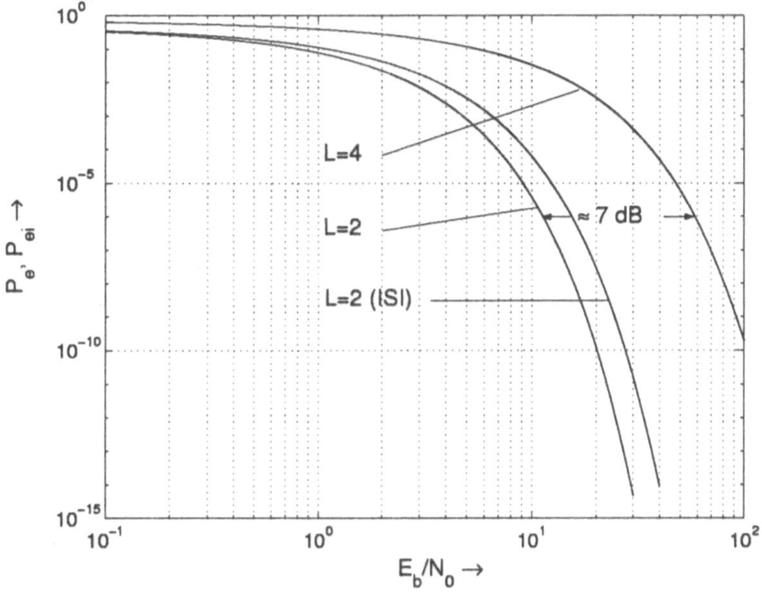

Bild 3.16   Fehlerwahrscheinlichkeiten für zwei– und vierstufige PAM

Bild 3.16 zeigt den Verlauf der Fehlerwahrscheinlichkeit in Abhängigkeit von dem E_b/N_0-Verhältnis. Zum besseren Verständnis betrachten wir zunächst das Argument von P_{ei} für $L = 2$, einem bipolaren Format. q_0 und σ durch die Energie des Pulses, E_g, ausgedrückt und die mittlere Energie pro Bit, E_b, eingeführt, resultiert in

$$\frac{q_0 - D_{max}}{\sigma} = \frac{1 - \frac{\alpha}{2}}{1 - \frac{\alpha}{4}} \sqrt{2 \frac{E_b}{N_0}} \quad .$$

Die durch ISI verminderte Augenöffnung ist ohne Rauschen ausschließlich von dem Flankenfaktor (*roll–off factor*) abhängig. Für $0 \leq \alpha \leq 1$ ergibt sich der Wertebereich für den Bruch von [0, 2/3], was zu einer maximalen Dehnung des Verlaufs ohne ISI um den Faktor $(3/2)^2$ führt. Durch die mittlere Energie pro Bit beschrieben, lässt sich dieser Verlauf von P_e und P_{ei} für den zweiwertigen Fall mit dem Verlauf der Fehlerwahrscheinlichkeit für die vierstufige PAM vergleichen. Wir erkennen den Preis, der für eine Verdopplung des Bitdurchsatzes zu entrichten ist. Wie oben behandelt, ist für die einzuhaltende Fehlerwahrscheinlichkeit von 10^{-6} das E_b/N_0-Verhältniss für $L = 4$ um 5 dB gegenüber dem für $L = 2$ zu erhöhen.

Dieses Kapitel hatte die Beschreibung von digitalen Nachrichtensignalen im Basisband zum Inhalt. Von den allgemeinen Alphabeten mit einer beliebigen Anzahl von Elementen ausgehend wurden gängige mehrstufige Signalisierungsformate beschrieben. Bandbreitebetrachtungen führten zu der Einführung von Nyquist-Pulsen. Empfängerstrukturen, die dem verwendeten Nachrichtenpuls angepasst sind, bildeten einen weiteren Schwerpunkt dieser Betrachtung. Die Behandlung von Fehlerwahrscheinlichkeiten auf Grund von Rauschen und im Zusammenhang von Symbolinterferenz rundeten das Bild ab. Aufgaben zu diesem Kapitel sind mit den Lösungen an der im Vorwort angegebenen Stelle zu finden.

Kapitel 4

Digitale Bandpass–Signale

4.1 Einführung

Warum werden Tiefpaßsignale in Bandpass–Signale umgewandelt, um sie zu übertragen? Welche Gründe sprechen für diesen Modulationsvorgang? Im Kapitel über die Basisbandübertragung lagen Kanäle mit einem Tiepasscharakter vor. Dies hat zur Folge, dass die betrachteten Nachrichtensignale direkt übertragbar sind, ohne sie zuvor einem Trägersignal aufzumodulieren. In diesem Fall tragen Pulse die Nachrichtensymbole. Wie im Vorfeld dargelegt, ist der Frequenzbereich in Spektralbereiche für unterschiedliche Anwendungsgebiete aufgeteilt und muss als Ressource angesehen werden, mit der wir bedächtig umgehen sollen. Unter dem Begriff digitale Modulation verstehen wir den Prozess, binäre Symbole durch Signalformen darzustellen, die den Eigenschaften des zur Verfügung stehenden oder zugewiesenen Kanals angepasst sind. Dies erfolgt in der Regel durch Modulation eines Eintonsignals. Liegt eine Übertragung über die Luftschnittstelle vor, ist ein hochfrequentes Trägersignal zu wählen, das die Abstrahlung elektromagnetischer Wellen über Aperturen in der Größenordnung der Wellenlänge des Trägersignals ermöglicht. Durch geeignete Wahl der Trägerfrequenz kann man damit den unterschiedlichen Anforderungen gerecht werden. Zum einen sind die zugewiesenen Kanäle damit überhaupt erst nutzbar, zum anderen können die Besonderheiten von Übertragungskanälen ausgenutzt werden, wie etwa die Wahl eines Frequenzbereichs, in dem eine möglichst geringen Dämpfung vorliegt, z.B. infolge von atmosphärischen Ausbreitungserscheinungen.

Besonders in dem aufstrebenden Gebiet des zellulären Mobilfunks gewinnt die Übertragung über die Luftschnittstelle mehr und mehr an Bedeutung. Aus Gründen der hohen Trägerfrequenzen und der damit verbundenen eher geringen relativen Bandbreiten wird überwiegend auf winkelmodulierte Signale zurückgegriffen. Diese bieten gegenüber den amplitudenmodulierten Verfahren Vorteile hinsichtlich Komponenten hoher Wirkungsgrade, die im Gegenzug dazu durch vermehrtes nichtlineares Verhalten in Erscheinung treten. Dieses robuste Verhalten gegenüber den genannten Systemenkomponenten und Rauschen zeichnen winkelmodulierte Verfahren aus. Amplitudenmodulierte Verfahren finden dagegen große Anwendung bei drahtgebundener Übertragung von Nachrichten. Ein aufstrebender Zweig stellt hierbei die optische Nachrichtenübertragung dar, der sich vermehrt gegenüber der satellitengestützten Punkt–zu–Punkt Übertragung durchsetzt.

In diesem Kapitel behandeln wir die Modulation eines Eintonträgers durch ein digitales Nachrichtensignal und den Vorgang der Demodulation bzw. Detektion der gesendeten Nachrichtensequenz. Das modulierende Signal ist das in Kapitel 3 betrachtete Basisband-

signal. Nach den grundlegenden Modulationsarten wird die kohärente und nichtkohärente
Detektion von Symbolen vorgestellt, die durch AWGN gestört sind. Ein Vergleich der
Fehlerwahrscheinlichkeiten der einzelnen Modulations– und Demodulationsarten rundet
diese Betrachtung ab.

4.2   Digitale Modulation

4.2.1   Analytische Signaldarstellung

Durch den Modulationsvorgang mit einem Eintonträger erfährt das Nachrichtensignal
im Sender eine Tiefpass/Bandpass–Umsetzung, die im Empfänger wieder rückgängig gemacht wird. Bei der Beschreibung dieser Umsetzungen bietet sich die komplexe Schreibweise an. Betrachten wir die komplexen Einhüllenden, erhalten wir analytische Signale
durch Multiplikation des Basisbandsignals mit einem komplexen Eintonträger, dessen
Trägerfrequenz entsprechend hoch zu wählen ist, damit sich ausschließlich Spektralanteile in der rechten Halbebene ergeben. Somit können wir auf die einfachen Zusammenhänge
zwischen Exponentialsignalen zurückgreifen, ohne die verschiedensten trigonometrischen
Formen berücksichtigen zu müssen. In Bild 4.1 ist dies berücksichtigt. Hierin stellt eine
Doppellinie ein komplexwertiges Signal, eine einfache ein reellwertiges Signal dar. Blöcke,
die etwa Filter repräsentieren, bestehen i.a. ebenfalls aus komplexen Komponenten. Das

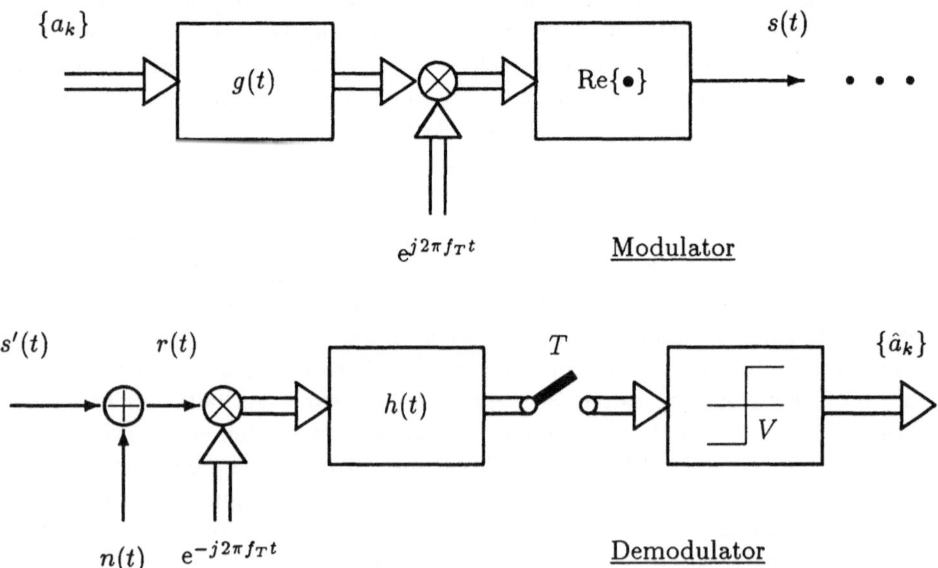

Bild 4.1   Darstellung eines linearen Übertragungssystems

Sendesignal, $s(t)$, ist demnach durch

$$s(t) \;=\; \mathrm{Re}\left\{ \sum_{k=-\infty}^{\infty} a_k g(t - kT) \cdot e^{j 2\pi f_T t} \right\}$$

$$=\; \mathrm{Re}\left\{ s_{TP}(t)\, e^{j 2\pi f_T t} \right\}$$

beschrieben. Hierin stellt

$$s_{TP}(t) = \sum_{k=-\infty}^{\infty} a_k g(t - kT)$$

die komplexe Einhüllende dar. Im weiteren Verlauf sei die Trägerfrequenz, f_T, so gewählt, dass keine Spektralanteile der Frequenzfunktion $S(f) = \mathcal{F}\{s(t)\}$ im negativen Frequenzbereich vorliegen. Hierbei handelt es sich um eine Eigenschaft von analytischen Signalen. Bei dem Rauschsignal sieht es ähnlich aus. Wir gehen hierbei von einem Bandpass–Signal aus, das durch

$$n(t) \;=\; n_C(t) \cos 2\pi f_T t - n_S(t) \sin 2\pi f_T t$$

$$=\; \mathrm{Re}\left\{ \big(n_C(t) + j n_S(t) \big) e^{j 2\pi f_T t} \right\}$$

gegeben ist. Die Einhüllende $n_{TP}(t) = n_C(t) + j n_S(t)$ stellt das zugehörige Rauschsignal im Tiefpassbereich dar. Das Rauschsignal kann als weiß im Frequenzbereich um $\pm f_T$ angesehen werden. Diese Annahme trifft in praktischen Systemen zu, wenn die relative Bandbreite des BP–Signals sehr viel kleiner als eins ist. Mit dieser Annahme ist es möglich, das Rauschsignal als analytisches Signals zu beschreiben. Für den Fall, dass das Leistungsdichtespektrum über den gesamten Frequenzbereich konstant ist, ist dieser Ansatz nicht möglich. Mit den beiden Komponenten erhalten wir das Empfangssignal

$$r(t) \;=\; s'(t) + n(t)$$

$$=\; \mathrm{Re}\left\{ r_{TP}(t)\, e^{j 2\pi f_T t} \right\} \quad .$$

Das äquivalente Tiefpass–Signal ergibt sich durch die Überlagerung der TP–Anteile von dem durch den Kanal beeinflussten Sende– und dem überlagerten Rauschsignal,

$$r_{TP}(t) = s'_{TP}(t) + n_{TP}(t) \quad .$$

Nach dem Hinzufügen des konjugiert komplexen Eintonträgers erhalten wir wieder ein komplexes Signal, das aus einem TP–Anteil und einem BP–Anteil bei $-2f_T$ besteht,

$$r(t)\, e^{-j 2\pi f_T t} \;=\; \mathrm{Re}\left\{ r_{TP}(t)\, e^{j 2\pi f_T t} \right\} \cdot e^{-j 2\pi f_T t}$$

$$=\; \left(\frac{1}{2} r_{TP}(t)\, e^{j 2\pi f_T t} + \frac{1}{2} r_{TP}^*(t)\, e^{-j 2\pi f_T t} \right) \cdot e^{-j 2\pi f_T t}$$

$$=\; \frac{1}{2} r_{TP}(t) + \frac{1}{2} r_{TP}^*(t)\, e^{-j 2\pi 2 f_T t} \quad .$$

Im weiteren Verlauf gehen wir davon aus, dass das nachgeschaltete Filter eine TP–Charakteristik aufweist und damit den BP–Anteil unterdrückt. Die Reaktion des Filters auf das oben aufgeführte Signal ist somit

$$
\begin{aligned}
y(t) &= h(t) * r(t)\, e^{-j2\pi f_T t} \\
&= \frac{1}{2}\, r_{TP}(t) * h(t) \\
&= \frac{1}{2} \sum_{k=-\infty}^{\infty} a_k g'(t - kT) + \frac{1}{2}\, n'(t) \quad,
\end{aligned}
$$

mit

$$
g'(t) = g(t) * h(t)
$$

und

$$
n'(t) = n_{TP}(t) * h(t) \quad.
$$

An dieser Stelle ist eine Zwischenbemerkung angebracht, auf die wir später bei der
Betrachtung von Demodulationsverfahren zurückgreifen werden. Im Empfänger erfolgt
die Quadraturaufspaltung durch Multiplikation mit einem komplexen Eintonsignal. Ein
möglicher Phasenversatz zwischen den Trägersignalen in Sender und Empfänger ist nicht
berücksichtigt. Wie wirkt sich ein solcher Phasenversatz aus? Hierzu ersetzten wir das
Argument des Trägers im Demodulator, $-2\pi f_T t$, durch $-2\pi f_T t + \phi$. Dies führt zu

$$
\begin{aligned}
y(t) &= \frac{1}{2}\, e^{j\phi}\, r_{TP}(t) * h(t) \\
&= \frac{1}{2} \sum_{k=-\infty}^{\infty} a_k e^{j\phi} g'(t - kT) + \frac{1}{2}\, e^{j\phi}\, n'(t) \quad,
\end{aligned}
$$

es tritt also eine Kreuzkopplung zwischen den Real– und Imaginärteilen der äquivalenten TP–Anteilen auf. Man spricht auch von Kanalübersprechen. Der Signalraum, der
durch $a_k = a_{r,k} + j a_{i,k}$ beschrieben ist, erfährt eine Drehung um ϕ. Der Cosinus– und
der Sinuszweig sind nicht länger (wenn dies zuvor zutraf) unkorreliert. Aus $a_{r,k}$ wird
$a_{r,k} \cos\phi - a_{i,k} \sin\phi$ und aus $a_{i,k}$ wird $a_{i,k} \cos\phi + a_{r,k} \sin\phi$. Hieran ist ersichtlich, wie
sehr darauf geachtet werden muss, die Trägerphase bezüglich Frequenz und Phase auf
den Oszillator in der Sendestufe abgestimmt im Empfänger zuzuführen.

Zur weiteren Betrachtung wenden wir uns dem Rauschsignal zu. Der TP–Anteil ist durch
die rellwertigen Komponenten $n_C(t)$ und $n_S(t)$ in der Form $n_{TP}(t) = n_C(t) + j n_S(t)$
gegeben. Die Autokorrelationsfunktion für $n(t)$ ist

$$
\begin{aligned}
R_n(\tau) &= \mathrm{E}\{n^*(t)n(t+\tau)\} \\
&= \mathrm{E}\left\{ \mathrm{Re}\left\{ n_{TP}(t)\, e^{j2\pi f_T t} \right\} \cdot \mathrm{Re}\left\{ n_{TP}(t+\tau)\, e^{j2\pi f_T (t+\tau)} \right\} \right\} \quad.
\end{aligned}
$$

Mit den Korrelationsfunktionen

$$
\begin{aligned}
R_C(\tau) &= \mathrm{E}\left\{ n_C(t) n_C(t+\tau) \right\} \\
R_S(\tau) &= \mathrm{E}\left\{ n_S(t) n_S(t+\tau) \right\} \\
R_{CS}(\tau) &= \mathrm{E}\left\{ n_C(t) n_S(t+\tau) \right\} \\
R_{SC}(\tau) &= \mathrm{E}\left\{ n_S(t) n_C(t+\tau) \right\}
\end{aligned}
$$

erhalten wir

$$R_n(\tau) \;=\; \frac{1}{2}\,\mathrm{Re}\Big\{\Big(R_C(\tau)+R_S(\tau)+j\Big(R_{CS}(\tau)-R_{SC}(\tau)\Big)\Big)\cdot e^{j2\pi f_T\tau}\Big\}$$
$$+\frac{1}{2}\,\mathrm{Re}\Big\{\Big(R_C(\tau)-R_S(\tau)+j\Big(R_{CS}(\tau)+R_{SC}(\tau)\Big)\Big)\cdot e^{j2\pi f_T(2t+\tau)}\Big\}\;.$$

Gehen wir von einem stationären Rauschprozess aus, wie er in der Realtiät üblicherweise vorkommt, müssen die Terme bei $\pm 2f_T$ gleich null sein, woraus sich der Zusammenhang zwischen den Korrelationsfunktionen

$$R_S(\tau) = R_C(\tau)$$

und

$$R_{SC}(\tau) = -R_{CS}(\tau)$$

ergibt. Für das komplexe TP–Rauschsignal lautet die AKF damit

$$R_{n_{TP}}(\tau) = 2R_C(\tau) + j2R_{CS}(\tau)\quad.$$

Nutzen wir die Symmetrieeigenschaften

$$R_{n_{TP}}(\tau) \;=\; R^*_{n_{TP}}(-\tau)$$
$$\mathrm{Re}\Big\{R_{n_{TP}}(\tau)\Big\} \;=\; \mathrm{Re}\Big\{R_{n_{TP}}(-\tau)\Big\}$$
$$\mathrm{Im}\Big\{R_{n_{TP}}(\tau)\Big\} \;=\; -\mathrm{Im}\Big\{R_{n_{TP}}(-\tau)\Big\}$$

aus, erhalten wir für ein gerades und rellwertiges Leistungsdichtespektrum eine reelle AKF $R_{n_{TP}}(\tau)$ und damit eine Unkorreliertheit zwischen den Komponenten $n_C(t)$ und $n_S(t)$, d.h. $R_{CS}(\tau) = 0$. Soll zudem das Leistungsdichtespektrum $S_n(f)$ um die Trägerfrequenz $\pm f_T$ symmetrisch vorliegen, sind die beiden Komponenten ebenfalls unkorreliert. Für die AKF des Rauschsignals $n(t)$ ergibt sich folglich

$$R_n(\tau) \;=\; \frac{1}{2}\,\mathrm{Re}\Big\{R_{n_{TP}}(\tau)\,e^{j2\pi f_T\tau}\Big\}$$
$$=\; R_C(\tau)\cos 2\pi f_T\tau - R_{CS}(\tau)\sin 2\pi f_T\tau\quad.$$

Diesem Ausdruck lässt sich nun die AKF des äquivalenten Rauschsignals im TP–Bereich entnehmen, für die wir

$$R_{eff}(\tau) = \frac{1}{2}\,R_{n_{TP}}(\tau) = R_C(\tau) + jR_{CS}(\tau)$$

erhalten. Das zugehörige LDS lässt sich mit

$$R_{n_{TP}}(\tau)\,e^{j2\pi f_T\tau} \;\longleftrightarrow\; S_{n_{TP}}(f-f_T)$$
$$R^*_{n_{TP}}(\tau)\,e^{-j2\pi f_T\tau} \;\longleftrightarrow\; S_{n_{TP}}(-f-f_T)$$

zu

$$S_n(f) = \frac{1}{4}\,S_{n_{TP}}(f-f_T) + \frac{1}{4}\,S_{n_{TP}}(-f-f_T)$$

beschreiben. Wir erkennen, dass es sich bei dieser Frequenzfunktion um eine gerade Funktion handelt.

Ein praktisches Beispiel soll den Zusammenhang verdeutlichen. Wir betrachten dazu ein bandpassförmiges Rauschsignal, das eine Gauß–Verteilung aufweist. Das LDS ist konstant mit dem Wert $N_0/2$. B ist die Rauschbandbreite, die für jeden Empfänger eine wichtige Größe darstellt. Das LDS ist durch

$$S_n(f) = \frac{N_0}{2} \cdot \Pi\Big(\frac{f - f_T}{B}\Big) + \frac{N_0}{2} \cdot \Pi\Big(\frac{f + f_T}{B}\Big)$$

beschrieben. Die Spektralanteile sind symmetrisch um $\pm f_T$, was bedeutet, dass die Rauschkomponenten $n_C(t)$ und $n_S(t)$ unkorreliert sind. Das äquivalente Rauschsignal im Tiefpassbereich ist damit

$$S_{n_{TP}}(f) = 4 \cdot \frac{N_0}{2} \cdot \Pi\Big(\frac{f}{B}\Big) \quad ,$$

für die beiden Komponenten gilt

$$S_C(f) = S_S(f) = N_0 \cdot \Pi\Big(\frac{f}{B}\Big) \quad .$$

Hiermit ergeben sich die Verläufe der AKF zu

$$R_{n_{TP}}(\tau) = 2N_0 B \cdot \text{si}(\pi B \tau)$$

und

$$R_C(\tau) = R_S(\tau) = N_0 B \cdot \text{si}(\pi B \tau) \quad .$$

Diese Betrachtung von Rauschprozessen sind durch S. O. Rice und seine Werke [Ric44] bekannt geworden. Zusammengefasst sind diese auch in [Wax54] erschienen. Eine Aussage, die bei Bandpassprozessen zu beachten ist, besagt, dass der Prozess nicht nur von $n_C(t)$ und $n_S(t)$, sondern auch von der Trägerfrequenz f_T abhängt. Vereinfachend haben wir bei der obigen Betrachtung von Symmetrieeigenschaften Gebrauch davon gemacht. Liegt f_T etwa nicht in der Mitte des Frequenzbands, sondern um F versetzt vor, wie es $-B/2 + F \leq |f - f_T| \leq B/2 + F$ beschreibt, ergibt sich trotz des rechteckförmigen Verlaufs des LDS um $\pm f_T$ ein anders geartetes LDS im TP–Bereich. Die Bandpassdarstellung ist also nicht einzigartig, es gibt unendlich viele Möglichkeiten, allein durch die Wahl von f_T den Prozess zu beschreiben. Die in der Praxis gewonnen Erfahrungen zeigen jedoch, dass für $B \ll f_T$ das vereinfachte Rauschmodell anwendbar ist. Der äquivalente Zufallsprozess im TP–Bereich weist für AWGN den einfachen Zusammenhang

$$R_{eff}(\tau) = R_C(\tau) = R_S(\tau)$$

auf. Die AKF der Quadraturkomponenten und des äquivalenten TP–Signals sind gleich. Diese Eigenschaft vereinfacht in erheblichem Umfang die Betrachtung von Demodulationsprozessen. Gehen wir davon aus, dass im betrachteten Frequenzbereich das LDS als konstant vorliegt und es in diesem Bereich als AWGN angesehen werden kann, erhalten wir für die Varianzen $\sigma^2_{eff} = \sigma^2_C = \sigma^2_S = N_0$.

An dieser Stelle ist eine weitere Bemerkung angebracht. Werden die Komponenten des Cosinus– und des Sinuszweigs im Abstand l/B mit $l = \pm 1, \pm 2, \pm 3, \cdots$ abgetastet, sind die Abtastwerte wegen der Nullstellen der si–Funktion unkorreliert. Nicht nur die Rauschsignale der beiden Zweige sind wegen der Symmetrieeigenschaften des LDS unkorreliert, sondern auch die Abtastwerte der Signale selbst, wenn ein entsprechendes Intervall gewählt ist. Dies stellt eine weitere Vereinfachung bei der Betrachtung von Bandpass–Signalen und Empfängerstrukturen dar.

Zum Schluss dieser alleinigen Betrachtung von Rauschsignalen betrachten wir zwei unabhängige Zufallsprozesse mit jeweils einer Gauß–Verteilung. Die Prozesse, $n_C(t)$ und $n_S(t)$, sind mittelwertfrei und weisen beide die Varianz σ^2 auf. Im TP–Bereich beschreiben sie einen komplexen Prozess, dargestellt in karthesischen Koordinaten. Oft ist die polare Darstellung hilfreich. Den Betrag gibt

$$r^2(t) = n_C^2(t) + n_S^2(t)$$

und die Phase

$$\vartheta(t) = \arctan \frac{n_S(t)}{n_C(t)}$$

an. Zur Bestimmung der Wahrscheinlichkeitsdichtefunktionen $p_r(R)$ und $p_\vartheta(\Theta)$ gehen wir von der Verbundwahrscheinlichkeitsdichte

$$
\begin{aligned}
p_{n_C n_S}(N_C, N_S) &= p_{n_C}(N_C) p_{n_S}(N_S) \\
&= \frac{1}{2\pi\sigma^2} e^{-\frac{N_C^2 + N_S^2}{2\sigma^2}}
\end{aligned}
$$

aus. Es handelt sich hierbei um einen gaußförmigen Verlauf im dreidimensionalen Raum, die Basis ist durch eine zweidimensionale ZV gegeben. Das Doppelintegral über $p_{n_C n_S}(N_C, N_S)$ beschreibt die Wahrscheinlichkeit, dass ein Wert in dem betrachteten Flächenintervall $N_C + dN_C$ und $N_S + dN_S$ vorliegt. Die Integrationsvariablen können jeden beliebigen Wert annehmen, also $-\infty < N_C, N_S < \infty$. In polarer Form ist das Intervall im Bereich $R < r < R + dR$ und $\theta < \vartheta < \theta + d\theta$ angegeben, wobei R Werte aus $[0, \infty)$ und ϑ Werte aus $[-\pi, \pi)$ annehmen kann. Die Integranden und die Integrationsvariablen für das Doppelintegral ergibt dann

$$\frac{1}{2\pi\sigma^2} e^{-\frac{N_C^2 + N_S^2}{2\sigma^2}} dN_C\, dN_S = \frac{1}{2\pi\sigma^2} e^{-\frac{R^2}{2\sigma^2}} R\, dR\, d\theta \quad ,$$

der Integrand und damit die Verbundwahrscheinlichkeitsdichtefunktion in seiner polaren Schreibweise ist

$$p_{r\vartheta}(R, \theta) = \frac{R}{2\pi\sigma^2} e^{-\frac{R^2}{2\sigma^2}} \quad .$$

Für die WDF des Betrags erhalten wir für $0 \le R < \infty$

$$p_r(R) = \int_0^{2\pi} p_{r\vartheta}(R, \theta) d\theta = \frac{R}{2\sigma^2} e^{-\frac{R^2}{2\sigma^2}}$$

und entsprechend für die des Arguments

$$p_\vartheta(\theta) = \int_0^{\infty} p_{r\vartheta}(R, \theta) dR = \frac{1}{2\pi} \Pi\left(\frac{\theta}{2\pi}\right) \quad .$$

Es ist offensichtlich, dass die Zufallsvariablen r und ϑ unabhängig voneinander sind. Der Betrag weist eine Rayleigh–Verteilung auf, das Argument ist gleichverteilt.

In diesem Abschnitt sind die Vorteile der komplexen Signaldarstellung aufgeführt. Gerade in Bezug auf Rauschsignale sind [Ghw92] und [Schw90] als weiterführende Literatur zu nennen. Im weiteren Verlauf der Betrachtung von Bandpass–Signalen bei Modulationsvorgängen ist es ausreichend, auf die oben dargelegten Zusammenhänge zurückzugreifen.

4.2.2 Lineare Modulation

Unter dem Begriff der linearen Modulation verstehen wir die Modulationsarten, die das Linearitätskriterium erfüllen. Eine beliebige Linearkombination von Signalen am Eingang des Modulators führt somit zu einer entsprechenden Linearkombination von Signalen an dessen Ausgang. Lineare Modulationsarten sind solche, bei denen die Nachrichtensymbole auf Amplitudenzustände des Eintonträgers abgebildet werden. Dies trifft zu bei Systemen, die durch das in Bild 4.1 dargestellte Blockschaltbild beschrieben sind. Diese Art der Modulation wird allgemein als Quadraturamplitudenmodulation (QAM) bezeichnet, wobei der Realteil des komplexwertigen Nachrichtenelements über das Pulsformungsfilter den Cosinusträger und der Imaginärteil den Sinusträger moduliert. In vielen Fällen bezeichnet man den Cosinuszweig als Inphasen–Zweig oder kurz I–Zweig und den Sinuszweig als Quadraturphasen–Zweig oder kurz Q–Zweig. Lineare Modulationsarten sind das ASK- und das PSK–Verfahren, die abkürzend für den englischsprachigen Ausdruck *amplitude shift keying* und *phase shift keying* stehen. Hierbei werden bei ASK die Nachrichtensymbole direkt auf die Amplitudenwerte und bei PSK über Phasenwerte indirekt auf Amplitudenwerte abgebildet.

Zunächst betrachten wir die digitale Amplitudenmodulation. Ausgehend von einem Nachrichtenalphabet mit L Elementen erhalten wir die Amplitudenstufen a_l mit $l = 0, 1, 2, \cdots L - 1$. Der Abstand zwischen direkt benachbarten Stufen soll

$$\Delta A = \frac{A_{max} - A_{min}}{L - 1}$$

betragen, wobei A_{max} den Maximalwert und A_{min} den Minimalwert darstellt. Für polare Sequenzen gilt $A_{min} = -A_{max}$ mit $A_{max} > 0$. A_{min} ist gleich null für unipolare Sequenzen. Wie bereits im Kapitel über Signalbeschreibung im Basisband dargelegt, ist die gleiche Aufteilung durch die Fehlerwahrscheinlichkeit bei der Rückgewinnung der Nachrichtensymbole begründet. Dies soll gleiche Auftrittswahrscheinlichkeiten der einzelnen Stufen und damit der Punkte im Signalraum bedeuten. Ein Signal mit diesen Stufen ist

$$x_C(t) = \sum_{k=-\infty}^{\infty} a_{r,k} g(t - kT)$$

wobei $a_{r,k}$ das k–te Element der Folge $\{a_{r,k}\}$ darstellt, das einen der L Werte annimmt. Weiterhin ist $g(t)$ der nachrichtentragende Puls. Auf gleiche Art und Weise stellt

$$x_S(t) = \sum_{k=-\infty}^{\infty} a_{i,k} g(t - kT)$$

ein weiteres Signal dar. Beide zusammengefasst können als komplexes Nachrichtensignal

$$x_{TP}(t) = x_C(t) + jx_S(t)$$

interpretiert werden. Für reelle Pulse $g(t)$ erhalten wir

$$x_{TP}(t) = \sum_{k=-\infty}^{\infty} a_k g(t - kT)$$

mit den komplexwertigen Symbolen $a_k = a_{r,k} + ja_{i,k}$. Wäre $g(t)$ komplexwertig, würde es auf Grund des Imaginärteils dieses Pulses zu Kopplungen zwischen $x_C(t)$ und $x_S(t)$ kommen. Da diese beiden Signale jedoch rellwertig sind, ist diese Kreuzkopplung für reellwertige Pulse ausgeschlossen. Die Punkte a_k in der komplexen Ebene repräsentieren den Signalraum. Nehmen wir an, dass $g(t)$ den Nyquist–Bedingungen genügt, durchlaufen $x_C(t)$ und $x_S(t)$ im Symbolabstand, T, jeweils einen der komplexen $L_k = L^2$ Punkte, also zum Zeitpunkt kT den Punkt $a_{r,k} + ja_{i,k}$. Da beide Signale zusammengefasst $x_{TP}(t)$ darstellen, verbindet dieses Signal die Punkte in der komplexen Ebene, im Abstand T werden die Punkte im Signalraum durchlaufen.

Ein Beispiel soll dies verdeutlichen. Wir betrachten ein zweielementiges Alphabet für den Real– und den Imaginärteil. Die Elemente seien unabhängig voneinander, sodass die zweimal zwei Punkte gleich oft auftreten. Die Werte hierfür sind ± 1, der Signalraum besteht aus den vier Punkten $1 + j$, $1 - j$, $-1 + j$ und $-1 - j$. Hierdurch ist für den Realteil und den Imaginärteil jeweils ein Nachrichtensymbol dargestellt, d.h. ein Bit. Die logische Null wird auf den Wert -1 und die logische Eins auf $+1$ abgebildet. Ein Punkt in dem Signalraum ist also durch die Bitkombination $(b_{r,k}, b_{i,k})$ gekennzeichnet, wobei $b_{r,k}$ das entsprechende Bit des Bitstroms im Realteil und $b_{i,k}$ das des Imaginärteils ist. Tabelle 4.1 zeigt diese Abbildungsvorschrift. Als nachrichtentragender Puls wird

$b_{r,k}$	$b_{i,k}$	$a_{r,k}$	$a_{i,k}$
0	0	-1	-1
0	1	-1	1
1	0	1	-1
1	1	1	1

Tabelle 4.1   Zuordnung der Nachrichtenelemente

ein Nyquist–Puls mit $\alpha = 0{,}5$ zur Darstellung eines polaren Formats für Real– und Imaginärteil verwendet. Bild 4.2 zeigt $x_C(t)$. Es ist ersichtlich, dass zu den Zeitpunkten $0, \pm T, \pm 2T, \cdots$ entweder der Wert -1 oder $+1$ durchlaufen wird. Ähnliches gilt für $x_S(t)$. Bild 4.3 zeigt $x_{TP}(t)$ in der komplexen Ebene, wobei auf der Abszisse der Realteil, $x_C(t)$, und auf der Ordinate der Imaginärteil, $x_S(t)$, aufgetragen ist. In dieser Darstellung sind die vier Punkte hervorgehoben. Wir erkennen, dass diese Punkte von $x_{TP}(t)$ durchlaufen werden. Mit $x_C(t)$ als dem Realteil von $x_{TP}(t)$ bzw. der Inphasenkomponente und $x_S(t)$ als dem Imaginärteil bzw. der Quadraturphasenkomponente bezeichnet man diese Art der Darstellung oft als I/Q–Darstellung.

Mit $x_{TP}(t)$ und einer vorgegebenen Trägerfrequenz, f_T, die aus Gründen der analytischen Signalbeschreibung größer als die untere Grenzfrequenz dieses modulierenden Tiefpass-

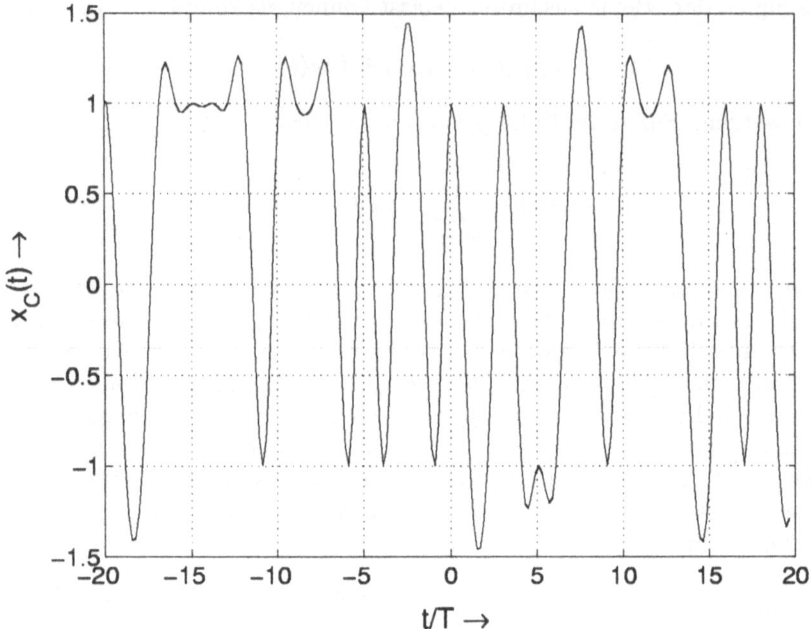

Bild 4.2   Polares NRZ–Format mit Nyquist–Puls, $\alpha = 0{,}5$

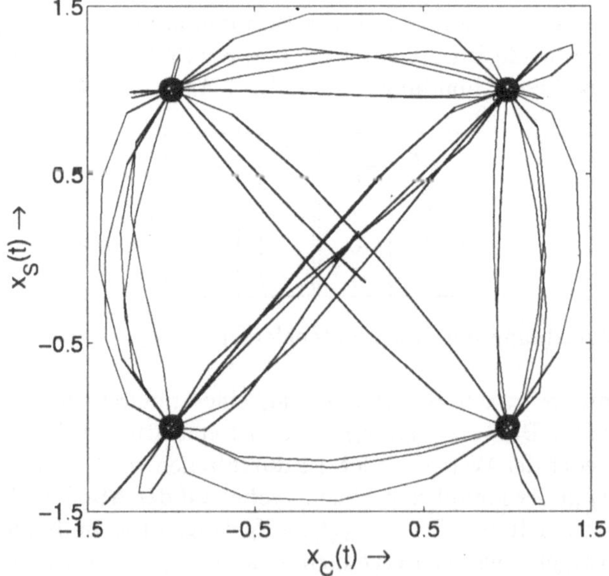

Bild 4.3   I/Q–Darstellung

Signals zu wählen ist, erhalten wir das modulierte Signal

$$s(t) \;=\; s_{ASK}(t) \;=\; \mathrm{Re}\Big\{ x_{TP}(t)\, e^{j\,2\pi f_T t} \Big\}$$

$$=\; x_C(t)\cos 2\pi f_T t - x_S(t)\sin 2\pi f_T t \quad .$$

Jeder Punkt im Signalraum lässt sich bekanntlich auch in Polarkoordinaten angeben, deren Schreibweise

$$a_k \;=\; a_{r,k} + j\,a_{i,k}$$
$$=\; |a_k|\, e^{j\varphi_k}$$

mit

$$|a_k| = \sqrt{a_{r,k}^2 + a_{i,k}^2}$$

und

$$\varphi_k = \arctan \frac{a_{i,k}}{a_{r,k}}$$

im weiteren Verlauf verwendet wird. Damit ist

$$s_{ASK}(t) \;=\; \mathrm{Re}\Big\{ \sum_{k=-\infty}^{\infty} |a_k|\, g(t-kT)\, e^{j(2\pi f_T t + \varphi_k)} \Big\}$$

$$=\; \sum_{k=-\infty}^{\infty} |a_k|\, g(t-kT)\, \cos(2\pi f_T t + \varphi_k) \quad .$$

Der Abstand der Punkte vom Ursprung des Signalraums, $|a_k|$, beeinflusst die Amplitude des Trägers, die Phase, φ_k, die Trägerphase. Ein ASK–Signal, das auf einem 4x4–Punkte Signalraum basiert, zeigt Bild 4.4. Der zugehörige Signalraum ist in Bild 3.7 dargestellt. Sowohl der Realteil als auch der Imaginärteil trägt Elemente aus dem betrachteten Alphabet $\{-3 \;\; -1 \; 1 \; 3\}$. Das obere Teilbild zeigt das Cosinussignal $x_c(t)\cos 2\pi f_T t$ (hier zur besseren Darstellung mit $f_T = 2/T$). Als Nachrichtenpuls wurde ein rechteckförmiger Verlauf der Breite T und der Auslenkung 1 gewählt. Die momentanen Amplituden entsprechen den Werten des Alphabets. In dem unteren Teilbild sind I– und Q–Zweig miteinander kombiniert. Wir sehen $s(t)$ mit einem Nyquist–Puls des Flankenfaktors $\alpha = 0{,}5$. Im Gegensatz zum oberen Verlauf sind hierbei die Amplituden– und Phasensprünge nicht erkennbar.

Neben der Darstellung des ASK–Signals im Zeitbereich ist der Verlauf des Leistungsdichtespektrums aufschlussreich zur Bestimmung der Bandbreiteneffizienz. Zunächst ermitteln wir das LDS. Das ASK–Signal

$$s_{ASK}(t) = \mathrm{Re}\Big\{ s_a(t) \Big\}$$

ist durch das komplexe Signal

$$s_a(t) = x_{TP}(t)\, e^{j\,2\pi f_T t}$$

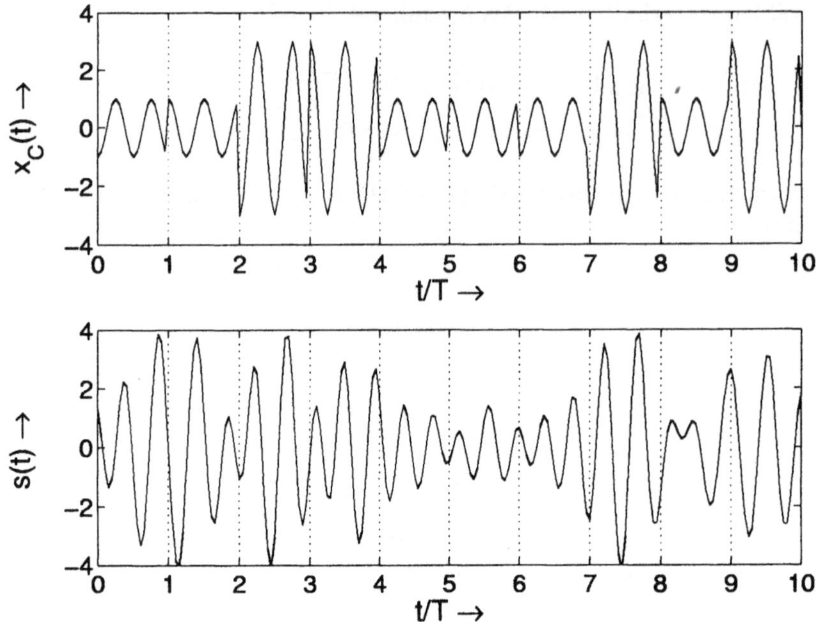

Bild 4.4   ASK–Signal mit $a_k = a_{r,k}$, $L = 4$ und $g(t) = \Pi\!\left(\frac{t}{T}\right)$ (oben),
$a_k = a_{r,k} + ja_{i,k}$, $L_k = 16$ und Nyquist–Puls, $\alpha = 0{,}5$ (unten)

angegeben, das die AKF

$$
\begin{aligned}
R_{s_a}(\tau) &= \; \mathrm{E}\!\left\{ s_a^*(t)s_a(t+\tau)\right\} \\
&= \; \mathrm{E}\!\left\{ x_{TP}^*(t)x_{TP}(t+\tau)\right\} \cdot e^{j2\pi f_T \tau} \\
&= \; R_{x_{TP}}(\tau)\, e^{j2\pi f_T \tau}
\end{aligned}
$$

aufweist. Das LDS des TP–Signals $x_{TP}(t)$ hat, wie in Kapitel 2 dargelegt, die allgemeine
Form

$$
S_{x_{TP}}(f) = \frac{1}{T}\left|G(f)\right|^2 \sum_{l=-\infty}^{\infty} \alpha_l \, e^{-j2\pi f l T} \quad .
$$

Hierin sind die statistischen Bindungen zwischen den komplexwertigen Nachrichtenelementen $a_k \in \{a_0,\, a_1,\, a_2,\, \cdots,\, a_{L_k-1}\}$ durch die Korrelationsfolge

$$
\alpha_l = \mathrm{E}\!\left\{ a_k^* a_{k+l}\right\} \quad , \qquad -\infty < l < \infty
$$

ausgedrückt. Die Vorgehensweise zur Berechnung der Elemente dieser Folge ist wie folgt.
Für $l = 0$ liegt der Fall

$$
\alpha_0 \;=\; \mathrm{E}\!\left\{ |a_k|^2\right\}
$$

$$\begin{aligned}
&= P[a_0]|a_0|^2 + P[a_1]|a_1|^2 + \cdots + P[a_{L_k-1}]|a_{L_k-1}|^2 \\
&= \sum_{n=0}^{L_k-1} P[a_n]|a_n|^2
\end{aligned}$$

vor. Ist $l \neq 0$, erhalten wir für statistisch unabhängige Nachrichtenelemente und für einen stationären Prozess

$$\begin{aligned}
\alpha_l &= \mathrm{E}\left\{a_k^* a_{k+l}\right\} \\
&= \mathrm{E}\left\{a_k^*\right\}\mathrm{E}\left\{a_{k+l}\right\} \\
&= \left|\mathrm{E}\left\{a_k\right\}\right|^2 \\
&= \left|\sum_{n=0}^{L_k-1} P[a_n]a_n\right|^2 .
\end{aligned}$$

Ein Beispiel soll den Zusammenhang verdeutlichen. Gegeben ist eine 16–QAM mit Elementen des I– und Q–Kanals, die dem Alphabet $\{-3\ -1\ 1\ 3\}$ entnommen sind. Die Elemente sind statistisch unabhängig und gleichwahrscheinlich. Für $g(t)$ wird ein Nyquist–Puls mit dem Flankenfaktor 0,5 verwendet. Den Verlauf von $s(t)$ zeigt Bild 4.4. Wir wenden uns nun dem LDS dieses BP–Signals zu. Die Elemente der Korrelationsfolge berechnen sich nach den oben aufgeführten Beziehungen zu

$$\begin{aligned}
\alpha_0 &= \frac{1}{16}\sum_{n=0}^{15}|a_n|^2 \\
&= \frac{1}{16}\left(\sum_{m=1}^{4}\left|\sqrt{2}\right|^2 + \sum_{m=1}^{8}\left|\sqrt{10}\right|^2 + \sum_{m=1}^{4}\left|3\sqrt{2}\right|^2\right) \\
&= 10
\end{aligned}$$

sowie zu

$$\begin{aligned}
\alpha_l &= \frac{1}{16^2}\left|\sum_{n=0}^{15}a_n\right|^2 \\
&= \frac{1}{16^2}\left|4\sum_{m=1}^{4}a_{r,m} + j4\sum_{m=1}^{4}a_{i,m}\right|^2 \\
&= 0 .
\end{aligned}$$

Die Summe reduziert sich auf den Koeffizienten α_0, womit sich für den TP–Anteil das LDS

$$S_{x_{TP}}(f) = \frac{\alpha_0}{T}\left|G(f)\right|^2$$

ergibt. Ein Nyquist–Puls mit $\alpha = 0{,}5$ hat die Frequenzfunktion, bei der sich die rechte cosinusförmige Flanke mit der Ausdehnung $F = 1/2T$ über den Frequenzbereich $1/2T\ -$

$F/2 \leq f \leq 1/2T + F/2$ erstreckt. Das analytische BP–Signal ist hiermit

$$
\begin{aligned}
S_{s_a}(f) &= S_{x_{TP}}(f - f_T) \\
&= \frac{\alpha_0}{T}\left|G(f - f_T)\right|^2 \quad,
\end{aligned}
$$

wobei die Trägerfrequenz so zu wählen ist, dass $f_T \geq 3/4T$ gilt. Das rellwertige Sendesignal ist dann

$$
\begin{aligned}
S_s(f) = S_{s_{ASK}}(f) &= \frac{1}{2}S_{s_a}(f - f_T) + \frac{1}{2}S_{s_a}(-f - f_T) \\
&= \frac{\alpha_0}{2T}\left|G(f - f_T)\right|^2 + \frac{\alpha_0}{2T}\left|G(f + f_T)\right|^2 \quad,
\end{aligned}
$$

das in Bild 4.5 dargestellt ist. Hier ist $f_T = 1/T$ gewählt. Das reellwertige Sendesignal, $S_s(f)$, ist dadurch gekennzeichnet, dass das zugehörige LDS eine gerade Frequenzfunktion ist. Im Vergleich dazu ist das analytische Signal $S_{s_a}(f)$ dargestellt. Wir erkennen, dass dieses Signal keine Anteile in der linken Halbebene aufweist.

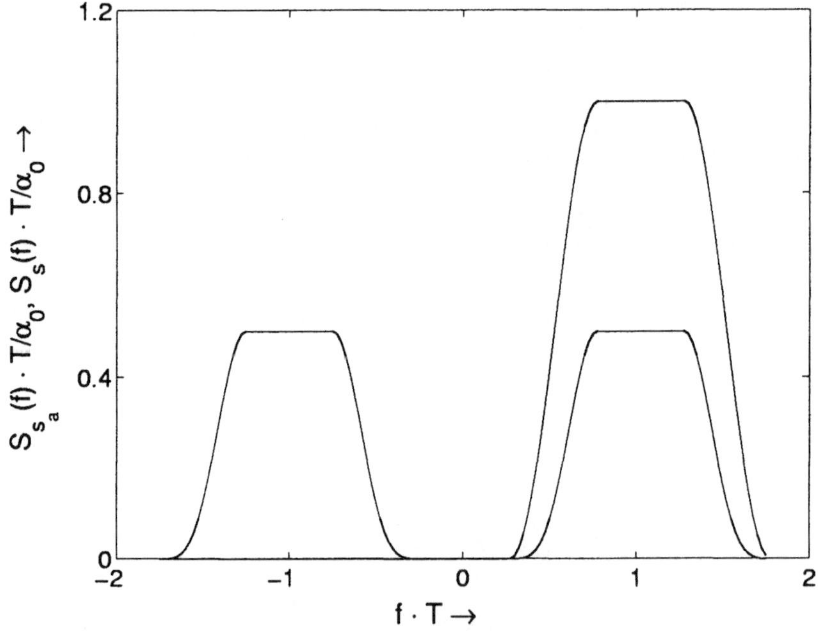

Bild 4.5   Leistungsdichtespektrum des ASK–Signals

Einen Sonderfall der ASK stellt die PSK dar. Hierbei wird der Bitstrom in aufeinanderfolgende Sequenzen mit m Binärstellen aufgeteilt, jede Sequenz kann somit $M = 2^m$ Zustände annehmen. Jedem dieser Zustände ordnen wir dann Phasenzustände zu, wie durch

$$
\varphi_k = \frac{2\pi}{M}l \quad, \qquad l \in \{0, 1, 2, \cdots, M - 1\}
$$

beschrieben. Die Nachrichtensymbole haben dann die Form

$$a_k = e^{j\varphi_k} \quad ,$$

sie weisen den Betrag eins auf. Ein wesentlicher Vorteil von PSK–Signalen ist die konstante Einhüllende. Unabhängig von der zu übertragenden Sequenz ändert sich nicht die momentane Amplitude des Trägers, wohl aber dessen Phase. Das PSK–Signal nimmt dann die Form

$$\begin{aligned}
s_{PSK}(t) &= \mathrm{Re}\left\{ \sum_{k=-\infty}^{\infty} \Pi\left(\frac{t-kT}{T}\right) e^{j(2\pi f_T t + \varphi_k)} \right\} \\
&= \sum_{k=-\infty}^{\infty} \Pi\left(\frac{t-kT}{T}\right) \cos(2\pi f_T t + \varphi_k)
\end{aligned}$$

an. Der Vergleich mit dem ASK–Signal $s_{ASK}(t)$ zeigt, dass die konstante Einhüllende nur eingehalten werden kann, wenn für den nachrichtentragenden Puls

$$g(t) = \Pi\left(\frac{t}{T}\right)$$

gilt, dieser also seinen Wert über die Dauer T nicht ändert. Somit kann $s_{PSK}(t)$ umgeschrieben werden zu

$$\begin{aligned}
s_{PSK}(t) &= \mathrm{Re}\left\{ \sum_{k=-\infty}^{\infty} \Pi\left(\frac{t-kT}{T}\right) e^{j\varphi_k} \cdot e^{j2\pi f_T t} \right\} \\
&= \mathrm{Re}\left\{ e^{j \sum_{l=-\infty}^{\infty} \varphi_l \Pi\left(\frac{t-lT}{T}\right)} \cdot e^{j2\pi f_T t} \right\} \\
&= \cos\left(2\pi f_T t + \sum_{l=-\infty}^{\infty} \varphi_l \Pi\left(\frac{t-lT}{T}\right) \right) \quad .
\end{aligned}$$

Die konstante Einhüllende zeichnet sich aus durch Immunität des PSK–Signals hinsichtlich von Nichtlinearitäten. Exemplarisch soll dies für ein nichtlineares Übertragungsglied dargelegt werden, das neben dem linearen auch den quadratischen und den kubischen Anteil des Eingangssignals berücksichtigt. Die Reaktion des Systems – z.B. einer Wanderfeldröhre in einem Satellitentransponder – auf $s_{PSK}(t)$ sei dann

$$r_{PSK}(t) = c_1\, s_{PSK}(t) + c_2\, s_{PSK}^2(t) + c_3\, s_{PSK}^3(t) \quad ,$$

wobei c_1, c_2 und c_3 die Koeffizienten des Übertragungsglieds sind. Die folgende Betrachtung lässt sich auf beliebig viele Koeffizienten erweitern. Es soll hier lediglich die prinzipielle Vorgehensweise aufgezeigt werden. Mit

$$z(t) = e^{j\left(2\pi f_T t + \sum_{l=-\infty}^{\infty} \varphi_l \Pi\left(\frac{t-lT}{T}\right)\right)}$$

erhalten wir

$$s_{PSK}(t) = \mathrm{Re}\left\{ z(t) \right\} \quad ,$$

$$s_{PSK}^2(t) = \frac{1}{2} + \frac{1}{2}\,\mathrm{Re}\Big\{z^2(t)\Big\} \quad \text{und}$$

$$s_{PSK}^3(t) = \frac{1}{2}\,\mathrm{Re}\Big\{z(t)\Big\} + \frac{1}{4}\,\underbrace{\mathrm{Re}\Big\{z^*(t)z^2(t)\Big\}}_{=|z(t)|^2\mathrm{Re}\{z(t)\}} + \frac{1}{4}\,\mathrm{Re}\Big\{z^3(t)\Big\}$$

$$= \frac{3}{4}\,\mathrm{Re}\Big\{z(t)\Big\} + \frac{1}{4}\,\mathrm{Re}\Big\{z^3(t)\Big\} \quad .$$

Zusammengefasst ergibt sich für die Reaktion

$$r_{PSK}(t) = \frac{1}{2}\,c_2 + \left(c_1 + \frac{3}{4}\,c_3\right)\mathrm{Re}\Big\{z(t)\Big\} + \frac{1}{2}\,c_2\,\mathrm{Re}\Big\{z^2(t)\Big\} + \frac{1}{4}\,c_3\,\mathrm{Re}\Big\{z^3(t)\Big\} \quad ,$$

also eine Überlagerung von Anteilen bei $f = 0, \pm f_T, \pm 2f_T$ und $\pm 3f_T$, ausgedrückt durch die Exponenten von $z(t)$. Wir erkennen, dass in $r_{PSK}(t)$ das ursprüngliche Signal $s_{PSK}(t)$ von den anderen Anteilen separierbar enthalten ist, vorausgesetzt, die Trägerfrequenz ist entsprechend hoch. Durchläuft $r_{PSK}(t)$ ein Bandpassfilter, das auf $s_{PSK}(t)$ abgestimmt ist, erhalten wir

$$\mathrm{BP}\Big\{r_{PSK}(t)\Big\} = \left(c_1 + \frac{3}{4}\,c_3\right) s_{PSK}(t) \quad ,$$

können also das Eingangssignal zurückgewinnen. Der Grund hierfür liegt darin, dass $|z(t)|^2$ und damit die Einhüllende konstant sind.

Die Aufgabe eines PSK–Modulators besteht darin, die diskreten Nachrichtensymbole zunächst auf Phasenzustände abzubilden, die daraufhin die momentanen Phasenlagen des Trägersignals darstellen. Der Bitstrom

$$\cdots,\ b_{k-1,m-2},\ b_{k-1,m-1},\ \underbrace{b_{k,0},\ b_{k,1},\ \cdots,\ b_{k,m-1}}_{m\ \text{Bits}},\ b_{k+1,0},\ b_{k+1,1},\ \cdots$$

wird in m–Bit lange Sequenzen aufgeteilt und jeder dieser Sequenzen ein Phasenzustand zugeordnet, der sich nach dem Inhalt der Sequenz richtet. Die Abbildungsvorschrift lautet demnach

$$\{b_{k,0},\ b_{k,1},\ \cdots,\ b_{k,m-1}\} \longrightarrow \{\cos\varphi_k + j\sin\varphi_k\}$$

und ist näher für eine achtstufige PSK in Tabelle 4.2 beschrieben. Den Signalraum einer 8–PSK zeigt Bild 4.6. Die acht Punkte treten in der Regel mit gleicher Auftrittswahrscheinlichkeit auf und liegen gleichverteilt auf einem Kreis, was auf eine konstante Einhüllende hinweist.

Die Nachrichtensymbole sind nun

$$a_k = \cos\varphi_k + j\sin\varphi_k \quad ,$$

womit sich aus

$$z(t) = x_{TP}(t)\,e^{j2\pi f_T t}$$

$b_{k,0}\ b_{k,1}\ b_{k,2}$	φ_k	$a_{r,k}$	$a_{i,k}$
000	0	1	0
001	$\pi/4$	$\sqrt{2}/2$	$\sqrt{2}/2$
010	$\pi/2$	0	1
011	$3\pi/4$	$-\sqrt{2}/2$	$\sqrt{2}/2$
100	π	-1	0
101	$5\pi/4$	$-\sqrt{2}/2$	$-\sqrt{2}/2$
110	$3\pi/2$	0	-1
111	$7\pi/4$	$\sqrt{2}/2$	$-\sqrt{2}/2$

Tabelle 4.2   Abbildungsvorschrift für 8–PSK

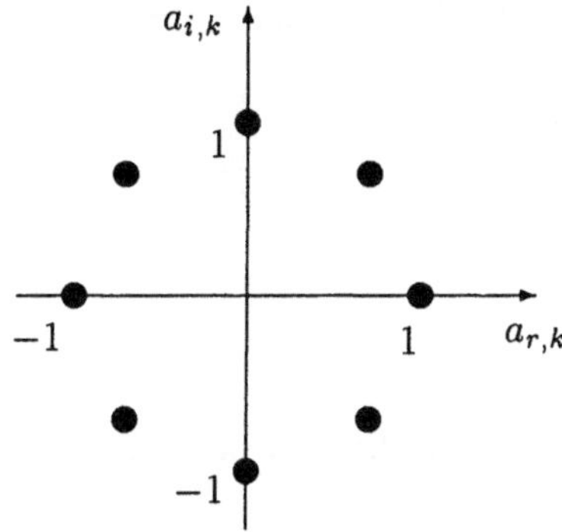

Bild 4.6   Signalraum einer 8–PSK

die Komponenten des modulierenden Signals $x_{TP}(t) = x_C(t) + jx_S(t)$ zu

$$x_C(t) = \cos\left(\sum_{l=-\infty}^{\infty} \varphi_l\, \Pi\!\left(\frac{t-lT}{T}\right)\right) = \sum_{k=-\infty}^{\infty} \cos\varphi_k\, \Pi\!\left(\frac{t-kT}{T}\right)$$

und

$$x_S(t) = \sin\left(\sum_{l=-\infty}^{\infty} \varphi_l\, \Pi\!\left(\frac{t-lT}{T}\right)\right) = \sum_{k=-\infty}^{\infty} \sin\varphi_k\, \Pi\!\left(\frac{t-kT}{T}\right)$$

ergeben.

Zur Ermittlung des Leistungsdichtespektrums betrachten wir das TP–Signal mit $g(t)$ als einem Rechteckpuls der Basis T. Allgemein ist das LDS durch

$$S_{x_{TP}}(f) = \frac{1}{T}\left|G(f)\right|^2 \sum_{l=-\infty}^{\infty} \alpha_l\, e^{-j2\pi f lT}$$

beschrieben, wobei der Puls

$$g(t) \quad \longleftrightarrow \quad G(f) = T\,\mathrm{si}(\pi fT)$$

ein si–förmiges Spektrum aufweist. Für die statistischen Bindungen, die zwischen den Nachrichtensymbolen $a_k = \cos\varphi_k + j\sin\varphi_k$ bestehen, erhalten wir für $l = 0$

$$\alpha_0 = \mathrm{E}\{1\} = 1$$

und für $l \neq 0$

$$\alpha_l = \mathrm{E}\{a_k^* a_{k+l}\} = 0 \quad,$$

da gilt

$$\mathrm{E}\{a_k^* a_{k+l}\} = \left|\mathrm{E}\{a_k\}\right|^2$$

mit

$$
\begin{aligned}
\mathrm{E}\{a_k\} &= \sum_{\kappa=0}^{M-1} P[a_\kappa]a_\kappa \\[2mm]
&= \frac{1}{M}\sum_{\kappa=0}^{M-1} e^{j\frac{2\pi}{M}\kappa} \\[2mm]
&= \frac{1}{M}\cdot\frac{1-e^{j\frac{2\pi}{M}M}}{1-e^{j\frac{2\pi}{M}}} \\[2mm]
&= 0 \quad.
\end{aligned}
$$

Damit erhalten wir für das Leistungsdichtespektrum eines PSK–Signals mit dem Tiefpassanteil

$$S_{x_{TP}}(f) = T\,\mathrm{si}^2(\pi f T)$$

schließlich

$$S_{s_{PSK}}(f) = \frac{T}{2}\,\mathrm{si}^2\!\left(\pi(f-f_T)T\right) + \frac{T}{2}\,\mathrm{si}^2\!\left(\pi(f+f_T)T\right) \quad.$$

Der Verlauf des LDS für $f_T = 4/T$ ist in Bild 4.7 dargestellt. Für die Ordinate ist der logarithmische Maßstab gewählt. Wir erkennen ein relativ langsames Abklingen der Frequenzfunktion. Verglichen mit dem Leistungsdichtespektrum des in Bild 4.5 gezeigten ASK–Signals belegt ein PSK–Signal bei gleicher Symbolrate eine größere Bandbreite. Der Vorteil, der hiermit erkauft wird, ist die konstante Einhüllende.

Bild 4.8 zeigt das Blockschaltbild eines Modulators für ASK– und PSK–Signale. Der Unterschied zwischen den beiden Signalen liegt in der Pulsformung und in den Abbildungsvorschriften, die in den Tabellen 4.1 und 4.2 aufgeführt sind. Der linke Block beinhaltet diese Tabellen. Kann bei der ASK der Nachrichtenpuls unter den beliebig vielen Pulsen, die z.B. den Nyquist–Bedingungen genügen, gewählt werden, kommt für die PSK nur der rechteckförmige Puls mit der Basis T in Frage. In dem dargestellten Blockschaltbild müssen wir zwischen zwei unterschiedlichen Raten unterscheiden. Am Eingang des Abbilders liegt ein Bitstrom an, der hierauf mit einem Symbolstrom reagiert. Die Geschwindigkeit, mit der die Bits eintreffen, ist durch die Bitrate, $r_B = 1/T_B$, in Bits pro Sekunde (bps) gegeben. Die Symbole werden mit der Geschwindigkeit, der Symbolrate, $r_S = 1/T$, in Symbole oder Pulse pro Sekunde (sps) erzeugt. Da jedes Symbol oder jeder Puls in den betrachteten Fällen m Bits trägt, ist der Zusammenhang zwischen den Raten

$$r_B = m\cdot r_S \quad.$$

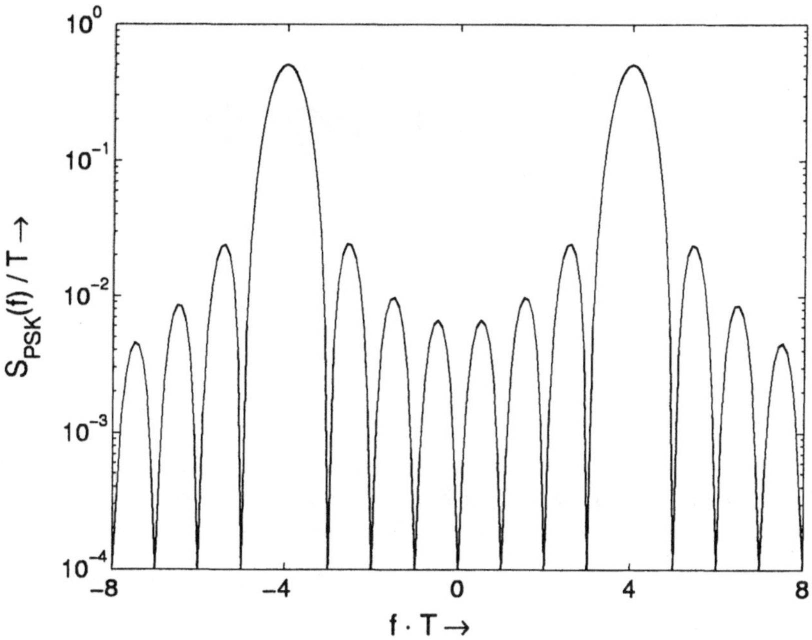

Bild 4.7   Leistungsdichtespektrum eines PSK–Signals

In der Praxis kommen häufig Systeme mit vier Phasenzuständen zum Einsatz. Der Signalraum setzt sich hierbei üblicherweise aus den Punkten $\pm 1/\sqrt{2} \pm j/\sqrt{2}$ zusammen, d.h. die Phasensprünge sind ganzzahlige Vielfache von $\pi/2$. Der Cosinuszweig bzw. I–Zweig sowie der Sinuszweig bzw. Q–Zweig erfahren Phasensprünge von ganzzahligen Vielfachen von π, weisen also jeweils einen Signalraum von zwei Punkten auf. Die für den Q–Zweig liegen z.B. auf der Ordinate bei $\pm 1/\sqrt{2}$ und die für den I–Zweig auf der Abszisse bei $\pm 1/\sqrt{2}$. PSK–Signale dieser Art mit $M = 2$ nennt man BPSK–Signale (engl.: *binary phase shift keying*), PSK–Signale mit vier Punkten ($M = 4$) heißen QPSK–Signale (engl.: *quaternary phase shift keying*). Ein QPSK–Signal setzt sich zusammen aus zwei BPSK–Signalen mit orthogonalen Trägern, wie es für ein Cosinus– und Sinussignal mit gleichen Argumenten zutrifft. Der Signalraum wird durch Dibits gebildet, d.h. von zwei aufeinander folgenden Bits. Ein Dibit hat die Dauer von zwei Bitintervallen, T_B, was auch der Basis der verwendeten Rechteckpulsen entspricht, d.h. $T = 2T_B$. Bei der QPSK kann der Übergang von einem der vier Punkte zu einem beliebigen erfolgen. Der maximale Phasensprung beträgt $\pm \pi$. Dies hat zur Folge, dass bei einem solchen Übergang der Nullpunkt durchlaufen wird. Bei beliebig hoher Bandbreite geschieht dies sprunghaft. Ist aus praktischen Erwägungen eine Reduzierung der Bandbreite erforderlich, um etwa Nachbarkanäle nicht zu stören, ist diese Sprungförmigkeit nicht möglich, der Durchlauf durch den Ursprung geschieht langsamer. Es treten beobachtbare Momente auf, bei denen die Einhüllende kurzzeitig sehr gering und sogar gleich null ist. Diese starken Änderungen der Einhüllenden, die bei unendlicher Bandbreite nicht auftreten, führen bei der Rekonstruktion zu Problemen. Geringe Änderungen sind durch Begren-

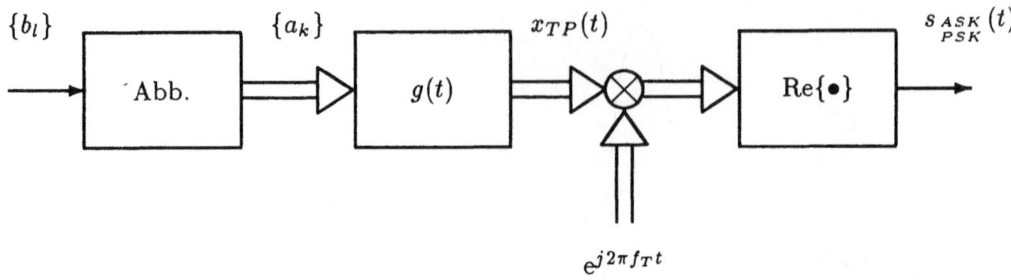

Bild 4.8   ASK– und PSK–Modulator

zerverstärker mit nachgeschaltetem Bandpass, der auf das QPSK–Signal abgestimmt ist, wieder rückgängig zu machen. Das zuvor bandbegrenzte QPSK–Signal erhält hiermit die unterdrückten Spektralanteile und damit die konstante Einhüllende zurück.

Die Nulldurchgänge bei Symbolwechseln können umgangen werden, wenn nicht gleichzeitig im I– und Q–Zweig eine Änderung geschieht. Dies erreichen wir, indem z.B. das Signal des Q–Zweigs eine Verzögerung um ein Bitintervall erfährt. Der nachrichtentragende Puls des I–Zweigs ist dann $g_I(t) = \Pi(t/T)$, der des Q–Zweigs $g_Q(t) = g_I(t - T_B)$. Hiermit erreichen wir, dass ausschließlich $\pi/2$–Sprünge möglich sind und der Ursprung des Signalraums somit umgangen wird. Bild 4.9 zeigt das I– und Q–Signal sowie das sich ergebende Phasensignal. Dieses Verfahren trägt die Bezeichnung OQPSK (engl.: *offset QPSK*). Ist die Verweilzeit des Signals in jedem Punkt des Signalraums bei der QPSK gleich der Symboldauer, so entspricht sie bei der OQPSK der halben Symboldauer, also der Bitdauer.

Die folgende Betrachtung zeigt den Zusammenhang bei der Rückgewinnung der konstanten Einhüllenden. Erfährt der nachrichtentragende Rechteckpuls eine Begrenzung der Bandbreite, hat dies im Zeitbereich ein Auseinanderlaufen zur Folge. Diese zeitliche Dispersion drückt

$$
\begin{aligned}
g'(t) &= \mathrm{TP}\left\{\Pi\left(\frac{t}{T}\right)\right\} \\
&= \Pi\left(\frac{t}{T}\right) + p(t)
\end{aligned}
$$

aus, wobei $p(t)$ den Anteil des bandbegrenzten Pulses beschreibt, der vom unbegrenzten abweicht. Das Tiefpass–Signal ist damit

$$
\begin{aligned}
x'_{TP}(t) &= \sum_{k=-\infty}^{\infty} e^{j\varphi_k}\left(\Pi\left(\frac{t-kT}{T}\right) + p(t-kT)\right) \\
&= z_1(t) + z_2(t) \quad ,
\end{aligned}
$$

mit

$$
z_1(t) = |z_1(t)|\, e^{j\varphi_1(t)} = e^{j\sum_{k=-\infty}^{\infty} \varphi_k \, \Pi\left(\frac{t-kT}{T}\right)}
$$

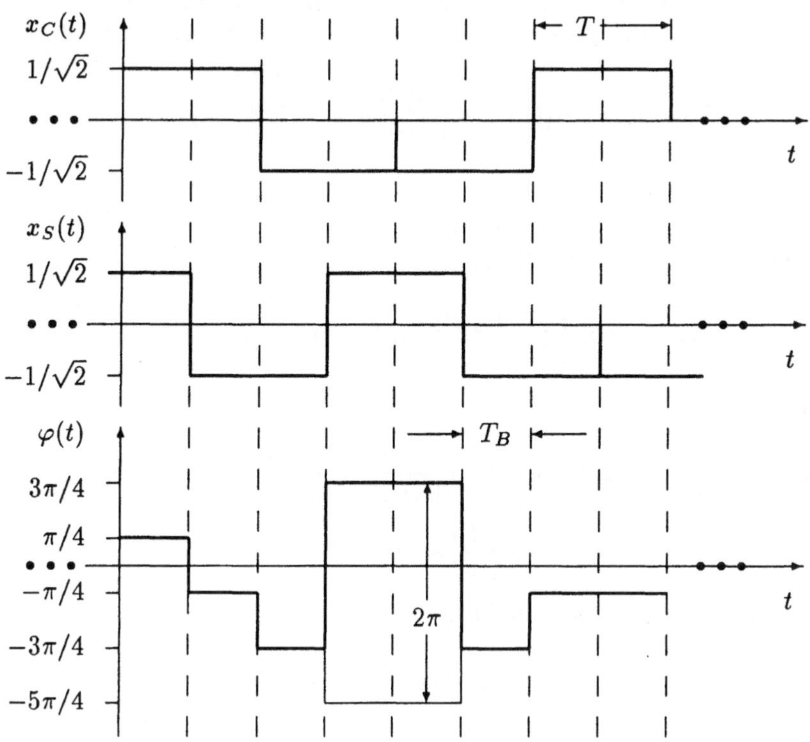

Bild 4.9   Phasenverlauf eines OQPSK–Signals

und

$$z_2(t) = |z_2(t)|\, \mathrm{e}^{j\varphi_2(t)} = \sum_{k=-\infty}^{\infty} \mathrm{e}^{j\varphi_k}\, p(t - kT) \quad .$$

Der erste Summand ist das ursprüngliche PSK–Signal mit einer konstanten Einhüllenden, also ist

$$|z_1(t)| = 1$$

und

$$\varphi_1(t) = \sum_{k=-\infty}^{\infty} \varphi_k\, \Pi\!\left(\frac{t - kT}{T}\right) \quad .$$

Der zweite ist ein Störanteil, der durch

$$|z_2(t)|^2 = \sum_{k=-\infty}^{\infty} \sum_{l=-\infty}^{\infty} \cos\Big(\varphi_k - \varphi_l\Big)\, p(t - kT)p(t - lT)$$

und

$$\varphi_2(t) = \arctan \frac{\sum_{k=-\infty}^{\infty} \sin\varphi_k\, p(t - kT)}{\sum_{k=-\infty}^{\infty} \cos\varphi_k\, p(t - kT)}$$

näher beschrieben ist. Dieser Teil steht für die Intersymbolinterferenz, die durch die Bandbegrenzung hervorgerufen wird. Die Summe $z_1(t) + z_2(t)$ etwas umgeformt ergibt den Ausdruck

$$x'_{TP}(t) = z_1(t)\left(1 + \frac{|z_2(t)|}{|z_1(t)|}\, e^{j\left(\varphi_2(t)-\varphi_1(t)\right)}\right)$$

mit dem Betrag

$$
\begin{aligned}
|x'_{TP}(t)| &= |z_1(t)|\sqrt{1 + \frac{|z_2(t)|^2}{|z_1(t)|^2} + 2\,\frac{|z_2(t)|}{|z_1(t)|}\cos\left(\varphi_2(t) - \varphi_1(t)\right)} \\[2mm]
&\approx |z_1(t)|\left(1 + \frac{|z_2(t)|}{|z_1(t)|}\cos\left(\varphi_2(t) - \varphi_1(t)\right)\right)
\end{aligned}
$$

und der Phase

$$
\begin{aligned}
\arg\{x'_{TP}(t)\} &= \varphi_1(t) + \arctan\frac{|z_2(t)|\sin\left(\varphi_2(t) - \varphi_1(t)\right)}{|z_1(t)| + |z_2(t)|\cos\left(\varphi_2(t) - \varphi_1(t)\right)} \\[2mm]
&\approx \varphi_1(t) + \frac{|z_2(t)|}{|z_1(t)|}\sin\left(\varphi_2(t) - \varphi_1(t)\right) \quad .
\end{aligned}
$$

Die Näherungen gelten unter der Annahme

$$|z_2(t)| \leq \sum_{k=-\infty}^{\infty} |p(t - kT)| << |z_1(t)| = 1 \quad .$$

Bei der weiteren Betrachtung nehmen wir ein bandbegrenzendes Filter an, das Nachbarkanalstörungen vermeidet und gleichzeitig relativ schwache Dispersion auf der Zeitachse hervorruft. Dies bedeutet, dass $p(t)$ im Vergleich zum Nachrichtenpuls $\Pi\!\left(\frac{t}{T}\right)$ relativ gering ist und die obige Annahme zutrifft.

Das PSK–Signal vor der Bandbegrenzung ist

$$s_{PSK}(t) = \mathrm{Re}\left\{z_1(t)\, e^{j2\pi f_T t}\right\} \quad ,$$

welches nach der Unterdrückung unerwünschter Spektralanteile in

$$s'_{PSK}(t) = \mathrm{Re}\left\{x'_{TP}(t)\, e^{j2\pi f_T t}\right\}$$

resultiert. Das Filter verursacht die Dispersionsanteile, $p(t)$, die sowohl den Betrag, d.h. die Einhüllende von $s_{PSK}(t)$ als auch dessen Phase beeinflussen. Diese Einflüsse lesen wir auch der modifizierten komplexen Einhüllenden $x'_{TP}(t)$ ab. Die zeitlichen Änderungen der Einhüllenden $|x'_{TP}(t)|$ lassen sich, wie bereits erwähnt, durch einen Begrenzerverstärker rückgängig machen. Die nichtlineare Übertragungskennlinie sei durch die Signumfunktion beschrieben, die den Zusammenhang zwischen dem Eingangssignal, $x(t)$, und dem Ausgangssignal, $y(t)$, mit $y(t) = \mathrm{sgn}\left(x(t)\right)$ angibt. Die Reaktion dieses Systems auf $s'_{PSK}(t)$ ist somit

$$
\begin{aligned}
\mathrm{sgn}\left(s'_{PSK}(t)\right) &= \mathrm{sgn}\left(|x'_{TP}(t)|\cos\left(2\pi f_T t + \arg\{x'_{TP}(t)\}\right)\right) \\[2mm]
&= \mathrm{sgn}\left(\cos\left(2\pi f_T t + \arg\{x'_{TP}(t)\}\right)\right) \quad ,
\end{aligned}
$$

da $|x'_{TP}(t)| > 0$. Abkürzend setzen wir

$$\phi(t) = 2\pi f_T t + \varphi_1(t) + |z_2(t)| \sin\Big(\varphi_2(t) - \varphi_1(t)\Big)$$

und erhalten

$$\mathrm{sgn}\Big(\cos\phi(t)\Big) = \frac{4}{\pi}\Big(\cos\phi(t) - \frac{1}{3}\cos 3\phi(t) + \frac{1}{5}\cos 5\phi(t) \pm \cdots\Big) \quad .$$

Wir stellen fest, dass das durch Phasenschwankungen beeinflusste PSK–Signal neben störenden Signalanteilen bei $\pm 3f_T, \pm 5f_T, \cdots$ hierin enthalten ist. Ein nachgeschaltetes Bandpassfilter, das auf $s_{PSK}(t)$ abgestimmt ist, unterdrückt diese Anteile. Das Ergebnis des Rekonstruktionsvorgangs ist

$$\begin{aligned}
\mathrm{BP}\Big\{\mathrm{sgn}\Big(\cos\phi(t)\Big)\Big\} &= \frac{4}{\pi}\cos\phi(t) \\
&= \frac{4}{\pi}\cos\Big(2\pi f_T t + \sum_{k=-\infty}^{\infty} \varphi_k\, \Pi\Big(\frac{t-kT}{T}\Big) \\
&\quad + \underbrace{|z_2(t)|\sin\Big(\varphi_2(t) - \varphi_1(t)\Big)}_{\text{Störphase}}\Big) \quad .
\end{aligned}$$

Der Begrenzerverstärker ist also in der Lage, die zeitlichen Schwankungen der Einhüllenden zu unterdrücken, die Phasenabweichungen in Form der Störphase bleiben hiervon jedoch unberührt. Diese Schwankungen werden in der Empfängerstruktur in einem Block, dem Entscheider, rückgängig gemacht, in dem von den detektierten Phasenzuständen auf die getragenen Bitmuster rückgeschlossen wird. Da diese Abweichungen unvorhersehbar sind, wirken sie sich so aus, dass die Bitfehlerrate zunimmt, ähnlich wie die Folgen der ISI bei Optimalfilterempfang in Kapitel 3 dargelegt sind. Nichtlinearitäten mit reellen Koeffizienten der Taylor–Reihe wirken sich in erster Linie in Form von Amplitudenfehlern aus. Ein Mehrwegekanal hat neben Amplitudenfehlern auch Phasenfehler zur Folge. Hierauf kommen wir im Abschnitt über Empfangsstrukturen zurück.

4.2.3 Nichtlineare Modulation

Bislang haben wir uns mit linearen Modulationsarten beschäftigt. Hierbei besteht ein linearer Zusammenhang zwischen den Nachrichtensymbolen und dem modulierten Signal. Bei der ASK ist dies sofort ersichtlich. Dass dies bei der PSK nur dann zutrifft, wenn als nachrichtentragender Puls ein Rechteckpuls verwendet wird, dessen Basis dem Symbolintervall entspricht, stellten wir bei den Auswirkungen der Bandbreitereduktion von PSK–Signalen fest. In diesem Fall ist es nicht möglich, das modulierte Signal als Linearkombination von Nachrichtensymbolen zu beschreiben. Wir sprechen in diesem Zusammenhang von einer nichtlinearen Modulationsart.

Ein Vorteil der OQPSK liegt darin, dass Nachbarkanalstörungen unterdrückt werden können. Hierdurch ergibt sich jedoch Symbolinterferenz in dem Phasensignal. Es besteht jedoch der Wunsch nach einer Reduktion der Bandbreite bei gleichzeitiger Vermeidung der Symbolinterferenz. Wegen des Bandbreite–Dauer–Produkts ist dies nur möglich, wenn man von Phasensprüngen Abstand nimmt und einen kontinuierlichen Phasenverlauf zulässt. Wir sprechen dann von kontinuierlicher Winkelmodulation, bzw. CPM (engl.: *continuous phase modulation*). CPM–Signale sind solche, bei denen die Nachrichtensymbole entweder den Phasen– oder den Frequenzverlauf des Eintonträgersignals ohne Diskontinuitäten modulieren.

Wie zuvor stellen wir zuerst die Zusammenhänge dar. Das analytische, modulierte Signal sei

$$s_a(t) = x_{TP}(t)\, e^{j2\pi f_T t} \quad ,$$

wobei das Tiefpass–Signal durch

$$\begin{aligned} x_{TP}(t) \;&=\; e^{j\sum_{k=-\infty}^{\infty} a_k g(t-kT)} \\ &=\; e^{j\,\phi(t)} \end{aligned}$$

gegeben ist. Den nachrichtentragenden Puls, $g(t)$, finden wir in der Phase von $x_{TP}(t)$ und $s_a(t)$ wieder und bezeichnen ihn als Phasenpuls. Der Phasenverlauf des modulierten Signals ist

$$\phi_a(t) = 2\pi f_T t + \sum_{k=-\infty}^{\infty} a_k g(t - kT) \quad ,$$

wegen $|x_{TP}(t)| = 1$ liegt eine konstante Einhüllende für das modulierte Signal vor. Die Momentanfrequenz, $f_m(t)$, ergibt sich zu

$$\begin{aligned} f_m(t) \;&=\; \frac{1}{2\pi}\frac{d}{dt}\phi_a(t) \\ &=\; f_T + \sum_{k=-\infty}^{\infty} a_k q(t - kT) \quad . \end{aligned}$$

Hierbei ist $q(t)$ der Frequenzpuls, da er direkt den Frequenzverlauf beeinflusst. Der Zusammenhang zwischen dem Phasen– und dem Frequenzpuls ist durch die zeitliche Differentiation

$$q(t) = \frac{1}{2\pi}\frac{d}{dt}g(t)$$

gegeben.

Mit diesen Größen können wir nun bekannte Modulationsverfahren beschreiben und beginnen mit dem Frequenzsprung–, kurz FSK–Verfahren (engl.: *frequency shift keying*). Hierbei wird der Symbolsequenz entsprechend zwischen Eintonsignalen unterschiedlicher Frequenz umgeschaltet. Wir konzentrieren uns hier auf den binären Fall. Eine Ausweitung auf eine mehrstufige Modulationsform dürfte im Anschluss hieran problemlos sein. Bei der Abbildung der Nachricht auf ein nachrichtentragendes Signal greifen wir nun auf ein Frequenzalphabet der Form $a_k \in \{-F,\, F\}$ zurück. Das Oszillatorsignal nimmt damit für $a_k = F$ den Wert für die momentane Frequenz $f_T + F$ und für $a_k = -F$ den Wert $f_T - F$ an. Der zugehörige Phasenpuls ist

$$g(t) = \begin{cases} 2\pi \int_{-\infty}^{t} q(\vartheta)d\vartheta & :\ t \leq \frac{T}{2} \\ 0 & :\ t > \text{sonst} \end{cases}$$

und ist zusammen mit dem Frequenzpuls in Bild 4.10 dargestellt. Von Interesse ist der

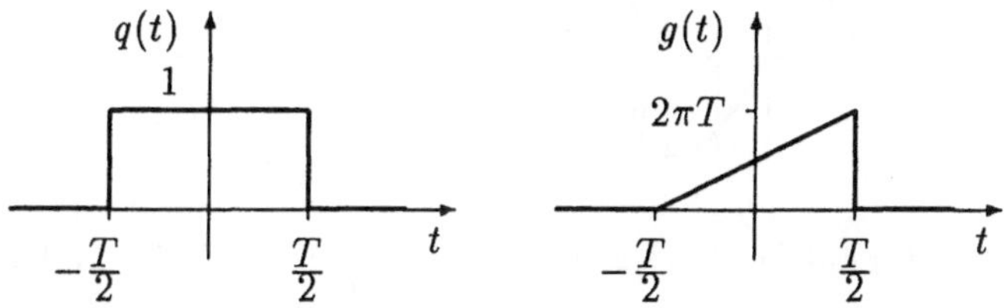

Bild 4.10   Frequenz– und Phasenpuls eines FSK–Signals

Verlauf der Phase für dieses Format. Die Phase kann sich innerhalb eines Symbolintervalls, T, nur um $\pm 2\pi FT$ ändern. Der Verlauf ist sägezahnförmig mit einer Orientierung der Teilphasen, die dem Vorzeichen von a_k folgen. Der Phasenpuls ist zeitlich begrenzt auf $\pm T/2$, sodass das Tiefpass–Signal vereinfacht dargestellt werden kann, wie es

$$
\begin{aligned}
x_{TP}(t) &= e^{j\sum_{k=-\infty}^{\infty} a_k g(t-kT)} \\
&= \sum_{k=-\infty}^{\infty} e^{j a_k g(t-kT)} \cdot \Pi\left(\frac{t-kT}{T}\right)
\end{aligned}
$$

zeigt. Der Imaginärteil hiervon ist

$$
\mathrm{Im}\{x_{TP}(t)\} = \sum_{k=-\infty}^{\infty} \mathrm{sgn}\{a_k\} \cdot g'(t-kT) \quad ,
$$

und kann mit

$$
g'(t) = \sin\left(2\pi F\left(t+\frac{T}{2}\right)\right) \cdot \Pi\left(\frac{t}{T}\right)
$$

als dem nachrichtentragenden Puls als polaren Format angesehen werden. Bild 4.11 zeigt einen typischen Verlauf für den Imaginärteil des Tiefpass–Signals. Die Nachricht $\{a_k\}$ ist im Realteil des TP–Signals nicht enthalten, da für jedes a_k das zugehörige Abbild $\cos\left(a_k g(t-kT)\right) = \cos\left(Fg(t-kT)\right)$ ist. Das Vorzeichen von dem Nachrichtenelement geht verloren, da es sich bei der Cosinusfunktion um eine gerade Funktion handelt. Die gewählten Elemente des Alphabets für die bildliche Darstellung sind $\pm F$ mit $F = 1/4T$ und entsprechen dem Betrag nach einem Viertel der Symbolrate. Zu den Zeiten $lT/2$, mit $l = \pm 1, \pm 3, \cdots$ sind Sprünge erkennbar. FSK–Signale allgemeiner Art können solche Sprünge aufweisen. Der Grund hierfür liegt darin, dass der Phasenpuls, $g(t)$, bei $t = T/2$ seinen Wert sprunghaft ändert. Da das FSK–Signal als ein polares Format mit dem nachrichtentragenden Puls $g'(t)$ beschreibbar ist, kann es als eine lineare Modulationsart interpretiert werden. Wir erhalten somit in gewohnter Art und Weise das LDS des FSK–Signals. Der Zusammenhang ist leicht ersichtlich, nämlich

$$
g'(t) = \left(\sin 2\pi Ft * \delta\left(t+\frac{T}{2}\right)\right) \cdot \Pi\left(\frac{t}{T}\right)
$$

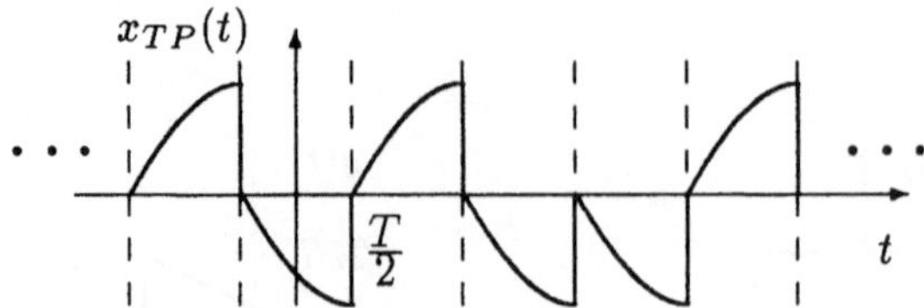

Bild 4.11   FSK–Signal für $\{a_k\} = \{F,\ -F,\ F,\ -F,\ -F,\ F\}$ und $FT = \frac{1}{4}$

$$\updownarrow$$

$$G'(f) \;=\; \left(\frac{1}{2j}\Big(\delta(f-F) - \delta(f+F)\Big) \cdot e^{j\pi fT} \right) * T\,\mathrm{si}(\pi fT) \quad,$$

womit wir das Leistungsdichtespektrum nach

$$S_{FSK}(f) = \frac{1}{T}\,\big|G'(f)\big|^2$$

erhalten,

$$S_{FSK}(f) \;=\; \frac{T}{4}\left(\mathrm{si}^2\Big(2\pi(f-F)T\Big) + \mathrm{si}^2\Big(2\pi(f+F)T\Big) \right.$$
$$\left. -2\,\mathrm{si}\Big(\pi(f-F)T\Big)\,\mathrm{si}\Big(2\pi(f+F)T\Big)\,\cos 2\pi FT \right) \quad.$$

Beschränken wir uns auf den Fall, dass F ein ganzzahliges Vielfaches vom Viertel der Symbolrate ist, erhalten wir für $l = 0, 1, 2, 3, \cdots$

$$S_{FSK}(f) = \begin{cases} \dfrac{T}{4}\left(\mathrm{si}\Big(\pi(f-F)T\Big) + \mathrm{si}\Big(\pi(f+F)T\Big) \right)^2 & : F = \dfrac{l}{T} \\[2ex] \dfrac{T}{4}\left(\mathrm{si}\Big(\pi(f-F)T\Big) - \mathrm{si}\Big(\pi(f+F)T\Big) \right)^2 & : F = \dfrac{2l+1}{2T} \\[2ex] \dfrac{T}{4}\left(\mathrm{si}^2\Big(\pi(f-F)T\Big) + \mathrm{si}^2\Big(\pi(f+F)T\Big) \right) & : F = \dfrac{2l+1}{4T}. \end{cases}$$

Für das betrachtete Beispiel mit $F = 1/4T$ ist der dritte Summand wegen $\cos 2\pi FT$ gleich null. Das FSK–Signal belegt in diesem Fall einen großen Frequenzbereich von etwa $\pm 2/T$ und zeigt eine schlechte Konvergenz außerhalb dieses Bereichs. Einen geringeren Wert für F anzustreben, um die belegte Bandbreite zu reduzieren, ist aus Gründen der Trennbarkeit der Symbole nicht ratsam. Wegen der eher ungünstigen spektralen Eigenschaften spielt diese Art der FSK keine große Rolle in praktischen Übertragungssystemen. Wir wenden uns nun der spektraleffizienten Form der FSK zu.

Das betrachtete FSK–Signal weist Nachteile auf, die auf die Diskontinuität im Phasenpuls zurückzuführen ist. Dies lässt sich einfach beheben, indem nach dem Erreichen des Phasenwertes $\pm 2\pi FT$ dieser Wert konstant gehalten wird. Hierdurch sind Phasensprünge ausgeschlossen, der Verlauf ist kontinuierlich. Aus diesem Grund spricht man von der CPFSK (engl.: *continuous phase FSK*) oder, wie oben bereits bemerkt, auch von der CPM (engl.: *continuous phase modulation*). Auf den Frequenzverlauf hat dies keinen Einfluss, wie wir es Bild 4.12 entnehmen können. Die Frequenz, die sich bei dem

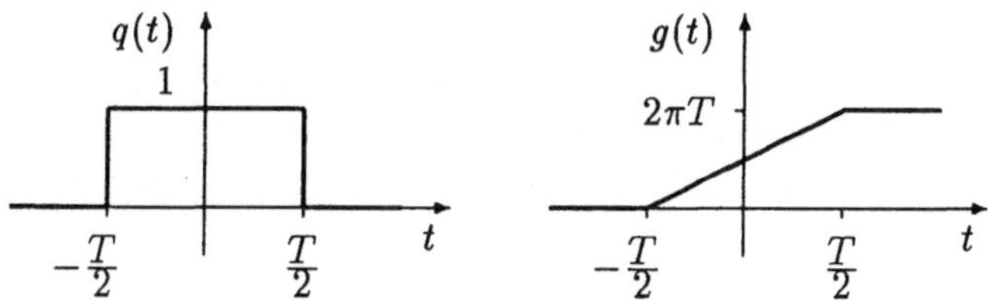

Bild 4.12   Frequenz– und Phasenpuls eines CPFSK–Signals

Übergang von einem Phasenzustand zum nächsten einstellt, ergibt sich durch die Steigung des linearen Teils von $g(t)$. Mit der Frequenz F ist der Phasenunterschied nach der Symboldauer $2\pi FT$. Wird hierfür ein Wert gewählt, für den 2π ein ganzzahliges Vielfaches, M, ist, sind zu den Zeiten $lT/2$ mit $l = \pm 1, \pm 3, \pm 5 \cdots$ nur M verschiedene Phasenzustände möglich. Es wird dann stets einer der $2\pi/M$ Phasenzustände erreicht. Durch das Beibehalten des Phasenwertes beeinflusst ein Phasenwert die darauf folgenden. Es handelt sich also um eine gedächtnisbehaftete Modulationsart [Kam92]. Für die Phase erhalten wir unter Berücksichtigung der Geschichte

$$\phi(t) = \varphi_0 + \underbrace{\sum_{k=0}^{l-1} a_k \, g(t - kT) + a_l \, g(t - lT)}_{\substack{\text{Phasenverlauf der letzten} \\ l+1 \text{ Symbole}}} \quad ,$$

wobei φ_0 eine beliebige Anphangsphase darstellt. Den Verlauf der Phase zeigt Bild 4.13 für $2\pi FT = \pi/2$, also mit $FT = 1/4$. Es ist ersichtlich, dass der Phasenzuwachs

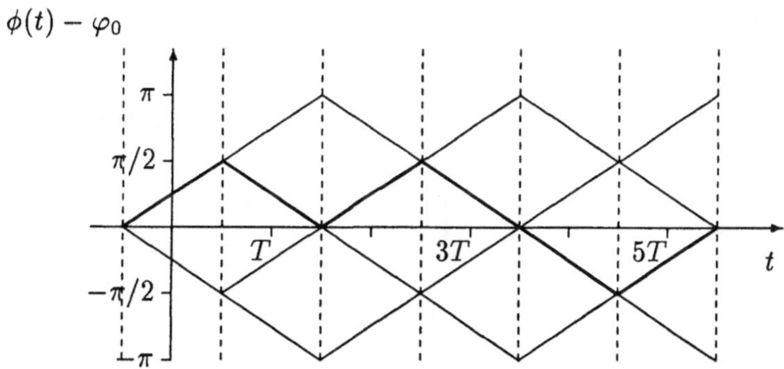

Bild 4.13   Phasentrellis für $\{a_k\} = \{F, \; -F, \; F, \; -F, \; -F, \; F\}$

$a_l\, g(t - lT)$ den Wert $\pm\pi/2$ beträgt. Diese Darstellung zeigt die möglichen Pfade, auf denen die Phase verlaufen kann[1]. Aufschlussreich für die weitere Behandlung ist der Signalraum und die Übergänge von einem Punkt hierin zu einem anderen. Diese verlaufen auf einem Kreis mit dem Radius eins. In einem Symbolintervall, T, soll ein Phasenwechsel von $P = 2\pi F T$ erfolgen, was dem Frequenzhub $F = P/2\pi T$ entspricht. Bei einem solchen Wechsel wird einer der direkt benachbarten der M Punkte erreicht. Bild 4.14 zeigt einen Signalraum mit vier Phasenzuständen, wie sie auch in dem Trellisdiagramm dargestellt sind. Die Übergänge von einem Punkt zu einem der direkten Nachbarn, projiziert auf die Ordinate mit dem zugehörigen Zeitbezug versehen, ergibt den Verlauf des Tiefpass–Signals $x_{TP}(t)$ für eine Frequenzfolge. An diesem Auszug erkennen wir, dass sich keine

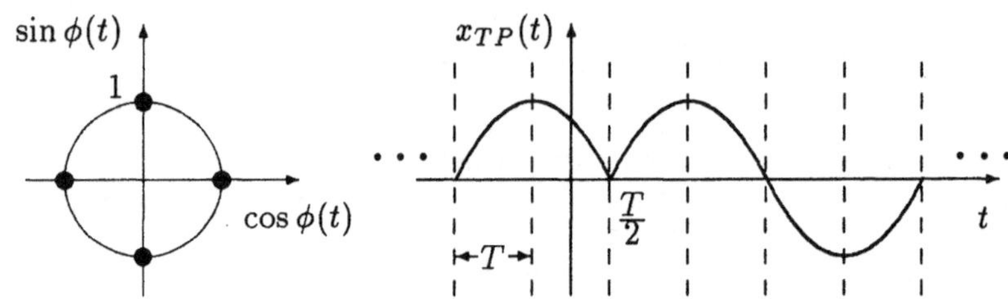

Bild 4.14   CPFSK–Signal für $\{a_k\} = \{F,\ -F,\ F,\ -F,\ -F,\ F,\}$ und $FT = \frac{1}{4}$

Signalsprünge ergeben. Wir wenden uns nun der Frage zu, wie sich das Einführen des Phasengedächtnisses auf das Leistungsdichtespektrum auswirkt. Dieses Gedächtnis führt zu einer aufwendigeren Betrachtung, da benachbarte Symbole nun nicht länger voneinander unabhängig sind, wie es bei der FSK der Fall ist. Die Autokorrelationsfunktion beschreibt diese Abhängigkeit der Symbole untereinander.

Das Tiefpass–Signal

$$x_{TP}(t) = e^{j\sum_{k=-\infty}^{\infty} a_k g(t-kT)}$$

trägt die Nachricht $\{a_k\}$ im Argument der Exponentialfunktion. Hierfür erhalten wir die AKF in der Form

$$\begin{aligned}
\tilde{R}(t, t+\tau) &= \mathrm{E}\{x_{TP}^*(t)x_{TP}(t+\tau)\} \\
&= \mathrm{E}\left\{e^{j\sum_{k=-\infty}^{\infty} a_k\left(g(t+\tau-kT)-g(t-kT)\right)}\right\} \\
&= \mathrm{E}\left\{\prod_{k=-\infty}^{\infty} e^{j a_k d(t-kT,\tau)}\right\} ,
\end{aligned}$$

mit der Differenz der um τ versetzten Phasenpulse

$$d(t - kT, \tau) = g(t + \tau - kT) - g(t - kT) \quad .$$

---

[1] Das rautenförmige Muster erinnert an ein Spaliergitter. Wohl aus diesem Grund trägt diese Darstellung den Namen *trellis*, was die englische Bezeichnung für dieses Gitter ist.

Wie leicht ersichtlich, handelt es sich bei $x_{TP}(t)$ um einen zyklostationären Prozess der Periode T, da für die AKF

$$\tilde{R}(t, t + \tau) = \tilde{R}(t + T, t + T + \tau)$$

gilt.

Hier ist eine kurze Bemerkung angebracht. Im Gegensatz zu stationären Prozessen, bei denen die Wahl des ersten Beobachtungszeitpunkts, t_1, irrelevant und die AKF, $R(t_1, t_2)$, ausschließlich von der Zeitdifferenz, $\tau = t_2 - t_1$, abhängig ist, verhält es sich bei den zyklostationären Prozessen anders. Hierbei ist die AKF in einem besonderen Maße abhängig von dem ersten Beobachtungszeitpunkt und der Zeitdifferenz. Ein Prozess ist zyklostationär oder periodisch stationär, wenn er stationär ist hinsichtlich einer Verschiebung des Zeitbezugs um ganzzahlige Vielfache einer Konstanten, T_p, der Periode des Prozesses. Dies bringt

$$\tilde{R}(t_1, t_2) = \tilde{R}(t_1 - T_p, t_2 - T_p)$$

bzw. mit $t_1 = t$ und $t_2 = t + \tau$

$$\tilde{R}(t, t + \tau) = \tilde{R}(t - T_p, t + \tau - T_p)$$

zum Ausdruck. Die aufgesetzte " $\tilde{}$ " kennzeichnet einen solchen Prozess. Bei dem LDS sind wir an der mittleren Frequenzfunktion interessiert, so wie bei der AKF oft die mittlere Zeitfunktion nur in Abhängigkeit von τ von Belang ist. Dies bedeutet, dass der zeitliche Mittelwert zu berechnen ist, der sich durch die Integration über eine Periode ergibt, wie es

$$R(\tau) = \frac{1}{T_p} \int_{T_p} \tilde{R}(t, t + \tau) dt$$

angibt. Hierin ist die Periode identisch mit dem Symbolintervall.

Bei dem weiteren Vorgehen unterscheiden wir bei der Zeitgröße τ zwischen einem ganzzahligen Vielfachen des Symbolintervalls und einem gebrochenen Teil hiervon, d.h. $\tau = mT + \tau'$ mit $m = 0, \pm 1, \pm 2, \cdots$. Zunächst wird für $m = 0$ die Differenz $d(t, \tau') = g(t + \tau') - g(t)$ ermittelt. Die Situation ist in Bild 4.15 dargestellt. Als Extremfälle liegen $\tau' = 0$ und $\tau' = T$ vor. Für den ersteren ist $d(t, 0) = 0$, im zweiten Fall ergibt sich ein Dreieck der Höhe $2\pi T$ und der Basis $2T$, d.h. von $-T$ bis T, also

$$d(t, T) = 2\pi T \; \Lambda\left(\frac{t + \frac{T}{2}}{T}\right) \quad .$$

Wenn wir davon ausgehen, dass unter den Elementen der Folge $\{a_k\}$ keine Abhängigkeit besteht, erhalten wir für die AKF

$$\begin{aligned}
\tilde{R}(t, t + \tau) &= \prod_{k=-\infty}^{\infty} \mathrm{E}\left\{e^{j a_k d(t - kT, \tau)}\right\} \\
&= \mathrm{E}\left\{e^{j a_0 d(t, \tau)}\right\} \cdot \mathrm{E}\left\{e^{j a_1 d(t - T, \tau)}\right\} \quad ,
\end{aligned}$$

da sich lediglich direkte Nachbarn in dem interessierenden Bereich $[-T/2, T/2]$ beeinflussen, wie es in Bild 4.16 für a_0 und a_1 dargestellt ist. Die Wahl des Startpunkts der

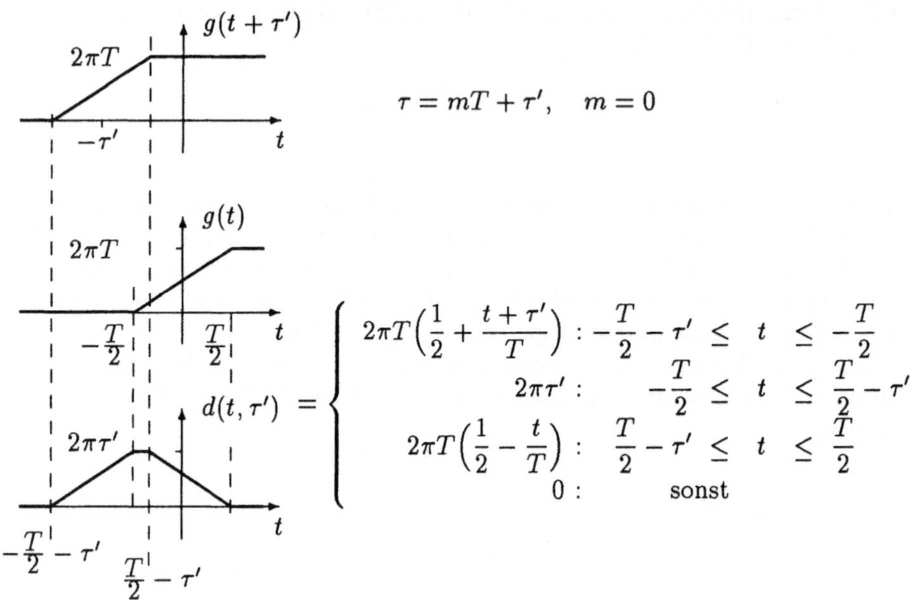

$$\tau = mT + \tau', \quad m = 0$$

$$d(t,\tau') = \begin{cases} 2\pi T\left(\dfrac{1}{2} + \dfrac{t+\tau'}{T}\right) : & -\dfrac{T}{2} - \tau' \leq t \leq -\dfrac{T}{2} \\[2mm] 2\pi\tau' : & -\dfrac{T}{2} \leq t \leq \dfrac{T}{2} - \tau' \\[2mm] 2\pi T\left(\dfrac{1}{2} - \dfrac{t}{T}\right) : & \dfrac{T}{2} - \tau' \leq t \leq \dfrac{T}{2} \\[2mm] 0 : & \text{sonst} \end{cases}$$

Bild 4.15   Zur Autokorrelationsfunktion für $m = 0$

Mittelung ist ohne Belang, solange über eine Periode integriert wird. Wir wählen als Startpunkt $-T/2$. Damit erhalten wir für die AKF

$$\tilde{R}(t,t+\tau) - \begin{cases} \mathrm{E}\left\{e^{j a_0 2\pi\tau'}\right\} \cdot \mathrm{E}\left\{e^{j0}\right\} & : -\dfrac{T}{2} \leq t \leq \dfrac{T}{2} - \tau' \\[3mm] \mathrm{E}\left\{e^{j a_0 2\pi T\left(\frac{1}{2} - \frac{t}{T}\right)}\right\} \cdot \mathrm{E}\left\{e^{j a_1 2\pi T\left(\frac{1}{2} - \frac{t}{T} + \frac{\tau'}{T}\right)}\right\} \\[3mm] \qquad\qquad\qquad\qquad\qquad : \dfrac{T}{2} - \tau' \leq t \leq \dfrac{T}{2} \end{cases}$$

Die Elemente der Folge a_k mit $k = 0, \pm 1, \pm 2, \cdots$ sind Zufallsvariable, für die die Wahrscheinlichkeitsdichtefunktion bekannt ist. Für den betrachteten binären Fall ist $a_k \in \{-F, F\}$ mit den Auftrittswahrscheinlichkeiten $P[F] = P[-F] = 1/2$, sodass sich die WDF, $p_{a_k}(A)$, somit zu

$$p_{a_k}(A) = \frac{1}{2}\,\delta(A + F) + \frac{1}{2}\,\delta(A - F)$$

ergibt. Im vorliegenden Fall bietet sich für den weiteren Verlauf der Herleitung die charakteristische Funktion der ZV a_k an, die allgemein durch

$$\Phi_{a_k}(S) = \mathrm{E}\left\{e^{j2\pi S a_k}\right\} = \int_{-\infty}^{\infty} p_{a_k}(A) e^{-j2\pi S A}\, dA$$

angegeben ist. Das Zufallsverhalten eines Elements, z.B. a_0, ist vergleichbar mit dem eines anderen, wie etwa a_1, da die WDF gleich sind. Somit erhalten wir, losgelöst von

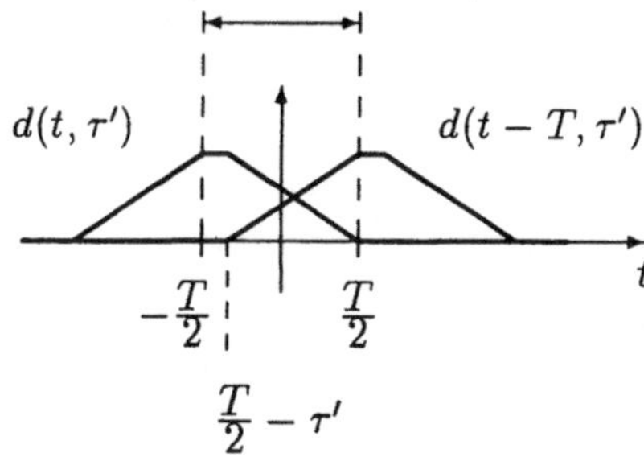

Bild 4.16 Gegenseitige Beeinflussung von direkten Nachbarn für $m = 0$

einem bestimmten Element, für ein beliebiges der Folge, a_k,

$$\begin{aligned}
\Phi_{a_k}(S) &= \frac{1}{2}\,e^{j2\pi FS} + \frac{1}{2}\,e^{-j2\pi FS} \\
&= \cos 2\pi FS
\end{aligned}$$

und weiterhin für die AKF

$$\tilde{R}(t, t+\tau) = \begin{cases} \Phi_{a_k}(\tau') & : \quad -\frac{T}{2} \le t \le \frac{T}{2} - \tau' \\[2mm] \Phi_{a_k}\left(\frac{T}{2} - t\right)\,\Phi_{a_k}\left(-\frac{T}{2} + \tau' + t\right) & : \quad \frac{T}{2} - \tau' \le t \le \frac{T}{2} \end{cases} .$$

Als Nächstes ermitteln wir die AKF für den Fall, dass die Werte von τ über das Symbolintervall hinausgehen. Dies beschreibt $\tau = mT + \tau'$, wobei $m > 0$ sein soll. Der Faktor m stellt hierbei des Gedächtnis des Phasenverlaufs dar. Der Ausgangspunkt der Betrachtung ist

$$\tilde{R}(t, t+\tau) = \prod_{k=-\infty}^{\infty} \mathrm{E}\left\{ e^{ja_k d(t-kT, mT+\tau')} \right\} .$$

Bild 4.17 zeigt die Situation. Der trapezförmige Verlauf von $d(t, mT+\tau')$ wird jeweils um T nach rechts verschoben, bis keine Überlappung von der unverschobenen Version mit einer verschobenen mehr vorliegt. Wir erkennen, dass umso mehr Schritte erforderlich sind, je größer m ist. Das betrachtete Intervall $[-T/2, T/2]$ ist aufgeteilt in die Bereiche $[-T/2, T/2 - \tau']$ und $[T/2 - \tau', T/2]$. Im Bereich $[-T/2, T/2 - \tau']$ sind $d(t, mT+\tau')$, $(m-1)$-mal das konstante Plateau mit dem Wert $2\pi T$ und der Anteil von $d(t - mT, mT+\tau')$ zu berücksichtigen. Für den Bereich $[T/2 - \tau', T/2]$ liegen $d(t, mT+\tau')$, m-mal das Plateau sowie $d(t - (m+1)T, mT+\tau')$ zur Betrachtung an. Als Ergebnis erhalten wir

$$\tilde{R}(t, t+\tau) = \begin{cases} \Phi_{a_k}\left(\frac{T}{2} - t\right) \cdot \Phi_{a_k}^{m-1}(T) \cdot \Phi_{a_k}\left(\frac{T}{2} + \tau' + t\right) \\[1mm] \qquad\qquad\qquad\qquad : \ -\frac{T}{2} \le t \le \frac{T}{2} - \tau' \\[3mm] \Phi_{a_k}\left(\frac{T}{2} - t\right) \cdot \Phi_{a_k}^{m}(T) \cdot \Phi_{a_k}\left(-\frac{T}{2} + \tau' + t\right) \\[1mm] \qquad\qquad\qquad\qquad : \ \frac{T}{2} - \tau' \le t \le \frac{T}{2} \end{cases} .$$

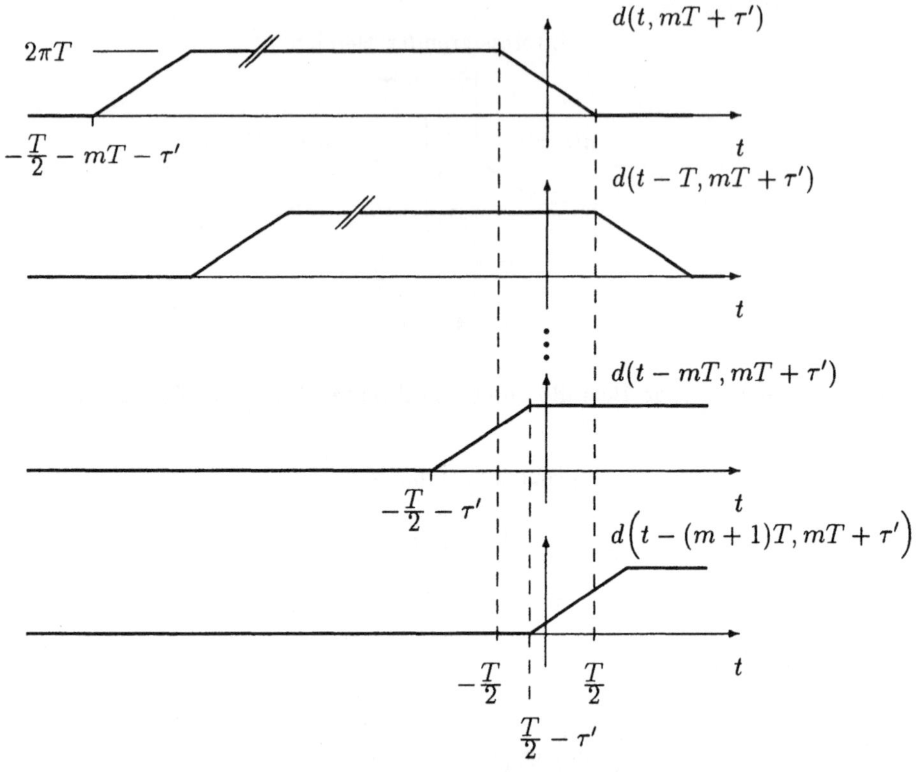

Bild 4.17   Zur Autokorrelationsfunktion für $m \neq 0$

Die mittlere AKF erhalten wir durch Mittelung über das Zeitintervall $[-T/2,\ T/2]$,

$$R(\tau) = \frac{1}{T} \int_{-T/2}^{T/2} \tilde{R}(t, t+\tau)\,dt \quad .$$

Das Ergebnis der Integration zeigt der folgende Ausdruck. Für die AKF gilt die Symmetriebedingung $R(\tau) = R^*(-\tau) = R(-\tau)$ und für positive Werte von $\tau = mT + \tau'$

$$R(\tau) = \begin{cases} \left(1 - \dfrac{\tau'}{2T}\right)\cos 2\pi F\tau' + \dfrac{1}{2}\dfrac{1}{2\pi FT}\sin 2\pi F\tau' \\[2mm] \hspace{5cm} :\ m = 0,\ 0 \leq \tau' \leq T \\[4mm] \dfrac{1}{2}\left(\dfrac{\cos^m 2\pi FT}{2\pi FT}\sin 2\pi FT + \cos^m 2\pi FT\right)\cos 2\pi F\tau' \\[3mm] \hspace{1.5cm} -\dfrac{1}{2}\left(1 - \dfrac{\tau'}{T}\right)\cos^{m-1} 2\pi FT \sin 2\pi FT \sin 2\pi F\tau' \\[2mm] \hspace{5cm} :\ m > 0,\ 0 \leq \tau' \leq T \quad . \end{cases}$$

Ein Beispiel soll die AKF veranschaulichen. Wie in [Pap84] in dem Abschnitt über Modulation durch stochastische Prozesse erkennen wir für $FT = 1$ einen Verlauf, wie in

Bild 4.18 dargestellt. Dieser setzt sich aus einer Einhüllenden und einem Eintonsignal der Frequenz F zusammen. Die Einhüllende fällt linear im Bereich $[0,\,T]$ ab, um dann konstant auf dem Wert $1/2$ zu verbleiben. Für $FT = 0{,}65$ verhält es sich anders. Hierbei klingt die AKF mit wachsendem τ ab. Zwischen diesen beiden Fällen unterscheiden wir bei der Herleitung des LDS. Die nicht abklingende Schwingung für $FT = 1$ deutet darauf hin, dass das LDS hierfür einen linienförmigen Spektralanteil beinhaltet, was bei dem anderen Fall nicht zu erwarten ist.

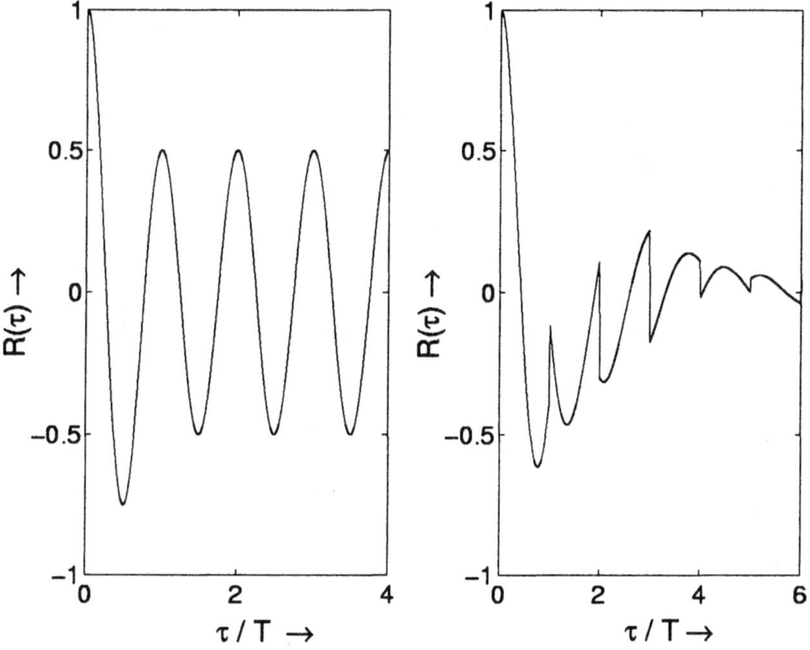

Bild 4.18   Autokorrelationsfunktion für $FT = 1$ (links) und $FT = 0{,}65$ (rechts)

Zur Herleitung des LDS betrachten wir (nach [Pro89] oder [Lsw68]) den Fall für $m > 0$. Die AKF ist hierfür nach kurzer Umformung

$$
R(\tau) = \begin{cases}
\Phi_{a_k}^{m-1}(T)\dfrac{1}{T}\displaystyle\int_{-T/2}^{T/2}\Phi_{a_k}\left(\frac{T}{2}-t\right)\Phi_{a_k}\left(\frac{T}{2}+\tau'+t\right)dt \\[4pt]
\hphantom{\Phi_{a_k}^{m-1}(T)} : \; -\dfrac{T}{2} \le t \le \dfrac{T}{2}-\tau' \\[10pt]
\Phi_{a_k}^{m-1}(T)\dfrac{1}{T}\Phi_{a_k}(T)\displaystyle\int_{-T/2}^{T/2}\Phi_{a_k}\left(\frac{T}{2}-t\right)\Phi_{a_k}\left(-\frac{T}{2}+\tau'+t\right)dt \\[4pt]
\hphantom{\Phi_{a_k}^{m-1}(T)} : \; \dfrac{T}{2}-\tau' \le t \le \dfrac{T}{2} \quad .
\end{cases}
$$

Unter Berücksichtigung der Symmetrieeigenschaften der AKF gilt

$$
S(f) = 2 \cdot \mathrm{Re}\left\{ \int_0^{\infty} R(\tau)\,e^{-j2\pi f\tau}d\tau \right\} \quad ,
$$

in dem das Integral in zwei Intervalle aufteilbar ist,

$$\int_0^\infty R(\tau)\, e^{-j2\pi f\tau}d\tau = \int_0^T R(\tau)\, e^{-j2\pi f\tau}d\tau + \int_T^\infty R(\tau)\, e^{-j2\pi f\tau}d\tau \quad .$$

Für das zweite Integral auf der rechten Seite ist

$$\begin{aligned}
\int_T^\infty R(\tau)\, e^{-j2\pi f\tau}d\tau &= \sum_{m=1}^\infty \int_{mT}^{(m+1)T} R(\tau)\, e^{-j2\pi f\tau}d\tau \\
&= \sum_{m=1}^\infty \int_0^T R(mT+\tau')\, e^{-j2\pi f(mT+\tau')}d\tau' \quad ,
\end{aligned}$$

wobei $R(mT + \tau')$ als Produkt von $\Phi_{a_k}^{m-1}(T)$ und einem Restanteil $\rho(\tau')$ geschrieben werden kann und dieser durch

$$\rho(\tau') = \begin{cases}
\dfrac{1}{T}\displaystyle\int_{-T/2}^{T/2}\Phi_{a_k}\!\left(\dfrac{T}{2}-t\right)\Phi_{a_k}\!\left(\dfrac{T}{2}+\tau'+t\right)dt \\[4pt]
\qquad\qquad\qquad\qquad\qquad : \ -\dfrac{T}{2} \le t \le \dfrac{T}{2}-\tau' \\[12pt]
\dfrac{1}{T}\Phi_{a_k}(T)\displaystyle\int_{-T/2}^{T/2}\Phi_{a_k}\!\left(\dfrac{T}{2}-t\right)\Phi_{a_k}\!\left(-\dfrac{T}{2}+\tau'+t\right)dt \\[4pt]
\qquad\qquad\qquad\qquad\qquad : \ \dfrac{T}{2}-\tau' \le t \le \dfrac{T}{2} \quad .
\end{cases}$$

gegeben ist. Für das betrachtete Integral erhalten wir dann

$$\sum_{m=1}^\infty \Phi_{a_k}^{m-1}(T)\, e^{-j2\pi f(m-1)T} \int_0^T \rho(\tau')\, e^{-j2\pi f(\tau'+T)}d\tau' \quad ,$$

und erkennen, dass der Ausdruck vor dem Integral für $|\Phi_{a_k}(T)| < 1$ umgeschrieben werden kann zu

$$\sum_{m=0}^\infty \left(\Phi_{a_k}(T)\, e^{-j2\pi fT}\right)^m = \frac{1}{1-\Phi_{a_k}(T)\, e^{-j2\pi fT}} \quad .$$

Letztlich ergibt sich

$$\int_T^\infty R(\tau)\, e^{-j2\pi f\tau}d\tau = \frac{\int_0^T \rho(\tau')\, e^{-j2\pi f(\tau'+T)}d\tau'}{1-\Phi_{a_k}(T)\, e^{-j2\pi fT}} \quad .$$

Zur weiteren Betrachtung sehen wir uns den Restanteil an. Dieser ist $\rho(\tau') = R(T+\tau')$, da sich für ein gegebenes l der augenblickliche Wert der AKF durch das Produkt

$$\tilde{R}(t, t+lT+\tau) = \Phi_{a_k}^l(T) \cdot \underbrace{\tilde{R}(t, t+\tau)}_{T \le \tau \le 2T}$$

beschreiben lässt. Damit ist der letzte Schritt

$$\int_T^\infty R(\tau)\, e^{-j2\pi f\tau}d\tau = \frac{\int_T^{2T} R(\tau')\, e^{-j2\pi f\tau'}d\tau'}{1-\Phi_{a_k}(T)\, e^{-j2\pi fT}}$$

und wir erhalten für das LDS

$$S(f) = 2 \cdot \mathrm{Re}\left\{ \int_0^T R(\tau')\,e^{-j2\pi f\tau'}\,d\tau' + \frac{\int_T^{2T} R(\tau')\,e^{-j2\pi f\tau'}\,d\tau'}{1 - \Phi_{a_k}(T)\,e^{-j2\pi fT}} \right\} \quad .$$

Nach Durchführen der Integration stellt sich das Ergebnis für das LDS nach [Pro89] in kompakter Form folgendermaßen dar,

$$S(f) = \frac{T}{2}\left(\sum_{k=1}^{2} A_k^2(f) + \sum_{k=1}^{2}\sum_{l=1}^{2} B_{kl}(f)A_k(f)A_l(f) \right) \quad ,$$

wobei

$$A_k(f) = \mathrm{si}\left(\pi\Big(f - (2k-3)F \Big)T \right)$$

$$B_{kl}(f) = \frac{\cos(2\pi fT - a_{kl}) - \cos 2\pi FT \cos a_{kl}}{1 - 2\cos 2\pi FT \cos 2\pi fT + \cos^2 2\pi FT}$$

$$a_{kl} = (k + l - 3) \cdot 2\pi FT \quad .$$

Ein Fall wurde bereits erwähnt, aber noch nicht behandelt. Was passiert, wenn $\Phi_{a_k}(T) = 1$ ist? Hierfür ist

$$\sum_{m=0}^{\infty} \left(\Phi_{a_k}(T)\,e^{-j2\pi fT} \right)^m = \sum_{m=0}^{\infty} e^{-j2\pi fmT}$$

und diesen Ausdruck im Zeitbereich besehen ergibt

$$\sum_{m=0}^{\infty} \delta(\tau - mT) = \frac{1}{2}\left(\delta(\tau) + \frac{1}{T}\,\mathrm{III}\Big(\frac{\tau}{T}\Big) \right) + \frac{1}{2}\,\mathrm{sgn}(\tau) \cdot \frac{1}{T}\,\mathrm{III}\Big(\frac{\tau}{T}\Big) \quad .$$

Zurück im Frequenzbereich erhalten wir

$$\sum_{m=0}^{\infty} e^{-j2\pi fmT} = \frac{1}{2} + \frac{1}{2}\,\mathrm{III}\Big(\frac{f}{1/T}\Big) - j\frac{1}{2} \cdot \frac{1}{\pi f} * \mathrm{III}\Big(\frac{f}{1/T}\Big) \quad ,$$

wobei das Faltungsprodukt ohne den Vorfaktor $j/2$ nach [Ast72] im Abschnitt über elementare transzendente Funktionen gleich $\cot \pi fT$ ist. Dies ist der Grund, warum im LDS Spektrallinien auftreten können. Weil sich der Wertebereich des Winkels von minus unendlich bis plus unendlich erstreckt, ergeben sich die Linien im Spektrum. Beschränken wir uns auf den Bereich $(-\pi, \pi]$, entfernen also (oft aus Gründen der Darstellung) ganzzahlige Vielfache von 2π von dem Winkel, treten die Linien nicht mehr auf. Dieser Fall ist z.B. zu beobachten, wenn FT ein ganzzahliges Vielfaches von 1 ist. Bild 4.19 zeigt die LDS für $FT = 1$ und 0,65, deren AKF in Bild 4.18 dargestellt sind.

Für den Sonderfall $\cos 2\pi FT = 1$ können wir das CPFSK–Signal als ASK–Signal mit dem nachrichtentragenden Puls

$$g'(t) = \sin\left(2\pi F\Big(t + \frac{T}{2} \Big) \right)$$

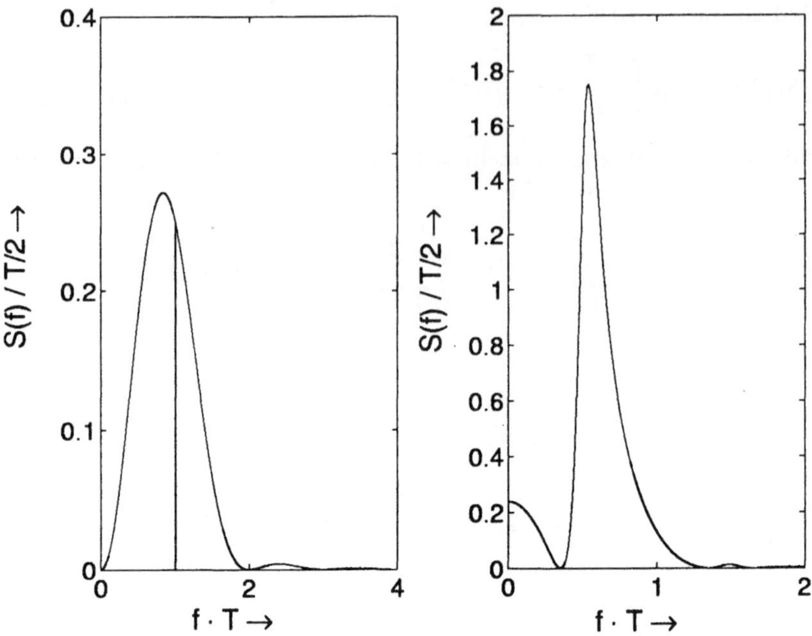

Bild 4.19   Leistungsdichtespektrum für $FT = 1$ (links) und $FT = 0{,}65$ (rechts)

interpretieren. Die AKF hierfür ist dann

$$R'(\tau) = \begin{cases} \dfrac{T}{2}\left(1 - \dfrac{\tau}{T}\right) \cos 2\pi F\tau + \dfrac{1}{2}\,\dfrac{1}{2\pi FT}\sin 2\pi F\tau & : \quad 0 \leq \tau \leq T \\ 0 & : \quad \tau > T \end{cases}.$$

Wir erkennen, dass der Zusammenhang zwischen dem Phasensignal ohne Wertebeschränkung, $R(\tau)$, und dem mit der Beschränkung auf $-\pi \leq \phi(t) < \pi$, $R'(\tau)$, durch

$$R'(\tau) = R(\tau) - \frac{1}{2}\cos 2\pi F\tau$$

gegeben ist. Der Faktor T ist hier ohne Belang, da er sich bei der Mittelung über eine Periode, also T, aufhebt. Das LDS für dieses polare ASK–Signal ist bekanntlich

$$S'(f) = \frac{1}{T}\,\mathcal{F}\{R'(\tau)\}$$

und entspricht dem LDS $S(f)$, allerdings ohne Spektrallinien bei $f = \pm F$. Bild 4.20 zeigt das LDS verschiedener CPFSK–Signale.

Ein Fall von praktischer Relevanz ist der mit $FT = 1/4$, wie er im Zeitbereich in Bild 4.14 dargestellt ist. Auch dieser Fall kann als ein ASK–Signal, hier mit

$$g'(t) = \sin\left(2\pi F(t + T)\right) \cdot \Pi\left(\frac{t}{2T}\right)$$

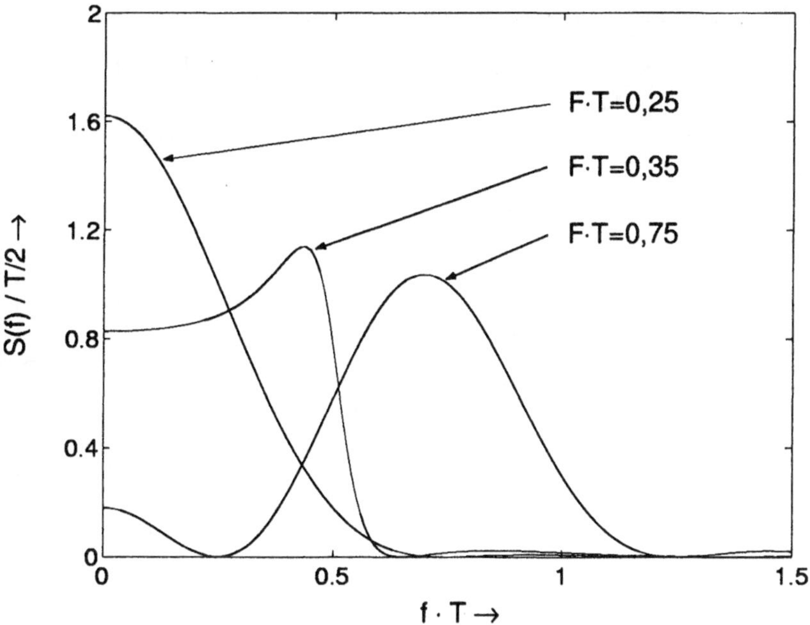

Bild 4.20   Leistungsdichtespektren von CPFSK–Signalen

angesehen werden. Der Vergleich der Spektren des FSK–Signals ohne kontinuierlichem Phasenverlauf, dessen Zeitsignal Bild 4.11 zeigt, nämlich

$$S_{FSK}(f) = \frac{T}{4}\left(\text{si}^2\Big(\pi(f - F)T\Big) + \text{si}^2\Big(\pi(f + F)T\Big)\right) \quad ,$$

und dem mit, $S(f) = S'(f)$, zeigt den Vorteil auf. Die Bandbreite für den zuletzt genannten Fall ist erheblich geringer als die des ersten. Man nennt diesen Fall MSK (engl.: *minimum shift keying*), wobei minimal im Sinne von Trennbarkeit zu verstehen ist. Am Empfangsort muss zwischen den Pulsen

$$g^{(+)}(t) = \sin\left(2\pi f_T t + 2\pi F\left(t + \frac{T}{2}\right)\right) \cdot \Pi\Big(\frac{t}{T}\Big)$$

und

$$g^{(-)}(t) = \sin\left(2\pi f_T t - 2\pi F\left(t + \frac{T}{2}\right)\right) \cdot \Pi\Big(\frac{t}{T}\Big)$$

unterschieden werden. Ein Unterscheidungskriterium hierzu ist der Korrelationskoeffizient

$$\gamma = \frac{1}{T} \int_{-T/2}^{T/2} g^{(+)}(t)g^{(-)}(t)\,dt \quad ,$$

der ausgewertet

$$\gamma = \frac{1}{2}\,\text{si}\,(4\pi FT) - \frac{1}{2}\,\text{si}\,(2\pi f_T T)$$

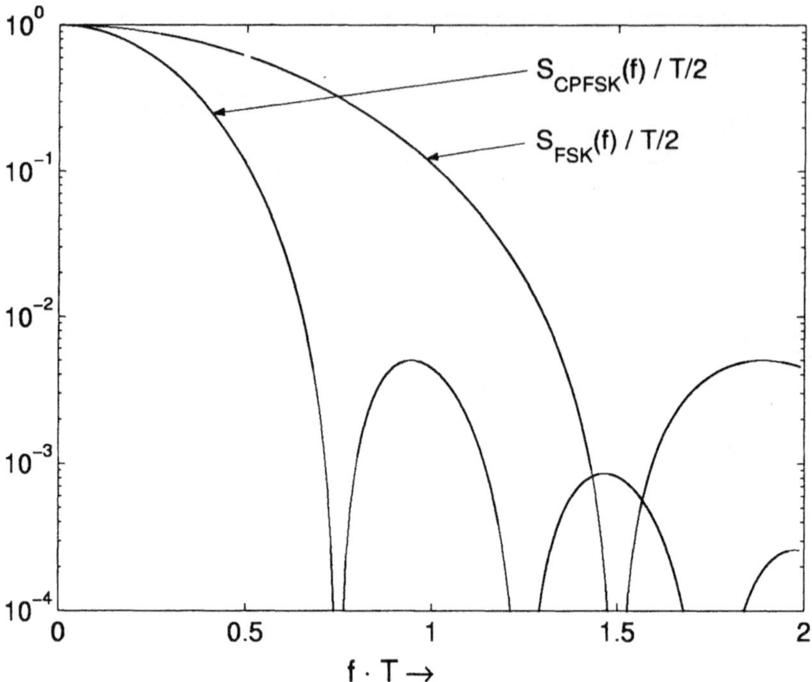

Bild 4.21   Vergleich der LDS für $FT = 1/4$, bezogen auf den Maximalwert

ergibt. Der zweite Term ist gleich null für f_T als ein ganzzahliges Vielfaches der Symbolrate oder näherungsweise gleich null für $f_T T \gg 1$. Der erste Term ist gleich null, wenn für den Frequenzhub

$$F = l \cdot \frac{1}{4T}, \quad l = 1, 2, 3, \cdots$$

gilt. Für $l = 1$ liegt dann der minimale Frequenzhub bei einem vorgegebenen Symbolintervall vor, sodass wir von einer MSK sprechen können. Für $FT = 1/4$ liegt zwar ein CPFSK– oder nun anders ausgedrückt ein MSK–Signal vor, das den nichtlinearen Modulationsarten zugehört. Für diesen Sonderfall trifft jedoch auch die Interpretation als eine ASK zu, womit wir leicht für das LDS

$$S_{MSK}(f) = \frac{1}{2T} \left| \mathcal{F}\left\{ \left(\sin 2\pi F t * \delta(t + T) \right) \cdot \Pi\left(\frac{t}{2T}\right) \right\} \right|^2$$

$$= \frac{T}{2} \cdot \pi^2 \frac{\cos^2 2\pi F t}{\left((2\pi f T)^2 - (\frac{\pi}{2})^2 \right)^2}$$

erhalten. Der Maximalwert für diese CPSK–Frequenzfunktion liegt bei $f = 0$ vor und beträgt $T/2 \cdot 16/\pi^2$, wie wir es auch Bild 4.21 entnehmen können. Der Maximalwert des FSK–Spektrums ist halb so groß. Bei dem Abstand der Nullstellen verhält es sich umgekehrt. Bei der FSK ist die erste Nullstelle bei $fT = 1{,}5$, die folgenden im Abstand

$fT = 1$. Die Nullstellen bei der CPFSK sind bei den halben Werten von denen der FSK zu finden.

Die bisher betrachteten Verfahren basieren auf einem rampenförmigen Phasenpuls und damit auf einer rechteckförmigen Frequenzumtastung, was einen relativ großen Bandbreitebedarf dieses Signals bedeutet. Um die Bandbreite zu reduzieren, ist eine weiche Umtastung erforderlich. Darunter verstehen wir einen eher gemächlichen Übergang von einem Wert zu dem nächsten, sprunghafte Änderungen finden hierbei nicht statt. Die Realisierung geschieht durch eine Kettenschaltung des Filters mit rechteckförmiger Impulsantwort und eines Filters zur Flankenformung. In praktischen Systemen finden wir oft ein solches Filter mit einer gaußförmigen Impulsantwort. Da hier MSK–Signale durch das Gauß–Filter modifiziert werden, spricht man von GMSK-Signalen (engl.: *Gaussian minimum shift keying*). Der resultierende Frequenzpuls ist damit durch

$$q'_G(t) = \Pi\left(\frac{t}{T}\right) * e^{-\pi\left(\frac{t}{D}\right)^2}$$

gegeben. Hierin stellt D die Ausdehnung der Impulsantwort im Zeitbereich dar. Mit Hilfe der Q-Funktion erhalten wir

$$q'_G(t) = D \cdot \left(Q\left(\frac{\sqrt{2\pi}}{D}\left(t - \frac{T}{2}\right)\right) - Q\left(\frac{\sqrt{2\pi}}{D}\left(t + \frac{T}{2}\right)\right)\right) \quad .$$

Im Frequenzbereich ergibt sich

$$Q'_G(f) = T \, \mathrm{si}(\pi f T) \cdot D \, e^{-\pi(Df)^2} \quad ,$$

womit wir die 3 dB–Bandbreite, B, einführen. Mit $Q'_G(B) = Q'_G(0)/\sqrt{2}$ erhalten wir den Zusammenhang zwischen Bandbreite und Dauer

$$BD = \sqrt{\frac{\ln 2}{2\pi}} \quad .$$

Das Produkt BT stellt einen Parameter zur weiteren Beschreibung des Signals dar. Nach einer Umnormierung und der Einführung von BT ergibt sich der Frequenzpuls zu

$$q_G(t) \;=\; Q\left(\frac{2\pi BT}{\sqrt{\ln 2}}\left(\frac{t}{T} - \frac{1}{2}\right)\right) - Q\left(\frac{2\pi BT}{\sqrt{\ln 2}}\left(\frac{t}{T} + \frac{1}{2}\right)\right)$$

$$\updownarrow$$

$$Q_G(f) \;=\; T \, \mathrm{si}(\pi f T) \cdot e^{-\frac{\ln 2}{2}\left(\frac{f}{B}\right)^2} \quad .$$

Bild 4.22 zeigt Verläufe von $q_G(t)$ und $Q_G(f)$ für $BT = 0{,}3$ und $0{,}5$ und 10. Für große Werte von BT nähert sich $q_G(t)$ dem rechteckförmigen Verlauf an. Die Frequenzfunktion ist nahezu si–förmig, ein kurzer Auszug hiervon ist dargestellt. Bei kleiner werdendem Faktor BT nimmt die Welligkeit der Funktion im Frequenzbereich ab. Bei der Bandbreite verhält es sich genauso. Die gewählten Werte sind in der Praxis bei GSM[2] mit $BT = 0{,}3$ und bei DECT[3] mit 0,5 vorzufinden. Wir erkennen am Verlauf im Zeitbe-

---

[2] Global System for Mobile Communications
[3] Digital European Cordless Telephone

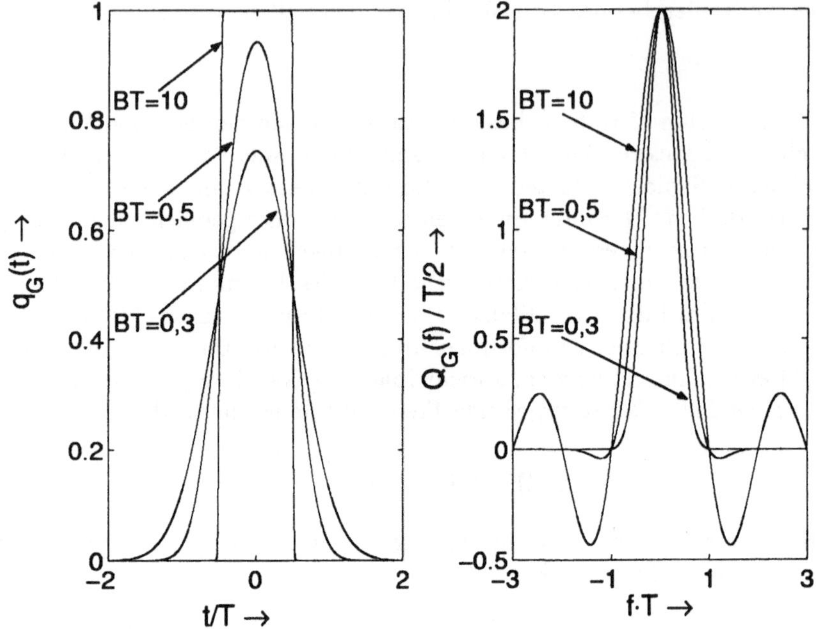

Bild 4.22   GMSK–Puls

reich eine Dauer des Pulses, die sich jeweils für die gewählten Werte für BT im Bereich $[-2T, 2T]$ bewegt. Eine Folge ist die gegenseitige Beeinflussung benachbarter Elemente des Frequenzalphabets. Symbolinterferenzfreiheit liegt bei den gezeigten Verläufen nur bei dem rechteckförmigen Verlauf vor. Der Vorteil des geringeren Bandbreitebedarfs muss mit dem Auftreten von ISI erkauft werden. Die Auswirkung der Pulsformung auf den zeitlichen Verlauf des GMSK–Signals zeigt Bild 4.23. Das rautenförmige Muster stellt die möglichen Wege dar, auf denen das Phasensignal mit $g(t) = \Pi(t/T)$ verläuft. Die Flankenformung durch das Gauß–Filter bewirkt einen Verlauf, bei dem sich keine sprunghaften Änderungen des Phasensignals ergeben. Von praktischer Bedeutung ist die Bandbreite des GMSK–Signals. Da der verwendete Phasenpuls auf dem gaußschen Fehlerintegral basiert, ist eine geschlossene Lösung für das LDS nicht möglich, sodass auf eine numerische Berechnung zurückzugreifen ist.

Im Fall der CPFSK lag ein rampenförmiger Phasenpuls vor, der in der Zeit von $-T/2$ bis $T/2$ von null bis $2\pi T$ ansteigt. Unterhalb von $-T/2$ weist er den Wert null, oberhalb von $T/2$ den Wert $2\pi T$ auf. Hierfür konnten wir eine Lösung für das LDS finden, die auf der Integration über die Dauer T basiert, wie es

$$S(f) = 2 \cdot \mathrm{Re}\left\{ \int_0^T R(\tau')\,\mathrm{e}^{-j2\pi f\tau'}\,d\tau' + \frac{\int_T^{2T} R(\tau')\,\mathrm{e}^{-j2\pi f\tau'}\,d\tau'}{1 - \Phi_{a_k}(T)\,\mathrm{e}^{-j2\pi fT}} \right\} \quad .$$

darstellt. Bei der GMSK verhält es sich ähnlich. Hier liegt ein Übergang von null bis $2\pi T$ mit guter Näherung im Bereich $[-2T, 2T]$ vor. Erstreckt sich der Übergang über N Symbole anstelle von einem, findet sich dies in den Integrationsgrenzen wieder. Das

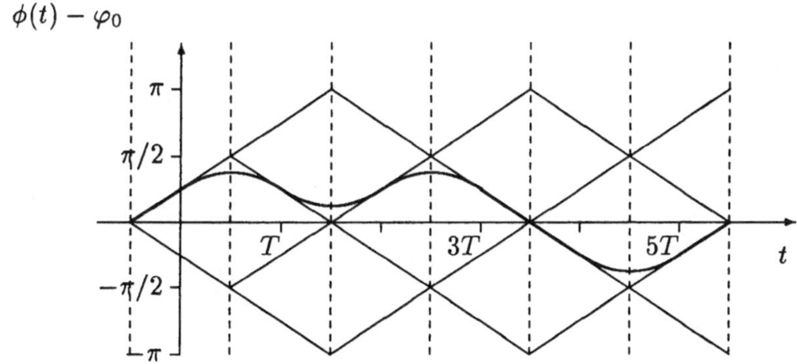

Bild 4.23   GMSK–Signal für $\{a_k\} = \{1,\ -1,\ 1,\ -1,\ -1,\ 1,\}$

LDS ist dann durch

$$S_{GMSK}(f) = 2 \cdot \mathrm{Re}\left\{ \int_0^{NT} R(\tau')\,\mathrm{e}^{-j2\pi f\tau'}\,d\tau' + \frac{\int_{NT}^{(N+1)T} R(\tau')\,\mathrm{e}^{-j2\pi f\tau'}\,d\tau'}{1 - \Phi_{a_k}(T)\,\mathrm{e}^{-j2\pi fT}} \right\} \quad .$$

beschrieben. Das links stehende Integral deckt den Übergangsbereich, das rechts stehende den konstanten Teil des Phasenpulses ab. Die charakteristische Funktion, ausgewertet an der Stelle T, $\Phi_{a_k}(T)$, ist wegen $FT = 1/4$ gleich null. Damit ergibt sich der Ausdruck

$$S_{GMSK}(f) = 2 \cdot \mathrm{Re}\left\{ \int_0^{(N+1)T} R(\tau)\,\mathrm{e}^{-j2\pi f\tau}d\tau \right\} \quad ,$$

der numerisch ausgewertet das in Bild 4.24 dargestellte LDS aufweist[4]. Für den vorliegenden Fall ist $N = 4$. Die AKF klingt in beiden Fällen mit wachsendem τ schnell ab. Das LDS zeigt ein ähnliches Verhalten. Es fällt schnell kontinuierlich bis zu einem gewissen Punkt ab, weist ein kurzes Aufklingen auf, um dann weiter abzunehmen.

Die praktische Bandbreite liegt unterhalb der Symbolrate. Der Unterschied zwischen der MSK (CPFSK mit $FT = 1/4$) und der GMSK wird durch Vergleich der Spektren ersichtlich. In Bild 4.21 ist die Frequenzfunktion für die MSK dargestellt. Diese weist viele Nebenzipfel auf, die zudem relativ schwach abklingen. Durch die Flankenformung fallen die Nebenmaxima erheblich stärker ab. Dies besagt, dass das GMSK–Verfahren effizienter mit den verfügbaren Ressourcen im Frequenzbereich umgeht als das MSK–Verfahren. Weitere Punkte zu den numerischen Methoden sind in [Kam92] zu finden.

Bisher haben wir die Modulatoren behandelt, die dem Nachrichtensignal entsprechend die Einhüllende oder aber die Phase bzw. Frequenz beeinflussen. Der folgende Abschnitt hat die Demodulatoren zum Inhalt, deren Aufgabe es ist, dem empfangenen Signal die

---

[4] Hinweis: Für größer werdende Frequenzen, f, ist eine feinere Auflösung der Integrationsvariablen zu wählen. Es hat sich als sinnvoll herausgestellt, für diese Frequenzen zwischen den Punkten der in einem Abstand $\Delta\tau$ vorliegenden zeitdiskreten AKF zu interpolieren.

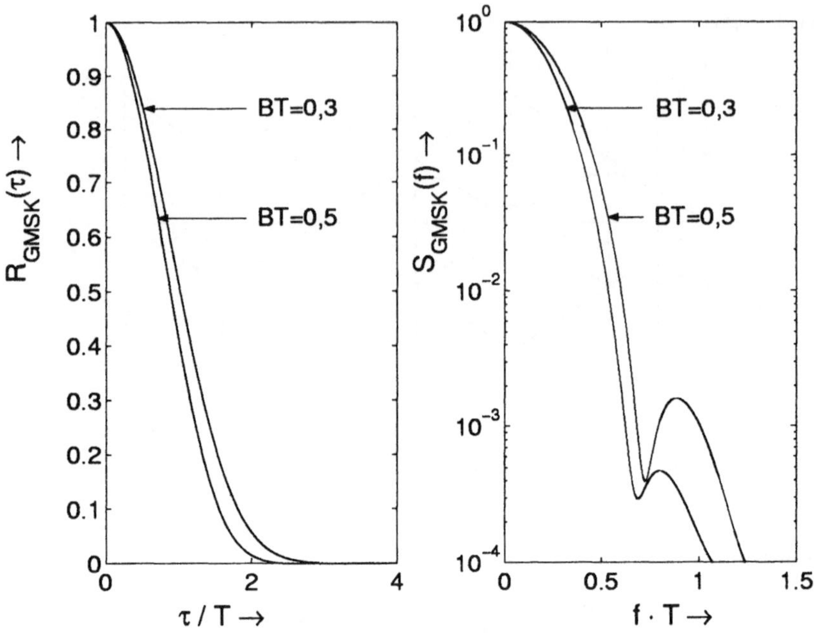

Bild 4.24   AKF und LDS von GMSK–Signalen

übertragene Nachricht zu entziehen. Wir unterscheiden dabei zwischen der kohärenten
und der nichtkohärenten Demodulation. In beiden Fällen kommen in den betrachteten
Demodulatorstrukturen Optimalfilter zur Anwendung.

4.3   Kohärente Demodulation

4.3.1   Signalsituation

Wie bemerkt, basieren die betrachteten Demodulatoren auf dem Einsatz von signalangepassten Filtern oder Korrelatoren. Die im Kapitel über Nachrichtensignale im Basisband
erarbeiteten Ergebnisse zu dieser Thematik sollen an dieser Stelle noch einmal nun unter
Berücksichtigung des Trägersignals kurz zusammengefasst werden.

Das empfangene Bandpass–Signal, $r_{BP}(t)$, gelangt, wie in Bild 4.25 zu erkennen ist,
zuerst zu einer Mischstufe, die das komplexe Trägersignal zuführt. Hiermit wird zugleich
eine Aufspaltung in den Inphasen– und den Quadraturphasenanteil durchgeführt. Das
Signal $r(t)$ liegt dann in komplexer Form vor, es beinhaltet einen TP– und einen BP–
Anteil bei der doppelten Trägerfrequenz. Wir nehmen zunächst einen binärer Fall an, bei
dem die beiden Elemente, a_0 und a_1, des verwendeten Alphabets gleichwahrscheinlich
sind, also $P[a_0] = P[a_1] = 1/2$ gilt. Der Puls $g_I(t)$ trägt das Element a_0, $g_Q(t)$ das
Element a_1. Die Symbolrate ist T. Wir gehen von Intersymbolinterferenzfreiheit aus,
d.h. außerhalb der Dauer T sind die verwendeten Pulse gleich null. Die Symbolkette $\{a_k\}$

bewirkt eine im Abstand T vorliegende Pulskette, die das Sendesignal formen. Der Kanal sei ideal und wirke sich lediglich dadurch aus, dass er dem Sendesignal ein Rauschsignal, $n(t)$, überlagert. Dieses ist durch AWGN der zweiseitigen Rauschleistungsdichte $N_0/2$ beschrieben.

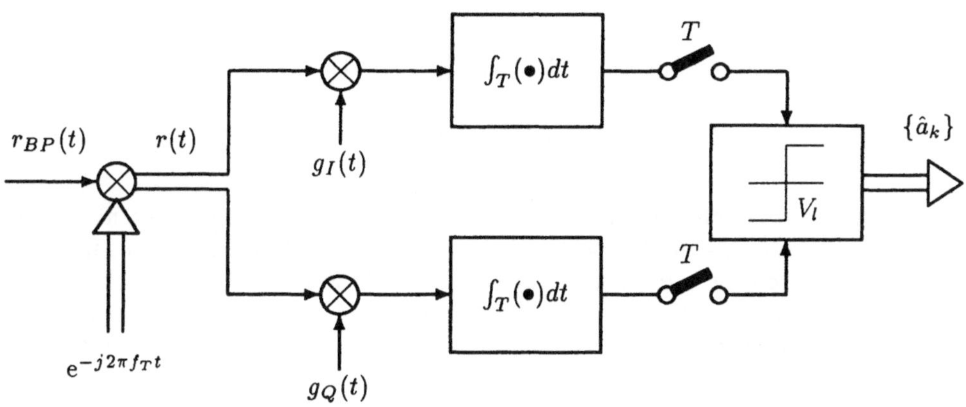

Bild 4.25   Kohärenter Empfang mit Korrelatoren

Die gesendeten Pulse sind durch Rauschen gestört und stellen gemeinsam das Empfangssignal, $r(t)$, dar. Im TP–Bereich ist das Rauschen durch $n_{TP}(t)$ wirksam. Das Element a_0 ist nun durch $r_I(t) = g_I(t) + n_{TP}(t)$ und a_1 durch $r_Q(t) = g_Q(t) + n_{TP}(t)$ repräsentiert, wobei es sich hierbei um die effektiven Signalanteile handelt. Der BP-Anteil wird durch die Optimalfilter (weitestgehend) unterdrückt. Aufgabe der Optimalfilter ist, zwischen den empfangenen Pulsen so genau wie möglich zu unterscheiden, damit eine Entscheidung möglich ist, welches Element vorliegt, das durch den betrachteten Puls dargestellt ist. Hierbei ist eine minimale Fehlerwahrscheinlichkeit angestrebt. Unabhängig davon, ob eine Implementierung als Optimalfilter oder Korrelator vorliegt, werten wir den Korrelationskoeffizient

$$\gamma = \int_0^T r^*(t)\Big(g_I(t) - g_Q(t)\Big)\,dt$$

aus und vergleichen diesen mit einer vorgegebenen Schwelle V_l. Hierbei spielen zwischen den Nutzanteilen der Autokorrelationskoeffizient $\int_0^T g_l^*(t)g_l(t)dt$ mit $l = I$ oder Q und der Kreuzkorrelationskoeffizient $\int_0^T g_I^*(t)g_Q(t)dt$ eine gewichtige Rolle, wie auch der Korrelationskoeffizient $\int_0^T n_{TP}^*(t)g_l(t)dt$ mit $l = I$ oder Q, der den Rauschanteil berücksichtigt.

Zu Beginn dieses Kapitels im Abschnitt über analytische Signaldarstellung wurde ein Rauschprozess im Bandpassbereich behandelt. Um die Situation vor dem Entscheider näher zu betrachten, wenden wir uns diesem Prozess, $n_{BP}(t)$, zu. Diesen Prozess beschreibt

$$n_{BP}(t) = \mathrm{Re}\Big\{n_{TP}(t)\,e^{j2\pi f_T t}\Big\} \quad ,$$

mit dem Tiefpassanteil $n_{TP}(t) = n_C(t) + jn_S(t)$. Die beiden Anteile $n_C(t)$ und $n_S(t)$

seien unkorreliert, das LDS habe den Verlauf

$$S_{n_{BP}}(f) = \frac{N_0}{2}\,\Pi\!\left(\frac{f + f_T}{B}\right) + \frac{N_0}{2}\,\Pi\!\left(\frac{f - f_T}{B}\right)\quad,$$

womit sich das LDS des TP–Anteils zu

$$\begin{aligned}
S_{n_{TP}}(f) &= 4\,S_{n_{BP}}(f - f_T)\cdot\Pi\!\left(\frac{f}{B}\right)\\[2mm]
&= 4\,\frac{N_0}{2}\,\Pi\!\left(\frac{f}{B}\right)
\end{aligned}$$

ergibt. B stellt die Rauschbandbreite dar. Die Bandbreite, B_g, der nachrichtentragenden Pulse soll geringer sein als die Rauschbandbreite, sodass der Rauschprozess im interessierenden Frequenzbereich $-B_g/2 < f - f_T < B_g/2$ als weiß mit der Rauschleistungsdichte $N_0/2$ angesehen werden kann. Der Rauschprozess im Tiefpassbereich ist durch $n_{TP}(t) = n_C(t) + j n_S(t)$ gegeben. Beschrieben ist er durch die Autokorrelationsfunktion

$$R_{n_{BP}}(\tau) = \mathrm{Re}\!\left\{\frac{1}{2}\,R_{n_{TP}}(\tau)\,e^{j2\pi f_T\tau}\right\}$$

mit der effektiven AKF

$$R_{eff}(\tau) \;=\; \frac{1}{2}\,R_{n_{TP}}(\tau) \;=\; R_C(\tau) \;=\; R_S(\tau)\quad.$$

Hierin ist $R_C(\tau) = \mathrm{E}\{n_C^*(t)n_C(t+\tau)\}$ die AKF des Rauschprozesses $n_C(t)$, gleiches gilt für $n_S(t)$ mit $R_S(\tau)$. Wir gehen von einem weißen Rauschprozess aus, bei dem die Prozesse $n_C(t)$ und $n_S(t)$ unkorreliert sind. Die Mittelwerte der Prozesse sind null, für die Varianzen gilt $\sigma_{eff}^2 = \sigma_C^2 = \sigma_S^2 = N_0$. Der um $\pm f_T$ bandbegrenzte weiße Rauschprozess wird in einen entsprechenden bandbegrenzten weißen Rauschprozess im TP–Bereich transformiert. Für die betrachtete Bandbreite im Tiefpassbereich gilt ein konstantes LDS mit N_0. Mit diesen Ergebnissen lassen sich die folgenden Betrachtungen leicht durchführen.

Liegt eine lineare Modulationsart vor, ist der Nutzanteil des Empfangssignals durch

$$x_{BP}(t) = \mathrm{Re}\!\left\{x_{TP}(t)\,e^{j2\pi f_T t}\right\}$$

und

$$x_{TP}(t) = \sum_{k=-\infty}^{\infty} a_k g_k(t - kT)$$

gegeben. Das Signal $r_{BP}(t)$ am Eingang des Empfängers ist die Überlagerung von Nutz– und Rauschanteil, also $r_{BP}(t) = x_{BP}(t) + n_{BP}(t)$. Die nachrichtentragenden Pulse des I– und Q–Zweigs seien gleich, d.h. $g_I(t) = g_Q(t) = g(t)$, reell und auf die Dauer $-T/2 \le t \le T/2$ beschränkt. Hiermit ist gewährleistet, dass keine ISI auftritt. Zur weiteren Betrachtung ziehen wir Bild 4.1 heran, um das bekannte Filterkonzept wegen seiner einfacheren Handhabung anzuwenden. Hierin ist im I– und im Q–Zweig das gleiche

Optimalfilter mit der Impulsanwort $h(t) = g(-t)$ zu finden. Für die so beschriebene Signalsituation ergibt sich für den Nutzanteil, $r_\nu(t)$, vor dem Austaster

$$r_\nu(t) = \left(\frac{1}{2}\, x_{TP}(t) + \frac{1}{2}\, x_{TP}^*(t)\, e^{-j2\pi 2 f_T t} \right) * g(-t) \quad ,$$

der aus dem TP-Anteil

$$\frac{1}{2} \sum_{k=-\infty}^{\infty} a_k R_g(t - kT)$$

mit $R_g(t) = g(t) * g(-t)$ und dem BP-Anteil

$$\frac{1}{2} \sum_{k=-\infty}^{\infty} a_k^* g(t - kT) e^{-j2\pi 2 f_T t} * g(-t)$$

besteht. Im Frequenzbereich betrachtet resultiert die Faltung

$$g(t - kT)\, e^{-j2\pi 2 f_T t} * g(-t)$$
$$\updownarrow$$
$$G(f + 2f_T) G^*(f)\, e^{-j2\pi(f + 2f_T)kT}$$

in einem Produkt aus $G(f + 2f_T)$, also einer um $-2f_T$ zentrierten Frequenzfunktion $G(f)$ und $G(f)$ selbst. Ist $f_T \gg B_g$, d.h. ist die Trägerfrequenz sehr viel größer als die Bandbreite des Pulses, kann davon ausgegangen werden, dass es zu keiner Überlappung von Spektralanteilen kommt, die von null verschieden sind. Das Produkt $G(f + 2f_T)G^*(f)$ ist dann gleich null. Für den Nutzanteil erhalten wir somit

$$r_\nu(t) = \frac{1}{2} \sum_{k=-\infty}^{\infty} a_k R_g(t - kT) \quad .$$

Zum Zeitpunkt $t = kT$ ausgetastet ergibt dies am Eingang des Entscheiders

$$r_\nu(kT) = \frac{1}{2} a_k R_g(0) = a_k \frac{1}{2} E_g \quad ,$$

mit

$$E_g = \int_{-T/2}^{T/2} g^2(t)\, dt$$

als der Energie des Nachrichtenpulses $g(t)$[5]. Das Nachrichtensymbol a_k im BP-Bereich ist nun durch $g(t - kT)\cos 2\pi f_T t$ getragen, der Puls weist die Energie $E_g' = E_g/2$ auf. Wir stellen fest, dass der Energiegehalt des Pulses $g(t)$ durch den Trägeranteil halbiert wird. Dies trifft wieder für den Fall zu, dass gilt $f_T \gg B_g$.

---

[5]Am Rande bemerkt: Wenn $g(t)$ auf die Dauer $[-T/2, T/2]$ begrenzt ist, tritt auch am Ausgang des signalangepassten Filters keine Symbolinterferenz zu den Austastzeitpunkten auf. Hierüber kann man sich leicht für $g(t) = f(t)\,\Pi(t/T)$ mit einem beliebigen $f(t)$ überzeugen. Es gilt $R_g(t) = 0$ für $t < -T$ und $t > T$.

Betrachten wir nun den Rauschanteil vor dem Austaster,

$$r_\rho(t) = \left(\underbrace{\frac{1}{2}\, n_{TP}(t) + \frac{1}{2}\, n_{TP}^*(t)\, \mathrm{e}^{-j2\pi 2 f_T t}}_{= \, n'(t)} \right) * g(-t) \quad .$$

Die AKF hiervon ergibt

$$\begin{aligned}
\mathrm{E}\{n'^*(t)n'(t+\tau)\} \;=\;& \frac{1}{4}\, \mathrm{E}\{n_{TP}^*(t)n_{TP}(t+\tau)\} \\[2mm]
+\;& \frac{1}{4}\, \mathrm{E}\{n_{TP}(t)n_{TP}^*(t+\tau)\} \cdot \mathrm{e}^{-j2\pi 2 f_T \tau} \\[2mm]
+\;& \frac{1}{4}\, \mathrm{E}\{n_{TP}(t)n_{TP}(t+\tau)\} \cdot \mathrm{e}^{j2\pi 2 f_T (t+\tau)} \\[2mm]
+\;& \frac{1}{4}\, \mathrm{E}\{n_{TP}^*(t)n_{TP}^*(t+\tau)\} \cdot \mathrm{e}^{-j2\pi 2 f_T (t+\tau)} \quad ,
\end{aligned}$$

was aus Gründen der bekannten Symmetrie des LDS zu

$$\mathrm{E}\{n_{TP}(t)n_{TP}(t+\tau)\} = R_C(\tau) - R_S(\tau) + j\Big(R_{CS}(\tau) + R_{SC}(\tau) \Big) = 0$$

und mit $R_{n_{TP}}(\tau) = \mathrm{E}\{n_{TP}^*(t)n_{TP}(t+\tau)\}$ zu

$$\mathrm{E}\{n'^*(t)n'(t+\tau)\} = R_{n'}(\tau) = \frac{1}{4}\, R_{n_{TP}}(\tau) + \frac{1}{4}\, R_{n_{TP}}^*(\tau)\, \mathrm{e}^{-j2\pi 2 f_T \tau}$$

führt. Die AKF am Ausgang des Filters ergibt sich für den vorliegenden stationären Prozess zu

$$\begin{aligned}
R_{r_\rho}(\tau) \;=\;& R_{n'}(\tau) * g(\tau) * g(-\tau) \\[2mm]
=\;& \frac{1}{4}\, R_{n_{TP}}(\tau) * g(\tau) * g(-\tau) \quad ,
\end{aligned}$$

wobei berücksichtigt ist, dass der BP–Anteil der AKF $R_{n'}(\tau)$ wegen

$$R_{n_{TP}}^*(\tau)\, \mathrm{e}^{-j2\pi 2 f_T \tau} * g(\tau) * g(-\tau)$$
$$\updownarrow$$
$$S_{n_{TP}}^*(-f - 2f_T) \cdot \big|G(f)\big|^2$$

und $B_g \ll 2f_T$ durch das Filter unterdrückt wird. Das effektive LDS ist somit

$$S_{r_\rho}(f) = \frac{1}{4} \cdot S_{n_{TP}}(f)\, \big|G(f)\big|^2 = \frac{1}{4} \cdot 4 \cdot \frac{N_0}{2}\, \big|G(f)\big|^2 \quad .$$

Die mittlere Leistung des komplexwertigen Rauschsignals kann damit für ein entsprechend großes B_g als

$$\sigma_{r_\rho}^2 = \frac{N_0}{2} \int_{-B_g/2}^{B_g/2} \big|G(f)\big|^2 df = N_0\, \frac{E_g}{2} = N_0\, E_g'$$

angesehen werden. Nun stellt sich die Frage nach den Anteilen des Rauschens vor den Entscheidern im I– und Q–Zweig. Das soeben betrachtete komplexwertige Rauschsignal beinhaltet beide Komponenten. Wir wollen kurz dieser Frage nachgehen und wenden uns dem I–Zweig zu.

Dem stationären BP–Rauschsignal, $r_{BP}(t)$, führen wir im I–Zweig das cosinusförmige Trägersignal $\cos 2\pi f_T t$ zu. Das Mischprodukt ist nicht länger stationär, womit sich die AKF dieses Prozesses, $n''(t) = n_{BP}(t) \cos 2\pi f_T t$, nun durch

$$
\begin{aligned}
R_{n''}(t_1, t_2) &= \mathrm{E}\{n^*_{BP}(t_1) \cos 2\pi f_T t_1 \cdot n_{BP}(t_2) \cos 2\pi f_T t_2\} \\[2mm]
&= \mathrm{E}\Big\{ \mathrm{Re}\Big\{ (n_C(t_1) + j n_S(t_1)) e^{j 2\pi f_T t_1} \Big\} \cos 2\pi f_T t_1 \cdot \\[2mm]
&\qquad \mathrm{Re}\Big\{ (n_C(t_2) + j n_S(t_2)) e^{j 2\pi f_T t_2} \Big\} \cos 2\pi f_T t_2 \Big\}
\end{aligned}
$$

darstellen lässt. Mit den Korrelationsfunktionen

$$
\begin{aligned}
R_C(t_1, t_2) &= \mathrm{E}\{n_C(t_1) n_C(t_2)\} \\
R_S(t_1, t_2) &= \mathrm{E}\{n_S(t_1) n_S(t_2)\} \\
R_{CS}(t_1, t_2) &= \mathrm{E}\{n_C(t_1) n_S(t_2)\}
\end{aligned}
$$

erhalten wir wegen der Stationarität des BP–Rauschens $R_C(t_1, t_2) = R_S(t_1, t_2)$ und $R_{CS}(t_1, t_2) = -R_{SC}(t_1, t_2)$ für die AKF

$$
\begin{aligned}
R_{n''}(t_1, t_2) &= \mathrm{Re}\Big\{ \Big(R_C(t_1, t_2) - j R_{CS}(t_1, t_2) \Big) e^{j 2\pi f_T (t_1 - t_2)} \Big\} \cdot \\
&\qquad\qquad\qquad \cos 2\pi f_T t_1 \cos 2\pi f_T t_2 \quad .
\end{aligned}
$$

Der nichtstationäre Prozess $n''(t)$ liegt am Eingang des Filters mit der Impulsantwort $g(t)$ an. Da uns der Rauschprozess an dessen Ausgang interessiert, betrachten wir im nächsten Schritt die AKF dieses Rauschsignals, $m(t)$. Bei dem vorliegenden Prozess, $n''(t)$, ist dessen AKF $R_{n''}(t_1, t_2)$ von den Zeitpunkten t_1 und t_2 abhängig. Um zur AKF $R_m(t_1, t_2)$ zu gelangen, wenden wir wieder das Filterkonzept an. Hierbei liegt nach [Pap84] die Hintereinanderschaltung der Filter $g(-t_2)$ und $g(-t_1)$ vor. Bei dem ersten mit der Impulsantwort $g(-t_2)$ stellt t_2 die "Zeit" dar, t_1 ist als Parameter zu betrachten. Im nachgeschalteten Filter mit der Impulsantwort $g(-t_1)$ ist t_1 als Zeit und t_2 als Parameter zu interpretieren. Demnach ist die KKF am Ausgang des ersten Filters

$$
\begin{aligned}
R_{n''m}(t_1, t_2) &= R_{n''}(t_1, t_2) * g(-t_2) \\
&= \int_{-\infty}^{\infty} R_{n''}(t_1, t_2 - \vartheta) g(-\vartheta) d\vartheta
\end{aligned}
$$

und weiter mit den stationären Anteilen $R_C(t_1, t_2) = R_C(t_2 - t_1)$ und $R_S(t_1, t_2) = R_S(t_2 - t_1)$ sowie wegen $R_{CS}(t_1, t_2) = R_{CS}(t_2 - t_1)$

$$
\begin{aligned}
R_{n''m}(t_1, t_2) &= \int_{-\infty}^{\infty} R_C(t_1, t_2 - \vartheta) \cos 2\pi f_T (t_2 - \vartheta - t_1) \\
&\qquad \cdot \cos 2\pi f_T t_1 \cos 2\pi f_T (t_2 - \vartheta) g(-\vartheta) d\vartheta
\end{aligned}
$$

$$
\begin{aligned}
= \ \frac{1}{4} \int_{-\infty}^{\infty} R_C(t_2 - t_1 - \vartheta)g(-\vartheta)\Big(1 + \cos 2\pi 2 f_T t_1 \\
+ \cos 2\pi 2 f_T(t_2 - t_1 - \vartheta) \\
+ \cos 2\pi 2 f_T(t_2 - \vartheta)\Big)d\vartheta \quad .
\end{aligned}
$$

Von den Summanden des Integranden ergibt der erste das herkömmliche Faltungsprodukt $\frac{1}{4}R_C(t_2 - t_1) * g(-t_2 + t_1)$, der zweite $\frac{1}{4}\cos 2\pi 2 f_T t_1 \cdot [R_C(t_2 - t_1) * g(-t_2 + t_1)]$. Der dritte Summand liefert mit $S_C(f) = \mathcal{F}\{R_C(t_2)\}$ den Zusammenhang

$$
\Big(R_C(t_2 - t_1) \cos 2\pi 2 f_T(t_2 - t_1)\Big) * g(-t_2)
$$
$$
\updownarrow
$$
$$
\frac{1}{2}S_C(f + 2f_T)G^*(f)\,\mathrm{e}^{-j4\pi f t_1} + \frac{1}{2}S_C(f - 2f_T)G^*(f)\,\mathrm{e}^{-j4\pi f t_1}
$$

und ist gleich null wenn $S_C(f \pm 2f_T)G^*(f) = 0$ gilt. Für den vierten Term liegt

$$
\Big(R_C(t_2 - t_1) \cos 2\pi 2 f_T t_2\Big) * g(-t_2)
$$
$$
\updownarrow
$$
$$
\frac{1}{2}S_C(f + 2f_T)G^*(f)\,\mathrm{e}^{-j2\pi(f - 2f_T)t_1} + \frac{1}{2}S_C(f - 2f_T)G^*(f)\,\mathrm{e}^{-j2\pi(f + 2f_T)t_1}
$$

vor, sodass er für den oben dargelegten Grund ebenfalls gleich null ist. Die Eingangsgröße des zweiten Filters ist somit

$$
R_{n''m}(t_1, t_2) = \frac{1}{4}\Big(1 + \cos 2\pi 2 f_T t_2\Big)\underbrace{\int_{-\infty}^{\infty} R_C(t_2 - t_1 - \vartheta)g(-\vartheta)d\vartheta}_{= R_Z(t_1, t_2) = R_Z(t_2 - t_1)} \quad ,
$$

womit sich die AKF des Rauschsignals, $m(t)$, zu

$$
\begin{aligned}
R_m(t_1, t_2) &= \int_{-\infty}^{\infty} R_{n''m}(t_1 - \vartheta, t_2)g(-\vartheta)d\vartheta \\
&= \frac{1}{4}R_Z(t_2 - t_1) * g(t_2 - t_1) \\
&\quad + \frac{1}{4}\Big(R_Z(t_2 - t_1) \cos 2\pi 2 f_T t_1\Big) * g(-t_1)
\end{aligned}
$$

ergibt. Der zweite Term dieses Ausdrucks ist wieder gleich null wegen $S_Z(f \pm 2f_T)G(f) = 0$ und $S_Z(f) = \mathcal{F}\{R_Z(t_1)\}$. Somit erhalten wir für den Prozess $m(t)$

$$
R_m(t_1, t_2) = R_m(t_2 - t_1) = \frac{1}{4}R_C(t_2 - t_1) * g(t_2 - t_1) * g(t_1 - t_2) \quad ,
$$

der aus dem nichtstationären Prozess $n''(t)$ hervorgeht, jedoch wegen des Tiefpassverhaltens des Optimalfilters stationär ist. Er ist lediglich von der Differenz $\tau = t_2 - t_1$ abhängig. Das zugehörige LDS ist dann

$$
S_m(f) = \mathcal{F}\{R_m(\tau)\} = \frac{1}{4}S_C(f)\big|G(f)\big|^2 \quad .
$$

Bedenken wir den Zusammenhang zwischen dem LDS des komplexwertigen TP–Rauschsignals und dem des Cosinusanteils, nämlich $S_{n_{TP}}(f) = 2\,S_C(f)$, und weiterhin den angenommenen rechteckförmigen Verlauf von $S_{n_{TP}}(f)$, erhalten wir schließlich

$$S_m(f) = \frac{1}{4}\,N_0\,\Pi\!\left(\frac{f}{B}\right)\,|G(f)|^2 \quad .$$

Die mittlere Leistung dieses Prozesses resultiert wie zuvor in

$$\begin{aligned}
\sigma_m^2 &= \frac{1}{4}\,N_0 \int_{-B_g/2}^{B_g/2} |G(f)|^2\,df \\
&= \frac{1}{4}\cdot N_0\,E_g \\
&= \frac{1}{2}\cdot N_0\,E_g' \quad ,
\end{aligned}$$

also der Hälfte der mittleren Leistung des TP–Rauschsignals. Diese Betrachtung bezieht sich ausschließlich auf den Cosinus– oder I–Zweig des Demodulators. Interessierten sei es überlassen, selbst zu zeigen, dass es sich bei dem Q–Zweig genauso verhält. Mit diesen Ergebnissen und der Umbenennung von $m(t)$ in $n_I(t)$ und entsprechendes für den Q–Zweig mit dem Rauschsignal $n_Q(t)$, können wir mit den gleichen mittleren Rauschleistungen $\sigma_I^2 = \sigma_Q^2 = \sigma_m^2$ und dem bislang vermuteten und nun gezeigten Zusammenhang

$$\sigma_{r_p}^2 = \sigma_I^2 + \sigma_Q^2 = N_0\,\frac{E_g}{2} = N_0\,E_g' \quad ,$$

die Betrachtung des Demodulationsprozesses fortsetzen. Zusammengefasst liegt vor den Entscheidern jeweils ein Rauschsignal im TP–Bereich vor, die im interessierenden Frequenzbereich $-B_g/2 < f < B_g/2$ als konstant mit der Rauschleistungsdichte N_0. Die Rauschanteile des I– und Q–Zweigs sind unkorreliert und mittelwertfrei.

4.3.2   Fehlerverhalten bei linearen Modulationsformen

Im Idealfall liegen die Punkte im Signalraum auf bekannten Koordinaten. Rauschen und andere Kanaleinflüsse haben jedoch zur Folge, dass die Punkte von den vorgesehenen Koordinaten abweichen. Eine gezielte Suche des Punktes unter den möglichen Punkten ist nicht mehr möglich. Es ist nun erforderlich, auf die Methoden der Wahrscheinlichkeitstheorie zurückzugreifen. Der genaue Aufenthaltsort eines Punktes kann nicht angegeben werden, wohl aber die Wahrscheinlichkeit, dass er sich in einem vorgegebenen Bereich befindet. Im Empfänger ist somit eine Entscheidung zu treffen, welcher der möglichen Punkte dem empfangenen Punkt zugeordnet werden kann. Hierzu dienen Entscheidungsschwellen. Ist ein durch Rauschen versetzter Punkt in einem bestimmten Bereich zu finden, ordnet man ihm den idealen Punkt zu, der zu diesem Entscheidungsbereich gehört. Diese Zuordnung kann falsch sein, wenn der Aufpunkt tatsächlich einem anderen idealen Punkt zugehört. Dieser Abschnitt hat das Zusammenspiel von Signalkonstellation, Modulationsart und die Auswirkung auf das Fehlerverhalten zum Inhalt. Hierbei setzen wir voraus, dass die Punkte lediglich durch additives, weißes gaußsches Rauschen gestört sind und keine ISI vorliegt, sofern nicht ausdrücklich auf Interferenz zwischen Pulsen hingewiesen wird.

Leistungsfähigkeit der ASK

Um die Vorgehensweise aufzuzeigen, wenden wir uns zunächst dem binären Fall zu, um
im Anschluss daran den allgemeinen Fall aufzuzeigen. Wir beziehen uns bei dieser Betrachtung auf Bild 4.25. Der nachrichtentragende Puls weist die Energie E_g auf, durch
den Mischvorgang bei der BP/TP–Umsetzung bedingt ist die Signalenergie des Pulses,
der das Nachrichtenelement trägt, nun E'_g. Die Varianz des Rauschanteils ist, wie oben
hergeleitet, $N_0 E'_g/2$. Für die weitere Betrachtung kann damit auf die Ergebnisse der
signalangepassten Filter zurückgegriffen werden. Bei der binären ASK ist lediglich ein
Zweig erforderlich, die beiden Punkte im Signalraum sollen auf der reellen Achse liegen.
Damit beschränken wir uns auf den I–Zweig. Bei dieser ASK unterscheiden wir zwischen zwei Fällen. Im ersten liegt das Alphabet $a_k \in \{-1, 1\}$ vor, das ASK–Signal ist
polar. Vor dem Entscheider hat dies ebenfalls ein polares Signal zur Folge. Die Austast-
werte sind $\{-E'_g, E'_g\}$. Das ebenfalls ausgetastete Rauschsignal mit der Varianz σ_I^2 ist
gaußverteilt. Die Nutzanteile $\pm E'_g$ können als momentane Mittelwerte für das Rauschen
interpretiert werden. Bild 4.26 zeigt die Situation, die sich aus der Überlagerung von
Nutz– und Rauschanteil ergibt. Für ein empfangenes, aus $a_k = 1$ herrührendes $+E'_g$

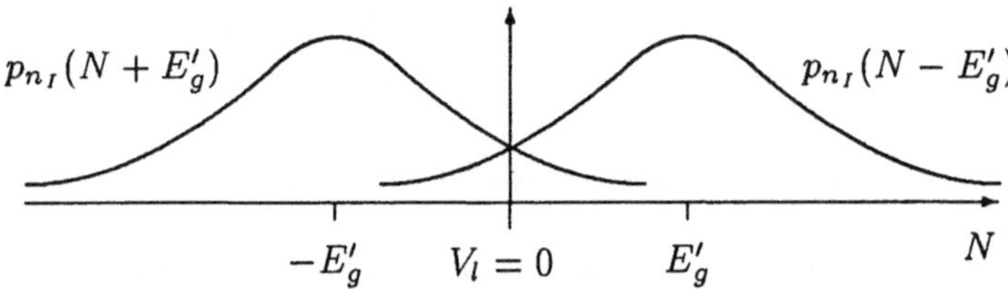

Bild 4.26   Signalsituation vor dem Entscheider

ergibt sich durch die Überlagerung mit einem Rauschanteil, der durch die WDF $p_{n_I}(N)$
beschrieben ist, eine um E'_g zentriert angeordnete WDF. Diese ist durch

$$p_{n_I}(N|E'_g) = p_{n_I}(N|a_k = 1) = p_{n_I}(N - E'_g)$$

dargestellt. Für ein empfangenes $-E'_g$ ist die WDF um diesen Wert zentriert und durch

$$p_{n_I}(N|-E'_g) = p_{n_I}(N|a_k = -1) = p_{n_I}(N + E'_g)$$

gegeben. Beide Kurven schneiden sich bei $N = 0$. Wie im Abschnitt über Optimalfilter
hergeleitet, ist dies für den gleichverteilten Fall, d.h. $P[-1] = P[1] = 1/2$, der Wert für
die optimale Entscheidungsschwelle, V_l.

Die Wahrscheinlichkeit für eine falsche Entscheidung, P_e, d.h. wenn eine $+1$ gesendet
wurde und auf Grund des Rauschens ein Wert vorliegt, der unterhalb der Entscheiderschwelle liegt, lässt sich folgendermaßen formulieren.

$$P_e = \frac{1}{2} P_{e0} + \frac{1}{2} P_{e1} \quad ,$$

mit

$$P_{e0} = P[N > V_l = 0] = \int_{V_l=0}^{\infty} p_{n_I}(N + E'_g) dN$$

und

$$P_{e1} = P[N < V_l = 0] = \int_{-\infty}^{V_l=0} p_{n_I}(N - E_g')dN \quad .$$

Da die Werte $-E_g'$ und E_g' gleichverteilt sind, ergeben sich gleiche Werte für die bedingten Wahrscheinlichkeiten. Als Ergebnis erhalten wir für die Fehlerwahrscheinlichkeit

$$P_e = Q\left(\frac{E_g'}{\sigma_I}\right)$$

und ausgedrückt in Abhängigkeit von E_g' und der Rauschleistungsdichte $N_0/2$ mit

$$\sigma_I^2 = \frac{1}{2} N_0 E_g'$$

den bekannten Ausdruck

$$P_e = Q\left(\sqrt{2\frac{E_g'}{N_0}}\right) \quad .$$

Zum besseren und direkten Vergleich von digitalen Modulationsverfahren wird die mittlere Energie eingeführt, die pro Bit aufzuwenden ist. Für den vorliegenden Fall ist dies

$$E_b = P[0] E_g' + P[1] E_g' = E_g' \quad ,$$

diese bezogen auf die (doppelte) Rauschleistungsdichte N_0 ergibt

$$\mathcal{E} = \frac{E_b}{N_0} \quad .$$

Die Fehlerwahrscheinlichkeit hiermit ausgedrückt ist

$$P_e = Q\left(\sqrt{2\mathcal{E}}\right) \quad .$$

Der zweite Fall der binären ASK stellt ein unipolares Signal dar. Das verwendete Alphabet ist $a_k \in \{0,1\}$, was am Eingang des Entscheiders zu dem Nutzanteil $\{0, E_g'\}$ führt. Diese Art der ASK ist unter dem Namen OOK (engl.: *on–off keying*) bekannt. Der Rauschanteil ist identisch mit dem bei der polaren ASK betrachteten. Der einzige Unterschied hierzu liegt in der verschobenen WDF, die für den Fall von gesendeten $a_k = 0$ nun um 0 zentriert vorliegt. Der Schnittpunkt und damit die optimale Entscheiderschwelle bei gleichwahrscheinlichen Ereignissen liegt bei $N = E_g'/2$. Dies bei der Bestimmung von der Fehlerwahrscheinlichkeit berücksichtigt liefert

$$P_e = Q\left(\frac{1}{2}\frac{E_g'}{\sigma_I}\right) = Q\left(\sqrt{\frac{1}{2}\frac{E_g'}{N_0}}\right) \quad .$$

Die Energie pro Bit ist

$$E_b = P[0]\,0 + P[1]\,E_g' = \frac{1}{2}E_g' \quad ,$$

womit sich mit dem E_b/N_0-Verhältnis, $\mathcal{E}$,

$$P_e = Q\left(\sqrt{\mathcal{E}}\right)$$

ergibt. Der Vergleich der Fehlerwahrscheinlichkeiten von der unipolaren und der polaren ASK offenbart eine bessere Leistungsfähigkeit auf Seiten der polaren ASK. Das Argument der Q–Funktion ist hierbei um den Faktor $\sqrt{2}$ größer als bei der OOK. Um eine gleiche BER zu erlangen wie bei der polaren ASK, muss $\mathcal{E}$ für OOK um 3 dB erhöht werden.

Die allgemeine ASK weist einen zweidimensionalen Signalraum auf. Mit dem Alphabet des I–Zweigs, $a_{r,k} \in \{\cdots -3\ -1\ 1\ 3 \cdots\}$, und dem des Q–Zweigs, $a_{i,k} \in \{\cdots -3\ -1\ 1\ 3 \cdots\}$, lassen sich beliebige Signalkonstellationen darstellen. Wir betrachten das Beispiel eines Signalraums mit vier Elementen für den I–Zweig und der gleichen Anzahl für den Q–Zweig. Damit ergibt sich eine quadratische Signalkonstellation mit sechzehn Punkten. Zur Ermittlung der Symbolfehlerrate sind zuerst die Entscheiderschwellen, V_l, festzulegen. Die Punkte im Signalraum vor dem Entscheider liegen auf den Schnittpunkten von Gitterlinien, die rechtwinklig zueinander sind und den Abstand $2E'_g$ aufweisen. Damit liegen die Entscheiderschwellen fest. Für Punkte mit gleichen Auftrittswahrscheinlichkeiten, hier 1/16, liegen die Schwellen auf Gitterlinien, die ebenfalls rechtwinklig zueinander sind und im Abstand $2E'_g$ vorliegen. Beide Gitter sind um E'_g zueinander sowohl auf der I– als auch der Q–Achse versetzt. Dies zeigt Bild 4.27. Um die Fehlerrate, P_e, zu ermit-

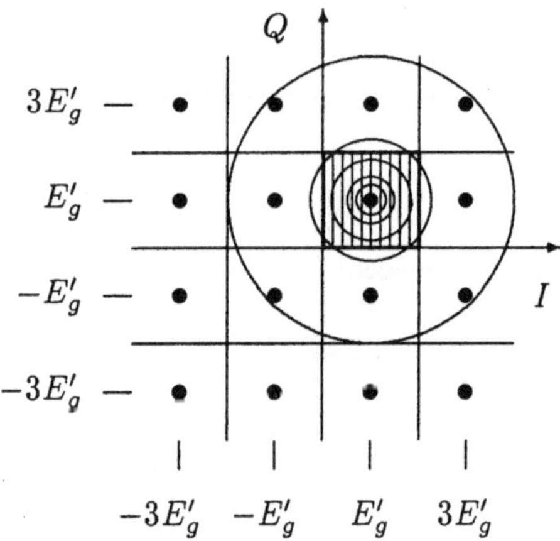

Bild 4.27   Signalraum und Entscheidungsfläche

teln, bietet es sich an, zunächst das Gegenteil, nämlich den fehlerfreien Fall zu betrachten. Die Wahrscheinlichkeit für eine korrekte Entscheidung sei P_c, der Zusammenhang ist damit $P_e = 1 - P_c$. Die korrekte Entscheidung, bezogen auf die Anzahl der Punkte, d_i mit $i = 1, 2, \cdots, 16$, ist

$$P_c = \sum_{i=1}^{16} P[C|d_i]P[d_i]$$

$$= \frac{1}{16}\sum_{i=1}^{16} P[C|d_i] \ ,$$

wobei die gleiche Auftrittswahrscheinlichkeit der Punkte berücksichtigt ist. Zur Berechnung von P_c betrachten wir Bild 4.27 und stellen fest, dass lediglich die Punkte bei $\pm E_g' \pm jE_g'$ Wechselwirkungspartner auf allen Seiten aufweisen. Die Punkte am Rand müssen anders berücksichtigt werden. Beginnen wir mit den inneren Punkten. Exemplarisch ist der Punkt $E_g' + jE_g'$ hervorgehoben. Um diesen Punkt sind konzentrische Konturkreise zu erkennen, die die zweidimensionale Gaußverteilung darstellen sollen. Die Kreise zeigen, dass die Varianzen σ_I und σ_Q gleich sind. Die Wahrscheinlichkeit, dass der durch den Rauscheinfluss gestörte Punkt in dem schraffierten Gebiet liegt, gibt

$$
\begin{aligned}
P[C|E_g' + jE_g'] &= \int_0^{2E_g'} \int_0^{2E_g'} p_{n_I n_Q}(N - E_g', M - E_g')\, dN\, dM \\
&= \int_0^{2E_g'} p_{n_I}(N - E_g')dN \cdot \int_0^{2E_g'} p_{n_Q}(M - E_g')dM \\
&= \left(1 - 2Q\left(\frac{E_g'}{\sigma_I}\right)\right) \cdot \left(1 - 2Q\left(\frac{E_g'}{\sigma_Q}\right)\right)
\end{aligned}
$$

an. Hierbei machen wir Gebrauch von $p_{n_I n_Q}(N, M) = p_{n_I}(N)p_{n_Q}(M)$, da die Rauschkomponenten des I- und Q-Zweigs statistisch unabhängig sind. Als nächstes wenden wir uns dem Randelement $3E_g' + jE_g'$ zu. Für diesen Punkt erhalten wir

$$
\begin{aligned}
P[C|3E_g' + jE_g'] &= \int_{2E_g'}^{\infty} p_{n_I}(N - 3E_g')dN \cdot \int_0^{2E_g'} p_{n_Q}(M - E_g')dM \\
&= \left(1 - Q\left(\frac{E_g'}{\sigma_I}\right)\right) \cdot \left(1 - 2Q\left(\frac{E_g'}{\sigma_Q}\right)\right) \quad .
\end{aligned}
$$

Das Eckelement $3E_g' + j3E_g'$ liefert

$$
\begin{aligned}
P[C|3E_g' + j3E_g'] &= \int_{2E_g'}^{\infty} p_{n_I}(N - 3E_g')dN \cdot \int_{2E_g'}^{\infty} p_{n_Q}(M - 3E_g')dM \\
&= \left(1 - Q\left(\frac{E_g'}{\sigma_I}\right)\right) \cdot \left(1 - Q\left(\frac{E_g'}{\sigma_Q}\right)\right) \quad .
\end{aligned}
$$

Für die Wahrscheinlichkeit, dass sämtliche Entscheidungen richtig sind, erhalten wir

$$
\begin{aligned}
P_c &= \frac{4}{16}\, P[C|E_g' + jE_g'] + \frac{8}{16}\, P[C|3E_g' + jE_g'] + \frac{4}{16}\, P[C|3E_g' + j3E_g'] \\
&= 1 - 3Q\left(\frac{E_g'}{\sigma}\right) + \frac{9}{4}Q^2\left(\frac{E_g'}{\sigma}\right) \\
&\approx 1 - 3Q\left(\frac{E_g'}{\sigma}\right) \quad ,
\end{aligned}
$$

wobei die Näherung gilt für Argumente der Q-Funktion, für die der Funktionswert sehr viel kleiner als eins ist. Hierbei wurde berücksichtigt, dass die Standardabweichungen gleich groß sind, d.h. $\sigma = \sigma_I = \sigma_Q$. Für die Fehlerwahrscheinlichkeit ermitteln wir mit der mittleren Energie

$$
E_\phi = \sum_{i=1}^{16} E_i P[d_i] \quad , \qquad E_i = |a_i|^2 \cdot E_g'
$$

$$= \frac{1}{16}\left(4 \cdot 2 + 8 \cdot 10 + 4 \cdot 18\right) E_g'$$

$$= 10\, E_g'$$

die mittlere Energie pro Bit. Jeder Punkt trägt vier Bits, sodass sich hierfür, bezogen auf N_0,

$$\frac{E_b}{N_0} = \mathcal{E} = \frac{1}{4}\frac{E_\phi}{N_0} = \frac{10}{4}\frac{E_g'}{N_0}$$

ergibt. Die Wahrscheinlichkeit für eine falsche Entscheidung ist damit

$$P_e = 3\, Q\left(\sqrt{\frac{4}{5}\mathcal{E}}\right)\; .$$

Der aufgezeigte Weg lässt sich für beliebige Signalkonstellationen erweitern. Diese Konstellationen können etwa ein hexagonales Muster aufweisen oder ein anderes, das sich bei einer geschickten und ausgewogenen Verteilung der Punkte im Signalraum ergibt, wenn die Anzahl keine Potenz von zwei, sondern beliebig ist.

Leistungsfähigkeit der PSK

Bei phasenmodulierten Signalen liegen die Entscheiderschwellen nicht mehr rechtwinkelig zueinander in der I/Q–Ebene, wie es bei der reinen ASK der Fall ist. Die Punkte liegen bei der reinen PSK in gleichem Abstand auf einem Kreis im Signalraum mit dem Mittelpunkt im Ursprung. Dies hat zur Folge, dass die Entscheiderschwellen nun Geraden sind, die radial und in einem gleichen Winkelabstand zueinander verlaufen. Aus diesem Grund bietet sich eine Betrachtung in Polarkoordinaten an, wie es der folgende Weg aufzeigt.

Ein Signalpunkt habe die Koordinaten (A, B), durch additives gaußsches Rauschen bedingt liege eine Abweichung hiervon vor. Die zweidimensionale Basis der Gaußkurve befindet sich somit um den Punkt (A, B) zentriert. Sie weist wie im Fall zuvor eine gleiche Weitung auf der I– und der Q–Achse auf, was durch $\sigma^2 = \sigma_I^2 + \sigma_Q^2$ beschrieben ist. Die Wahrscheinlichkeit, dass der Punkt in dem Gebiet F liegt, gibt das Flächenintegral

$$\iint_F p_{n_I n_Q}(N - A, M - B)\, dN\, dM = \frac{1}{2\pi\sigma^2}\iint_F e^{-\frac{(N-A)^2+(M-B)^2}{2\sigma^2}}\, dN\, dM$$

an. Mit $N = R\cos\phi$ und $M = R\sin\phi$ ergibt sich $N^2 + M^2 = R^2$ und $dN\, dM = R\, dR\, d\phi$ und mit $C(\phi) = A\cos\phi + B\sin\phi$ der Ausdruck im Exponenten zu

$$(N - A)^2 + (M - B)^2 = \left(R - C(\phi)\right)^2 + \left(A\sin\phi - B\cos\phi\right)^2\; .$$

Die WDF ist damit im neuen Koordinatensystem

$$p_{r\varphi}(R, \phi) = \frac{R}{2\pi\sigma^2}e^{-\frac{\left(R-C(\phi)\right)^2+\left(A\sin\phi - B\cos\phi\right)^2}{2\sigma^2}}\; .$$

Um die Wahrscheinlichkeit für den Fall zu berechnen, dass der Aufpunkt im zugehörigen Segment liegt, betrachten wir die WDF in Abhängigkeit von dem Winkel. Hierzu ist der

Radius in seiner Gesamtheit von null bis unendlich zu berücksichtigen, wie nach

$$p_\varphi(\phi) = \lim_{R' \to \infty} \int_0^{R'} p_{r\varphi}(R, \phi) dR \quad .$$

Die obige WDF eingesetzt ergibt

$$I = e^{-\frac{\left(A \sin \phi - B \cos \phi\right)^2}{2\sigma^2}} \frac{1}{2\pi\sigma^2} \int_0^{R'} R\, e^{-\frac{\left(R - C(\phi)\right)^2}{2\sigma^2}} dR \quad .$$

Der Integrand lässt sich durch

$$\frac{R}{\sigma^2} e^{-\frac{\left(R - C(\phi)\right)^2}{2\sigma^2}} = \frac{C(\phi)}{\sigma^2} e^{-\frac{\left(R - C(\phi)\right)^2}{2\sigma^2}} - \frac{d}{dR} e^{-\frac{\left(R - C(\phi)\right)^2}{2\sigma^2}}$$

beschreiben, sodass sich hiermit

$$I = \frac{1}{2\pi} \left(\frac{C(\phi)}{\sigma^2} \int_0^{R'} e^{-\frac{\left(R - C(\phi)\right)^2}{2\sigma^2}} dR - \int_{z_u}^{z_o} dz \right) e^{-\frac{\left(A \sin \phi - B \cos \phi\right)^2}{2\sigma^2}}$$

ergibt, mit

$$z_u = e^{-\frac{C^2(\phi)}{2\sigma^2}} \quad \text{und} \quad z_o = e^{-\frac{\left(R' - C(\phi)\right)^2}{2\sigma^2}} \quad .$$

Das erste Integral in I ist das bekannte Fehlerintegral und hat die Lösung

$$\sqrt{2\pi} \left(1 - Q\left(-\frac{C(\phi)}{\sigma} \right) - Q\left(\frac{R' - C(\phi)}{\sigma} \right) \right) \quad .$$

Mit dem Grenzübergang erhalten wir die WDF für die Zufallsvariable φ

$$\begin{aligned}
p_\varphi(\phi) &= \lim_{R' \to \infty} I \\
&= \frac{1}{2\pi} \left(\sqrt{2\pi} \frac{C(\phi)}{\sigma} \left(1 - Q\left(\frac{C(\phi)}{\sigma} \right) \right) + e^{-\frac{C^2(\phi)}{2\sigma^2}} \right) \cdot e^{-\frac{\left(A \sin \phi - B \cos \phi\right)^2}{2\sigma^2}} \quad .
\end{aligned}$$

Zur Auswertung dieses Ausdrucks muss wegen der Q–Funktion auf numerische Methoden zurückgegriffen werden. Für im Vergleich zu dem Nutzanteil geringe Werte des rms-Werts des Rauschens lässt sich eine obere Grenze für die Q–Funktion nutzen. Diese Grenze stellt zugleich eine praktische Näherung für die Q–Funktion dar. Wir erhalten sie durch die folgende Betrachtung.

$$\begin{aligned}
Q(z) &= \frac{1}{\sqrt{2\pi}} \int_z^\infty e^{-\frac{\alpha^2}{2}} d\alpha \\
&= \frac{1}{\sqrt{2\pi}} \int_z^\infty \frac{1}{\alpha} \alpha\, e^{-\frac{\alpha^2}{2}} d\alpha \\
&= \frac{1}{\sqrt{2\pi}} \frac{1}{z} e^{-\frac{z^2}{2}} - \frac{1}{\sqrt{2\pi}} \int_z^\infty \frac{1}{\alpha^2} e^{-\frac{\alpha^2}{2}} d\alpha \\
&< \frac{1}{\sqrt{2\pi}} \frac{1}{z} e^{-\frac{z^2}{2}} \quad ,
\end{aligned}$$

da der Integralausdruck nur positive Werte annehmen kann und diese zudem für größer werdendes z gegen null streben. Eine gute Näherung ist für Werte von z größer als vier zu erwarten. Mit Hilfe dieser Näherung erhalten wir letztlich

$$p_\varphi(\phi) \approx \frac{1}{\sqrt{2\pi}} \, \frac{C(\phi)}{\sigma} \, \mathrm{e}^{-\frac{\left(A\sin\phi - B\cos\phi\right)^2}{2\sigma^2}} \quad .$$

Um zu ermitteln, mit welcher Wahrscheinlichkeit ein Punkt in dem Sektor zwischen den Winkeln φ_u und φ_o liegt, werten wir mit $C(\phi) = A\cos\phi + B\sin\phi$

$$P_c = \frac{1}{\sqrt{2\pi}} \int_{\varphi_u}^{\varphi_o} \frac{A\cos\phi + B\sin\phi}{\sigma} \, \mathrm{e}^{-\frac{\left(A\sin\phi - B\cos\phi\right)^2}{2\sigma^2}} \, d\phi$$

aus. Mit

$$\vartheta = \frac{A\sin\phi - B\cos\phi}{\sigma}$$

und

$$\begin{aligned}
\vartheta_u &= \frac{A\sin\varphi_u - B\cos\varphi_u}{\sigma} \quad , \\
\vartheta_o &= \frac{A\sin\varphi_o - B\cos\varphi_o}{\sigma}
\end{aligned}$$

ergibt sich

$$P_c = \frac{1}{\sqrt{2\pi}} \int_{\vartheta_u}^{\vartheta_o} \mathrm{e}^{-\frac{\vartheta^2}{2}} \, d\vartheta = Q(\vartheta_u) - Q(\vartheta_o) \quad ,$$

womit wir die Wahrscheinlichkeit P_e erhalten, mit der der Punkt nicht in dem betrachteten Sektor liegt, nämlich

$$P_e = 1 - P_c \quad .$$

Für den Fall der BPSK und der QPSK sind genaue Ergebnisse möglich, da diese als ASK–Signale mit einem linienförmigen oder quadratischen Signalraum interpretiert werden können. Exemplarisch sei die QPSK betrachtet. Hierbei liegen die Schwellen bei den Winkeln 0, π und $\pm\pi/2$. Ein Sektor ist hierbei durch $\varphi_u = 0$ und $\varphi_o = \pi/2$ gegeben. Der Punkt für den nicht verrauschten Fall liegt bei $A = B = D/\sqrt{2}$ und ist auf einem Kreis mit dem Radius D zu finden. Die exakte Lösung hierfür liefert nach den Methoden der ASK

$$P_e = 2\,Q\!\left(\frac{A}{\sigma}\right) - Q^2\!\left(\frac{A}{\sigma}\right) \approx 2\,Q\!\left(\frac{A}{\sigma}\right) \quad .$$

Die Näherungslösung nach den Methoden der PSK liefert für den gleichen Fall

$$P_e = 2\,Q\!\left(\frac{A}{\sigma}\right) \quad .$$

Der Vergleich sagt aus, dass in der Tat für einen relativ zum Nutzanteil geringen Rauschanteil das erzielte Ergebnis für die Fehlerwahrschenlichkeit mit guter Näherung zutrifft. Die Werte für P_e sind näherungsweise gleich für die polare 2–ASK und die BPSK, gleiches gilt für die 2x2–ASK und die QPSK bzw. 4–PSK. Dass die Werte nicht genau übereinstimmen, liegt in dem beschrittenen Weg der Herleitung für PSK–Signale begründet.

Für ein allgemeines PSK–Signal mit $M = 2^n$ äquidistanten Punkten auf einem Kreis im Signalraum stellt sich folgende Situation dar. Mit $\varphi_o = -\varphi_u = \pi/M$, $A \neq 0$ und $B = 0$ ist die Fehlerwahrscheinlichkeit durch

$$P_e \approx 2\,Q\left(\frac{A}{\sigma}\sin\frac{\pi}{M}\right)$$

gegeben. Zur Dimensionierung von praktischen Systemen wird auf diese Näherung zurückgegriffen, auch wenn sie nur für Signale mit entsprechend großem S/N–Verhältnis zutrifft. Bei Optimalfilterempfang liegt $A = B = E'_g$ für den Nutzanteil und $\sigma_I^2 = \sigma_Q^2 = N_0 E'_g/2$ für den Rauschanteil vor. Der Quotient A/σ lässt sich damit durch das E_b/N_0–Verhältnis, $\mathcal{E}$, ersetzen und wir erhalten für die Symbolfehlerwahrscheinlichkeit

$$P_e \approx 2\,Q\left(\sqrt{2\mathcal{E}}\sin\frac{\pi}{M}\right) \quad .$$

Bei dem Vergleich der Fehlerraten von PSK–Signalen stellen wir fest, dass die BPSK und die QPSK die gleiche Leistungsfähigkeit aufweisen. Im Vergleich mit der OOK ist eine geringere Fehlerrate zu verzeichnen. Soll dieses Verfahren eine gleiche Fehlerrate erreichen wie bei der BPSK, muss $\mathcal{E}$ um 3 dB erhöht werden. Hierbei ist die Bitfehlerwahrscheinlichkeit gemeint. Trägt ein Puls ein Bit, sind Symbolfehler und Bitfehler gleich, für binäre Signale ist somit $P_{Bit} = P_e$. Bei vierstufiger Übertragung, wie es bei der QPSK der Fall ist, trägt ein Puls zwei Bit, sodass die Bitfehlerrate der Hälfte der Symbolfehlerrate entspricht. Hierbei ist eine Bedingung bei der Aufteilung der Dibits auf die Punkte im Signalraum zu beachten, direkt benachbarte Punkte sollen sich nur in einem Bit voneinander unterscheiden, man spricht hierbei von einer Gray–Codierung. Dies ist Inhalt eines späteren Abschnitts in diesem Kapitel.

Leistungsfähigkeit der FSK und MSK

Wie oben dargelegt, handelt es sich streng genommen bei der FSK und der MSK um nichtlineare Modulationsformen, da das Nachrichtensignal ausschließlich in der Phase des Trägersignals zu finden ist. Bei der FSK ist die Dauer des Phasenpulses auf das Symbolintervall beschränkt. Die MSK kennzeichnet sich durch kontrolliert eingefügte ISI aus. Dies führt dazu, dass sich ein cosinusförmiger Puls nach der Dauer von einem Symbolintervall in einen sinusförmigen Puls ändert und umgekehrt. In beiden Fällen führt dies zu einer Betrachtung von linearen Modulationsformen.

Wir haben festgestellt, dass bei der binären FSK die Abbildung einer logischen Null auf den Puls

$$g'(t) = \sin\left(2\pi F t\left(t + \frac{T}{2}\right)\right)\cdot\Pi\left(\frac{t}{T}\right)$$

und die Abbildung einer logischen Eins auf $-g'(t)$ vorliegt. Hiermit formulierten wir

$$\text{Im}\{x_{TP}(t)\} = x_i(t) = \sum_{k=-\infty}^{\infty} \text{sgn}(a_k)g'(t - kT) \quad ,$$

wobei $x_{TP}(t)$ das Tiefpass–Signal darstellt. Durch Multiplikation mit einem Eintonträger erhalten wir das zugehörige Bandpass–Signal. Der Realteil des TP–Signals liefert im

Sinne der Darstellung des Nachrichtensignals im Bandpassbereich keinen Beitrag, sodass lediglich der Imaginärteil zu übertragen ist. Das gesendete BP–Signal beschreibt

$$x_{BP}(t) = x_i(t) \cdot \cos 2\pi f_T t \quad .$$

Am Empfangsort wird zunächst der Träger phasengenau zugefügt. Das Signal

$$s(t) = \frac{1}{2}\, x_i(t) + \frac{1}{2}\, x_i(t) \cdot \cos 2\pi 2 f_T t$$

erregt anschließend ein signalangepasstes Filter, dessen Impulsantwort $g'(-t)$ ist. Wenn wir davon ausgehen, dass die Trägerfrequenz wesentlich größer ist als der Frequenzhub, F, kann der BP–Anteil von $s(t)$ vernachlässigt werden. Das effektive Signal am Eingang des Filters ist damit

$$s_e(t) = \frac{1}{2}\, x_i(t) \quad .$$

Ein Austaster, der im Symboltakt arbeitet, liefert dem nachgeschalteten Entscheider die Signalkomponenten $\pm 1/2\, E_{g'}$, mit $E_{g'}$ als der Energie des verwendeten Pulses $g'(t)$. Wegen der Polarität liegt die Entscheiderschwelle, gleichwahrscheinliche Ereignisse vorausgesetzt, bei null. Der Wert der Energie ist

$$
\begin{aligned}
E_{g'} &= \int_{-T/2}^{T/2} \sin^2\left(2\pi F\left(t + \frac{T}{2}\right)\right) dt \\
&= \frac{T}{2}\bigl(1 - \operatorname{si}\left(4\pi F T\right)\bigr) \quad .
\end{aligned}
$$

Neben dem Nutzanteil ist der Rauschanteil zu betrachten. Auch das Rauschsignal wird herabgemischt. Wie bei der Behandlung der ASK–Modulation greifen wir auf die gleiche Rauschsituation zurück. Der TP–Anteil des Rauschsignals am Eingang des Entscheiders ist im interessierenden Frequenzbereich als weiß und somit konstant mit dem Wert $N_0/2$ zu betrachten. Hierfür gilt $\sigma^2 = N_0 E_{g'}/2$. Die Fehlerrate ergibt sich hierfür zu

$$P_e = Q\left(\sqrt{\frac{E_{g'}}{2N_0}}\right) \quad .$$

Nach Einführen der mittleren Energie pro Bit, $E_b = 1/2\, E_{g'}$, bezogen auf N_0, erhalten wir $\mathcal{E} = E_b/N_0$ und damit den normierten Ausdruck für die Fehlerrate

$$P_e = Q\left(\sqrt{\mathcal{E}}\right) \quad .$$

Im Vergleich mit der ASK stellen wir fest, dass die FSK mit der OOK hinsichtlich der Fehlerrate übereinstimmt. Mit der polaren ASK oder der BPSK verglichen, ist bei der FSK eine um 3 dB höhere Leistung erforderlich, um eine gleiche Leistungsfähigkeit zu erreichen.

Bei der MSK sieht es ähnlich aus. Ein Unterschied zwischen FSK und MSK liegt in dem verwendeten Puls. Dieser ist hier

$$g'(t) = \sin\left(2\pi F\left(t + T\right)\right) \cdot \Pi\left(\frac{t}{2T}\right)$$

und trägt sowohl im I– als auch im Q–Zweig die zu übertragende Nachricht. Der einzige Unterschied zwischen diesen beiden Zweigen liegt in einem Versatz der betreffenden Signale um $T/4$. Als Empfänger betrachten wir die in Bild 4.25 gezeigte Struktur mit $g_I(t) = g_Q(t) = g'(t)$. Vor dem Entscheider liegt eine Signalkonstellation mit den vier Punkten bei $\pm 1/2\, E_{g'}$ und $\pm j/2\, E_{g'}$ vor. Die Varianzen für den I– und den Q–Zweig sind gleich und durch $\sigma_I^2 = \sigma_Q^2 = \sigma^2 = N_0 E_{g'}/2$ gegeben. Der Wert für die Energie des Nachrichtenpulses ist

$$
\begin{aligned}
E_{g'} &= \int_{-T}^{T} \sin^2\left(2\pi F(t+T)\right) dt \\
&= T\left(1 - \operatorname{si}\left(8\pi FT\right)\right) \quad ,
\end{aligned}
$$

er sei hier jedoch nur aus Gründen der Vollständigkeit aufgeführt. In diesem Fall liegt eine zweidimensionale Modulationsart vor. Die Fehlerwahrscheinlichkeit ist hierfür durch

$$
P_e = 2\, Q\left(\sqrt{\frac{E_{g'}}{2N_0}}\right)
$$

gegeben. Die im Vergleich zur FSK auftretende zweite Dimension durch den Q–Zweig berücksichtigt der Faktor vor der Q–Funktion. Zur normierten Betrachtung benötigen wir die mittlere Energie pro Bit. Mit der durchschnittlichen Energie pro Symbol

$$
E_\phi = \frac{1}{2}\, E_{g'}
$$

und dem Bezug auf die Anzahl der getragenen Binärstellen ergibt sich $E_b = E_{g'}/4$. Damit erhalten wir die Fehlerwahrscheinlichkeit für das normierte Maß,

$$
P_e = 2\, Q\left(\sqrt{2\mathcal{E}}\right) \quad .
$$

Diesen Ausdruck haben wir bereits für die QPSK und OQPSK gefunden. Diese Modulationsarten sind, was die Leistungsfähigkeit betrifft, identisch mit der MSK.

In diesem Abschnitt wurden Modulationsarten und deren Leistungsfähigkeit hinsichtlich der Fehlerwahrscheinlichkeit betrachtet. Die behandelten Modulationsarten sind linearer Art und auch Sonderformen der nichtlinearen Verfahren. Ausgeklammert waren bisher diejenigen nichtlinearen Modulationsarten, die keinen linearen Zusammenhang zwischen den Nachrichtenelementen und dem Modulationssignal aufweisen.

4.3.3 Fehlerverhalten bei nichtlinearen Modulationsformen

Bevor näher auf die Leistungsfähigkeit der CPFSK bzw. CPM eingegangen wird, wenden wir uns einer gängigen Betrachtungsweise für Empfangsstrukturen zu, die sowohl bei linearen als auch bei nichtlinearen Modulationsformen zum Einsatz kommen. Die Rede ist von sogenannten Maximum–A–Posteriori Empfängern, kurz MAP–Empfänger genannt. Die Motivation ist wie folgt. Ein Nachrichtenelement, a_k, aus einem Alphabet mit M Elementen wird gesendet, indem es auf einen nachrichtentragenden Puls abgebildet und in Form von dem Signal $x_k(t)$ übertragen wird. Am Empfangsort soll es zunächst lediglich durch AWGN gestört eintreffen. Somit beinhaltet das empfangene Signal $r(t) = x_k(t) + n(t)$ das Element a_k, $n(t)$ stellt das Rauschsignal dar. Der Ausdruck

$$P\big(x_k(t)|r(t)\big)$$

stellt die a posteriori Wahrscheinlichkeit dar, der die Auftrittswahrscheinlichkeit des Signals $x_k(t)$ und damit die des Elements a_k nach dem Eintreten von $r(t)$ angibt.

$$P\big(x_k(t)\big) = P(a_k)$$

ist die a priori Wahrscheinlichkeit für das Auftreten von $x_k(t)$ bzw. a_k. Das Entwurfskriterium ist, nach dem Empfang von $r(t)$ das Element a_k zu wählen, für das die bedingte Wahrscheinlichkeit maximal ist, d.h.

$$\hat{a}_k = \max_{a_k}\big\{ P\big(x_k(t)|r(t)\big) \big\} \quad .$$

Da das Ergebnis der Entscheidung fehlerhaft sein kann, ist zwischen dem entschiedenen Element, $\hat{a}_k$, und dem tatsächlichen, a_k, zu unterscheiden. In [Jan00] sind die grundlegenden Zusammenhänge aus der nachrichtentechnischen Perspektive betrachtet gut beschrieben.

Zum Lösen dieser Aufgabe führen wir eine vektorielle Darstellung der betrachteten Signale ein. Das Verfahren trägt die Bezeichnung Karhunen–Loève Reihendarstellung. Die Herangehensweise ist folgendermaßen. Das Signal $x_k(t)$ sei ein Verlauf aus M möglichen und auf die Dauer $t_0 \leq t \leq t_0 + T$ beschränkt, mit beliebigem Startwert t_0. Zudem handele es sich um einen komplexwertigen stationären Zufallsprozess. Jedes der Signalelemente ist durch

$$x_k(t) = \lim_{N \to \infty} \sum_{i=1}^{N} x_{ki}\, g_i(t) \quad , \qquad k = 1, 2, \cdots, M$$

beschreibbar. In vektorieller Schreibweise ergibt die Summe

$$x_k^{(N)}(t) = \sum_{i=1}^{N} x_{ki}\, g_i(t) = \mathbf{x}_k^T \mathbf{g}$$

mit den Vektoren

$$\mathbf{x}_k = \begin{pmatrix} x_{k1} \\ x_{k2} \\ \vdots \\ x_{kN} \end{pmatrix} \quad , \qquad \mathbf{g} = \begin{pmatrix} g_1(t) \\ g_2(t) \\ \vdots \\ g_N(t) \end{pmatrix} \quad .$$

Das hochgestellte T markiert die Transponierte des Vektors. (N) bringt zum Ausdruck, dass zur Darstellung von $x_k(t)$ nur N Elemente zur Verfügung stehen, bzw. nur N Dimensionen erforderlich sind. Die eingeführten Signale $g_i(t)$ sind mit den aus der Vektoralgebra bekannten Einheitsvektoren vergleichbar, d.h. das entsprechende Produkt führt zu dem Ergebnis eins, wenn zwei gleiche Größen miteinander multipliziert werden, und null, wenn sie unterschiedlich sind. Dies gibt in Integralform

$$\int_T g_i(t) g_j^*(t)\, dt = \begin{cases} 1 & : \quad i = j \\ 0 & : \quad \text{sonst} \end{cases}$$

an. Der Signalvektor $\mathbf{x}_k$ beschreibt somit das Signal $x_k(t)$, vorausgesetzt, die orthonormalen Signalelemente $g_i(t)$, $i = 1, 2, \cdots, N$, liegen vor. Der Vektor $\mathbf{g}$ beinhaltet die Elemente der Liste $\{g_i(t)\}$. Diese Elemente können als Einheitsvektoren interpretiert werden. Die Elemente des Signalvektors sind durch Nutzung der Orthonormalität durch

$$x_{ki} = \int_T x_k^{(N)}(t) g_i^*(t)\, dt$$

zu ermitteln. Auf das Rauschsignal können wir die Liste der orthonormalen Elemente ebenfalls anwenden und erhalten

$$n(t) = \lim_{N \to \infty} \sum_{i=1}^{N} n_i\, g_i(t) \quad ,$$

mit der Summe über N Elemente

$$n^{(N)}(t) = \mathbf{n}^T \mathbf{g} \quad .$$

Beide Vektoren zusammengefasst ergeben den Vektor des Empfangssignals,

$$\mathbf{r} = \mathbf{x}_k + \mathbf{n} \quad .$$

Eingangs bemerkten wir, dass es sich um AWGN handelt. Es steht nun die Frage an, wie es sich mit der WDF von $\mathbf{n}$ verhält. Wenn $n(t)$ komplexwertig, gaußverteilt und mittelwertfrei ist, trifft dies auch für die Elemente des zugehörigen Rauschvektors zu. Die WDF des Elements n_i ist somit

$$p(n_i) = \frac{1}{2\pi\sigma_i^2}\, \mathrm{e}^{-\frac{1}{2}\frac{|n_i|^2}{\sigma_i^2}} \quad .$$

Auffallend ist der Vorfaktor für den komplexwertigen Fall, der sich durch die Bildung des Quadrats des Faktors $\sqrt{2\pi\sigma_i^2}$ für den reellwertigen Fall ergibt. Im Rauschvektor $\mathbf{n}$ liegen N Elemente vor, die statistisch unabhängig sind. Die WDF des Vektors ist damit

$$\begin{aligned}
p(\mathbf{n}) &= \prod_{i=1}^{N} \frac{1}{2\pi\sigma_i^2}\, \mathrm{e}^{-\frac{1}{2}\frac{|n_i|^2}{\sigma_i^2}} \\
&= \left(\frac{1}{2\pi\sigma^2}\right)^N \mathrm{e}^{-\frac{1}{2\sigma^2}\sum_{i=1}^{N}|n_i|^2} \\
&= \left(\frac{1}{2\pi\sigma^2}\right)^N \mathrm{e}^{-\frac{1}{2\sigma^2}\mathbf{n}^*\mathbf{n}}
\end{aligned}$$

für $\sigma_i = \sigma$, $i = 1, 2, \cdots, N$. Das hochgestellte $''\,*\,''$ kennzeichnet die konjugiert komplex Transponierte des Vektors.[6] Das Element n_i erhalten wir mit

$$n_i = \int_T n(t) g_i^*(t)\, dt$$

---

[6] In diesem Ausdruck fällt eine vereinfachte Schreibweise auf. Aus Gründen der besseren Lesbarkeit soll auf die Indizes, die auf die betrachteten ZV hinweisen, und die anderslautenden, jedoch in direktem Zusammenhang mit den ZV stehenden Argumente der WDF verzichtet werden. Der Zusammenhang der einzelnen Größen sei durch den Kontext gegeben.

und hiermit die Korrelationseigenschaften der Elemente untereinander,

$$
\begin{aligned}
\mathrm{E}\{n_i n_j^*\} &= \int_T \int_T \underbrace{\mathrm{E}\{n(\tau)n^*(\vartheta)\}}_{= N_0\,\delta(\tau-\vartheta)} g_i(t)g_j^*(\vartheta)\,d\tau\,d\vartheta \\
&= N_0 \int_T g_i(t)g_j^*(t)dt \\
&= \begin{cases} N_0 &: \quad i=j \\ 0 &: \quad \text{sonst} \end{cases} \quad .
\end{aligned}
$$

Für die Varianz gilt

$$
\sigma^2 = N_0 \quad .
$$

Nachdem wir erkannt haben, dass ein Signal durch seinen Signalvektor gegeben ist, vorausgesetzt, die Einheitsvektoren liegen vor, können wir die Betrachtung fortsetzen.

Es gilt nun

$$
P(\mathbf{x}_k|\mathbf{r}) \quad , \qquad k = 1, 2, \cdots, M
$$

zu bestimmen und dessen Maximum aufzusuchen. Mit dem Zusammenhang von bedingten Wahrscheinlichkeiten und dem Bayesschen Theorem, das sich auch mit den WDF $p(\mathbf{r}|\mathbf{x}_k)$ und $p(\mathbf{r})$ anwenden lässt, erhalten wir

$$
P(\mathbf{x}_k|\mathbf{r}) = \frac{p(\mathbf{r}|\mathbf{x}_k)}{p(\mathbf{r})} P(\mathbf{x}_k) \quad .
$$

$p(\mathbf{r})$ ist dieselbe Funktion für alle a_k und hat folglich keine Auswirkung auf die Entscheidung. Ist $P(a_k) = P(\mathbf{x}_k)$ zudem gleich für alle Nachrichtenelemente, gilt es

$$
\max_{a_k}\left\{p(\mathbf{r}|\mathbf{x}_k)P(a_k)\right\} = \max_{a_k}\left\{p(\mathbf{r}|\mathbf{x}_k)\right\}
$$

und das zugehörige a_k zu finden. Mit der WDF für das Rauschen erhalten wir für die bedingte Wahrscheinlichkeit

$$
p(\mathbf{r}|\mathbf{x}_k) = \left(\frac{1}{2\pi\sigma^2}\right)^N e^{-\frac{1}{2\sigma^2}(\mathbf{r}-\mathbf{x}_k)^*(\mathbf{r}-\mathbf{x}_k)} \quad .
$$

Das Maximum dieses Ausdrucks liegt vor, wenn das Argument der Exponentialfunktion maximal ist, wie es

$$
\max_{a_k}\left\{p(\mathbf{r}|\mathbf{x}_k)\right\} \quad \text{für} \quad \max_{a_k}\left\{-(\mathbf{r}-\mathbf{x}_k)^*(\mathbf{r}-\mathbf{x}_k)\right\}
$$

formuliert. Die Entscheidungsgröße für das Auffinden des Maximums der a posteriori Wahrscheinlichkeit reduziert sich somit auf

$$
\begin{aligned}
m(\mathbf{x}_k) &= -(\mathbf{r}-\mathbf{x}_k)^*(\mathbf{r}-\mathbf{x}_k) \\
&= -\left(\mathbf{r}^*\mathbf{r} - 2\,\mathrm{Re}\{\mathbf{x}_k^*\mathbf{r}\} + \mathbf{x}_k^*\mathbf{x}_k\right) \quad .
\end{aligned}
$$

Der Vektor $\mathbf{x}_k$ wird im Empfänger zugeführt, wenn $\mathbf{r}$ vorliegt. Da der Betrag $\mathbf{r}^*\mathbf{r} = |\mathbf{r}|^2$ keine Auswirkung bei der Suche nach dem passenden Signalvektor hat, kann dieser Term entfallen. Die leicht modifizierte Entscheidungsgröße ist nun

$$m'(\mathbf{x}_k) = \mathrm{Re}\{\mathbf{x}_k^*\mathbf{r}\} - \frac{1}{2}\,\mathbf{x}_k^*\mathbf{x}_k \quad .$$

Hiermit lässt sich das Maximum wie folgt finden: Wähle den Signalvektor, $\mathbf{x}_k$, für den die Entscheidungsgröße $m'(\mathbf{x}_k)$ maximal ist. Als Ergebnis liegt der Signalvektor vor, für den die a posteriori Wahrscheinlichkeit maximal ist.

Diese Betrachtung basiert auf die vektorielle Darstellung der vorliegenden Signale. Wie verhält es sich nun mit den Signalen selbst? Den Übergang erhalten wir durch Einführen der Einheitssignale. Wegen der Orthonormalität ist

$$\int_T \mathbf{g}\mathbf{g}^* \, dt = \mathbf{E} \quad ,$$

das Integral resultiert in einer (N,N)–Einheitsmatrix. Den Integralausdruck in die Entscheidungsgröße $m'(\mathbf{x}_k)$ eingesetzt ergibt

$$
\begin{aligned}
m'(\mathbf{x}_k) &= \mathrm{Re}\{\mathbf{x}_k^*\mathbf{E}\,\mathbf{r}\} - \frac{1}{2}\,\mathbf{x}_k^*\mathbf{E}\,\mathbf{x}_k \\
&= \mathrm{Re}\Big\{ \int_T r(t)x_k^{(N)*}(t)\,dt \Big\} - \frac{1}{2}\underbrace{\int_T |x_k^{(N)}(t)|^2\,dt}_{=\,E_k^{(N)}} \quad .
\end{aligned}
$$

Wir erkennen das bewährte Schema. Der MAP–Demodulator stellt im wesentlichen eine Bank von M Korrelatoren dar. Dem Empfangssignal, $r(t)$, werden die M möglichen nachrichtentragenden Signale $x_k(t)$ in konjugiert komplexer Form zugeführt. Von den Ergebnissen der Korrelationen

$$\int_T r(t)x_k^{(N)*}(t)\,dt \quad , \qquad k = 1, 2, \cdots, M$$

sind lediglich die Realteile von Interesse, von denen zudem der Energiebetrag, $E_k^{(N)}/2$, der betreffenden Signale jeweils subtrahiert werden muss. Aus diesen M Werten von $m'(\mathbf{x}_k)$ wählen wir den mit dem größten Wert. Das zugehörige Nachrichtenelement $\hat{a}_k$ ist das Ergebnis des Demodulationsschritts.

Zwei Fragen blieben bislang unbeachtet. Die Eigenschaften der Einheitselemente, $g_i(t)$, $i = 1, 2, \cdots, N$ sind nachvollziebar. Wie sind diese jedoch zu wählen? Welche Dimension müssen die Signalvektoren aufweisen, d.h. wie ist N zu wählen? In [Cou87] sind diese Fragen kompakt beantwortet. Sind M Signale gegeben, $x_k(t)$, $k = 1, 2, \cdots, M$, ist die Dimension der Signalvektoren, die die Signale selbst erzeugen, kleiner als die oder gleich der Anzahl der Signale, also $N \leq M$. In [Orf88] ist ein Verfahren gut beschrieben, mit dem die Vektoren und Einheitselemente schrittweise ermittelbar sind. Die Aufspaltung der Vektoren erfolgt nach der Gram-Schmidt Methode, die wir an dieser Stelle kurz betrachten.

Unser Ziel sind orthogonale Einheitselemente zur Darstellung der nachrichtentragenden
Signale. Das erste Signal benötigt lediglich ein Einheitselement. Kommt ein weiteres
Signal hinzu, ist eine weitere Dimension notwendig, sodass zur Darstellung dieser beiden
Signale nun zwei Einheitselemente erforderlich sind. Bei drei Signalen benötigen wir drei
Einheitselemente und so weiter. Die Idee ist folglich, dass mit jedem zusätzlichen Signal
die Dimension um eins erhöht werden muss. Dies zeigt das Produkt

$$
\begin{pmatrix} x_1(t) \\ x_2(t) \\ \vdots \\ x_N(t) \end{pmatrix} = \underbrace{\begin{pmatrix} x_{11} & 0 & \cdots & 0 \\ x_{21} & x_{22} & \cdots & 0 \\ \cdots\cdots\cdots\cdots\cdots\cdots\cdots \\ x_{N1} & x_{N2} & \cdots & x_{NN} \end{pmatrix}}_{= \mathbf{D}_u} \cdot \begin{pmatrix} g_1(t) \\ g_2(t) \\ \vdots \\ g_N(t) \end{pmatrix} \quad .
$$

Bei der (N,N)–Matrix handelt es sich um eine untere Dreiecksmatrix, $\mathbf{D}_u$. Es ist ersichtlich, wie die Dimension mit den betrachteten Signalen zunimmt. Die Elemente dieser
Matrix erhalten wir mit

$$
x_{ij} = \int_T x_i(t) g_j^*(t)\, dt \quad , \qquad 1 \leq i,j \leq N \quad .
$$

Die Umsetzung der Methode ist wie folgt.

GS1: Wähle das erste Signal, $x_1(t)$, als grundlegenden Vektor, $h_1(t)$, und normiere diesen,
um einen Einheitsvektor zu erhalten. Dies drückt

$$
x_1(t) = h_1(t) = x_{11} g_1(t)
$$

mit

$$
g_1(t) = \frac{h_1(t)}{x_{11}} \quad , \qquad x_{11} = \sqrt{E_{h_1}}
$$

aus, wobei E_{h_1} der Wert der Energie des Elements $h_1(t)$ ist.

GS2: Füge das nächste Signal hinzu nach

$$
x_2(t) = x_{21} g_1(t) + h_2(t) \quad , \qquad h_2(t) = x_{22} g_2(t) \quad .
$$

Die neue Dimension drückt sich durch

$$
h_2(t) = x_2(t) - x_{21} g_1(t)
$$

aus. Hierin ist wieder $x_{22} = \sqrt{E_{h_2}}$ und

$$
x_{21} = \int_T x_2(t) g_1^*(t)\, dt \quad .
$$

Dies bedeutet, dass diejenigen Komponenten aus dem neuen Vektor $h_2(t)$ entfernt werden, die mit der ersten Dimension, also $g_1(t)$, im Zusammenhang stehen.
Durch diesen Subtraktion ist das orthonormale Verhalten der beiden Einselemente
gewährleistet.

GSl: Für $2 \leq l \leq N$ erhalten wir den rekursiven Zusammenhang

$$
\begin{aligned}
h_l(t) &= x_l(t) - \underbrace{\sum_{i=1}^{l-1} x_{ij} g_j(t)}_{=\hat{x}_{l-1}(t)} \\
&= x_l(t) - \mathbf{x}_{l-1}^T \mathbf{g}_{l-1} \\
&= x_{ll} g_l(t)
\end{aligned}
$$

mit

$$
x_{ll} = \sqrt{\int_T |h_l(t)|^2 dt}
$$

und

$$
x_{ij} = \int_T x_i(t) g_j^*(t) dt \quad , \qquad 1 \leq i,j \leq N \quad .
$$

Mit jedem Schritt erhöht sich die Dimension des Signalvektors um eins, vorausgesetzt, $h_l(t)$ ist ungleich null.

Ist das Prinzip einmal verstanden, ist diese Methode relativ einfach in die Tat umzusetzen.

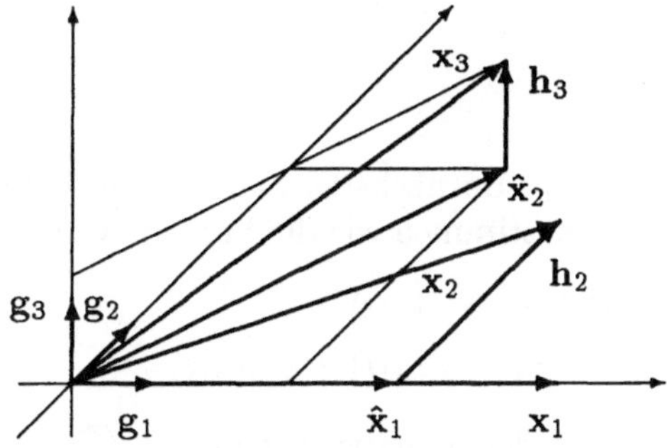

Bild 4.28   Darstellung der Orthogonalisierung

Ein Beispiel soll das Zusammenspiel verdeutlichen. Wir betrachten eine binäre ASK mit einem rechteckförmigen nachrichtentragenden Puls. Bei der Korrelatormethode ist das Signal, das das Element $+1$ trägt $x_1(t) = +\Pi(t/T) \cos 2\pi f_T t$ und das Signal für -1 $x_2(t) = -\Pi(t/T) \cos 2\pi f_T t$. Der Sinusträger ist hierbei nicht erforderlich. Der Empfänger ist in Bild 4.25 dargestellt, der obere Korrelator ist auf $g_I(t) = x_1(t)$, der untere auf $g_Q(t) = x_2(t)$ abgestimmt. Wir gehen davon aus, dass x_1 gesendet wurde. Im oberen Zweig liegt der Nutzanteil $E_x = T/2$ und der Rauschanteil mit $\sigma^2 = N_0 E_x/2$ vor. Der untere Zweig weist $-E_x$ und einen Rauschanteil mit gleicher Varianz auf. Die Situation fasst

$$
r_1 = \begin{cases} E_x + n_1 &: \quad a_k = 1 \\ -E_x + n_1 &: \quad a_k = -1 \end{cases}
$$

$$
r_2 = \begin{cases} -E_x + n_2 &: \quad a_k = 1 \\ E_x + n_2 &: \quad a_k = -1 \end{cases}
$$

zusammen. Die Entscheidungsregel lautet wie oben dargelegt: Wähle den größten Wert von r_1 und r_2. Die Fälle für Fehlentscheidungen liegen bei

$$
\begin{aligned}
a_k &= +1 &:\quad P\{\text{Fehler}\} &= P(r_1 < r_2) \\
a_k &= -1 &:\quad P\{\text{Fehler}\} &= P(r_1 > r_2)
\end{aligned}
$$

vor. Zur weiteren Beschreibung wählen wir die neuen ZV $s = r_1 - r_2$ und $n' = n_1 - n_2$ und erhalten

$$
s = \begin{cases} 2E_x + n' & : \quad a_k = 1 \\ -2E_x + n' & : \quad a_k = -1 \end{cases} \quad .
$$

Die Varianz des Rauschanteils ist

$$
\begin{aligned}
\mathrm{E}\{n'^2\} \;=\; \sigma'^2 \;&=\; \mathrm{E}\{(n_1 - n_2)^2\} \\
&=\; \mathrm{E}\{n_1^2\} - 2\,\mathrm{E}\{n_1 n_2\} + \mathrm{E}\{n_2^2\} \\
&=\; 4\sigma^2 \quad ,
\end{aligned}
$$

da $n_2 = -n_1$. Für die Varianz des Rauschanteils in einem Zweig liegt bekanntlich $\sigma^2 = N_0 E_x / 2$ vor. Der Fehlerfall ist durch

$$
\begin{aligned}
P_e \;&=\; P(s < 0 | a_k = 1)P(a_k = 1) + P(s > 0 | a_k = -1)P(a_k = -1) \\
&=\; Q\!\left(\frac{2E_x}{\sigma'}\right) \\
&=\; Q\!\left(\frac{E_x}{\sigma}\right)
\end{aligned}
$$

gegeben und bereits längst bekannt. Im nächsten Schritt beleuchten wir den Fall aus dem MAP–Blickwinkel. Zunächst bestimmen wir die Signalvektoren, für die wir

$$
\begin{aligned}
x_1(t) &= x_{11} g_1(t) \\
x_2(t) &= x_{21} g_1(t) + x_{22} g_2(t)
\end{aligned}
$$

ansetzen. Mit $x_1(t) = \sqrt{E_x}\, g_1(t)$ ist der Signalvektor $\mathbf{x}_1 = (\sqrt{E_x}\ 0)^T$ zur Beschreibung von $x_1(t)$ sofort gegeben. Das zugehörige Einselement ist

$$
g_1(t) = \frac{1}{\sqrt{E_x}}\, \Pi\!\left(\frac{t}{T}\right) \quad .
$$

Die Auswertung der zweiten Gleichung liefert

$$
h_2(t) = x_2(t) - x_{21} g_1(t) = x_{22} g_2(t) = 0 \quad ,
$$

da $x_{21} = -x_{11}$ und damit $x_{22} = 0$. Der Signalvektor für $x_2(t)$ ist folglich $\mathbf{x}_2 = (-\sqrt{E_x}\ 0)^T$. Wir erkennen, dass lediglich eine Dimension erforderlich ist und $g_2(t) = 0$ gewählt werden kann. Die Signalvektoren reduzieren sich auf skalare Größen, $\mathbf{x}_1 = x_1 = \sqrt{E_x}$ und $\mathbf{x}_2 = x_2 = -\sqrt{E_x}$. Für ein gesendetes x_1 liegt am Empfangsort $r = x_1 + n$ vor. Die Entscheidungsgröße für die beiden Möglichkeiten ist

$$
\begin{aligned}
m'(x_1) \;&=\; r x_1 - \frac{1}{2} x_1^2 \;=\; \frac{1}{2} E_x + n x_1 \\
m'(x_2) \;&=\; r x_2 - \frac{1}{2} x_2^2 \;=\; -\frac{3}{2} E_x + n x_2 \quad .
\end{aligned}
$$

Wir wählen wieder den größten Wert und erhalten für den Fehlerfall

$$\begin{aligned} P_e &= P\big(m'(x_2) > m'(x_1)\big) \\ &= P\big((x_2 - x_1)n > 2E_x\big) \\ &= P\big(\rho > 2E_x\big) \quad, \end{aligned}$$

wobei als neue ZV $\rho = -2\sqrt{E_x}\,n$ vorliegt, die wie n gaußverteilt ist und die Varianz $\sigma_\rho^2 = 4\sigma^2$ aufweist. Dieser Fall beschreibt bei gleichwahrscheinlichen polaren Ereignissen die resultierende Fehlerwahrscheinlichkeit, die ebenfalls

$$P_e = Q\Big(\frac{2E_x}{\sigma_\rho}\Big) = Q\Big(\frac{E_x}{\sigma}\Big)$$

ergibt. Beide Betrachtungsweisen, die Korrelator- wie die MAP-Methode, führen, wie es zu erwarten war, zum gleichen Ergebnis.

Dieses Beispiel beenden wir mit einer Betrachtung der Wahrscheinlichkeiten und bedingten WDF zur Untermauerung des MAP-Kriteriums. Um zu entscheiden, welches Element im Empfangssignal enthalten ist, ziehen wir die bedingten Wahrscheinlichkeiten zur Hilfe und betrachten für den vorliegenden eindimensionalen und reellwertigen Fall

$$P(x_k|r) = P(a_k|r) = \frac{p(r|a_k)}{p(r)}\,P(a_k) \quad.$$

Die WDF für das Empfangssignal ergibt sich zu

$$p(r) = p(r|+1)P(+1) + p(r|-1)P(-1)$$

und weiter für gleichwahrscheinliche Ereignisse

$$p(r) = \frac{1}{2}\Big(p(r|+1) + p(r|-1)\Big) \quad.$$

Für die bedingten WDF liegen jeweils Gaußverteilungen mit unterschiedlichen Mittelwerten vor, wie es Bild 4.29 zeigt. Die beiden Verläufe sind durch

$$\begin{aligned} p(r|+1) &= \frac{1}{\sqrt{2\pi}\sigma}\,e^{-\frac{1}{2}\frac{n^2}{\sigma^2}} \\[2mm] p(r|-1) &= \frac{1}{\sqrt{2\pi}\sigma}\,e^{-\frac{1}{2}\frac{\left(n+2\sqrt{E_x}\right)^2}{\sigma^2}} \end{aligned}$$

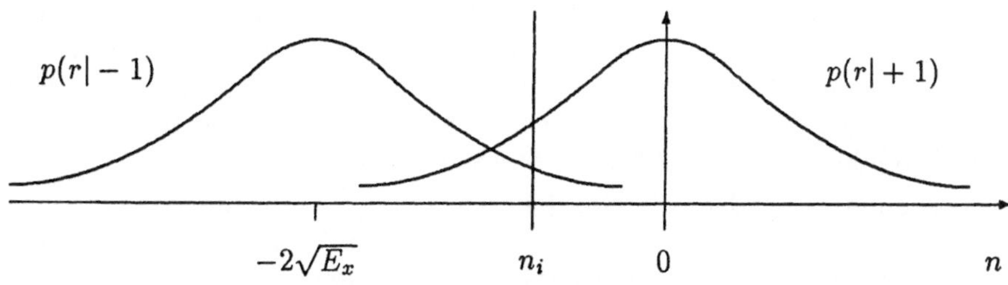

Bild 4.29   Zum MAP-Kriterium

gegeben, wobei der rellwertige Fall mit dem entsprechenden Vorfaktor bei der WDF zu bedenken ist. Der Abstand zwischen den beiden WDF ist $d_{+/-} = 2\sqrt{E_x}$, womit sich die Fehlerwahrscheinlichkeit durch

$$P_e = Q\left(\frac{d_{+/-}}{\sqrt{2N_0}}\right)$$

angeben lässt. Auf diese Darstellung kommen wir später zurück. Die Größe n_i, mit $i = 1, 2, 3$, kennzeichnet durch Rauschen bedingte Abweichungen von den ideal übertragenen Signalen. In Tabelle 4.3 sind drei unterschiedliche Empfangswerte mit den Auswirkungen auf die Wahrscheinlichkeiten aufgelistet. Die Werte sind für $E_x = 1$ und $\sigma = 1$ ermittelt. Wir erkennen, dass die größere Wahrscheinlichkeit tatsächlich mit der größeren bedingten WDF einhergeht. Bei gleichwahrscheinlichen Ereignisses, wie es im vorliegenden Fall zutrifft, ist die Entscheidungsschwelle bei dem Schnittpunkt der beiden WDF auf der Abszisse zu finden. Liegt der empfangene Wert rechts von diesem Schnittpunkt, sprechen die Wahrscheinlichkeiten für die Wahl des Elements $+1$. Die Wahrscheinlichkeiten nehmen zu, je weiter der Punkt n_i auf der sicheren Seite liegt, die für $+1$ spricht. Umgekehrt besagt das MAP–Kriterium, dass das Element -1 zu wählen ist, wenn der Punkt links von dem Schnittpunkt liegt.

n_i	$p(r\,\vert+1)$	$p(r\,\vert-1)$	$p(r)$	$P(+1\vert r)$	$P(-1\vert r)$
$-1/2$	0,352	0,130	0,241	0,73	0,27
$-1/8$	0,396	0,069	0,233	0,85	0,15
$-5/4$	0,183	0,301	0,242	0,38	0,62

Tabelle 4.3   Auswertung von Bild 4.29

Die Empfängerstrukturen waren bislang lediglich auf den nachrichtentragenden Puls ausgerichtet. Bei M verschiedenen Elementen des Nachrichtensignals, $x_k(t)$, mit $k = 1, 2, \cdots, M$, liegen in dem Empfänger entweder M entsprechend signalangepasste Filter oder eine äquivalente Anzahl von Korrelatoren vor. Da die verschiedenen Elemente durch N Signalvektoren darstellbar sind, findet sich dieser Zusammenhang auch in den Empfängerstrukturen wieder. So ist es dem oben beschriebenen Konzept gleichwertig, wenn an Stelle der M Blöcke nun N signalangepasste Filter oder Korrelatoren zu finden sind, die auf die Einselemente, $g_i(t)$, mit $i = 1, 2, \cdots, N$, abgestimmt sind. Bild 4.30 zeigt einen solchen MAP–Empfänger. Wir erkennen den hergeleiteten MAP–Algorithmus. Nach der Korrelation des empfangenen Signals mit den N Einheitselementen $g_i^*(t)$, mit $i = 1, 2, \cdots, N$, liegen die Elemente des Vektors $\mathbf{r}$ vor. Anschließend betrachten wir den Realteil der Produkte $\mathbf{x}_k^*\mathbf{r}$. Die M Nachrichtensignale $x_k(t)$, mit $k = 1, 2, \cdots, M$, sind im Empfänger bekannt. Nachdem die Gleichanteile $1/2\,E_k^{(N)}$ subtrahiert sind, suchen wir aus den sich ergebenden Werten von $m'(\mathbf{x}_k)$ den größten heraus und weisen diesem das zugehörige Nachrichtensymbol $\hat{a}_k$ zu. Hierbei ist zu beachten, dass ein Fehlerfall vorliegen kann, das gewählte Symbol nicht dem tatsächlich gesendeten a_k entspricht. Die Wahrscheinlichkeit für das Auftreten eines Fehlers lässt sich z.B. mit den Methoden berechnen,

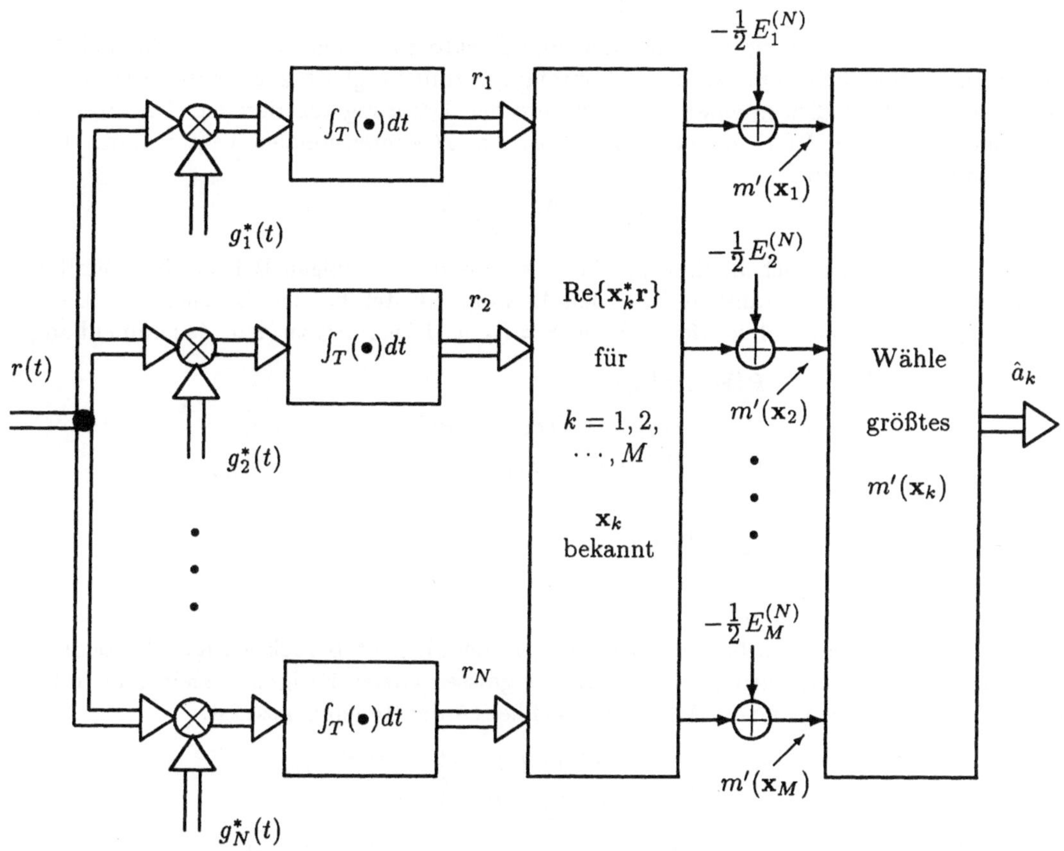

Bild 4.30   MAP–Empfänger

die weiter oben bei linearen Modulationsformen vorgestellt sind. Der Vorteil der vektoriellen Signalkonstruktion liegt in weniger aufwendigen Sende– und Empfangsstrukturen. Die Anzahl der Dimensionen, N, ist kleiner oder gleich der Anzahl der Nachrichtenelemente, M, des verwendeten Alphabets $\{a_k\}$. In Abhängigkeit der Pulse und Formate kann N um einiges kleiner sein als M, was in sich in der Anzahl der Korrelatoren oder signalangepassten Filter widerspiegelt.

Oft sind die Schritte relativ aufwendig, die zu einer exakten Fehlerbetrachtung führen. In vielen Fällen ist es jedoch ausreichend, eine obere Grenze für den Fehler anzugeben. Zur Herleitung eines Ausdrucks für diese Grenze gehen wir davon aus, dass das Element a_l durch $x_l(t)$ bzw. $\mathbf{x}_l$ gesendet wurde. Wie üblich seien gleichwahrscheinliche Ereignisse angenommen. Am Empfangsort liegt eine Entscheidung an, welches Element vorliegt. Diese Entscheidung basiert auf M Beobachtungen. Betrachten wir die Entscheidungsgröße

$$m(\mathbf{x}_k) \;=\; \left|\mathbf{r} - \mathbf{x}_k\right|^2 \quad \text{für} \quad \mathbf{r} = \mathbf{x}_l + \mathbf{n}$$

$$= \ \left| (\mathbf{x}_l - \mathbf{x}_k) + \mathbf{n} \right|^2 \ ,$$

erkennen wir die Differenz zwischen den Signalvektoren $\mathbf{x}_l$ und $\mathbf{x}_k$. $\mathbf{x}_l$ ist hierbei das übertragene Signalelement, $\mathbf{x}_k$ das im Empfänger zum Vergleich zugesetzte. Entspricht $\mathbf{x}_l = \mathbf{x}_k$, resultiert dies in einer WDF, die um den Ursprung zentriert ist. Für $\mathbf{x}_l \neq \mathbf{x}_k$ verschiebt sich die WDF um $|\mathbf{x}_k - \mathbf{x}_l| = d_{kl}$ im N–dimensionalen Vektorraum. Der Fehlerfall ist somit durch

$$P_{e_{kl}} = Q\left(\frac{d_{kl}}{\sqrt{2N_0}} \right)$$

gegeben. Es handelt sich hierbei um das Ergebnis des im obigen Beispiel behandelten binären Problems. Insgesamt sind von den M Möglichkeiten bei der Entscheidung $M-1$ falsch. Der fehlerfreie Fall ist der, für den $k = l$ gilt. Dies führt zu dem Zusammenhang

$$
\begin{aligned}
P_{e_l} \ &= \ P\big(\text{Fehler} \,|\, a_l\big) \\
&= \ P\big(e_{1l} \cup e_{2l} \cup \cdots \cup e_{k-1\,l} \cup e_{k+1\,l} \cup \cdots \cup e_{M\,l}\big) \\
&\leq \ P_{e_{1l}} + P_{e_{2l}} + \cdots + P_{e_{k-1\,l}} + P_{e_{k+1\,l}} + \cdots + P_{e_{M\,l}} \\
&\leq \ \sum_{\substack{k=1 \\ k \neq l}}^{M} P_{e_{kl}} \ .
\end{aligned}
$$

Bei der Ungleichung wurde die Verbundwahrscheinlichkeit berücksichtigt, die besagt, dass die Wahrscheinlichkeit eines Verbundereignisses zweier Ereignisse kleiner als oder gleichgroß wie die Summe der Wahrscheinlichkeiten der Teilereignisse ist,

$$
\begin{aligned}
P\{A \cup B\} \ &= \ P\{A\} + P\{B\} - P\{A \cap B\} \\
&\leq \ P\{A\} + P\{B\} \ .
\end{aligned}
$$

Wie oben dargelegt, sei die Auftrittswahrscheinlichkeit eines Signalvektors $1/M$. P_{e_l} gibt die Wahrscheinlichkeit an, mit der die Entscheidung hinsichtlich des Elements a_l fehlerhaft ist. Sämtliche M Elemente berücksichtigt ergibt die effektive Fehlerwahrscheinlichkeit

$$P_e = \frac{1}{M} \sum_{l=1}^{M} P_{e_l} \ .$$

Hierbei ist die Dimension des Signalraums zu berücksichtigen. Zusammengefasst ist die obere Grenze der Fehlerwahrscheinlichkeit durch

$$P_{e_l} \leq \sum_{\substack{k=1 \\ k \neq l}}^{M} Q\left(\frac{d_{kl}}{\sqrt{2N_0}} \right) \leq \frac{1}{\sqrt{2\pi}} \sum_{\substack{k=1 \\ k \neq l}}^{M} \frac{1}{z_{kl}} e^{-\frac{z_{kl}^2}{2}} \Bigg|_{z_{kl} = \frac{d_{kl}}{\sqrt{2N_0}}}$$

gegeben. Hierin ist zugleich die obere Grenze für eine Q–Funktion angewendet, die für größere Argumente der Funktion herangezogen werden kann.

Ein Beispiel rundet die Fehlerbetrachtung ab. Gegeben ist ein dreidimensionaler Signalraum, also ist $M = N = 3$. Er setzt sich aus den Signalvektoren

$$\mathbf{x}_1 \ = \ (1\ 0\ 0)^T$$

$$\mathbf{x}_2 = (0\ 1\ 0)^T$$
$$\mathbf{x}_3 = (0\ 0\ 1)^T$$

zusammen. Nebenbei bemerkt weisen z.B. zwei Signaltypen diesen Signalraum auf. Nehmen wir drei Rechteckfunktionen gleicher Basis, deren gemeinsame Länge T ist, und die sich nicht überdecken, aber an den Flanken berühren können, liegt

$$x_1(t) = \sqrt{\frac{3}{T}}\,\Pi\Big(3\frac{t}{T}\Big)\quad,$$
$$x_2(t) = \sqrt{\frac{3}{T}}\,\Pi\Big(3\frac{t}{T}-1\Big)\quad,$$
$$x_3(t) = \sqrt{\frac{3}{T}}\,\Pi\Big(3\frac{t}{T}-2\Big)$$

vor. Die Energie dieser Signalelemente ist jeweils eins, sodass $x_i(t) = g_i(t)$, für $i = 1, 2, 3$, gilt. Ein zweiter Signaltyp weist die Orthonormalität im Frequenzbereich auf. Für

$$x_i(t) = \sqrt{\frac{2}{T}}\,\cos 2\pi f_i t\quad,\quad i = 1, 2, 3$$

mit f_i als ganzzahliges Vielfaches von $1/T$ erhalten wir ebenfalls die oben aufgeführten Signalvektoren. Mit $|\mathbf{x}_{1,2,3}|^2 = 1$ und der gegebenen Varianz des Rauschens $\sigma^2 = 0{,}1 = N_0/2$ ergibt sich $N_0 = 0{,}2$. Die Abstände der Siganlvektoren sind

$$d_{12} = |\mathbf{x}_1 - \mathbf{x}_2| = \sqrt{2}$$
$$d_{13} = |\mathbf{x}_1 - \mathbf{x}_3| = \sqrt{2}\quad,$$

womit sich für die obere Grenze

$$P_e = P_{e_1} = 2\,Q\big(\sqrt{5}\big) \approx 0{,}026$$

ergibt. Berücksichtigen wir zudem die obere Grenze für die Q–Funktion, gelangen wir mit $z_{12} = z_{13} = \sqrt{5}$ zu

$$P_e = \frac{2}{\sqrt{2\pi}}\cdot\frac{1}{\sqrt{5}}\,e^{-\frac{5}{2}} \approx 0{,}029\quad.$$

Der genaue Wert von P_e lässt sich nicht einfach ermitteln. Zum Vergleich mit den genäherten Werten soll er exemplarisch herangezogen werden. Nemen wir als gesendeten Vektor $\mathbf{x}_1$ an, liegen für $\mathbf{x}_1 - \mathbf{x}_k + \mathbf{n}$ die Vektoren

$$\begin{pmatrix} n_1 \\ n_2 \\ n_3 \end{pmatrix}\quad,\quad \begin{pmatrix} 1 \\ -1 \\ 0 \end{pmatrix} + \begin{pmatrix} n_1 \\ n_2 \\ n_3 \end{pmatrix}\quad\text{und}\quad \begin{pmatrix} 1 \\ 0 \\ -1 \end{pmatrix} + \begin{pmatrix} n_1 \\ n_2 \\ n_3 \end{pmatrix}$$

vor. Den Raum für diese Situation zeigt Bild 4.31a, wobei die Punkte die Mittelwerte der verrauschten Vektoren repräsentieren. Die drei Punkte liegen in einer Ebene, deren Flächennormale $1/\sqrt{3}\,(1\ 1\ 1)^T$ ist. Die Projektion des Rauschvektors auf diese Fläche ergibt Komponenten derselben Varianz, σ^2. Dies leuchtet sofort ein, wenn man bedenkt, dass das Rauschen in diesem Signalraum als kugelförmig interpretierbar ist. Eine Projektion auf eine Ebene führt dann zu einer zweidimensionalen, kreisförmigen Charakteristik

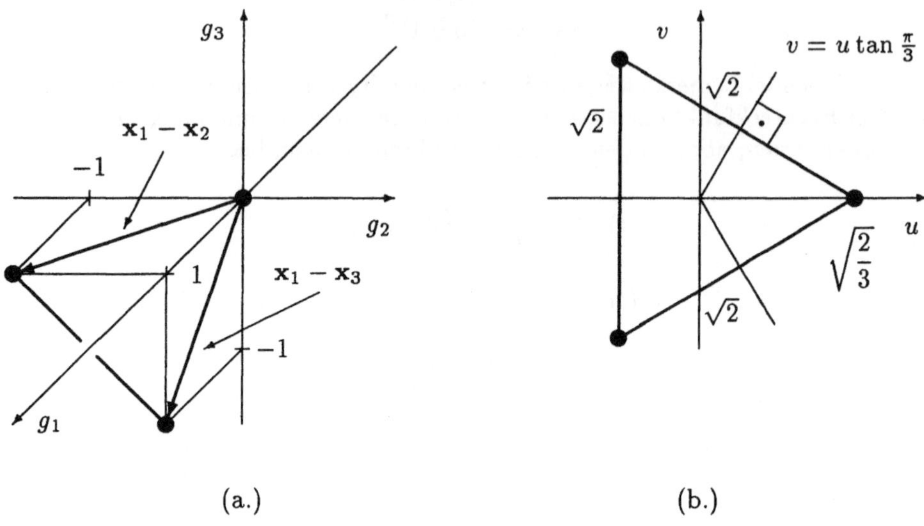

Bild 4.31   Signalraum und Entscheidungsgebiete

mit gleichen mittleren Ausdehnungen in dieser Ebene. Die Betrachtung reduziert sich
nun auf zwei Dimensionen, wie es in Bild 4.31b dargestellt ist. Gesendet sei $\mathbf{x}_1$, den in der
Ebene der Vektor $(\sqrt{2/3}\ 0)^T$ angibt. Zwei Geraden bilden die Entscheidungsschwellen.
Sie durchlaufen den Ursprung und weisen die Steigungen $\pm\pi/3$ auf. Diese Schwellen sind
so gewählt, dass das gleichseitige Dreieck in drei gleichgroße Tangentenvierecke aufteilbar ist. Der Grund hierfür liegt in der Gleichverteilung der Punkte. Dieser Punkt ist
durch mittelwertfreies zweidimensionales AWGN mit der oben aufgeführten Varianz für
jede Dimension verrauscht. Zur Berechnung der Wahrscheinlichkeit, dass der Aufpunkt
in dem richtigen Bereich liegt, müssen wir das Integral

$$P_{c_1} = \iint_D p\left(u - \sqrt{\frac{2}{3}}, v\right) du\, dv$$

berechnen. Das Integrationsgebiet ist ein Drittel der gesamten Fläche und erstreckt sich
zwischen den Geraden $v = \pm u \tan\frac{\pi}{3}$ für $0 \le u < \infty$. Den Integrand für den interessierenden Bereich zeigt Bild 4.32. Deutlich sind die Kanten zu erkennen, die von den
Entscheidungsschwellen herrühren. Die Auswertung des Ausdrucks erfolgte numerisch.
Als Ergebnis liegt $P_{c_1} \approx 0{,}976$ vor. Die Wahrscheinlichkeit für eine Fehlentscheidung ist
damit $P_{e_1} = 1 - P_{c_1} = P_e \approx 0{,}024$ und ist geringfügig kleiner als die oberen Grenzen.
Bei genauerer Betrachtung der Konstellation in Bild 4.31b liegt es nahe, die Situation als
dreiwertige PSK mit dem Radius $A = \sqrt{2/3}$ und dem Winkelabstand $2\pi/3$ zu interpre-
tieren. Bei der Betrachtung der Leistungsfähigkeit von PSK–Signalen erzielten wir die
Näherung

$$P_e \approx 2\,Q\left(\frac{A}{\sigma}\sin\frac{\pi}{M}\right)\quad,$$

die auch hier anwendbar ist. Die Werte eingesetzt ergibt für das Argument der Q–
Funktion $\sqrt{5}$, ein Wert, der sich auch für die obere Grenze der Fehlerwahrscheinlichkeit

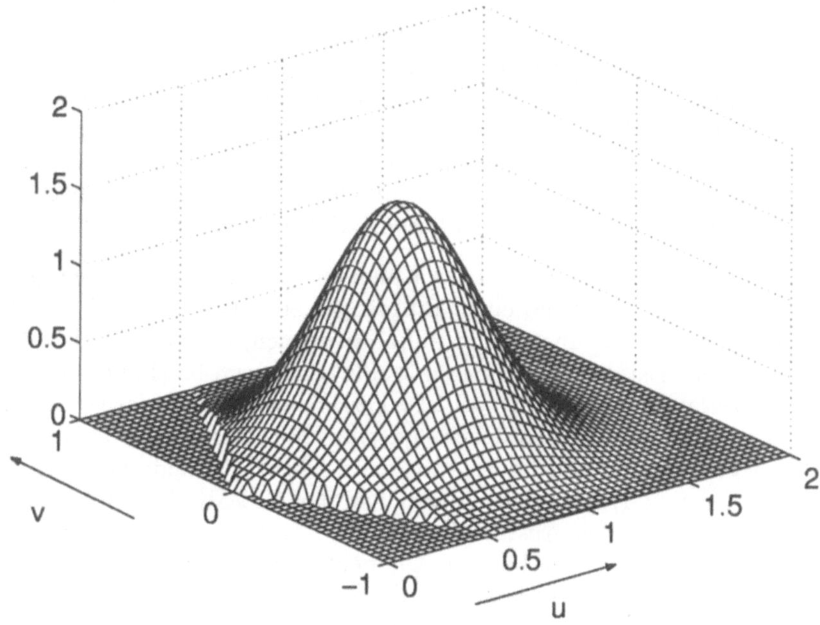

Bild 4.32   Integrand zur Berechnung von P_{c_1}

für dieses Beispiel ergibt.

Es ist ersichtlich, dass der zu betreibende Aufwand zu groß ist, um die genaue Lösung
zu erzielen. Aus diesem Grund greift man besonders bei höherwertigen Formaten auf
Grenzen zurück. Die betrachtete obere Grenze ist in der Praxis als *union bound* bekannt.
Der Name stammt aller Wahrscheinlichkeit nach von *union event*, das im Englischen die
Vereinigungsmenge zweier Ereignisse bezeichnet. Diese bildet die Ausgangslage für die
Herleitung der oberen Grenze.

Leistungsfähigkeit der CPFSK

Bei den linearen Modulationsarten wie ASK und PSK wurden Empfängerstrukturen behandelt, die signalangepasste Filter und Korrelatoren beinhalten. Ein Vorteil der CPFSK
oder CPM liegt in der relativ geringen Bandbreite, die das Signal für einen gegebenen Datendurchsatz belegt. Man spricht in diesem Zusammenhang von einer bandbreiteeffizien-
ten Modulationsart. Dieser Vorteil trifft besonders zu, wenn die Elemente des Frequenzalphabets dem Betrag nach gering sind. Für den binären Fall mit $a_k \in \{-F\ F\}$ liegt
mit der auf die Symbolrate bezogenen Frequenz, $FT = 1/4$, das MSK–Verfahren vor.
Der Preis, der für die relativ geringe Bandbreite zu zahlen ist, ist die gezielt eingeführte ISI im Phasensignal. Dieses Gedächtnis muss bei der Demodulation berücksichtigt
werden. Bei der FSK bestehen die Empfänger aus Korrelatoren bzw. signalangepassten
Filtern. Die Entscheidung erfolgt Symbol–für–Symbol. Bei der CPFSK liegt der Fall

anders. Hierbei hängt der Phasenverlauf nicht nur von dem aktuellen Phasenpuls und dem in diesem Symbolintervall getragenen Element ab, sondern auch von dem Phasenwert, der vorlag, bevor der aktuelle Puls eintraf. Nach dem Übergang des Pulses, also nach einem Symbolintervall, liegt der konstante Phasenwert durch das zuletzt betrachtete Element aktualisiert vor. Die akkumulierten Phasenwerte bilden das Gedächtnis des CPFSK–Signals, das Einfluss auf den Demodulationsvorgang hat. Es genügt folglich nicht, lediglich den Zuwachs zu detektieren, durch vorangegangene Beobachtungen muss zunächst die Ausgangsphase, d.h. das Phasengedächtnis ermittelt werden.

Wie zuvor gehen wir von einem ISI–freien Kanal aus, der das Nachrichtensignal lediglich durch AWGN stört. Das Ziel ist einen Empfänger zu entwerfen, der nach dem MAP–Prinzip arbeitet. Bevor wir uns diesem Punkt zuwenden, ist unser Blick auf die Signalsituation zu richten. Bei der nichtlinearen Modulationsform beschreibt ein Phasentrellis den zeitlichen Verlauf der Phase. Dabei ist zu erkennen, wie sich das Gedächtnis hierauf auswirkt. Zu den Zeitpunkten, an denen eine sinnvolle Auswertung des Phasenzustands möglich ist, liegen nicht sämtliche der möglichen Phasenzustände vor, sondern nur ein Teil davon. Mit $FT = 1/4$ für den binären Fall der CPFSK sind vier Phasenzustände möglich, deren Werte zu den Austastzeitpunkten $T/2 + lT$, mit $l = 0, \pm 1, \pm 2, \cdots$, entweder $\pm \pi/2$ oder 0 und $\pm \pi$ sein können. Die beiden Phasenpaare treten in abwechselnder Reihenfolge auf. Wegen der kontinuierlichen Phase ist es nun nicht mehr möglich, einen Korrelatorempfänger zur Detektion zu verwenden, der auf die beiden Phasensignale $\pm Fg(t)$, mit

$$g(t) = 2\pi \int_{-\infty}^{t} \Pi\left(\frac{\vartheta}{T}\right) d\vartheta$$

eingestimmt ist, wie Bild 4.12 zeigt. Um zu erfahren, ob der detektierte und von der Idealform abweichende Phasenwert zulässig ist, bedienen wir uns der Geschichte des Signals und damit dem Phasentrellis. Liegt ein Phasenwert in dem Entscheidungsbereich eines zulässigen vor, kann das Phasengedächtnis Aussagen zur Fehlerwahrscheinlichkeit zulassen. Wenn der Weg des Phasenverlaufs für die zuvor gesendeten Zeichen in den richtigen Bereich führt, ist die Wahrscheinlichkeit für eine korrekte Zuordnung des Phasenzustands und damit des getragenen Nachrichtenelements groß. Umgekehrt kann der Pfad aufzeigen, dass aller Wahrscheinlichkeit nach der Phasenwert im falschen Entscheidungsbereich liegt. Dies hat eine Auswertung der Phasenwerte der zurückliegenden Elemente, a_{m-l}, mit $l > 1$, für die Entscheidung des zuletzt gesendeten Elements a_m zur Folge. Zur Darstellung dieses Zusammenhangs dient Bild 4.33. Die schwarz gekennzeichneten Punkte sind die möglichen Phasenzustände. Hierbei tritt eine Doppelbelegung bei den Phasen $\pm \pi$ auf, ein Fall, der bereits bei der Herleitung des Leistungsdichtespektrums Beachtung gefunden hat. Jede Beobachtung führt zur Detektion des zuletzt gesendeten Elements, d.h. nach der m–ten Beobachtung liegt das Element $\hat{a}_m$ vor, das im fehlerfreien Fall a_m entspricht. Aus praktischen Erwägungen ist es sinnvoll, die Anzahl der zurückliegenden und zuvor detektierten Elemente zu begrenzen. In der Darstellung werden zur Detektion des Zeichens a_m die beiden direkten Vorgänger a_{m-1} und a_{m-2} herangezogen. Ein möglicher Pfad hierfür ist in Bild 4.33 zu erkennen. Hierbei ist zu bemerken, dass die Abweichung von dem rautenförmigen Muster willkürlich gewählt ist und nicht von AWGN–Rauschen allein herrühren kann. Der Pfad zeigt auf, wie die beiden Vorgänger die aktuelle Entscheidung zum Zeitpunkt $5T/2$ beeinflussen. Nehmen wir an, der Ausgangspunkt war $(-T/2, 0)$, so führen 2^2 Pfade zu dem Punkt $(5T/2, \pi/2)$ und ebenfalls vier Pfade zum Punkt $(5T/2, -\pi/2)$. Generell existieren für dieses Muster 2^L Pfade von einem Austastzeitpunkt zu einem LT entfernten. Betrachtet man den Phasentrellis, ist leicht einzusehen, dass die Entscheidung zugunsten der Phase $\pi/2$ fällt. Der Grund hierfür ist die geringste Abweichung von den möglichen Pfaden. Es liegt somit nahe, die Abweichung des Empfangspfades von den möglichen Pfaden, bzw. wie bereits zuvor betrachtet, die Energie dieser Abweichung zur Formulierung des Maßes für die Fehlerwahrscheinlichkeit heranzuziehen. Wir greifen im weiteren Verlauf auf diesen Fall zurück.

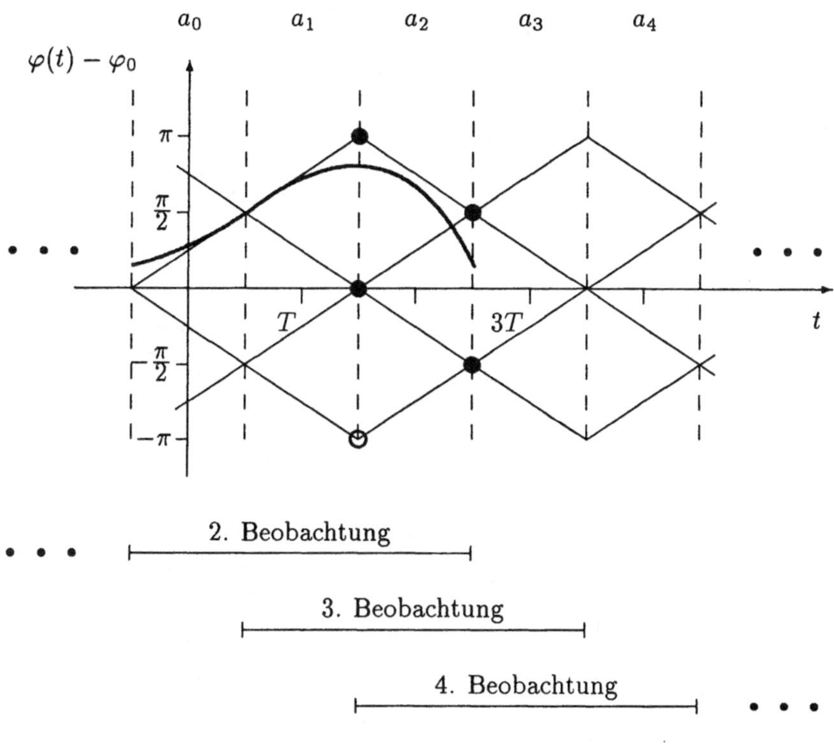

Bild 4.33   Phasentrellis für $FT = \dfrac{1}{4}$

Hierbei nehmen wir an, dass die Sequenz im Abstand T beobachtet vorliegt. Die möglichen Phasenwerte des Empfangssignals sind auf dem Phasentrellis zu den Zeitpunkten $T/2 + lT$ zu finden, wobei l eine beliebige ganze Zahl ist. Das durch den Kanal hinzugefügte AWGN hat eine Abweichung des Pfades von dem idealen zur Folge. Zu den Beobachtungszeiten ist die Rauschkomponente zu berücksichtigen, deren WDF bekannt ist und den gaußschen Verlauf aufweist. Im folgenden wird eine Sequenz der Länge $K + 1$ betrachtet, wobei K die Anzahl der Elemente ist, die dem zu detektierenden Element vorangegangen sind. Zur Erläuterung des Demodulationsvorgangs beschränken wir uns auf eine Sequenzlänge von drei Elementen. Damit ist $K = 2$, die Sequenzen, auf die die $K + 1$ Korrelatoren eingestimmt werden müssen, sind

$$
\left.
\begin{array}{rcl}
\{\tilde{a}_1\} &=& \{\ \ -F,\ \ -F,\ \ -F\ \} \\
\{\tilde{a}_2\} &=& \{\ \ \ \ F,\ \ -F,\ \ -F\ \} \\
\{\tilde{a}_3\} &=& \{\ \ -F,\ \ \ \ F,\ \ -F\ \} \\
\{\tilde{a}_4\} &=& \{\ \ \ \ F,\ \ \ \ F,\ \ -F\ \}
\end{array}
\right\} \quad 2^2 \text{ Möglichkeiten für } -F
$$

$$
\left.
\begin{array}{rcl}
\{\tilde{a}_5\} &=& \{\ \ -F,\ \ -F,\ \ \ \ F\ \} \\
\{\tilde{a}_6\} &=& \{\ \ \ \ F,\ \ -F,\ \ \ \ F\ \} \\
\{\tilde{a}_7\} &=& \{\ \ -F,\ \ \ \ F,\ \ \ \ F\ \} \\
\{\tilde{a}_8\} &=& \{\ \ \ \ F,\ \ \ \ F,\ \ \ \ F\ \}
\end{array}
\right\} \quad 2^2 \text{ Möglichkeiten für } F
$$

in Abhängigkeit von den vorgegebenen Elementen $\tilde{a}_{m-2}, \tilde{a}_{m-1}$ und $\tilde{a}_m$. In den Sequenzen steht das letzte Element für das zu detektierende, der Index m für die m–te Beobachtung. Das zugehörige Tiefpass–Signal, das für die Dauer von KT mit den Folgen $\{\tilde{a}_k\}$ im Empfänger nachgebildet werden kann, ist (siehe Beschreibung des Modulationsvorgangs)

$$
x_{TP}\big(t, \{\tilde{a}_k\}_m\big) = e^{j\,\phi_m(t,\{\tilde{a}_k\}_m)} \quad ,
$$

mit

$$
\phi_m\big(t, \{\tilde{a}_k\}_m\big) = \varphi_0 + \underbrace{\sum_{l=1}^{K} \tilde{a}_{m-l}\, g\big(t - (m-k)T\big)}_{\text{konstanter Phasenwert}} + \underbrace{\tilde{a}_m\, g\big(t - mT\big)}_{\substack{\text{aktuelle}\\ \text{Änderung}}}
$$

$$
= \phi_{m-1}\big(t, \{\tilde{a}_k\}_{m-1}\big) + \tilde{a}_m\, g\big(t - mT\big) \quad .
$$

Hierin beinhaltet $\phi_{m-1}\big(t, \{\tilde{a}_k\}_{m-1}\big)$ den gespeicherten und im m–ten Intervall aktualisierten Phasenwert. Mit $\{\tilde{a}_k\}_{m-1}$ ist zum Ausdruck gebracht, dass es sich um eine Folge handelt, deren letztes Element $\tilde{a}_{m-1}$ ist. Zur Veranschaulichung der Situation bedienen wir uns eines Signalflussdiagramms, wie es Bild 4.34 zeigt. Die Knoten sind zu den Zeitpunkten $lT + T/2$, mit $l = 0, \pm 1, \pm 2, \cdots$ zu finden. In jedem Knoten beginnen und enden zwei Pfade. Der Grund hierfür liegt in der Betrachtung einer binären CPM. Der obere Pfad wird für ein $-F$, der untere für ein $+F$ beschritten. Jedem dieser Punkte ist ein konstanter Phasenwert zugeordnet und kennzeichnet die Geschichte des Phasensignals. Die Änderung, die das letzte Element bewirkt, ist an die beiden betreffenden Pfade geschrieben. Hervorgehoben ist der Fall für die letzten drei Elemente $\cdots + F + F - F$.

Nun steht wieder das Problem an, aus den 2^{K+1} Korrelatoren das Ergebnis mit dem größten Wert zu wählen. Das Ergebnis dieser Entscheidung ist das zugehörige Element $\hat{a}_m$. Dieses Problem ist bekannt und kann in anderer Form etwa in [Fan88], [Shb88] und [Pro89] nachgelesen werden. Der Vollständigkeit halber sei auch im vorliegenden Text der Entscheidungsprozess aufgezeigt. Bild 4.35 zeigt den MAP–Empfänger. Ähnlich wie im Fall der MAP–Prozedur unter Berücksichtigung eines Elements lautet der Ansatz

$$
\hat{a}_m = \max_{a_m} P\big(a_m | r_m, r_{m-1}, \cdots, r_{m-K}\big) \quad .
$$

Hierin sind $r_l = r_{TP}\big(lT + \tfrac{T}{2}, \{\tilde{a}_k\}_m\big)$, mit $l = m - K, \cdots, m - 1, m$, die verrauschten Werte des TP-Signals $x_{TP}\big(lT + \tfrac{T}{2}, \{\tilde{a}_k\}_m\big)$. Das Bayessche Theorem angewendet ergibt

$$
P\big(a_m | r_m, r_{m-1}, \cdots, r_{m-K}\big) = \frac{p\big(r_m, r_{m-1}, \cdots, r_{m-K} | a_m\big)}{p\big(r_m, r_{m-1}, \cdots, r_{m-K}\big)}\, P\big(a_m\big) \quad .
$$

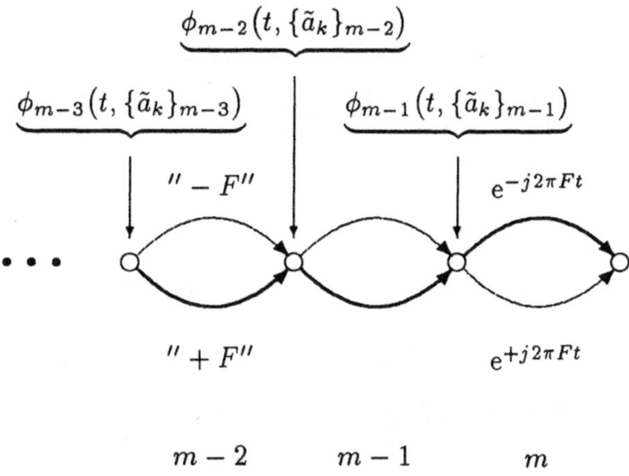

Bild 4.34 Signalflussdiagramm

Wir beschränken uns auf den binären Fall einer CPFSK mit gleichwahrscheinlichen Ereignissen, d.h. $P(a_m) = 1/2$ mit $a_m \in \{-F, F\}$. Die Wahrscheinlichkeit soll hinsichtlich der Ergebnisse von a_m maximal sein, sodass wir den Nenner ignorieren können. Er ist gleich für alle in Betracht kommenden Elemente, genauso wie die Auftrittswahrscheinlichkeit der Elemente selbst. Mit dieser Gleichverteilung, d.h. $P(-F) = P(F) = 1/2$, ergibt sich die geringste Wahrscheinlichkeit für das Auftreten eines Fehlers. Der Ausdruck reduziert sich folglich auf

$$\hat{a}_m = \max_{a_m} p\big(r_m, r_{m-1}, \cdots, r_{m-K}\,|\,a_m\big) \quad .$$

Wir erkennen, dass die WDF von den $K+1$ Beobachtungen abhängt, die durch das Element a_m bedingt sind. Das Rauschen weist eine Gaußverteilung der Varianz σ^2 auf. Um das Maximum zu finden, betrachten wir, rückgreifend auf die Ergebnisse der Betrachtung im Signalraum,

$$p\big(r_m, r_{m-1}, \cdots, r_{m-K}\,|\,a_m\big) =$$
$$\frac{1}{2\pi\sigma^2} e^{-\frac{1}{2\sigma^2} \int_{-\frac{T}{2}}^{(K+1)T-\frac{T}{2}} \left| r_{TP}(t,\{a_k\}) - x_{TP}(t,\{\tilde{a}_k\}_m) \right|^2 dt} \quad ,$$

mit $l = 1, 2, \cdots, 2^{K+1}$. Der Vorfaktor des Integrals trifft für komplexwertige Signale zu. Für reellwertige ist die Quadratwurzel hiervon zu wählen. In diesem Ausdruck erscheint im Exponent die euklidische Distanz zwischen dem Empfangssignal und dem im Empfänger über das Zeitintervall $-\frac{T}{2} \le t \le (K+1)T - \frac{T}{2}$ nachgebildeten Modulationssignal. Der Versatz um $T/2$ bei den Integrationsgrenzen rührt daher, dass der Frequenzpuls, $g(t)$, der Dauer T um den Nullpunkt zentriert angeordnet ist. Die Distanz ist somit

$$D_l^2 = \int_{-\frac{T}{2}}^{(K+1)T-\frac{T}{2}} \left| r_{TP}(t,\{a_k\}) - x_{TP}(t,\{\tilde{a}_k\}_l) \right|^2 dt \quad .$$

Für eine vorgegebene Länge $K+1$ muss das empfangene Signal mit 2^{K+1} Sequenzen im Empfänger verglichen werden. Wie bereits erwähnt, soll ein MAP–Empfänger zum

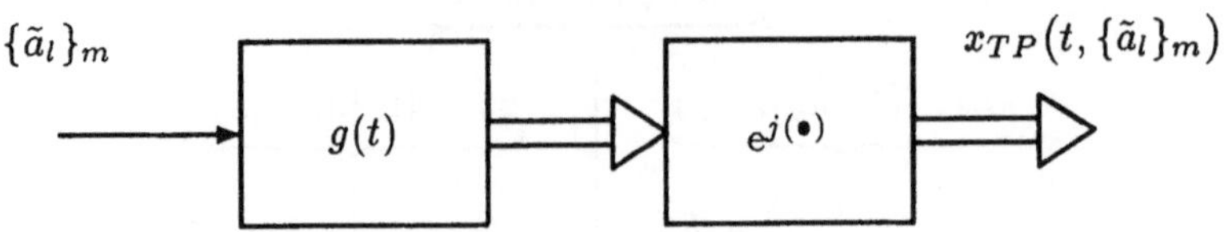

(a.)   CPFSK–Signal der Länge $K+1$ und $l = 1, 2, \cdots, 2^{K+1}$

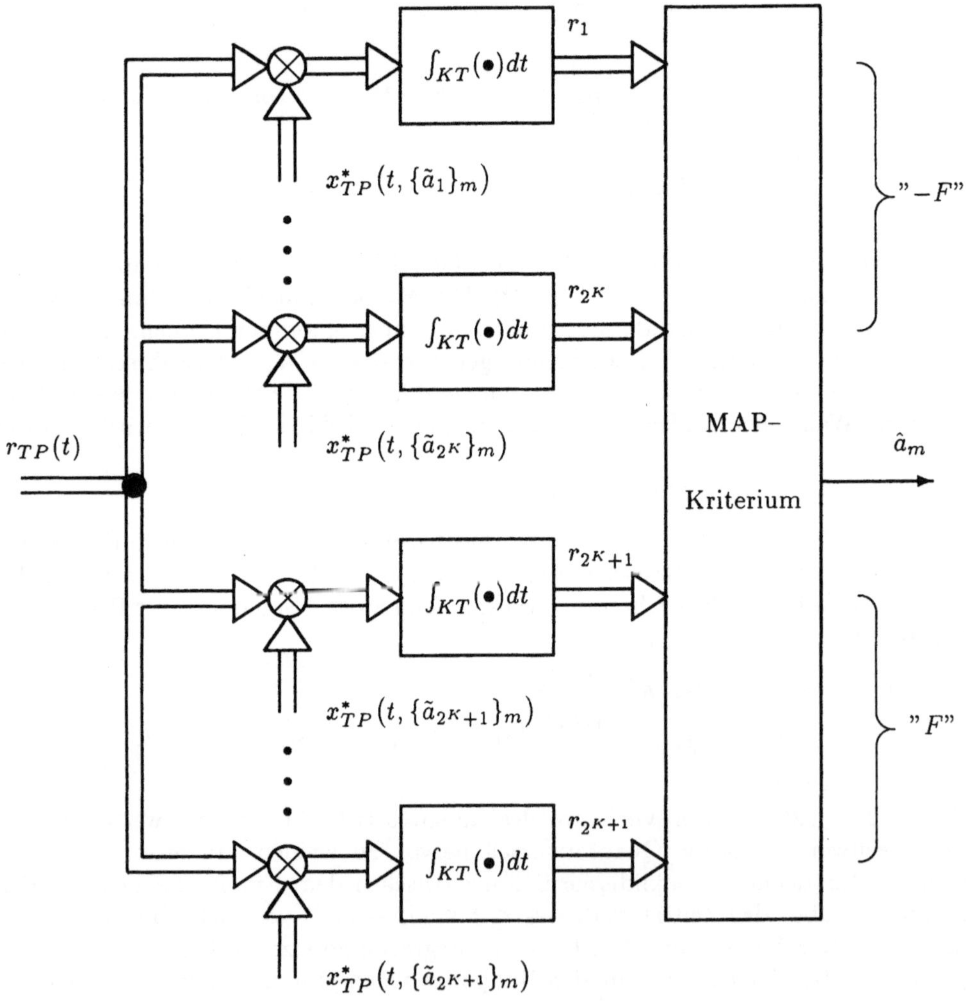

(b.)   Detektion des Elements a_m

Bild 4.35   MAP–Empfänger für binäre CPFSK–Signale

Einsatz kommen. Von den zugeführten Sequenzen sind die Distanzen zu berechnen und die mit dem geringsten Wert auszuwählen. Von der entschiedenen Sequenz stellt das letzte Element hieraus, $\tilde{a}_m$, das Ergebnis des Detektionsvorgangs, $\hat{a}_m$, dar.

Die Betrachtung der Fehlerwahrscheinlichkeit lässt sich ebenfalls mit den Distanzen darlegen. Von den 2^{K+1} Sequenzen ist eine richtig, $2^{K+1}-1$ führen zu einer Fehlentscheidung. Es ist leicht einzusehen, dass der minimale Abstand zwischen der Sequenz, die eine korrekte Entscheidung bewirkt, und einer anderen möglichst groß sein soll. Der Abstand zwischen zwei Sequenzen, $\{\tilde{a}_\mu\}_m$ und $\{\tilde{a}_\nu\}_m$, ist durch

$$
\begin{aligned}
D_{\mu\nu}^2 &= \int_{-\frac{T}{2}}^{(K+1)T-\frac{T}{2}} \left| x_{TP}(t, \{\tilde{a}_\mu\}_m) - x_{TP}(t, \{\tilde{a}_\nu\}_m) \right|^2 dt \\
&= \int_{-\frac{T}{2}}^{(K+1)T-\frac{T}{2}} \left| x_{TP}(t, \{\tilde{a}_\mu\}_m) \right|^2 dt + \int_{-\frac{T}{2}}^{(K+1)T-\frac{T}{2}} \left| x_{TP}(t, \{\tilde{a}_\nu\}_m) \right|^2 dt \\
&\quad -2\,\mathrm{Re}\left\{ \int_{-\frac{T}{2}}^{(K+1)T-\frac{T}{2}} x_{TP}(t, \{\tilde{a}_\mu\}_m) x_{TP}^*(t, \{\tilde{a}_\nu\}_m)\, dt \right\}
\end{aligned}
$$

gegeben. Da es sich bei dem Signal um ein winkelmoduliertes Signal handelt, ist die Einhüllende konstant und soll den Wert eins aufweisen, d.h. $|x_{TP}(\bullet)| = 1$. Damit reduziert sich dieser Ausdruck zu

$$
D_{\mu\nu}^2 = 2(K+1)T - 2\,\mathrm{Re}\left\{ \int_{-\frac{T}{2}}^{(K+1)T-\frac{T}{2}} x_{TP}(t, \{\tilde{a}_\mu\}_m) x_{TP}^*(t, \{\tilde{a}_\nu\}_m)\, dt \right\}
$$

und weiter mit dem Bezug auf die Energie pro Bit zu

$$
D_{\mu\nu}^2 = 2\,\frac{E_b}{T} \int_{-\frac{T}{2}}^{(K+1)T-\frac{T}{2}} \left(1 - \cos\left(\phi(t, \{\tilde{a}_\mu\}_m) - \phi(t, \{\tilde{a}_\nu\}_m) \right) \right) dt \quad .
$$

Zuletzt führen wir die normierte euklidische Distanz

$$
d_{\mu\nu}^2 = \frac{D_{\mu\nu}^2}{2E_b}
$$

ein und können nun die Fehlerwahrscheinlichkeit mit $\mathcal{E} = E_b/N_0$ und $d_{\mu\nu}$ nach

$$
P_{e_\mu} \leq \sum_{\substack{\nu=1 \\ \nu \neq \mu}}^{2^{K+1}} Q\left(d_{\mu\nu}\sqrt{\mathcal{E}} \right)
$$

beschreiben. Ab einem höheren, realistischen Wert von $\mathcal{E}$ dominiert der Teil mit dem geringsten Abstand von $d_{\mu\nu}$, womit wir als Näherung

$$
P_e \approx Q\left(d_{min}\sqrt{\mathcal{E}} \right)
$$

erhalten. In Bild 4.35 ist ein Punkt hervorgehoben. Die Korrelationsergebnisse r_1 bis r_{2^K} berücksichtigen das Element $-F$, die anderen, d.h. r_{2^K+1} bis $r_{2^{K+1}}$, tragen das Element F. Zur Detektion eines Elements müssen 2^K Ergebnisse vorliegen. Es liegt nahe,

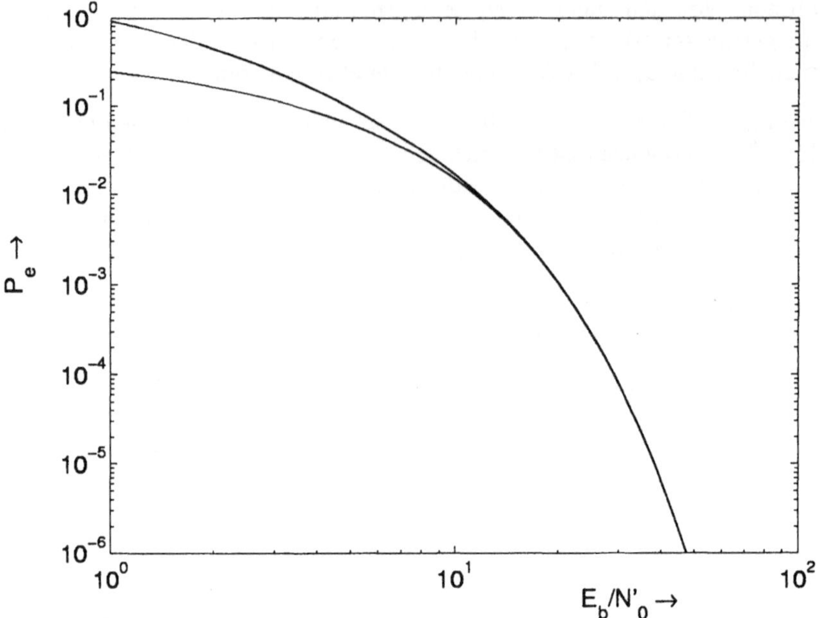

Bild 4.36   Fehlerrate eines CPFSK–Signals mit $FT = \dfrac{1}{4}$

bei der Entscheidung die beiden jeweils 2^K Zwischenwerte umfassenden Größen zu einer Größe zusammenzutragen. Dies führt zu einem Verfahren, das z.B. in [Soh76] aufgeführt ist, hier jedoch nicht vorgestellt werden soll. Der Verlauf der Fehlerwahrscheinlichkeiten ist in Bild 4.36 dargestellt. Die Sequenzlänge für dieses Signal ist $K = 2$, der CPFSK–Parameter ist $FT = 1/4$. Gezeigt sind die oberen Grenzen, die sehr auf der sicheren Seite liegen. Zum Hervorheben der Vorgehensweise bei der Abschätzung der Fehlerwahrscheinlichkeiten und zur einfacheren Ausführung haben wir auf diese Grenze zurückgegriffen. In der Praxis liegen bessere Grenzen vor, die den tatsächlichen und aufwendig zu berechnenden Verläufen viel näher liegen. Diese engeren Grenzen führen zu Verläufen, die unterhalb der gezeigten liegen. Es sind zwei Kurven zu sehen. Bei der unteren sind sämtliche $2^3 - 1$ Verläufe berücksichtigt, während der obere Verlauf lediglich die Q–Funktion mit dem geringsten Abstand darstellt. Ab etwa $\mathcal{E} = 10$ fließen der genauere und der geschätzte ineinander. Der Einfluss der Sequenzlängen auf den Fehlerverlauf ist relativ gering, da zur Abschätzung des Ausgangswerts der Phase verhältnismäßig wenig Beobachtungen erforderlich sind. Bei längeren Sequenzen zur Detektion eines, d.h. des letzten Elements, ist keine nennenswerte Verbesserung der Fehlerwahrscheinlichkeit zu verzeichnen. Dabei ist zu bedenken, dass der Aufwand exponentiell in die Höhe schnellt und wegen der Verhältnismäßigkeit der Mittel die Komplexität des Empfängers im Auge behalten werden muss. Es bietet sich an, an Stelle der Detektion nur eines Elements gleich eine Sequenz von Elementen zu detektieren. Ausschlaggebend für diesen Schritt ist die Möglichkeit einen Algorithmus zu verwenden, der die Detektion einer Sequenz erlaubt, ohne dass die Komplexität exponentiell ansteigt.

4.3.4 Sequentielle Demodulation

Neben der Detektion von aufeinanderfolgenden Elementen bietet sich in vielen Fällen eine sequentielle Detektion an. Liegt bei der zuerst genannten Möglichkeit ein Datenstrom vor, dessen Elemente üblicherweise als statistisch unabhängig gelten, soll bei dieser Betrachtung der sequentiellen Detektion ein anderer Sachverhalt vorliegen. Wie der Name besagt, wird nicht nur ein Symbol, sondern vielmehr eine Folge von Symbolen detektiert. Die Folgeelemente können untereinander eine Abhängigkeit aufweisen. Dieser Fall tritt auf, wenn die zeitliche Ableitung des nachrichtentragenden Phasenpulses, also der Frequenzpuls, sich über die zeitlichen Grenzen eines Symbols hinweg erstreckt, d.h. größer als T ist. Damit kommt es zur Symbolinterferenz zwischen den Symbolen. Den ISI-freien Fall haben wir bei der CPFSK mit einem rechteckförmigen Phasenpuls der Dauer T behandelt, die gegenseitige konstante Beeinflussung ist durch das Phasengedächtnis gegeben. Daneben haben wir bei der GMSK einen anderen Puls kennengelernt. Die auf- und abfallende Flanke des Rechteckpulses, $g(t)$, wurde abgeflacht, indem $g(t)$ zusätzlich ein Formungsfilter mit einer gaußförmigen Übetragungsfunktion durchläuft. Die Folge ist eine geringere Bandbreite, der Preis hierfür ist die kontrolliert eingeführte ISI. Dadurch kommt es zu einer gegenseitigen Beeinflussung der Elemente untereinander. Ziel ist es nun, eine Sequenz von Elementen zu detektieren und hierbei deren Bindungen zu berücksichtigen. Die Abhängigkeiten untereinander können kontrolliert eingeführt oder bei der Übertragung durch den Kanal verursacht sein. Die Ursache für die unkontrollierte ISI ist in der Zeitdispersion zu finden, die bei der Übertragung über einen Mehrwegekanal auftritt. Sie erfolgt auf eine unbekannte und nicht vorhersagbare Art und Weise und ist der Grund für den Einsatz eines Entzerrers im Demodulator. Mit dieser Komponente sind diese ISI-Effekte weitestgehend korrigierbar. Wir beschränken uns wie zuvor auf ein CPM-Signal, das durch AWGN gestört vorliegt. Eine gute Zusammenfassung der folgenden Betrachtung mit einer praktischen Anwendung ist in [Ste92] zu finden.

Das Empfangssignal liegt in seiner Tiefpassform vor. Das Ziel ist die Detektion der empfangenen Folge $\{a_k\}$, deren Länge oft nicht bekannt und die Folge als unendlich lang anzusehen ist. Die Abhängigkeit von $\{a_k\}$ soll bei der Betrachtung hervorgehoben werden, sodass wir als Ausgangsgröße

$$r_{TP}(t) = x_{TP}\big(t, \{a_k\}\big) + n(t)$$

vorliegen haben. Im Unterschied zur Detektion Symbol-für-Symbol, bei der das aktuelle m-te Element detektiert wird, stellt nun die ganze Sequenz das Ziel des Detektionsvorgangs dar. Aus diesem Grund verzichten wir auf den Index m, den wir zuvor bei der nichtsequentiellen Demodulation eingeführt haben. Wenden wir das MAP-Prinzip an, läuft das Auffinden der getragenen Folge darauf hinaus, den Ausdruck

$$\int_{-\infty}^{\infty} \big|r_{TP}(t) - x_{TP}\big(t, \{\tilde{a}_k\}\big)\big|^2 dt$$

zu minimieren. Die Vorgehensweise ist, die gesendete Folge $\{a_k\}$ durch die Folge $\{\tilde{a}_k\}$ zu schätzen. Entspricht $\{\tilde{a}_k\}$ der gesendeten Folge, was dem Idealfall entspricht, ist der oben stehende Ausdruck minimal. Die geschätzte Sequenz soll somit in einem Vektorraum der Ort sein, für den das Integral über den quadratischen Abstand seinen Minimalwert einnimmt, der Abstand zwischen $r_{TP}(t)$ und $x_{TP}\big(t, \{\tilde{a}_k\}\big)$ kleinstmöglich ist. Das

Sendesignal muss folglich im Empfänger nachgebildet werden, um das geschätzte CPM–
Signal mit dem empfangenen vergleichen zu können. Hierzu greifen wir auf den in Bild
4.37 gezeigten Modulator zurück. Die eher ungewöhnliche Art der Darstellung erlaubt
einen direkten Vergleich der eingelesenen Folgeelemente in der Reihenfolge, wie sie in
$\{a_k\}$ erscheinen. Die Abhängigkeit der Elemente untereinander soll sich über $K+1$ Elemente erstrecken, d.h. das m–te Element ist abghängig von den K direkt vorlaufenden
Elementen. Die interessierende Sequenz ist also

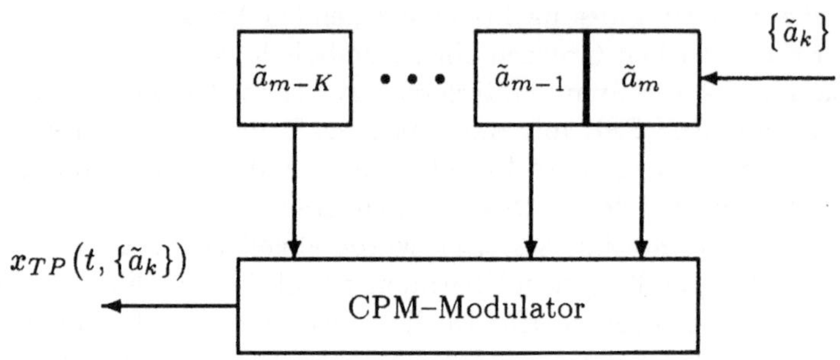

Bild 4.37   CPM–Modulator für abhängige Elemente

$$\left\{\tilde{a}_{m-K}, \cdots, \tilde{a}_{m-1}, \tilde{a}_m\right\} \quad,$$

womit sich das nachgebildete Sendesignal zu

$$x_{TP}\left(t, \{\tilde{a}_k\}\right) = e^{j\,\phi_m\left(t,\{\tilde{a}_k\}\right)}$$

mit

$$\phi_m\left(t, \{\tilde{a}_k\}\right) = \sum_{l=-\infty}^{m-(K+1)} \tilde{a}_l g(t - lT) + \sum_{l=m-K}^{m} \tilde{a}_l g(t - lT)$$

ergibt. Hierin stellt der rechte Term, also die Summe über $K+1$ Elemente, die Größen
dar, die sich im Einflussbereich des dargestellten CPM-Modulators aufhalten. Dieser
Term bildet den Teil der Phase, der sich zeitlich ändert. Die linke Summe ist davon
ausgeschlossen, sie stellt im Idealfall den konstanten Teil des Phasenverlaufs dar. Die
Minimierung des quadratischen Abstands

$$\begin{aligned}
D^2 &= \int_{-\infty}^{\infty} \left|r_{TP}(t) - x_{TP}\left(t, \{\tilde{a}_k\}\right)\right|^2 dt \\
&= \int_{-\infty}^{\infty} \left|r_{TP}(t)\right|^2 dt - 2\,\mathrm{Re}\left\{\int_{-\infty}^{\infty} r_{TP}(t) x_{TP}^*\left(t, \{\tilde{a}_k\}\right) dt\right\} \\
&\qquad\qquad\qquad\qquad + \int_{-\infty}^{\infty} \left|x_{TP}\left(t, \{\tilde{a}_k\}\right)\right|^2 dt
\end{aligned}$$

ist, wie wir bereits gesehen haben, gleichbedeutend mit der Maximierung des Ausdrucks
für das Maß der Korrelation zwischen $r_{TP}(t)$ und $x_{TP}\left(t, \{\tilde{a}_k\}\right)$,

$$C(\{\tilde{a}_k\}) = \mathrm{Re}\left\{\int_{-\infty}^{\infty} r_{TP}(t) x_{TP}^*\left(t, \{\tilde{a}_k\}\right) dt\right\} \quad.$$

Das Problem, das es zu lösen gilt, lässt sich wie folgt formulieren. Das Maß der Korrelation setzt eine unendlich lange Folge von gesendeten Elementen voraus. Die geschätzte Folge $\{\tilde{a}_k\}$ wird gewählt, um das Maximum von $C(\{\tilde{a}_k\})$ zu finden. Da bei einer Zunahme der Sequenzlänge die Anzahl der möglichen Sequenzen exponentiell anwächst, ist $\{\tilde{a}_k\}$ unter einer Vielzahl von Sequenzen auszuwählen. Es ist also nicht möglich, die zutreffende Sequenz unter einer unendlichen Anzahl von Möglichkeiten zu finden. Ein Weg zur Lösung dieses Problems ist in einem rekursiven Ansatz zu finden, der sehr gut in [For73] dargelegt ist. Der in [Vit67] vorgestellte Algorithmus, benannt nach Andrew J. Viterbi, erlaubt eine sequentielle Detektion nach dem Muster der maximalen Wahrscheinlichkeit. Hierbei wird der Detektionsvorgang schrittweise und rekursiv durchgeführt, indem auf die Beschreibung mit Hilfe von Trellisdiagrammen zurückgegriffen wird.

Wir führen zur Berechnung der Korrelation eine obere Integrationsgrenze, mT, ein und erhalten mit

$$C_m(\{\tilde{a}_k\}) = \mathrm{Re}\left\{ \int_{-\infty}^{(m+\frac{1}{2})T} r_{TP}(t)x_{TP}^*(t,\{\tilde{a}_k\})\,dt \right\} \quad .$$

die rekursive Beziehung

$$C_m(\{\tilde{a}_k\}) = C_{m-1}(\{\tilde{a}_k\}) + Z_m(\{\tilde{a}_k\}) \quad .$$

Der Schritt von einem Wert zum nächsten ist durch den Zuwachs

$$Z_m(\{\tilde{a}_k\}) = \mathrm{Re}\left\{ \int_{(m-\frac{1}{2})T}^{(m+\frac{1}{2})T} r_{TP}(t)x_{TP}^*(t,\{\tilde{a}_k\})\,dt \right\}$$

gegeben. Der Ausdruck $C_m(\{\tilde{a}_k\})$ wird im weiteren Verlauf als akkumulierte Metrik, der Zuwachs $Z_m(\{\tilde{a}_k\})$ als Teilmetrik bezeichnet[7].

Um den Zusammenhang und die prinzipielle Wirkungsweise des Viterbi–Algorithmus näher zu erläutern, betrachten wir den Fall $K = 2$, bei dem das aktuelle Element, a_m, durch zwei unmittelbar zuvor gesendete, a_{m-1} und a_{m-2}, abhängig bzw. beeinflusst ist. Dieser Fall liegt z.B. bei der GMSK mit $BT = 0{,}5$ vor, wie es in Bild 4.22 dargestellt ist[8]. Für $BT = 0{,}3$ liegt auf Grund der eingefügten ISI eine gegenseitige Beeinflussung von fünf Elementen vor. Bei beiden Pulsen ist die Dauer theoretisch unendlich, von praktischer Bedeutung sind die Dauern von $2T$ und $4T$. Besteht eine solche Abhängigkeit, bietet es sich an, den Modulationsvorgang mit Hilfe einer Zustandsbeschreibung zu formulieren, wie es bei der Faltungscodierung eine gängige Vorgehensweise ist (siehe etwa [Roh95] und [Sob98]). Da im vorliegenden Fall wegen der $K+1$ Stufen umfassenden Speicherstruktur Ähnlichkeiten zwischen einem Faltungscodierer und dem CPM–Modulator sowie deren Decodier– und Demodulationsverfahren bestehen, liegt es nahe, auf diese Art der Beschreibung zurückzugreifen. In Bild 4.37 werden $K + 1$ Elemente dem Modulator zugeführt, der hieraus nach bekanntem Muster das modulierte Signal erzeugt. Die Kette

---

[7]Unter dem Begriff Metrik versteht man eine Distanz, bzw. den nach Längenmessungen zu ermittelnden Maßzusammenhang in einem Raum.

[8]Aufmerksame Leser mögen bemerkt haben, dass die betrachteten Frequenzpulse des GMSK symmetrisch sind. Dadurch wird das Element bei $BT = 0{,}3$ von den direkten Nachbarn, d.h. dem Vorgänger und dem Nachfolger beeinflusst. Um dies mit der folgenden Betrachtung in Einklang zu bringen, müsste lediglich eine Grundverzögerung bei der GMSK eingeführt werden.

aus $K+1$ Speicherstufen können wir unterteilen in K Stufen, die den Zustand des Modulators beschreiben, und einer Stufe, die den Wechsel bewirkt. Der Zustand ist durch die ersten K Stufen beschrieben, wobei die Zählung vom Eingang aus erfolgt. Das Element a_{m-K} verliert an Bedeutung, wenn das aktuelle, a_m, in der Kette eintrifft, es wird hierdurch von seinem Platz verschoben. Mit dem Eintreffen dieses Elements verändert sich nicht nur der Zustand des Modulators, sondern auch als Reaktion hierauf das modulierte Signal. Den Zustand in Abhängigkeit von den $K = 2$ Elementen gibt Tabelle 4.4 an.

Zustand	a_{m-1}	a_m
S_1	$-F$	$-F$
S_2	$-F$	$+F$
S_3	$+F$	$-F$
S_4	$+F$	$+F$

Tabelle 4.4   Zustandsbeschreibung

Die Zustandsbeschreibung sowie den Übergang von einem Zustand in den nächsten in Abhängigkeit von dem aktuellen Element a_m macht das Trellisdiagramm deutlich. In Bild 4.38 ist der Grundbaustein des Trellisdiagramms dargestellt, der fortgeführt das vollständige Trellisdiagramm ergibt. Zum Zeitpunkt $\left(m - \frac{1}{2}\right)T$ ist der Zustand beschrieben, der durch das aktuelle Element verlassen wird, um zu dem Zustand zur Zeit $\left(m+\frac{1}{2}\right)T$ zu gelangen. Nehmen wir an, die Werte für a_{m-1} und a_m sind $+F$ und $-F$. Damit liegt der Zustand S_3 vor. Ist das aktuelle Element $-F$, ändert sich der Zustand von S_3 nach S_1, wie es

$$\underbrace{+F, \; -F}_{S_3}, \; -F \quad \longrightarrow \quad +F, \; \underbrace{-F, \; -F}_{S_1}$$

darstellt. Der Weg ist durch den oberen Pfad angegeben, der von dem Knoten S_3 ausgeht. Liegt am Eingang $+F$ vor, gelangen wir über den unteren Pfad zum Zustand S_2. Von jedem Knoten gehen zwei Pfade aus und es enden zwei Pfade in jedem Knoten. Von einem beliebigen Knoten wird der obere Pfad beschritten, wenn $-F$ anliegt, für $+F$ ist der untere Pfad zu wählen. Wir erkennen, dass von einem beliebigen Zustand aus nicht jeder andere erreichbar ist. Z.B. ist der Übergang von S_4 nach S_2 nicht direkt möglich. Das Trellisdiagramm in einem Auszug über drei Elemente ist in Bild 4.39 dargestellt.

Um die Vorteile dieser Art der Beschreibung hervorzuheben, führen wir folgende Betrachtung durch. Nehmen wir an, eine Sequenz besteht aus L Elementen. Damit ergeben sich 2^L Pfade, die zusammengestellt eine Baumstruktur ergeben. In dieser Struktur treten Verzweigungen auf. Ob bei binären Alphabeten der obere oder der untere Ast gewählt wird, hängt von dem aktuellen Element ab. Von jeder Verzweigung gehen zwei Äste aus. Betrachtet man sich den Baum etwas genauer, stellt man sich wiederholende Unterstrukturen fest. Es verlaufen gleiche Astwerke parallel, die ohne weiteres zusammenführbar

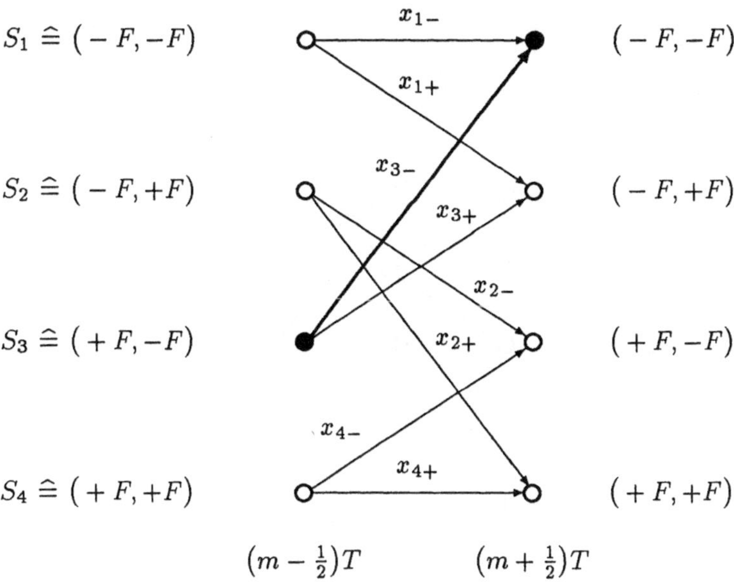

Bild 4.38   Trellisdiagramm für $K = 2$

sind. Nachrichtentechnisch gesprochen entziehen wir auf diese Art und Weise dem Baum
Redundanz. Dies hat zur Folge, dass es wegen diesen Vereinigungen nun auch zu Punkten kommt, in denen Äste zusammenlaufen. Das Ergebnis ist das Trellisdiagramm, wie
es im Ausschnitt in Bild 4.39 gezeigt ist. Unabhängig von der Sequenzlänge L, hängt
die Anzahl der Knoten im Trellisdiagramm lediglich von K ab, also der Anzahl der Stufen in Bild 4.37 vermindert um eins. Neben den Übergängen zeigt das Trellisdiagramm
an, wie der Modulator hierauf reagiert. Die Reaktion, die ein Übergang von S_3 nach
S_1 hervorruft, ist durch x_{3-} angegeben. Das Minuszeichen macht deutlich, dass diese
Reaktion von $-F$ herrührt. Es zeigt, dass die Sequenz $\{+F, \ -F, \ -F\}$ die Reaktion
$\{x_{3+}, \ x_{2-}, \ x_{3-}\}$ bewirkt. Der Ausgangspunkt des hervorgehobenen Pfads durch das
Trellisdiagramm ist der Zustand S_3 zum Zeitpunkt $(m - \frac{5}{2})T$. Unter jedem Baustein ist
die Ordinalzahl des Schritts aufgeführt. Für die Phase des CPM–Modulators erhalten
wir die rekursive Beziehung für die Zeit $(m - \frac{1}{2})T \leq t \leq (m + \frac{1}{2})T$

$$\phi_m(t, \{\tilde{a}_k\}) = \sum_{l=-\infty}^{m-(K+1)} \tilde{a}_l g(t - lT) + \sum_{l=m-K}^{m} \tilde{a}_l g(t - lT)$$

$$= \phi_{m-1}(t, \{\tilde{a}_k\}) + \theta_m(t, \{\tilde{a}_k\}) \quad ,$$

mit

$$\theta_m(t, \{\tilde{a}_k\}) = \sum_{l=m-K}^{m} \tilde{a}_l g(t - lT) \quad .$$

Hierin steht $\theta_m(t, \{\tilde{a}_k\})$ für den Teil des Phasenverlaufs, der noch nicht den konstanten
Wert erreicht hat. $\phi_{m-1}(t, \{\tilde{a}_k\})$ repräsentiert den eingeschwungenen Phasenzustand.

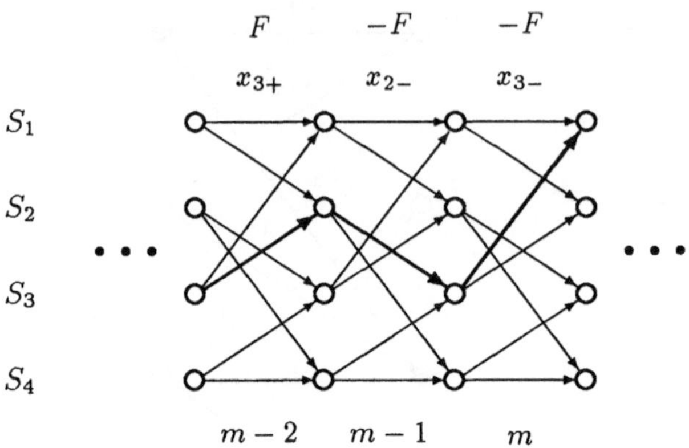

Bild 4.39   Auszug aus dem Trellisdiagramm

Das CPM–Signal ist damit

$$x_{TP}\big(t,\{\tilde{a}_k\}\big) \;=\; e^{j\phi_m(t,\{\tilde{a}_k\})}$$
$$=\; e^{j\phi_{m-1}(t,\{\tilde{a}_k\})}e^{j\theta_m(t,\{\tilde{a}_k\})} \quad.$$

Das modulierte Signal im m–ten Intervall setzt sich zusammen aus dem Produkt aus dem konstanten Faktor

$$e^{j\phi_{m-1}(t,\{\tilde{a}_k\})}$$

für den eingeschwungenen Zustand und dem CPM–Anteil des aktuellen Intervalls. Hiermit lassen sich die einzelnen Reaktionen beschreiben, die im Trellisdiagramm den Pfaden beigefügt sind.

Für den Demodulationsvorgang benötigen wir die akkumulierte Metrik und die Teilmetrik. Mit dem oben aufgeführten modulierten Signal ergibt sich hierfür

$$C_m\big(\{\tilde{a}_k\}\big) = C_{m-1}\big(\{\tilde{a}_k\}\big) + Z_m\big(\{\tilde{a}_k\}\big)$$

mit dem Zuwachs durch die Teilmetrik

$$Z_m\big(\{\tilde{a}_k\}\big) \;=\; \mathrm{Re}\left\{ \int_{(m-\frac{1}{2})T}^{(m+\frac{1}{2})T} r_{TP}(t)e^{-j\phi_m(t,\{\tilde{a}_k\})}dt \right\}$$
$$=\; \mathrm{Re}\left\{ e^{-j\phi_{m-1}(t,\{\tilde{a}_k\})} \int_{(m-\frac{1}{2})T}^{(m+\frac{1}{2})T} r_{TP}(t)e^{-j\theta_m(t,\{\tilde{a}_k\})}dt \right\} \quad.$$

Es sei darauf hingewiesen, dass der eingeschwungene Zustand, durch die Exponentialfunktion mit dem Argument $-j\phi_{m-1}(t,\{\tilde{a}_k\})$ ausgedrückt, konstant ist und daher bei der Integration nicht berücksichtigt werden muss.

Der Detektionsprozess stützt sich auf die Vorgehensweise, wie sie bei dem Decodieren von Faltungscodes bekannt ist. Dieser Vorgang ist beispielsweise gut in [Cyc81] behandelt und soll an dieser Stelle an die vorliegende Detektionsaufgabe angepasst werden. Im

Empfänger steht die Aufgabe an, die Sequenz nachzubilden, die den quadratischen Abstand, D, minimieren soll. Der Modulationsvorgang selbst ist durch das Trellisdiagramm beschrieben, sodass es sich anbietet, dies als Grundlage zur Demodulation zu verwenden. Im Modulator liegt die Nachrichtensequenz sowie der Grundbaustein des Trellisdiagramms vor. Der Pfad, der durch das Trellisdiagramm verläuft, stellt das Bindeglied zwischen der zu modulierenden Sequenz und dem modulierten Signal dar. Diesen Zusammenhang nutzen wir bei dem Demodulationsvorgang. Im Empfänger liegt das durch Rauschen gestörte Signal vor, weiterhin ist der Grundbaustein des Trellisdiagramms als bekannt vorauszusetzen. Durch Vergleich des Empfangssignals mit den Signalkomponenten des Trellisdiagramms kann der Pfad ermittelt werden, für den der Abstand D zwischen dem Empfangssignal und dem geschätzten Signal minimal ist. Liegt der auf diese Art ermittelte Pfad vor, ist das Bindeglied rekonstruiert. Die Auswertung des Pfades führt schließlich zu einer geschätzten Version der gesendeten Sequenz.

Bei einem Trellisdiagramm, wie hier mit zwei ankommenden und zwei abgehenden Pfaden je Knoten, wächst zu Beginn der Suche nach dem richtigen Pfad die Anzahl der Möglichkeiten exponentiell an. Betrachten wir die akkumulierten Metriken, stellen wir fest, dass nicht jeder Pfad zum Ziel, d.h. zu einem minimalen Abstand D, führt. Es ergibt sich nahezu von selbst, nur die Pfade weiter zu betrachten, die uns dem Ziel näher bringen. Gilt es, die akkumulierte Metrik zu maximieren, ist bei der Wahl zwischen zwei Metriken an einem Knoten eher der Pfad auszuschließen, der den geringeren Beitrag liefert. Liegen, wie bei dem betrachteten Beispiel, vier Zustände zu einem Zeitpunkt vor, sind von den acht ankommenden Pfaden lediglich vier weiter zu verfolgen. So ist schrittweise der in Frage kommende Pfad zu ermitteln, ohne dass ein großer Speicherbedarf vorliegt. Diese relativ einfache aber wirkungsvolle Vorgehensweise ist bekannt als Viterbi–Algorithmus. Bekannt war er bereits in den sechziger Jahren im Umfeld der Planungsforschung (engl.: *operations research*), Andrew Viterbi fand Parallelen und passte die Vorgehensweise der sequentiellen Decodierung von Faltungscodes an, wie in [Vit67] beschrieben.

Wie oben dargelegt, basiert der Demodulationsvorgang auf dem Trellisdiagramm. Das empfangene Signal wird in Abschnitte aufgeteilt und mit den Signalabschnitten verglichen, die den Pfaden zugeordnet sind. Dies ist in Bild 4.40 dargestellt. Für jeden Pfad lässt sich die Teilmetrik $Z_m\big(S_k\,|\pm F\big)$, mit $k = 1, 2, 3, 4$, berechnen. Hierbei ist der Zustand, von dem der Pfad ausgeht, durch S_k gekennzeichnet. Der Pfad selbst, ob oberer oder unterer, ist durch $\pm F$ gegeben. Hiermit ergeben sich vier Zustände mit jeweils zwei akkumulierten Metriken. Nach dem m–ten Schritt liegt im Zustand S_2 die Situation

$$C_m\big(S_2|+F, S_1\big) = C_{m-1}(S_1) + Z_m\big(S_1|+F\big)$$

und

$$C_m\big(S_2|+F, S_3\big) = C_{m-1}(S_3) + Z_m\big(S_3|+F\big)$$

mit den jeweiligen Metriken vor. Beide Ausgangszustände und der angestrebte Zustand sind in Bild 4.40 hervorgehoben. Werden beide Werte beibehalten, führt dies zu einem exponentiellen Anwachsen der möglichen Pfade durch das Trellisdiagramm. Gehen wir zu Beginn des Trellisdiagramms zur Zeit $\big(m - \tfrac{5}{2}\big)T$ von einem beliebigen Zustand aus, liegen ein Symbolintervall später zwei, danach vier, acht usw. Werte pro Zustand vor, aus deren Vielzahl letztlich die Sequenz mit der größten akkumulierten Metrik zu wählen ist. Aus praktischen Erwägngen ist hiervon Abstand zu nehmen. Das Verfahren nach Viterbi

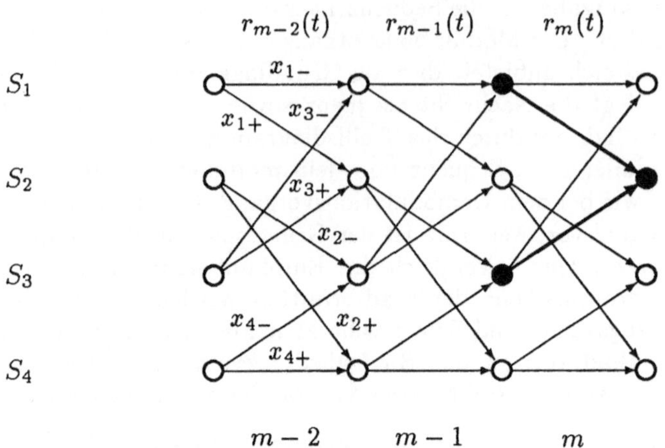

Bild 4.40   Detektion mit Trellisdiagramm

bei der Suche angewendet, resultiert in dem Pfad, der mit größter Wahrscheinlichkeit der
richtige ist. In drei Schritten lässt sich der Algorithmus beschreiben, der den optimalen
Pfad zu einem gegebenen aktuellen Zustand angibt.

V1: Bestimme für jeden der 2^K Zustände die Werte der Teilmetriken, die zu diesen
Punkten führen.

V2: Addiere zu den akkumulierten Metriken des vorangegangenen Schritts die zuvor
ermittelten Teilmetriken. Als Ergebnis liegen aktualisierte Werte der akkumulierten
Metriken vor.

V3: Wähle von den akkumulierten Metriken diejenigen aus, die die geringsten Abstände
zwischen dem empfangenen Signal und der akkumulierten Metrik aufweisen. (Je
nach Kriterium kann hierbei auch die maximale akkumulierte Metrik gewählt werden.) Speicher diese überlebenden Pfade.

Mit Hilfe dieser drei Schritte lässt sich der Pfad mit der gewünschten Eigenschaft, wie
etwa minimale Distanz oder maximale akkumulierte Metrik, ermitteln. Diese Schritte
geben die Grundidee wieder. Sie weisen Parameter auf, die es für ein gegebenes Signal
hinsichtlich des Ziels zu optimieren gilt.

Anhand des Beispiels sollen diese Punkte diskutiert werden. Da die prinzipielle Vorgehensweise im Vordergrund steht, beschränken wir uns bei der Betrachtung auf den
rauschfreien Fall. Als Phasenpuls liegt ein rampemförmiger Verlauf vor, dessen ansteig-
gender Abschnitt im Intervall $0 \leq t \leq 3T$ vorliegt,

$$g(t) = \frac{2\pi}{3} \int_{-\infty}^{t} \Pi\Big(\frac{1}{3}\frac{\tau}{T} - \frac{1}{2}\Big) d\tau \quad .$$

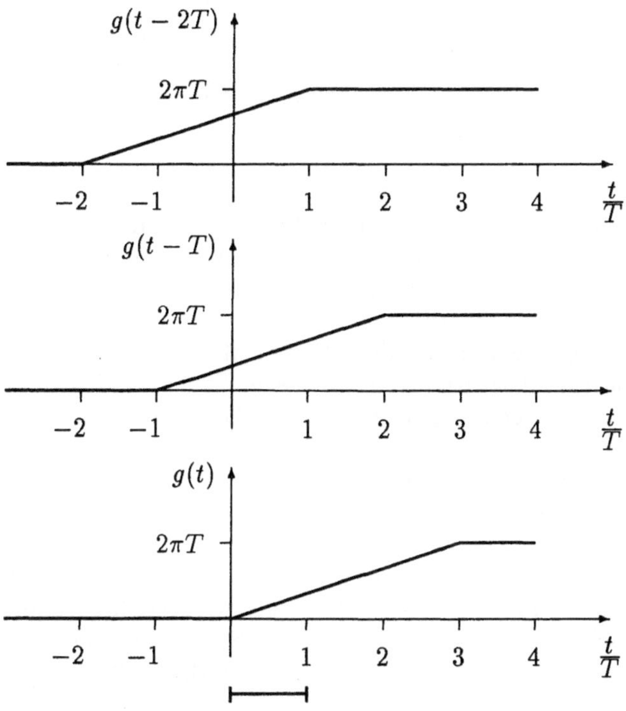

interessierender Bereich

Bild 4.41   ISI der Phasenpulse

Das Frequenzalphabet sei $a_k \in \{-\frac{1}{4T}, +\frac{1}{4T}\}$. Der Verlauf der Pulse, die sich im Übergangsbereich beeinflussen, ist in Bild 4.41 dargestellt. Deutlich ist die ISI erkennbar. Wie sich benachbarte Phasenpulse im interessierenden Zeitbereich $0 \leq t/T \leq 1$ beeinflussen, drückt

$$\theta_m\big(t, \{a_{m-2},\ a_{m-1},\ a_m\}\big) = a_{m-2}\frac{2\pi}{3}T\big(2+\frac{t}{T}\big) + a_{m-1}\frac{2\pi}{3}T\big(1+\frac{t}{T}\big) + a_m\frac{2\pi}{3}T\frac{t}{T}$$

aus. Pulse, die gegenüber dem a_m tragenden mehr als zwei Symbolintervalle verzögert sind, machen sich nur durch eine konstante Phase bemerkbar. Dieser Fall ist durch $\phi_{m-1}\big(t, \{\ \cdots\ ,\ a_{m-K-2},\ a_{m-K-1}\}\big)$ berücksichtigt. Zur Detektion muss im Empfänger der Gundbaustein des Trellisdiagramms vorliegen. Die Reaktion des Modulators auf die Frequenzfolge $\{a_{m-2},\ a_{m-1},\ a_m\}$ beschreibt

$$\begin{aligned}
x_{1-} &= \mathrm{e}^{-j\frac{\pi}{6}(3+3\frac{t}{T})} \\
x_{1+} &= \mathrm{e}^{-j\frac{\pi}{6}(3+\frac{t}{T})} \\
x_{2-} &= \mathrm{e}^{-j\frac{\pi}{6}(1+\frac{t}{T})} \\
x_{2+} &= \mathrm{e}^{-j\frac{\pi}{6}(1-\frac{t}{T})}
\end{aligned}$$

$$x_{3-} = e^{+j\frac{\pi}{6}}\left(1 - \frac{t}{T}\right)$$

$$x_{3+} = e^{+j\frac{\pi}{6}}\left(1 + \frac{t}{T}\right)$$

$$x_{4-} = e^{+j\frac{\pi}{6}}\left(3 + \frac{t}{T}\right)$$

$$x_{4+} = e^{+j\frac{\pi}{6}}\left(3 + 3\frac{t}{T}\right) \quad .$$

Diese Signalkomponenten finden sich in dem Trellisdiagramm wieder, das Bild 4.38 zeigt. Sie sind wirksam für den Fall, dass am Eingang des Modulators eine Folge vorliegt, deren Elemente aus dem Alphabet $\{-F, +F\}$ gewählt sind. Das modulierte Signal hängt, wie oben dargelegt, neben dem aktuellen Element auch von dessen Vorgängern ab. Auch aus praktischen Erwägungen ist es sinnvoll, den Modulationsprozess in einem klar definierten Ausgangszustand zu beginnen. In vielen Fällen werden die Elemente in Form von Teilsequenzen endlicher Längen übertragen. Durchläuft eine dieser Sequenzen den Modulator, erfolgt der Start oft von dem Nullzustand aus. Die letzten Elemente einer Sequenz dienen dazu, den Modulator wieder in den Nullzustand zu führen und sind den Nachrichtenelementen beigefügt. Die folgende Sequenz findet damit den gleichen definierten Ausgangszustand wie die zuvor eingelaufene vor. Der Nullzustand sei durch $a_{-2} = 0$ und $a_{-1} = 0$ beschrieben. Da diese Elemente in dem verwendeten Alphabet nicht vorkommen, ist der Einschwingvorgang und das zugehörige Trellisdiagramm für diese Phase gesondert zu betrachten. Die Situation der Einschwingphase und des Normalzustands, in dem lediglich die Elemente $\pm F$ vorkommen, zeigt Bild 4.42.

Die Einschwingphase erstreckt sich über zwei Symbolintervalle, danach ist der Normalzustand erreicht. Dies ist leicht nachvollziehbar, da das erste Element der einlaufenden Folge nach der Zeit $2T$ die Verzögerungsleitung des Modulators durchlaufen hat und es sich nur noch durch eine konstante Phase auswirkt. Die vier Zustände, die links von dem Trellisdiagramm aufgeführt sind, treffen in dieser Phase nicht zu, da hierin die Startwerte nicht betrachtet sind. Es bedarf zweier Takte, um die Nullwerte aus den Zwischenspeichern der angezapften Verzögerungsleitung zu schieben. Aus diesem Grund ergeben sich hierfür Signalkomponenten, die von dem Trellisdiagramm abweichen. Für diese Zeit liegen

$$e_{11-} = e^{-j\frac{\pi}{6}\frac{t}{T}}$$

$$e_{11+} = e^{+j\frac{\pi}{6}\frac{t}{T}}$$

$$e_{12-} = e^{-j\frac{\pi}{6}}\left(1 - 2\frac{t}{T}\right)$$

$$e_{12+} = e^{-j\frac{\pi}{6}\frac{t}{T}}$$

$$e_{22-} = e^{+j\frac{\pi}{6}}$$

$$e_{22+} = e^{+j\frac{\pi}{6}}\left(1 + 2\frac{t}{T}\right)$$

vor. Oberhalb des Kurvenverlaufs sind die Elemente aufgeführt, die das Phasensignal $\phi_m\left(t, \{\tilde{a}_k\}\right)$ formen. Die Sequenz beginnt zur Zeit $t = 0$, zuvor befand sich der Modulator im Nullzustand. Im darunter dargestellten Trellisdiagramm ist an den Pfaden die Metrik $Z_m\left(\{\tilde{a}_k\}\right)$ angegeben. Für jeden Pfad ist die Signalkomponente bekannt. Damit lässt

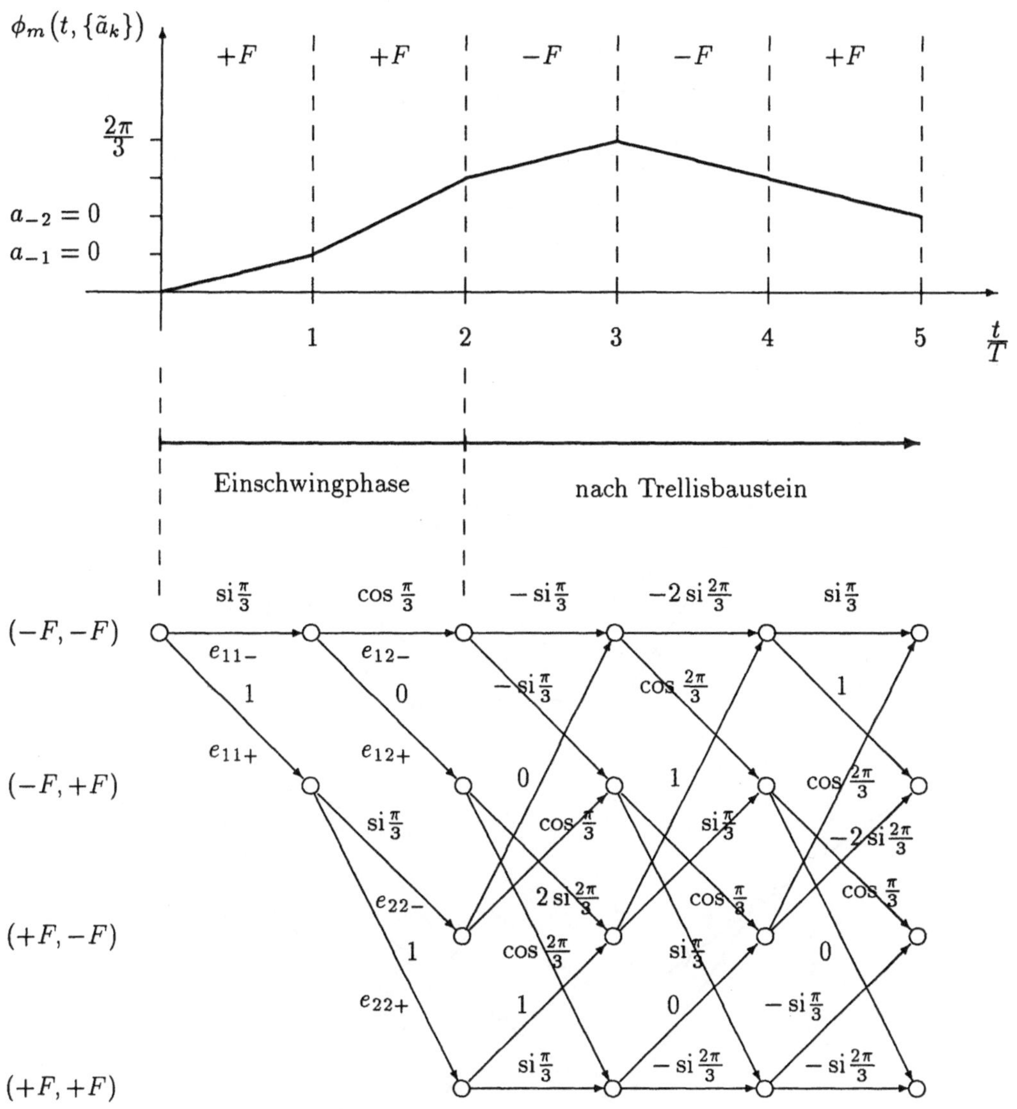

Bild 4.42   Phasenverlauf und Trellisdiagramm für $FT=\frac{1}{4}$

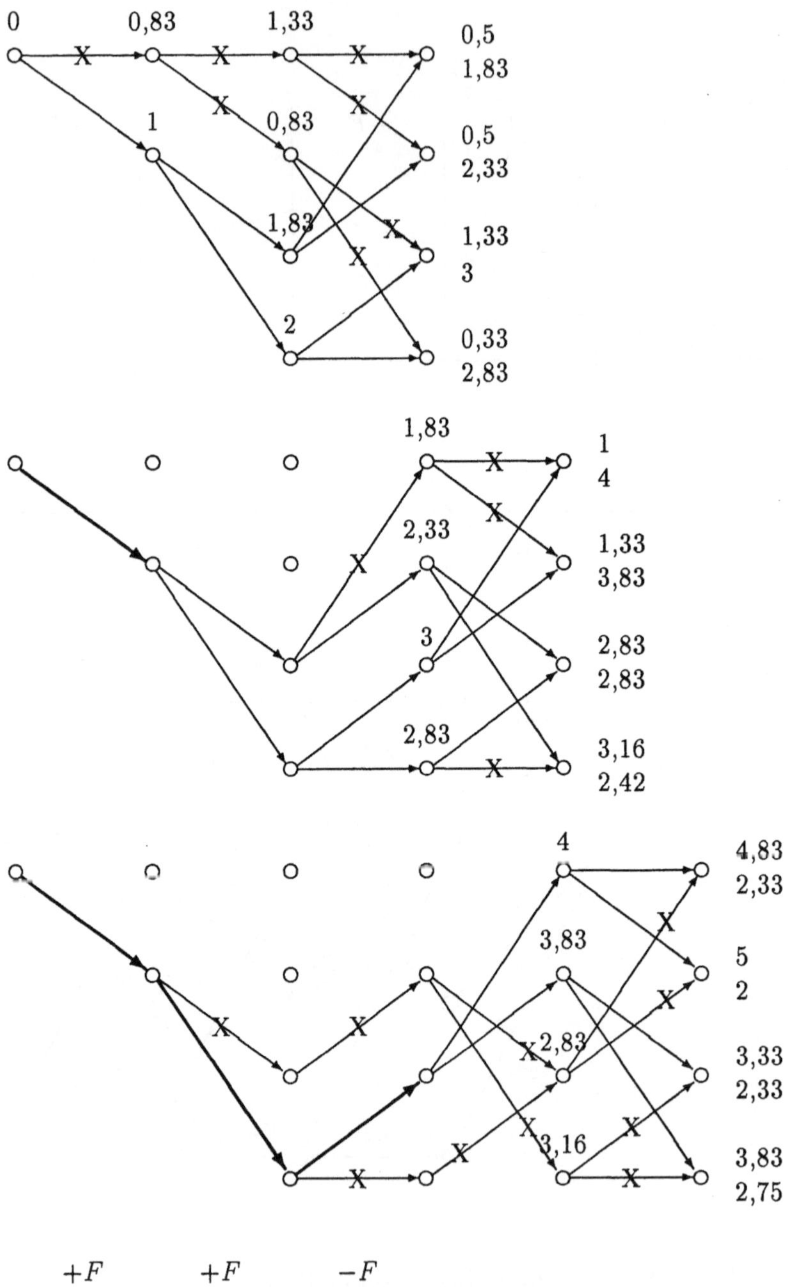

Bild 4.43   Entwicklung im Trellisdiagramm

sich durch Auswerten des Ausdrucks

$$\mathrm{Re}\Big\{ \int_m r_m x_l^* \, dt \Big\}$$

der Zuwachs der Teilmetrik berechnen. Hierin kennzeichnet m das jeweils betrachtete Intervall, $r_m = e^{j\phi_m}$ ist das empfangene Signal. Die Signalkomponenten sind x_l und liegen im Empfänger vor. Für die ersten drei Stufen, d.h. bis $m = 3$, ist die konstante Phase $\theta_m\big(t, \{a_{m-2}\, a_{m-1}\, a_m\}\big)$ gleich null. Ab $m = 4$ ist der Zuwachs zu berücksichtigen, der sich aus der Summe aller Elemente von $m = 0$ bis $m - (K+1)$ ergibt. Die Summe mit dem Phasenwert $\pi/2$ multipliziert resultiert in dem konstanten Phasenwert. Der Punkt (V1) des Algorithmus ist somit erfüllt. Im Schritt nach (V2) sind mit den Teilmetriken die akkumulierten Teilmetriken zu ermitteln. Ausgehend vom Startpunkt werden die Teilmetriken für jeden Pfad berechnet. Die Vorgehensweise ist in Bild 4.43 dargestellt. Mit dem Start beginnen wir bei dem Wert null und addieren hierzu den Wert 0,83, wenn der obere Pfad für das Element $-F$ beschritten, und 1, wenn für das Element $+F$ der untere Pfad zu wählen ist. Die akkumulierten Metriken sind über den Knoten aufgeführt. Nach diesem Muster verfahren wir weiter, bis, nachdem die erste komplette Trellisstufe durchlaufen ist, an einem Knoten zwei Pfade enden. Hier ist eine Wahl zu treffen und wir wenden den Punkt (V3) an.

Wie bereits zum Ausdruck gebracht, basiert der Viterbi–Algorithmus auf der Aussage, dass ein Teilweg, der nicht direkt in Richtung Ziel führt, nicht beschritten werden soll. Unser Ziel ist die Maximierung der akkumulierten Metrik. An jedem Knoten wählen wir folglich den Weg, der den größeren Wert hierfür aufweist. Die restlichen Pfade verwerfen wir, wobei soweit wie möglich Richtung Start zurückgegangen wird. In der Darstellung sind die gestrichenen Pfade durch ein "X" markiert. Von jedem Knoten geht somit nur ein Pfad aus. Bei $m = 4$ tritt der Fall ein, dass beide ankommenden Pfade im Zustand $(+F, -F)$ den gleichen Wert aufweisen. Für diesen Sonderfall sind beide Pfade weiter zu verfolgen. Im darauf folgenden Schritt zeigt es sich, dass die Pfade, die von diesem Zustand ausgehen, sich als nicht brauchbar erweisen. Nach dem fünften Schritt kann wieder eine Anzahl von Pfaden verworfen werden. Wir erkennen, dass sich ein Pfad durch das Trellisdiagramm entwickelt. Die ersten drei Schritte, die sich in diesem kurzen Stück bereits ergeben, sind deutlich hervorgehoben. Ist der Pfad für die komplette Sequenz nach dieser Vorgehensweise bekannt, ist dem Verlauf die Folge der Elemente zu entnehmen. Wie wir wissen, steht der obere Pfad, der von einem Knoten ausgeht, für das Element $-F$ und der untere für $+F$. Für den Auszug des zurückgewonnenen Pfads ergeben sich die ersten detektierten Elemente, die unterhalb des rekonstruierten Pfads aufgeführt sind. Sie stimmen mit den Elementen nach Bild 4.42 überein.

Zwei Bemerkungen sind hier angebracht. Erstens ist zur Erläuterung des Algorithmus' kein Rauschanteil betrachtet. Zweitens sind verschiedene Parameter des Verfahrens variabel. Z.B. ist es möglich, die Entwicklung des Pfads über mehrere Stufen zu beobachten, bevor eine Wahl getroffen wird. Desweiteren kann von der Anzahl der Pfade, die in einem Knoten enden, mehr als nur ein Pfad weiterverfolgt werden. Beides hat einen erhöhten Speicherplatz zur Folge.

Die Betrachtung der sequentiellen Detektion schließen wir mit einer Behandlung der Fehlerwahrscheinlichkeit ab. Hierbei liegen die Nutzsignale $x_{TP,\mu}(t)$ und $x_{TP,\nu}(t)$ vor, die beide eine Sequenz von N Elementen tragen. Bei der Berechnung der Metriken trat der Begriff des Abstands hervor. Der Abstand zwischen den beiden Signalen, die euklidische Distanz, ist durch

$$
\begin{aligned}
D_{\mu\nu}^2 &= \int_0^{NT} \left| x_{TP,\mu}(t) - x_{TP,\nu}(t) \right|^2 dt \\
&= \int_0^{NT} \left| x_{TP,\mu}(t) \right|^2 dt + \int_0^{NT} \left| x_{TP,\nu}(t) \right|^2 dt - 2\,\mathrm{Re}\left\{ \int_0^{NT} x_{TP,\mu}(t) x_{TP,\nu}^*(t) dt \right\}
\end{aligned}
$$

gegeben. Da es sich bei den beiden Signalen um CPM–Signale handelt, ist die Einhüllende konstant mit dem Wert eins. Der Abstand ist mit

$$
x_{TP,\mu}(t) = e^{j\,\phi(t,\{\tilde{a}_\mu\})}
$$

und, da in jedem Intervall ein Bit übertragen wird,

$$
\int_0^{NT} \left| x_{TP,\mu}(t) \right|^2 dt = NT = N E_b
$$

letztendlich

$$
D_{\mu\nu}^2 = 2NT - 2 \int_0^{NT} \cos\left(\phi(t,\{\tilde{a}_\mu\}) - \phi(t,\{\tilde{a}_\nu\}) \right) dt \quad .
$$

Die Wahrscheinlichkeit für eine Fehlentscheidung ist wie bei der Entscheidung Symbol–für–Symbol mit den normierten Abständen durch die obere Grenze

$$
P_{e_\mu} \le \sum_{\substack{\nu=1 \\ \mu \ne \nu}}^{N} Q\left(d_{\mu\nu} \sqrt{\frac{E_b}{N_0}} \right)
$$

gegeben. Für die Abschätzung des Fehlers genügt es, die minimale Distanz, d_{min}, heranzuziehen, da der Anteil mit diesem Abstand dominiert. Eine Näherung für die Fehlerwahrscheinlichkeit ist damit

$$
P_e \approx Q\left(d_{min} \sqrt{\frac{E_b}{N_0}} \right) = Q\left(d_{min} \sqrt{\mathcal{E}} \right) \quad .
$$

Im folgenden wenden wir uns der Frage zu, wie der minimale Abstand und das Trellisdiagramm im Zusammenhang stehen. Wie in [Cyc81] beschrieben, kann folgende Betrachtung zu D_{min} führen. Diese Art ist der Decodierung von Faltungscodes entnommen und soll hier angewendet werden.[9] Es liege eine Sequenz von $-F$ vor, der Modulator befinde sich somit im Zustand $(-F, -F)$. Der zugehörige Pfad ist der obere waagerechte Verlauf im Trellisdiagramm, das in Bild 4.44 dargestellt ist. Eine Abweichung von dieser Folge durch ein Element $+F$ führt von dem oberen Pfad ab. Die beiden Pfade stehen für unterschiedliche Sequenzen, zwischen denen ein Abstand $D_{\mu\nu}$ besteht. Wie oben dargelegt, hängt der Abstand von der Differenz der Phasensignale und damit den Verläufen im

---

[9] Obwohl diese Vorgehensweise in der Codierungstheorie üblich ist, liegt ein Beweis noch nicht vor, dass hierdurch tatsächlich der optimale Pfad unter der Vielzahl von Möglichkeiten gefunden wird. Diese intuitive Betrachtung führt offenbar zum richtigen Ergebnis.

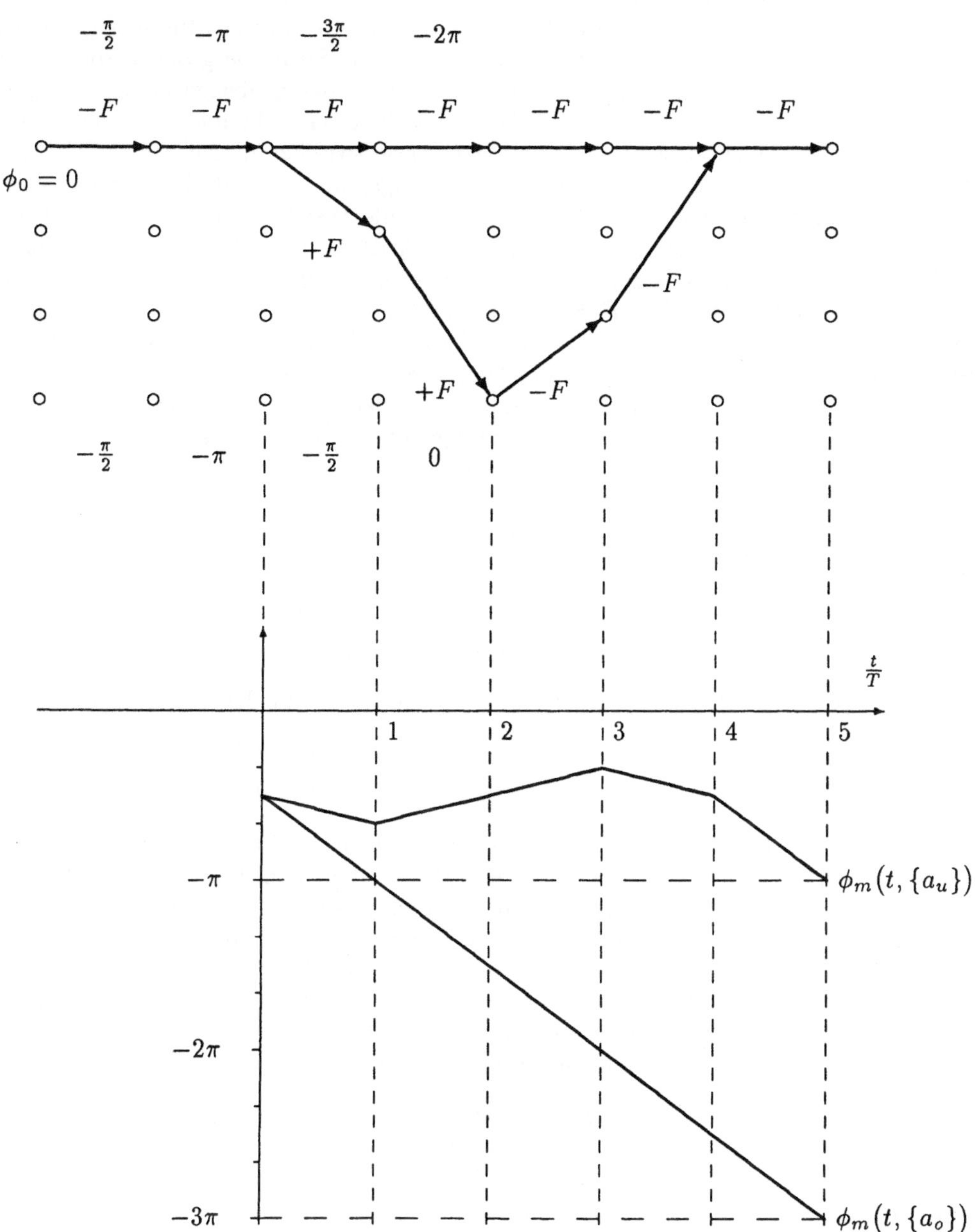

Bild 4.44   Fehlerwahrscheinlichkeit und minimaler Abstand

Trellisdiagramm ab. Beide Verläufe zeigt Bild 4.44. Das Ziel liegt darin, den minimalen Abstand zu finden. Hierzu muss das Integral über den Cosinus des Phasensignals einen positiven Beitrag liefern, der für D_{min} für die gegebene Situation größtmöglich ist. Die Folge ist einen Pfad zu finden, der, einmal von dem oberen abgewichen, in möglichst kurzer Zeit wieder zum Ausgangspfad führt und hiervon nicht mehr abweicht. Diese Abweichung führt dazu, dass die akkumulierte Phase zwischen diesen beiden Pfaden unterschiedlich ist. In der Darstellung ist der Ausgangspunkt $\phi_0 = 0$, die Kurven basieren auf dem betrachteten Beispiel, bei dem der aktuelle Wert von den beiden vorherigen abhängt. Das Phasengedächtnis ist bei jedem Schritt zu aktualisieren, die Schrittweite ist $\pm\pi/2$. Die schrittweise Entwicklung der Phasenverläufe beginnt nach dem zweiten Element. Der Verlauf für die $-F$–Folge ist geradlinig abfallend. Anders sieht es bei der abweichenden Sequenz aus. Wir erkennen, dass die akkumulierten konstanten Phasenwerte unterschiedlich sind. Oberhalb des Diagramms sind diese Werte notiert. Für jedes neue Element wird dem Vorzeichen des entsprechenden Vorgängers entweder $-\pi/2$ oder $\pi/2$ hinzugefügt. Die Einflusstiefe im Übergangsbereich ist $K = 2$, sodass sich die akkumulierten Phasen aus den Elementen $m - (K+1)$ für das m–te Intervall zusammensetzen. Z.B. ist der konstante Wert des oberen Pfads im Intervall $3T \le t \le 4T$ $-3\pi/2$, da jedes der drei ersten $-F$–Elemente $-\pi/2$ beiträgt. Im unteren Pfad liegt in diesem Intervall der Wert $-\pi/2$ vor. Besonderes Augenmerk ist hierbei auf den Unterschied zwischen den beiden akkumulierten Phasenwerten,

$$\phi_m\big(t, \{a_o\}\big) - \phi_m\big(t, \{a_u\}\big) \quad ,$$

zu richten. Hierin steht $\{a_o\}$ für die obere Folge und $\{a_u\}$ für die untere, mit

$$\begin{aligned}
\{a_o\} &= \{-F, \ -F, \ -F, \ -F, \ -F, \ -F, \ -F\} \\
\{a_u\} &= \{-F, \ -F, \ +F, \ +F, \ -F, \ -F, \ -F\} \quad .
\end{aligned}$$

Der Teilpfad x_{1-} weist für das betrachtete Intervall mit $0 \le t \le T$ den Phasenverlauf $-\frac{\pi}{2}\big(1 + \frac{t}{T}\big)$ mit dem konstanten Anteil $-3\pi/2$ auf, bei dem Teilpfad liegt $\frac{\pi}{6}\big(1 - \frac{t}{T}\big)$ mit $-\pi/2$ als konstantem Anteil vor. Zum Zeitpunkt der Vereinigung zur Zeit $4T$ liegt zwischen den Pfaden eine Phasendifferenz von -2π vor, die sich im weiteren Verlauf nicht mehr ändert. Wenn der vom oberen Pfad abweichende zur Zeit 0 vom Zustand $(-F, -F)$ über $(-F, +F)$, $(+F, -F)$ zurück in den Zustand $(-F, -F)$ verläuft, resultiert dies ab der Zeit $3T$ in einem konstanten Phasenunterschied von $-\pi$. Die beiden Sequenzen unterscheiden sich in dem Fall nur in einem Element, wie es

$$\begin{aligned}
\{a_o\} &= \{-F, \ -F, \ -F, \ -F, \ -F, \ -F, \ -F\} \\
\{a_u\} &= \{-F, \ -F, \ +F, \ -F, \ -F, \ -F, \ -F\} \quad ,
\end{aligned}$$

zeigt. In diesem Fall erstreckt sich der Übergangsbereich über drei Intervalle und endet in einer Phasendifferenz, die ab $t = 3T$ den konstanten Wert $-\pi$ aufweist. Für einen Pfad mit zwei $+F$–Elementen tritt eine konstante Differenz von -2π auf. Dieser Pfad ist dem vorzuziehen, der nur ein $+F$–Element trägt. Der Grund ist in dem Integral von

$$D^2_{\mu\nu} = 2NT - 2 \int_0^{NT} \cos\Big(\phi(t, \{\tilde{a}_\mu\}) - \phi(t, \{\tilde{a}_\nu\})\Big)\, dt \quad .$$

zu finden, das maximal sein soll, um D_{min} zu erzielen. Mit der Differenzphase $-\pi$ für $t \ge 3T$ führt dies zu dem Integranden -1 und somit zu einem größer werdenden

Wert für $D_{\mu\nu}$. Es liegt auf der Hand, dass der Integrand positiv und dessen Argument ein ganzzahliges Vielfaches von 2π sein muss. Somit sind für den Parameter $FT = 1/4$ des betrachteten Beispiels zwei unterschiedliche Elemente zwischen der oberen und unteren Sequenz erforderlich. Zusätzlich soll sich die Abweichung der Pfade über einen kürzestmöglichen Zeibereich erstrecken. Für das vorliegende Trellisdiagramm sind vier Intervalle nötig, um von dem Zustand $(-F, -F)$ mit zwei $+F$-Elementen zurück zu diesem Zustand zu gelangen. Die minimale Differenz ist damit

$$
\begin{aligned}
D_{min}^2 &= 2NT - 2\bigg(\int_0^{4T} \cos\Big(\phi(t, \{\tilde{a}_o\}) - \phi(t, \{\tilde{a}_u\})\Big)\,dt \\
&\qquad + \underbrace{\int_{4T}^{NT} \cos\Big(\phi(t, \{\tilde{a}_o\}) - \phi(t, \{\tilde{a}_u\})\Big)\,dt}_{= (N-4)T,\ \text{da}\ \cos(\bullet) = 1} \bigg) \\
&= 8T - 2\int_0^{4T} \cos\Big(\phi(t, \{\tilde{a}_o\}) - \phi(t, \{\tilde{a}_u\})\Big)\,dt \quad .
\end{aligned}
$$

Für die Differenzphase erhalten wir in diesem Beispiel

$$
\Delta\phi(t) = \begin{cases}
\frac{\pi}{3}\frac{t}{T} & : \quad 0 \le t \le T \\[1mm]
\frac{\pi}{3} + \frac{2\pi}{3}\frac{t-T}{T} & : \quad T \le t \le 3T \\[1mm]
\frac{5\pi}{6} + \frac{\pi}{6}\frac{t-3T}{T} & : \quad 3T \le t \le 4T
\end{cases}
$$

und damit den Abstand

$$
D_{min}^2 = 2T\left(4 - \mathrm{si}\frac{\pi}{3}\right) \quad .
$$

Bei der Auswertung des Integrals kommen Symmetrieeigenschaften von $\Delta\phi(t)$ zur Geltung. Der Verlauf im Bereich $0 \le t \le 4T$ punktsymmetrisch um $(2T, \pi)$.

Die an Hand des Beispiels erläuterte Vorgehensweise lässt sich auf andere Fälle erweitern. Eine Beschränkung liegt allerdings darin, dass für das Produkt

$$
FT = \frac{P}{Q}
$$

gilt. P und Q sind natürliche Zahlen, die keinen gemeinsamen Faktor aufweisen. Ist dies der Fall, liegen auf dem Einheitskreis im gleichen Abstand Punkte vor, wie es bei der Beschreibung von CPFSK–Signalen hervorgehoben wurde. Im Phasentrellisdiagramm sind damit bestimmte Punkte angebbar, in denen Pfade enden und von denen Pfade ausgehen. Hierauf ruht die Betrachtung der minimalen Distanz.

4.3.5 Trägerrückgewinnung

In den oben behandelten Abschnitten sind wir stets davon ausgegangen, dass am Empfangsort das Trägersignal zur Verfügung steht. Das Empfangssignal ist damit aus dem Bandpassbereich in den Tiefpassbereich umsetzbar. Bei den betrachteten kohärenten Demodulationsarten bedeutet dies eine genaue Kenntnis des Trägerarguments bezüglich

Frequenz und Phase. Ein Frequenz– und Phasenversatz kann aus vielen Gründen vorkommen. Erfolgt etwa die Nachrichtenübertragung über eine Luftschnittstelle, ist den Besonderheiten des Mobilfunkkanals Rechnung zu tragen. Die Übertragung geschieht in diesem Fall über mehrere Pfade, wodurch jedem dieser Wege ein Laufzeitunterschied zugeschrieben werden kann, was sich durch Zeitdispersion bzw. frequenzselektives Schwundverhalten äußert. Phasenunterschiede sind den Laufzeitunterschieden zuzuordnen. Daneben tritt wegen Bewegungen im Umfeld oder der Mobilität von Sender und Empfänger selbst und des damit verbundenen Doppler–Effekts ein Frequenzversatz auf. Diese Schwunderscheinungen sind durch Frequenzdispersion bzw. zeitselektives Verhalten beschrieben. Ist z.B. die Trägerfrequenz 1 GHz und bewegt sich der mobile Empfänger mit einer Geschwindigkeit von 50 km/h auf den Sender zu, verschiebt sich das Spektrum des Empfangssignals um ca. 50 Hz von der Trägerfrequenz hin zu höheren Frequenzen. Selbst dieser geringe Versatz kann zu einer starken Beeinträchtigung der Leistungsfähigkeit führen, wenn er nicht durch geeignete Maßnahmen im Empfänger rückgängig gemacht wird.

Bei den betrachteten Modulationsarten handelt es sich um Formen mit unterdrücktem Träger. Dies bedeutet, dass das gesendete Signal ausschließlich aus den Seitenbändern besteht und üblicherweise keine linienförmigen Spektralanteile aufweist. Da diese Spektrallinien nicht vorhanden sind, ist es notwendig, aus dem empfangenen Nachrichtensignal, d.h. den Seitenbändern, den aktuellen Träger phasengenau abzuleiten. Zur Verfügung steht das Empfangssignal,

$$
\begin{aligned}
r(t) &= \mathrm{Re}\left\{ x_{TP}(t)\mathrm{e}^{j(2\pi f_T t + \theta(t))} \right\} \\
&= \frac{1}{2}\, x_{TP}(t)\mathrm{e}^{j(2\pi f_T t + \theta(t))} + \frac{1}{2}\, x^*_{TP}(t)\mathrm{e}^{-j(2\pi f_T t + \theta(t))} \quad,
\end{aligned}
$$

wobei $\theta(t)$ für die zeitlich abhängige Phase steht. Das Ziel ist das Argument der Exponentialfunktion. Um dorthin zu gelangen ist es notwendig, die durch $x_{TP}(t)$ verursachten Seitenbänder und damit die Auswirkungen der Modulation rückgängig zu machen. Eine Möglichkeit hierzu besteht in der Anwendung von nichtlinearen Vorgängen auf das empfangene Signal, z.B. in Form von Potenzfunktionen mit geradem, positivem Exponenten. Angewendet auf $r(t)$ erhalten wir

$$
\begin{aligned}
r^N(t) &= \sum_{k=0}^{N} \binom{N}{k}\left(\frac{1}{2}\, x_{TP}(t)\mathrm{e}^{j(2\pi f_T t + \theta(t))}\right)^{N-k}\left(\frac{1}{2}\, x^*_{TP}(t)\mathrm{e}^{-j(2\pi f_T t + \theta(t))}\right)^{k} \\
&= \frac{1}{2^N}\sum_{k=0}^{N}\binom{N}{k} x_{TP}^{N-k}(t)\, x^{*\,k}_{TP}(t)\mathrm{e}^{j(N-2k)(2\pi f_T t + \theta(t))} \quad.
\end{aligned}
$$

Konzentrieren wir uns mit $k = 0$ und N auf die Terme mit der höchsten Frequenz, die den nutzbaren Anteil von $r^N(t)$ repräsentieren, der Rest sei ohne Belang. Damit erhalten wir

$$
\begin{aligned}
r^N(t) &= \frac{1}{2^N} x_{TP}^N(t)\mathrm{e}^{jN(2\pi f_T t + \theta(t))} + \frac{1}{2^N} x^{*\,N}_{TP}(t)\mathrm{e}^{-jN(2\pi f_T t + \theta(t))} + r'(t) \\
&= \frac{1}{2^{N-1}}\mathrm{Re}\left\{ x_{TP}^N(t)\mathrm{e}^{jN(2\pi f_T t + \theta(t))} \right\} + r'(t) \quad.
\end{aligned}
$$

Hierbei steht $r'(t)$ für die restlichen Signalkomponenten, die bei den Mittenfrequenzen

$$
\pm(N-2)\bigl(2\pi f_T t + \theta(t)\bigr), \quad \pm(N-4)\bigl(2\pi f_T t + \theta(t)\bigr), \quad \cdots \quad, \quad 0
$$

für gerades N vorliegen. Das Potenzieren im Zeitbereich führt zu einer Faltung von gleichvielen Frequenzfunktionen, wie es

$$
\begin{aligned}
x_{TP}^{N}(t) &= e(t) \\
&\updownarrow \\
X_{TP}^{*N}(f) &= \underbrace{X_{TP}(f) * X_{TP}(f) * \cdots * X_{TP}(f)}_{N \text{ mal}} \\
&= E(f)
\end{aligned}
$$

beschreibt. Durch das N-fache Falten einer Frequenzfunktion mit sich selbst, oben durch den Faltungsexponenten $*N$ zum Ausdruck gebracht, dehnt sich diese auf der Frequenzachse um den Faktor N aus und nimmt im Bereich um $f = 0$ einen flacheren Verlauf an, wie es auch bei der Betrachtung des zentralen Grenzwertsatzes in einem anderen Zusammenhang dargelegt wurde. Hierbei setzen wir einen gutmütigen Verlauf von $X_{TP}(f)$ voraus. Dies bedeutet, dass $E(f)$ in einem schmalen Frequenzbereich um $f = 0$ als hinreichend konstant mit dem Wert E_0 angesehen werden kann. Durchläuft das Signal $r^{N}(t)$ ein schmalbandiges Bandpassfilter mit der Mittenfrequenz Nf_T, erhalten wir als Reaktion

$$
\begin{aligned}
s(t) &= \mathrm{BP}\left\{ r^{N}(t) \right\} \\
&\approx \frac{1}{2^{N-1}} E_0 \cos\left(2\pi N f_T t + N\theta(t) \right) \quad .
\end{aligned}
$$

Dies ist ein Eintonsignal, das von den Modulationseffekten weitestgehend befreit ist und im Argument die Trägerfrequenz mit der vorliegenden und unbekannten Abweichung hiervon beinhaltet, von dem Faktor N einmal abgesehen. Dieses Signal stellt das Eingangssignal der Phasenregelschleife dar, wie es Bild 4.45 zeigt.

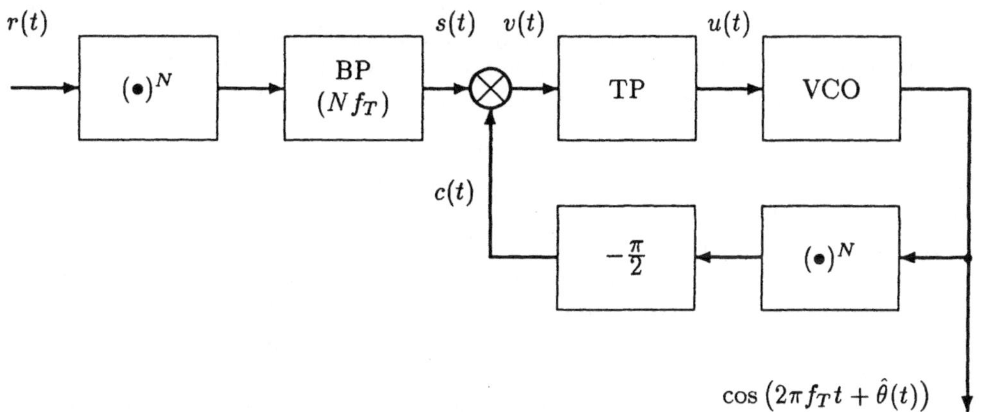

Bild 4.45   Trägerrückgewinnung mit Phasenregelschleife

Für die Zwischengrößen erhalten wir

$$c(t) = \frac{1}{2^{N-1}} \sin\left(2\pi N f_T + \hat{\theta}(t)\right) + c'(t) \quad ,$$

wobei $c'(t)$ wieder die Signalkomponenten beinhaltet, die durch das schmalbandige Schleifenfilter unterdrückt werden. Der Phasenschieber wirkt sich mit $-\pi/2$ auschließlich auf das effektive Schleifensignal mit der Trägerfrequenz $N f_T$ aus, die übrigen Signalanteile, die durch die Potenzierung hervorgerufen werden, erfahren unterschiedliche Phasenverschiebungen, die an dieser Stelle jedoch nicht interessieren. Am Eingang des TP–Filters liegt

$$\begin{aligned}
v(t) &= \frac{1}{2^{N-1}} E_0 \cos\left(2\pi N f_T t + N\theta(t)\right) \cdot \\
&\qquad \left(\frac{1}{2^{N-1}} \sin\left(2\pi N f_T + N\hat{\theta}(t)\right) + c'(t)\right) \\
&= \frac{1}{2^{2N-1}} E_0 \sin\left(N\left(\hat{\theta}(t) - \theta(t)\right)\right) + v'(t)
\end{aligned}$$

an, das als Reaktion hierauf

$$u(t) = \frac{1}{2^{2N-1}} E_0 \sin\left(N\left(\hat{\theta}(t) - \theta(t)\right)\right)$$

zur Folge hat. Die Signalanteile, die $v'(t)$ repräsentiert, werden durch das Filter unterdrückt. Der spannungsgesteuerte Oszillator (VCO, engl.: *voltage controlled oscillator*) folgt der Abweichung von der Trägerfrequenz. Abweichungen in Form einer Konstanten treten auf, wenn die Mittenfrequenz des Oszillators nicht f_T entspricht. Eine Möglichkeit, das Verhalten der Schaltung zu verbessern, bietet der Einsatz eines Begrenzerverstärkers vor dem Bandpassfilter. Das anliegende Signal weist die Einhüllende $e(t)$ auf, die zudem wegen des geraden Exponenten N positiv ist. Die Variationen von $e(t)$ werden durch den Begrenzerverstärker unterdrückt. Das BP–Filter zeigt als Reaktion auf das periodische Rechtecksignal die Frequenzlinie bei $N f_T$ mit dem Phasenversatz $N\theta(t)$. Der genaue Sachverhalt auch im Zusammenhang mit Rauschgrößen ist in [Rod83], [Lin72] und [Gal80] dargestellt. Eine äquivalente Vorgehensweise der Trägerrückgewinnung ist durch die Costas–Schleife gegeben. Bild 4.46 zeigt das Blockschaltdiagramm.

Ein Multiplizierer ersetzt einen Quadrierer, d.h. $N = 2$, die Tiefpassfilter für Real- und Imaginärteil müssen gleich sein. Strengenommen stellt die Multiplikation von Real- und Imaginärteil, bzw. I- und Q-Komponente, das Quadrieren der komplexwertigen Größe mit anschließender Imaginärteilbildung dar, sodass der Unterschied zwischen dieser Struktur und der in Bild 4.45 gezeigten nicht groß ist. Daher entspricht das Verhalten der Costas–Schleife größtenteils der eindimensionalen Methode. Beide haben eins gemeinsam: die Regelschleifen können sich auf falsche Frequenzen einstimmen. Besonders in der Fang- bzw. Einschwingphase ist hiermit zu rechnen. Z.B. kann dies eintreten, wenn das Signal am Eingang des Oszillators schwach ist, das Ausgangssignal jedoch eine konstante Frequenzabweichung von der Trägerfrequenz aufweist. Die Schleife hat sich dann auf eine Seitenfrequenz ausgerichtet, die gewünschte Trägerfrequenz wird jedoch durch das Schleifenfilter unterdrückt.

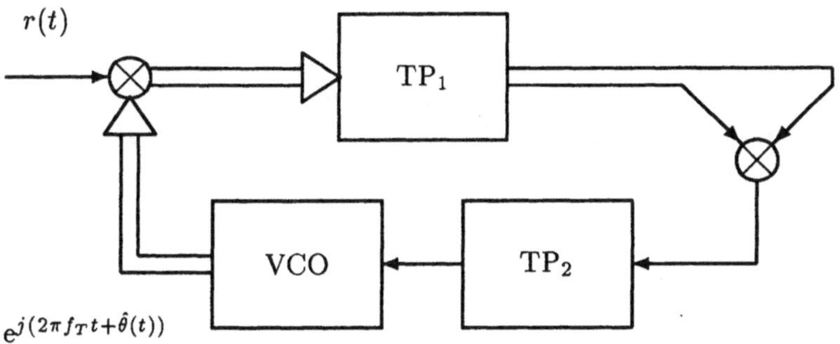

Bild 4.46   Trägerrückgewinnung mit Costas–Schleife

Einige Nachteile und Schwierigkeiten, mit denen bei der kohärenten Demodulation zu rechnen ist, wurden aufgezeigt. Dies führt zu der Frage nach Verfahren, die ohne Kenntnis der genauen Trägerphase in der Lage sind, das Signal zu demodulieren. In diesem Fall spricht man von der nichtkohärenten Demodulation. Der Preis für weniger aufwendige Strukturen liegt in einem geringen Verlust in der Leistungsfähigkeit bezüglich des Rauschens.

4.4   Nichtkohärente Demodulation

4.4.1   Wahrscheinlichkeitsdichtefunktion der Einhüllenden

Bei der Übertragung von Signalen geht der Bezug zwischen der aktuellen Trägerphase und der im Empfänger zugefügten verloren. Durch Signallaufzeiten bedingt kommt es zu konstanten Phasenabweichungen, θ_L, mit denen in jedem Übertragungsmedium zu rechnen ist. Bei Mobilfunkkanälen tritt zudem der Doppler–Effekt auf, der zu einem Frequenzversatz, f_D, führt. Es liegt am Empfangsort somit keine Kenntnis der genauen Trägerphase vor, was den Einsatz von Phasenregelschleifen notwendig macht. Aus der analogen Modulation sind Verfahren bekannt, die nicht auf die Trägerrückgewinnung zurückgreifen müssen, indem das Nachrichtensignal aus der Einhüllenden zurückgewonnen wird. Hierbei verzichtet man bewusst auf die Phaseninformation, was im Vergleich zum kohärenten Empfang zu einer schlechteren Leistungsfähigkeit führt. Der Vorteil ist eine einfachere Empfängerstruktur. Wie bereits dargelegt, beruht das Verfahren darauf, dass die Einhüllende des empfangenen Signals ausgewertet wird, die Phase des Trägersignals ist hierbei ohne Belang. Man spricht von der nichtkohärenten Demodulation. Nicht bei jedem Signal führt dieses Verfahren zum Erfolg, gewissen Anforderungen muss das Signal genügen. So sind nichtkohärente Empfänger für ASK–Signale von denen von FSK– und PSK–Signalen verschieden. Im letzten Fall liegt die Nachricht in der Phase verborgen, sodass strenggenommen hierfür keine nichtkohärente Demodulation möglich ist. Eine Art semikohärentes Verfahren erlaubt jedoch, ohne Trägerrückgewinnung im PSK–Empfänger auszukommen.

Der Begriff der Einhüllenden und deren Bedeutung wurde hervorgehoben. Um die Empfänger analysieren zu können, ist zunächst eine Vorbetrachtung erforderlich. Ziel ist es hierbei, die Einhüllende, die als Zufallsprozess zu verstehen ist, mit den Methoden der Wahrscheinlichkeitstheorie zu beschreiben. Bei der Betrachtung des Rauschprozesses am Anfang dieses Kapitels wurde die Rayleigh–Verteilung eingeführt. Sie beschreibt, wie der Betrag eines komplexen stationären Zufallsprozesses verteilt ist, deren Real– und Imaginärteil, $x(t)$ und $y(t)$, jeweils Gauß–Verteilungen aufweisen. Es zeigte sich, dass die WDF des Betrags, $r(t) = \sqrt{x^2(t) + y^2(t)}$, durch

$$
p_r(R) = \left\{ \begin{array}{ll} \dfrac{R}{\sigma^2} e^{-\frac{R^2}{2\sigma^2}} & : \quad 0 \leq R < \infty \\[2ex] 0 & : \quad \text{sonst} \end{array} \right.
$$

und die der Phase, $\vartheta(t) = \arctan \frac{y(t)}{x(t)}$, durch

$$
p_\vartheta(\theta) = \frac{1}{2\pi} \, \Pi\!\left(\frac{\theta}{2\pi}\right)
$$

gegeben ist. Hierin seien die Zufallsprozesse $x(t)$ und $y(t)$ mittelwertfrei, d.h. $\mathrm{E}\{x(t)\} = \mathrm{E}\{y(t)\} = 0$, der quadratische Mittelwert sei in beiden Fällen σ^2. Die Zufallsprozesse seien zudem unabhängige Größen. Die Rayleigh–Verteilung liegt vor, wenn die Teilprozesse mittelwertfrei sind. Wie bei der Betrachtung der signalangepassten Filter festgestellt, kann bei der Einführung von nachrichtentragenden Pulsen die Auslenkung als momentaner Mittelwert interpretiert werden. Um die Auswirkungen zu untersuchen, modifizieren wir den ZP $x(t)$, indem dieser Größe die Konstante A hinzugeführt wird. Der neue ZP ist dann $x'(t) = x(t) + A$ mit der gaußförmigen WDF

$$
p_{x'}(X') = \frac{1}{\sqrt{2\pi}\sigma} \, e^{-\frac{(X'-A)^2}{2\sigma^2}} \qquad .
$$

Für die WDF des Verbundereignisses mit unabhängigen Prozessen gilt

$$
p_{x'y}(X', Y) \, dX' \, dY = \frac{1}{2\pi\sigma^2} e^{-\frac{(X'-A)^2 + Y^2}{2\sigma^2}} \, dX' \, dY \qquad .
$$

In Polarkoordinaten ausgedrückt liegt

$$
\begin{aligned}
r^2(t) &= \big(x(t) + A\big)^2 + y^2(t) \\[1ex]
\vartheta(t) &= \arctan \frac{y(t)}{x(t) + A}
\end{aligned}
$$

vor, womit sich unter Verwendung von $(X' - A)^2 + Y^2 = A^2 + \big(R^2 - 2RA\cos\theta\big)$

$$
p_{r\vartheta}(R, \theta) \, dR \, d\theta = \frac{1}{2\pi\sigma^2} \, e^{-\frac{A^2}{2\sigma^2}} R \, e^{-\frac{R^2 - 2RA\cos\theta}{2\sigma^2}} \, dR \, d\theta
$$

ergibt. Die beiden ZP $r(t)$ und $\vartheta(t)$ sind beide abhängig von $x(t)$ und $y(t)$, sie sind folglich nicht unabhängig voneinander. Es ist also nicht möglich, die WDF $p_{r\vartheta}(R, \theta)$ als

Produkt $p_r(R)p_\vartheta(\theta)$ zu schreiben. Um zur WDF des Betrags zu gelangen, integrieren wir über 2π und erhalten für $R \geq 0$

$$
\begin{aligned}
p_r(R) &= \int_0^{2\pi} p_{r\vartheta}(R,\theta)\,d\theta \\
&= \frac{1}{2\pi\sigma^2}\,e^{-\frac{A^2}{2\sigma^2}}\,R\,e^{-\frac{R^2}{2\sigma^2}}\underbrace{\int_0^{2\pi} e^{\frac{RA}{\sigma^2}\cos\theta}\,d\theta}_{=\,2\pi I_0\left(\frac{RA}{\sigma^2}\right)} \\
&= \frac{R}{\sigma^2}\,e^{-\frac{R^2+A^2}{2\sigma^2}}\,I_0\left(\frac{RA}{\sigma^2}\right)
\end{aligned}
$$

Zusammengefasst ist die WDF der Zufallsvariablen R

$$
p_r(R) = \begin{cases} \dfrac{R}{\sigma^2}\,e^{-\frac{R^2+A^2}{2\sigma^2}}\,I_0\left(\frac{RA}{\sigma^2}\right) &:\quad R \geq 0 \\[2ex] 0 &:\quad \text{sonst} \end{cases} .
$$

Dieser Verlauf ist bekannt als Rice–Verteilung und ist nach dem bekannten Ingenieur S. O. Rice benannt, der sich bei den amerikanischen Bell Telephone Laboratories verdient gemacht hat. Bei dem Integral $I_0(z)$ handelt es sich um die modifizierte Besselsche Funktion erster Gattung nullter Ordnung. Das Integral durch elementare Funktionen zu beschreiben führt nicht zum Erfolg. Aus diesem Grund muss bei der Auswertung auf Näherungen oder numerische Methoden zurückgegriffen werden. In [Ast72], [Ric44], [Wax54] und anderen Werken sind die Beziehungen und Verknüpfungen zu finden, die wir zur weiteren Beschreibung benötigen. Die modifizierte Besselsche Funktion hängt von der Besselfunktion erster Gattung n–ter Ordnung, $J_n(z)$, wie folgt ab:

$$
I_n(z) = j^{-n}J_n(jz) \quad .
$$

Für $n = 0$ erhalten wir unter Berücksichtigung der Periodizität des Integranden und $J_0\left(ze^{jm\pi}\right) = J_0(z)$, mit $m = 0, \pm 1, \pm 2, \cdots$ und $z = u + jv$,

$$
\begin{aligned}
J_0(z) &= \frac{1}{\pi}\int_0^{\pi} e^{jz\cos\theta}\,d\theta \\
&= \frac{1}{2\pi}\int_0^{2\pi} e^{jz\cos\theta}\,d\theta
\end{aligned}
$$

und damit

$$
\begin{aligned}
I_0(z) &= J_0(-jz) \\
&= \frac{1}{2\pi}\int_0^{2\pi} e^{z\cos\theta}\,d\theta \quad .
\end{aligned}
$$

Eine Näherung ist für uns von besonderem Interesse. Für große Argumente lässt sich die Besselfunktion durch

$$
I_0(z) \approx \frac{e^z}{\sqrt{2\pi z}}
$$

annähern. Nehmen wir an, dass gilt $A \gg \sigma$ und somit $r \approx A + x$, resultiert dies in

$$p_r(R) \approx \frac{R}{\sigma^2} e^{-\frac{R^2+A^2}{2\sigma^2}} \frac{e^{\frac{RA}{\sigma^2}}}{\sqrt{2\pi\frac{RA}{\sigma^2}}}$$

$$\approx \frac{R}{\sqrt{2\pi RA\sigma^2}} e^{-\frac{(R-A)^2}{2\sigma^2}}$$

und weiter für kleines σ und R im Bereich um A in die Gauß–Verteilung

$$p_r(R) \approx \frac{1}{\sqrt{2\pi}\sigma} e^{-\frac{(R-A)^2}{2\sigma^2}} \quad .$$

In Bild 4.47 ist der Zusammenhang für verschiedene Werte von A dargestellt. Für $A = 0$ liegt die Rayleigh–Verteilung vor. Bei wachsendem A kommt es zu einer Verschiebung zu höheren Werten von R, wobei der Übergang von der Rayleigh–Verteilung hin zu einer Gauß–Verteilung auffallend ist. Vereinfachend kann von folgender Situation ausgegangen

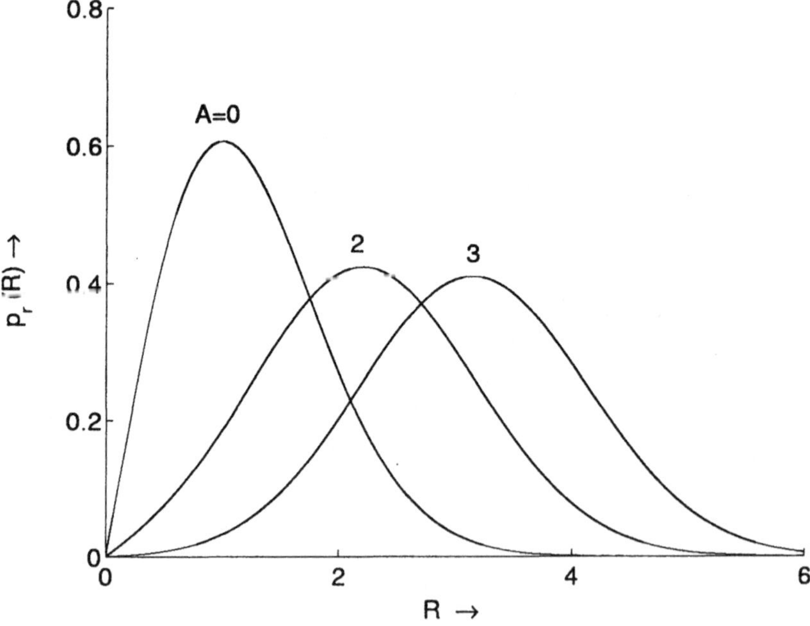

Bild 4.47   Rayleigh– und Rice–Verteilung für $\sigma = 1$

werden. Liegt nur das Rauschsignal an dem nichtkohärenten Empfänger vor, ist die Verteilung des Zufallsprozesses nach Rayleigh. Kommt eine konstante Größe hinzu, ist eine Näherung nach der Gauß–Verteilung möglich. Die Voraussetzung hierfür ist, dass die Konstante hinreichend größer als die Varianz des Rauschens sein muss.

4.4.2 Binärmodulierte Signale

ASK–Signale

Die ASK findet in Systemen der optischen Nachrichtentechnik in Form der OOK eine breite Anwendung. Die Intensität des Trägers wird, unabhängig von der Trägerfrequenz, durch das Nachrichtensignal moduliert. Dieses Verfahren im Zusammenhang mit der Einhüllendendemodulation ist besonders bei Anwendungen mit einer Vielzahl von preiswerten Endgeräten oft zu finden. Um die empfangenen Symbole detektieren zu können, soll, wie oben bereits dargelegt, die Einhüllende des empfangenen Signals ausgewertet werden. Dies bedeutet, dass der Entwurf der Empfangsstruktur vollständig auf die Art der Einüllenden ausgerichtet ist. Wie zuvor besteht der Empfänger aus signalangepassten Filtern oder Korrelatoren, denen ein Einhüllendendetektor nachgeschaltet ist. Bild 4.48 zeigt die Struktur für das ASK mit einem unipolaren Format. Hierin besteht das Nachrichtenalphabet aus den Elementen 0 und 1, wobei für das erstgenannte Element der Puls $0 \cdot g(t)$ und für das letztere $1 \cdot g(t)$ gesendet wird. Wir gehen davon aus, dass im Symbolintervall, T, ausgetastet keine ISI im zu detektierenden Signal vorhanden ist. Das Signal ist lediglich durch AWGN gestört. Das Argument des momentanen Trägersignals ist $2\pi f_T t + \theta(t)$, es weicht also um $\theta(t)$ von dem im Empfänger zugeführten Trägersignal ab. In dieser Abweichung ist ein kontanter Phasenversatz, θ_L, und ein Frequenzversatz, f_D, enthalten. Dem Empfangssignal wird das Produkt aus dem nachrichtentragenden Puls und dem komplexen Träger zugeführt. Nach der Integration über die Dauer des Symbolintervalls erhält der Entscheider den Betrag des Korrelationsergebnisses zur Auswertung. Wie gewohnt stellt $\{\hat{a}_k\}$ die geschätzte Version der empfangenen Sequenz dar. Das am Eingang des Empfängers anliegende BP–Signal ist

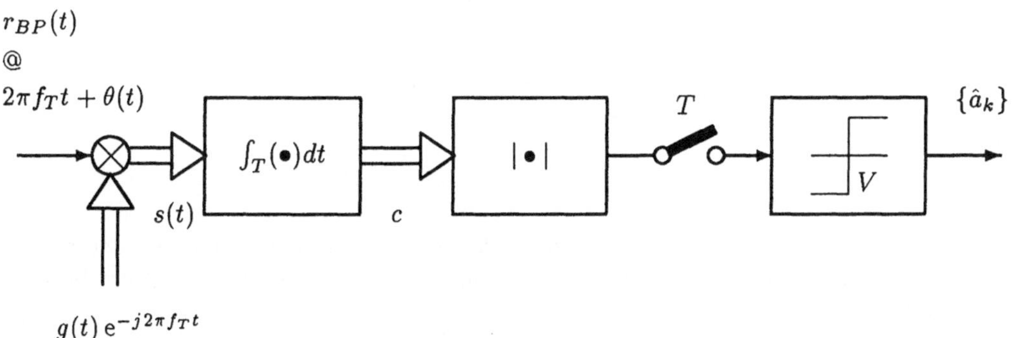

Bild 4.48   Nichtkohärenter binärer ASK–Empfang

$$r_{BP}(t) = \mathrm{Re}\left\{ x_{TP}(t)\, e^{j(2\pi f_T t + \theta(t))} \right\} + n_{BP}(t) \quad,$$

das Ziel ist die Auswertung des TP–Signals, d.h. die Einhüllende von $r_{BP}(t)$. Hierzu durchläuft das empfangene Signal zunächst ein signalangepasstes Filter, das auf $g(t)\, e^{-j2\pi f_T t}$ eingestimmt ist. Am Eingang des Korrelators liegt

$$s(t) \;=\; r_{BP}(t) \cdot g(t)\, e^{-j2\pi f_T t}$$

$$= \frac{1}{2}\Big(x_{TP}(t) + n_{TP}(t)\Big)\, g(t)\, \mathrm{e}^{j\theta(t)}$$

$$+\frac{1}{2}\Big(x_{TP}^{*}(t) + n_{TP}^{*}(t)\Big)\, g(t)\, \mathrm{e}^{-j(2\pi 2 f_T t + \theta(t))}$$

an, wobei $n_{TP}(t)$ das zugehörige TP–Rauschen des Rauschsignals darstellt. Wie bei dem kohärenten Empfang gehen wir davon aus, dass das Rauschsignal im interessierenden Frequenzbereich als weiß anzusehen ist. Bei $g(t)$ handelt es sich um ein TP–Signal, sodass der Term von $s(t)$ bei der doppelten Trägerfrequenz durch den Korrelator unterdrückt wird. Diese Annahme trifft zu, wenn die Trägerfrequenz wesentlich größer ist als die Bandbreite des nachrichtentragenden Pulses. Wir wenden uns zuerst dem Nutzanteil, $s_\nu(t)$, am Eingang des Korrelators zu, der zu dem Ergebnis c_ν an dessen Ausgang führt. Wie eingangs erwähnt, soll der ISI–freie Fall vorliegen, der Nachrichtenpuls ist somit außerhalb des Intervalls $[-T/2,\, T/2]$ gleich null, womit die Integrationszeit auf T beschränkt ist. Als Reaktion des Korrelators auf $s_\nu(t)$ ist

$$
\begin{aligned}
c_\nu &= \int_T s_\nu(t)\, dt \\[2mm]
&= \frac{1}{2}\int_T x_{TP}(t)\, g(t)\, \mathrm{e}^{j\theta(t)} dt \\[2mm]
&= \frac{1}{2}\sum_{k=-\infty}^{\infty} a_k \int_T g(t - kT)\, g(t)\, \mathrm{e}^{j\theta(t)} dt \\[2mm]
&= a_k\, \frac{E_g''}{2}
\end{aligned}
$$

zu beobachten. Hierin steht E_g'' für den modifizierten Ausdruck für die Energie des Pulses $g(t)$, der durch

$$
\begin{aligned}
E_g'' &= \int_{-T/2}^{T/2} g^2(t)\, \mathrm{e}^{j\theta(t)} dt \\[2mm]
&= \mathrm{e}^{j\theta_L} \int_{-T/2}^{T/2} g^2(t)\, \mathrm{e}^{j2\pi f_D t} dt
\end{aligned}
$$

mit $\theta(t) = 2\pi f_D t + \theta_L$ gegeben ist. Hieran erkennen wir die Auswirkungen der nichtkohärenten Demodulation. Durch den Phasen– und Frequenzversatz bedingt ergibt sich nun ein geringerer Wert für das Integral, d.h. $E_g'' \leq E_g$, wie man sich durch Anwendung der Schwarzschen Ungleichung davon überzeugen kann. Eine anschauliche Möglichkeit bietet auch die Betrachtung im Frequenzbereich. Wir stellen fest, dass das Integral die Fourier–Transformierte von $g^2(t)$ ist die an der Stelle $f = -f_D$ ausgewertet wird, was der Faltung der Frequenzfunktion $G(f) \leftrightarrow g(t)$ mit sich selbst für $f = -f_D$ entspricht, wie es

$$\mathcal{F}\{g^2(t)\}\Big|_{f=-f_D} = \int_{-\infty}^{\infty} G(f)G(-f_D - f)\, df$$

zusammenfasst. Den Einfluss auf den Nutzanteil in Abhängigkeit von f_D kann man hieran erkennen. Der Puls habe, wie oben bereits bemerkt, die Bandbreite B_g. Ein Frequenzversatz hat auf den Integranden die Auswirkung, dass eine Frequenzfunktion sich gegenüber der anderen um f_D verschiebt. Für eine abklingende Frequenzfunktion, wie es bei TP–Signalen vorliegt, wird der Betrag des Integranden geringer, E_g'' nimmt mit wachsendem f_D ab. Im weiteren Verlauf sei f_D gleich null, auf die Nachteile dieser Art der Demodulation wird später eingegangen. Nach der Betragsbildung liegt am Eingang des Entscheiders

$$A = \frac{1}{2}\left|E_g''\right| = \frac{1}{2}E_g$$

an, eine Größe, die unabhängig von dem konstanten Phasenversatz ist. Hierin liegt ein Vorteil der nichtkohärenten Demodulation. Phasenlaufzeiten, die sich durch den Kanal ergeben, wirken sich nicht auf die Größe aus, die zur Entscheidung ansteht. Für den Rauschanteil ergibt sich eine ähnliche Betrachtung. Die Beschreibung des Rauschprozesses ist nicht nur unabhängig von θ_L, sondern auch von f_D. Wie bei dem signalangepassten Filter setzen wir AWGN für die Bandbreite des Pulses $g(t)$ voraus. Das LDS der Rauschkomponente des Sinus– und Cosinusanteils von $n_{BP}(t)$ entsprechen N_0, womit sich für das äquivalente TP–Rauschen $S_{n_{TP}}(f) = 2S_{eff}(f) = 2N_0$ mit $R_{eff}(\tau) = N_0\,\delta(\tau)$ ergibt. Das komplexwertige Rauschen am Ausgang des Korrelators ist für hinreichend geringe Frequenzversätze unabhängig von $\theta(t)$ im interessierenden Frequenzbereich, die Varianz ist

$$\sigma^2 = N_0\,\frac{E_g}{2} \quad .$$

Dieses Ergebnis ist bekannt von der Betrachtung signalangepasster Filter, auf eine Herleitung kann verzichtet werden. Der Vorfaktor ergibt sich durch die BP/TP–Umsetzung der Rauschgröße sowie der Filterwirkung des Korrelators.

Nachdem die Signalsituation vor dem Entscheider vorliegt, gilt es nun die Fehlerwahrscheinlichkeit zu ermitteln. Wird in dem Symbolintervall für $a_k = 0$ kein Puls übermittelt, ist die Situation durch die Rayleigh–Verteilung beschrieben. Wird ein Puls empfangen, der $a_k = 1$ trägt, liegt eine Rice–Verteilung vor. Es stellt sich nun die Frage, wie die optimale Entscheiderschwelle, V, zu wählen ist. Die Vorgehensweise ist vergleichbar mit der bei Optimalfiltern. Die Wahrscheinlichkeit für eine fehlerhafte Entscheidung ist durch folgende Betrachtung gegeben. Liegt eine Null an, muss der zu entscheidende Wert unterhalb von V liegen, damit eine richtige Zuordnung möglich ist. Ist der Wert oberhalb von V, trifft der Detektor die Entscheidung, dass es sich um eine Eins handeln muss. Diese Entscheidung ist falsch. Eine ähnliche Betrachtung trifft für eine gesendete Eins zu. Mit den Auftrittswahrscheinlichkeiten $P(0)$ und $P(1)$ ist die Auftrittswahrscheinlichkeit für den Fehlerfall durch

$$P_e = P(1)\int_0^V p_r(R|1)\,dR + P(0)\int_V^\infty p_r(R|0)\,dR$$

gegeben, mit der Rayleigh–Verteilung

$$p_r(R|0) = \left\{ \begin{array}{ll} \frac{R}{\sigma^2}e^{-\frac{R^2}{2\sigma^2}} & : \quad R \geq 0 \\ 0 & : \quad \text{sonst} \end{array} \right.$$

und der Rice–Verteilung

$$p_r(R|1) = \frac{R}{\sigma^2}e^{-\frac{R^2+A^2}{2\sigma^2}}I_0\left(\frac{RA}{\sigma^2}\right) \quad .$$

Um die Integrale zusammenfassen zu können, müssen die Integrationsgrenzen gleich sein. Mit

$$\int_0^\infty p_r(R|0)\,dR = \int_0^V p_r(R|0)\,dR + \int_V^\infty p_r(R|0)\,dR = 1$$

lässt sich dies erreichen. Eingesetzt in den Ausdruck von P_e erhalten wir

$$P_e = P(0) + \int_0^V \Big(P(1)p_r(R|1) - P(0)p_r(R|0) \Big)\,dR \quad .$$

Unser Anliegen ist, die Entscheiderschwelle so zu wählen, dass P_e möglichst gering ist. Wenn wir bedenken, dass die Wahrscheinlichkeiten und die WDF positive Größen sind, lässt sich der Wert für V leicht finden. Dieser muss derart gewählt werden, dass das Integral einen möglichst großen negativen Wert aufweist. P_e ist auf den Fall einer Null bezogen. Vorteilhaft für eine Null ist ein Wert für V, der alle Möglichkeiten für einen negativen Integranden berücksichtigt. Die Bedingung hierfür ist

$$P(1)p_r(R|1) - P(0)p_r(R|0) < 0 \quad .$$

Sind die Auftrittswahrscheinlichkeiten gleich, ergibt sich der Grenzfall bei dem Schnittpunkt der beiden WDF. Dies auf den vorliegenden Fall angewendet resultiert in

$$\frac{V}{\sigma^2}e^{-\frac{V^2}{2\sigma^2}} = \frac{V}{\sigma^2}e^{-\frac{V^2+A^2}{2\sigma^2}}I_0\left(\frac{VA}{\sigma^2}\right)$$

und weiter in

$$e^{-\frac{A^2}{2\sigma^2}}I_0\left(\frac{VA}{\sigma^2}\right) = 1 \quad .$$

Diese Gleichung nach V aufzulösen ist ein aufwendiges Unterfangen. Eine Möglichkeit, diese Form der Gleichung zu lösen, ist nach [Sbs66] die Betrachtung der aus anderen Bereichen bekannten Gleichung

$$e^{-b}I_0\big(a\sqrt{2b}\big) = 1 \quad ,$$

die mit einer guten Näherung den Wert

$$a \approx \sqrt{2 + \frac{b}{2}}$$

als Lösung hat. Bezogen auf das Auffinden von V passen wir unsere Gleichung der oberen an und erhalten

$$e^{-\frac{A^2}{2\sigma^2}}I_0\left(\frac{V}{\sigma^2}\sqrt{\frac{2A^2}{2\sigma^2}}\right) = 1 \quad ,$$

womit sich letztendlich

$$\frac{V}{\sigma} \approx \sqrt{2 + \frac{1}{4}\frac{A}{\sigma}} \quad .$$

ergibt. Diese Gleichung leicht umgeformt resultiert zudem in

$$V \approx \frac{A}{2}\sqrt{1 + 8\frac{\sigma^2}{A^2}} \quad ,$$

ein Ausdruck, der eine praktische Interpretation direkt zulässt. Hierzu betrachten wir das E_b/N_0–Verhältnis, $\mathcal{E}$, für den unipolaren, binären Fall und erhalten als mittlere Energie pro Bit $E_b = 1/2 \cdot 0 \cdot E'_g + 1/2 \cdot 1 \cdot E'_g = E'_g/2$. Hiermit und den gegebenen Größen für $A = E'_g = E_g/2$ und $\sigma = N_0 E'_g$ sowie

$$\frac{A^2}{\sigma^2} = 2\,\mathcal{E}$$

lässt sich V durch

$$V \approx \frac{A}{2}\sqrt{1 + \frac{4}{\mathcal{E}}}$$

ausdrücken. Die optimale Schwelle ist abhängig von $\mathcal{E}$. Für große Werte hierfür ist V mit guter Näherung $A/2$. Ein Problem tritt auf, wenn die Signalleistungen schwanken, was besonders bei Schwunderscheinungen auf dem Mobilfunkkanal vorkommt. Wie oben bereits angemerkt, stellen nicht nur zeitselektive, d.h. frequenzdispersive Schwunderscheinungen ein ernstes Problem dar, sondern auch Variationen des S/N–Verhältnisses. Beide haben direkte Auswirkungen auf die Fehlerrate.

Um eine Aussage über die Fehlerwahrscheinlichkeit zu erhalten, soll ein großes $\mathcal{E}$ angenommen sein. Damit sei die Entscheiderschwelle bei $A/2$ zu finden, die Rice–Verteilung sei durch eine Gauß–Verteilung annähernd gut beschrieben. Mit dem Schritt zur Lösung des Integrals über die Rayleigh–Verteilung,

$$\frac{d}{dR}\,\mathrm{e}^{-\frac{R^2}{2\sigma^2}} = -\frac{R}{\sigma^2}\,\mathrm{e}^{-\frac{R^2}{2\sigma^2}} \quad ,$$

erhalten wir für die Fehlerrate

$$\begin{aligned}
P_e &= \frac{1}{2}\left(\int_{A/2}^{\infty} \frac{R}{\sigma^2}\,\mathrm{e}^{-\frac{R^2}{2\sigma^2}}\,dR + \frac{1}{\sqrt{2\pi}\sigma}\int_{-\infty}^{A/2} \mathrm{e}^{-\frac{(R-A)^2}{2\sigma^2}}\,dR \right) \\
&\approx \frac{1}{2}\left(\mathrm{e}^{-\frac{A^2}{8\sigma^2}} + Q\!\left(\frac{A}{2\sigma}\right) \right)
\end{aligned}$$

und durch das E_b/N_0–Verhältnis und der Näherung der Q–Funktion für ein vorliegendes großes Argument ausgedrückt

$$\begin{aligned}
P_e &\approx \frac{1}{2}\left(\mathrm{e}^{-\frac{\mathcal{E}}{4}} + Q\!\left(\sqrt{\frac{\mathcal{E}}{2}}\right) \right) \\
&\approx \frac{1}{2}\left(1 + \frac{1}{\sqrt{\pi\mathcal{E}}} \right)\mathrm{e}^{-\frac{\mathcal{E}}{4}} \\
&\approx \frac{1}{2}\,\mathrm{e}^{-\frac{\mathcal{E}}{4}} \quad , \qquad \mathcal{E} \gg 1 \quad .
\end{aligned}$$

Dem empfangenen Signal wurde sowohl im I– als auch im Q–Zweig das zu detektierende Nachrichtensignal gemeinsam mit dem Träger zugeführt. Wir konnten feststellen, dass ein konstanter Phasenversatz keine Auswirkungen auf die Fehlerrate hat.

Zum Vergleich führen wir anstelle des komplexen Trägers lediglich den Realteil hinzu, der mit dem nachrichtentragenden Puls versehen ist. Es soll weiterhin nur ein konstanter

Phasenversatz vorliegen. Der Nutzanteil des Signals vor dem Entscheider ist dann für
$a_k = 1$

$$A = \left| \cos \theta_L \right| \frac{E_g}{2} = \left| \cos \theta_L \right| E_g'$$

und null für $a_k = 0$. Für den Rauschanteil liegt

$$\sigma^2 = \sigma_I^2 = \frac{1}{2} N_0 E_g'$$

vor, sodass sich hiermit

$$\frac{A}{\sigma} = 2 \left| \cos \theta_L \right| \sqrt{\mathcal{E}}$$

ergibt. Der Quotient ist eine Funktion von θ_L. Die oben betrachtete Fehlerrate beruht
auf der Annahme $A/\sigma \gg 1$. Da θ_L einen beliebigen Wert aus $[-\pi, \pi]$ annehmen kann, ist
sie im folgenden als Zuvallsvariable mit einer Gleichverteilung über den genannten Bereich aufzufassen. Damit ist die größte Ungewissheit gegeben, da in dem Verlauf dieser
rechteckförmigen Verteilung sämtliche Werte gleichstark vertreten sind. Die vorkommenden ZVn r und θ_L sind unabhängig voneinander. Erweitern wir den Übergang von der
Rayleigh– zur Rice–Verteilung unter Verwendung der neuen ZV, θ_L, ergibt sich für die
Darstellung als komplexe ZV anstelle von $r(t) = x(t) + A + jy(t)$ nun

$$r'(t) = \big(x(t) + A + jy(t)\big)\, e^{j\theta_L} \quad ,$$

mit

$$\left| r'(t) \right|^2 = \big(x(t) + A\big)^2 + y^2(t)$$

und

$$\vartheta'(t) = \arctan \frac{y(t)}{x(t) + A} + \theta_L \quad .$$

$|r'(t)| = |r(t)|$ und θ_L sind statistisch unabhängig, bei der Integration über 2π erhalten
wir mit

$$p_r(R|a_k) = \int_0^{2\pi} p_r(R|a_k, \Theta_L) p_{\theta_L}(\Theta_L) d\Theta_L$$

die marginale WDF $p_r(R|0)$ und $p_r(R|1)$. Die Konsequenz ist, dass der zufällige Win-
kel keine Berücksichtigung mehr findet und als Konstante folglich $A = E_g/2$ vorliegt.
Hiermit ergibt sich für die Fehlerrate

$$\begin{aligned}
P_e \;&\approx\; \frac{1}{2}\left(e^{-\frac{\mathcal{E}}{2}} + Q\left(\sqrt{\mathcal{E}}\right) \right) \\[2mm]
&\approx\; \frac{1}{2}\left(1 + \frac{1}{\sqrt{2\pi\mathcal{E}}} \right) e^{-\frac{\mathcal{E}}{2}} \\[2mm]
&\approx\; \frac{1}{2} e^{-\frac{\mathcal{E}}{2}} \quad , \qquad \mathcal{E} \gg 1 \quad .
\end{aligned}$$

Der nichtkohärente Empfänger zeigt für $A \gg \sigma$ ein Verhalten, das mit dem eines kohärenten Empfängers vergleichbar ist, nämlich

$$P_e = Q\left(\sqrt{\mathcal{E}}\right) \approx \frac{1}{\sqrt{2\pi\mathcal{E}}}\, e^{-\frac{\mathcal{E}}{2}} \quad .$$

Der Verlauf der Fehlerrate in Abhängigkeit von $\mathcal{E}$ ist weiter hinten im Kapitel in Bild 4.55 dargestellt. Die Kurvenverläufe nähern sich für wachsendes $\mathcal{E}$ an. Um eine gleiche Leistung wie die kohärente ASK–Demodulation zu erbringen, muss für $P_e = 10^{-6}$ bei der nichtkohärenten Demodulation das $\mathcal{E}$ um 0,7 dB größer als das bei der kohärenten Demodulation sein. Oder anders ausgedrückt, liegt die Leistungsfähigkeit der nichtkohärenten Demodulation für ein vorgegebenes $\mathcal{E} = 10\,\mathrm{dB}$ um etwa 6 dB unterhalb derer der kohärenten Demodulation. Dies ist der Preis für die Nichtnutzung der Phaseninformation.

FSK–Signale

Ein Vorteil, der diese Modulationsart gegenüber der ASK hervorhebt, ist die konstante Einhüllende des modulierten Signals. Dieser Vorteil kommt besonders zur Geltung, wenn nichtlineare Übertragungsglieder, wie etwa Verstärker mit hohem Wirkungsgrad, in den Systemen zu finden sind. Es stellt sich nun die Frage, wie aus einem Signal mit konstanter Einhüllenden die getragene Nachricht mit einem nichtkohärenten Demodulator zurückgewonnen werden kann. Wir erinnern uns, dass das TP–Signal durch

$$x_{TP}(t) = \sum_{k=-\infty}^{\infty} e^{j2\pi a_k t} \Pi\left(\frac{t - kT}{T}\right)$$

gegeben ist, wobei $a_k \in \{-F, F\}$ die Elemente des Frequenzalphabets darstellen. So könnte die Abbildung wie folgt sein, eine logische Null ist repräsentiert durch $-F$, eine logische Eins durch F. Die Signalkomponenten sind damit für a_k im Intervall $-T/2 \leq t - kT \leq T/2$

$$
\begin{array}{ccc}
0 & \longrightarrow & e^{-j2\pi Ft} \\
1 & \longrightarrow & e^{+j2\pi Ft}
\end{array}
$$

und null sonst. Der Übergang zum BP–Signal geschieht bekanntlich durch

$$x_{BP}(t) = \mathrm{Re}\left\{x_{TP}(t)\, e^{j2\pi f_T t}\right\} \quad .$$

Bei dieser Betrachtung sei eine Abweichung zwischen den Argumenten des zugesetzten Trägers und des Trägers des empfangenen BP–Signals nicht betrachtet. Der Einfluss von Phasenabweichungen ist bei der ASK dargelegt. Es liegen zwei Signalkomponenten vor, deren Einhüllende jeweils gleich groß sind. Um das getragene Symbol detektieren zu können, sind nun zwei Korrelatoren erforderlich. Ein Korrelator ist auf die Signalkomponente eingestimmt, die eine logische Null repräsentiert, der andere auf die Signalkomponente für eine logische Eins. Bild 4.49 zeigt den nichtkohärenten FSK–Empfänger. Nehmen wir an, die empfangene Signalkomponente sei

$$\mathrm{Re}\left\{e^{j2\pi f_1 t}\right\} + n_{BP}(t) \quad \text{für} \quad -\frac{T}{2} \leq t - kT \leq \frac{T}{2} \quad ,$$

mit $f_1 = f_T - F$ und $n_{BP}(t)$ als dem vorliegenden Rauschanteil. Für den Nutzanteil der Signale am Eingang der Korrelatoren liegt am oberen Zweig

$$s_{\nu 1}(t) = \frac{1}{2} + \frac{1}{2} e^{-j2\pi 2 f_1 t}$$

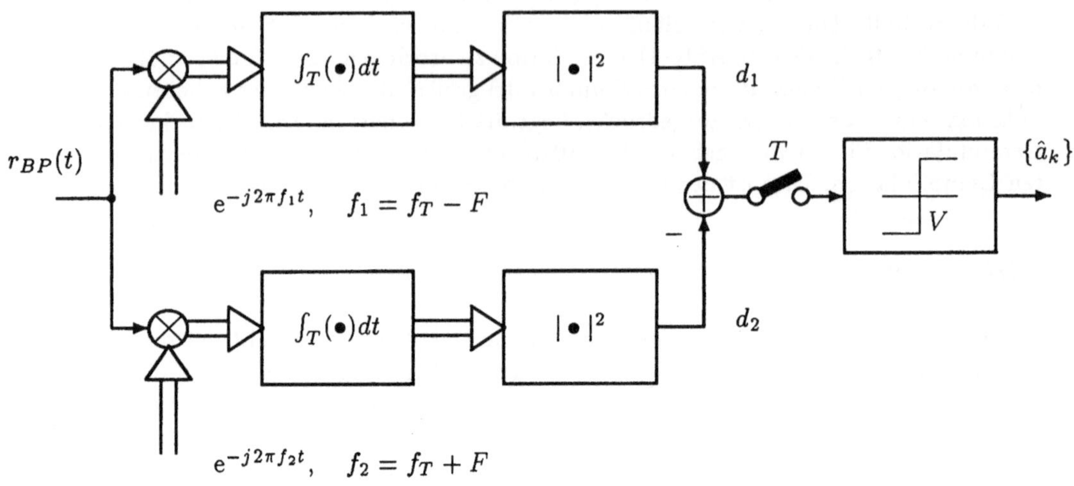

Bild 4.49   Nichtkohärenter binärer FSK–Empfang

und am unteren Zweig

$$s_{\nu 2}(t) = \frac{1}{2}\,e^{j2\pi(f_1 - f_2)t} + \frac{1}{2}\,e^{-j2\pi(f_1 + f_2)t}$$

vor. Als Korrelationsergebnisse liegt

$$\int_T s_{\nu 1}(t)dt = \frac{1}{2}\int_{-T/2}^{T/2}\left(1 + e^{-j2\pi 2f_1 t}\right)dt$$
$$= \frac{T}{2} + \frac{T}{2}\,\mathrm{si}\big(2\pi 2 f_1 T\big)$$

und

$$\int_T s_{\nu 2}(t)dt = \frac{1}{2}\int_{-T/2}^{T/2}\left(e^{j2\pi(f_1 - f_2)t} + e^{-j2\pi(f_1 + f_2)t}\right)dt$$
$$= \frac{T}{2}\,\mathrm{si}\big(2\pi(f_1 - f_2)T\big) + \frac{T}{2}\,\mathrm{si}\big(2\pi(f_1 + f_2)T\big)$$

vor. Bei näherer Betrachtung der Ergebnisse stellen wir fest, dass nur der auf f_1 abgestimmte Korrelator ein Ergebnis ungleich null liefert, wenn sowohl $2FT$ als auch $2f_T T$ eine ganze Zahl ergeben. In diesem Fall liegt eine orthogonale FSK vor. Für den Fall, dass $-F$ empfangen wird, resultiert dies in dem Ergebnis $T/2$ für ein rauschfreies d_1 in Bild 4.49 und null für d_2. Umgekehrt verhält es sich, wenn die momentane Frequenzabweichung $+F$ beträgt, wie es

$$d_{\nu 1} = \begin{cases} \frac{T}{2} = A' & : \quad a_k = -F \\ 0 & : \quad a_k = +F \end{cases}$$

und

$$d_{\nu 2} = \begin{cases} 0 & : \quad a_k = -F \\ \frac{T}{2} = A' & : \quad a_k = +F \end{cases}$$

aussagt. Neben den Nutzanteilen sind auch die Rauschgrößen zu berücksichtigen. Wegen der Orthogonalität ergeben die Rauschgrößen für den Zweig eine Rayleigh–Verteilung, der sich lediglich durch Rauschen bemerkbar macht, und eine Rice–Verteilung für den Zweig mit dem Nutzanteil A'. Ausgehend von dem oberen Zweig mit dem Rauschanteil am Ausgang des Korrelators

$$\rho_1 = \frac{1}{2} \int_{-T/2}^{T/2} \left(n_{TP}(t)\, e^{j2\pi Ft} + n_{TP}^*(t)\, e^{-j2\pi(2f_T - F)t} \right) dt$$

erhalten wir mit dem LDS des äquivalenten weißen TP–Rauschens $S_{n_{TP}}(f) = 2S_{eff}(f) = 2N_0$ und $R_{eff}(\tau) = N_0\,\delta(\tau)$ für die Varianz

$$\mathrm{E}\big\{|\rho_1|^2\big\} = N_0\,T \quad .$$

An dieser Stelle kommen wir auf eine Bemerkung zurück, die bei der Betrachtung des Rauschprozesses im BP–Bereich gemacht wurde. Sie sagt aus, dass die Rauschstatistik nicht nur durch den hier im vorgegebenen Frequenzbereich konstanten Verlauf des Leistungsdichtespektrums, sondern auch von der Wahl der Mittenfrequenz abhängig ist. Den Rauschprozess mit seinen Spektralkomponenten bei $\pm f_T$ durch die Produktmodulatoren mit $f_T - F$ und $f_T + F$ umgesetzt, resultiert in einem TP–Anteil, der Spektralkomponenten mit nicht genauer Deckung aufweist. Ist f_T jedoch sehr viel größer als F, ergeben sich Abweichungen von dem konstanten Verlauf an den Rändern des Bandbereichs, d.h. bei $\pm B/2$. Für die Annahme, dass die benötigte Bandbreite im Bereich $B - 2F$ liegt, kann von weißen Verhältnissen der Dichte N_0 ausgegangen werden.

Die Rauschbetrachtung für den unteren Zweig liefert das gleiche Ergebnis, d.h. mit

$$\rho_2 = \frac{1}{2} \int_{-T/2}^{T/2} \left(n_{TP}(t)\, e^{-j2\pi Ft} + n_{TP}^*(t)\, e^{-j2\pi(2f_T + F)t} \right) dt$$

ergibt sich $\mathrm{E}\big\{|\rho_1|^2\big\} = \mathrm{E}\big\{|\rho_2|^2\big\} = \sigma^2$. Hervorzuheben ist, dass der komplexwertige Fall behandelt wird. Real– und Imaginärteil weisen jeweils Rauschgrößen gleicher Varianz mit $\sigma^2/2$ auf. Beide Rauschgrößen greifen auf dieselbe Quelle zurück. Aus diesem Grund betrachten wir nun die Korrelationseigenschaften zwischen den beiden Größen ρ_1 und ρ_2. Mit

$$\begin{aligned}
\mathrm{E}\big\{\rho_1\rho_2^*\big\} \;=\; & \frac{1}{4} \int_{-T/2}^{T/2}\!\!\int_{-T/2}^{T/2} \Bigg(\mathrm{E}\big\{n_{TP}(\vartheta)n_{TP}^*(\tau)\big\}\, e^{j2\pi F(\vartheta + \tau)} \\
& + \underbrace{\mathrm{E}\big\{n_{TP}^*(\vartheta)n_{TP}(\tau)\big\}}_{=\,2N_0\,\delta(\vartheta - \tau)}\, e^{j2\pi\big((2f_T - F)\vartheta + (2f_T + F)\tau\big)} \Bigg)\, d\vartheta\, d\tau \\
\;=\; & N_0\,\frac{T}{2}\,\mathrm{si}(2\pi FT) + N_0\,\frac{T}{2}\,\mathrm{si}(4\pi f_T T)
\end{aligned}$$

stellen wir fest, dass die beiden Rauschgrößen unkorreliert sind, wenn eine orthogonale
FSK vorliegt. Wir halten fest, dass bei komplexwertiger Signalbetrachtung der Nutzanteil jeweils null und $A' = T/2$ ergibt, die Varianz des komplexwertigen Rauschens beträgt
jeweils $\sigma^2 = N_0 T$. Wir schließen wie bei der ASK die Signalbetrachtung mit reellwertigen
Komponenten ab. Wie zuvor liege am Eingang die durch a_k gegebene Frequenzabweichung $-F$ vor, die empfangene Komponente des Nutzsignals sei $\cos\left(2\pi(f_T - F)t\right)$. Im
oberen Zweig fügen wir $\cos\left(2\pi(f_T - F)t\right)$, im unteren $\cos\left(2\pi(f_T + F)t\right)$ zu. Unter Berücksichtigung der Orthogonalität sind die Korrelationsergebnisse wieder $T/2$ für den Zweig,
der auf die momentane Komponente abgestimmt ist, und null für den anderen. Für den
Rauschanteil am Ausgang der Korrelatoren ergibt sich mit dem Bandpassrauschen für
den oberen Zweig

$$\rho_r = \int_{-T/2}^{T/2} \left(n_C(t)\cos 2\pi f_T t - n_S(t)\sin 2\pi f_T t\right)\cos\left(2\pi(f_T - F)t\right)dt$$

die zugehörige Varianz

$$\begin{aligned}
\mathrm{E}\{\rho_r^2\} &= \frac{N_0}{2}\int_{-T/2}^{T/2}\cos^2\left(2\pi(f_T - F)t\right)dt \\
&= N_0\frac{T}{2}\ .
\end{aligned}$$

Die Varianz des Rauschanteils des unteren Zweigs ergibt den gleichen Wert.

Wenden wir uns der Wahrscheinlichkeit für eine Fehlentscheidung zu. Um das getragene
Symbol zu detektieren, wird festgestellt, welche Signalkomponente die größere ist, die des
oberen Zweigs oder die des unteren. Ist die obere größer, liegt aller Wahrscheinlichkeit
nach das Symbol $\hat{a}_k = -F$ vor. Ein großer Vorteil hierbei besteht gegenüber der ASK
darin, dass die Entscheiderschwelle unabhängig von dem E_b/N_0-Verhältnis stets null ist.
Dies trifft bei der ASK nicht zu. Am Eingang liege wie zuvor das Frequenzsymbol $-F$
vor. Dies hat eine ZV zur Folge, die mit den Parametern A' und σ^2 eine Rice–Verteilung
aufweist. Die WDF hierfür ist durch

$$p_{d_1}(D_1|-F) = \frac{D_1}{\sigma^2}\mathrm{e}^{-\frac{D_1^2 + A'^2}{2\sigma^2}}I_0\left(\frac{D_1 A'}{\sigma^2}\right)$$

gegeben. Die ZV des unteren Zweigs weist eine Rayleigh–Verteilung auf,

$$p_{d_2}(D_2|-F) = \frac{D_2}{\sigma^2}\mathrm{e}^{-\frac{D_2^2}{2\sigma^2}}\ ,$$

mit $D_2 \geq 0$ und null sonst. Ist die Differenz $d_1 - d_2$ größer als null, wurde das Symbol
$-F$ empfangen, anderenfalls ist die Entscheidung falsch. Diesen Fehlerfall bringt

$$P(e|-F) = P\{0 \leq D_1 < \infty,\ D_2 > D_1\}$$

zum Ausdruck. Wie bemerkt, sind die ZVn statistisch unabhängig, sodass die WDF für
den Verbund als Produkt geschrieben werden kann und wir für diesen Fehlerfall

$$P(e|-F) = \int_0^\infty \int_{D_1}^\infty p_{D_1}(D_1|-F)\cdot p_{D_2}(D_2|-F)\,dD_1\,dD_2$$

$$= \int_0^\infty \frac{D_1}{\sigma^2} e^{-\frac{D_1^2 + A'^2}{2\sigma^2}} I_0\left(\frac{D_1 A'}{\sigma^2}\right) \underbrace{\int_{D_1}^\infty \frac{D_2}{\sigma^2} e^{-\frac{D_2^2}{2\sigma^2}}\, dD_2}_{= e^{-\frac{D_1^2}{2\sigma^2}}}\, dD_1$$

$$= \int_0^\infty \frac{D_1}{\sigma^2} e^{-\frac{2D_1^2 + A'^2}{2\sigma^2}} I_0\left(\frac{D_1 A'}{\sigma^2}\right)\, dD_1$$

erhalten. Der Integrand entspricht nahezu dem Verlauf einer Rice–Verteilung. Zudem wird über dessen gesamten Bereich integriert, sodass die Eigenschaft

$$\int_{-\infty}^\infty p_x(X)\, dX = 1$$

genutzt werden kann. Zur Anpassung wählen wir $2D_1^2 = X^2$ und $A' = \sqrt{2}A$, womit wir schließlich

$$P(e|-F) = \frac{1}{2} e^{-\frac{A^2}{2\sigma^2}} \underbrace{\int_0^\infty \frac{X}{\sigma^2} e^{-\frac{X_1^2 + A^2}{2\sigma^2}} I_0\left(\frac{XA}{\sigma^2}\right)\, dX}_{= 1}$$

erhalten. Da sich beide Zweige jeweils gleich verhalten, ergibt sich für die Fehlerwahrscheinlichkeit

$$\begin{aligned}
P_e &= \frac{1}{2} P(e|-F) + \frac{1}{2} P(e|+F) \\
&= P(e|-F) = P(e|+F) \\
&= \frac{1}{2} e^{-\frac{A'^2}{4\sigma^2}} \quad .
\end{aligned}$$

Hierbei wurde A wieder durch $A'/\sqrt{2}$ ersetzt. Wie üblich stellen wir die Fehlerwahrscheinlichkeit als Funktion des E_b/N_0–Verhältnisses dar und unterscheiden zwischen dem komplexwertigen und reellwertigen Fall. Für den ersteren lässt sich der Quotient in der Exponentialfunktion durch

$$\frac{A'^2}{\sigma^2} = \frac{T}{4N_0}$$

ausdrücken. Die Energie der Signalkomponente, die ein Symbol trägt, ist $T/2$. Dieser Wert trifft im betrachteten binären Fall für beide Symbole, d.h. $-F$ und F, zu, sodass sich für die mittlere Energie pro Bit $E_b = T/2$ ergibt. Dadurch ist $A'^2/\sigma^2 = E_b/2N_0 = \mathcal{E}/2$, womit wir für die Fehlerrate

$$P_e = \frac{1}{2} e^{-\frac{\mathcal{E}}{8}}$$

erhalten.

In praktischen Systemen findet man häufig analoge nichtkohärente FSK–Empfänger. Diese sind mit zwei Bandpassfiltern, zwei Optimalfiltern und einer Entscheiderstufe realisiert. Die Bandpassfilter weisen keinen Überlappungsbereich auf, die Mittenfrequenzen sind $f_1 = f_T - F$ und $f_2 = f_T + F$, die Bandbreite darf jeweils $2F$ nicht überschreiten. Die signalangepassten Filter sind ausschließlich auf die rechteckförmige Einhüllende, nicht auf das nachrichtentragende Signal selbst abgestimmt. Die Situation ist wie folgt. Liegt die Momentanfrequenz f_1 vor, ergibt sich im wesentlichen in dem zugehörigen BP–Zweig ein Nutzanteil, A'. Daneben liegt ebenfalls ein Rauschanteil der Varianz $\sigma^2 = N_0 2F$ vor. Der untere Zweig liefert näherungsweise nur einen Rauschanteil der gleichen Varianz. Somit liegt wieder ein Rice– und ein Rayleigh–Prozess vor. Von den Entscheidungsgrößen wird der maximale Wert gewählt. Dies resultiert mit $FT = 1/2$ in

$$\frac{A'^2}{4N_0 2F} = \frac{\mathcal{E}}{2}$$

und damit in der Symbohlfehlerrate

$$P_e = \frac{1}{2}\,e^{-\frac{\mathcal{E}}{2}} \quad .$$

Die digitale Implementierung nach Bild 4.49 ist einfacher umzusetzen als die analoge. Der Grund hierfür liegt in der Anpassung der Filter. In beiden Fällen hat ein konstanter oder sich relativ langsam ändernder Phasenversatz keine Auswirkung auf die Leistungsfähigkeit. Es ist jedoch festzuhalten, dass die aufwendigere analoge Variante eine bessere Leistungsfähigkeit aufweist.

Diese Ergebnisse entsprechen denen für die ASK für große Werte von $\mathcal{E}$. Im letzteren Fall liegt eine ZV mit entweder einer Rayleigh– oder einer Rice-Verteilung vor. Bei der FSK ergeben sich wegen der Parallelstruktur zwei ZVn gleichzeitig, wobei eine rayleighverteilt, die andere riceverteilt ist.

PSK–Signale

Wie bereits bemerkt, ist eine nichtkohärente Demodulation von PSK–Signalen genaugenommen nicht möglich. Anders als bei der FSK unterscheidet sich das Argument der Signalkomponenten in konstanten Phasendifferenzen. Bei der FSK liegen Frequenzdifferenzen vor, die einfach voneinander zu unterscheiden sind. Bei der BPSK sind die möglichen Phasenwerte 0 etwa für eine logische Eins und π für eine logische Null. Die Einhüllende des BPSK-Signals ist zudem konstant, sodass Phasensprünge nicht direkt detektierbar sind. Im folgenden soll ein nichtkohärentes Verfahren betrachtet werden, das ohne den aktuellen Träger auskommt. Eine Möglichkeit hierfür besteht darin, zuvor eine Codierung im Sender durchzuführen. Das resultierende, d.h. codierte Phasensignal zeigt nur Änderungen auf, die sich im Nachrichtensignal ergeben. Im Empfänger ist eine Decodierung erforderlich, indem diese Änderungen ausgewertet werden. Eine Detektierung dieser Änderungen ist relativ problemlos durchführbar. Ein Vorteil liegt darin, dass sich konstante Phasenversätze des Trägerarguments nicht auswirken. Es liegt damit eine Form vor, die als eine Art der kohärenten Demodulation von einem Symbol zum darauffolgenden interpretierbar ist. Dies ist unter dem Begriff der differentiell kohärenten PSK bekannt, abgekürzt durch DPSK (engl.: *differentially coherent phase–shift keying*).

Zunächst wenden wir uns dem differentiellen Codieren und seiner Umsetzung bei Phasensignalen zu. Wir bewegen uns in der logischen Ebene und betrachten die zu codierende Sequenz $a_k \in \{0, 1\}$. Die Verknüpfungen wie Addition und Multiplikation erfolgen nach den Regeln der Modulo–2–Algebra, nach denen $0 + 1 = 1 + 0 = 1$ und $0 + 0 = 1 + 1 = 0$ sowie $0 \cdot 1 = 0$, $0 \cdot 0 = 0$ und $1 \cdot 1 = 1$ gilt. Die Differenzcodierung ist durch

$$b_k = b_{k-1} + a_k \qquad \mathrm{mod}\ 2$$

gegeben. Hierbei wird das aktuelle Element, a_k, mit dem zuvor codierten Element, b_{k-1}, addiert. Es ist ein leichtes einzusehen, dass die Decodierung nach der Vorschrift

$$\tilde{a}_k = \tilde{b}_k + \tilde{b}_{k-1} \qquad \mathrm{mod}\ 2$$

erfolgt. Eine mögliche Abweichung von den gesendeten Elementen ist durch ein hochgestelltes " ˜ " hervorgehoben. Liegt kein Fehler vor, gilt $b_k = \tilde{b}_k$ und durch direktes Einsetzen erhalten wir $a_k = \tilde{a}_k$. Der Grund für diese Codierung lässt sich anhand einer Sequenz verdeutlichen. Tabelle 4.5 zeigt den Zusammenhang zwischen den Sequenzen. Wir erkennen, dass sich in der codierten Sequenz, $\{b_k\}$, ein Wechsel ergibt, wenn in der

k	0	1	2	3	4	5	6	7	8
a_k		1	1	0	1	0	0	1	0
b_k	0	1	0	0	1	1	1	0	0
$\tilde{a}_k$		1	1	0	1	0	0	1	0
$\overline{b}_k$	1	0	1	1	0	0	0	1	1
$\tilde{a}_k = a_k$		1	1	0	1	0	0	1	0

Tabelle 4.5   Differentielles Codieren und Decodieren

zu codierenden Sequenz, $\{a_k\}$, das betrachtete Element den Übergang von dem Wert 1 auf 0 oder umgekehrt aufweist. Bei der Decodierung bedeutet dies, dass eine Änderung von 0 nach 1 oder anders herum durch eine 1 in der zu detektierenden Sequenz ausgelöst ist. Weiterhin zeigt sich eine Invertierung der codierten Sequenz ohne Auswirkung. In beiden Fällen, also bei b_k und $\overline{b}_k$, ist die detektierte Sequenz gleich. Diesen Vorteil nutzt man bei der DPSK.

Angewendet auf die Phasenmodulation ergibt sich mit $a_k \in \{0,\, \pi\}$ als dem Phasenalphabet einer binären PSK und b_k als der codierten Phasensequenz

$$b_k = b_{k-1} + a_k \qquad \mathrm{mod}\ 2\pi$$
$$\tilde{a}_k = \tilde{b}_k - \tilde{b}_{k-1} \qquad \mathrm{mod}\ 2\pi\ ,$$

wobei zu beachten ist, dass diese Verknüpfungen nicht in der logischen Ebene durchgeführt werden. Bild 4.50 zeigt den Phasencodierer und –decodierer. Das negative Vorzeichen für den Teil des Demodulators in der Phasenebene ist mit dem Gegenstück in der logischen Ebene vergleichbar. Hierbei ist zu beachten, dass in der Modulo–2–Algebra die Subtraktion der Addition entspricht, Minuszeichen daher durch Pluszeichen ersetzt werden können[10]. Tabelle 4.6 zeigt den Codier- und Decodiervorgang für Phasenwerte. Es ist offensichtlich, dass ein konstanter Phasenwert, hier θ, der etwa durch Signallaufzeiten herrühren kann, bei der Decodierung herausfällt. Unabhängig von diesem Wert

---

[10] Sind a und b Zahlen mit den Werten 0 oder 1 und gelten die Regeln der Modulo–2–Algebra, erhalten wir für die Differenz $a - b = a - b + b + b = a + b$, da die Summe $b + b$ stets den Wert 0 aufweist.

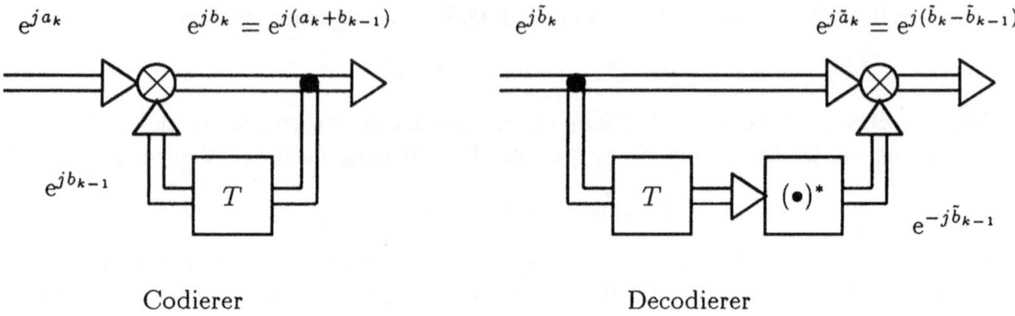

Codierer   Decodierer

Bild 4.50   Differentielle PSK–Codierung und –Decodierung

entspricht die decodierte Phasensequenz der Sequenz, die am Eingang des Codierers
anliegt. Der Decodierer ist der Grund, warum hierbei von einer quasikohärenten Demodulation die Rede ist. Die aktuelle Trägerphase wird aus dem vorausgegangenen Symbol
ermittelt und dem Signal über den Produktmodulator zugeführt.

k	0	1	2	3	4	5	6	7	8
a_k		0	0	π	0	π	π	0	π
b_k	0	0	0	π	π	0	π	π	0
$\tilde{a}_k$		0	0	π	0	π	π	0	π
$\tilde{b}'_k = \tilde{b}_k + \theta$	θ	θ	θ	$\pi+\theta$	$\pi+\theta$	θ	$\pi+\theta$	$\pi+\theta$	θ
$\tilde{a}'_k = a_k$		0	0	π	0	π	π	0	π

Tabelle 4.6   Differentielles Codieren und Decodieren bei DPSK

Zur näheren Erläuterung des Demodulationsvorgangs betrachten wir die Signalkomponente, die das zu detektierende Element trägt,

$$r_k(t) = \mathrm{Re}\Big\{ x_k(t)\, e^{j(2\pi f_T t + \theta)} \Big\} + n_{BP}(t) \quad .$$

Hierin steht $x_k(t)$ für die zugehörige TP-Komponente, wie es bei den Signalbetrachtun-
gen bislang verwendet worden ist. Das Nachrichtensignal setzt sich damit durch eine
Überlagerung von gewichteten und verschobenen Versionen hiervon zusammen. θ repräsentiert einen Phasenversatz. Wie bei der Betrachtung der differentiellen Codierung
dargelegt, besteht ein Zusammenhang zwischen dem aktuellen Phasenwert und dem vorangegangenen. Mit der aktuellen Signalkomponente, $a_k(t)$, und der vorangegangenen,
$v_{k-1}(t)$, lässt sich die betrachtete Signalkomponente durch

$$x_k(t) = v_{k-1}(t) + a_k(t)$$

beschreiben. Mit den Phasenelementen b_{k-1} und b_k erhalten wir hierfür

$$v_{k-1}(t) = e^{jb_{k-1}} \Pi\Big(\frac{t - (k-1)T}{T}\Big)$$

$$a_k(t) \;=\; \mathrm{e}^{jb_k}\,\Pi\!\left(\frac{t-kT}{T}\right)\;.$$

Wir betrachten eine binäre PSK mit $b_k \in \{0,\pi\}$. Mit den kombinierten Komponenten $a_k(t)$ und $v_{k-1}(t)$ ist die Darstellung von $x_k(t)$ leicht möglich, wie es Bild 4.51 darlegt. Eine Darstellung in Form von Signalvektoren bietet sich förmlich an. Bei $a_l(t)$ und $v_l(t)$ handelt es sich um die mit ± 1 gewichteten und um lT verschobenen Signale $a(t)$ und $v(t)$. Wie unten dargestellt, handelt es sich in diesem Fall um orthogonale Signale, d.h.

$$\int_{2T} v(t)a(t)dt = 0 \quad,$$

sodass sich für die vektorielle Darstellung die Einselemente durch

$$g_1(t) = \frac{1}{\sqrt{T}}\,v(t)$$

und

$$g_2(t) = \frac{1}{\sqrt{T}}\,a(t)$$

ergeben. Ein zu detektierendes Element ist mit diesen Elementen durch

$$\begin{aligned}
x_1(t) &= v(t) + a(t) \\
&= \sqrt{T}g_1(t) + \sqrt{T}g_2(t)
\end{aligned}$$

gegeben, das andere durch

$$\begin{aligned}
x_2(t) &= v(t) + a(t) \\
&= \sqrt{T}\,g_1(t) - \sqrt{T}\,g_2(t) \quad.
\end{aligned}$$

Anhand der Tabelle 4.6 stellen wir fest, dass ein wechselndes Vorzeichen zwischen $a(t)$ und $v(t)$ auftritt, wenn eine Änderung in der ursprünglichen Phasenfolge, d.h. vor der Codierung vorliegt. Entspricht das aktuelle Phasenelement dem vorausgegangenen, sind $a(t)$ und $v(t)$ von gleichem Vorzeichen. Mit den Einheitsvektoren

$$\mathbf{g}_1 = \begin{pmatrix} 1 \\ 0 \end{pmatrix} \quad, \qquad \mathbf{g}_2 = \begin{pmatrix} 0 \\ 1 \end{pmatrix}$$

erhalten wir die Signalvektoren

$$\mathbf{x}_1 = \sqrt{T}\,\mathbf{g}_1 + \sqrt{T}\,\mathbf{g}_2$$

und

$$\mathbf{x}_2 = \sqrt{T}\,\mathbf{g}_1 - \sqrt{T}\,\mathbf{g}_2 \quad.$$

Beide Vektoren sind orthogonal, d.h. $\mathbf{x}_1^T\mathbf{x}_2 = 0$, der Betrag ist jeweils $\sqrt{2T}$. Hiermit soll das empfangene Signal

$$r(t) = \mathrm{Re}\Big\{ \big(i(t) + jq(t)\big)\,\mathrm{e}^{j2\pi f_T t} \Big\}$$

beschrieben werden. In der komplexen Einhüllenden steht $i(t)$ für das Inphasensignal, das im I–Zweig bzw. Cosinuszweig vorliegt, $q(t)$ stellt das Quadratursignal dar, das im

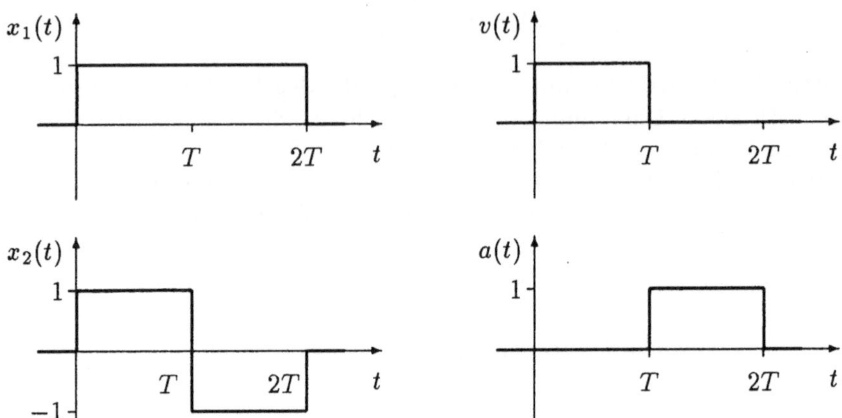

Bild 4.51   Vektorielle Darstellung der DPSK–Signale

Q–Zweig bzw. Sinuszweig anzutreffen ist. Den Zusammenhang zwischen der Signalkomponente und dem Rauschanteil gibt

$$i(t) + jq(t) = x_k(t)\, e^{j\theta} + n_C(t) + jn_S(t)$$

an. Eine äquivalente Darstellung ist die vektorielle Form, die zur Beschreibung der vorliegenden Signalsituation gewählt wurde. Diese lautet für den I–Zweig

$$\mathbf{i} = \mathbf{x}_k \cos\theta + \mathbf{n}_C$$

und für den Q–Zweig

$$\mathbf{q} = \mathbf{x}_k \sin\theta + \mathbf{n}_S \quad ,$$

beide Zweige weisen reellwertige Komponenten auf. Zum Phasenwert θ liegen keine Informationen vor, er ist als gleichverteilte ZV in $[-\pi,\ \pi]$ aufzufassen. Der zweidimensionale Rauschvektor, d.h. $N = 2$, beinhaltet Elemente, die eine Gauß–Verteilung aufweisen, wie es

$$p(\mathbf{n}) = \frac{1}{\left(2\pi\sigma^2\right)^{\frac{N}{2}}} \, e^{-\frac{|\mathbf{n}|^2}{2\sigma^2}}$$

zum Ausdruck bringt. Jedes Element des Vektors $\mathbf{n}_C$ und $\mathbf{n}_S$ ist gaußverteilt mit dem Mittelwert null und der Varianz $\sigma^2 = N_0$. Die Elemente der Rauschvektoren sind unkorreliert.

Es gilt nun ein Kriterium zu finden, nach dem zwischen den vorliegenden Signalvektoren unterschieden werden soll. Die Wahrscheinlichkeit für eine richtige Entscheidung ist hierbei zu maximieren. Wie zuvor gehen wir von der WDF

$$p(\mathbf{r}|\mathbf{x_k},\theta) = \frac{1}{2\pi\sigma^2} \, e^{-\frac{|\mathbf{i}-\mathbf{x}_k \cos\theta|^2 + |\mathbf{q}-\mathbf{x}_k \sin\theta|^2}{2\sigma^2}}$$

aus. Betrachten wir nun das Argument der Exponentialfunktion mit dem Zähler

$$
\begin{aligned}
|\mathbf{i} - \mathbf{x}_k \cos\theta|^2 + |\mathbf{q} - \mathbf{x}_k \sin\theta|^2 &= \left(\mathbf{i} - \mathbf{x}_k \cos\theta\right)^T \left(\mathbf{i} - \mathbf{x}_k \cos\theta\right) \\
&\quad + \left(\mathbf{q} - \mathbf{x}_k \sin\theta\right)^T \left(\mathbf{q} - \mathbf{x}_k \sin\theta\right) \\
&= |\mathbf{i}|^2 + |\mathbf{q}|^2 + |\mathbf{x}_k|^2 - 2\left(\mathbf{i}^T \mathbf{x}_k \cos\theta + \mathbf{q}^T \mathbf{x}_k \sin\theta\right) \quad .
\end{aligned}
$$

Mit der Orthogonalitätsbeziehung $\mathbf{i}^T\mathbf{x}_k \cdot \mathbf{q}^T\mathbf{x}_k = 0$ lässt sich eine Darstellung in Polarkoordinaten anwenden, wie es

$$
\mathbf{i}^T\mathbf{x}_k = D_k \cos\phi
$$

und

$$
\mathbf{q}^T\mathbf{x}_k = D_k \sin\phi
$$

beschreibt. Hierin ist D_k die Hypothenuse des rechtwinkligen Dreiecks mit den Katheten $\mathbf{i}^T\mathbf{x}_k$ und $\mathbf{q}^T\mathbf{x}_k$. Es gilt der Zusammenhang

$$
D_k^2 = \left(\mathbf{i}^T\mathbf{x}_k\right)^2 + \left(\mathbf{q}^T\mathbf{x}_k\right)^2
$$

und

$$
\tan\phi = \frac{\mathbf{q}^T\mathbf{x}_k}{\mathbf{i}^T\mathbf{x}_k} \quad .
$$

Hiermit erhalten wir für den Zähler des Arguments der Exponentialfunktion

$$
|\mathbf{i}|^2 + |\mathbf{q}|^2 + |\mathbf{x}_k|^2 - 2\big(D_k \cos\phi \cos\theta + D_k \sin\phi \sin\theta\big) \quad ,
$$

den es durch geeignete Wahl von $\mathbf{x}_k$ zu minimieren gilt, um die WDF

$$
\frac{1}{2\pi\sigma^2} e^{-\frac{|\mathbf{i}|^2+|\mathbf{q}|^2+|\mathbf{x}_k|^2}{2\sigma^2}} e^{\frac{D_k}{\sigma^2} \overbrace{\left(\cos\phi\cos\theta + \sin\phi\sin\theta\right)}^{=\cos(\theta-\phi)}}
$$

zu maximieren. Wie oben bemerkt, stellt θ eine ZV dar. Um zur WDF zu gelangen, die lediglich von $\mathbf{x}$ abhängig ist, betrachten wir die marginale WDF

$$
\begin{aligned}
p(\mathbf{r}|\mathbf{x}_k) &= \int_{-\pi}^{\pi} p(\mathbf{r}|\mathbf{x}_k, \theta)\, d\theta \\
&= \frac{1}{2\pi\sigma^2} e^{-\frac{|\mathbf{i}|^2+|\mathbf{q}|^2+|\mathbf{x}_k|^2}{2\sigma^2}} \underbrace{\int_{-\pi}^{\pi} e^{\frac{D_k}{\sigma^2}\cos(\theta-\phi)}\, d\theta}_{= 2\pi\, I_0\left(\frac{D_k}{\sigma^2}\right)} \quad .
\end{aligned}
$$

Das Vorgehen ist wie folgt: Wähle den Vektor $\mathbf{x}_k$, der $p(\mathbf{r}|\mathbf{x}_k)$ maximiert. Die Punkte (1.) gleiche Energien für $\mathbf{x}_1$ und $\mathbf{x}_2$, (2.) Vorfaktor ohne Belang, da gleich für $\mathbf{x}_1$ $\mathbf{x}_2$, und (3.) monoton ansteigende Funktion $I_0(u)$, d.h. $I_0(u_1) < I_0(u_2)$ für $u_1 < u_2$ führen zu folgendem Entscheidungskriterium:

$$
\begin{aligned}
D_1 > D_2 &\longrightarrow \mathbf{x}_1 \\
D_1 < D_2 &\longrightarrow \mathbf{x}_2 \quad .
\end{aligned}
$$

Dies auf den vorliegenden Fall der DPSK angewendet resultiert in folgendem Ergebnis. Ausgehend von den Signalvektoren

$$\mathbf{x}_1 = \sqrt{T}\,\mathbf{g}_1 + \sqrt{T}\,\mathbf{g}_2 = \mathbf{v} + \mathbf{a}$$

und

$$\mathbf{x}_2 = \sqrt{T}\,\mathbf{g}_1 - \sqrt{T}\,\mathbf{g}_2 = \mathbf{v} - \mathbf{a}$$

erhalten wir als Entscheidungskriterium für den Fall, dass $\mathbf{x}_1$ gesendet worden ist,

$$\left(\mathbf{i}^T\mathbf{x}_1\right)^2 + \left(\mathbf{q}^T\mathbf{x}_1\right)^2 > \left(\mathbf{i}^T\mathbf{x}_2\right)^2 + \left(\mathbf{q}^T\mathbf{x}_2\right)^2 \quad,$$

beziehungsweise

$$\mathbf{i}^T\mathbf{v} \cdot \mathbf{i}^T\mathbf{a} + \mathbf{q}^T\mathbf{v} \cdot \mathbf{q}^T\mathbf{a} > 0 \quad.$$

Für die Vektoren gilt

$$\begin{aligned}
\mathbf{i} &= \mathbf{x}_1\cos\theta + \mathbf{n}_C = i_1\mathbf{g}_1 + i_2\mathbf{g}_2 \quad, \\
\mathbf{q} &= \mathbf{x}_1\sin\theta + \mathbf{n}_S = q_1\mathbf{g}_1 + q_2\mathbf{g}_2 \quad,
\end{aligned}$$

was letztendlich mit $\mathbf{v} = \sqrt{T}\,\mathbf{g}_1$ und $\mathbf{a} = \sqrt{T}\,\mathbf{g}_2$ zu dem Entscheidungskriterium

$$i_1 \cdot i_2 + q_1 \cdot q_2 > 0$$

führt. Dies gilt für ein gesendetes $\mathbf{x}_1$. Die Elemente von $\mathbf{i}$ und $\mathbf{q}$ erhalten wir durch Vergleich, d.h.

$$\begin{aligned}
i_l &= \mathbf{g}_l^T\mathbf{i} = \mathbf{g}_l^T\mathbf{x}_1\cos\theta + \mathbf{g}_l^T\mathbf{n}_C \quad, \\
q_l &= \mathbf{g}_l^T\mathbf{q} = \mathbf{g}_l^T\mathbf{x}_1\sin\theta + \mathbf{g}_l^T\mathbf{n}_S \quad,
\end{aligned}$$

wobei l für 1 und 2 steht. Im Zeitbereich erhalten wir mit

$$i_l = \int_{2T} i(t)g_l(t)dt$$

und

$$q_l = \int_{2T} q(t)g_l(t)dt$$

direkt die Struktur des Empfängers, die als optimal im Sinne des MAP–Kriteriums zu verstehen ist. Mit

$$r(t) = \mathrm{Re}\left\{\left(i(t) + jq(t)\right)e^{j2\pi f_T t}\right\}$$

gelangen wir mit einem Multiplizierer als Phasendetektor zu

$$\sqrt{T}\left(i_1 + jq_1\right) \cdot \sqrt{T}\left(i_2 + jq_2\right)^* \quad.$$

Die Betrachtung des Realteils führt zu dem Entscheidungskriterium

$$T\left(i_1 \cdot i_2 + q_1 \cdot q_2\right) \quad,$$

wie es Bild 4.52 verdeutlicht. Die Mischstufe, die zur Bandpass/Tiefpass–Transformation dient, ist nicht dargestellt. Das empfangene reellwertige Bandpass–Signal wird zuerst durch Hinzufügen des komplexwertigen Trägers $\cos 2\pi f_T t - j \sin 2\pi f_T t$ mittels eines Produktmodulators in seine I– und Q–Komponente aufgespalten. Da die Korrelatoren eine Tiefpasswirkung zeigen, unterdrücken sie Spektralanteile bei der doppelten Trägerfrequenz. In dieser Darstellung ist somit nur das effektive Empfangssignal gezeigt. Der Vergleich der vektoriellen Signalbeschreibung mit der Struktur zeigt, dass hierin das MAP–Kriterium realisiert ist. Z.B. ist die Reaktion des oberen Korrelators auf das Eingangssignal

$$\int_{2T} (i(t) + jq(t))\,v(t)\,dt = \sqrt{T}\,(i_1 + jq_1) \quad .$$

Den Vergleich der Funktionalitäten der einzelnen Blöcke ist den interessierten Lesern überlassen. Es ist noch zu bemerken, dass die Entscheiderschwelle gleich null und damit unabhängig von der Signalsituation ist. Der Optimalempfänger in seiner äquivalenten Darstellung für binäre DPSK–Signale ist in Bild 4.53 dargestellt (siehe z.B. [Cou87] oder [Pee87]). Die Umsetzung ist relativ einfach. Klar erkennbar ist der Teil, mit dem die Decodierung umgesetzt wird. Der DPSK–Empfänger liefert gute Ergebnisse unter der Bedingung, dass eine Differenzphase möglichst konstant ist und sich innerhalb eines Intervalls relativ wenig ändert. Damit ist die Phasenreferenz, die durch das Verzögerungsglied realisiert ist, vom zuvor empfangenen Symbol nahezu konstant und die Differenzphase entspricht mit guter Näherung der differentiell codierten Phase. Gleiches gilt für die Phase des zugesetzten Trägers. Auch hierbei soll die Phasenfluktuation weitestgehend gering sein, was ein hinreichend stabiles Oszillatorsignal erforderlich macht.

Der letzte Punkt dieser Betrachtung beinhaltet die Fehlerwahrscheinlichkeit. Die Signalvektoren sind orthogonal, sie sind jedoch nicht kollinear zu den Einheitsvektoren. $\mathbf{x}_1$ verläuft entlang der Winkelhalbierenden des ersten Quadranten, $\mathbf{x}_2$ entlang der des vierten Quadranten. Um die Vorgehensweise zu vereinfachen, werden die Vektoren $\mathbf{i}$ und $\mathbf{q}$ durch Einführen der Drehmatrix

$$\mathbf{A} = \begin{pmatrix} \cos\varphi & -\sin\varphi \\ \sin\varphi & \cos\varphi \end{pmatrix}$$

mit dem Drehwinkel $\varphi = -\pi/4$ umgeformt. Diese Rotation bewirkt die Kollinearität zwischen den gedrehten Vektoren und den Einheitsvektoren. Mit $\mathbf{i'} = \mathbf{Ai}$ erhalten wir

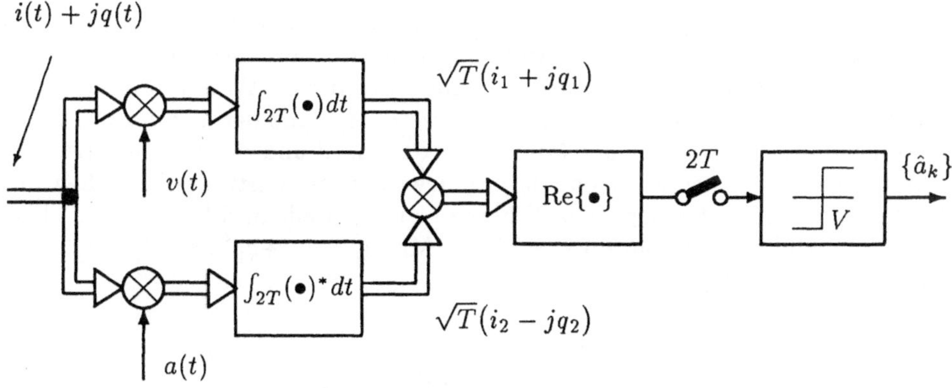

Bild 4.52   DPSK–Detektor nach dem MAP–Kriterium

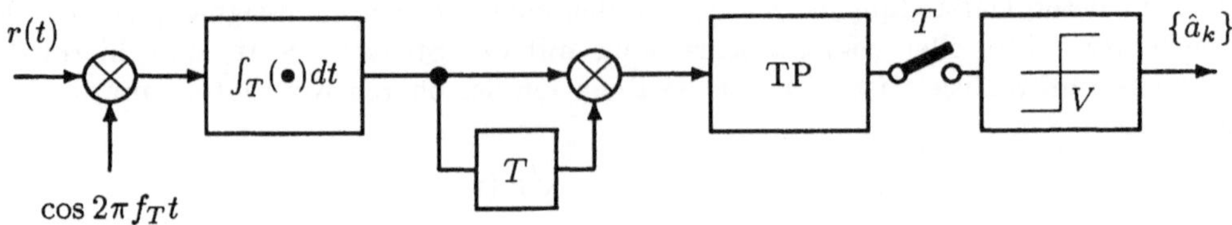

Bild 4.53   Praktische Umsetzung eines DPSK–Detektors

für die Elemente

$$\begin{pmatrix} i_1 \\ i_2 \end{pmatrix} = \frac{1}{\sqrt{2}} \begin{pmatrix} 1 & -1 \\ 1 & 1 \end{pmatrix} \begin{pmatrix} i_1' \\ i_2' \end{pmatrix} \; .$$

Die Drehung hat keine Auswirkung auf die Fehlersituation, sie erlaubt jedoch eine einfachere Betrachtung. Das "verdrehte" Entscheidungskriterium lautet nun

$$i_1'^2 + q_1'^2 > i_2'^2 + q_2'^2$$

und bedeutet weiterhin, dass der Signalvektor $\mathbf{x}_1$ vorliegt, wenn diese Ungleichung erfüllt ist. In dem neuen System sind die Signalkomponenten

$$\begin{aligned}
i_1' &= \sqrt{2T}\cos\theta + \frac{n_{i_1} + n_{i_2}}{2} \\[2mm]
i_2' &= \frac{n_{i_1} - n_{i_2}}{2} \\[2mm]
q_1' &= \sqrt{2T}\sin\theta + \frac{n_{q_1} + n_{q_2}}{2} \\[2mm]
q_2' &= \frac{n_{q_1} - n_{q_2}}{2} \; .
\end{aligned}$$

Da die Rauschkomponenten n_{i_1}, n_{i_2}, n_{q_1} und n_{q_2} voneinander unabhängig sind, ergeben sich für die neuen Komponenten keine Änderungen hinsichtlich der Varianz und des Mittelwerts. Es handelt sich hierbei jeweils um mittelwertfreies AWGN–Rauschen mit $\sigma^2 = N_0$. Somit ist i_1' eine ZV mit dem Mittelwert $\sqrt{2T}\cos\theta$ und der Varianz σ^2, bei q_1' verhält es sich ähnlich. Hierbei ist der Mittelwert $\sqrt{2T}\sin\theta$ und die Varianz ebenfalls σ^2. Für die beiden Komponenten i_2' und q_2' liegt jeweils mittelwertfreies Rauschen mit σ^2 vor. Hiermit sind wir in der Lage, den Fehlerfall zu beschreiben, d.h. wenn die obige Ungleichung nicht erfüllt ist, obwohl ein $\mathbf{x}_1$ vorliegt. Mit $R_1^2 = i_1'^2 + q_1'^2$ und $R_2^2 = i_1'^2 + q_1'^2$ erhalten wir

$$\begin{aligned}
P\{\text{Fehler}|\mathbf{x}_1, \theta, R_1\} &= P\{R_1^2 < R_2^2\} \\[3mm]
&= \frac{1}{2\pi\sigma^2} \iint\limits_{R_1 < R_2} e^{-\frac{i_2'^2 + q_2'^2}{2\sigma^2}} \, di_2' \, dq_2'
\end{aligned}$$

und dies in Polarkoordinaten mit R_2 und Θ_2 umgeformt ergibt

$$
\begin{aligned}
P\{\text{Fehler}|\mathbf{x}_1,\theta,R_1\} &= \frac{1}{2\pi\sigma^2}\int_{R_1}^{\infty}\int_0^{2\pi} \mathrm{e}^{-\frac{R_2^2}{2\sigma^2}}R_2\,dR_2\,d\Theta_2 \\
&= \int_{R_1}^{\infty}\frac{R_2}{\sigma^2}\mathrm{e}^{-\frac{R_2^2}{2\sigma^2}}\,dR_2 \\
&= \mathrm{e}^{-\frac{R_1^2}{2\sigma^2}}
\end{aligned}
$$

für $R_1 \geq 0$ und null sonst. Der Fehler in Abhängigkeit von $\mathbf{x}_1$ und θ ist weiter

$$
\begin{aligned}
P\{\text{Fehler}|\mathbf{x}_1,\theta\} &= \int_{-\infty}^{\infty}\int_{-\infty}^{\infty} P\{\text{Fehler}|\mathbf{x}_1,\theta,R_1\}p(i_1')p(q_1')\,di_1'\,dq_1' \\
&= \int_{-\infty}^{\infty}\int_{-\infty}^{\infty} \mathrm{e}^{-\frac{i_1'^2+q_1'^2}{2\sigma^2}}p(i_1')p(q_1')\,di_1'\,dq_1' \\
&= \int_{-\infty}^{\infty}\mathrm{e}^{-\frac{i_1'^2}{2\sigma^2}}p(i_1')\,di_1'\cdot\int_{-\infty}^{\infty}\mathrm{e}^{-\frac{q_1'^2}{2\sigma^2}}p(q_1')\,dq_1'\quad.
\end{aligned}
$$

Zur Lösung des letzten Integrals betrachten wir eine gaußsche ZV, x, mit dem Mittelwert μ_x und der Varianz σ_x^2. Der Ausdruck

$$
I = \int_{-\infty}^{\infty}\mathrm{e}^{aX^2}p_x(X)\,dX = \frac{1}{\sqrt{2\pi}\sigma}\int_{-\infty}^{\infty}\mathrm{e}^{-\frac{(X-\mu_x)^2-2a\sigma_x^2 X^2}{2\sigma_x^2}}\,dX
$$

vereinfacht sich mit

$$
\left(\frac{X-\mu_x}{\sigma_x}\right)^2 - 2aX^2 = \left(\frac{\sqrt{1-2a\sigma_x^2}}{\sigma_x}X - \frac{\mu_x}{\sigma_x\sqrt{1-2a\sigma_x^2}}\right)^2 - \frac{\mu_x^2}{\sigma_x^2}\frac{2a\sigma_x^2}{1-2a\sigma_x^2}
$$

für das Argument der Exponentialfunktion. Mit der Substitution Y für den ersten Klammerausdruck ergibt sich letztlich

$$
\begin{aligned}
I &= \frac{1}{\sqrt{1-2a\sigma_x^2}}\mathrm{e}^{\frac{a\mu_x}{1-2a\sigma_x^2}}\underbrace{\frac{1}{\sqrt{2\pi}}\int_{-\infty}^{\infty}\mathrm{e}^{-\frac{Y^2}{2}}\,dY}_{=1} \\
&= \frac{1}{\sqrt{1-2a\sigma_x^2}}\mathrm{e}^{\frac{a\mu_x}{1-2a\sigma_x^2}}
\end{aligned}
$$

für $1-2a\sigma_x^2 > 0$. Dies bei der Fehlerbetrachtung angewendet führt zu folgendem Ergebnis. Im Integral mit der Integrationsvariablen i_1' liegt der Mittelwert $\mu_{i_1'} = \sqrt{2T}\cos\theta$ und die Varianz $\sigma_{i_1'}^2 = \sigma^2 = N_0$ vor, im Integral mit der Variablen q_1' die Werte $\mu_{q_1'} = \sqrt{2T}\sin\theta$ und $\sigma_{q_1'}^2 = \sigma^2 = N_0$. Somit erhalten wir

$$
P\{\text{Fehler}|\mathbf{x}_1,\theta\} = \frac{1}{2}\mathrm{e}^{-\frac{T}{2\sigma^2}}\quad.
$$

Es ist erstaunlich, dass der Fehler für den Fall, dass ein $\mathbf{x}_1$ gesendet wurde und zudem ein zufällig verteilter Phasenwert vorliegt, unabhängig von diesem Phasenwert ist. Für

$\mathbf{x}_2$ führt die Fehlerbetrachtung zum gleichen Ergebnis. Der Signalvektor $\mathbf{x}_1$ liegt durch die Signalkomponente $x_1 \cos(2\pi f_T t + \theta)$ am Eingang des Empfängers an. Die Energie, die zur Übertragung des Phasensymbols und somit des getragenen Bits ervorderlich ist, gibt $E_1 = E_2 = T/2 = E_b$ an. Hiermit erhalten wir für die Fehlerwahrscheinlichkeit in Abhängigkeit von dem E_b/N_0–Verhältnis den einfachen Zusammenhang

$$P_e = \frac{1}{2}\,\mathrm{e}^{-\varepsilon} \quad .$$

Zum Schluss sei eine Bemerkung zur DPSK angebracht. In der Praxis existieren mehrere Varianten eines solchen Systems, d.h. man kann auf eine Möglichkeit zurückgreifen, die den eigenen Gegebenheiten am nächsten kommt. Neben diesem optimalen Verfahren wurden auch suboptimale DPSK–Systeme in verschiedenen Publikationen vorgestellt (siehe etwa [Lis73]). Da es darum geht, Einblicke in die Grundlagen der Verfahren der digitalen Nachrichtenübertragung zu gewinnen, soll auf die vielen Systeme mit ihren Feinheiten verzichtet werden.

4.5   Gray–Codierung, Symbol– und Bitfehler

Im vorliegenden Text ist bisher von Symbolfehlern die Rede gewesen. Im Entscheider liegen Bereiche vor, innerhalb derer sich ein Punkt bewegen darf, um eine fehlerfreie Zuordnung zur getragenen Nachricht zu ermöglichen. Durch Symbolinterferenz, Rauschen und weiteren Kanaleinflüssen bedingt kann es passieren, dass Punkte die "richtigen" Bereiche verlassen, es treten Fehler auf. Bei der digitalen Nachrichtenübertragung gilt es, einen Bitstrom auszusenden und zu empfangen. Mehrere Bits können hierbei zu einem Symbol zusammengefasst werden. Dieser Abschnitt soll in Kürze den Zusammenhang zwischen Symbolfehlern, Bitfehlern und der Aufteilung der Bitmuster im Signalraum aufzeigen.

Wie bereits bemerkt, sind die Fehlerwahrscheinlichkeiten, die wir bisher betrachtet haben, die mittleren Auftrittswahrscheinlichkeiten von Symbolfehlern. Den nachrichtentragenden Pulsen oder Symbolen ist jeweils eine Anzahl von Bits zugeordnet. Jedes der Symbole weist eine Aufteilung von $M = 2^n$ Zuständen auf und trägt n Bits. Wie zuvor dargelegt, ist bei der Abbildung der Bitsequenzen auf Symbole und damit Punkte im Signalraum auf eine Gray–Codierung zu achten. Benachbarte Punkte sollten sich nur in einer Binärstelle voneinander unterscheiden. Da bei einer Fehlentscheidung der Aufpunkt in den meisten Fällen in einem direkt benachbarten Bereich liegt, ist von den n Bits lediglich ein Bit fehlerhaft, sodass die Wahrscheinlichkeit für einen Bitfehler durch

$$P_b = \frac{1}{n}\,P_e$$

angenähert ist. In den meisten Fällen ist die Streuung der Punkte im Signalraum relativ gering. In einem Fehlerfall tritt der Punkt dann in der Regel in einem direkt benachbarten Bereich auf. Üblicherweise ist der oben stehende Zusammenhang zwischen Bit– und Symbolfehler zutreffend. Bisher war von einer Gray–Codierung die Rede, ohne allerdings auf die Konstruktion des Codes einzugehen. Dies soll nun hier näher dargelegt werden. Direkt benachbarte Codeworte sollen nur in einer Stelle voneinander abweichen. Bestehen

	n	1	2	3	4	
Codesequenz		0	00	000	0000	
		1	01	001	0001	•
			11	011	0011	
			10	010	0010	
				110	0110	
				111	0111	
				101	0101	•
				100	0100	
					1100	
					1101	•
					1111	
					1110	
					1010	
					1011	
					1001	•
					1000	

Tabelle 4.7   Gray–Codierung

diese Worte aus n Binärstellen, ergeben sich 2^n Worte. Es gilt nun die Reihenfolge dieser Worte so zu gestalten, dass sich die Hamming–Distanz von eins zwischen direkten Nachbarn und auch dem ersten und letzten der Liste ergibt. Tabelle 4.7 stellt dies für $n = 1$, 2, 3 und 4 dar. Bei genauerer Betrachtung fällt auf, dass die Codesequenz für ein beliebiges n in den Sequenzen für höhere Werte von n enthalten sind. Z.B. finden wir die vier Dibits für $n = 2$ in der oberen und unteren Hälfte der Codeworte für $n = 3$ wieder. In der oberen Hälfte erscheinen sie direkt mit vorn zugefügten Nullen. In der unteren Hälfte sehen wir die Dibits an der unteren Kante der Liste für $n = 2$ gespiegelt und mit Einsen vorn versehen. Dieses Muster ist generell unter den Codesequenzen zu finden. Allgemein erhalten wir den Code für n Binärstellen durch den für $n - 1$, indem dieser an der unteren Kante gespiegelt und dem Originalcode angefügt wird. Den Worten des Originalcodes fügen wir jeweils eine Null, denen der gespiegelten Version jeweils eine Eins zu. Hiermit erhalten wir ein iteratives Verfahren zur Erzeugung eines Gray–Codes für eine beliebige Anzahl von Binärstellen. Sind n Stellen gegeben, resultiert dies in 2^n Codeworten, die durch die $(2^n, n)$–Matrix $\mathbf{G}_n = (g_{ij})$ mit $g_{ij} \in \{0, 1\}$, $i = 2, \cdots, 2^n$ und $j = 1, 2, 4, \cdots, n$ beschrieben ist. beschrieben sind. Die Codeworte für $n + 1$ basieren, wie bereits anschaulich dargelegt, auf $\mathbf{G}_n$. Der Zusammenhang ist wie folgt

$$\mathbf{G}_{n+1} = \begin{pmatrix} \mathbf{z}_n & \mathbf{G}_n \\ \mathbf{o}_n & \mathbf{G}'_n \end{pmatrix} \quad ,$$

wobei $\mathbf{z}_n$ einen $(n, 1)$–Vektor mit Nullen und $\mathbf{o}_n$ einen $(n, 1)$–Vektor mit Einsen repräsentiert. Die gespiegelte Matrix erhalten wir mit

$$\mathbf{G}'_n = \begin{pmatrix} 0 & \cdots & 0 & 1 \\ 0 & \cdots & 1 & 0 \\ \multicolumn{4}{c}{\dotfill} \\ 1 & \cdots & 0 & 0 \end{pmatrix} \cdot \mathbf{G}_n \quad .$$

Eine $(2^n, 2^n)$–Einheitsmatrix wird an der Symmetrielinie zwischen der 2^{n-1}–ten Zeile (oder Spalte) und der darauffolgenden gespiegelt, die Multiplikation dieser modifizierten Einheitsmatrix und $\mathbf{G}_n$ ergibt die Matrix $\mathbf{G}'_n$, deren Zeilen in umgekehrter Reihenfolge zu denen von $\mathbf{G}_n$ verlaufen. Die Spaltenelemente bleiben hiervon unberührt. Der Start der schrittweisen Entwicklung ist $\mathbf{G}_1 = \begin{pmatrix} 0 & 1 \end{pmatrix}^T$. Das hochgestellte T stellt hierin die Transponierte des Klammerausdrucks dar.

Bei zweidimensionalen Signalräumen ist die zunächst gewonnene Matrix $\mathbf{G}_n$ umzuformen, indem wir sie als einen $(2^n, 1)$–Vektor ansehen, dessen Elemente die jeweiligen n–Bit Codeworte sind. Diesen Vektor unterteilen wir in $m \leq n$ gleichgroße Untervektoren, $\mathbf{h}_l$ mit $l = 1, 2, \cdots, m$, und erhalten

$$\mathbf{G}_n = \begin{pmatrix} \mathbf{h}_1 \\ \mathbf{h}_2 \\ \vdots \\ \mathbf{h}_m \end{pmatrix} \ .$$

Die Vektoren $\mathbf{h}_l$ sind vom Typ $(2^n/m, 1)$. Nach

$$\mathbf{Q}_{n,m} = \begin{pmatrix} \mathbf{h}_1 & \mathbf{h}'_2 & \mathbf{h}_3 & \cdots & \mathbf{h}'_m \end{pmatrix}$$

umgeformt, stellt diese $(2^n/m, m)$–Matrix den Gray–Code für eine I/Q–Darstellung dar. Für den in Tabelle 4.7 gezeigten Code mit $n = 4$ ergibt sich

$$\begin{aligned} \mathbf{Q}_{4,4} &= \begin{pmatrix} h_1 & h_8 & h_9 & h_{16} \\ h_2 & h_7 & h_{10} & h_{15} \\ h_3 & h_6 & h_{11} & h_{14} \\ h_4 & h_5 & h_{12} & h_{13} \end{pmatrix} \\[2mm] &= \begin{pmatrix} 0000 & 0100 & 1100 & 1000 \\ 0001 & 0101 & 1101 & 1001 \\ 0011 & 0111 & 1111 & 1011 \\ 0010 & 0110 & 1110 & 1010 \end{pmatrix} \ . \end{aligned}$$

Es ist erkennbar, dass sich direkt benachbarte Codeworte in horizontaler und vertikaler Richtung in nur einer Binärstelle unterscheiden. Anschaulich beschreibt Bild 4.54 diese Aufteilung. Wenn man sich vorstellt, dass die durch $\mathbf{G}_4$ angegebenen Codeworte auf einen Streifen geschrieben sind, erhält man die zweidimensionale Aufteilung für $m = 4$, indem man den Streifen unter dem vierten, achten und zwölften Codewort so faltet, wie es Bild 4.54 zeigt. Die direkten Nachbarn in der neuen Dimension ergeben sich hier durch die durchgezogene Linie mit den markierten Schnittstellen. Diese sind für einen Fall auch der Tabelle 4.7 entnehmbar. Die Worte, die sich auf einer Höhe und Breite in der Ziehharmonika ergeben, sind mit • gekennzeichnet.

Die aufgezeigte Vorgehensweise lässt sich für weitere Kombinationen erweitern. So führt, ausgehend von der Basissequenz $(1\ 0)^T$, das Spiegeln und Hinzufügen von Einsvektoren in der oberen Hälfte und von Nullvektoren in der unteren Hälfte ebenfalls zu einem Gray–Code. Interessierten sei es selbst überlassen, eine Codierung für andere mögliche Kombinationen zu entwickeln.

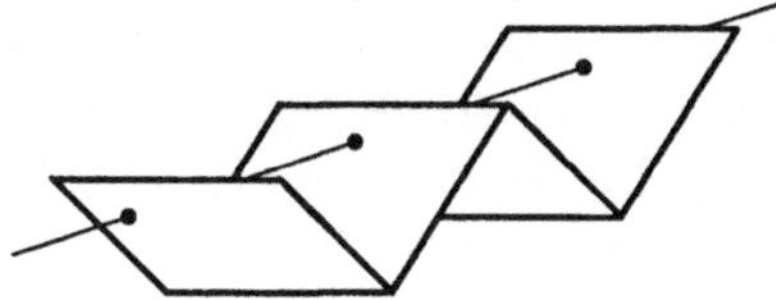

Bild 4.54   Gray–Codierung für einen zweidimensionalen Signalraum

4.6   Vergleich der Modulationsverfahren

In diesem Kapitel wurden digitale Modulationsverfahren behandelt. Neben den Besonderheiten der einzelnen Verfahren, wie einfache Implementierung, konstante Einhüllende, belegte Bandbreite und anderes mehr, endete jede Betrachtung mit der Fehlerwahrscheinlichkeit. In vielen Anwendungsgebieten ist dieser Wert ein, wenn nicht sogar das
Gütekriterium schlechthin. Aus diesem Grund soll das Kapitel mit einem Vergleich der
Verfahren abgeschlossen werden. Tabelle 4.8 zeigt die Bitfehlerwahrscheinlichkeiten für
die betrachteten Modulationsverfahren. Hierbei stehen die Indizes *co* für kohärente De-

Bitfehlerrate	Modulationsart
$Q\left(\sqrt{2\mathcal{E}}\right)$	BPSK_{co} QPSK_{co} OQPSK_{co} MSK_{co} ASK_{co} pol.
$Q\left(\sqrt{\mathcal{E}}\right)$	ASK_{co} unipol. FSK_{co}
$\frac{1}{2}e^{-\frac{\mathcal{E}}{2}}$	FSK_{nc} OOK_{nc}, $\mathcal{E} \gg 1$
$\frac{1}{2}e^{-\mathcal{E}}$	DPSK_{nc}

Tabelle 4.8   Durchschnittliche Bitfehlerwahrscheinlichkeiten

modulation und *nc* für nichtkohärente Demodulation. Auffallend ist, dass die Ausdrücke
für kohärente Verfahren durch die Q–Funktion und die für nichtkohärente Verfahren
durch Exponentialfunktionen beschrieben sind. Dies kann nicht verallgemeinert werden,
es hängt von der betrachteten Empfängerstruktur und dem –verfahren ab. Ein subopti-
males DPSK–Verfahren, das den nichtkohärenten Verfahren zuzuordnen ist, hat nach

[Par78] eine Bitfehlerrate, die durch eine Q–Funktion gegeben ist. Hervorzuheben ist bei der Fehlerbetrachtung, dass keine Maßnahmen zur Fehlerkorrektur oder –erkennung angewendet worden sind. Das bei der DPSK angewendete Codierverfahren dient ausschließlich der Signaldarstellung. Die Verläufe von P_e in Abhängigkeit von $\mathcal{E}$ sind in Bild 4.55 gezeigt. In dieser Darstellung ist $1/2\,e^{-\mathcal{E}/2}$ durch (1), $Q(\sqrt{\mathcal{E}})$ durch (2), $1/2\,e^{-\mathcal{E}}$

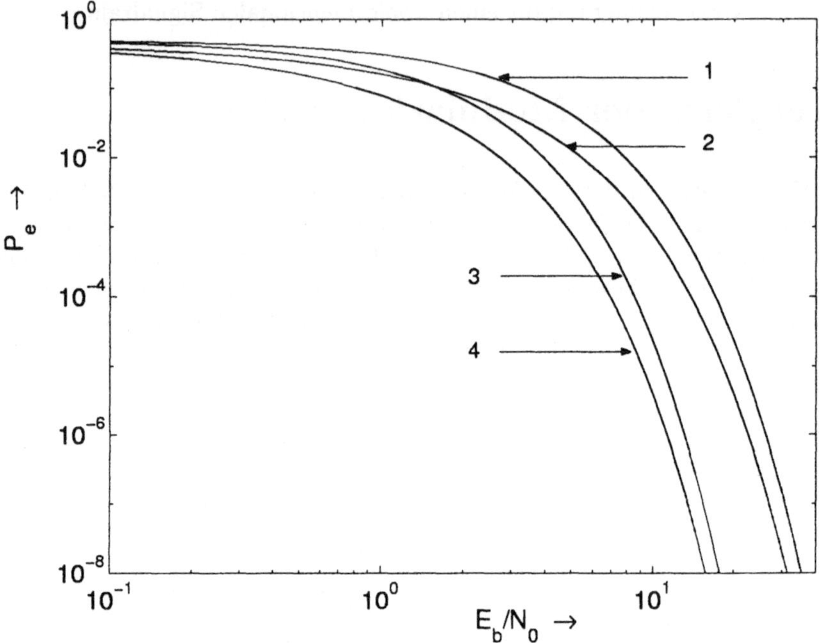

Bild 4.55   Fehlerwahrscheinlichkeiten von binären Modulationsverfahren

durch (3) und $Q(\sqrt{2\mathcal{E}})$ durch (4) gekennzeichnet. Die beste Güte weist die kohärente Demodulation für BPSK, QPSK und MSK auf. Hervorzuheben ist die geringe Bandbreite bei der MSK, ein Punkt, der sehr für dieses Verfahren spricht. Ein Problem bei der QPSK stellt der Aufwand dar, der bei der Demodulation zu betreiben ist. Hierbei ist auf die kohärente Demodulation zurückzugreifen, anders als bei der DPSK ist eine quasikohärente Demodulation ohne Trägerrückgewinnung nicht möglich. Interessant ist der Vergleich von BPSK und DPSK. Für größer werdendes $\mathcal{E}$ gleichen sich die Verläufe an. Für praktische Werte jedoch ist die Leistungsfähigkeit bei einem Wert von $P_e = 10^{-6}$ von DPSK um ca. 0,8 dB schlechter als die der BPSK. Der Grund liegt darin, dass bei der kohärenten Demodulation mehr Information, nämlich hier in Form der genauen Trägerphase vorhanden ist. Dieser Unterschied macht sich auch bei der kohärenten und nichtkohärenten Demodulation von FSK–Signalen bemerkbar. Auch hierbei liegt bei dem gewählten Wert von P_e ein Unterschied von etwa 0,8 dB zugunsten der kohärenten Demodulation vor.

Dieses Kapitel ist den Grundlagen der digitalen Modulation und Demodulation gewidmet. Hauptbestandteil waren die linearen und nichtlinearen Verfahren, die in vielen praktischen Übertragungssystemen zum Einsatz kommen. Wurden bei der Herleitung von Symbolfehlerraten Signale angenommen, bei denen keine Intersymbolinterferenz auftraten, zeigten besondere Signale mit kontrolliert eingefügter Intersymbolinterferenz eine bessere Bandbreiteneffizienz. Ein Ziel dieser Betrachtung bestand darin, den Zusammenhang zwischen der Bandbreite und der Intersymbolinterferenz aufzuzeigen. Aufgaben zu diesem Kapitel sind mit den Lösungen an der im Vorwort angegebenen Stelle zu finden.

Kapitel 5

Multiträgersysteme

5.1 Einführung

Die stets kürzer werdenden Zeitintervalle, in denen die Übertragungsraten sich verdoppeln, führt zur Anwendung neuer Verfahren der Nachrichtenübertragung. Besonders bei der Video– und Audioanwendung besteht die Notwendigkeit, einen großen Datenstrom zu übertragen. Hierzu ist es in den meisten Fällen erforderlich, den Datenstrom aufzuteilen und eine Parallelität auszunutzen, z.B. auf der Frequenzachse. Man spricht dann von einem Fall der Breitbandkommunikation. Diese Art der Kommunikation ist gegenwärtig Gegenstand von vielen Forschungsaktivitäten, die das Ziel der drahtlosen breitbandigen Multimediasysteme anstreben. Waren es bislang reine Sprachdienste und bestenfalls andere mit vergleichbar niedrigen Datenraten, ist in naher Zukunft davon auszugehen, dass die Anwender der multimedialen Dienste diese Verbindungen von der Sprachübertragung bis hin zu Diensten mit hohen Datenraten nutzen werden. Der konventionelle Sprachdienst wird an Bedeutung verlieren, während die Breitbanddienste vermehrt zunehmen. Als Beispiel für diese Entwicklung sind Verteildienste und zelluläre Dienste zu nennen. Bei den Verteildiensten handelt es sich etwa um das digitale Audiorundfunksystem DAB (engl.: *digital audio broadcasting*), das digitale Videorundfunksystem DVB (engl.: *digital video broadcasting*) und Satellitensysteme mit globaler Abdeckung. Diese gewährleisten übergroße Zellen, eine nahezu unbeschränkte Mobilität sowie zum Teil globalen Zugriff. Bei den zellulären Diensten sind Systeme mit hoher Kapazität hinsichtlich der mobilen Teilnehmer sowie hoher Datenraten pro Zelle zu nennen. So ist bei dem kommenden Mobilfunksystem der dritten Generation, dem UMTS (engl.: *universal mobile telecommunication system*), mit einer Datenrate von bis zu 2 Mbps zu rechnen. Dieses System ist charakterisiert durch eine vollständige Abdeckung, uneingeschränkter Mobilität und weltweiter Nutzung. Weiterhin ist es geeignet für multimediale Anwendungen. Das Thema Breitbandtechnik im Zusammenhang mit Codespreizverfahren, wie sie im UMTS Anwendung finden, ist der Inhalt eines anderen Kapitels des vorliegenden Buchs. Das nun betrachtete Kapitel ist den Multiträgerverfahren gewidmet, wie es etwa bei dem DAB genutzt wird.

Multiträgersysteme basieren in vielen Fällen auf Nachrichtenübertragung über die Luftschnittstelle, als Medium steht somit der Mobilfunkkanal zur Verfügung. Besonderes Augenmerk gilt aus diesem Grund der Robustheit der Modulations– und Demodulationsverfahren hinsichtlich der Effekte, die sich aufgrund der zeit– und frequenzdispersiven Schwunderscheinungen ergeben. Nach [Kam92] und [vNp00] scheint das OFDM (engl.: *orthogonal frequency division multiplexing*) eine vielversprechende Wahl zu sein. Anstelle einen Datenstrom hoher Rate auszusenden, wird hierbei die Sequenz in eine Anzahl von Untersequenzen aufgeteilt, die anschließend parallel zu übertragen sind, indem jede Untersequenz einen Unterträger moduliert. Dies bedeutet hierfür eine geringere Rate, die resultierende Datenrate über alles ist wegen der Parallelität jedoch die gleiche. Die Aufgabe wird somit auf zwei Bereiche verteilt, dem Zeit- und dem Frequenzbereich. Der Vorteil liegt darin, dass die Daten nicht länger nur einer Schwunderscheinung ausgeliefert sind. Liegt z.B. ein stark frequenzselektiver Fall vor, führt ein Einbruch des Sendesignals in dem belegten Frequenzband zu einer massiven Störung, die ein hohes Maß an Bündelfehlern mit sich bringen kann. Bei einer Aufteilung auf Unterträger können durch einen solchen Einbruch wenige Unterträger kurzfristig ausfallen, durch die parallele Vorgehensweise muss dies jedoch nicht zu ernsten Fehlerereignissen führen. Unterschiedliche Signallaufzeiten sind die Ursache für frequenzselektive Schwunderscheinungen. Ein Schlüsselparameter, der sich im Entwurf von Übertragungssystemen wiederfindet, ist die sogenannte Mehrwegeverbreiterung, die angibt, welche zeitliche Verbreiterung ein Puls bei der Übertragung über einen Mobilfunkkanal erfährt. Als Beispiel hierfür sind die mittleren Werte zu nennen, die sich nach der CEPT[1]–Arbeitsgruppe COST[2] 207 für ländliche Gebiete zu 0,1 μs, für typische Gebiete in Städten und Vorstädten zu 1 μs und für Gebiete im Bergland zu ca 7 μs ergeben (siehe [Pat99]). Ein wichtiger Parameter ist die Kohärenzbandbreite, die sich näherungsweise als der Kehrwert der Mehrwegeverbreiterung ergibt. Ist die Bandbreite eines gesendeten Signals kleiner als die Kohärenzbandbreite, liegt ein Mehrwegekanal vor, dessen Schwunderscheinungen nicht zu massiven Beeinflussungen des Signals führen. Einen weiteren Einfluss stellt bei zeitselektiven Schwunderscheinungen die Kohärenzzeit dar, die auf den Doppler–Effekt zurückzuführen ist. Auch hierbei gilt ein umgekehrt proportionaler Zusammenhang zwischen der Doppler–Frequenz und der Kohärenzzeit. Der maximale Frequenzversatz ist durch den Quotient aus Geschwindigkeit und Wellenlänge gegeben. Für eine Trägerfrequenz von 1 GHz ergibt sich eine Wellenlänge von 30 cm, eine Geschwindigkeit von 50 km/h führt somit zu einem maximalen Versatz von näherungsweise 50 Hz. Ist die Kohärenzzeit in der Größenordnung der Symbolzeit, hat dies einen starken Einfluss auf das Nachrichtensignal. Als Beispiel weist ein zukünftiges OFDM–System eine Datenrate von bis zu 25 Mbps bei einer Trägerfrequenz im 5 GHz–Bereich auf.

OFDM stellt einen Sonderfall von Multiträgersystemen dar. Der Name OFDM lässt zwei Beschreibungen zu, zum einen kann es als ein Modulationsverfahren, zum anderen als ein Multiplexverfahren angesehen werden. Wie oben bemerkt, liegt der Grund hierfür in der Verteilung des Risikos bei der Übertragung über Mobilfunkkanäle. Mit dem Begriff Orthogonalität ist der Zusammenhang zwischen den gewählten Frequenzen der Unterträger gemeint. Sie stehen in einem genauen Zusammenhang zur Symbolrate der Unterträger, der Trägerabstand ist im einfachsten Fall gleich der Symbolrate. Zusammengefasst ergeben sich folgende Vorteile bei OFDM:

V1: Dieses Verfahren bietet einen effektiven Weg, Daten über einen Mobilfunkkanal zu übertragen. Aufgrund der sehr geringen Bandbreite pro Unterträger kann auf aufwendige Entzerrerstrukturen verzichtet werden.

V2: Weiterhin ist es nicht erforderlich, auf eine Bank von Oszillatoren für die Unterträger zurückgreifen zu müssen. Hierauf kann ebenfalls verzichtet werden, da ein

---

[1] Conference of European Posts- and Telecommunications Administrations
[2] European Cooperation in the Field of Scientific and Technical Research

bekanntes Kanalraster vorliegt.

V3: Die Symboldauer pro Unterträger ist entsprechend dem Grad der Aufteilung sehr groß. Eine Aufteilung in 64 Bänder und weitaus mehr ist möglich. Damit ist die Symboldauer in der Regel geringer als die Kohärenzzeit des Kanals.

V4: Signaleinbrüche im interessierenden Frequenzband aufgrund von frequenzselektiven Schwunderscheinungen betreffen einen geringen Teil der Unterträger. Durch Fehlerschutzmaßnahmen kann dies berücksichtigt werden, wie auch durch eine adaptive Anpassung der Datenraten.

Neben den Vorteilen sind bei OFDM auch Nachteile zu nennen, die sich gegenüber Systemen mit nur einem Träger ergeben. Diese sind z.B.:

N1: Ein Trägerfrequenzversatz führt zu nennenswerten Einbrüchen. Dies hat den Einsatz von hochwertigen Verfahren zur Trägerrückgewinnung zur Folge. Phasenrauschen hat ebenfalls einen negativen Einfluss auf die Leistungsfähigkeit des OFDM–Systems.

N2: Die Einhüllende des OFDM–Signals ist nicht konstant. Dies stellt hohe Anforderungen an die Linearität von Teilsystemen dar. Verstärker, z.B. mit einem geringen Maß an Nichtlinearität, weisen einen geringen Wirkungsgrad auf.

Im folgenden sollen die Grundlagen der OFDM dargestellt werden. Dies beinhaltet die Einbindung der diskreten Fourier-Transformation, DFT (engl.: *discrete–time Fourier transform*), was in praktischen Systemen den Einsatz der schnellen Implementierung in Form der FFT (engl.: *fast Fourier transform*) bedeutet. Grundlegende Entwurfskriterien zeigen den Zusammenhang zwischen den Datenraten, Unterträgern und Bandbreiten sowie der Mehrwegeverbreiterung. Als kompakter, besonderer Literaturhinweis ist [Hwk00] zu nennen. Hierin sind in großer Bandbreite die Aspekte der OFDM-Thematik beschrieben. Eine Übersicht über Anwendungen im Mobilfunk bietet [Wag00]. Hierin ist in kurzer Form der Einfluss des Kanals auf das OFDM–Signal aufgezeigt, mit Vorschlägen zur Entzerrung bei der Kombination von OFDM und CDMA.

5.2   Grundlagen der Multiträgertechnik

Die zu übertragene Sequenz weist die Bitrate $r_b = 1/T$ auf, wobei T das Bitintervall darstellt. Werden n Bits zusammengefasst und dem Inhalt entsprechend auf einen Wert der Auslenkung des Nachrichtenpulses abgebildet, liegt die Symbol– oder Pulsrate $r_s = r_b/n$ vor. Die Bandbreite ist abhängig von der Art der Abbildung. Liegen statistisch unabhängige Symbole vor, beschreibt – von besonderen Fällen abgesehen – der Puls die Bandbreite des Nachrichtensignals. In diesem Fall ist die Bandbreite gleich der des Nachrichtenpulses, wie es bei der QAM, BPSK oder auch der QPSK zutrifft. Wie oben bereits bemerkt, wird bei dem OFDM–Verfahren der Bitstrom auf N Unterträger aufgeteilt. Die Bitrate ist dann pro Unterträger r_b/N, womit sich die erforderliche Bandbreite um den Faktor N ebenfalls senkt, die gleiche Abbildungsvorschrift vorausgesetzt.

MOD

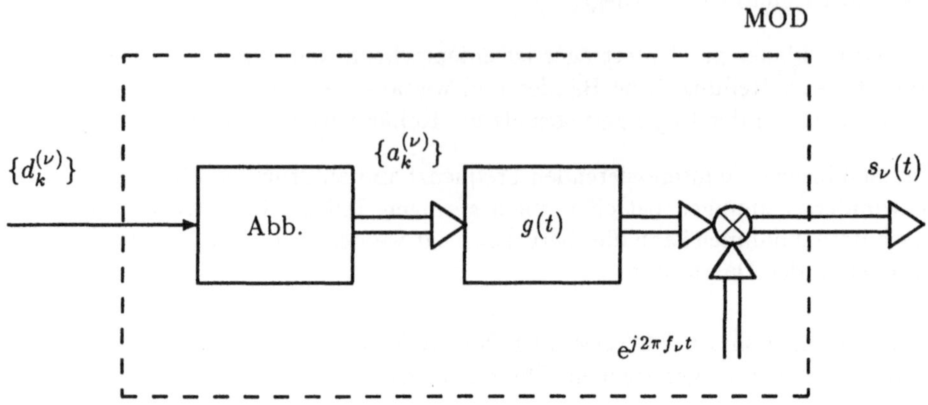

Bild 5.1　　　　　Lineares Modulationssystem

Es liegen N Träger im Abstand F vor, sodass die Bandbreite des OFDM–Signals nun $N \cdot F$ beträgt. Wir betrachten ein lineares Modulationsschema für einen Unterträger, wie es Bild 5.1 zeigt. Hierin ist $\{d_k^{(\nu)}\}$ der Bitstrom für den ν–ten Träger von der Gruppe $f_0, f_1, \cdots, f_\nu, \cdots, f_{N-1}$. Allgemein gilt hierfür $f_\nu = \nu F$, mit $\nu = 0, 1, 2, \cdots, N-1$. Der nachrichtentragende Puls ist dem Bitintervall $N \cdot T$ angepasst. Als Nachrichtensignal für den betrachteten Unterträger liegt $s_\nu(t)$ vor. Im Modulator ist die Abbildung einer Gruppe von Bits auf ein komplexwertiges Symbol $a_k^{(\nu)} = a_{r,k}^{(\nu)} + ja_{i,k}^{(\nu)}$ zulässig, wie wir es bei mehrstufigen Modulationsformen kennengelernt haben. Das Signal $s_\nu(t)$ ist ein Teil des OFDM–Signals im Tiefpassbereich. Nachdem die einzelnen Signalanteile zusammengeführt sind, moduliert das Summensignal einen komplexwertigen Eintonträger. Das zugehörige Gegenstück des Modulators für den betrachteten Unterträger zeigt Bild

DEM

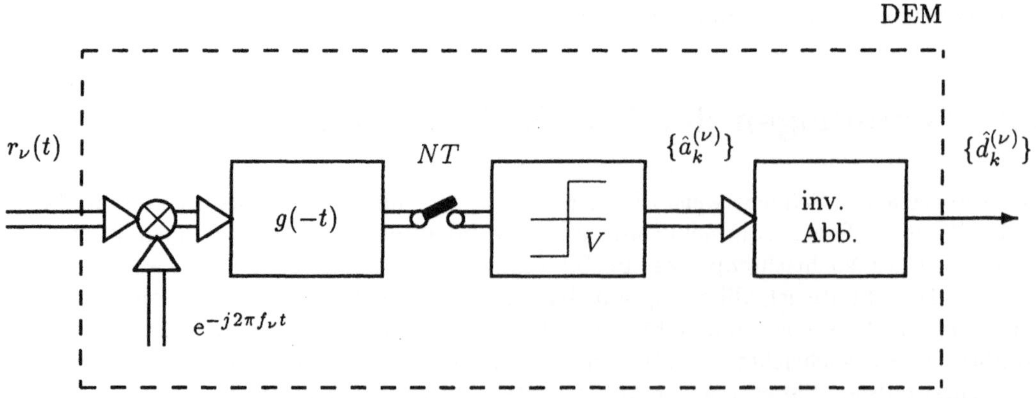

Bild 5.2　　　　　Lineare kohärente Demodulation

5.2. Wir erkennen die Hauptbestandteile, nämlich den Produktmodulator für den Zusatz des zugehörigen Unterträgers, f_ν, das signalangepasste Filter, den Austaster, den Entscheider und zuletzt die inverse Abbildungsvorschrift. Die Funktionsweise des Modulators und Demodulators ist in den Kapiteln 3 und 4 beschrieben und wird als bekannt vorausgesetzt.

Um zum Blockschaltbild des OFDM–Systems zu gelangen, richten wir zunächst unser Augenmerk auf die Aufteilung des seriellen Bitstroms in parallele Ströme. Die zu übertragene Folge ist durch

$$\{b_\ell\} = \{ \; \cdots, \; b_{-1}, \; \underbrace{b_0, \; b_1, \; b_2, \; \cdots, \; b_{N-1}}_{\substack{\text{Gruppe mit} \\ N \text{ Elementen}}}, \; b_N, \; b_{N+1}, \; \cdots \}$$

gegeben. Sie wird in Blöcke von N Elementen aufgeteilt, das erste Element hiervon gelangt zum Unterträger $\nu = 0$, das zweite zum Unterträger $\nu = 1$, das letzte zum Unterträger $\nu = N - 1$. Damit ergeben sich für die einzelnen Sequenzen $\{d_k^{(\nu)}\}$, mit $\nu = 0, 1, 2, \cdots, N - 1$, für die zugehörigen Unterträger

$$\{d_k^{(0)}\} \quad = \quad \{ \quad \cdots \; b_0, \qquad b_N, \qquad b_{2N}, \qquad \cdots \quad \}$$

$$\{d_k^{(1)}\} \quad = \quad \{ \quad \cdots \; b_1, \qquad b_{N+1}, \qquad b_{2N+1}, \qquad \cdots \quad \}$$

$$\vdots$$

$$\{d_k^{(N-1)}\} \quad = \quad \{ \quad \cdots \; b_{N-1}, \quad b_{2N-1}, \quad b_{3N-1}, \quad \cdots \quad \} \quad .$$

Die Struktur des Modulators gibt Bild 5.3 an. Sie stellt das allgemeine Blockschaltbild eines Multiträgersystems dar, auf die Besonderheiten des OFDM–Systems soll später eingegangen werden. Die mit "MOD" gekennzeichneten Blöcke geben das betrachtete Untersystem bei dem jeweiligen Unterträger an. Der Träger mit der Frequenz f_T bewirkt die TP/BP–Umsetzung in den zur Verfügung stehenden Frequenzbereich. Das Summensignal vor dem Produktmodulator ist ein komplexwertiges TP–Signal. Am Empfangsort liegt ein durch AWGN und durch weitere Kanaleinflüsse beeinträchtigtes Signal an. Wie im Empfänger nach Bild 5.4 dargestellt, erfolgt zunächst die Zuführung des Trägersignals. Das TP–Signal und der BP–Anteil bei der doppelten Trägerfrequenz wird jedem der N Zweige zugeführt. Die Demodulation basiert auf der in Bild 5.2 gezeigten Vorgehensweise. Jeder Zweig liefert als Ergebnis die detektierte Sequenz $\{\hat{d}_k^{(\nu)}\}$. Wie zuvor kennzeichnet " ˆ ", dass diese Sequenz von der über den Unterträger νF gesendeten, $\{d_k^{(\nu)}\}$, in Folge von Rauschen usw. abweichen kann.

Im Moment ist der Vorteil der Parallelisierung nicht erkennbar. Worin liegen die Vorzüge dieser Aufteilung? Dieser Fragestellung soll nun nachgegangen werden. Wie bereits bemerkt, ist die Symbolrate pro Zweig um den Faktor N geringer als bei der seriellen Übertragung. Dies hat eine entsprechend geringere Bandbreite, F, für die Unterträger zur Folge, die Bandbreite des Multiträgersignals ist jedoch NF. Ist N entsprechend hoch, liegen derart schmalbandige Signale hierfür vor, sodass von nahezu linienförmigen Verhältnissen ausgegangen werden kann. Dies macht den Einsatz von teilweise aufwen-

digen Entzerrerstrukturen überflüssig. Ändert sich in dem belegten Band die Übertragungseigenschaften des Kanals in einer frequenzselektiven Art und Weise, führt dies
nahezu zu einer alleinigen Dämpfung der Unterträger, die ggf. durch eine entsprechen-

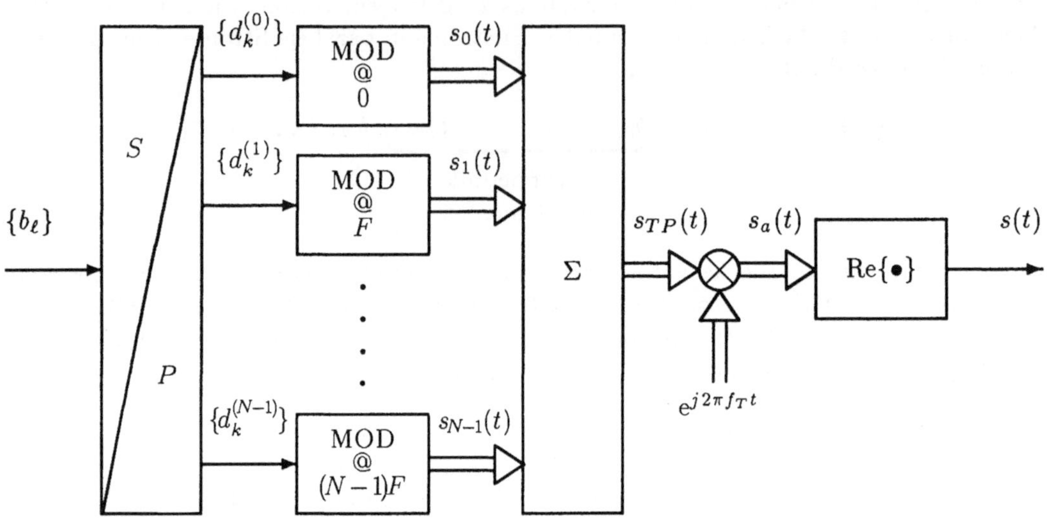

Bild 5.3   Grundlegende Struktur eines OFDM–Modulators

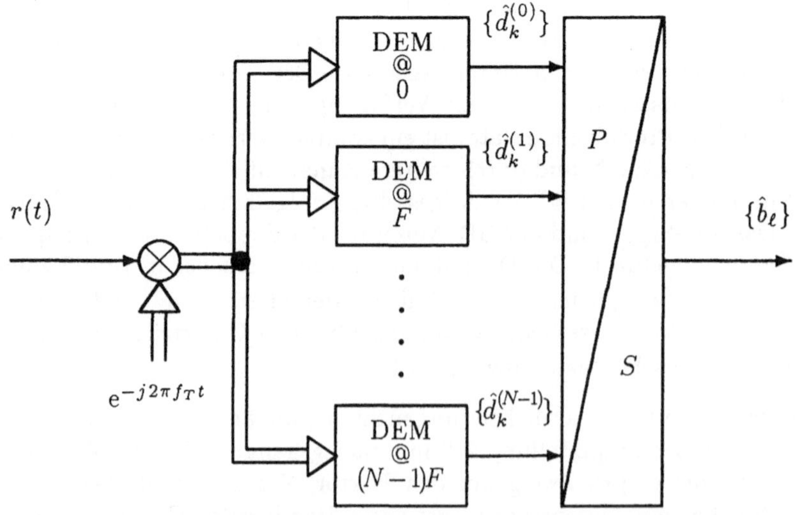

Bild 5.4   Grundlegende Struktur eines OFDM–Demodulators

de Verstärkung wieder rückgängig gemacht werden kann. Dass sich für die betroffen Unterträger damit zugleich das E_b/N_0-Verhältnis verschlechtert und damit die Bitfehlerrate hierfür entsprechend ansteigt, ist naheliegend. Der Vorteil liegt zumindest darin, dass Entzerrerstrukturen, die üblicherweise eine hohe Rechenleistung von Digitalsystemen beanspruchen, somit nicht länger erforderlich sind. Ein weiterer Vorteil liegt in der Aufteilung der Daten in der Zeit/Frequenz–Ebene, viele Symbole kurzer Dauer und nur einer Trägerfrequenz werden auf Symbole längerer Dauer und entsprechend vielen Trägerfrequenzen aufgeteilt. Besonders bei der Übertragung über Kanäle mit frequenz- und zeitselektivem Verhalten hat dies einen großen Vorteil. Erstreckt sich bei der seriellen Übertragung ein durch Mehrwegeausbreitung bedingter Signaleinbruch über eine Vielzahl von Symbolen hinweg, kommt es zu Bündelfehlern. Dies bedingt aufwendige Verfahren zur Fehlerkorrektur und somit die Verwendung entsprechender Codes. Erstrecken sich die Bündelfehler über zu viel Symbole, ist eine Korrektur meist nicht durchführbar. Anders ist es, wenn Bündelfehler in Einzelfehler oder zumindest in Bündelfehler mit einer erheblich geringeren Anzahl von betroffenen Symbolen überführbar sind. Dies erfolgt durch die Aufteilung in der Zeit/Frequenz–Ebene. Im Sender geschieht diese Aufteilung, der Kanal hat somit einen Einfluss auf das zweidimensionale Feld. Bei einem Einbruch hierin kommt es wegen der größeren Symboldauer zu weniger massiven Bündelfehlern, betroffen können mehrere Unterträger sein. Der Fall eines Einbruchs in der Ebene ist in der Matrix dargestellt. Die Zeitachse ist entlang der Zeilen, die Frequenzachse entlang der Spalten zu sehen. Durch Schwunderscheinung gehen hier die durch "●" gekennzeichneten Daten verloren. Im Empfänger tritt bei der Parallel/Seriell–Wandlung eine Aufteilung des in dem Feld

$$
\left(
\begin{array}{cccccccc}
\cdots & b_0 & \cdots & b_{LN} & b_{(L+1)N} & b_{(L+2)N} & b_{(L+3)N} & \cdots \\
\hdashline
\cdots & b_K & \cdots & b_{LN+K} & b_{(L+1)N+K} & b_{(L+2)N+K} & b_{(L+3)N+K} & \cdots \\
\cdots & b_{K+1} & \cdots & b_{LN+K+1} & \bullet & \bullet & b_{(L+3)N+K+1} & \cdots \\
\cdots & b_{K+2} & \cdots & b_{LN+K+2} & \bullet & \bullet & b_{(L+3)N+K+2} & \cdots \\
\cdots & b_{K+3} & \cdots & b_{LN+K+3} & b_{(L+1)N+K+3} & b_{(L+2)N+K+3} & b_{(L+3N+K+3)} & \cdots \\
\hdashline
\cdots & b_{N-1} & \cdots & b_{(L+1)N-1} & b_{(L+2)N-1} & b_{(L+3)N-1} & b_{(L+4)N-1} & \cdots
\end{array}
\right)
$$

gekennzeichneten Bündelfehlers auf. Eine solche Gruppe von Fehlern wird hierbei in Einzelfehler oder in Bündelfehler mit einer geringeren Anzahl von fehlerhaften Symbolen überführt. Die Beobachtung der Güte der einzelnen Zweige kann genutzt werden, die Zweige kurzzeitig nicht zu belegen, die ein entsprechend geringes E_b/N_0-Verhältnis aufweisen. Die Konsequenz ist eine verringerte Bruttodatenrate.

Die Besonderheiten eines Multiträgersystems sind in diesem Abschnitt behandelt, eingangs kam der Begriff OFDM ins Spiel. Inhalt des folgenden Abschnitts ist der Zusammenhang zwischen OFDM und Multiträgersystem. Wir werden sehen, dass es sich bei dem OFDM um ein solches System handelt. "O" in OFDM steht für Orthogonalität, diese Eigenschaft berücksichtigt resultiert in einem System, das von dem in den Bildern 5.3 und 5.4 gezeigten allgemeinen Multiträgersystem abzuweichen scheint. Beide Systeme sind hingegen identisch. Bei dem OFDM–System bietet es sich nur an, auf eine Implementierung mit der FFT zurückzugreifen.

5.3 OFDM als besonderes Multiträgersystem

5.3.1 Der Modulator

Bei der Entwicklung der Struktur des Modulators greifen wir auf Bild 5.3 zurück. Allgemein ist das Sendesignal durch

$$s(t) = \mathrm{Re}\Big\{ s_{TP}(t)\, e^{j2\pi f_T t} \Big\}$$

gegeben. Die komplexe Einhüllende des Trägersignals ist die Überlagerung der Teilsignale aller Unterträger,

$$s_{TP}(t) = \sum_{\nu=0}^{N-1} s_\nu(t) \quad .$$

Mit $g(t)$ als dem nachrichtentragenden Puls, der für sämtliche Unterträger gleich ist, und mit den jeweiligen Frequenzen $f_\nu = \nu F$ erhalten wir für die Einhüllende

$$s_{TP}(t) = \sum_{k=-\infty}^{\infty} \sum_{\nu=0}^{N-1} a_k^{(\nu)} g(t - kT')\, e^{j2\pi\nu Ft} \quad .$$

Das Symbolintervall ist hierbei durch T' gegeben. Der Zusammenhang zwischen diesem Intervall und dem Bitintervall, T, des seriellen Bitstroms, $\{b_\ell\}$, ist $T' = NT$. Für den Nachrichtenpuls wählen wir einen rechteckförmigen Verlauf der Basis T', der im Frequenzbereich eine si–Funktion aufweist. Die Nullstellen liegen äquidistant im Abstand $1/T'$, bei $\pm 1/T', \pm 2/T', \cdots$. Wegen der geringen Konvergenz tritt eine Überlagerung der einzelnen, um f_ν zentriert angeordneten Frequenzfunktionen auf. Trotz der gegenseitigen Beeinflussung der Frequenzfunktionen muss eine Trennbarkeit der einzelnen Signale $s_\nu(t)$ gewährleistet sein. Ähnlich wie bei der Betrachtung von Signalvektoren können wir auf den Ausdruck

$$\int_{-\infty}^{\infty} G_\mu(f) G_\nu^*(f) df = \int_{-\infty}^{\infty} G\Big(f - \frac{\mu}{T'}\Big) G^*\Big(f - \frac{\nu}{T'}\Big) df$$

zurückgreifen, um diesen Punkt zu untersuchen. Für das Integral erhalten wir nach einer kurzen Überlegung

$$\begin{aligned} \int_{-\infty}^{\infty} G_\mu(f) G_\nu^*(f) df &= \int_{-\infty}^{\infty} G(f) G^*\Big(f - \frac{\nu - \mu}{T'}\Big) df \\ &= G(f) * G^*(-f)\Big|_{f = \frac{\mu-\nu}{T'}} \quad . \end{aligned}$$

Es liegt also eine Faltung der Frequenzfunktion $G(f)$ mit sich selbst vor, da für den betrachteten Puls $G(f)$ reellwertig und gerade ist. Das Faltungsprodukt wird an der Stelle $(\mu - \nu)/T'$ ausgewertet. Zur Ermittlung des Ergebnisses nutzen wir $G(f) * G^*(-f) \longleftrightarrow g(t) \cdot g^*(t)$. Da es sich bei der Zeitfunktion um einen reellwertigen, rechteckförmigen Puls der Auslenkung eins handelt, ist

$$g^2(t) = g(t) = \Pi\Big(\frac{t}{T'}\Big) \quad .$$

Das Faltungsprodukt der beiden gleichen si–Funktionen ergibt wieder die gleiche si–Funktion. Da die Nullstellen äquidistant im Abstand $1/T'$ vorliegen, ist die Orthogonalitätsbedingung erfüllt und wir erhalten zusammengefasst

$$\int_{-\infty}^{\infty} G_\mu(f) G_\nu^*(f) df = \begin{cases} T' & : \quad \mu = \nu \\ 0 & : \quad \mu \neq \nu \end{cases} \quad .$$

Dass die Trennbarkeit gegeben ist, erkennen wir auch im Zeitbereich. Hierzu drücken wir die Einhüllende durch

$$s_{TP}(t) = \sum_{k=-\infty}^{\infty} s_k(t)$$

aus, worin $s_k(t)$ den k–ten Datenblock beschreibt, der in den einzelnen Zweigen ansteht. Die Schritte

$$\begin{aligned} s_k(t) &= \sum_{\nu=0}^{N-1} a_k^{(\nu)} \, \Pi\Big(\frac{t - kT'}{T'}\Big) \, e^{j 2\pi\nu \frac{t}{T'}} \\ &= \sum_{\nu=0}^{N-1} a_k^{(\nu)} \Pi\Big(\frac{t - kT'}{T'}\Big) \, e^{j 2\pi\nu \frac{t-kT'}{T'}} \underbrace{e^{j 2\pi\nu k}}_{=1} \\ &= \sum_{\nu=0}^{N-1} a_k^{(\nu)} \, g_\nu(t - kT') \end{aligned}$$

resultieren in Nachrichtenpulsen, die nun von den Trägern abhängig sind. Es liegt somit für jeden Unterträger ein ihm zugeordneter Puls vor. Der modifizierte nachrichtentragende Puls ist die Zusammenfassung des Pulses $g(t)$ mit dem Unterträgersignal, wie es

$$\begin{aligned} g_\nu(t) &= \Pi\Big(\frac{t}{T'}\Big) e^{j 2\pi\nu \frac{t}{T'}} \\ &= \begin{cases} e^{j 2\pi\nu \frac{t}{T'}} & : \quad -\frac{T'}{2} \leq t \leq \frac{T'}{2} \\ 0 & : \quad \text{sonst} \end{cases} \end{aligned}$$

darlegt. Trennbarkeit bedeutet, dass Nachrichtenpulse auf verschiedenen Unterträgern sich nicht gegenseitig beeinflussen. Nur auf diese Art und Weise ist eine Detektion der Sequenz $\{d_k^{(\nu)}\}$ unabhängig von einer anderen, wie etwa $\{d_k^{(\mu)}\}$, mit $\mu \neq \nu$, gewährleistet. Tritt eine solche Beeinflussung auf, ist von einer Nachbarkanalstörung die Rede. Wie bei der ISI hat sich hierfür ein abkürzender Begriff etabliert, nämlich ACI nach dem englischen *adjacent channel interference* oder ICI nach *interchannel interference*. Die Bedingung der Trennbarkeit im Zeitbereich angewendet ergibt

$$\begin{aligned} \int_{-\infty}^{\infty} g_\nu(t) g_\mu^*(t) dt &= \int_{-T'/2}^{T'/2} e^{j 2\pi(\nu - \mu)\frac{t}{T'}} dt \\ &= T' \, \text{si}\big(\pi(\nu - \mu)\big) \\ &= \begin{cases} T' & : \quad \nu = \mu \\ 0 & : \quad \nu \neq \mu \end{cases} \quad . \end{aligned}$$

Wie zuvor bei der Betrachtung der Orthogonalität liegt das gleiche Ergebnis vor, was auch
zu erwarten war. Wir halten fest, dass ein fester Zusammenhang zwischen der Basis, T',
des verwendeten rechteckförmigen Pulses und dem Abstand zwischen den Unterträgern,
F, besteht. Dieser ist durch

$$FT' = 1$$

gegeben.

Wie zuvor bemerkt, liegt eine Besonderheit eines OFDM–Systems in der Implementierung. Systeme der digitalen Nachrichtenübertragung werden in den meisten Fällen
mit Hilfe der digitalen Signalverarbeitung realisiert. Dies macht die Analog–Digital–
Umsetzung der einzelnen Signale zumindest in einem niederfrequenten Bereich erforderlich. Das im vorliegenden Ansatz komplexwertige OFDM–Signal im TP–Bereich weist
die Bandbreite $B = NF$ auf, es handelt sich hierbei um die komplette belegte Bandbreite. Soll dieses Signal mit einem digitalen System verarbeitet werden, ist es mit der Rate
$f_A \geq B$ abzutasten. Wir wählen die minimale Abtastrate und erhalten

$$f_A = NF = \frac{N}{T'} = \frac{1}{T} \quad .$$

Für das zeitdiskrete Signal $s_k(t = \ell T)$ ergibt sich damit die interessante Betrachtung

$$
\begin{aligned}
s_k(\ell T) &= \sum_{\nu=0}^{N-1} a_k^{(\nu)}\, \mathrm{e}^{j\,2\pi\nu\frac{\ell T}{T'}} \\
&= \sum_{\nu=0}^{N-1} a_k^{(\nu)}\, \mathrm{e}^{j\,2\pi\frac{\nu\ell}{N}} \\
&\equiv s_k(\ell) \quad , \qquad\qquad \ell = 0, 1, \cdots, N-1 \quad .
\end{aligned}
$$

Die Folge $s_k(\ell T)$ gibt die N Abtastwerte an, die in der Zeit des k–ten Symbols vorliegen. Diese Beziehung ist bekannt, es handelt sich hierbei um die Syntheseglcichung
der diskreten Fourier–Transformation, bzw. deren inverse Transformation (IDFT). Die
Analysegleichung oder DFT ist durch

$$a_k^{(\nu)} = \frac{1}{N} \sum_{\ell=0}^{N-1} s_k(\ell)\, \mathrm{e}^{-j\,2\pi\frac{\nu\ell}{N}} \quad , \quad \nu = 0, 1, \cdots, N-1$$

beschrieben. Bei der DFT liegen in beiden Bereichen periodische Folgen mit N Elementen
pro Periode vor. Es ist ausreichend, sich nur auf eine Periode zu konzentrieren und diese
durch Listen zu beschreiben. Dieses Paar zweier Listen ist

$$\big\{ s_k(0),\ s_k(1),\ s_k(2),\ \cdots\ ,\ s_k(N-1) \big\}$$
$$\updownarrow$$
$$\big\{ a_k^{(0)},\ a_k^{(1)},\ a_k^{(2)},\ \cdots\ ,\ a_k^{(N-1)} \big\} \quad ,$$

wobei die obere die N Elemente des Signalbereichs beinhaltet und die untere die N
Elemente des Symbolbereichs. Dieser Schritt hat weitreichende Konsequenzen auf die
Gestaltung von Modulator und Demodulator. Im Sender wird die Funktion der Modulation von Unterträgern auf die IDFT verlagert. Im Empfänger erfolgt die Demodulation
durch die DFT.

Für die praktische Umsetzung bietet sich die schnelle Fourier–Transformation (FFT) an. Es handelt sich hierbei nicht um eine gänzlich andere Transformationsart mit entsprechend anderen Korrespondenztabellen, sondern lediglich um eine günstige Umsetzung der DFT, die auf eine möglichst geringe Anzahl von Rechenoperationen zurückgreift. Die DFT und die FFT sind identisch. Um diesen Punkt aufzuzeigen, wenden wir uns einer einfachen Betrachtungsweise der FFT zu, die auch in [Bra00] zu finden ist.

Eine periodische Folge mit N Elementen pro Periode und deren Transformierte sind durch das Paar

$$x(n) \quad = \quad \sum_{\nu=0}^{N-1} X(\nu)\, \mathrm{e}^{j\,2\pi\,\frac{\nu n}{N}}$$

$$\uparrow$$
$$\mathrm{DFT}$$
$$\downarrow$$

$$X(\nu) \quad = \quad \frac{1}{N} \sum_{\nu=0}^{N-1} (n)\, \mathrm{e}^{-j\,2\pi\,\frac{\nu n}{N}}$$

oder durch die Listen

$$\big\{ x(0),\ x(1),\ x(2),\ \cdots,\ x(N-1) \big\}$$

$$\updownarrow$$

$$\big\{ X(0),\ X(1),\ X(2),\ \cdots,\ X(N-1) \big\}$$

gegeben. Zur näheren Betrachtung der FFT sind zwei Transformationen hilfreich:

1. Die Dehnung einer Teilsequenz und die Auswirkung auf die Fourier–Transformierte

$$\{a,\ b\} \quad \longleftrightarrow \quad \{A,\ B\}$$

erhalten wir durch Anwendung der obigen Beziehung. Für die Teilsequenz resultiert dies in

$$\{a,\ 0,\ b,\ 0\} \quad \longleftrightarrow \quad \frac{1}{2}\{A,\ B,\ A,\ B\}\ ,$$

aus einer Sequenz mit zwei Elementen wird durch Hinzufügen von zwei Nullen eine Sequenz mit vier Elementen. Im anderen Bereich führt dies zu einer Betrachtung von zwei Perioden.

2. Die Zeitverschiebung um eine Stelle nach rechts bedeutet einen Ringtausch der einzelnen Elemente. Mit der abkürzenden Schreibweise

$$W = \mathrm{e}^{-j\frac{2\pi}{N}}$$

ergibt dies

$$\{0,\ a,\ 0,\ b\} \quad \longleftrightarrow \quad \frac{1}{2}\{A W^0,\ B W^1,\ A W^2,\ B W^3\}\ ,$$

die Verschiebung führt bekanntlich zu einer Phasendrehung.

Mit diesen beiden Punkten lässt sich die DFT wie folgt umformulieren. Wir beschränken uns hierbei auf $N = 4$ und zeigen, dass eine DFT mit vier Elementen in zwei DFTn mit zwei Elementen überführbar ist. Ausgehend von

$$\{x(0),\ x(1),\ x(2),\ x(3)\} = \{x(0),\ 0,\ x(2),\ 0\} + \{0,\ x(1),\ 0,\ x(3)\}$$

und den beiden Paaren

$$\{x(0),\ x(2)\} \quad \longleftrightarrow \quad \{A,\ B\}$$
$$\{x(1),\ x(3)\} \quad \longleftrightarrow \quad \{P,\ Q\}$$

erhalten wir für die Teillisten

$$\{x(0),\ 0,\ x(2),\ 0\} \quad \longleftrightarrow \quad \frac{1}{2}\{A,\ B,\ A,\ B\}$$

$$\{0,\ x(1),\ 0,\ x(3)\} \quad \longleftrightarrow \quad \frac{1}{2}\{P,\ QW,\ PW^2,\ QW^3\} \quad .$$

Beide addiert ergeben die DFT der ursprünglichen Sequenz,

$$\{x(0),\ x(1),\ x(2),\ x(3)\}$$

$$\updownarrow$$

$$\tfrac{1}{2}\left\{(A+P),\ (B+QW),\ (A+PW^2),\ (B+QW^3)\right\}$$

$$=$$

$$\{X(0),\ X(1),\ X(2),\ X(3)\} \quad .$$

Mit $N = 4$ ergeben sich die Faktoren $W^0 = 1$, $W = -j$, $W^2 = -1$ und $W^3 = j$. Die Faktoren bewirken lediglich eine Drehung und können hier wegen der vier Punkte durch einfaches Vertauschen von Real- und Imaginärteil unter Berücksichtigung der Vorzeichen realisiert werden. Bild 5.5 zeigt das Blockschaltbild zur Berechnung der 4–Punkte–DFT. Die ursprüngliche Folge wird in zwei Folgen mit jeweils zwei Elementen aufgeteilt, die Ergebnisse im Anschluss miteinander kombiniert. Der Rechenaufwand steigt exponentiell mit der Anzahl der Elemente, sodass es wesentlich günstiger ist, eine schrittweise Halbierung durchzuführen. Eine Folge mit acht Elementen ist in zwei Folgen mit jeweils vier Elementen und diese wiederum in vier Folgen mit jeweils zwei Elementen aufteilbar. Ein Kombinationsnetzwerk führt die Teilergebnisse entsprechend zusammen.

Das komplexwertige OFDM–Signal ist in der Tat nichts anderes als die inverse diskrete Fourier–Transformierte der abgebildeten QAM–Symbole. Eine N–Punkte IFFT benötigt N^2 komplexe Multiplikationen, die im vorliegenden Fall lediglich Phasendrehungen bewirken. Selbstverständlich sind zusätzliche Anforderungen an die praktische Umsetzung gestellt, die Komplexität der FFT–Methode ist jedoch erheblich geringer als die Umsetzung durch Modulatoren. Bild 5.6 zeigt die Umsetzung im Modulator. Jeder Satz von Untergruppen der seriellen Sequenz führt zu den zugehörigen Symbolen. Der Zusammenhang ist durch die Abbildungsvorschrift gegeben. Anschließend erfolgt die Umsetzung vom Symbol– in den Signalbereich. Im Signalbereich ergeben sich N Elemente, die es zu übertragen gilt. Hierzu erfolgt zunächst eine P/S–Wandlung, $s_{TP}(\ell)$ stellt einen

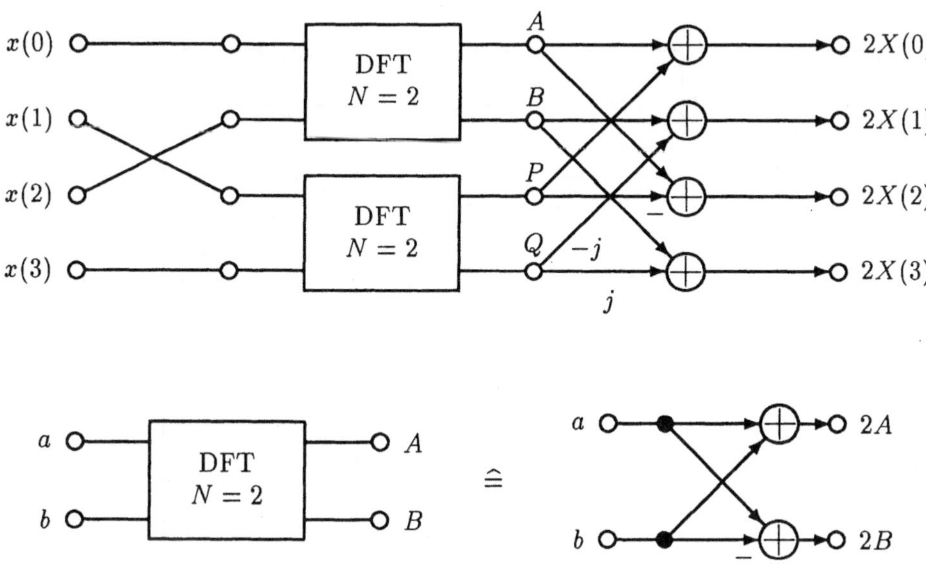

Bild 5.5   Erläuterung zur FFT

seriellen Datenstrom dar. Die Frequenzfunktion mit den orthogonalen Teilspektren entspricht dem Nyquist–Kriterium, das für die betrachtete Funktion außer dem Hauptwert äquidistante Nullstellen vorschreibt. Damit liegt keine Nachbarkanalstörung vor, die dargestellten Symbole lassen sich durch Austasten der Frequenzfunktion im Kanalabstand zurückgewinnen. Eine kurze Betrachtung des OFDM–Spektrums im TP–Bereich rundet die Beschreibung des Modulators ab. Für einen Symbolblock mit gleichen Elementen, wie z.B. $a_k^{(\nu)} = 1$ für sämtliche $\nu \in \{0,\ N-1\}$ ergibt sich hierfür folgende Situation. N si–Funktionen liegen auf der Frequenzachse im Abstand ihrer Nullstellen, F, vor, wie es

$$S'_{TP}(f) = \frac{1}{F}\,\mathrm{si}\left(\pi\frac{f}{F}\right) * \left(\frac{1}{F}\,\mathrm{III}\left(\frac{f}{F}\right) \cdot \Pi\left(\frac{f}{(N+\epsilon)F}\right)\right)$$

zum Ausdruck bringt. Hierin wird die Impulsfolge unendlicher Länge durch die Rechteckfunktion der Basis $(N+\epsilon)F$ auf N Impulse beschränkt. Die Anzahl der Impulse soll ungerade sein. ϵ ist eine Zahl, die sehr viel kleiner als N ist. Dies gewährleistet, dass die Impulse bei $\pm NF/2$ mit berücksichtigt werden. Der Einfachheit halber liegen die Impulse um den Ursprung zentriert. Bei einer anderen Anordnung mit dem Zentrum außerhalb des Ursprungs tritt bei der Betrachtung lediglich eine Phasenverschiebung auf. In den Zeitbereich transformiert erhalten wir

$$s'_{TP}(t) = \Pi\left(\frac{t}{1/F}\right) \cdot \left(\mathrm{III}\left(\frac{t}{1/F}\right) * (N+\epsilon)F\,\mathrm{si}\big(\pi(N+\epsilon)Ft\big)\right)\ \ .$$

Für ein großes N ergibt sich im Frequenzbereich eine große Anzahl von Spektrallinien auf Grund der Impulsfolge, zudem klingt die si–Funktion relativ schnell ab, sodass der

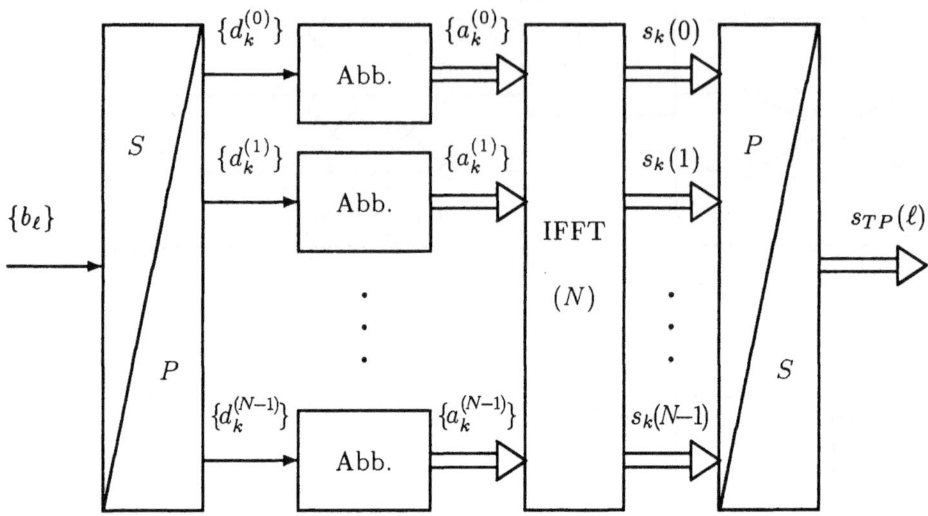

Bild 5.6   TP–Teil des OFDM–Modulators

Ausdruck im Zeitbereich näherungsweise durch

$$s'_{TP}(t) \approx \frac{1}{F}\,\delta(f) * (N+\epsilon)F\,\mathrm{si}\big(\pi(N+\epsilon)Ft\big)$$

$$\approx (N+\epsilon)\,\mathrm{si}\big(\pi(N+\epsilon)Ft\big)$$

beschrieben ist. Hierin kommt von den unendlich vielen Impulsen der III–Folge lediglich
$\delta(f)$ zum Tragen, der Rest wird durch die Π–Funktion unterdrückt. Dies trifft auch
unter Berücksichtigung der si–Funktionen zu, wenn ein schnelles Abklingen innerhalb von
T' vorausgesetzt wird. In den Frequenzbereich transformiert liegt eine rechteckförmige
Frequenzfunktion mit der Basis NF vor, wie es durch

$$S'_{TP}(f) \approx \frac{1}{F}\,\Pi\Big(\frac{f}{(N+\epsilon)F}\Big)$$

ausgedrückt ist. Für diesen Spezialfall mit gleichen Symbolen ergibt sich für das OFDM–
Spektrum ein rechteckförmiger Verlauf. Damit nutzt das Signal die zur Verfügung stehende Bandbreite bestmöglich aus. In reellen Systemen liegt ein Nachrichtensignal vor,
das als Zufallsprozess anzusehen ist. Im Gegensatz zum deterministischen Sonderfall ist
nun das Leistungsdichtespektrum zu ermitteln. Hierzu greifen wir auf die Ergebnisse der
in Kapitel 3 untersuchten Modulationsformen zurück.

Die Herleitung des Leistungsdichtespektrums beginnt bei der Signalbeschreibung im TP–
Bereich mit

$$s_{TP}(t) = \sum_{\nu=0}^{N-1} s_\nu(t)$$

und

$$s_\nu(t) = \sum_{k=-\infty}^{\infty} a_k^{(\nu)} g_\nu(t - kT') \quad .$$

Die Symbole innerhalb eines Zweigs seien statistisch unabhängig, das gleiche gelte auch für die Symbole zwischen den einzelnen Zweigen. Handelt es sich zudem um mittelwertfreie Symbolfolgen, d.h. ist $E\{a_k^{(\nu)}\} = 0$, erhalten wir für die Korrelationskoeffizienten der Folge

$$E\left\{a_k^{*(\nu)} a_l^{(\mu)}\right\} = \begin{cases} E\left\{|a_k^{(\nu)}|^2\right\} & : \quad k = l \text{ und } \mu = \nu \\ 0 & : \quad \text{sonst} \end{cases} \quad .$$

Hiermit erhalten wir in gewohnter Weise die Autokorrelationsfunktion des TP–Signals. In den N Zweigen liegt eine entsprechende Anzahl von Signalanteilen, $s_\nu(t)$ vor, sodass bei der Berechnung der AKF insgesamt die N Autokorrelationsfunktionen und $N^2 - N$ Kreuzkorrelationsfunktionen zu berücksichtigen sind. Wir haben jedoch statistisch unabhängige, mittelwertfreie Symbolfolgen vorausgesetzt, die KKF–Anteile sind somit gleich null. Für die AKF ergibt sich folglich

$$\begin{aligned} R_{S_{TP}}(\tau) &= E\left\{s_{TP}^*(t) s_{TP}(t + \tau)\right\} \\ &= E\left\{\sum_{\nu=0}^{N-1}\sum_{\mu=0}^{N-1} s_\mu^*(t) s_\nu(t + \tau)\right\} \\ &= E\left\{\sum_{\nu=0}^{N-1} s_\nu^*(t) s_\nu(t + \tau)\right\} \\ &= \sum_{\nu=0}^{N-1} R_{s_\nu}(\tau) \quad , \end{aligned}$$

mit der AKF des ν–ten Zweigs

$$R_{s_\nu}(\tau) = E\left\{s_\nu^*(t) s_\nu(t + \tau)\right\} \quad .$$

Diese AKF lässt sich einfach mit Hilfe der bekannten Vorgehensweise ermitteln. Im ν–ten Zweig liegt die Folge $\{a_k^{(\nu)}\}$ vor, der nachrichtentragende Puls ist

$$g_\nu(t) = \Pi\left(\frac{t}{T'}\right) e^{j 2\pi\nu \frac{t}{T'}} \quad .$$

Die gesuchte AKF ist damit durch das Faltungsprodukt aus der AKF des Nachrichtenpulses und der der Symbole gegeben, wie es

$$R_{s_\nu}(\tau) = \frac{1}{T'} R_{g_\nu}(\tau) * \sum_{\ell=-\infty}^{\infty} \alpha_\ell^{(\nu)} \delta(\tau - \ell T')$$

mit

$$\alpha_\ell^{(\nu)} = E\left\{a_k^{*(\nu)} a_{k+\ell}^{(\nu)}\right\}$$

und

$$R_{g_\nu}(\tau) = g_\nu(\tau) * g_\nu^*(-\tau)$$

beschreibt. Die statistische Unabhängigkeit der Symbole untereinander und der Mittelwert, der gleich null ist, führt dazu, dass von der Summe lediglich der Summand für $\ell = 0$ einen Wert ungleich null ergibt. Dieser Wert beschreibt die Leistung der Symbole,

$$\alpha_0^{(\nu)} = \mathrm{E}\left\{\left|a_k^{(\nu)}\right|^2\right\} \quad,$$

und soll zunächst den Wert eins aufweisen. Diese Annahme ist gerechtfertigt, wenn bei der Abbildung Symbole gewählt werden, deren Betrag gleich eins ist, so wie sie bei der BPSK oder QPSK zur Anwendung kommen. Hiermit erhalten wir für die AKF des TP–Signals

$$R_{s_{TP}}(\tau) = \frac{1}{T'} \sum_{\nu=0}^{N-1} g_\nu(\tau) * g_\nu^*(-\tau) \quad.$$

Die AKF ist ein Zwischenschritt zur Berechnung des LDS. Die Fourier–Transformierte von $R_{s_{TP}}(\tau)$ liefert mit $g_\nu(\tau) \longleftrightarrow G_\nu(f)$ das gewünschte mittlere Spektrum des OFDM–Signals im TP–Bereich,

$$S_{TP}(f) \equiv S_{s_{TP}}(f) = \frac{1}{T'} \sum_{\nu=0}^{N-1} \left|G_\nu(f)\right|^2 \quad.$$

Hierin stellt

$$G_\nu(f) = \frac{1}{F}\,\mathrm{si}\left(\pi\left(\frac{f}{F} - \nu\right)\right)$$

die Frequenzfunktion des ν–ten Nachrichtenpulses mit dem Zusammenhang $FT' = 1$ dar. Bild 5.7 zeigt den Verlauf des resultierenden Leistungsdichtespektrums. Es liegt ein nahezu rechteckförmiger Frequenzverlauf vor, im Bereich der Flanken sind Oszillationen zu erkennen. Diese finden ihren Ursprung im si^2–Verlauf der AKF. Im Vergleich zum si–förmigen Verlauf, den wir bei der deterministischen Betrachtung vorliegen haben, klingen die Oszillationen im LDS schneller ab. Im Bereich 0 bis NF liegen jedoch stärkere Abweichungen von dem konstanten Wert vor, die sich bei dem si–förmigen Verlauf wegen seines Einsatzes als Interpolationsfunktion nicht so ausgeprägt ergeben. Es zeigt sich jedoch, dass die praktische Bandbreite des OFDM–Signals NF ist.

Bei näherer Betrachtung von Bild 5.7 ergibt sich nun die Frage, wie sich der Überfaltungsfehler oder Aliasing–Effekt auswirkt. Das Spektrum ist nicht auf NF begrenzt, das Signal wird jedoch, um die Vorteile der DFT auszunutzen, mit $f_A = NF$ abgetastet. Die Abtastung im Zeitbereich bewirkt ein periodisches Fortsetzen der Frequenzfunktion des zeitkontinuierlichen Signals im Abstand f_A. Auf dieses Signal angewendet erhalten wir eine Überlappung benachbarter Spektralanteile, d.h. die Anteile unterhalb der Frequenz 0 und oberhalb von NF führen zu Überlagerungen. Nehmen wir einen Kanal mit der Frequenzfunktion

$$\mathrm{si}\left(\pi\frac{f - \nu F}{F}\right) = \mathrm{si}\left(\pi\left(\frac{f}{F} - \nu\right)\right)$$

und tasten diese mit der Rate $f_A = NF$ ab, erhalten wir

$$\mathrm{si}\left(\pi\left(\frac{f}{F} - \nu - \mu N\right)\right) \quad.$$

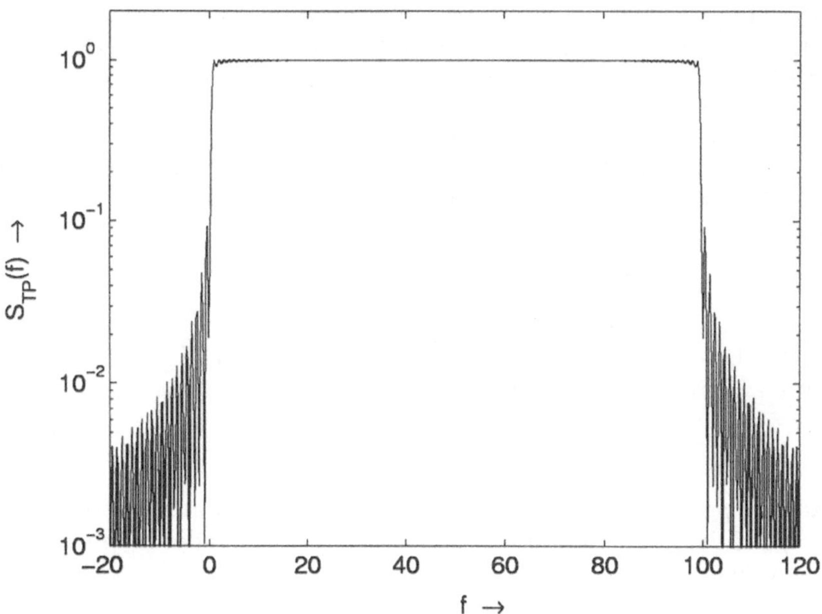

Bild 5.7 LDS eines OFDM–Signals mit $F = 1$, $T' = 1$ und $N = 100$

Wir erkennen, dass sich die Überlagerung wegen der Orthogonaltätsbedingung nicht auswirkt. In den Punkten 0, F, $2F$, $\cdots$, $(N-1)F$ auf der Frequenzachse tritt der Aliasing–Effekt nicht auf, die Betrachtung der zeitdiskreten Signale führt zu keiner Beeinträchtigung. Weiter unten ist eine Maßnahme gegen die Überfaltung aufgeführt. Mit dem Hinzufügen von Nullelementen zu Beginn der Periode im Symbolbereich lässt sich eine Überabtastung erzielen.

5.3.2 Der Demodulator

Wir haben festgestellt, dass die Methoden der DFT für den Modulator angewendet werden können. Es liegt somit nahe, auch den Demodulator hiermit zu beschreiben. Das empfangene Signal, $r(t)$, setzt sich zusammen aus dem gesendeten OFDM–Signal $s(t)$ und sei lediglich durch AWGN gestört. Es gelangt am Empfangsort zunächst zu einer Mischstufe, die die Umsetzung in den Tiefpassbereich durchführt. Das TP–Signal, $r_{TP}(t)$, wird anschließend durch einen Analog–Digital–Umsetzer mit der Abtastrate $f_A = NF = 1/T$ in den zeitdiskreten Bereich überführt. Wie bei der Signalbeschreibung im Modulator setzt sich das zeitdiskrete Empfangssignal durch Komponenten nach

$$r_{TP}(\ell T) \equiv r_{TP}(\ell) = \sum_{k=-\infty}^{\infty} r_k(\ell)$$

zusammen. Die einzelnen Summanden sind durch

$$r_k(\ell) = s_k(\ell) + n_k(\ell)$$

gegeben und repräsentieren die gesendeten Signalkomponenten, die durch die Rauschterme $n_k(\ell)$ gestört sind. Bild 5.2 zeigt die grundlegende Struktur eines Demodulators für eine lineare Modulationsart. Diese in den zeitdiskreten Bereich verlagert stellt die Ausgangssituation dar. Das vorliegende TP-Signal liegt an jedem der N Zweige vor, der μ-te Zweig fügt den Unterträger der Frequenz $\mu F = \mu/T' = \mu/NT$ hinzu. Es liegt entweder ein signalangepasstes Filter oder ein Korrelator vor. Soll sich die Korrelationszeit sich von 0 bis NT erstrecken, ist für das Filter die Impulsantwort

$$g(\ell) = \begin{cases} 1 & : \quad \ell = 0, 1, 2, \cdots, N-1 \\ 0 & : \quad \text{sonst} \end{cases}$$

zu wählen. Dies bewirkt lediglich eine Grundverzögerung um $T'/2$ und hat weiter keine Auswirkungen auf das Ergebnis. Damit betrachten wir

$$\rho_k^{(\mu)}(\ell) = r_k(\ell)\, e^{-j 2\pi \frac{\mu\ell}{N}} * g(-\ell) \quad ,$$

das das Signal im μ-ten Zweig hinter dem signalangepassten Filter darstellt. Die zeitdiskrete Faltung und damit die Summe berücksichtigt N aufeinander folgende Abtastwerte, sodass wir zum Zeitpunkt NT

$$\begin{aligned} \rho_k^{(\mu)} \equiv \rho_k^{(\mu)}(NT) &= \sum_{\ell=0}^{N-1} r_k(\ell)\, e^{-j 2\pi \frac{\mu\ell}{N}} \\ &= \sum_{\ell=0}^{N-1} s_k(\ell)\, e^{-j 2\pi \frac{\mu\ell}{N}} + \sum_{\ell=0}^{N-1} n_k(\ell)\, e^{-j 2\pi \frac{\mu\ell}{N}} \end{aligned}$$

vorliegen haben. Dies ist zudem der Signalanteil, der über den Austaster dem Entscheider zugeführt wird. Mit dem Zusammenhang für die Rauschkomponenten

$$n_k(\ell) = \sum_{\mu=0}^{N-1} \varrho_k^{(\mu)}\, e^{j 2\pi \frac{\mu\ell}{N}} \quad , \qquad \ell = 0, 1, \cdots, N-1$$

$$\begin{array}{c} \uparrow \\ \text{DFT} \\ \downarrow \end{array}$$

$$\varrho_k^{(\mu)} = \frac{1}{N} \sum_{\ell=0}^{N-1} n_k(\ell)\, e^{-j 2\pi \frac{\mu\ell}{N}} \quad , \qquad \mu = 0, 1, \cdots, N-1$$

ergibt sich letztlich für die Korrelationsergebnisse in den einzelnen Zweigen

$$\rho_k^{(\mu)} = N a_k^{(\mu)} + N \varrho_k^{(\mu)} \quad .$$

Das Ergebnis ist die Überlagerung der gesendeten Komponenten und der Einflüsse des Rauschsignals im Symbolbereich. Dieses Ergebnis zeigt, dass auch im OFDM-Demodulator die Stufe mit den Produktmodulatoren und der Korrelation für einen rechteckförmigen Grundpuls realisierbar ist. Dies umgesetzt mündet in der Struktur, die Bild 5.8 zeigt. Hierin werden die seriell übertragenen Elemente im Signalbereich zunächst einer S/P-Wandlung unterzogen. Am Eingang der FFT-Stufe liegen damit die N Elemente einer Periode vor, die anschließend in den Symbolbereich transformiert werden.

Diese wiederum N Elemente sind wie oben dargelegt durch $\rho_k^{(\mu)}$ gegeben. Die weitere Vorgehensweise ist bekannt. Da es sich um gesendete Elemente handelt, die durch AWGN gestört sind, erhalten wir durch Vergleich der empfangenen und transformierten Elemente mit vorgegebenen Entscheiderschwellen einen Schätzwert für die getragenen Nachrichtensymbole. Nach der inversen Abbildung und anschließender P/S-Wandlung liegt der übertragene Bitstrom mit möglichen Fehlern behaftet am Ausgang des OFDM-Demodulators vor.

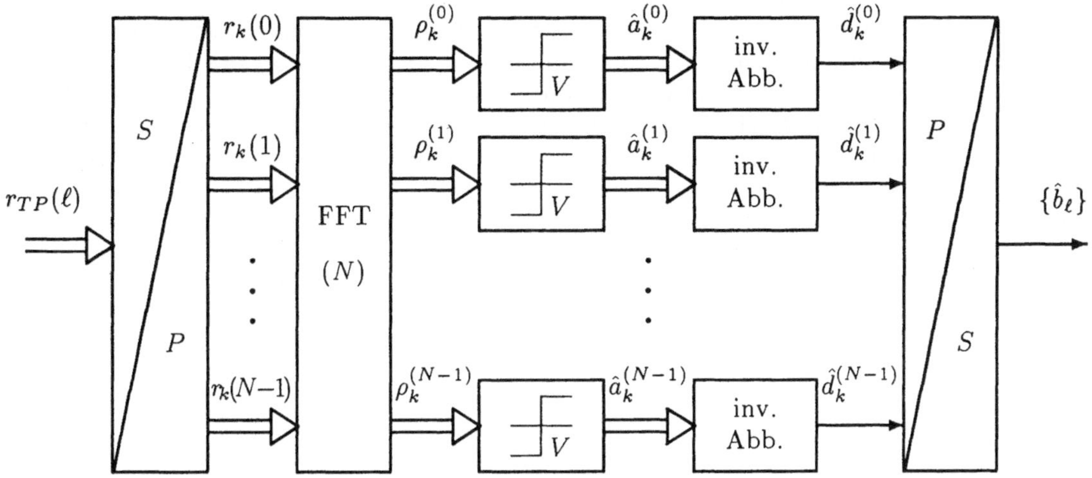

Bild 5.8   TP-Teil des OFDM-Demodulators

5.3.3 Zyklische Sequenzerweiterung

Bei der Einführung der DFT und IDFT haben wir erkannt, dass unter Einhaltung der Orthogonalitätsbedingung die aufwendigen Mischstufen durch FFT- und IFFT-Stufen ersetzt werden konnten. Dies führte zu einer beachtlichen Abnahme der Komplexität sowohl auf Modulator- wie auch auf Demodulatorebene. Die DFT setzt jedoch voraus, dass in beiden Bereichen periodische Vorgänge mit einer gleichen Anzahl von Elementen pro Periode vorliegen. Beide Sequenzen, d.h. die im Signal- und die im Symbolbereich, sind zudem als unendlich lang vorausgesetzt, die periodische Fortsetzung ist unbegrenzt. Dies wird bei der Anwendung der diskreten Fourier-Transformation als gegeben hingenommen, unabhängig davon, ob diese in Form der FFT implementiert ist oder nicht. Die Elemente im Signalbereich werden mit der Rate $1/T = f_A$ ausgesendet. Als Kanal steht in vielen Fällen ein Mobilfunkkanal zur Verfügung, ein Faktor, der dessen Verhalten beschreibt, ist die Kohärenzbandbreite. Der Kehrwert hiervon ist die Mehrwegeverbreiterung des Zeitsignals und kann als Kanalgedächtnis interpretiert werden. Die gesendeten OFDM-Symbole, d.h. ein Block mit N Elementen, liegen im Signalbereich vor und gelangen über mehrere Pfade zum Empfänger, der Laufzeitunterschied zwischen der ersten Signalkomponente und der letzten ist die Dauer des Kanalgedächtnisses. Mit dieser Dauer kann die Länge eines Zeitfensters angegeben werden, auf der die periodischen Vorgänge mindestens zu beschränken sind. Sämtliche Signalkomponenten innerhalb dieses Zeitfensters weisen damit ein periodisches Verhalten auf, das die Anwendung der DFT voraussetzt. Wie die einzelnen Komponenten eines OFDM–Systems sich gegenseitig beeinflussen, ist z.B. in [vNp00] nachzulesen. Hierin ist dargelegt, wie die Mehrwegeverbreiterung die Dauer des Schutzintervalls bestimmt und weiter, wie die OFDM–Parameter Bitrate, Bandbreite und Schutzintervall sich auch auf die Implementierung auswirken.

Beginnen wir mit der Betrachtung des Systems, das in den Bildern 5.3 und 5.4 dargestellt ist, um einen Einblick in die zyklische Erweiterung zu erhalten. Hierbei gehen wir davon aus, dass sich innerhalb eines Symbolblocks die Impulsantwort des Kanals nicht wesentlich ändert, der Kanal sogar als zeitinvariant angesehen werden kann. Die zyklische Erweiterung erfolgt nun durch eine zeitliche Dehnung des rechteckförmigen Nachrichtenpulses im Modulator. Im Gegensatz zum bislang betrachteten Fall, bei dem der Puls die Basis T' aufweist, soll er nun um T_p auf die Dauer $T' + T_p = \Delta$ verlängert sein. Der Frequenzabstand sei nach wie vor $F = 1/T'$. Damit erhalten wir für den modifizierten Puls

$$
\begin{aligned}
g_\nu^{(\Delta)}(t) &= \left(\Pi\!\left(\frac{t}{T'}\right) + \Pi\!\left(\frac{t}{T_p}\right) * \delta\!\left(t + \frac{\Delta}{2}\right) \right) e^{j2\pi\nu\frac{t}{T'}} \\[2mm]
&= \begin{cases} e^{j2\pi\nu\frac{t}{T'}} &: \quad -\dfrac{T'}{2} - T_p \le t \le \dfrac{T'}{2} \\[2mm] 0 &: \quad \text{sonst} \quad, \end{cases}
\end{aligned}
$$

dessen Verlauf Bild 5.9 zeigt. Das hochgesetzte "Δ" gibt die Basis der Π–Funktion an, der Term mit dem δ–Impuls repräsentiert die Verschiebung der Erweiterung vor den ursprünglichen Puls. Der Index "ν" steht für den ν–ten Zweig mit der Unterträgerfrequenz ν/T'. Im Verlauf des erweiterten Pulses ist zu erkennen, dass

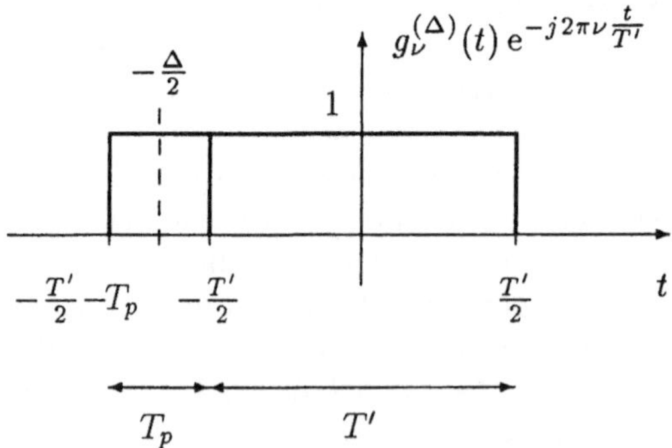

Bild 5.9   Erweiterter Puls mit Basis $\Delta = T' + T_p$

$$
g_\nu^{(\Delta)}(t) = g_\nu^{(\Delta)}(t + T') \qquad \text{für} \quad -\frac{T'}{2} - T_p \le t \le -\frac{T'}{2}
$$

gilt, d.h. es liegt in Δ mehr als eine Periode des jeweiligen Unterträgers vor. Wie zuvor ergibt sich hiermit

$$s_k(t) = \sum_{\nu=0}^{N-1} a_k^{(\nu)} g_\nu^{(\Delta)}(t - k\Delta)$$

$$= \delta(t - k\Delta) * \sum_{\nu=0}^{N-1} a_k^{(\nu)} g_\nu^{(\Delta)}(t)$$

für den k-ten Signalanteil. Am Empfangsort liegt dieser durch die als zeitinvariant angenommene Kanalimpulsantwort $h(t) = h(t, \tau)$ beeinflusst und durch AWGN gestört in der Form

$$r_k(t) = s_k(t) * h(t) + n(t)$$

$$= \delta(t - k\Delta) * h(t) * \sum_{\nu=0}^{N-1} a_k^{(\nu)} g_\nu^{(\Delta)}(t) + n(t)$$

vor. Der Einfachheit halber soll die Herleitung im Basisband erfolgen. $h(t)$ stellt somit die in den TP-Bereich transformierte Impulsantwort des Kanals dar. Im Empfänger liegen Optimalfilter vor, die auf einen rechteckförmigen Puls der Basis $T' = \Delta - T_p$ ausgerichtet sind. Die Impulsantworten der N Zweige sind $g_\nu^*(-t) = g_\nu(t)$, mit

$$g_\nu(t) = g_\nu^{(T')}(t) = \Pi\left(\frac{t}{T'}\right) e^{j2\pi\nu\frac{t}{T'}} \quad .$$

Wir trennen wie zuvor den Nutz- von dem Rauschanteil. Der Nutzanteil besteht aus einem Term, der den k-ten Signalanteil mit dem unverschobenen Puls und der Impulsantwort des Kanals beinhaltet. Der verschobene δ-Impuls bewirkt eine entsprechende Plazierung auf der Zeitachse und soll im weiteren Verlauf nicht ausdrücklich hervorgehoben werden, sodass wir uns auf den Anteil

$$h(t) * \sum_{\nu=0}^{N-1} a_k^{(\nu)} g_\nu^{(\Delta)}(t)$$

zunächst beschränken. Im ν-ten Zweig führt dieser Term zu

$$z_k(t) = g_\nu^*(-t) * h(t) * \sum_{\mu=0}^{N-1} a_k^{(\mu)} g_\mu^{(\Delta)}(t) \quad .$$

Bei der Auswertung der Faltungsintegrale ist die Festlegung der Integrationsbereiche von besonderer Wichtigkeit. Das Schutzintervall T_p wurde eingeführt, um die Kanaleinflüsse, wie etwa Laufzeiten, aufzufangen. Wir haben festgestellt, dass für das Schutzintervall ein Wert größer als die Mehrwegeverbreiterung zu wählen ist. Dies hat Auswirkungen auf die Integrationsgrenzen der Faltung

$$h(t) * \sum_{\mu=0}^{N-1} a_k^{(\mu)} g_\mu^{(\Delta)}(t) = \int_0^{T_p} h(\vartheta) \sum_{\mu=0}^{N-1} a_k^{(\mu)} g_\mu^{(\Delta)}(t - \vartheta) d\vartheta \quad ,$$

die sich auf den Bereich $0 \leq \vartheta \leq T_p$ beschränkt, da außerhalb dieses Bereichs die Impulsantwort des Kanals gleich null ist. Bild 5.10 veranschaulicht diesen Zusammenhang. Das

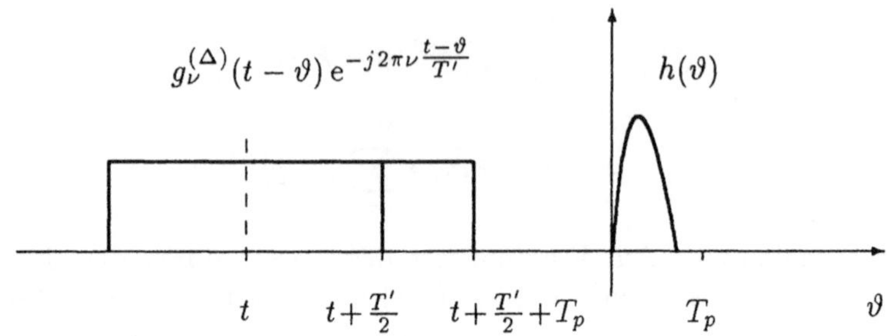

Bild 5.10   Schutzintervall und Mehrwegeverbreiterung

Faltungsergebnis interessiert in diesem Fall zu dem Zeitpunkt, in dem der Einschwingvorgang des Faltungsprodukts abgeschlossen ist, und bevor der Ausschwingvorgang zum
Zeitpunkt $T'/2$ einsetzt. Dieses Zeitintervall ist $-T'/2 \leq t \leq T'/2$, es verbleibt somit
die Auswertzeit T'. Für den Signalanteil ergibt sich dann zum Austastzeitpunkt $T'/2$

$$z_k'(t)\Big|_{t=\frac{T'}{2}} = \int_{-T'/2}^{T'/2} \int_0^{T_p} h(\vartheta) \sum_{\mu=0}^{N-1} a_k^{(\mu)} g_\mu(\tau-\vartheta) g_\nu^*(\tau) d\tau$$

$$= \sum_{\mu=0}^{N-1} a_k^{(\mu)} \int_{-T'/2}^{T'/2} \int_0^{T_p} h(\vartheta) g_\mu(\tau-\vartheta) d\vartheta\, g_\nu^*(\tau)\, d\tau \quad .$$

In dem Ausdruck für $z_k(t)$ erscheint die Π–Funktion der Basis Δ. Nachdem die Schutz-
zeit, die die ISI von vorangegangenen Symbolen beinhaltet, entfernt worden ist, verbleibt
eine Auswertzeit, die der Basis des Originalpulses entspricht. Dies ist in $z_k'(t = T'/2)$
berücksichtigt. Bei der Faltung lieferten die Π–Funktionen die Integrationsgrenzen, das
Doppelintegral reduziert sich damit auf

$$\int_{-T'/2}^{T'/2} \int_0^{T_p} h(\vartheta)\, \mathrm{e}^{j2\pi\mu\frac{\tau-\vartheta}{T'}}\, d\vartheta \cdot \mathrm{e}^{-j2\pi\nu\frac{\tau}{T'}} d\tau =$$

$$= \int_{-T'/2}^{T'/2} \underbrace{\int_0^{T_p} h(\vartheta)\, \mathrm{e}^{-j2\pi\mu\frac{\vartheta}{T'}}\, d\vartheta}_{= H(f)\big|_{f=\frac{\mu}{T'}}} \cdot\, \mathrm{e}^{j2\pi(\mu-\nu)\frac{\tau}{T'}} d\tau$$

$$= H\left(\frac{\mu}{T'}\right) \int_{-T'/2}^{T'/2} \mathrm{e}^{j2\pi(\mu-\nu)\frac{\tau}{T'}} d\tau$$

$$= \begin{cases} T'\, H\left(\frac{\mu}{T'}\right) & : \ \mu = \nu \\ 0 & : \ \text{sonst} \end{cases} \quad .$$

Der innere Integralausdruck stellt die Übertragungsfunktion des innerhalb eines Signalan-
teils $s_k(t)$ zeitinvarianten Kanals dar. Diese Frequenzfunktion wird im Abstand $F = 1/T'$

ausgetastet. Somit erfährt der Unterträger bei der ν-fachen Grundfrequenz eine Beeinflussung durch den komplexwertigen Kanalfaktor

$$H_\nu = H\left(\frac{\nu}{T'}\right) \quad , \qquad \nu = 0, 1, 2, \cdots, N - 1 \quad .$$

Als Kanalfaktor H_ν bezeichnen wir den zum Frequenzpunkt ν/T' ausgetasteten Wert der Kanalübertragungsfunktion $H(f)$. Dies besagt außerdem, dass der ν-te Signalanteil sehr schmalbandig ist und die Einflüsse auf Grund der Übertragungsfunktion sich lediglich durch eine komplexwertige Zahl, den Kanalfaktor, bemerkbar machen. Bei breitbandigen Pulsen liegt eine schmalere Basis vor, eine Trennung von Einschwingphase und eingeschwungener Phase ist nicht mehr ohne weiteres möglich. Das Konzept des Kanalfaktors kann nicht mehr zum Tragen kommen. Im oben stehenden Ausdruck hat der äußere Integralausdruck seinen Ursprung im Optimalfilterempfang. Letztendlich erhalten wir für den Nutzanteil des k-ten Symbolblocks

$$z'_k\left(\frac{T'}{2}\right) = T' H_\nu a_k^{(\nu)} \quad .$$

Der Rauschanteil findet eine entspechende Betrachtung. Wir erkennen sofort das Ergebnis

$$\zeta_k^{(\nu)} = \int_{-T'/2}^{T'/2} n(\tau) g_\nu^*(\tau) d\tau \quad .$$

Als Rauschsignal liegt AWGN vor. Die Zufallsvariable $\zeta_k^{(\nu)}$ weist damit nach Kapitel 4 eine gaußförmige Verteilung mit der Varianz $N_0 T'$ auf. Zusammengefasst ist an dem ν-ten Zweig für jeden k-ten Block die Situation im Symbolbereich

$$\rho_k^{(\nu)} = T' H_\nu a_k^{(\nu)} + \zeta_k^{(\nu)}$$

zu beobachten. Dieser Ausdruck beschreibt das Symbol vor dem Entscheider des ν-ten Zweigs. Es stellt das durch die Übertragungsfunktion des Kanals bei der Frequenz ν/T' gewichtete Sendesymbol $a_k^{(\nu)}$ dar, das zudem durch Rauschen beeinflusst ist.

Wir halten fest, dass durch das Einfügen eines Schutzintervalls sowohl die Symbolinterferenz als auch die Nachbarkanalstörungen wegen schmaler werdender Bandbreite jedes Unterträgers im Idealfall unterdrückt wird. Dieser Vorteil hat jedoch seinen Preis. Der Sendepuls hat die Basis $\Delta = T' + T_p$, wovon im Empfänger ein Teil unterdrückt wird, bevor das Signal zur Auswertung gelangt. Hierdurch erfährt das Signal eine Abschwächung aufgrund der Fehlanpassung von Sende- und Empfangspuls. Es liegt keine optimale Rauschanpassung im Sinne von maximalem S/N-Verhältnis vor (siehe auch [Kam92]). Dies kann man sich an Hand der Kreuzkorrelationsfunktion vergegenwärtigen. Eine Π-Funktion hat die Basis T' und ist zentriert um null, die andere steht auf der Basis $T' + T_p$ und ist zentriert um $-T_p/2$. Die KKF ergibt sich durch die Faltung

$$\begin{aligned}
R_{T'\Delta}(\tau) &= \Pi\left(\frac{\tau}{T'}\right) * \Pi\left(\frac{\tau}{T' + T_p}\right) * \delta\left(t + \frac{T_p}{2}\right) \\
&= \left(T' + \frac{T_p}{2}\right) \Lambda\left(\frac{t + \frac{T_p}{2}}{T' + \frac{T_p}{2}}\right) - \frac{T_p}{2} \Lambda\left(\frac{t + \frac{T_p}{2}}{\frac{T_p}{2}}\right) \quad ,
\end{aligned}$$

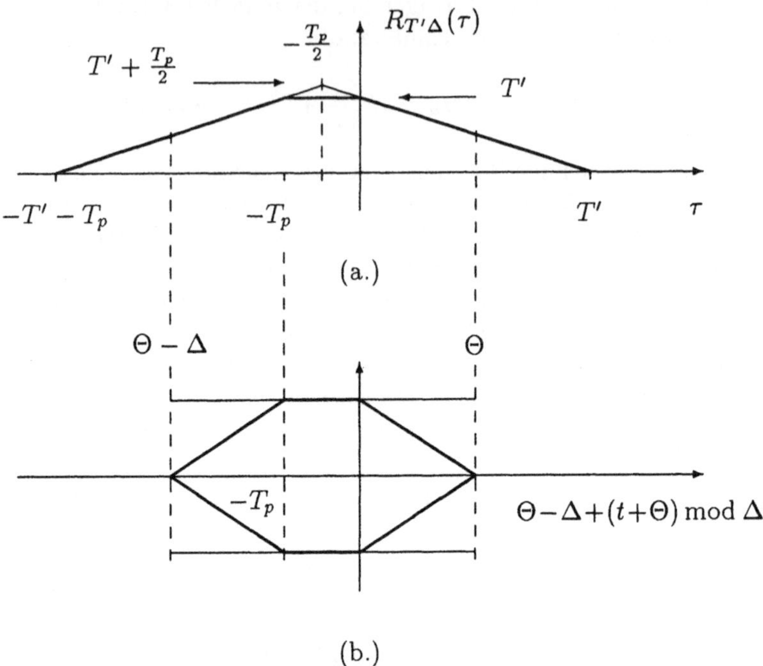

$$(a.)$$

$$(b.)$$

Bild 5.11   (a.) Verlauf der KKF
                 (b.) Augendiagramm für binären Fall

die ausgewertet einen trapezförmigen Verlauf aufweist. Das obere Plateau hat die Ausdehnung $\Delta - T' = T_p$, die Basis ist $2T' + T_p$, die Symmetrielinie liegt bei $-T_p/2$, wie es Bild 5.11 zeigt. Als Maximum der KKF erhalten wir T', was der Energie pro Bit in einem Empfangszweig

$$\int_{-T'/2}^{T'/2} \left|g_\nu^{(T')}(t)\right|^2 dt = T'$$

bei binärer und eindimensionaler Abbildung entspricht. Der Maximalwert der ersten Λ-Funktion ist $T' + T_p/2$, die Auslenkung der zweiten Λ-Funktion mit der Basis T_p ist $T_p/2$. Einen Vorteil bietet der trapezförmige Verlauf. Das nahezu optimale Filter reagiert mit der berechneten KKF auf den empfangenen Puls. Der konstante Verlauf des oberen Plateaus hat ein Augendiagramm zur Folge, das über diese Dauer eine konstante horizontale Öffnung aufweist. Auch dies ist in Bild 5.11 zu sehen. Im Vergleich zum signalangepassten Filter, d.h. für optimale Verhältnisse, ergibt sich sowohl eine horizontale als auch eine vertikale Schließung des Auges. Maßnahmen zu einer möglichst genauen Taktrückgewinnung sind nicht erforderlich, solange die Mehrwegeverbreiterung innerhalb des Schutzintervalls liegt. Die ausgewertete Energie pro Unterkanal ist T', die Leistung bei binärer Übertragung ergibt sich damit zu

$$P = \frac{T'}{\Delta} = 1 - \frac{T_p}{\Delta} \ .$$

Hierin liegt der Nachteil des Schutzintervalls. Es kommt zu einem Leistungsverlust gegenüber dem Empfang mit Optimalfiltern. Dieser ist zurückzuführen auf die Rücknahme des Schutzintervalls. Da die aufgenommene Rauschleistung hiervon unberührt bleibt, nimmt das S/N–Verhältnis entsprechend ab und führt zu einer Zunahme der Fehlerwahrscheinlichkeit pro Zweig und damit des OFDM–Systems. Für eine tiefergehende Diskussion sei auf die Literatur verwiesen. Als weiterfürende Literatur zu diesem Thema ist [Esbl96] zu empfehlen. Hierin ist neben einer Betrachtung des zeitkontinuierlichen Falls auch die des nun folgenden zeitdiskreten Falls enthalten.

Die Implementierung mit der FFT erfolgt im zeitdiskreten Bereich. Auch hier ist eine zyklische Sequenzerweiterung erforderlich, um Intersymbol– und Nachbarkanalinterferenz weitestgehend auszuschließen. Wie bekannt, setzt man bei der DFT periodische Vorgänge voraus, hier im Symbol– und Signalbereich. In Bild 5.6 ist der OFDM–Modulator mit der FFT–Implementierung gezeigt. Die Symbole, die nach der Abbildung nach einem Phasen– oder Amplitudensprungverfahren vorliegen, gelangen zu einer IFFT–Stufe, die den Übergang vom Symbolbereich in den Signalbereich durchführt. Die N Werte liegen im Abtastintervall vor und bilden das OFDM–Symbol. Sie werden sequentiell übertragen. Im Empfänger nach Bild 5.7 erfolgt die Auflösung durch eine FFT–Stufe, d.h. hiermit ist der Übergang von dem Signalbereich zurück in den Symbolbereich realisiert. Die entsprechenden detektierten Werte gelangen nach einer inversen Abbildung über einen P/S–Wandler in ein Abbild des gesendeten Bitstroms. Die Vorzüge der zyklischen Erweiterung können auch im zeitdiskreten Bereich genutzt werden. Hierzu greifen wir auf die bereits erwähnte Tatsache zurück, dass bei der DFT mit N Werten beide Bereiche periodische Vorgänge mit N Elementen pro Periode aufweisen. Bei der Übertragung kann die Periodizität verletzt werden. Um die N Elemente und damit eine vollständig erhaltene, aber durch den Kanal beeinflusste Periode stets wiederzufinden, werden diesen Elementen N_p weitere hinzugefügt, die selbst der Periode entnommen sind. Es liegt dann eine periodische Erweiterung im Signalbereich vor, also nach der IFFT. Die N_p Elemente belegen die Zeit $N_p T'$ und kann als Schutzintervall interpretiert werden.

Der Vorgang der zyklischen Erweiterung geschieht wie folgt: Um die Periodizität über mehr als N Elemente hinweg einzuhalten, fügen wir, wie oben beschrieben, die letzten N_p Elemente der Sequenz mit insgesamt N Elementen dieser Originalsequenz vorweg, d.h. aus der Originalsequenz

$$\left\{ s_k(0),\ s_k(1),\ \cdots,\ s_k(N - N_p - 2),\ s_k(N - N_p - 1),\ \cdots,\ s_k(N - 1) \right\}$$

wird durch teilweises, zyklisches Erweitern

$$\left\{ \underbrace{s_k(N - N_p - 1),\ \cdots,\ s_k(N - 1)}_{N_p\ \text{Elemente}},\ \underbrace{s_k(0),\ s_k(1),\ \cdots,\ s_k(N - 1)}_{N\ \text{Elemente}} \right\} \quad .$$

Die Elemente der erweiterten Sequenz liegen wie die der Originalsequenz jeweils im Abtasttakt, T, vor. Wie nun bekannt, wird die Erweiterung im Empfänger wieder rückgängig gemacht. Hierdurch ergibt sich eine um den Faktor

$$\frac{N}{N + N_p} = 1 - \frac{N_p}{N + N_p}$$

geringere Effizienz des Systems. Ein typischer Wert für N_p ist etwa 10 v.H. von N, sodass hierfür die Effizienz um 9,1 v.H. gegenüber dem Optimalfall reduziert ist. Eine Alternative hierzu ist die zyklische Erweiterung der OFDM–Symbole, also nach der

P/S–Wandlung. Jedes Symbol ist von der Länge M. Nach bekanntem Muster wird diesen Werten eine Länge von L Werten beigefügt, die dem Ende der Originalsequenz entnommen sind. Im Empfänger stehen bei der S/P–Wandlung lediglich die übertragenen OFDM–Symbole ohne zyklische Erweiterung zur FFT und zur weiteren Verarbeitung an. Auch hierbei tritt eine Abnahme der Effizienz auf.

Unabhängig davon, wo die Erweiterung nach den oben beschriebenen Methoden erfolgt, erhalten wir das zeitdiskrete Modell für ein OFDM–System, das mit dem zeitkontinuierlichen Modell übereinstimmt. Das zeitdiskrete Modell basiert auf der DFT, d.h. der IFFT im Modulator und der FFT im Demodulator. Die zyklische Erweiterung wird hinter der IFFT–Stufe eingeführt und vor der FFT–Stufe wieder rückgängig gemacht, sodass sie bei der zeitdiskreten Betrachtung auf dieser Ebene nicht direkt wirksam ist. Mit der Periodizität in den Gedanken kann die Faltung der OFDM–Symbole mit der Impulsantwort des Kanals durch eine periodische Faltung ersetzt werden. Um sie von dem Symbol für ein Faltungsprodukt zu unterscheiden, führen wir " $\tilde{*}$ " ein. Die Faltungssumme erstreckt sich im vorliegenden Fall über N Elemente, wie es

$$
\begin{aligned}
z(n) &= x(n)\tilde{*}y(n) \\
&= \sum_{\nu=0}^{N-1} x(\nu)y(n-\nu)
\end{aligned}
$$

beschreibt. Nach den Darstellungen in Bild 5.6 und 5.8 ist der Zusammenhang zwischen den gesendeten Elementen im Symbolbereich und den empfangenen durch

$$
\begin{aligned}
\rho_k^{(\nu)} &= \mathcal{F}_{DFT}\left\{\mathcal{F}_{DFT}^{-1}\left\{a_k^{(\nu)}\right\}\tilde{*}h_k(\nu) + n(\nu)\right\} \\
&= a_k^{(\nu)}\,\mathcal{F}_{DFT}\left\{h(\nu)\right\} + \mathcal{F}_{DFT}\left\{n(\nu)\right\} \\
&= H_k'^{(\nu)}a_k^{(\nu)} + \zeta_k'^{(\nu)}
\end{aligned}
$$

gegeben. Bei der Übertragungsfunktion liegt eine periodische Frequenzfunktion der Periode $1/T = N/T'$ vor. Auf eine Periode, d.h. den interessierenden Frequenzbereich bezogen, ist mit der oben eingeführten Frequenzfunktion für den zeitkontinuierlichen Fall der Kanalfaktor durch

$$
H_k'^{(\nu)} = T'H\left(\frac{\nu}{T'}\right)
$$

gegeben. Der Rauschanteil, der sich im Symbolbereich bemerkbar macht, ist durch $\zeta_k'^{(\nu)} = \mathcal{F}_{DFT}\left\{n(\nu)\right\}$ repräsentiert und beschreibt das aus dem Signalbereich in den Symbolbereich transformierte AWGN.

5.3.4 Zeit/Frequenz–Darstellung

In [Esbl96] ist eine einprägsame Art der Darstellung zu finden. Diese beschreibt den Zusammenhang zwischen dem Frequenzabstand, Zeitabstand und dem Schutzintervall bei der Zusammensetzung der OFDM–Symbole. Ein serieller Bitstrom wird auf einen Vorgang abgebildet, der sich entlang der Zeitachse und der Frequenzachse erstreckt. Es bietet sich somit eine Darstellung in der Zeit/Frequenz–Ebene an. Ausgehend von dem nachrichtentragenden Puls

$$
g_\nu^{(\Delta)}(t) = \Pi\left(\frac{t}{\Delta}\right)e^{j2\pi\nu Ft}
$$

stellen wir fest, dass ein rechteckförmiger Puls der Basis Δ vorliegt. Dieser enthält neben dem ursprünglichen Intervall T' ein Schutzintervall, T_p, zusammengefügt ergibt dies $\Delta = T' + T_p$. Damit ist der Frequenzabstand gegeben, nämlich $F = 1/(\Delta - T_p) = 1/T'$. Dieser Abstand oder ein ganzzahliges Vielfaches hiervon muss eingehalten werden, um Orthogonalität zu gewährleisten. Bild 5.12 zeigt die sich damit ergebende Zeit/Frequenz–Ebene. Das ν–te Element eines OFDM–Symbols zum Zeitpunkt $k\Delta$ ist durch den Punkt νF entlang der zugehörigen Linie parallel zur Ordinate zu finden. Sämtliche Elemente entlang der Linie zusammengefasst ergeben das k–te OFDM–Symbol. Ein Vergleich der

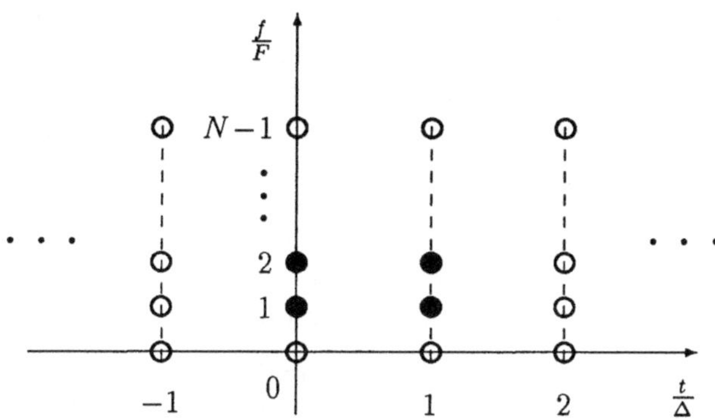

Bild 5.12   Zeit/Frequenz–Ebene

Zeit/Frequenz–Ebene mit der Matrix, die zur Erklärung eines Bündelfehlers eingeführt wurde, macht den Zusammenhang deutlich. Die mit "o" dargestellten Elemente liegen fehlerfrei vor. Schwunderscheinungen in dieser Ebene beeinträchtigen die Elemente, die mit "•" gekennzeichnet sind. Generell treten in dieser Zeit/Frequenz–Ebene Einbrüche durch Schwunderscheinungen auf, die zu den dargelegten Beeinträchtigungen führen. Die Störungen sind zwischen der IFFT und der FFT wirksam. Wenn man bedenkt, dass jeder beliebige Punkt der Transformierten von sämtlichen N Punkten der zu transformierenden Sequenz abhängt, tritt eine Art Verschleierung durch die FFT auf. Jeder Punkt nach der Transformation trägt nur einen Teil der Störung. Die oben aufgeführten Betrachtungen beruhen auf der Annahme, dass es sich um einen nichtzeit– und nichtfrequenzselektiven Fall handelt. Die Dauer Δ muss unterhalb der Kohärenzbandbreite, der Frequenzabstand F unterhalb der Kohärenzzeit bleiben. Im Zeitbereich bedeutet dies einen möglichen Signaleinbruch, dessen Dauer ein Symbolintervall oder besser ein Vielfaches hiervon nicht unterschreitet. Im Frequenzbereich soll der Frequenzabstand geringer als die Kohärenzbandbreite sein. In vielen Fällen aus der Praxis ist dies eine eher anzutreffende Beeinträchtigung. Die Kohärenzbandbreite ist definiert als der Kehrwert der Mehrwegeverbreiterung. Da das Schutzintervall größer als diese Zeitgröße sein soll und das Schutzintervall selbst nur bis zu 20 v.H. der ursprünglichen Symboldauer ist, kann davon ausgegangen werden, dass die Bedingungen eingehalten werden, die sich durch die Vergleiche mit der Kohärenzbandbreite und der Kohärenzzeit ergeben. Hierbei ist zu bedenken, dass die OFDM–Symboldauer bei binären Modulationsschemas, wie z.B. BPSK, um den Faktor N größer ist als das Bitintervall des seriellen Bitstroms am Eingang des OFDM–Modulators.

5.4 Modulationsschema der Unterträger

Bislang habe wir uns noch nicht der Frage gewidmet, wie die aufgeteilten Binärstellen auf Symbole abgebildet werden sollen. Eine Möglichkeit ist die Kombination aus ASK und PSK mit Signalkonstellationen, bei denen die Punkte auf konzentrischen Kreisen liegen. Bei der weiteren Betrachtung beschränken wir uns auf ein PSK–Verfahren. Zudem ist angesichts der Tatsache, dass viele Unterträger vorliegen, der Wunsch nach einer möglichst einfachen Implementierung naheliegend. Bei kohärenter Demodulation ist eine Trägerrückgewinnung erforderlich, die mit nichtlinearen Systemen erzielbar ist. So dient ein Quadrierer mit anschließender BP-Filterung und Frequenzhalbierung dazu, die momentane Trägerphase dem BPSK–Signal zu entnehmen. Bei QPSK–Signalen verfährt man ähnlich. Nach der Erhebung des Signals in seine vierte Potenz wird der Anteil bei der vierfachen Trägerfrequenz herausgefiltert und durch vier dividiert. Auch hier liegt ein Schätzwert der tatsächlichen Trägerfrequenz vor, die jedoch eine Mehrdeutigkeit der Phase um $\pi/2$ beinhaltet. Eine genaue Rückgewinnung der Phase ist folglich nicht möglich. Bei der Verwendung einer differentiellen Codierung tritt dieser Effekt nicht auf. Im vorliegenden Fall geschieht dies im Symbolbereich, also vor der IFFT im Modulator und im Anschluss an die FFT im Demodulator.

Eine genaue Herleitung soll hier nicht durchgeführt, sondern lediglich die Zusammenhänge aufgezeigt werden. Ausgehend von einer PSK sind die Symbole in der Form

$$a_k^{(\nu)} = \mathrm{e}^{j\varphi_k^{(\nu)}}$$

vorzufinden. Liegt eine differentielle Codierung vor, besteht eine Beeinflussung des aktuellen, akkumulierten Phasenwerts, $\phi_k^{(\nu)}$, von dem vorigen durch den Phasenwert des zu codierenden Symbols, wie es

$$
\begin{aligned}
\phi_k^{(\nu)} &= \phi_{k-1}^{(\nu)} + \varphi_k^{(\nu)} \\
&= \sum_{\kappa=-\infty}^{k} \varphi_\kappa^{(\nu)}
\end{aligned}
$$

beschreibt. Wie bei der BPSK dargelegt, lässt sich die differentielle Codierung leicht durch eine Multiplikation des aktuellen Symbols mit dem zuletzt codierten realisieren,

$$b_k^{(\nu)} = b_{k-1}^{(\nu)} \cdot a_k^{(\nu)} \quad ,$$

mit

$$b_k^{(\nu)} = \mathrm{e}^{j\phi_k^{(\nu)}} \quad .$$

Es liegt eine Rekursionsbeziehung vor. Die Codesequenz, $b_k^{(\nu)}$, wird anschließend einer IFFT unterzogen. Im Demodulator beobachten wir nach der FFT das durch Kanaleinflüsse und Rauschen beeinflusste Symbol

$$
\begin{aligned}
\rho_k^{(\nu)} &= H_k'^{(\nu)} b_k^{(\nu)} + \zeta_k'^{(\nu)} \\
&= \left| H_k'^{(\nu)} \right| \mathrm{e}^{j\left(\phi_k^{(\nu)} + \theta_k^{(\nu)}\right)} + \zeta_k'^{(\nu)} \quad .
\end{aligned}
$$

Wir erkennen, dass der Kanalfaktor sowohl den Betrag des gesendeten Symbols als auch die Phase beeinträchtigt. Um an die getragene Phase zu gelangen, ist im Decodierer wieder eine Multiplikation erforderlich, hier die Produktbildung des empfangenen Symbols, $\rho_k^{(\nu)}$, und dessen konjugiert komplexen Vorgänger, $\rho_{k-1}^{*(\nu)}$. Für den rauschfreien Fall ergibt dies

$$\begin{aligned}
\alpha_k^{(\nu)} &= \left.\rho_k^{(\nu)}\rho_{k-1}^{*(\nu)}\right|_{\zeta_k'^{(\nu)}=0} \\
&= \left|H_k'^{(\nu)}H_{k-1}'^{(\nu)}\right|e^{j\left(\varphi_k^{(\nu)}+\theta_k^{(\nu)}-\theta_{k-1}^{(\nu)}\right)} \quad .
\end{aligned}$$

Unter Berücksichtigung des Rauschanteils überlagert sich $\alpha_k^{(\nu)}$ der Signalanteil

$$\beta_k^{(\nu)} = H_k'^{(\nu)}b_k^{(\nu)}\zeta_{k-1}'^{*(\nu)} + H_{k-1}'^{*(\nu)}b_{k-1}^{*(\nu)}\zeta_k'^{(\nu)} + \zeta_k'^{(\nu)}\zeta_{k-1}'^{*(\nu)} \quad ,$$

sodass zusammengefasst die Entscheidungsgröße

$$\gamma_k^{(\nu)} = \alpha_k^{(\nu)} + \beta_k^{(\nu)}$$

vorliegt. Im rauschfreien Fall, d.h. für $\alpha_k^{(\nu)}$, liegt die zu detektierende Phase vor, die allerdings durch die Phasenstörung des Kanals, $\theta_k^{(\nu)}-\theta_{k-1}^{(\nu)}$, beeinträchtigt ist. Zusätzlich erfährt das Symbol eine Beeinflussung im Betrag durch $|H_k'^{(\nu)}H_{k-1}'^{(\nu)}|$. Die Phasenstörung ist abhängig von frequenzdispersiven bzw. zeitselektiven Schwunderscheinungen, die durch den Doppler–Effekt hervorgerufen werden. Die Kohärenzzeit entspricht dem Kehrwert der maximalen Doppler–Frequenz, mit diesem Wert sind Zeitgrößen, wie etwa Symbolintervalle zu vergleichen. Um abzuschätzen, in welchem Maß Schwunderscheinungen vorliegen, vergleicht man die Symboldauer mit der Kohärenzzeit. Starke Störungen liegen vor, wenn die Symboldauer um einiges größer ist als die Kohärenzzeit. Wir nehmen eine geringe Doppler–Frequenz an, damit sind die Phasenstörungen in gewissem Maß vernachlässigbar und das Argument von $\alpha_k^{(\nu)}$ trägt im wesentlichen die zu detektierende Phase. Der Betrag ist jedoch stark abhängig von $|H_k'^{(\nu)}H_{k-1}'^{(\nu)}|$, was zu folgender Überlegung führt. Ohne auf eine Herleitung der Fehlerwahrscheinlichkeit einzugehen, erkennen wir den Einfluss des Kanalfaktors. Ist dessen Betrag näherungsweise gleich eins, liegt nach [Pro89] eine Leistungsfähigkeit für diesen Unterträger vor, die etwa 3 dB unterhalb derer von kohärenter PSK–Demodulation liegt, eine entsprechend hohes E_b/N_0–Verhältnis vorausgesetzt. Mit abnehmendem $|H_k'^{(\nu)}|$ nimmt die Fehlerwahrscheinlichkeit zu, da $\alpha_k^{(\nu)}$ gegen null strebend abnimmt, $\beta_k^{(\nu)}$ sich jedoch dem minimalen Anteil $\zeta_k'^{(\nu)}\zeta_{k-1}'^{*(\nu)}$ nähert. Aus diesem Grund ist durch Beobachten der Güte der einzelnen Zweige gegebenenfalls ein Zweig mit hoher Fehlerwahrscheinlichkeit kurzzeitig nicht verwendbar.

Bei der QPSK können Phasensprünge um $\pm\pi$ auftreten, die zu einem Nulldurchgang und damit zu einem kurzzeitigen Einbruch der Einhüllenden führen. Wie bei der Behandlung dieser Modulationsart in Kapitel 4 dargelegt, führt dies oft zu massiven Einbrüchen, besonders nach einer BP–Filterung. Eine Möglichkeit, dies zu vermeiden, ist die Einführung eines Zwischenschritts, was bei der DQPSK häufig zum Einsatz kommt. Ein symmetrischer Signalraum einer vierstufigen PSK besteht aus den vier Punkten $\{1, j, -1, -j\}$, ein weiterer ist $\sqrt{2}/2\{1+j, -1+j, -1-j, 1-j\}$. In beiden Fällen trägt jeder Punkt

ein Dibit, die Signalräume unterscheiden sich in einer Drehung um $\pi/4$. Diese beiden
Konstellationen werden nun überlagert. Es mag zunächst der Eindruck entstehen, dass
eine 8–PSK mit einer entsprechend schlechteren Leistungsfähigkeit gegenüber der QPSK
vorliegt, dies trifft jedoch nicht zu. Zur Codierung steht nämlich nur eine der beiden
Konstellationen zur Verfügung, zwischen denen zu wählen ist. Damit ergeben sich vier
Punkte mit jeweils einem Dibit, es handelt sich folglich um eine vierstufige PSK. Zwischen
den Konstellationen wird nun in Abhängigkeit von der Ordinalzahl der zu codierenden
Dibits gewechselt, wie es

$$\{1,\, j,\, -1,\, -j\} \qquad \text{für} \quad \cdots -2.,\, 0.,\, 2.,\, 4.\cdots \text{Dibit}$$

$$\frac{\sqrt{2}}{2}\{1+j,\, -1+j,\, -1-j,\, 1-j\} \qquad \text{für} \quad \cdots -1.,\, 1.,\, 3.,\, 5.\cdots \text{Dibit}\ .$$

angibt. Durch die zusätzliche Drehung um $\pi/4$ vermeidet man bei der DQPSK
Durchgänge durch den Ursprung des Signalraums und damit kurzzeitige, deutliche Einbrüche der Einhüllenden.

Die Verschachtelung von Signalkonstellationen kann auch in einer gänzlich anderen Art
und Weise genutzt werden. So ist auf der einen Seite bei digitalen Übertragungssystemen eine Kanalcodierung zur Fehlererkennung und –korrektur notwendig, auf der
anderen Seite zudem eine Signalcodierung in Form der Abbildung von Signalen der lo-
gischen Ebene in die Signalebene. Mitte der siebziger Jahre schlug J.L. Massey mit
[Mas74] eine Kombination beider unterschiedlicher Codierungsarten vor. Diese Idee griff
G. Ungerböck später auf und entwickelte hieraus eine neuartige Codierungsart mit der
Bezeichnung trelliscodierte Modulation, kurz TCM (siehe [Ung82]). Einen ähnlichen
Vorschlag veröffentlichten H. Imai und S. Hirakawa mit [Imh77], der jedoch nicht die
Aufmerksamkeit fand, die er verdient hätte. Als eine Einführung in dieses Thema und
auch als weiterführende Literatur ist [Bdms91] zu nennen.

TCM stellt die Kombination von Codierung und Modulation dar, sie ist eine Vereinigung
zweier Pfade der digitalen Nachrichtentechnik. Bei der herkömmlichen Vorgehensweise
fügt ein Codierer dem informationstragenden[3] Signal Redundanz zu, die Datenrate und
hiermit die Bandbreite des modulierten Signals werden erhöht. Sind für die Bandbreite
Grenzen gesetzt, ist wegen der erforderlichen fehlerkorrigierenden Codierung ein anderer
Weg einzuschlagen. Anstelle der Bandbreite wird die Wertigkeit erhöht, eine QPSK ist
dann etwa in eine 8–PSK zu erweitern. TCM kombiniert die Wahl eines höherwertigen
Modulationsschemas mit der eines Faltungscodes. Im Empfänger ersetzt die Kombination aus Demodulation und Decodierung in einem Schritt die Demodulation mit nach-
folgender Decodierung. Ein Beispiel soll dies verdeutlichen, zur tiefergreifenden Lektüre
ist [Cyc81] zu empfehlen. Ein 2/3–raten Faltungscodierer erzeugt für eine zu codierende
Binärstelle der informationstragenden Sequenz zwei Binärstellen der kontinuierlichen codierten Sequenz. Die Bitrate wird hierbei um den Faktor 3/2 erhöht. Zur Übertragung
der uncodierten Sequenz soll aus Gründen der Bandbreite eine QPSK gewählt sein. Jeder
Punkt trägt damit zwei Binärstellen, die Zuordnung ist durch die Abbildungsvorschrift
gegeben. Nach der Codierung trägt jedes Tribit ein Dibit als Information und ein Bit als
Redundanz. Um die Bandbreite nicht zu erhöhen, ist eine Konstellation erforderlich, in

---

[3]Zuvor war stets von nachrichtentragenden Signalen die Rede, die Information und möglicherweise
Redundanz trugen. Bei der Betrachtung von Codierern wird nun zwischen diesen Größen unterschieden.

der jeder Punkt drei Binärstellen trägt. Da eine 8–PSK diese Anforderung erfüllt, ist der
Schritt von der ursprünglichen QPSK ohne Codierung zur 8–PSK mit Codierung nach-
vollziehbar. Beide Signale belegen die gleiche Bandbreite, zudem ist eine Erhöhung der
Signalleistung nicht erforderlich. Der Codegewinn durch den Faltungscodierer führt trotz
gleichbleibender Leistung zu einem TCM–Gewinn ohne Kosten auf seiten der Bandbreite.
Bild 5.13 zeigt das verallgemeinerte Modell der trelliscodierten Modulation. Die anliegen-

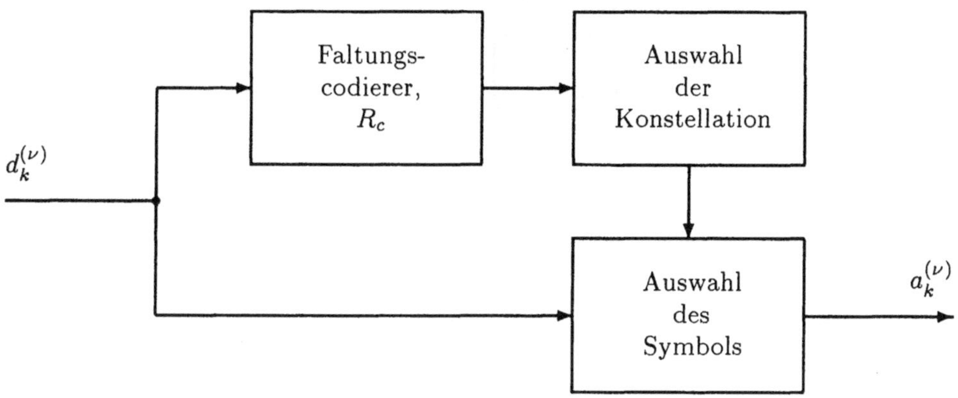

Bild 5.13   Verallgemeinertes Modell der TCM

de Informationssequenz gelangt zum Faltungscodierer mit der Coderate R_c und zugleich
zum Block, der die Auswahl des Symbols in der gewählten Konstellation trifft. Der Faltungscodierer wird zur Auswahl der Konstellation benötigt, die ineinander verschachtelt
sind. Zur graphischen Darstellung bietet sich wieder ein Trellisdiagramm an. Hierin sind
die Zustände des Codierers aufgeführt. Jeder Zustand ändert sich in Abhängigkeit von
den Bits der Informationssequenz, Pfade geben die Zustandsänderungen an und sind mit
den Reaktionen des Codierers gekennzeichnet.

Folgendes Beispiel soll das Prinzip erläutern. Nach Bild 5.14 wird die Informationssequenz aufgeteilt. Bits mit einer geraden Kardinalzahl gelangen direkt zum Ausgang des
TCM–Codierers, Bits mit einer ungeraden Kardinalzahl zu einem Faltungscodierer mit
$R_c = 1/2$. Dieser überführt ein Bit der aufgeteilten Informationssequenz in ein Dibit
der Code- bzw. Nachrichtensequenz. Ein Dibit der Informationssequenz resultiert nach
der Codierung in einem TCM–Tribit. Die Sequenzen liegen in der logischen Ebene vor.
Um sie zu beschreiben, bedienen wir uns der Modulo–2–Arithmetik. Das Bit d_1 gelangt
direkt zum Ausgang, d_2 durchläuft den oberen Teil des Faltungscodierers und resultiert
in

$$a_2(n) = d_2(n) + d_2(n-1) + d_3(n-2) \quad .$$

Gleichzeitig ergibt d_2 durch den unteren Teil das dritte codierte Bit,

$$a_3(n) = d_2(n) + d_2(n-2) \quad .$$

Trelliscodierte Modulation greift auf Faltungscodierer zurück, die einfach mit dem Konzept der Impulsantwort zu beschreiben sind. Der Begriff der Impulsanwort ist in diesem

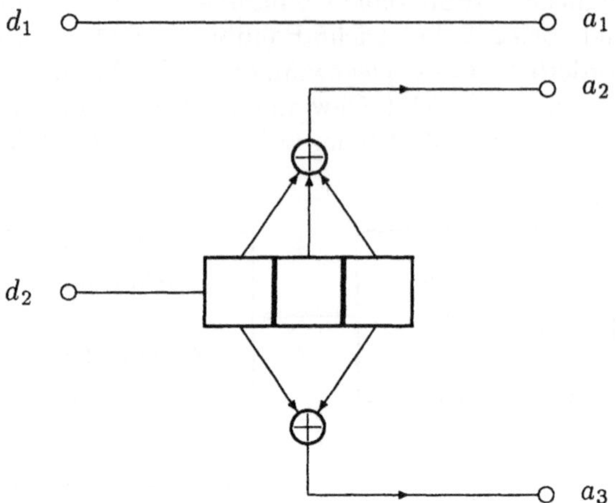

Bild 5.14   TCM mit 1/2–raten Faltungscodierer

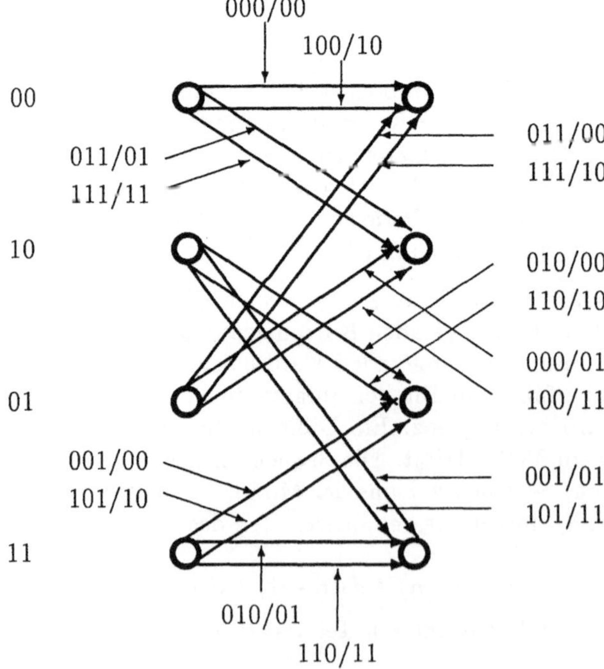

Bild 5.15   Trellisdiagramm

Kontext erweitert zu betrachten. Wenn man davon ausgeht, dass bei LTI–Systemen nur eine impulsartige Erregung vorliegt, verhält es sich in der logischen Ebene anders. Der vorliegende 1/2–raten Faltungscodierer überführt ein Bit, das am Eingang anliegt, in ein Dibit am Ausgang. Wir gehen von dem Nullzustand des Codierers aus, d.h. die Speicherinhalte der Verzögerungsleitung sind gleich null. Jedes anliegende Bit durchläuft den Codierer in drei Schritten und erzeugt drei Dibits an dessen Ausgang. Ein Bit mit den Möglichkeiten 0 und 1 resultiert in

$$0 \quad \rightarrow \quad 00 \quad 00 \quad 00$$
$$1 \quad \rightarrow \quad 11 \quad 10 \quad 11$$

und stellt eine Art Impulsantwort im logischen Bereich dar. Ist die logische Eins in der ersten Stufe der Verzögerungsleitung, ist am Ausgang das erste Dibit, 11, zu bebachten. Nachdem die Eins in die mittlere Stufe vorgerückt ist, liegt am Ausgang das zweite Dibit, 10, an. Für die letzte Position ergibt sich 11. Höherwertige Codierer werden mit Bitgruppen erregt, die G_e Binärstellen beinhalten. Die Verarbeitung erfolgt gruppenweise, es durchlaufen jeweils Gruppen von G_e Binärstellen die Verzögerungsleitung, wobei jeder Schritt der Länge der Gruppe entspricht. Hieraus ergeben die Verknüpfungen $G_a > G_e$ Ausgangselemente. G_e Stellen am Eingang resultieren in G_a Stellen am Ausgang, es liegt ein Faltungscodierer der Rate

$$R_c = \frac{G_e}{G_a}$$

vor. Mit G_e Stellen lassen sich 2^{G_e} Möglichkeiten der Erregung darstellen. Diese zusammengefasst stellen die Art der "impulsförmigen" Erregung dar. Im betrachteten Beispiel ist $G_e = 1$ und $G_a = 2$. Mit den ermittelten Antworten auf die begrenzte Anzahl von Situationen am Eingang lässt sich die Reaktion des Codierers auf eine Eingangssequenz leicht ermitteln. Nehmen wir an, die zu codierende Sequenz sei $\{1, 0, 1, 1\}$. Damit erhalten wir mit

$$
\text{Informationssequenz} \begin{cases}
1 & 11 \quad 10 \quad 11 \\
0 & \quad 00 \quad 00 \quad 00 \\
1 & \quad\quad 11 \quad 10 \quad 11 \\
1 & \quad\quad\quad 11 \quad 10 \quad 11 \\
\hline
 & 11 \quad 10 \quad 00 \quad 01 \quad 01 \quad 11
\end{cases}
$$

$$\underbrace{}_{\text{codierte Sequenz}}$$

auf einfachem Weg die Sequenz am Ausgang des Codierers. Die linke Spalte beinhaltet die zu codierende Sequenz, die Modulo–2–Addition der Teilantworten gibt die Codesequenz an. Wir erkennen eine Einschwingphase, einen eingeschwungenen Zustand und eine Ausschwingphase. Die linken beiden Dibits der Summe gehören zur erstgenannten, das dritte und vierte zum eingeschwungenen Zustand. Der Grund liegt in der Anzahl der Dibits, die die Summe ergeben. Bei einem Dibit liegt erst das erste Bit der Eingangssequenz in der Verzögerungsleitung vor, bei zwei Dibits sind zwei Bits eingedrungen. Diese verdrängen die Nullen des Nullzustands aus den Speichern. Liegt kein Bit des Nullzustands mehr vor, ist der eingeschwungene Zustand erreicht. Gleiches gilt für die Ausschwingphase. Bei der Durchführung sind Ähnlichkeiten mit der Faltungsalgebra erkennbar. Aus diesem Grund spricht man in diesem Zusammenhang von Faltungscodierern.

Diese Betrachtungsweise auf den Trelliscodierer angewendet ergibt für die angenommene Eingangssequenz $\{01,\ 00,\ 11,\ 01\}$, die bereits in Dibits aufgeteilt ist, folgenden Zusammenhang. Das linke Bit jedes Dibits formt die Teilsequenz $\{d_1\}$, das jeweilige rechte die Teilsequenz $\{d_2\}$. Ausgehend vom Nullzustand, in dem sich der Codierer zuvor befand, ist die Signalsituation durch

$$\{01,\ 00,\ 11,\ 01\}$$

$$d_1 \mathrel{\widehat{=}} \{0,\ 0,\ 1,\ 0\} \qquad d_2 \mathrel{\widehat{=}} \{1,\ 0,\ 1,\ 1\}$$

$$
\begin{array}{llllll}
1 & 11 & 10 & 11 & & \\
0 & & 00 & 00 & 00 & \\
1 & & & 11 & 10 & 11 \\
1 & & & & 11 & 10 & 11 \\
\hline
& 11 & 10 & 00 & 01 & 01 & 11
\end{array}
$$

$$\{011,\ 010,\ 100,\ 001\}$$

gegeben. Die ersten vier Tribits setzen sich zusammen aus dem betrachteten Bit von $\{d_1\}$ und dem Dibit der gleichen Ordinalzahl, das sich aus der Codesequenz von $\{d_2\}$ ergibt. Hierbei sind die Binärstellen nach dem vierten Codedibit ohne Belang, da diese den Ausschwingvorgang darstellen.

Der Zustand des Codierers ändert sich in Abhängigkeit von d_2, er ist durch die erste und zweite Stufe der dreistufigen Verzögerungsleitung von links gezählt beschrieben. Das zugehörige Trellisdiagramm zeigt Bild 5.15. Die Dibits $d_1 d_2$ ergeben bei der PSK vier Punkte im Signalraum, die äquidistant auf einem Kreis des Radius' eins zu finden sind. Es liegt der uncodierte Fall vor, die Leistungsfähigkeit des Empfängers basiert auf dem minimalen euklidischen Abstand der Punkte, hier $d_{min}^{(u)} = \sqrt{2}$. Bei codierten Sequenzen kann nun ein minimaler Abstand, $d_{min}^{(c)}$, zwischen zwei Sequenzen angegeben werden, der größer als $d_{min}^{(u)}$, also für den uncodierten Fall ist. Damit lässt sich der Distanzgewinn oder Codegewinn ausdrücken, der durch

$$\gamma = \frac{\dfrac{d_{min}^{2(c)}}{E_c}}{\dfrac{d_{min}^{2(u)}}{E_u}}$$

beschrieben ist. Hierin ist E_c die durchschnittliche Energie zur Übertragung eines Symbols im codierten Fall und E_u die mittlere Energie für den uncodierten Fall. Bild 5.16 zeigt die ineinander verschachtelten Konstellationen. Die Punkte für den uncodierten Fall sind durch •, die erweiterten durch ○ dargestellt. Wir erkennen $d_{min}^{(u)}$ als den minimalen Abstand der QPSK. Bei $d_{min}^{(c)}$ liegt der Fall etwas anders. Wir gehen von dem Fall aus, dass als Dibit eine Sequenz von Nullen anliegt, der Codierer reagiert hierauf mit einer Sequenz von 000–Tribits. Damit ändert sich der Zustand des Codierers nicht, er geht

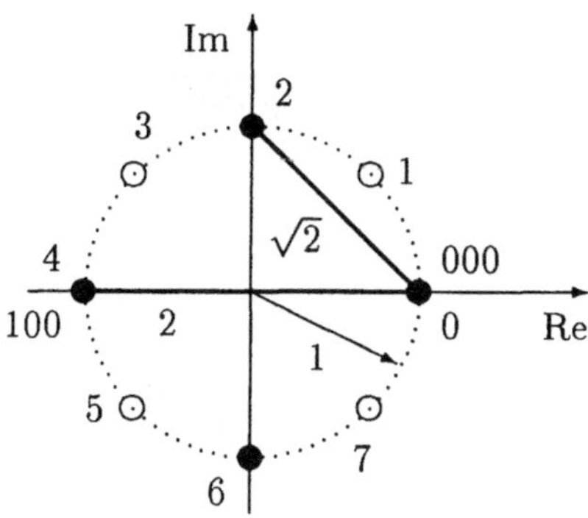

Bild 5.16   Signalraum der TCM für 1/2-raten Faltungscodierer

von 00 aus und geht über in 00. Der Pfad, der im Trellisdiagramm durchlaufen wird, ist durch 000/00 gekennzeichnet und gibt als Reaktion auf das Dibit das zugehörige Tribit an. Nun soll ein Fehler auftreten, anstelle des oberen Pfads, der den aktuellen Zustand 00 mit dem darauf folgenden Nullzustand verbindet, wird nun der untere durchlaufen. Bei näherer Betrachtung des Trellisdiagrams in Bild 5.15 stellen wir fest, dass im oberen Pfad ein Fehlerfall vorliegt, wenn an Stelle von 000 ein 100 vorliegt. Diese beiden Tribits sind im Signalraum der 8–PSK zu finden. 000 ist der Übersichtlichkeit halber der nullte und 100 der vierte Punkt. Somit ist die Bedeutung des minimale Abstands, $d_{min}^{(c)}$, ersichtlich, der Zahlenwert hierfür ist 2. Wie man sich leicht davon überzeugen kann, ist die mittlere Energie in beiden Fällen gleich eins, sodass für den Codegewinn

$$\gamma = \frac{4}{2} \mathrel{\widehat{=}} 3 \text{ dB}$$

vorliegt. Der minimale Abstand und ein beliebiges Fehlerereignis zeigt Bild 5.17. Als korrekte Sequenz soll die Nullsequenz vorliegen, die durch den Pfad, der von der Folge von Dibitkombinationen 00 und dem Zustand 00 herrührt, dargestellt ist. Ein minimaler Abstand ist durch den stärker hervorgehobenen Pfad angegeben, der im ersten Knoten von der fehlerfreien Sequenz abweicht und nach einem Schritt sich mit dem korrekten Verlauf wiedervereinigt. Ein anderes, beliebiges Fehlerereignis ist darunter angegeben. Wir erkennen, dass selbst für diesen einfachen Codierer ein Gewinn möglich ist, der nicht auf einer zusätzlichen Bandbreite beruht.

Größere Gewinne können erzielt werden durch mehr Zustände im Trellisdiagramm und höherwertige Modulationsformen. Die Güte ist abhängig von der Abbildung der Binärstellen auf die Signalpunkte, die Signalkonstellation muss geeignet aufgeteilt sein. Für parallele Pfade ist eine maximale euklidische Distanz zu wählen. Pfaden, die von einem gemeinsamen Knoten ausgehen oder in einem gemeinsamen Knoten enden, sind die nächst großen Distanzen zuzuordnen. Wenden wir dies auf das vorliegende Beispiel an, erhalten wir folgenden Zusammenhang. Die 8–PSK wird schrittweise aufgeteilt in

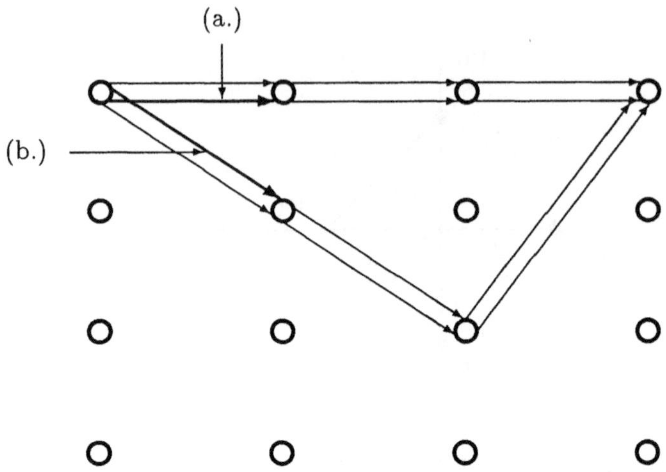

Bild 5.17   Zwei Fehlerereignisse für TCM mit 1/2–raten Faltungscodierer
                 (a.) minimale Distanz
                 (b.) beliebige Distanz

zwei QPSK und weiter in vier BPSK, wie es

$$\{000,\ 001,\ 010,\ 011,\ 100,\ 101,\ 110,\ 111\}$$
$$\downarrow \qquad\qquad\qquad\qquad \downarrow$$
$$\{000,\ 010,\ 100,\ 110\} \qquad \{001,\ 011,\ 101,\ 111\}$$
$$\downarrow \qquad \downarrow \qquad\qquad \downarrow \qquad \downarrow$$
$$\{000,\ 100\} \quad \{010,\ 110\} \qquad \{001,\ 101\} \quad \{011,\ 111\}$$

beschreibt. Die minimale Distanz erhöht sich mit jedem Schritt, sie ist für die 8–PSK $\sqrt{2-\sqrt{2}}$, für die QPSK $\sqrt{2}$ und für die BPSK 2. Dies beachtet, erhalten wir für die Zuordnung der Bitkombinationen, hier Tribits, folgendes. Die drei Punkte, die die Aufteilung einer Signalkonstellation beschreiben, sind von G. Ungerböck formuliert (siehe [Ung82]). Diese Punkte sind in der englischsprachigen Literatur unter *set partitioning* bekannt.

U1: Parallelen Pfaden werden die Kombinationen zugeteilt, die derselben Aufteilung oder Liste zugehören.

U2: Gehen von einem Knoten oder Zustand Pfade zu anderen Knoten aus, d.h. liegt keine Parallelität vor, sind diesen Pfaden Kombinationen der nächst höheren Konstellation zugeordnet.

U3: Bei dieser Betrachtung ist eine gleiche Auftrittswahrscheinlichkeit der Punkte vorausgesetzt.

Im betrachteten Fall ist für (U1) zu bemerken, dass es hier die Kombinationen der vier BPSK–Listen betrifft. Der Punkt (U2) kommt im Beispiel nicht zur Anwendung, da hier ausschließlich parallele Übergänge von einem Zustand zu einem nächsten vorliegen, von (U3) wurde ausgegangen, ohne es ausdrücklich hervorzuheben.

In praktischen Systemen ist häufig eine andere als die in Bild 5.14 gezeigte Realisierung zu finden. Auf diese Implementierung soll nun etwas näher eingegangen werden. Hierzu greifen wir auf die Darstellung der Sequenzen mit Hilfe der Polynomschreibweise zurück. x ist dabei als Verzögerungsoperator interpretierbar, wie es bei der Beschreibung von zyklischen Codes beispielsweise bekannt ist. Aus den Differenzengleichungen

$$\begin{aligned}
a_1(n) &= d_1(n) \\
a_2(n) &= d_2(n) + d_2(n-1) + d_2(n-2) \\
a_3(n) &= d_2(n) + d_2(n-2)
\end{aligned}$$

erhalten wir mit dem Verzögerungsoperator und der sich hieraus ergebenden symbolischen Schreibweise $d_1(n-m) \equiv d_1 x^m$

$$\begin{aligned}
a_1 &= d_1 \\
a_2 &= d_2 + d_2 x + d_2 x^2 \\
a_3 &= d_2 + d_2 x^2 \quad .
\end{aligned}$$

Der gezeigte Codierer mit Geradeausstruktur soll nun in einen mit Rückkopplungsstruktur überführt werden. Die folgenden Operationen finden, wie oben bemerkt, in der Modulo–2–Arithmetik statt. Mit den Zwischenschritten

$$\begin{aligned}
a_2 + a_3 &= d_2 x \\
&= a_3 x + (a_2 + a_3) x^2
\end{aligned}$$

erhalten wir die Gleichung

$$a_2 + a_3 + a_3 x + (a_2 + a_3) x^2 = 0 \quad ,$$

die zur gewünschten Rückkopplungsstruktur führt. Mit $d_1 = a_1$ und $d_2 = a_2$ ergibt sich das Polynom mit der gesuchten Variablen nach dem Horner–Schema

$$\begin{aligned}
a_3 &= a_2 + a_3 x + (a_2 + a_3) x^2 \\
&= a_2 + x \big(a_3 + x (a_2 + a_3) \big) \quad ,
\end{aligned}$$

dessen schaltungstechnische Umsetzung in Bild 5.18 zu sehen ist. Beide Varianten stellen den gleichen Codierer dar und werden in der TCM eingesetzt.

Der Decodiervorgang greift auf den Viterbi–Algorithmus zurück. Der Grund besteht darin, dass, wie im vorliegenden Fall, ein TCM–Signal mit Hilfe eines Trellisdiagramms beschrieben werden kann, dessen Pfade Übergänge von einem Zustand des Codierers in einen anderen zuordbar sind. Das Ziel ist nun, den Pfad zu suchen, der die minimale euklidische Distanz zum empfangenen Signal aufweist. Die Vorgehensweise ist zum einen bekannt aus der Detektion von Sequenzen sowie der Decodierung von Faltungscodesequenzen.

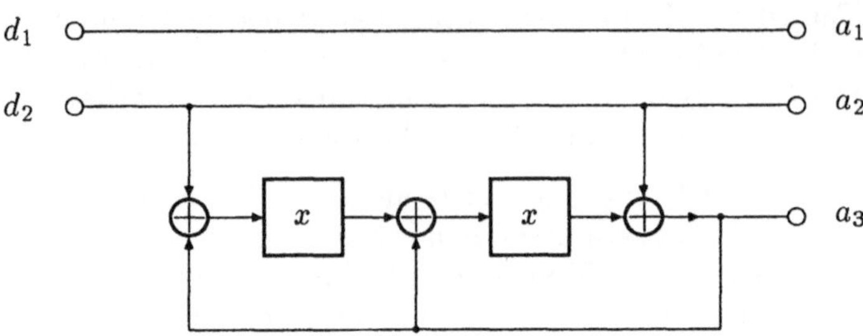

Bild 5.18   Äquivalente Darstellung zu Bild 5.14

Dieser kurz umrissene Überblick soll nur weitere Möglichkeiten für den Einsatz in die OFDM–Thematik aufzeigen. Für tiefere Einblicke in dieses interessante Thema ist [Bdms91] empfohlen.

5.5 Ergebnisse aus der Praxis

Ein OFDM–System wurde realisiert, um die prinzipielle Verbundenheit der einzelnen Parameter messtechnisch zu erfassen. Ein DSP–Modul arbeitet als Modulator, ein weiteres als Demodulator. Teilweise wurde auf eine postoperative Auswertung der übertragenen Daten zurückgegriffen. Der Kanalabstand ist 125 Hz, die realisierbare Bandbreite beträgt 3,125 kHz. Damit liegen 8 ms für die Symboldauer vor. Die Anzahl der Unterträger ist 25. Für die zyklische Erweiterung wurde ein Viertel der Symboldauer gewählt. Bild 5.19 zeigt das Leistungsdichtespektrum des OFDM–Signals. Entlang der Abszisse liegen die Gitterlinien im Abstand von 500 Hz vor, entlang der Ordinate beträgt der Abstand 10 dB. Wir erkennen, dass ab 3,25 kHz die Nebenzipfel bis 4 kHz stark abnehmen. Darüber hinaus unterdrückt das Rekonstruktionsfilter des Modulators die vorliegenden Spektralanteile. Im Bereich 0,125 kHz bis 3,25 kHz ist kein konstanter Verlauf zu erkennen. Der Grund liegt in der zyklischen Erweiterung. Mit $T' = 0,8$ ms und $T_p = 0,25\,T'$ ergibt sich eine Dauer von 10 ms, was einen äquidistanten Abstand der Nullstellen von 100 Hz ergibt. Da das Frequenzraster im Abstand von 125 Hz gewählt ist, sind die Frequenzen der Unterträger bei 125 Hz, 250 Hz bis 3,25 kHz zu identifizieren. Die zyklische Erweiterung im Zeitbereich zeigt Bild 5.20. Die Gitterlinien in der unteren Darstellung liegen im Abstand von 5 ms vor. Ein Bereich hieraus ist hervorgehoben, er erstreckt sich von 20 ms bis 30 ms. Hierin ist ein erweitertes Symbol dargestellt. Man erkennt deutlich, dass ein OFDM–Signal keine konstante Einhüllende aufweist. Auf Grund dieser Auslenkungen in Richtung der Ordinate ist das Signal folglich anfällig in Hinsicht auf Nichtlinearitäten.

Für die Unterträger kommt als Modulationsschema die differentielle QPSK zum Einsatz. Das Konstellationsdiagramm zeigt Bild 5.21. Auf Grund der differentiellen Codierung handelt es sich um die Verschachtelung von einer QPSK mit einer Nullphase als grundlegende Phasenkonstante und einer $\pi/4$–QPSK, die eine Phasenkonstante von $\pi/4$ beinhaltet. Wie oben beschrieben, wird zwischen diesen beiden Konstellationen

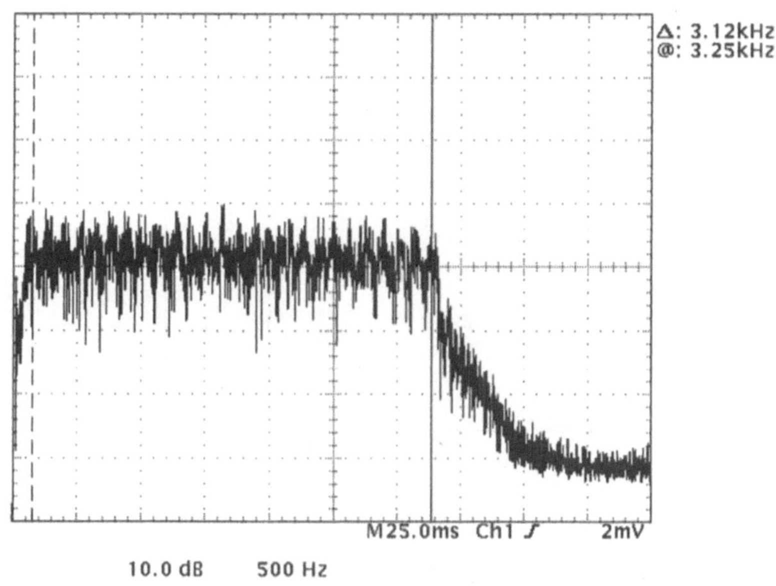

Bild 5.19   LDS eines OFDM–Signals mit $T_p = 0{,}25\,T'$

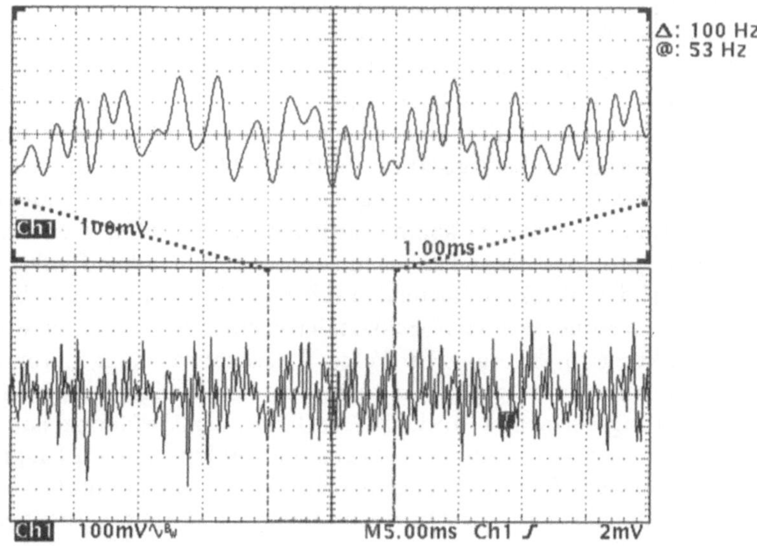

Bild 5.20   Zyklische Erweiterung des OFDM–Signals um $T_p = 0{,}25\,T'$

umgeschaltet, sodass tatsächlich keine 8–PSK vorliegt. Interessant ist der Einfluss der

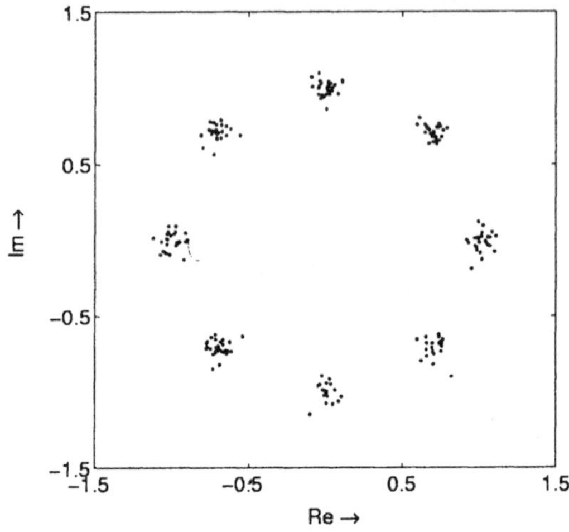

Bild 5.21   Konstellationen von QPSK und $\pi/4$-QPSK ineinander verschachtelt

zyklischen Erweiterung auf die Effekte der Intersymbolinterferenz. Da in vielen Fällen ein
OFDM–Signal über die Luftschnittstelle übertragen wird, sollten die Kanaleigenschaften
Berücksichtigung finden. Hierzu kam ein nachgebildeter frequenzselektiver Zweiwegkanal
zur Anwendung. In Bild 5.22 sind die Signalkonstellationen nach der differentiellen Decodierung dargestellt. Diese Situationen sind vor den Entscheidern anzutreffen. Als Betrag
des Reflexionsfaktors des Zweiwegekanals wurde in beiden Fällen 0,5 gewählt, das linke
Bild zeigt den Fall für eine Laufzeit, die kleiner als die zyklische Erweiterung ist. Rechts
daneben überschreitet die Laufzeit diese Erweiterung. Zusätzlich überlagert sich dem Signal AWGN, das S/N–Verhältnis beträgt 20 dB. In Bild 5.22a sind die Auswirkungen der
Schwunderscheinungen erkennbar. In dem belegten Frequenzband treten auf Grund der
Laufzeitunterschiede Einbrüche auf, es kommt zu konstruktiven und, was wichtiger ist,
zu destruktiven Überlagerungen. Rauschen ist hiervon unberührt. Die Punkte liegen im
unverrauschten Fall auf den Winkelhalbierenden der vier Quadranten, durch Rauschen
weichen sie hiervon ab. Frequenzselektive Schwunderscheinungen haben eine Änderung
des Abstands der Punkte vom Ursprung zur Folge. Phasenabweichungen von den Winkelhalbierenden sind bereits weitestgehend kompensiert, da die Signalsituation nach der
differentiellen Decodierung betrachtet wird. Der Vorteil dieses Verfahrens ist offensichtlich. Je stärker der Einbruch ist, umso näher liegen die Punkte bei dem Ursprung. Der
gewählte Betrag des Reflexionsfaktors ist ungleich eins, wodurch eine totale Auslöschung
eines Unterträgers ausgeschlossen wird. Wir erkennen dies an dem verbleibenden Abstand der Punkte von dem Ursprung. Bei einer Totalreflexion ist dieser Abstand nicht
vorhanden. Rauschen liegt in gleichbleibender Intensität vor. Als Folge hiervon nimmt
das S/N– und damit auch das E_b/N_0-Verhältnis mit stärkerem Einbruch ab und damit
die Fehlerwahrscheinlichkeit des betroffenen Unterträgers zu. Ab einer Grenze ist dieser Kanal kurzzeitig nicht für eine Datenübertragung nutzbar. Eine Qualitätskontrolle
ist erforderlich, die die einzelnen Kanäle überwacht und stark beeinträchtigte für eine

kurze Zeit für eine Nutzung ausschließt. Da die Punkte näherungsweise auf den Winkelhalbierenden liegen und für ausreichend großes E_b/N_0-Verhältnis ein entsprechend großer Abstand vom Ursprung vorliegt, kann für diesen Fall von einer guten Übertragungsgüte ausgegangen werden. Die Punkte treten in einem relativ großen Abstand von den Entscheidergrenzen auf, die auf der Abszisse und Ordinate vorliegen. Die durch die Signallaufzeit eingeführte ISI hat keinen erkennbaren Einfluss auf die Leistungsfähigkeit. Anders verhält es sich bei der Situation, die in Bild 5.22b dargestellt ist. Hier überschreitet die Laufzeit und damit die Mehrwegeverbreiterung die zyklische Erweiterung. ISI kann durch Rücknahme des Erweiterungsintervalls T_p nicht mit entnommen werden. Die Auswirkungen sind erkennbar. Es kommt zu starken Abweichungen von den Winkelhalbierenden, die auch den Abstand vom Ursprung betrifft. Die Intensität des Rauschens ist für beide Signalsituationen gleich, der zu beobachtende Effekt ist ausschließlich auf ISI zurückzuführen. Die Übertragungsgüte ist erheblich schlechter als die des zuvor betrachteten Falls. Dies zeigt, wie die richtige Wahl von T_p in Abhängigkeit von der Mehrwegeverbreiterung die Leistungsfähigkeit des OFDM-Systems entscheidend verbessern kann.

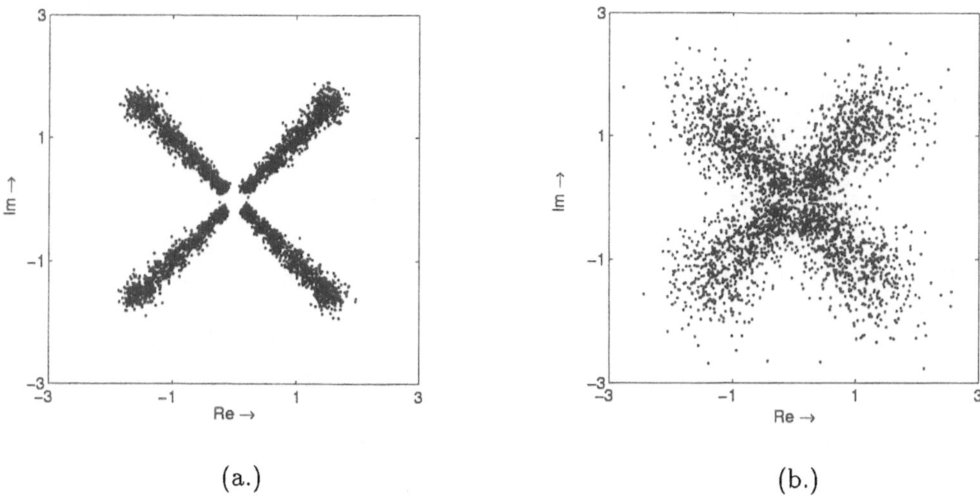

(a.)   (b.)

Bild 5.22   Konstellation für frequenzdispersiven Kanal mit AWGN

                  (a.) ISI innerhalb der Erweiterung $T_p = 0{,}25\,T'$
                  (b.) ISI außerhalb der Erweiterung

5.6   Bemerkungen und Ausblick

Bei der Analog/Digital-Umsetzung entspricht bei der obigen Betrachtung die Abtastrate der gesamten Bandbreite des zeitdiskreten Signals im Tiefpassbereich. Ist $f_A = 1/NT' = 1/T$, ergibt sich keine Überfaltung, die die Orthogonalität im Idealfall verletzt. In praktischen Systemen sollte jedoch eine Überabtastung vorliegen, um den Aliasing-Effekt zu reduzieren. Dies hat zur Folge, dass den Eingangsdaten eine Anzahl von Nullen zugefügt werden müssen. Aus einer 8–Punkte–IDFT könnte etwa eine 16–Punkte–IDFT durch Hinzufügen von acht Nullen entstehen, um eine Überabtastung mit $2/T$ zu erzielen. Bezogen auf die Abtastrate ergibt sich in der IDFT–Liste eine Konzentrierung der Elemente im Bereich kleiner Werte von ν.

In der vorangegangen Betrachtung sind wir stets von rechteckförmigen Grundpulsen ausgegangen. Diese Pulsformung führt zur Anwendung der IFFT und FFT anstelle von Modulatoren in den einzelnen Zweigen. Auch die OFDM–Symbole basieren auf einem solchen Grundpuls. Die zugehörige Frequenzfunktion ist si–förmig, das sich ergebende Leistungsdichtespektrum konvergiert mit f^{-2} und weist für praktische Systeme eine schwache Konvergenz auf. Eine Pulsformung bietet sich an, um neben der Orthogonalität auch eine Reduzierung der Bandbreite zu erzielen. Bekannt sind die Verfahren nach Nyquist, nur ist hierbei die Nyquist–Bedingung, auf der die Orthogonalität basiert, in den Frequenzbereich zu verlegen. In vielen Fällen wird eine Zeitfunktion mit einer Cosinusflanke verwendet, oft sogar mit dem Flankenfaktor $\alpha = 1$. Anstelle einer Π–Funktion wird dann ein Cosinusquadrat–Puls verwendet. Andere Pulsformen sind ebenfalls denkbar, wie etwa ein Gauß–Puls. Hierbei ist jedoch zu bedenken, dass dieser Puls zwar rasch konvergiert, jedoch nicht begrenzt ist. Eine andere Ansicht bietet die Fenstermethode, die Konvergenz im Frequenzbereich zu verbessern. Das OFDM–Symbol wird dann mit einer Fensterfunktion multipliziert, was einen nicht abrupten Übergang von einem Symbol zum nächsten zur Folge hat, wie es

$$w_k(t) \cdot s_k(t)$$

für das k–te Symbol angibt. Hierbei sind Fensterfunktionen, $w_k(t)$, anwendbar, die aus der FFT–Technik hinreichend bekannt sind, wie etwa das Hanning–, Cosinus–, Bartlett–Fenster uvm. Mit den Cosinusflanken wird zugleich ein Schutzintervall eingeführt, das aus zwei Komponenten besteht. Da sich die Flanken benachbarter Symbole überlappen, werden die letzten Abtastwerte des betrachteten Symbols, die der halben Flankendauer entsprechen, dem Symbol vorangestellt. Die ersten Abtastwerte des Symbols, die ebenfalls der halben Dauer des Flankendauer entsprechen, bilden die letzten Werte des somit erweiterten OFDM–Symbols. Mit dieser Betrachtung und der Mehrwegeverbreiterung ist die minimale Dauer der Flanken zu bestimmen, die oft nur einen geringen Teil der Symboldauer erforderlich machen, um die Konvergenz der Frequenzfunktion stark zu verbessern. Oft ist es ausreichend, einen Flankenfaktor von bis zu 0,1 zu wählen. Dieser bewirkt ein entsprechend langes Schutzintervall bei gleichzeitig verbesserter Frequenzfunktion.

Die Dehnung der Pulsdauern um den Faktor N führ zu einer entsprechenden Abnahme der Bandbreite eines Unterträgers. In einem System mit einem Träger ist die Komplexität geprägt von den Maßnahmen zur Entzerrung. Für eine Mehrwegeverbreiterung größer als etwa 10 v.H. der Symboldauer ist der Einsatz eines Entzerrers erforderlich. Die Aufgabe des Entzerrers ist, die Einflüsse zu eliminieren, die die Kanalübertragungsfunktion, $H(f)$, auf das Nachrichtensignal mit der Frequenzfunktion $G(f)$ ausübt. Im wesentlichen bedeutet dies die Bildung der Inversen der Übertragungsfunktion, die Frequenzfunktion des Entzerrers, $H_E(f)$, ist damit prinzipiell durch

$$G(f)H(f)H_E(f) = G(f)$$

gegeben. Damit muss der Entzerrer die Frequenzbereiche innerhalb der belegten Bandbreite verstärken, die durch den Kanal geschwächt wurden. Da stets mit Rauschsignalen zu rechnen ist, führt dies in diesem Frequenzbereich zu einer gleichzeitigen Zunahme des Rauschanteils. Der Rauschprozess ist nicht länger als weiß anzusehen. Bei OFDM–Systemen ist wegen der Symboldauer pro Unterträger keine Notwendigkeit für den Einsatz von Entzerrern gegeben, da die Mehrwegeverbreiterung relativ gesehen entsprechend gering ist. Die N Unterträger transportieren sehr schmalbandige Signale, sodass hierbei eine Dämpfung bedingt durch den Kanal sich auf den gesamten Unterträger auswirkt und nicht nur auf Frequenzbereiche hiervon. Dadurch liegen Unterträger unterschiedlicher Intensität vor. Schwache Unterträger sind erkennbar, die Fehlerwahrscheinlichkeit hierfür ist im Vergleich mit stärkeren Unterträgern relativ hoch. Diese kurzzeitig schwachen Unterträger erhalten damit eine geringere Gewichtung bei dem Decodieren. Auf diese Art und Weise umgeht man bei OFDM-Systemen die Problematik des Hervorhebens von Rauschsignalen, das bei linearen Verfahren zur Entzerrung gegenwärtig ist.

Die OFDM–Thematik lässt sich wie folgt zusammenfassen. Einer der größten Vorteile, die diese Technik im Vergleich zu anderen aufweist, ist die Robustheit hinsichtlich Mehrwegeausbreitung, wie sie in vielen Mobilfunkanwendungen zu finden ist. Einsatz findet dieses Verfahren bei der Übertragung von Daten eines Anwenders oder der mehrerer Anwender. Ein Problem bei mehreren Anwendern, die Daten parallel übertragen, besteht in der Synchronisation. Dieses Feld wurde in dieser kurzen und prinzipiellen Darstellung nicht umrissen. Eine effektive Datenübertragung erzielt man durch adaptive Ratenzuweisung unter den einzelnen Unterträgern in Abhängigkeit von den jeweiligen S/N–Verhältnissen. Im Frequenzbereich ist das Orthogonalitätsprinzip einzuhalten. Spielen Taktversätze zwischen Modulator und Demodulator keine sehr große Rolle, verhält es sich bei Doppler–Frequenzversätzen anders. Diese Einflüsse sind der Grund für eine möglichst genaue Frequenzrückgewinnung. Differentielle PSK–Verfahren lassen sich mit relativ geringem Aufwand realisieren. Dies ist jedoch nur sinnvoll für niederratige Übertragung. Aus diesem Grund greift man bei DAB auf dieses Modulationsschema zurück. Bei Systemen mit höherer Bitrate sind höherwertige Modulationsschemas, wie etwa 16–QAM oder solche mit mehr Amplitudenstufen erforderlich. Eine Kombination von Modulation und Codierung nach dem TCM–Prinzip sind für zukünftige Systeme ebenfalls denkbar.

In diesem Kapitel wurde ein Verfahren vorgestellt, das eine Erweiterung zuvor betrachteter Modulationsschemas mit einer Trägerfrequenz durch eine Vielzahl von Unterträgern darstellt. Bei der Aufteilung der zu übertragenen Daten von der Zeitebene in die Zeit/Frequenz–Ebene ergibt sich eine Änderung der Parameter, die das derart aufbearbeitete Signal dem zur Verfügung stehenden Mobilfunkkanal in vieler Weise gut anpasst. Zukünftige Systeme für Rundfunk und mobile Anwendungen greifen vermehrt hierauf zurück. Nachrichtensignale mit einer hohen Bandbreite bieten in mancher Hinsicht Vorteile. Das breitbandige OFDM–Signal erlaubt mit entsprechenden Modulationsschemas eine hohe Übertragungsrate bei gleichzeitig relativ geringer Komplexität. Ein anderes Verfahren zur hochratigen Übertragung wird bei Mobilfunksystemen der dritten Generation genutzt. Hierbei handelt es sich nicht um Systeme mit einer Vielzahl von Unterträgern, das Modulationsschema selbst resultiert in einer Breitbandigkeit. Der Nutzen liegt in der Demodulation, da sowohl das zuvor gespreizte Nachrichtensignal als auch die

Störeinflüsse bei dem Demodulationsvorgang komprimiert werden. Ein Verfahren, das diese Spreiz– und Entspreiztechnik anwendet, ist unter dem Begriff CDMA (engl.: *code division multiple access*) bekannt. Es ist Inhalt des folgenden Kapitels. Aufgaben zu diesem Kapitel sind mit den Lösungen an der im Vorwort angegebenen Stelle zu finden.

Kapitel 6

Codespreizverfahren – CDMA

6.1   Einführung

In der Nachrichtenübertragung sind bislang in der Regel zwei Multiplexverfahren zur Anwendung gekommen. Hierbei handelt es sich um das Zeitmultiplex– und das Frequenzmultiplexverfahren mit den Abkürzungen TDMA (engl.: *time division multiple access*) und FDMA (engl.: *frequency division multiple access*). Ein bekanntes Gebiet für TDMA–Verfahren ist das Telephonsystem ISDN (engl.: *integrated services digital network*), das FDMA–Verfahren findet zur Zeit eine weit verbreitete Anwendung in der mobilen Telephonie, wie etwa im GSM (engl.: *global system for mobile communications* oder franz.: *groupe spéciale mobile*). Wurde in Europa Ende der achtziger Jahre für das paneuropäische Mobilfunksystem eine Kombination aus TDMA und FDMA angestrebt, waren in Nordamerika andere Aktivitäten erkennbar. Dort ersann man sich einer Technik, die hauptsächlich in der militärischen Nachrichtenübermittlung zum Einsatz kam, nämlich dem Codemultiplexverfahren CDMA (engl.: *code division multiple access*). Dieses Verfahren versprach bei der Übertragung über die Luftschnittstelle Vorteile, die man sich zunächst für den breiten Einsatz in einer Mobilfunkumgebung erarbeiten musste.

Ein in den USA installiertes System zeigte die Machbarkeit, aber auch die Grenzen. Bei diesem System, dem IS95, und dem GSM handelt es sich um zelluläre Nachrichtensysteme der zweiten Generation. Hält die zunehmende Akzeptanz an, ist mit dem Erreichen der Kapazitäten bald zu rechnen. Weiterhin liegen Systeme vor, die nicht kompatibel sind. Neben dem Wunsch, den Datendurchsatz stark zu erhöhen, ist eine weltumspannende Lösung angestrebt. Das Mobilfunksystem der dritten Generation, das IMT-2000 [IMT97] (engl.: *international mobile telecommunications 2000*) trägt diesen Bestrebungen Rechnung. Hinsichtlich der Datenrate sollen zur Abdeckung der Breitbanddienste bis zu 2 Mbps realisiert werden mit der Übertragungsgüte, wie sie in Festnetzen üblich ist. Mit den Kenntnissen, die in der Zwischenzeit auf dem CDMA-Sektor gewonnen werden konnten, soll die Umsetzung mit einem breitbandigen CDMA-System erfolgen. Eine Lösung stellt das UMTS (engl.: *universal mobile telecommunication system*) dar, mit dessen Realisierung zu Beginn dieses Jahrzehnts in Europa zu rechnen ist.

Zum Verständnis des neuen Mobilfunksystems sind Kenntnisse über das zur Anwendung kommende CDMA-Verfahren notwendig. Dieses Kapitel dient zur Einführung in das Thema Codemultiplex–Technik. Zunächst wird das grundlegende Prinzip dieser Technik dargestellt. Im Anschluss hieran erfolgt mit einem kurzen Rückblick auf den Optimalfilterempfang die Betrachtung von Korrelationssignalen. Der darauf folgende Abschnitt beinhaltet die Sequenzen, die die Frequenzspreizung bewerkstelligen und die Erzeugung dieser Sequenzen. Pulsformung und Bandbreitebetrachtung zeigen das Zusammenspiel der Parameter. Die Betrachtung einer Empfängerstruktur für CDMA–Signale rundet diese Abhandlung ab.

6.2 Das Grundprinzip von CDMA

6.2.1 Bits, Chips und Spreizfaktor

Das Prinzip von CDMA ist leicht dargelegt. Ein Signal, $m(t)$, liegt zur Übertragung vor. Hierbei handelt es sich um ein digitales Nachrichtensignal, das zum Beispiel in einem polaren NRZ–Format vorliegt. Als nachrichtentragender Puls soll ein Rechteckpuls der Dauer T_b dienen. Für binäre Signale stellt diese Zeit zugleich die Bitdauer dar. Dieses Signal gelangt zunächst zu einer Einrichtung, die $m(t)$ mit einem sogenannten Spreizsignal, $x_c(t)$, multipliziert. Dieses ist ebenfalls durch ein polares NRZ–Format dargestellt, nur ist die Dauer des hier auch eingesetzten Rechteckpulses, auch Chip genannt, T_c, wobei zwischen den beiden Pulsdauern gilt

$$T_b = N \cdot T_c$$

und N eine positive ganze Zahl ist und Spreizfaktor genannt wird. Bei dem Signal $x_c(t)$ handelt es sich nicht um ein zufälliges Nachrichtensignal, sondern um ein periodisches Signal, dessen Inhalt bekannt, also deterministisch ist. Der Inhalt, also die Elemente der Folge, durch $x_c(t)$ repräsentiert, weist einen zufälligen Charakter auf und wird im folgenden als quasizufällige Folge oder PN–Folge bezeichnet. PN steht hierbei für die englische Abkürzung für *pseudo-noise* und deutet damit auf den beinahezufälligen Fall hin. Die PN–Folge stellt eine Art Schlüssel dar, der sowohl im Sender als auch im Empfänger bekannt sein muss. Diese Verhältnisse zeigt Bild 6.1. Das Prinzip, das einem CDMA–Sender zu Grunde liegt, ist die Multiplikation zweier Signale im Zeitbereich, $m(t) \cdot x_c(t)$. Hierin kommt dem Signal $x_c(t)$ eine Art Schlüsselrolle zu. Der Inhalt der hierdurch repräsentierten Spreizsequenz, von denen es für entsprechendes N viele geben kann, ist

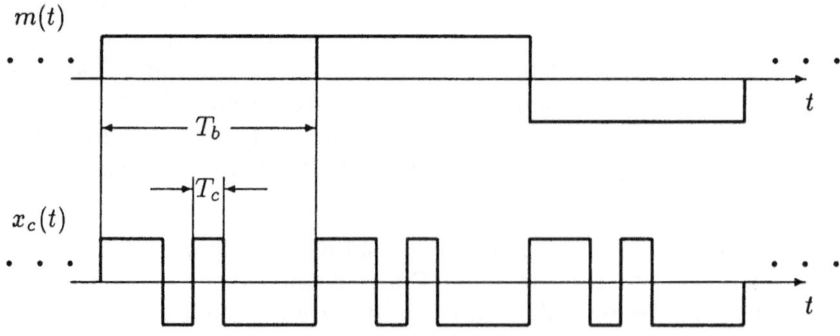

Bild 6.1   Spreizung durch Multiplikation von $m(t)$ und $x_c(t)$ für $N = 7$

auch als Schlüsselsequenz zu verstehen. Im Frequenzbereich ausgedrückt bedeutet dies eine Faltung der beiden Frequenzfunktionen. Da ein zufälliges Nachrichtensignal und ein deterministisches Spreizsignal vorliegt, betrachten wir die jeweiligen Autokorrelationsfunktionen und die Leistungsdichtespektren. Wenn die AKF des Nachrichtensignals $R_m(\tau)$ ist, stellt $S_m(f)$ das zugehörige LDS dar. Gleiches gilt für das Spreizsignal, $x_c(t)$, nämlich

$$
\begin{aligned}
R_c(\tau) &= x_c(\tau) * x_c^*(-\tau) \\
&\updownarrow \\
S_c(f) &= |X_c(f)|^2 \quad .
\end{aligned}
$$

Zur Beschreibung des LDS des Produktsignals $m(t) \cdot x_c(t)$ werden die AKF zunächst multipliziert und hieraus dann die Frequenzfunktion bestimmt. Den Zusammenhang beschreibt

$$
R_m(\tau) \cdot R_c(\tau)
$$
$$
\updownarrow
$$
$$
S_m(f) * S_c(f)
$$

Um einige Vorteile herauszuarbeiten, nehmen wir an, dass die Spektren rechteckförmig sind. Dies trifft zu, wenn die rechteckförmigen Pulse der Dauern T_b und T_c durch siförmige Nyquist–Pulse mit $\alpha = 0$ und diesen Intervallen ersetzt werden. Das LDS des Nachrichtensignals weist damit die Bandbreite B_m, das des Spreizsignals B_c auf. Bei $S_c(f)$ liegt zwar ein Linienspektrum vor, die Einhüllende der Spektrallinien ist jedoch rechteckförmig. Damit die Leistung von diesem Signal unabhängig von der gewählten Bandbreite ist, sei der Maximalwert des LDS P_c/B_c, wobei P_c die Leistung des Signals darstellt. Weiterhin gilt in beiden Fällen der Zusammenhang zwischen den Pulsdauern und den Bandbreiten $B_m = 1/T_b$ und $B_c = 1/T_c$. Die Situation zeigt Bild 6.2. Hiermit wird offensichtlich, warum man das Verhältnis

$$
\frac{T_b}{T_c} = \frac{B_c}{B_m}
$$

als Spreizfaktor bezeichnet. Dieser Faktor gibt an, um wieviel die Bandbreite des Nachrichtensignals gespreizt wird. In der Praxis sind hierfür Werte zwischen 10 und 1000 üblich. Somit ist die Bandbreite des Spreizsignals maßgeblich, da diese um eben dieses Vielfache größer ist und $B_m + B_c \approx B_c$ gilt. Es stellt sich nun die Frage, worin der Vorteil liegt, die Bandbreite eines Nachrichtensignals derart zu erhöhen. Bislang galt unser Hauptaugenmerk schließlich der Maximierung des Datendurchsatzes für einen gegebenen, bandbegrenzten Kanal. Dies gilt auch für CDMA, auch für diesen Fall streben wir eine hohe Effizienz an, also einen möglichst hohen Datendurchsatz für die zur Verfügung stehende Bandbreite.

6.2.2 Unterdrückung von Störsignalen

Wir betrachten einen Sender und einen Empfänger, dazwischen liegt der Kanal mit entsprechend großer Bandbreite. Bei den bisher betrachteten Modulationsverfahren verändert in vorgegebener Art und Weise im Sender das Nachrichtensignal einen Eintonträger. Das modulierte Signal wird anschließend übertragen. Im kohärenten Empfänger

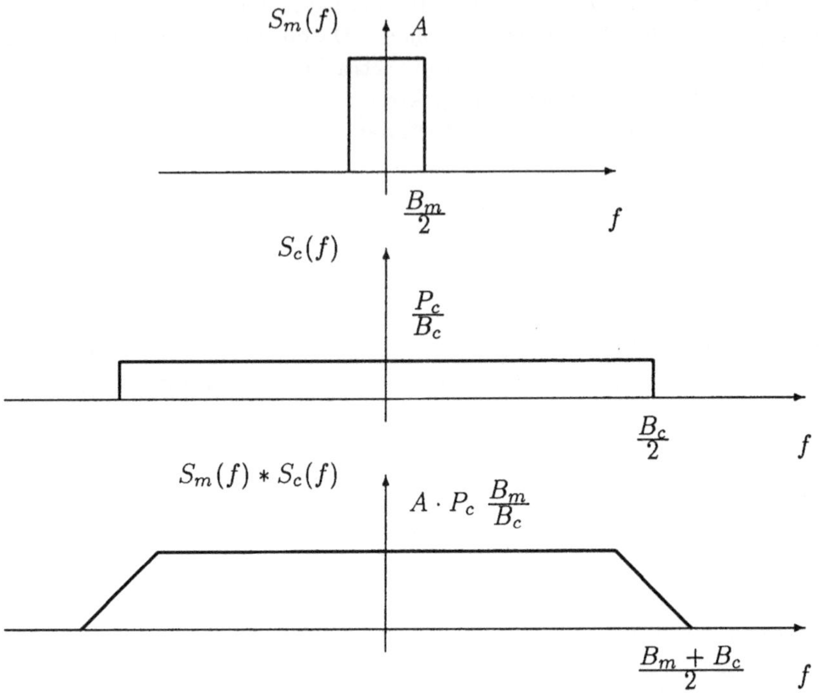

Bild 6.2   Betrachtung des Spreizvorgangs im Frequenzbereich

führen wir den Träger phasengenau zu und unterdrücken die störenden Spektralanteile mit Hilfe eines Tiefpassfilters. Das CDMA–System arbeitet nach ähnlichem Muster.
Um uns dies zu verdeutlichen, ersetzen wir das Trägersignal durch das Spreizsignal. An
dieser Stelle betrachten wir nicht das Modulieren eines Trägers. Dies kommt in den meisten Fallen wie auch hier zur Anwendung, wir konzentrieren uns im Moment jedoch nur
auf die Signalverarbeitung im TP–Bereich. Wie bei dem kohärenten Empfang spielt die
Synchronisation besonders bei der Spreiztechnik eine wichtige Rolle. Die Spreizsignale müssen ohne Zeitversatz dem Nachrichtensignal und dem Empfangssignal zugeführt
werden, wobei wir den Laufzeitunterschied berücksichtigen müssen, der bei der Übertragung auftritt. Im ersten Fall sei der Kanal ideal. Der Spreizvorgang im Zeitbereich ist
in Bild 6.1 dargestellt. Nach dem zweiten Spreizvorgang, den das Nachrichtensignal im
Empfänger erfährt, ergibt sich

$$m(t)\,x_c(t) \cdot x_c(t) = K\,m(t) \quad ,$$

mit $x_c^2(t) = K$, da das Spreizsignal bei zeitgleichem Zusetzen eines zweiten, gleichen
Spreizsignals eine Konstante ergibt. Der zweite Vorgang wird Entspreizen genannt. Wir
erkennen, dass im idealen Fall sich der Spreizvorgang aufhebt und dieser keinen Einfluss auf das Nachrichtensignal hat. Das nachgeschaltete Tiefpassfilter z.B. für einen
Optimalfilterempfang muss auf das Nachrichtensignal angepasst sein.

Im zweiten Fall stört weißes Rauschen der Rauschleistungsdichte $S_n(f) = N_0/2$ im betrachteten Frequenzbereich das Signal bei der Übertragung. Dies geschieht zwischen dem

Spreiz– und dem Entspreizvorgang. Am Eingang des Filters liegt neben dem Nutzanteil der Rauschanteil vor, der durch

$$
\begin{aligned}
S_{ne}(f) &= S_n(f) * S_c(f) \\
&= \frac{N_0}{2} \cdot \frac{P_c}{B_c} B_c \\
&= \frac{N_0}{2} \cdot P_c
\end{aligned}
$$

beschrieben ist. Dies bedeutet, dass sich die Spreiztechnik, vom Faktor P_c abgesehen, nicht auf weißes Rauschen auswirkt. Im dritten Fall liegen auf der Übertragungsstrecke Störsignale vor. Im Unterschied zum AWGN sind die Störer jedoch bandbegrenzt. In Bezug auf Bild 6.2 soll ein Störer den Maximalwert A_i und die Bandbreite B_i aufweisen. Damit liegt am Eingang des Filters der Störanteil

$$
\begin{aligned}
S_{ie}(f) &= S_i(f) * S_c(f) \\
&= A_i \, \frac{P_c}{B_c} B_i
\end{aligned}
$$

vor. Der Einfluss von Störern wird also beträchtlich gemindert. Von der Konstanten P_c abgesehen, ist eine Unterdrückung von Störsignalen um den Faktor 0,1 bis 0,001 möglich. Dies trifft besonders für den im Mobilfunk anzutreffenden Fall vor, wenn die verschiedenen Nutzer andere Spreizsignale gleicher Länge und gleicher Leistung, jedoch anderer ”Inhalte”, d.h. unterschiedliche Folgen benutzen. Hierzu mehr im weiteren Verlauf.

Wie bereits bei der Betrachtung von Bitfehlerraten bei der digitalen Nachrichtenübertragung gesehen, ist das Verhältnis von mittlerer Energie und Rauschleistung bezeichnend für die Übertragungsgüte. In einem CDMA–System muss dieses Verhältnis durch die Störer erweitert werden. In diesem System seien L Nutzer gleichzeitig auf dem Kanal. Es sei P_m die Leistung des Nachrichtensignals eines Nutzers. Daneben sind die anderen $L - 1$ Nutzer als Störer anzusehen. Die Leistung des resultierenden Störsignals ist demnach $P_i = (L - 1)P_m$, wenn von gleichstarken Signalen ausgegangen wird. (Dies wird übrigens durch eine Leistungsregelung an der Basisstation beim Mobilfunk gewährleistet, die Leistungen der ankommenden Signale sind als gleichstark anzunehmen.) Das S/I–Verhältnis gibt die Signalleistung bezogen auf die Interferenzleistung an und ist

$$
\begin{aligned}
\mathrm{SIR} &= \frac{P_m}{P_i} \\
&= \frac{1}{L - 1} \quad ,
\end{aligned}
$$

wobei in Anlehnung an die Abkürzung SNR die Abkürzung SIR für den häufig benutzten englischen Ausdruck *signal to interference ratio* steht. Da sich zum besseren Vergleich von Übertragungssystemen eher das Verhältnis aus der mittleren Energie des Nutzanteils und der Leistungsdichte des störenden Anteils eignet, drücken wir die Nutzenergie durch den Zusammenhang $P_m = E_m B_m$ aus. Die Leistung des Störanteils soll gleichförmig über den belegten Frequenzbereich, B_c, verteilt sein. Hiermit ist die Leistungsdichte $P_i = N_i B_c$ und somit ergibt sich das Energieverhältnis zu

$$
\frac{E_m}{N_i} = \frac{B_c}{B_m} \, \mathrm{SIR} \quad ,
$$

wobei wieder der Spreizfaktor zu erkennen ist. Je größer der Spreizfaktor ist im Vergleich zur Anzahl der Nutzer, umso höher ist das Energieverhältnis.

6.2.3   Optimalfilter als Korrelator

Wir kommen nun zu der Frage, wie die Empfangsstruktur geschaffen sein soll, um eine optimale Leistung zu erzielen. Hierbei ist wie bei dem signalangepassten Filter optimal im Sinn von minimaler Fehlerwahrscheinlichkeit zu verstehen. Zum besseren Verständnis beginnen wir bei dem bekannten Optimalfilter, das in Bild 6.3 dargestellt ist. Hierin ist

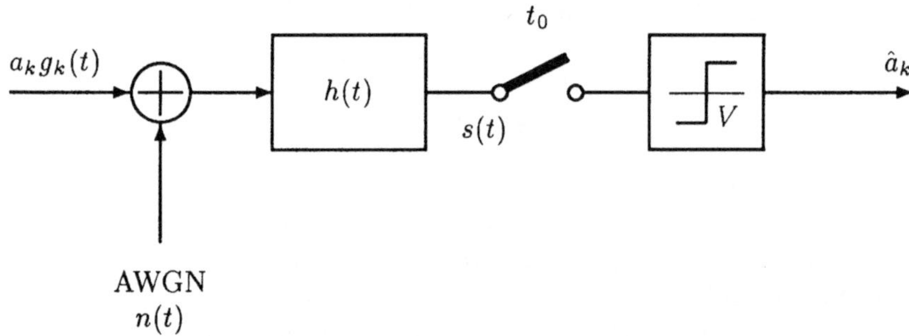

Bild 6.3   Empfang mit Optimalfilter

a_k das zu empfangene Nachrichtensymbol, $g_k(t) = g(t - kT)$ der nachrichtentragende Puls für dieses Symbol und $h(t)$ die Impulsantwort des zu dimensionierenden Filters. Als Rauschsignal nehmen wir weißes Rauschen mit der zweiseitigen Rauschleistungsdichte $S_n(f) = N_0/2$ an. Weiterhin sollen sich benachbarte Pulse nicht durch Symbolinterferenz beeinflussen. Liegt ein polares Format vor, gilt für das Alphabet $a_k \in \{-1, 1\}$ und die Entscheidungsschwelle ist mit $V = 0$ zu wählen. An dieser Stelle soll die Herleitung des (bekannten) Optimalfilterempfangs erfolgen, im Gegensatz zu Kapitel 3 diesmal allerdings im Zeitbereich. Ziel ist es, den Begriff der Korrelationsfunktionen in diesem Zusammenhang hervorzuheben.

Zur Maximierung des SNR am Eingang des Entscheiders betrachten wir das zum Zeitpunkt t_0 ausgetastete Filtersignal

$$s(t_0) = a_k \int_{-\infty}^{\infty} h(\vartheta) g_k(t_0 - \vartheta) d\vartheta$$

sowie das entsprechend in ausgetasteter Form vorliegende mittelwertfreie Rauschsignal $n_o(t_0) = n(t) * h(t)|_{t=t_0}$, dessen LDS

$$S_{no}(f) = \frac{N_0}{2} |H(f)|^2$$

ist. Für die momentane Leistung erhalten wir für den Nutzanteil

$$S_s \;\; = \;\; \mathrm{E}\{|s(t_0)|^2\}$$

$$= \left| \int_{-\infty}^{\infty} h(\vartheta) g_k(t_0 - \vartheta) d\vartheta \right|^2$$

und für den Rauschanteil

$$
\begin{aligned}
\sigma^2 &= \mathrm{E}\{|n_o(t_0)|^2\} \\
&= \int_{-\infty}^{\infty} S_{no}(f) df \\
&= \frac{N_0}{2} \int_{-\infty}^{\infty} |H(f)|^2 df \\
&= \frac{N_0}{2} \int_{-\infty}^{\infty} |h(\vartheta)|^2 d\vartheta \quad .
\end{aligned}
$$

Das Verhältnis dieser Leistungen,

$$\mathrm{SNR} = \frac{\left| \int_{-\infty}^{\infty} h(\vartheta) g_k(t_0 - \vartheta) d\vartheta \right|^2}{\frac{N_0}{2} \int_{-\infty}^{\infty} |h(\vartheta)|^2 d\vartheta} \quad ,$$

nimmt nach Anwenden der Schwarzschen Ungleichung

$$\left| \int u(x) v(x) dx \right|^2 \leq \int |u(x)|^2 dx \cdot \int |v(x)|^2 dx$$

mit dem Fall der Gleichheit für

$$u(x) = l\, v^*(x)$$

und l als eine reelle Zahl sein Maximum ein, wenn die Impulsantwort nach

$$h(t) = l \cdot g_k^*(t_0 - t)$$

dem nachrichtentragenden Puls angepasst ist. Die Konstante l soll im weiteren Verlauf gleich eins sein. Mit diesem Verlauf von $h(t)$ resultiert dies zu dem Signal am Ausgang des Filters

$$
\begin{aligned}
s(t) &= a_k \cdot g_k(t) * g_k(t_0 - t) \\
&= a_k \cdot R_{g_k}(t - t_0) \\
&= a_k \cdot R_g(t - t_0) \quad .
\end{aligned}
$$

Hierin steht $R_g(\tau) = g(\tau) * g^*(-\tau)$ für die Autokorrelationsfunktion (AKF) des Nachrichtenpulses $g(t)$. Interessierten sei es überlassen zu zeigen, warum die AKF des verschobenen Pulses der des unverschobenen entspricht. Das Maximum des SNR ergibt sich damit zu

$$
\begin{aligned}
\mathrm{SNR} &\leq \frac{\int_{-\infty}^{\infty} |h(\vartheta)|^2 d\vartheta \; \int_{-\infty}^{\infty} |g_k(t_0 - \vartheta)|^2 d\vartheta}{\frac{N_0}{2} \int_{-\infty}^{\infty} |h(\vartheta)|^2 d\vartheta} \\
&\leq \frac{\int_{-\infty}^{\infty} |g(\vartheta)|^2 d\vartheta}{N_0/2} \\
&\leq \frac{E_g}{N_0/2} \quad .
\end{aligned}
$$

Das Maximum stellt somit ein Energieverhältnis dar, wobei E_g die Energie des Pulses darstellt.

Das Filtersignal $s(t)$ entspricht der AKF des verwendeten Nachrichtenpulses. Die Eigenschaften der Korrelationsfunktionen besagen, dass das Maximum der AKF im Ursprung liegt, also für den Fall $\tau = 0$. Nehmen wir $R_g(\tau)$, so erhalten wir für $\tau = 0$ das Maximum, das der Energie des Pulses entspricht. Das Filtersignal wird zum Zeitpunkt $t = t_0$ ausgetastet, was die Erfassung des Maximums von $s(t)$ bedeutet. Da die Symbole im Zeitabstand T am Eingang des Filters anliegen, ergibt sich $t_0 = T$, sodass das Filtersignal im Symbolabstand ausgetastet werden muss.

Wir halten fest: Um das SNR zu maximieren, ist die Kenntnis der Form des nachrichtentragenden Pulses erforderlich. Das Faltungsprodukt des Pulses mit seiner konjugiert komplexen Zeitinversen ergibt dessen Autokorrelationsfunktion. Der Austastzeitpunkt ist so zu wählen, dass das Maximum der AKF erfasst wird.

Ein Beispiel soll diesen Zusammenhang verdeutlichen. Der Puls sei rechteckförmig mit der Basis T und der Höhe A und durch

$$g(t) = A\,\Pi\!\left(\frac{t}{T}\right)$$

beschrieben. Die AKF ist damit durch das Faltungsprodukt gegeben und weist einen dreieckförmigen Verlauf auf, wie es

$$
\begin{aligned}
R_g(\tau) &= \Pi\!\left(\frac{\tau}{T}\right) * \Pi\!\left(\frac{-\tau}{T}\right) \\
&= A^2 T \,\Lambda\!\left(\frac{\tau}{T}\right)
\end{aligned}
$$

beschreibt. Das Maximum dieser Funktion ist

$$R_g(0) = \int_{-\infty}^{\infty} |g(t)|^2 dt = E_g = A^2 T \quad .$$

Bild 6.4 zeigt die Signalsituation. Wir erkennen die Bedeutung der AKF, die durch eine Integration berechnet wird. Aus diesem Grund ist es sinnvoll, Bild 6.3 zu modifizieren. Die Grundlagen, die zu diesen beiden Darstellungen führen, sind dieselben. Daher ist

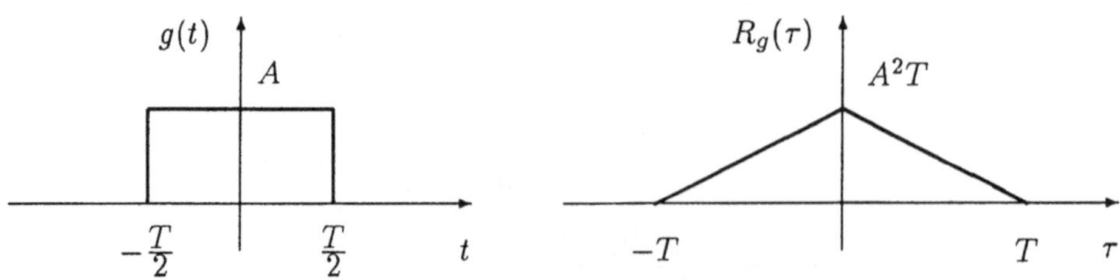

Bild 6.4   Nachrichtenpuls $g(t)$ und AKF $R_g(\tau)$

der Schritt von Bild 6.3 nach Bild 6.5 leicht nachvollziehbar. Das Filter mit der Impulsantwort $h(t) = g(t_0 - t)$ führt ohnehin eine Faltung aus, sodass es durch den Integrator ersetzt werden kann. Dieser integriert über die Zeit T das Produkt, das sich aus dem Eingangssignal und dem zugeführten Puls ergibt. Nachdem das Integrationsergebnis vorliegt, wird es übernommen. Anschließend erfolgt ein Rücksetzen des Integrators. Es ist wieder offensichtlich, dass die Pulsform sowohl im Sender als auch im Empfänger bekannt sein muss.

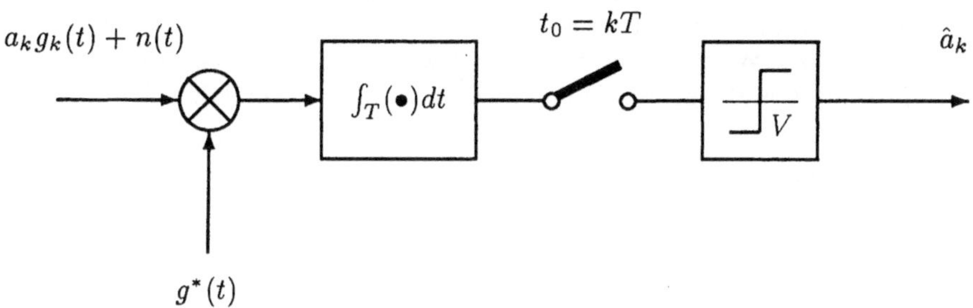

Bild 6.5   Empfang mit Korrelator

6.2.4 Ansatz einer Spreizsequenz

Nun stellt sich eine weitere Frage. Was geschieht, wenn der Empfänger auf den Puls $g(t)$ abgestimmt ist, am Eingang aber eine Pulskette anliegt, die auf dem nachrichtentragenden Puls

$$q(t) = A\,\Pi\Big(\frac{t + T/4}{T/2}\Big) - A\,\Pi\Big(\frac{t - T/4}{T/2}\Big)$$

basiert? Bild 6.6 zeigt den Verlauf dieses Pulses. Um dies zu beantworten betrachten wir die Implementierung mit einem Korrelator. Der Puls am Eingang des Integrierers ist nach wie vor $g(t)$. Berechnet wird damit die Kreuzkorrelationsfunktion (KKF) $R_{gq}(\tau) = g(\tau) * q^*(-\tau)$, deren Wert nach der Zeit T ausgetastet wird. Die Faltung reduziert sich mit dieser Betrachtung und $\tau \leq 0$ auf

$$\begin{aligned} R_{gq}(\tau) &= \int_{-\infty}^{\infty} g(\vartheta) q^*(\tau + \vartheta)\,d\vartheta \\ &= \int_{-T/2}^{\tau + T/2} g(\vartheta) q^*(\tau + \vartheta)\,d\vartheta \quad , \end{aligned}$$

was schließlich mit $\tau = 0$ zu dem Ausdruck

$$R_{gq}(0) = \int_{-T/2}^{T/2} g(\vartheta) q^*(\vartheta)\,d\vartheta$$

führt. Zur Darstellung der KKF wird $g(t)$ durch zwei verschobene Rechteckpulse der Dauer $T/2$ dargestellt. Damit haben beide Pulse, $g(t)$ und $q(t)$, den Grundbaustein

$\Pi\left(\frac{t}{T/2}\right)$ gemein und sind damit durch

$$g(t) = A\,\Pi\left(\frac{t}{T/2}\right) * \left(\delta\left(t + \frac{T}{4}\right) + \delta\left(t - \frac{T}{4}\right)\right)$$

und

$$q(t) = A\,\Pi\left(\frac{t}{T/2}\right) * \left(\delta\left(t + \frac{T}{4}\right) - \delta\left(t - \frac{T}{4}\right)\right)$$

beschrieben. Die Ausdrücke mit den δ–Impulsen lassen sich durch Sequenzen beschreiben. Für $g(t)$ ergibt dies $\{1,\,1\}$ und für $q(t)$ $\{1,\,-1\}$. Die Elemente dieser Folgen sind die Gewichte der δ–Impulse. Weiter unten betrachten wir längere Sequenzen mit besonderen Korrelationseigenschaften, die die Spreizung bewirken. Sie werden daher Spreizsequenzen genannt.

Mit dieser Signalbeschreibung ergibt sich die KKF zu

$$\begin{aligned}
R_{gq}(\tau) &= A^2\Pi\left(\frac{\tau}{T/2}\right) * \Pi\left(\frac{-\tau}{T/2}\right) * \\
&\quad \left(\delta\left(\tau + \frac{T}{4}\right) + \delta\left(\tau - \frac{T}{4}\right)\right) * \left(\delta\left(\tau - \frac{T}{4}\right) - \delta\left(\tau + \frac{T}{4}\right)\right) \\
&= A^2\Pi\left(\frac{\tau}{T/2}\right) * \Pi\left(\frac{-\tau}{T/2}\right) * \left(\delta\left(\tau - \frac{T}{2}\right) - \delta\left(\tau + \frac{T}{2}\right)\right) \\
&= A^2\frac{T}{2}\,\Lambda\left(\frac{\tau}{T/2}\right) * \left(\delta\left(\tau - \frac{T}{2}\right) - \delta\left(\tau + \frac{T}{2}\right)\right) \quad .
\end{aligned}$$

Diese Situation zeigt Bild 6.6. Es ist zu erkennen, dass die KKF zum Austastzeitpunkt eine Nullstelle aufweist. Wenn ein solcher nachrichtentragender Puls am Eingang des Korrelatorempfängers mit $h(t) = g(-t)$ anliegt, hat dies keine Auswirkungen, da dieser Empfänger nur auf den Puls $g(t)$, nicht aber auf $q(t)$ mit einem Signalanteil ungleich null reagiert. Beide Signale sind zum Austastzeitpunkt unkorreliert[1]. Bei dem Korrela-

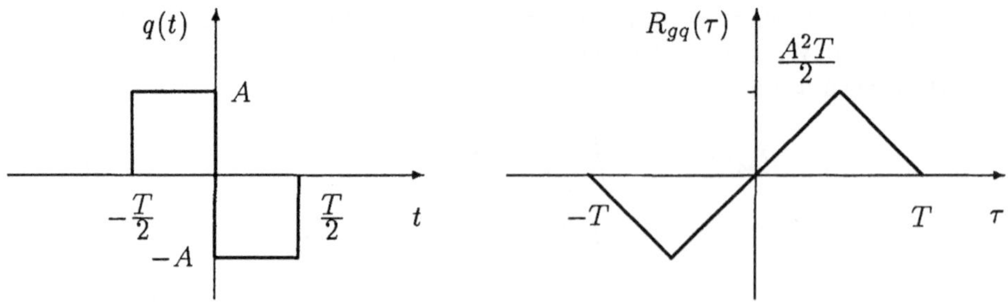

Bild 6.6 $q(t)$ und KKF $R_{gq}(\tau)$

---

[1]Dieser Fall ist seit langer Zeit in der Natur bekannt, wie etwa bei Fledermäusen. Jede Fledermaus kennt ihr akustisches Signal, mit der sie den Kanal zum Zweck der Ortung erregt. Die Signale anderer Fledermäuse sind ihr fremd, bei der Signalverarbeitung nach dem Korrelationsprinzip werden diese kaum wahrgenommen. Lediglich das eigene erkennt sie unter der Vielzahl der anderen Signale.

tionsempfang müssen Sender und Empfänger somit dieselbe "Sprache" sprechen, wie in diesem Beispiel $g(t)$. Jeder andere Puls, auf den der Empfänger nicht abgestimmt ist, wird als Störer betrachtet.

Das Konzept des Korrelationsempfangs ist am sinnvollsten, wenn die AKF für $\tau = 0$ einen großen Wert anstrebt und der Funktionsverlauf möglichst schnell gegen null konvergiert. Dies dient besonders der Auflösung im Zeitbereich. Kreuzkorrelationsfunktionen sollen hingegen eine vorgegebene Schranke nicht überschreiten. Wie im weiteren Verlauf dieses Kapitels gezeigt, ist ein impulsförmiger Verlauf der AKF mit einer gleichzeitig verschwindenden KKF nicht vereinbar. Die Bedeutung von Korrelationseigenschaften ist nun bekannt. Daher befassen wir uns im folgenden Abschnitt mit Korrelationssignalen und deren Eigenschaften.

6.3 Korrelationssignale

6.3.1 Korrelation als Unterscheidungskriterium

Wie bereits bei der Betrachtung des Optimalfilterempfangs erkannt, verstehen wir unter Korrelation das Maß der Ähnlichkeit. Bei der Übertragung von Signalen treten Überlagerungen auf, wie es besonders im Mobilfunk zutrifft. Am Empfangsort einer Basisstation liegt ein Summensignal vor, das sich aus den Signalen der einzelnen Benutzer zusammensetzt. Es liegt eine Überlagerung sowohl auf der Zeit– als auch der Frequenzachse vor, eine direkte Separierbarkeit durch Zeit– oder Frequenzfenster ist nicht möglich. Da bei einer Summe die einzelnen Terme nicht voneinander unterscheidbar sind, müssen Möglichkeiten geschaffen werden, die Terme zu trennen, um die Teilsignale den jeweiligen Adressaten zuzustellen. Hierzu fügen wir den Teilsignalen Schlüssel zu, sodass der Empfänger damit aus dem Summensignal den für ihn bestimmten Teil erkennt und dieses Signal gezielt auswählt. Die Schlüssel müssen somit sowohl dem Sender als auch dem Empfänger zur Verfügung stehen. Die Aufgabe der Schlüssel übernehmen neben der Spreizung Korrelationssignale.

Bei den Schlüssel– oder Spreizsequenzen handelt es sich um periodische Folgen mit N Elementen pro Periode. Diese stellen ein zeitdiskretes Signal dar, dessen Folgeelemente im Abstand T_c vorliegen. Das zugeordnete zeitkontinuierliche Signal ist durch ein polares NRZ–Format gegeben. Die Zeit T_c ist die Chipdauer, also wie in Bild 6.1 dargestellt der Abstand zwischen benachbarten Pulsen bzw. deren Dauer. Bei rechteckförmigen Pulsen beinhaltet ein Bit N Chips. Der Signalbaustein ist ein aperiodisches Signal, das durch periodisches Fortsetzen im Abstand N die Schlüsselsequenz beschreibt. Diese Sequenzen sind sehr gut in [Luk92] beschrieben, wir beschränken uns hier auf die Anwendung im CDMA–Fall. Zunächst betrachten wir den aperiodischen Fall und gehen anschließend über zum periodischen.

6.3.2 Korrelationsfolgen für den aperiodischen Fall

Die Sequenz sei $x(nT_c) \equiv x(n)$ und weist Elemente bei $0 \leq n \leq N-1$ auf. Das zugehörige Spektrum ist frequenzkontinuierlich und periodisch mit der Periode $1/T_c$. Die Elemente der Sequenz seien bekannt und nicht zufällig. Damit ergibt sich die AKF zu

$$
\begin{aligned}
R_x(m) &= \mathrm{E}\left\{x^*(n)x(n+m)\right\} \\
&= \sum_{n=0}^{N-1} x^*(n)x(n+m) \\
&= x^*(-m) * x(m) \quad .
\end{aligned}
$$

Die betrachteten Folgen sind, wie wir später noch sehen werden, quasizufällig. Da sie bekannt sind, resultiert die Erwartungswertbildung in einer Faltung. Die AKF besteht aus $2N - 1$ Elementen und erstreckt sich im Bereich $-(N-1) \leq m \leq N - 1$. Das zugehörige mittlere Spektrum resultiert aus der Faltung und ist mit dem Zusammenhang $x(n) \longleftrightarrow X(f)$ durch

$$
\begin{aligned}
S_x(f) &= X^*(f) \cdot X(f) \\
&= |X(f)|^2 \\
&= S_x\left(f - \frac{1}{T_c}\right)
\end{aligned}
$$

beschrieben. Wegen der zeitdiskreten Signale sind die Frequenzfunktionen periodisch mit der Periode $1/T_c$. Im weiteren Verlauf spielt die Energie, E_x, von $x(n)$ eine wichtige Rolle, die durch

$$
\begin{aligned}
E_x = R_x(0) &= \sum_{n=0}^{N-1} |x(n)|^2 \\
&= \int_{1/T_c} S_x(f)\,df
\end{aligned}
$$

angegeben ist. Die AKF ist durch die Folge beschrieben. Einige Zusammenhänge zwischen diesen beiden Größen sowohl im Zeit– als auch im Frequenzbereich zeigen die folgenden Eigenschaften:

A1: Die AKF ist begrenzt durch

$$
-E_x \leq |R_x(m)| \leq E_x \quad .
$$

A2: Der Mittelwert von $x(n)$ lautet

$$
\begin{aligned}
m_x &= \sum_{n=0}^{N-1} x(n) = X(f)\Big|_{f=0} \\
|m_x|^2 &= S_x(f)\Big|_{f=0} \quad .
\end{aligned}
$$

A3: Der Mittelwert der AKF ist entsprechend

$$
\sum_{m=-(N-1)}^{N-1} R_x(m) = S_x(f)\Big|_{f=0} \quad .
$$

Bei dem Entwurf der Schlüsselsequenzen greifen wir hierauf zurück.

Kreuzkorrelationsfolgen beschreiben das Maß der Ähnlichkeit zwischen zwei unterschiedlichen Sequenzen. Ähnlich wie bei der AKF erhalten wir nun

$$
\begin{aligned}
R_{xy}(m) &= \mathrm{E}\left\{x^*(n)y(n+m)\right\} \\
&= \sum_{n=0}^{N-1} x^*(n)y(n+m) \\
&= x^*(-m) * y(m) \quad,
\end{aligned}
$$

wobei die Sequenz $x(n)$ N_x und $y(n)$ N_y Elemente aufweisen. Damit liegen für die KKF $N_x + N_y - 1$ Elemente vor. Als Frequenzfunktion ergibt sich das LDS zu

$$
\begin{aligned}
S_{xy}(f) &= X^*(f) \cdot Y(f) \\
&= S_{xy}\left(f - \frac{1}{T_c}\right) \quad.
\end{aligned}
$$

Einige Eigenschaften der KKF sind

K1: Die KKF ist begrenzt durch

$$
-\sqrt{E_x E_y} \le |R_{xy}(m)| \le \sqrt{E_x E_y} \quad.
$$

K2: Der Mittelwert der KKF ist entsprechend für $x(n)$, $0 \le n \le N_x - 1$ und $y(n)$, $0 \le n \le N_y - 1$

$$
\sum_{m=-(N_y-1)}^{N_x-1} R_{xy}(m) = S_{xy}(f)\Big|_{f=0} \quad.
$$

K3: Die Symmetrie zeigt

$$
R_{xy}(-m) = R_{yx}^*(m) \quad.
$$

Die Verbindung der beiden AKF, $R_x(m)$ und $R_y(m)$, und die der beiden KKF, $R_{xy}(m)$ und $R_{yx}(m)$ durch die Faltung ergibt den Zusammenhang

$$
R_x(m) * R_y(m) = R_{xy}(m) * R_{yx}(m) \quad.
$$

Mehr zu diesem Thema ist in [Luk92] zu finden. Mit Hilfe der aufgeführten aperiodischen Folgen und ihren Eigenschaften sind wir in der Lage, die periodischen Spreizsequenzen zu betrachten.

6.3.3 Korrelationsfolgen für den periodischen Fall

Wie bereits erwähnt, liegen periodische Spreizsequenzen vor. In einem Bitintervall sind N Chips zu finden. Die Spreizsequenz weist somit pro Periode N Elemente auf. Den Zusammenhang zwischen der periodischen Sequenz, $\tilde{x}(n)$, und der periodisch fortgesetzten

Folge, $x(n)$ mit N Elementen, zeigt

$$
\begin{aligned}
\tilde{x}(n) &= \tilde{x}(n-N) \\
&= \sum_{l=-\infty}^{\infty} x(n-lN)
\end{aligned}
$$

auf. Mit der diskreten Fourier–Transformation werden die N Elemente der Folge im Zeitbereich in eine entsprechende Anzahl von Folgeelementen im Frequenzbereich überführt. Diesen Zusammenhang gibt

$$
\begin{aligned}
\tilde{x}(n) &= \frac{1}{N} \sum_{k=0}^{N-1} X\left(\frac{k}{NT_c}\right) e^{j2\pi\frac{kn}{N}} \\
&\updownarrow \\
\tilde{X}(k) &\equiv X\left(\frac{k}{NT_c}\right) \\
&= \sum_{n=-\infty}^{\infty} x(n)e^{-j2\pi FnT_c}\Big|_{F=\frac{k}{NT_c}} \\
&= \sum_{n=0}^{N-1} \tilde{x}(n)e^{-j2\pi FnT_c}\Big|_{F=\frac{k}{NT_c}}
\end{aligned}
$$

an. Im Frequenzbereich liegen N Elemente gleichmäßig verteilt in dem Intervall $[0,\, 1/T_c)$ vor. In beiden Bereichen ist es also ausreichend, sich auf die Perioden zu konzentrieren und diese durch Listen zu beschreiben. Die obere gibt die Periode der Sequenz im Zeitbereich

$$
\{x(0),\; x(1),\quad x(2)\quad,\; \cdots,\; x(N-1)\}
$$
$$
\uparrow
$$
$$
\mathrm{DFT}
$$
$$
\downarrow
$$
$$
\{X(0),\; X(1),\quad X(2)\quad,\; \cdots,\; X(N-1)\}
$$

und die untere die Periode der Sequenz im Frequenzbereich wieder.

Als Beispiel hierzu betrachten wir die Kammfolge

$$
\mathrm{III}\left(\frac{n}{N}\right) = \left\{ \begin{array}{ll} 1 &:\quad n=0,\; \pm N,\; \pm 2N,\; \cdots \\ 0 &:\quad \text{sonst} \end{array} \right. ,
$$

die auch durch die Liste

$$
\underbrace{\{1,\, 0,\, 0,\, \cdots,\, 0\}}_{N \text{ Elemente}}
$$

angegeben ist. In einem anderen Beispiel setzten wir zur Signalbeschreibung Impulsfolgen ein, deren Gewichte durch Zahlenfolgen vorliegen. Bei den Korrelationsfolgen für den periodischen Fall wenden wir diese Schreibweise ebenfalls an. Hierbei ist es erforderlich, den Zusammenhang zwischen diesen Folgen zu sehen. Wie es Bracewell in seinem Buch [Bra00] trefflich einfach formulierte, müssen die Pfeilspitzen des gewichteten Impulskamms, also der Impulsfolge, lediglich durch runde Punkte ersetzt werden, um den Übergang von einem zeitkontinuierlichen Signal zu einem zeitdiskreten darzustellen. Da der Übergang von zeitdiskreten Signalen zu zeitkontinuierlichen in besonders diesem Kapitel häufig erfolgt und zudem periodische Vorgänge gut mit Impulsfolgen zu beschreiben sind, soll der Zusammenhang noch einmal hervorgehoben werden. Dies dient der besseren Darstellung in Form einer symbolischen Schreibweise.

Eine Impulsfolge im zeitkontinuierlichen Bereich ist durch $III(t)$ repräsentiert. Hierin liegen Dirac-Impulse, $\delta(t)$, im Abstand 1 vor, wie es

$$III(t) = \sum_{m=-\infty}^{\infty} \delta(t - m)$$

beschreibt. Die Fourier-Transformierte ist durch $III(t) \longleftrightarrow III(f)$ gegeben. Mit der Dehnung eines Dirac-Impulses $\delta(at) = \frac{1}{|a|}\delta(t)$ erhalten wir für eine Folge von Impulsen im Abstand T

$$\frac{1}{T} III\left(\frac{t}{T}\right) = \sum_{m=-\infty}^{\infty} \delta(t - mT)$$

mit der Fourier-Transformierten

$$\mathcal{F}\left\{III\left(\frac{t}{T}\right)\right\} = III\left(\frac{f}{1/T}\right) = \frac{1}{T} \sum_{m=-\infty}^{\infty} \delta\left(f - \frac{m}{T}\right) \quad .$$

Auf den zeitdiskreten Bereich übertragen liegt eine Folge von Einsimpulsen vor. Ein solcher Impuls ist $\delta(n)$, er ist gleich 1 für $n = 0$ und 0 für $n = \pm 1, \pm 2, \pm 3, \cdots$. Im Kontext und an dem Argument ist zu erkennen, welcher Impuls betrachtet wird. Für t, f und andere beliebige reelle Zahlen liegt ein Dirac-Impuls vor. Ist das Argument eine ganze Zahl, ist ein Einsimpuls gemeint. Die symbolische Schreibweise ist hierfür

$$III(n) = \sum_{m=-\infty}^{\infty} \delta(n - m)$$

und für Einsen im Abstand N und jeweils $N - 1$ Nullen dazwischen

$$III\left(\frac{n}{N}\right) = \sum_{m=-\infty}^{\infty} \delta(n - mN) \quad .$$

Hierbei fällt auf, dass im Gegensatz zur zeitkontinuierlichen Darstellung bei der zeitdiskreten der Kehrwert der Periode nicht als Vorfaktor erscheint. Der Vorfaktor resultiert von der Dehnung des Dirac-Impulses. Bei dem Einsimpuls handelt es sich um eine Folge von Zahlen, eine Dehnung im zeitdiskreten Bereich wirkt sich nicht auf die Elemente selbst, sondern lediglich auf deren Abstand zueinander aus. Somit entfällt der Vorfaktor.

Für die Impulsfolge erhalten wir die Elemente der zugehörigen Frequenzfolge

$$\frac{1}{N} \underbrace{\{1, \, 1, \, 1, \, \cdots, \, 1\}}_{N \text{ Elemente}}$$

durch Einsetzen der Werte von n und k in die obige Beziehung für die DFT. Der umgekehrte Fall ist ähnlich, für die Folge

$$\underbrace{\{1,\ 1,\ 1,\ \cdots,\ 1\}}_{N\ \text{Elemente}}$$

im Zeitbereich ergibt sich die für den Frequenzbereich und ist durch

$$\frac{1}{N}\underbrace{\{N,\ 0,\ 0,\ \cdots,\ 0\}}_{N\ \text{Elemente}}$$

beschrieben. Wenden wir die symbolische Darstellung hierfür an, erhalten wir für periodische Sequenzen der Periode N

$$\mathrm{III}\left(\frac{n}{N}\right)\quad\longleftrightarrow\quad\frac{1}{N}\,\mathrm{III}(m)$$
$$\mathrm{III}(n)\quad\longleftrightarrow\quad\mathrm{III}\left(\frac{m}{N}\right)\quad.$$

Diese Transformationspaare stellen einfache periodische Folgen im Zeit– und Frequenzbereich dar. Sie erlauben eine beträchtliche Vereinfachung bei der Betrachtung von CDMA–Signalen.

Den Zusammenhang zwischen der periodischen Folge und der aperiodischen gibt das Faltungsprodukt

$$\tilde{x}(n) = x(n) * \mathrm{III}\left(\frac{n}{N}\right)$$

wieder. Unter Verwendung dieser abkürzenden Schreibweise erhalten wir die AKF der periodischen Folge,

$$\begin{aligned}
\tilde{R}_x(m) &= x^*(-m) * \tilde{x}(m)\\
&= x^*(-m) * x(n) * \mathrm{III}\left(\frac{n}{N}\right)\\
&= R_x(m) * \mathrm{III}\left(\frac{n}{N}\right)\\
&= \tilde{R}_x(m - N)\quad.
\end{aligned}$$

Hierin besagt das hochgesetzte Zeichen ” ˜ ” wieder, dass es sich bei dieser AKF um eine periodische Folge handelt. Sie weist wie die periodische Folge $\tilde{x}(n)$ pro Periode N Element auf. Hierbei ist eine Besonderheit zu beachten. Da die AKF $R_x(m)$ sich über den Bereich $-(N-1) \leq m \leq N-1$ erstreckt und sie im Abstand N periodisch fortgesetzt wird, kommt es zu Überlagerungen. Auf Grund der Länge von $R_x(m)$ beeinflussen sich nur direkte Nachbarn, wie es die dargestellten Listen zeigen. Die mittlere stellt die AKF dar, auf die Bezug genommen wird. Die obere ist die um N Schritte nach links und die untere die um N Schritte nach rechts verschobene Version hiervon. Für die Elemente gilt $R_x(l) = R_l$.

$$\left\{\ \cdots,\quad R_1,\quad \cdots,\quad R_{N-1}\right\}\ \Big|$$
$$\left\{R_{-(N-1)},\ \cdots,\quad R_{-1},\ \Big|\ R_0,\quad R_1,\quad \cdots,\quad R_{N-1}\right\}\ \Big|$$
$$\left\{R_{-(N-1)},\ \cdots,\quad R_{-1},\ \Big|\ R_0,\quad R_1,\quad \cdots\ \right\}$$

In dem markierten Bereich müssen die Teilelemente addiert werden, um zu den Elementen der periodischen AKF zu gelangen. Damit erhalten wir für eine Periode der AKF $\tilde{R}_x(m)$, also für $0 \leq m \leq N - 1$

$$\tilde{R}_x(m) = R_x(m) + R_x(m - N) \quad .$$

R_0 repräsentiert den Hauptwert der AKF, der l–te Nebenwert für $l = 1, 2, \cdots, N - 1$ ist durch $R_l + R_{-(N-l)}$ angegeben. Bei der Auswertung der DFT zur Ermittlung der Frequenzfolge erhalten wir

$$\begin{aligned}
\tilde{S}(k) &= \frac{1}{N} \sum_{m=0}^{N-1} R(m) \mathrm{e}^{-j 2\pi \frac{km}{N}} \\
&= \frac{1}{N} \left(R_0 + \sum_{l=1}^{N-1} \left(R_l + R_{l-N} \right) \mathrm{e}^{-j 2\pi \frac{kl}{N}} \right) \\
&= \frac{1}{N} \left(\sum_{l=-(N-1)}^{N-1} R_l \, \mathrm{e}^{-j 2\pi \frac{kl}{N}} \right) \\
&= \frac{1}{N} \left(\sum_{l=-(N-1)}^{N-1} R_l \, \mathrm{e}^{-j \Omega l} \Big|_{\Omega = 2\pi \frac{kl}{N}} \right)
\end{aligned}$$

und damit

$$\tilde{S}(k) = \frac{1}{N} \, |\tilde{X}(k)|^2 \quad .$$

Die Frequenzfolge ist also die mit $1/N$ bewertete und im Frequenzbereich im Abstand $1/T$ ausgetastete Funktion $\tilde{X}(f)$ der Periode $1/T_c = N/T$.

Die bisher betrachtete AKF einer Sequenz beschreibt die statistischen Bindungen der Folgeelemente untereinander. In Systemen der Nachrichtentechnik belegen viele Nutzer den zur Verfügung stehenden Kanal. Es besteht somit die Notwendigkeit, Folgeelemente unterschiedlicher Sequenzen, die den Nutzern zugeteilt sind, miteinander zu vergleichen um eventuell auftretende statistische Bindungen aufzuspüren. Die KKF beschreibt diesen Zusammenhang.

Wir gehen davon aus, dass die unterschiedlichen Folgen, $x(n)$ und $y(n)$, die gleiche Länge N aufweisen. Damit ist die periodische KKF ähnlich wie die AKF gegeben durch

$$\begin{aligned}
\tilde{R}_{xy}(m) &= x^*(-m) * \tilde{y}(m) \\
&= R_{xy}(m) * \mathrm{III}\left(\frac{m}{N}\right) \quad .
\end{aligned}$$

Das zugehörige LDS ist somit

$$\begin{aligned}
\tilde{S}_{xy}(k) &= \frac{1}{N} \, X^*(k) Y(k) \\
&= \frac{1}{N} \, S_{xy}(k)
\end{aligned}$$

mit jeweils der Periode $1/T_c$. Wie bei den aperiodischen Korrelationsfolgen ergibt sich der Zusammenhang

$$\tilde{R}_x(m)\tilde{*}\tilde{R}_y(m) = \tilde{R}_{xy}(m)\tilde{*}\tilde{R}_{yx}(m) \quad .$$

Hierbei besagt " $\tilde{*}$ ", dass die Faltung lediglich über N aufeinanderfolgende Elemente erfolgt, da die Summe über unendlich viele, periodisch fortgesetzte Elemente nicht konvergiert. Die "Energie" eines solchen Signals ist nicht begrenzt, sodass wir unser Augenmerk auf eine Periode richten müssen. Die Unterscheidung zwischen den Signalarten ist gut in [Rag75] beschrieben und ist als weiterführender Text empfohlen.

Wir haben die Periode einer Sequenz durch eine Liste beschrieben. Bei der periodischen Faltung zweier Folgen, die z.B. durch $\{1,\ 2,\ 0,\ 0\}$ und $\{3,\ 4,\ 5,\ 0\}$ angegeben sind, erhalten wir für die Periode des Faltungsprodukts $\{3,\ 10,\ 13,\ 10\}$ (siehe [Bra00]). Die Berechnung erfolgt durch Anwendung einer "Faltungsdrehscheibe", wie sie Bild 6.7 zeigt. Hierbei stellt eine Scheibe die eine Liste und die zweite die Zeitinvertierte der anderen Liste dar. Das Prinzip der periodischen Faltung ist leicht damit nachvollziehbar.

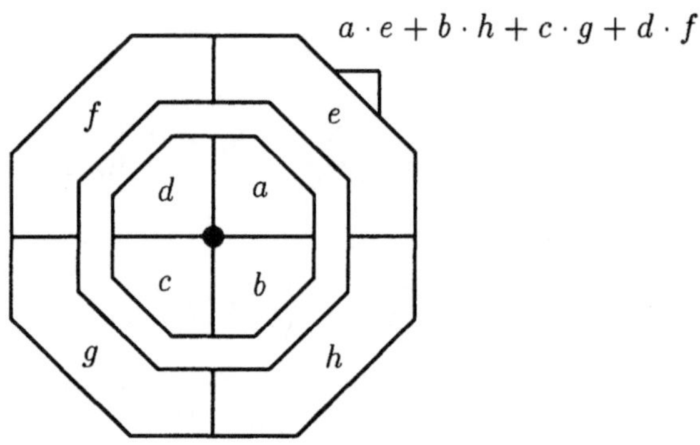

Bild 6.7   Zur periodischen Faltung

Gefaltet werden hierin die periodischen Sequenzen $\{a,\ b,\ c,\ d\}$ und $\{e,\ f,\ g,\ h\}$, die auf den beiden Scheiben dargestellt sind. Die äußere Scheibe zeigt die Zeitinverse der zweiten Folge, die innere Scheibe die erste Folge. Die vier Elemente des Faltungsprodukts

$$\{a,\ b,\ c,\ d\}\,\tilde{*}\,\{e,\ f,\ g,\ h\}$$

ergeben sich durch Addition der vier Produkte der sich gegenüber stehenden Elemente. Durch Drehen der äußeren Scheibe um jeweils eine Position nach rechts ergibt sich eine neue Situation. Nach vier Schritten ist man wieder am Anfangszustand angelangt. Die Faltung in einem Bereich resultiert in der Produktbildung im anderen. Diese Eigenschaft angewendet auf die periodische Faltung ergibt

$$\{f(n)\} * \{g(n)\}$$
$$\updownarrow$$
$$N\ \{F(k)\} \cdot \{G(k)\} \quad ,$$

wobei wiederum von gleichlangen Sequenzen der Länge N ausgegangen wird.

6.3.4 Folgen mit guten Korrelationseigenschaften

Zur Unterscheidung von Folgen sollten die Korrelationsfolgen bestimmte Eigenschaften aufweisen. Hinsichtlich des Maximums der AKF ist ein möglichst schmaler, hoher Verlauf anzustreben, bei dem die Nebenwerte relativ gering sein sollen. Diese Eigenschaft ist der zeitlichen Auflösung dienlich. Daneben sind gleichzeitig verschwindende Verläufe der KKF wünschenswert, die zur Unterscheidung zwischen den Folgen herangezogen werden. Idealerweise streben wir folgende Eigenschaften an:

1. impulsförmige AKF

$$\tilde{R}_x(m) \;=\; E_x \,\mathrm{III}\!\left(\frac{m}{N}\right)$$

$$\updownarrow$$

$$\tilde{S}_x(k) \;=\; \frac{E_x}{N}\,\mathrm{III}(k) \quad,$$

2. verschwindende KKF

$$\tilde{R}_{xy}(m) \;=\; 0, \quad m = 0,\ \pm 1,\ \pm 2, \cdots$$

$$\updownarrow$$

$$\tilde{S}_{xy}(k) \;=\; \frac{1}{N}\,X^*(k)Y(k) \quad.$$

Dies bedeutet, dass entweder $X(f)$ oder $Y(f)$ gleich null sein muss. Es ist klar erkennbar, dass beide Eigenschaften nicht gleichzeitig miteinander zu vereinbaren sind.

Wir betrachten nun den nichtidealen Fall, bei dem ein impulsartiges Verhalten vorliegen soll. Neben den Hauptwerten liegen jedoch Nebenwerte vor, wie es

$$\tilde{R}_x(m) \;=\; \begin{cases} E &:\quad m = 0,\ \pm N,\ \pm 2N, \cdots \\ r &:\quad \text{sonst} \end{cases}$$

$$=\; (E-r)\,\mathrm{III}\!\left(\frac{m}{N}\right) + r\,\mathrm{III}(m)$$

beschreibt. Mit den weiter oben beschriebenen Paaren für die Impulsfolgen erhalten wir für das LDS dieser Sequenz

$$\tilde{S}_x(k) = (E-r)\,\frac{1}{N}\,\mathrm{III}(k) + r\,\frac{1}{N}\,\mathrm{III}\!\left(\frac{k}{N}\right)$$

oder ausgedrückt durch die Liste im Zeitbereich

$$\underbrace{\{E,\ r,\ r,\ \cdots,\ r\}}_{N \text{ Elemente}}$$

und die im Frequenzbereich

$$\frac{1}{N}\,\underbrace{\{E + (N-1)r,\ E-r,\ E-r,\ \cdots,\ E-r\}}_{N \text{ Elemente}} \quad.$$

Mit der Zunahme der Nebenwerte im Verlauf der AKF geht eine Abnahme der Nebenwerte im Verlauf der zugehörigen Frequenzfolge einher. Für $r = 0$ liegt im Zeitbereich
ein impulsartiges Verhalten vor, im Frequenzbereich führt dies zu konstanten Werten.
Für $r = E$ liegt das Gegenteil vor. Auf den Einfluss der Nebenwerte auf die Trennbarkeit
zweier Sequenzen, d.h. auf den Verlauf einer KKF, wird später eingegangen.

Bisher haben wir uns mit periodischen Sequenzen befasst, die zur Spreizung von Nachrichtensignalen im Frequenzbereich dienen. Die Korrelationseigenschaften dieser Sequenzen sollten für die AKF impulsförmig mit klaren Abgrenzungen zwischen dem Hauptwert
und den Nebenwerten und für die KKF möglichst verschwindend sein. Die Frage muss
nun beantwortet werden, wie Folgen mit diesen Eigenschaften erzeugt werden können.

6.3.5 Erzeugung von PN-Sequenzen

Ein klares Beispiel für die im vorherigen Abschnitt aufgeführten Eigenschaften ist ein
weißer Rauschprozess. Dieser hat eine impulsförmige AKF, zwei verschiedene weiße
Rauschprozesse sind unkorreliert, die KKF ist somit gleich null. Die Vermutung liegt
nahe, dass Sequenzen mit den obigen Eigenschaften ebenfalls rauschähnlich sind. Wir
werden feststellen, dass zufällige Signale diese Eigenschaften aufweisen. Da sie nach einem festgeschriebenen Muster erzeugt werden, sind sie nicht wirklich zufällig, sie weisen
jedoch Zufallscharakter auf. Daher spricht man in diesem Zusammenhang von Pseudo-
zufallssignalen oder kurz PN–Signalen.

Kehren wir zur Frage zurück, wie diese periodischen PN–Sequenzen generiert werden
können. Im allgemein üblichen Zahlensystem ist die Erzeugung von periodischen Zahlenfolgen relativ einfach zu beantworten. Zum Beispiel führt die Division von 1234 durch
9999 zu dem Ergebnis $0{,}12341234\cdots$, also einem Wert mit einem periodischen Rest. Der
Schlüssel hierfür ist

$$0{,}\overline{1234}\cdot 10^4 = 1234 + 0{,}\overline{1234} \quad .$$

Diese Gleichung aufgelöst resultiert in dem Wert mit der Periodizität. Die Elemente der
Periode sowie die Periodenlänge sind vorgebbar. Das pseudozufällige Verhalten beruht
auf der Wahl des Divisors, der in diesem Fall fakorisiert werden kann, wie es $9999 =
3^2\cdot 11\cdot 101$ belegt. Bei diesen Faktoren handelt es sich um Primzahlen. Der Dividend 1234
dividiert durch die Divisoren 3, 11 und 101 führt zu periodischen Resten unterschiedlicher
Länge. Je größer der Divisor als Primzahl ist, umso größer ist auch die Periodenlänge
des Rests. Diesen Sachverhalt beobachten wir auch bei der Erzeugung von binären
Sequenzen.

Digitale Filter mit einer reinen Rückkopplungsstruktur führen eine solche Division aus.
Diese Systeme sind durch homogene Differenzengleichungen der Art

$$y(n) = a\,y(n-1) + b\,y(n-2) + c\,y(n-3) + \cdots$$

beschrieben. Bild 6.8 zeigt ein digitales System der dritten Ordnung. Hierin sind die
Anfangsbedingungen y_{-l} dargestellt, mit $l = 1, 2, 3$. Diese spielen bei der Erzeugung von
PN-Sequenzen eine gewisse Rolle. Sind diese gleich null, ist der Zusammenhang zwischen

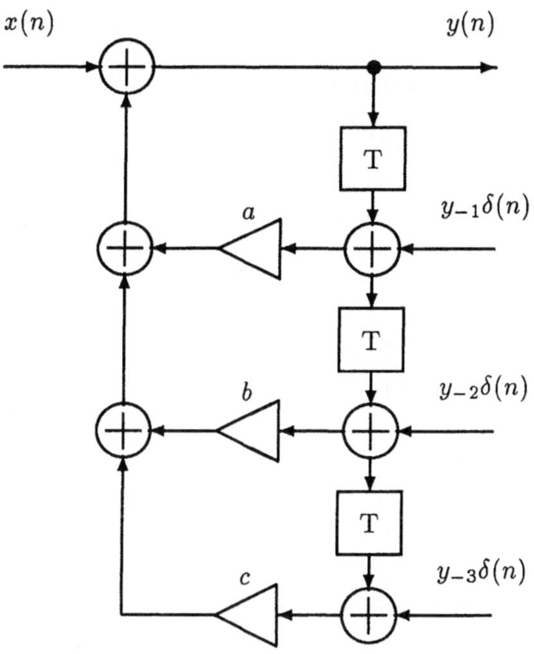

Bild 6.8   Filter dritter Ordnung

Ein- und Ausgangssignal beschrieben durch

$$y_0(n) = a\,y(n-1) + b\,y(n-2) + c\,y(n-3) + x(n) \quad .$$

Jede Anfangsbedingung $y_{-l}\delta(n)$ isoliert von den anderen betrachtet trägt für $x(n) = 0$ ihren Beitrag $y_{-l}(n)$ zum Ausgangssignal bei nach den Differenzengleichungen

$$\begin{aligned}
y_{-1}(n) &= a\,y_{-1}(n-1) + b\,y_{-1}(n-2) + c\,y_{-1}(n-3) \\
&+ a\,y_{-1}\delta(n) + b\,y_{-2}\delta(n-1) + c\,y_{-3}\delta(n-2) \quad , \\
y_{-2}(n) &= a\,y_{-2}(n-1) + b\,y_{-2}(n-2) + c\,y_{-2}(n-3) \\
&+ b\,y_{-2}\delta(n) + c\,y_{-2}\delta(n-1) \quad , \\
y_{-3}(n) &= a\,y_{-3}(n-1) + b\,y_{-3}(n-2) + c\,y_{-3}(n-3) \\
&+ c\,y_{-3}\delta(n) \quad .
\end{aligned}$$

Zusammengefasst erhalten wir die Reaktion des Systems auf das Eingangssignal, $x(n)$, unter Berücksichtigung der Anfangsbedingungen y_{-l},

$$y(n) = y_0(n) + y_{-1}(n) + y_{-2}(n) + y_{-3}(n) \quad .$$

Nach Einsetzen der vorangegangenen Teilsignale ergibt sich hieraus das Signal im Zeit- sowie im $\mathcal{Z}$-Bereich

$$y(n) \;=\; a\,y(n-1) + b\,y(n-2) + c\,y(n-3) + x(n)$$

$$+ \quad y_{-1}\Big(a\,\delta(n) + b\,\delta(n-1) + c\,\delta(n-2)\Big)$$

$$+ \quad y_{-2}\Big(b\,\delta(n) + c\,\delta(n-1)\Big)$$

$$+ \quad y_{-3}c\,\delta(n)$$

$$\uparrow$$
$$z$$
$$\downarrow$$

$$Y(z) \;=\; a\,z^{-1}Y(z) + b\,z^{-2}Y(z) + c\,z^{-3}Y(z) + X(z)$$

$$+ \quad y_{-1}\Big(a + b\,z^{-1} + c\,z^{-2}\Big)$$

$$+ \quad y_{-2}\Big(b + c\,z^{-1}\Big)$$

$$+ \quad y_{-3}c \quad .$$

Aufgelöst nach dem Ausgangssignal erhalten wir

$$Y(z) = \frac{X(z)}{1 - az^{-1} - bz^{-2} - cz^{-3}} \quad + \quad y_{-1}\frac{a + bz^{-1} + cz^{-2}}{1 - az^{-1} - bz^{-2} - cz^{-3}}$$

$$+ \quad y_{-2}\frac{b + cz^{-1}}{1 - az^{-1} - bz^{-2} - cz^{-3}}$$

$$+ \quad y_{-3}\frac{c}{1 - az^{-1} - bz^{-2} - cz^{-3}} \quad ,$$

wobei der erste Term rechts auf der rechten Seite die Reaktion auf das Eingangssignal darstellt und der Block rechts davon die Auswirkungen der Anfangsbedingungen beschreibt. Dass dieses System nicht nur im $\mathcal{Z}$–Bereich eine Division ausübt, wird besonders nach der Einführung der inzwischen bekannten Polynomschreibweise deutlich. Zusammengefasst erhalten wir

$$y(n) * \delta(n - l) = y(n - l) \equiv x^{l}y(x) \quad ,$$

wobei wiederum $x^{l} \equiv \delta(n - l)$ gilt und das Symbol x nicht mit dem Eingangssignal $x(n)$ zu verwechseln ist. Aus $y(n)$ ergibt sich damit

$$y(x) = \sum_{n=-\infty}^{\infty} y(k)x^{k} \quad .$$

Ohne Eingangssignal, d.h. für $x(n) = 0$ resultiert dies zu

$$y(x) \;=\; a\,xy(x) + b\,x^{2}y(x) + c\,x^{3}y(x)$$

$$+ \quad y_{-1}\Big(a + bx + x^{2}\Big)$$

$$+ \quad y_{-2}\Big(b + cx\Big)$$

$$+ \quad y_{-3}c$$

und weiterhin nach Anwendung des Horner–Schemas zu

$$y(x) \;=\; x\Big(x\big(x\,c\,y(x) + b\,y(x) + y_{-1}c\big) + \big(a\,y(x) + y_{-1}b + y_{-2}c\big)\Big)$$

$$+ \quad (y_{-1}a + y_{-2}b + y_{-3}c) \quad .$$

Das System erfährt hier keine Erregung durch $x(n)$, lediglich die Anfangswerte führen zu einem von Null verschiedenen Ausgangssignal. Diese Umsetzung dieser Beziehung führt zu einer anderen Lösung, als die in Bild 6.8 angegebene. Diese Form findet wie die andere oft Anwendung in praktischen Realisierungen ([Ops75]). Bild 6.9 zeigt die äquivalente Umsetzung. Die Anfangswerte hier sind von denen in Bild 6.8 verschieden und lassen

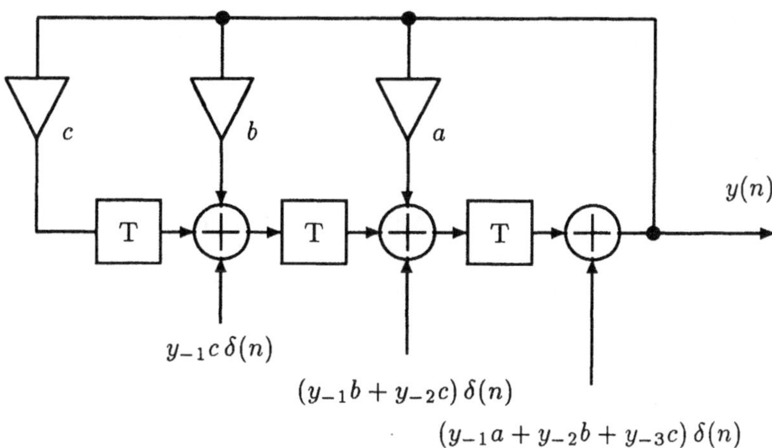

Bild 6.9   Zu Bild 6.8 äquivalentes Blockschaltbild

sich durch

$$
\begin{aligned}
y'_{-1} &= y_{-1}c \\
y'_{-2} &= y_{-1}b + y_{-2}c \\
y'_{-3} &= y_{-1}a + y_{-2}b + y_{-3}c
\end{aligned}
$$

ausdrücken. Hieran ist ersichtlich, dass die Anfangswerte den Verlauf des Ausgangssignals beeinflussen.

Unser Ziel ist die Erzeugung von periodischen PN–Sequenzen, die offensichtlich durch eine Division generiert werden. Die oben betrachteten Filterstrukturen verarbeiten, losgelöst von der praktischen Umsetzung und der damit verbundenen Auflösung der Werte, Zahlen im unbegrenzten System. Unser Anliegen ist allerdings eine zweiwertige AKF. Somit dürfte es ausreichen, Sequenzen mit nur zwei Werten zu betrachten. Das gesamte begrenzte Zahlensystem liegt damit – technisch ausgedrückt – in einer binären Welt vor. Sequenzen dieser Art bezeichnet man als Galois–Sequenzen[2]. Dies bedeutet, dass jede Sequenz lediglich die Werte 1 und 0 aufweist und dass Additionen und Multiplikationen ebenfalls nur diese Werte ergeben. Begründet ist dies durch die Modulo–2–Operationen, die

$$a \bmod 2 = a - 2 \cdot \left\lfloor \frac{a}{2} \right\rfloor$$

---

[2]Benannt nach dem französischen Mathematiker Evariste Galois, der in der Zeit von 1811 bis nur 1832 (nach einem Duell) lebte und eine auf die Gruppentheorie gestützte Theorie der algebraischen Gleichungen begründete.

beschreibt. Hierin bedeutet $\lfloor \bullet \rfloor$ den nächsten geringeren ganzen Wert. Bei der Addition und der Multiplikation ergeben sich Kombinationsmöglichkeiten. Diese sind durch

$$(a \pm b) \bmod 2 \; = \; \Big(a \bmod 2 \; \pm \; b \bmod 2\Big) \bmod 2$$

und

$$(a \cdot b) \bmod 2 \; = \; \Big(a \bmod 2 \; \cdot \; b \bmod 2\Big) \bmod 2$$

gegeben. Bei der Modulo–2–Arithmetik ergeben sich besondere Fälle. Zum Beispiel entspricht in dieser Welt die Subtraktion einer Addition, wie es die folgende Betrachtung belegt.

Gegeben sind im Modulo–2–System die Größen a und b. Weiterhin betrachten wir ganze Zahlen, sodass nur die Werte null und eins in Frage kommen. Es gilt $b + b = 0$, da für $b = 0$ und für $b = 1$ diese Gleichung erfüllt ist. Überträge sind ohne Belang. Somit ist $a{-}b = a{-}b{+}0 = a{-}b{+}b{+}b = a{+}b$, weil das Addieren und gleichzeitige Subtrahieren einer Zahl zum Nullzustand führt. Dadurch begründet resultiert die zugehörige Filterstruktur in einer angezapften Verzögerungsleitung sowie Exclusiv–ODER–Gattern, wie in Bild 6.10 dargestellt. Die Multiplikation mit der Zahl 1 ist durch eine Durchverbindung gegeben, bei dem Faktor 0 ergibt sich keine Verbindung. v_{-l}, mit $l = 1, 2, 3$, gibt die Anfangswerte an. In diesem Bild repräsentiert das Polynom $v(x)$ die Ausgangssequenz.

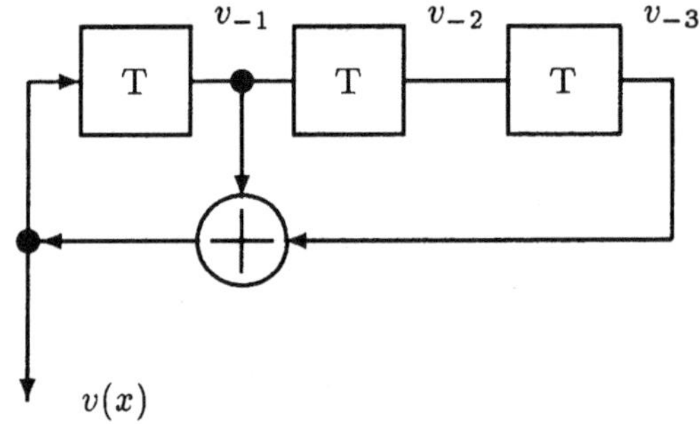

Bild 6.10   Modulo–2–Operation in Bild 6.9

Die Differenzengleichung der Ausgangsfolge ohne Betrachtung der Anfangswerte ist

$$v(n) = v(n - 1) + v(n - 3) \quad .$$

Im weiteren Verlauf wird nicht mehr darauf hingewiesen, dass eine Modulo–2–Betrachtung vorliegt, nur bei Bedarf soll dies hervorgehoben werden. Wie im Kapitel über Signale eingeführt, stellt x^l den um l Stellen nach rechts verschobenen Einheitsimpuls dar, es gilt

$$x^l \equiv \delta(n - l) \quad ,$$

die Faltung resultiert damit in einer Multiplikation zweier Polynome. Aus der Differenzengleichung wird dann

$$v(x) = x\,v(x) + x^3\,v(x)$$

und unter Einbeziehung der Anfangswerte

$$v(x) = \frac{v_{-1}x^2 + v_{-2}x + v_{-3}}{x^3 + x + 1} \quad .$$

Es ist ersichtlich, dass die gezeigte Schaltung eine Division der Anfangswerte durch ein Polynom beschreibt, das durch die Durchverbindungen gegeben ist. Diese Division ist auch durch die Schaltung durchführbar, die Bild 6.11 zeigt. Werden die Anfangswerte in

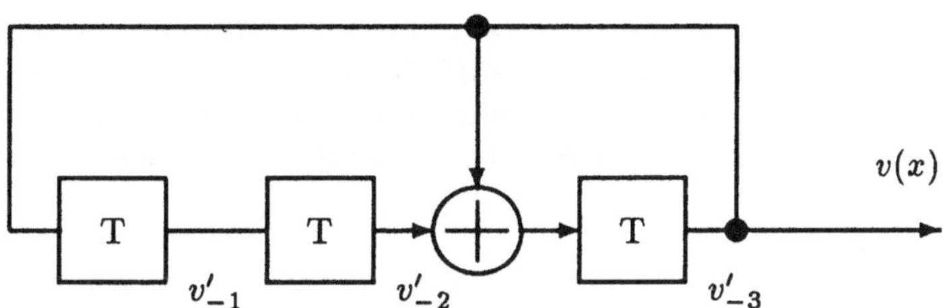

Bild 6.11   Alternative Schaltung zu Bild 6.10

Anlehnung an Bild 6.9 aneinander angepasst, erzeugen beide Realisierungen die gleiche Ausgangsfolge. Hierzu sind die Anfangswerte nach

$$\begin{aligned}
v'_{-1} &= v_{-1} \\
v'_{-2} &= v_{-2} \\
v'_{-3} &= v_{-1} + v_{-3}
\end{aligned}$$

zu wählen. Hieran ist wieder ersichtlich, dass die Anfangswerte der rückgekoppelten Schieberegisterstufen den Verlauf des Ausgangssignals beeinflussen.

Die allgemeine Form des Nennerpolynoms ist

$$g(x) = x^k + g_{k-1}x^{k-1} + \cdots + g_1 x + 1 \quad ,$$

wobei für die Koeffizienten $g_i \in \{0,1\}$, $i = 1,2,\cdots k-1$ gilt. Das Polynom ist k-ter Ordnung, die Koeffizienten für die Potenzen x^k und x^0 sind eins. Der Grund hierfür ergibt sich daraus, dass von den eingesetzten k Stufen der Schieberegisterkette alle Stufen zur Bildung von $1/g(x)$ herangezogen werden. Wäre der Koeffizient für die erste oder letzte Stufe gleich null, könnte diese Stufe entfallen. Die Ausgangsfolge der in Bild 6.11 gezeigten Struktur ist damit

$$v(x) = \frac{v'_{-1}x^{k-1} + v'_{-2}x^{k-2} + \cdots + v'_{-k}}{x^k + g_{k-1}x^{k-1} + \cdots + g_1 x + 1} \quad .$$

Es ergeben sich für die k Stufen 2^k verschiedene Anfangswerte. Sind alle Werte gleich null, erhalten wir für das Ausgangssignal eine Nullfolge. Zur Erzeugung von Sequenzen, bei denen sich die auftretenden Elemente 0 und 1 die Waage halten, sie also näherungsweise gleichhäufig erscheinen, darf der Anfangszustand mit N direkt aufeinanderfolgenden Nullen nicht auftreten. Somit verbleiben

$$N = 2^k - 1$$

sinnvolle Anfangszustände und maximal vorkommende Elemente einer Periode der Ausgangsfolge.

6.3.6 Zufälligkeit von PN-Sequenzen

Die im vorangegangen Abschnitt behandelte Struktur erzeugt eine Sequenz, die zufällig wirkt. Da die Struktur durch eine Differenzengleichung mit konstanten Koeffizienten und die Ausgangsfolge zudem durch die wählbaren Anfangswerte beschrieben ist, kann es sich bei der erzeugten Folge nicht um eine tatsächliche Zufallsfolge handeln. Es liegt eine PN–Sequenz vor. Eine ideale Zufallsfolge kann durch ein Münzwurfbeispiel beschrieben werden, wobei "Kopf" die Zahl +1 und "Zahl" -1 darstellen kann. Ein wiederkehrender Münzwurf erzeugt eine Sequenz der Ereignisse "Kopf" und "Zahl", bzw. +1 und -1. Wie in [Gol82] (siehe auch [Zie59]) dargestellt, ist die Zufälligkeit dieser Sequenz durch die folgenden drei Punkte postuliert:

Z1: Die Anzahl der Ereignisse "+1" und "-1" sind bei einer großen Anzahl von Wiederholungen nahezu gleich. Die Auftrittswahrscheinlichkeiten sind nahezu identisch und weisen den Wert 1/2 auf.

Z2: Bezeichnen wir eine Kette von -1 oder +1 als einen Lauf, so ist die Wahrscheinlichkeit für zwei aufeinander folgende gleiche Zahlen 1/4. Die Länge dieses Laufes ist zwei. Für einen Lauf der Länge drei ist die Auftrittwahrscheinlichkeit 1/8 usw. Oder anders ausgedrückt ist die Hälfte aller Läufe der Länge eins mit der Auftrittswahrscheinlichkeit 1/2, ein Viertel der Länge zwei mit der Auftrittswahrscheinlichkeit 1/4 usw. Allgemein ist die Wahrscheinlichkeit für einen Lauf der endlichen Länge L gleich $1/2^L$.

Z3: Wird die Folge um eine von null verschiedene Anzahl von Stellen verschoben und mit der unverschobenen verglichen, weist der Vergleich eine gleiche Anzahl von Übereinstimmungen und Nichtübereinstimmungen auf.

Z4: Die AKF der Folge $\{x(n)\}$ mit den Elementen -1 und +1 ist allgemein durch

$$
\begin{aligned}
R_x(m) &= \mathrm{E}\{x(n)x(m+n)\} \\
&= \lim_{N\to\infty} \frac{1}{N} \sum_{n=1}^{N} x(n)x(m+n)
\end{aligned}
$$

gegeben. Der Verlauf ist impulsartig, $R_x(m)$ ist maximal im Ursprung mit dem Wert 1 und ist gleich null für $m \neq 0$.

Eine Sequenz, die diesen vier Bedingungen genügt, ist eine reine Zufallsfolge. Wie bereits bei der Betrachtung von Korrelationsfolgen festgestellt, können diese Anforderungen nur teilweise erfüllt werden. PN–Folgen, mit rückgekoppelten Schieberegisterstufen erzeugt, entsprechen diesen Bedingungen mit nur geringen Abweichungen.

Wir haben uns bislang mit der Erzeugung von PN–Sequenzen befasst, ohne die Zufälligkeit zu betrachten. Die allgemeinen Zusammenhänge zwischen der Schieberegisterstruktur und der Ausgangssequenz schließen diese Lücke. Hierzu richten wir unser Augenmerk auf die Differenzengleichung einer solchen Struktur,

$$v(n) = c_1 v(n-1) + c_2 v(n-2) + \cdots + c_k v(n-k),$$

mit $c_i \in \{0,\ 1\}$ und $i = 1, 2, \cdots, k$. Hierin gibt mit der abkürzenden Schreibweise das Generatorpolynom

$$
\begin{aligned}
g(x) &= 1 + g_1 x + g_2 x^2 + \cdots + g_{k-1} x^{k-1} + x^k \\
&= \sum_{\nu=0}^{k} g_\nu x^\nu \\
&= 1 + \sum_{\mu=1}^{k} c_\mu x^\mu
\end{aligned}
$$

die Verbindungen in der Rückkopplungsstruktur an, die durch die Differenzengleichung $v(n)$ gegeben ist. Der Anfangszustand ist durch

$$v'_{-1},\ v'_{-2},\ v'_{-3}, \cdots,\ v'_{-k}$$

gegeben. Erfüllt die Ausgangsfolge die rekursive Bedingung

$$v(n) = \sum_{\kappa=1}^{k} c_\kappa v(n-\kappa)\ ,$$

dann erhalten wir wie oben beschrieben die erzeugte Folge

$$v(x) = \frac{v'_{-k} + v'_{-k+1} x + v'_{-k+2} x^2 + \cdots + v'_{-1} x^{k-1}}{1 + g_1 x + g_2 x^2 + \cdots + g_{k-1} x^{k-1} + x^k} = \frac{a(x)}{g(x)}\ .$$

Hierin steht $a(x)$ für das Anfangswertpolynom und $g(x)$ für das Generatorpolynom.

Die folgenden Punkte zur Periodizität der erzeugten Sequenz lassen sich damit zum Ausdruck bringen. Wir betrachten eine Struktur mit k Schieberegisterstufen.

P1: Registerinhalte können sich nach höchstens $2^k - 1$ Takten wiederholen, da dieser Wert die maximale Anzahl der Möglichkeiten ist. Wenn ein Anfangszustand wieder erreicht wird, wiederholen sich die darauf folgenden Speicherzustände. Also liegt eine maximale Periode von $N = 2^k - 1$ vor. Die so erzeugte Folge mit dieser Periode heißt Maximallängenfolge oder kurz ML–Folge (engl.: *maximum length sequence*). Dies ist leicht bei der Betrachtung von Bild 6.10 einzusehen.

P2: Für ein Generatorpolynom, $g(x)$, für ML–Folgen gilt folgende Aussage. Das Polynom $g(x)$ ist ähnlich wie Primzahlen nicht faktorisierbar. Es existiert ein Faktorpolynom, $f(x)$, sodass sich das Produkt $f(x) \cdot g(x) = 1 + x^N$ ergibt.

Die Periode ist durch

$$
\begin{aligned}
v(x) &= v_N(x) + x^N v_N(x) + x^{2N} v_N(x) + \cdots \\
&= v_N(x)\left(1 + x^N + x^{2N} + \cdots\right) \\
&= \frac{v_N(x)}{1 + x^N}
\end{aligned}
$$

angegeben. Hierin steht $v_N(x)$ für die Periode der Ausgangssequenz $v(x)$, die durch

$$v_N(x) = v_0 + v_1 x + v_2 x^2 + \cdots + v_{N-1} x^{N-1}$$

ausgedrückt ist. Mit den Anfangswerten

$$a(x) = \sum_{i=0}^{k-1} v'_{i-k} x^i$$

erhalten wir

$$v(x) = \frac{a(x)}{g(x)} = \frac{v_N(x)}{1 + x^N} \quad ,$$

wobei wir durch

$$a(x)\left(1 + x^N\right) = g(x)\, v_N(x)$$

erkennen, dass $a(x)$ und $g(x)$ für eine maximale Periode keine gemeinsamen Faktoren haben dürfen. Somit ist $g(x)$ ein Faktorpolynom von $1 + x^N$ und weiterhin gilt

$$f(x)\, a(x)\left(1 + x^N\right) = \underbrace{g(x) f(x)}_{=1 + x^N}\, v_N(x)$$

$$f(x)\, a(x) = v_N(x) \quad .$$

P3: Die maximale Periode ist $N = 2^k - 1$. Dies trifft für alle Folgen des PN–Generators zu, nicht nur für die Ausgangsfolge, sondern ebenfalls für die Registerinhalte.

Um dies zu zeigen, nehmen wir zunächst den Fall an, dass der Anfangszustand durch $v'_{-k} = 1$ und $v'_{-l} = 0$ für $l = 1, 2, \cdots, k-1$ gegeben ist. Das Anfangswertpolynom ist somit $a(x) = 1$. Die mit diesem Anfangszustand erzeugte Folge ist

$$v_0(x) = \frac{1}{g(x)} = v_{N0}(x) + x^N v_{N0}(x) + x^{2N} v_{N0}(x) + \cdots$$

$$= \frac{v_{N0}(x)}{1 + x^N} \quad ,$$

sie ist periodisch mit N Elementen pro Periode. Für den allgemeinen Anfangszustand ergibt sich hiermit

$$v(x) = \sum_{i=0}^{k-1} \frac{v'_{-i} x^i}{g(x)}$$

$$= v_0(x) \sum_{i=0}^{k-1} v'_{-i} x^i \quad .$$

Hierin ist ersichtlich, dass jeder Summand für sich betrachtet ebenfalls periodisch mit derselben Periode N ist, wie die Ausgangssequenz und die Reaktion auf den besonderen Anfangszustand.

P4: Das Generatorpolynom des Grades k muss irreduzibel, d.h. nicht faktorisierbar sein, um die maximale Periode $N = 2^k - 1$ zu erzielen.

Angenommen, das Generatorpolynom, $g(x)$, kann durch das Produkt $g_1(x) \cdot g_2(x)$ beschrieben werden, erhalten wir mit der Partialbruchzerlegung

$$v(x) = \frac{a(x)}{g(x)} = \frac{a_1(x)}{g_1(x)} + \frac{a_2(x)}{g_2(x)} \quad .$$

Die Periode des ersten Terms ist kleiner gleich $2^{k_1} - 1$, die des zweiten kleiner gleich $2^{k_2} - 1$, wobei $k_1 \geq 1$ den Grad von $g_1(x)$ und $k_2 \geq 1$ den von $g_2(x)$ angibt. Um zur Periode zu gelangen, betrachten wir das kleinste gemeinsame Vielfache

$$\text{Periode}\left\{\frac{a(x)}{g(x)}\right\} \leq \text{Periode}\left\{\frac{a_1(x)}{g_1(x)}\right\} \cdot \text{Periode}\left\{\frac{a_2(x)}{g_2(x)}\right\}$$
$$\leq \left(2^{k_1} - 1\right) \cdot \left(2^{k_2} - 1\right)$$
$$\leq \left(2^k - 3\right) \quad .$$

Damit ergibt sich die Aussage, dass sich die Periode verringert, wenn sich das Generatorpolynom faktorisieren lässt. Aber aufgepasst, die Tatsache, dass ein Polynom irreduzibel ist, besagt noch nicht, dass dieses Polynom zu einer ML–Sequenz führt. Dies beschreibt folgendes Beispiel. Das betrachtete Generatorpolynom ist durch $g(x) = 1 + x + x^2 + x^3 + x^4$ gegeben. Es ist irreduzibel, erzeugt jedoch eine Sequenz mit der Periode 5 anstelle von 15. Der Grund hierfür ist, dass $g(x)$ ein Faktorpolynom von $1 + x^5$ ist, da es dieses Polynom ohne Rest teilt, wie es $g(x) \cdot (1 + x) = 1 + x^5$ angibt. Die beiden Polynome, die irreduzibel sind und zugleich die Periode $N = 15$ führen, sind $1 + x^3 + x^4$ und $1 + x + x^4$.

Kehren wir zurück zu der Betrachtung der Zufälligkeit der erzeugten Sequenzen und vergleichen die PN–Sequenzen mit der oben aufgeführten Sequenz, die auf einen Münzwurf basiert. Zu den Punkten:

Z1: Die Ausgangssequenz ist nach Bild 6.11 an dem Ausgang der letzten Schieberegisterstufe abgegriffen. Diese durchläuft sämtliche Zustände, d.h. $2^k - 1$ an der Zahl. Würden wir den Nullzustand zulassen, sähen wir hier 2^k Möglichkeiten. Hierunter sind 2^{k-1} gerade mit einer Null am Ende und eine gleiche Anzahl ungerade mit einer Eins am Ende. Da wir den Nullfall ausschließen, kommt es zu einem Ungleichgewicht. Es liegen nun 2^{k-1} Einsen und $2^{k-1} - 1$ Nullen vor. Betrachten wir den Anfangswertzustand als zufällig mit einer Gleichverteilung unter den Möglichkeiten, erhalten wir für die Häufigkeiten der Ausgangswerte

$$P[0] = \frac{2^{k-1} - 1}{2^k - 1} = \frac{1}{2}\left(1 - \frac{1}{N}\right)$$
$$P[1] = \frac{2^{k-1}}{2^k - 1} = \frac{1}{2}\left(1 + \frac{1}{N}\right) \quad .$$

Im Gegensatz zum Beispiel mit dem Münzwurf ist keine Ausgewogenheit zu verzeichnen. Für PN–Sequenzen mit großen Perioden, wie z.B. für $k = 10$ mit dem

Generatorpolynom $g(x) = 1 + x^3 + x^{10}$ erhalten wir mit $N = 1023$ für die relative Häufigkeit einer Null $P[0] \approx 0,4995$ und für die einer Eins $P[1] \approx 0,5005$. Je mehr Schieberegisterstufen eingesetzt werden, umso besser wird die Balance zwischen den beiden Zuständen.

Z2: Wir betrachten nun nach Golomb die Lauflängeneigenschaften. In einer (zyklischen) ML–Sequenz liegen $2^k - 1$ Möglichkeiten für k aufeinanderfolgende Terme vor, wie es folgende Betrachtung darlegt. Für $k = 2$ und der ML–Sequenz $\{v_0, v_1, v_2\}$ gibt es die Paare benachbarter Elemente $v_0 v_1$, $v_1 v_2$ und $v_2 v_0$. Von der Nullfolge abgesehen, denn diese würde die Schieberegisterschaltung stoppen, tritt jede erdenkliche Folge einmal auf. Besonders k Einsen in Folge sind einmal zu beobachten, die Unterfolge wird geführt und gefolgt von einer Null. Der umgekehrte Fall tritt nicht auf. Eine Null, gefolgt von $k - 1$ Einsen erscheint einmal. Dies ist jedoch schon berücksichtigt bei dem Fall von k Einsen, geführt von einer Null. Ähnliches ergibt sich bei $k - 1$ Einsen, gefolgt von einer Null. Es gibt also keinen Lauf von $k - 1$ Einsen, der direkt von einer Null geführt und gefolgt wird.

Nehmen wir den Fall $0 < l \leq k - 2$. Um die Anzahl der Längen mit l gleichen Elementen zu beschreiben, betrachten wir von k aufeinanderfolgenden Elementen die Fälle, die aus einer führenden Null, l Einsen, einer folgenden Null und $r - l - 2$ restlichen, beliebigen Elementen bestehen. Die Nullfälle ergeben sich analog hierzu. Die Häufigkeit hierfür ist demnach 2^{r-l-2}.

Lauflängen größer als k kommen nicht vor. Die Summe der relativen Häufigkeiten ergibt eins.

Bevor wir uns einem Beispiel zuwenden, wollen wir die Frage klären, wieviel Generatorpolynome existieren, um eine Periode von N zu erzielen. Hierzu können wir auf einige Ergebnisse der Zahlentheorie zurückgreifen, die an dieser Stelle nur in knapper Form dargestellt werden können und sollen. Interessierte seien auf die Literatur verwiesen (siehe z.B. [Gol82] und [Dij98]). Kurzum, diese Anzahl ist durch

$$N_p = \frac{\Phi(N)}{k}$$

angegeben, wobei $\Phi(N)$ die Eulersche Φ–Funktion darstellt, die angibt, wieviel positive irreduzible Brüche kleiner als 1 mit dem Nenner N existieren. Für $\Phi(8)$ ergeben sich 1/8, 3/8, 5/8 und 7/8, also ist $\Phi(8)=4$. Einige Eigenschaften erleichtern die Auswertung der Beziehung. Ist das Argument der Φ–Funktion eine Primzahl oder eine Potenz hiervon, ist das Ergebnis

$$\Phi(N) = N - 1 \quad ,$$

bzw.

$$\Phi(N^l) = N^l \left(1 - \frac{1}{N}\right) \quad .$$

Für eine beliebige positive ganze Zahl lässt sich die Funktion durch

$$\Phi(N) = N \cdot \prod_{m=1}^{r} \left(1 - \frac{1}{N_m}\right)$$

berechnen, wobei

$$N = \prod_{q=1}^{r} N_q^{n_q}$$

die Primfaktoren darstellt und l, n_q und r ganze Zahlen sind. Die folgende Tabelle zeigt, dass für zunehmendes k die Anzahl der ML–Sequenzen und der Generatorpolynome stark ansteigt. Der Fall für $k = 6$ sei exemplarisch hervorgehoben. Die Zahl 63 ist

k	N	N_p
2	3	1
3	7	2
4	15	2
5	31	6
6	63	6
7	127	18
8	255	16
9	511	48
10	1023	60
.	.	.
.	.	.
.	.	.

Tabelle 6.1   Anzahl von Schieberegisterstufen und ML–Sequenzen

durch die Primzahlen 3 und 7 in der Form $3^2 \cdot 7 = 63$ gegeben. Für $\Phi(63)$ erhalten wir $63(1 - 1/3)(1 - 1/7) = 36$ und somit ist $N_p = 36/6 = 6$. Eine praktische Situation ist durch $k = 30$ gegeben. Hierfür ist $N = 2^{30} - 1 = 3^2 \cdot 7 \cdot 11 \cdot 31 \cdot 151 \cdot 331$ und damit erhalten wir

$$\begin{aligned}
N_p &= \frac{2^{30}-1}{30}\left(1 - \frac{1}{3}\right)\left(1 - \frac{1}{7}\right)\left(1 - \frac{1}{11}\right) \cdot \\
&\qquad \cdot \left(1 - \frac{1}{31}\right)\left(1 - \frac{1}{151}\right)\left(1 - \frac{1}{331}\right) \\
&= 17.820.000 \quad,
\end{aligned}$$

d.h. es existieren nahezu 18 Millionen unterschiedliche Generatorpolynome des Grades 30, die zu ML–Sequenzen führen.

Wir wenden uns nun einem Beispiel zu, das den bislang behandelten Sachverhalt darstellt. Es soll die Sequenz eines PN–Generators bestimmt werden, dessen Periode 15 ist. Wie lauten die Generatorpolynome und wie die damit erzeugten Sequenzen?

Zur Bestimmung des Generatorpolynoms betrachten wir Tabelle 6.2. Sie verdeutlicht die Faktorisierung für gegebene Koeffizienten. Zur Ermittlung der Ausgangssequenz für das Generatorpolynom $g(x) = 1 + x + x^2 + x^3 + x^4$ und dem allgemeinen Polynom für die Anfangswerte $a(x) = v'_{-4} + v'_{-3}x + v'_{-2}x^2 + v'_{-1}x^3$ betrachten wir in binärer Form die

g_1	g_2	g_3	$1 + g_1 x + g_2 x^2 + g_3 x^3 + x^4$	ML–Polynom
0	0	0	$\left(1+x\right)^4$	
0	0	1	$1 + x^3 + x^4$	•
0	1	0	$\left(1+x+x^2\right)^2$	
0	1	1	$\left(1+x\right)\left(1+x+x^3\right)$	
1	0	0	$1 + x + x^4$	•
1	0	1	$\left(1+x\right)^2\left(1+x+x^2\right)$	
1	1	0	$\left(1+x\right)\left(1+x^2+x^3\right)$	
1	1	1	$1 + x + x^2 + x^3 + x^4$	(•)

Tabelle 6.2   Generatorpolynom des Grades 4

$$
\begin{array}{ccccccccccc}
v'_{-4} & v'_{-3} & v'_{-2} & v'_{-1} & : & 1 & 1 & 1 & 1 & 1 & = \\
v'_{-4} & v'_{-4} & v'_{-4} & v'_{-4} & v'_{-4} & & v'_{-4} & v'_{-34} & v'_{-23} & v'_{-12} & v'_{-1} \\
\hline
 & v'_{-34} & v'_{-24} & v'_{-14} & v'_{-4} \\
 & v'_{-34} & v'_{-34} & v'_{-34} & v'_{-34} & v'_{-34} \\
\hline
 & & v'_{-23} & v'_{-13} & v'_{-3} & v'_{-34} \\
 & & v'_{-23} & v'_{-23} & v'_{-23} & v'_{-23} & v'_{-23} \\
\hline
 & & v'_{-12} & v'_{-2} & v'_{-24} & v'_{-23} \\
 & & v'_{-12} & v'_{-12} & v'_{-12} & v'_{-12} & v'_{-12} \\
\hline
 & & & v'_{-1} & v'_{-14} & v'_{-13} & v'_{-12} \\
 & & & v'_{-1} & v'_{-1} & v'_{-1} & v'_{-1} & v'_{-1} \\
\hline
 & & & & v'_{-4} & v'_{-3} & v'_{-2} & v'_{-1}
\end{array}
$$

Divisionsschritte wie unten aufgeführt. Hierin steht v'_{-12} abkürzend für $v'_{-1} + v'_{-2}$. Nach fünf Divisionsschritten sind wir wieder bei dem Anfangszustand $\{v'_{-4},\ v'_{-3},\ v'_{-2},\ v'_{-1}\}$ angelangt. Die Ausgangssequenz ist somit durch die Elemente der Periode

$$\{v'_{-4},\ v'_{-34},\ v'_{-23},\ v'_{-12},\ v'_{-1}\}$$

gegeben. Sie weist lediglich fünf Werte auf und wiederholt sich nicht wie erwartet nach 15 Elementen, obwohl das Generatorpolynom irreduzibel und vierten Grades ist. Außerdem ist dieses Generatorpolynom ein Faktorpolynom von $x^{15}+1$ – aber auch von $x^{10}+1$ sowie $x^5 + 1$, wodurch die kleinste Periode von fünf naheliegt. Es ist also zur Erzeugung von ML–Sequenzen nicht geeignet. Anders verhält es sich für $g(x) = 1 + x + x^4$. Hierbei wird die Periode voll ausgeschöpft, wie es das Divisionsergebnis

$$\{v'_{-4},\ v'_{-34},\ v'_{-234},\ v'_{-1234},\ v'_{-123},\ v'_{-124},\ v'_{-13},\ v'_{-24},$$

$$v'_{-134},\ v'_{-23},\ v'_{-12},\ v'_{-14},\ v'_{-3},\ v'_{-2},\ v'_{-1}\}$$

zeigt. Daher ist die Aussage von Tabelle 6.1 verständlich, die für $k = 4$ zwei Generatorpolynome angibt. Betrachten wir nun den Einfluss der Anfangswerte auf die Ausgangsfolge. Tabelle 6.3 verdeutlicht die unter dargestellten Eigenschaften einer PN–Sequenz.

v_{-1}	v_{-2}	v_{-3}	v_{-4}	$v(x)$
0	0	0	0	0 0 0 0 0 0 0 0 0 0 0 0 0 0 0
0	0	0	1	1 1 1 1 0 1 0 1 1 0 0 1 0 0 0
0	0	1	0	0 1 1 1 1 0 1 0 1 1 0 0 1 0 0
0	0	1	1	1 0 0 0 1 1 1 1 0 1 0 1 1 0 0
0	1	0	0	0 0 1 1 1 1 0 1 0 1 1 0 0 1 0
0	1	0	1	1 1 0 0 1 0 0 0 1 1 1 1 0 1 0
0	1	1	0	0 1 0 0 0 1 1 1 1 0 1 0 1 1 0
0	1	1	1	1 0 1 1 0 0 1 0 0 0 1 1 1 1 0
1	0	0	0	0 0 0 1 1 1 1 0 1 0 1 1 0 0 1
1	0	0	1	1 1 1 0 1 0 1 1 0 0 1 0 0 0 1
1	0	1	0	0 1 1 0 0 1 0 0 0 1 1 1 1 0 1
1	0	1	1	1 0 0 1 0 0 0 1 1 1 1 0 1 0 1
1	1	0	0	0 0 1 0 0 0 1 1 1 1 0 1 0 1 1
1	1	0	1	1 1 0 1 0 1 1 0 0 1 0 0 0 1 1
1	1	1	0	0 1 0 1 1 0 0 1 0 0 0 1 1 1 1
1	1	1	1	1 0 1 0 1 1 0 0 1 0 0 0 1 1 1

Tabelle 6.3   Anfangswerte und erzeugte ML–Folge

Die erzeugte Sequenz ist periodisch mit 15 Elementen pro Periode. Dies entspricht der maximalen Länge (siehe (P1)). Das zugehörige Generatorpolynom ist vierter Ordnung und irreduzibel. Weiterhin teilt es ohne Rest $x^{15}+1$ (siehe (P2) und (P4)). Für jeden beliebigen Anfangswert ergibt sich stets die gleiche (zyklische) Ausgangsfolge, sie erscheint lediglich um einige Stellen versetzt. Betrachten wir hierzu die Folge am Fuß der Tabelle. Wird diese Folge $\{1010110010000111\}$ mit einer um eine Stelle zyklisch nach rechts verschobenen Version, also $\{1101011001000011\}$ hiervon addiert, resultiert dies wiederum in einer verschobenen Version dieser Folge, nämlich $\{0111101011000100\}$. Die Registerinhalte sind folglich ebenfalls periodisch (siehe (P3)). Zur Zufälligkeit: In der PN–Folge sind 8 von 15 Einsen und 7 Nullen (siehe (Z1)). Lauflängen nach (Z2) erscheinen mit folgenden Häufigkeiten: $H(00) = 2^{4-2} - 1$ und $H(11) = H(10) = H(01) = 2^{4-2}$. Die Summe der relativen Häufigkeiten ergibt den Wert eins. Bei drei Stellen liegt $H(000) = 2^{4-3} - 1$ und $H(111) = H(110) = \cdots H(001) = 2^{4-3}$ vor. Die Summe, bezogen auf die Anzahl der Elemente einer Periode, ergibt wieder eins. Für vier aufeinanderfolgende Stellen erhalten wir $H(0000) = 0$ und $H(1111) = H(1110) = \cdots H(0001) = 2^{4-4}$ (siehe auch [Fin87]).

Zum Schluss dieses Abschnitts beantworten wir Fragestellungen hinsichtlich der Korrelationseigenschaften der quasizufälligen Folgen und wenden hierzu die Ergebnisse von Abschnitt 6.3.3 an.

6.3.7 Korrelationsverhalten von PN–Sequenzen

Beginnen wir mit der AKF der generierten periodischen Folge $v(n)$. Um bei der bereits eingeführten Notation zu bleiben, soll die Periodizität durch $\tilde{v}(n)$ und die N Elemente umfassende Periode $v_N(n)$ ausgedrückt werden. Die AKF ist ebenfalls periodisch mit N Elementen pro Periode. Die bislang betrachteten PN–Sequenzen liegen im logischen Bereich vor. Zur Übertragung über einen physikalischen Kanal ist es erforderlich, die logischen Werte auf physikalische abzubilden. Eine logische Eins soll durch -1, eine logische Null durch $+1$ dargestellt werden.

Die Grundlagen der Korrelationsfolgen liegen bereits vor, sodass wir diese nun anhand einer PN–Sequenz erläutern können. Das Generatorpolynom $g(x) = 1 + x + x^3$ erzeugt die logische Sequenz $\{v_N(m)\} = \{1,\ 1,\ 1,\ 0,\ 1,\ 0,\ 0\}$, die auf die physikalische Sequenz $\{w_N(m)\} = \{-1,\ -1,\ -1,\ 1,\ -1,\ 1,\ 1,\}$ abgebildet wird. Die Periode der AKF, $\tilde{R}_w(m)$, ergibt sich aus der Überlagerung der AKF der Sequenz $w_N(m)$ mit einer um $N = 7$ Stellen verschobenen Version hiervon, wie es

$$\tilde{R}_w(m) = R_{w_N}(m) + R_{w_N}(m - N) \quad , \qquad 0 \leq m \leq N - 1$$

beschreibt. Hierin ist $R_{w_N}(m)$ das Faltungsprodukt $w_N(m) * w_N(-m)$ und ist für die gegebene Sequenz durch

$$\{R_{w_N}(m)\} = \{0,\ -1,\ -2,\ -1,\ 0,\ 1,\ 0,\ 7,\ 0,\ 1,\ 0,\ -1,\ -2,\ -1,\ 0\}$$

gegeben. Um die Periode der AKF $\tilde{R}_w(m)$ zu bestimmen, führen wir die Verschiebung und Addition aus. Damit erhalten wir

$$
\begin{array}{rccccccccccccccc}
  & 0 & -1 & \ldots & 0 & 7 & 0 & 1 & 0 & -1 & -2 & -1 & 0 & & & & \\
+ & & & & & 0 & -1 & -2 & -1 & 0 & 1 & 0 & 7 & 0 & 1 & \ldots & -1 & 0 \\
\hline
  & 0 & -1 & \ldots & 0 & 7 & -1 & -1 & -1 & -1 & -1 & -1 & 7 & 0 & 1 & \ldots & -1 & 0
\end{array}
$$

Periode

und schließlich die periodische AKF durch wiederkehrendes Fortsetzen der gefundenen Liste $\{7,\ -1,\ -1,\ -1,\ -1,\ -1,\ -1\}$ um $N = 7$. Zu diesem Ergebnis gelangen wir auch, wenn wir die periodische Faltung $\tilde{w}(m) \,\tilde{*}\, \tilde{w}(-m) = \tilde{w}(m) \,\tilde{\star}\, \tilde{w}(m)$ durchführen. Wie bereits dargelegt, ist hierzu die Periode von $\tilde{w}(m)$, also $\tilde{w}_N(m)$ zu betrachten, die durch die Liste $\{-1,\ -1,\ -1,\ 1,\ -1,\ 1,\ 1\}$ gegeben ist. Damit erhalten wir für die Periode der AKF

$$\{-1,\ -1,\ -1,\ 1,\ -1,\ 1,\ 1\} \;\; \tilde{\star} \;\; \{-1,\ -1,\ -1,\ 1,\ -1,\ 1,\ 1\}$$
$$= \;\; \{7,\ -1,\ -1,\ -1,\ -1,\ -1,\ -1\} \quad ,$$

also dasselbe Ergebnis wie zuvor.

Neben den AKF sind zur Trennbarkeit von Folgen die KKF von Bedeutung. Zur Erläuterung ziehen wir wieder das bekannte Beispiel heran. Die durch die Liste

$\{-1,\,-1,\,-1,\,1,\,-1,\,1,\,1\}$ gegebene Folge basiert auf dem Generatorpolynom $1+x+x^3$, die einzig andere mögliche, nämlich $\{-1,\,1,\,-1,\,-1,\,-1,\,1,\,1\}$, wird durch das Generatorpolynom $1+x^2+x^3$ erzeugt. Um die KKF zu finden, wenden wir die periodische Faltung der beiden Folgen an. Das Ergebnis hierfür ist

$$
\begin{aligned}
\{-1,\,-1,\,-1,\,1,\,-1,\,1,\,1\} \;\tilde{\star}\; & \{-1,\,1,\,-1,\,-1,\,-1,\,1,\,1\} \\
= & \{3,\,-1,\,-1,\,-5,\,3,\,3,\,-1\} \quad .
\end{aligned}
$$

Dies zeigt, dass die KKF teilweise recht hohe Werte aufweisen, die zumindest für Generatorpolynome geringer Ordnung wie in diesem Fall auftreten können. In einem Aufsatz ([Wel74]) wurde dieser Fall für beliebige binäre Sequenzen behandelt.

Die Grenzen der Trennbarkeit bei M–, bzw. ML–Sequenzen verdeutlicht die folgende Betrachtung. Es liegen N_p verschiedene Sequenzen vor und wir möchten zu einer Aussage über den Schwellwert der KKF in Abhängigkeit von der Sequenzlänge, N, gelangen. Ausgehend von

$$
\tilde{R}_k(m)\tilde{\star}\tilde{R}_l(m) = \tilde{R}_{kl}(m)\tilde{\star}\tilde{R}_{lk}(m)
$$

und Auswerten dieser Faltung im Ursprung ergibt den Zusammenhang

$$
\sum_{n=0}^{N-1} |\tilde{R}_{kl}(n)|^2 = \sum_{n=0}^{N-1} \tilde{R}_k(n)\tilde{R}_l^*(n) \quad .
$$

Überlagern sich die N_p Sequenzen, führt dies zu

$$
\begin{aligned}
\sum_{k=1}^{N_p}\sum_{l=1}^{N_p}\sum_{n=0}^{N-1} |\tilde{R}_{kl}(n)|^2 \;=\; & \sum_{k=1}^{N_p}\sum_{l=1}^{N_p}\sum_{n=0}^{N-1} \tilde{R}_k(n)\tilde{R}_l^*(n) \\
=\; & N_p^2 N^2 + \sum_{k=1}^{N_p}\sum_{l=1}^{N_p}\sum_{n=1}^{N-1} \tilde{R}_k(n)\tilde{R}_l^*(n) \\
=\; & N_p^2 N^2 + \sum_{n=1}^{N-1}\left| \sum_{k=1}^{N_p} \tilde{R}_k(n) \right|^2 \quad .
\end{aligned}
$$

Die innere Summe auf der rechten Seite dieser Gleichung berücksichtigt die Nebenwerte der AKF, die sämtlich den Wert -1 aufweisen. Daher ergibt sich für die Doppelsumme der Wert $N_p^2(N-1)$. Als Nächstes erfolgt die Abschätzung der Dreifachsumme auf der linken Seite. Hierin unterscheiden wir zwischen den AKF für $k=l$ und den KKF für $k \neq l$. Für die zuerst genannten liegen N_p Maximalwerte mit jeweils N^2 und $N_p(N_p-1)$ Nebenmaxima mit jeweils $(-1)^2$ vor. Bei den letzteren ermitteln wir eine obere Grenze, die nicht überschritten werden kann. Jede KKF weist N Elemente auf, insgesamt sind $N_p(N_p-1)$ zu berücksichtigen. Der Maximalwert der KKF sei M_{KKF} und reellwertig, damit ergibt sich als obere Grenze $N_p(N_p-1)NM_{KKF}^2$. Diese Überlegungen in die obige Beziehung eingesetzt ergibt

$$
N_p^2 N^2 + N_p^2(N-1) \leq N_p N^2 + N_p(N-1) + N_p(N_p-1)NM_{KKF}^2
$$

beziehungsweise

$$
M_{KKF}^2 \geq \frac{N^2+N-1}{N} \quad .
$$

Dieser Ausdruck besagt, dass die Werte der KKF mit wachsenden Längen der M-Sequenzen ebenfalls ansteigen. Die Verbesserung der AKF hinsichtlich eines impulshaften Verhaltens geht damit auf Kosten der KKF, wobei jedoch der Maximalwert der AKF, M_{AKF}, proportional mit N und eine untere Schwelle von M_{KKF} näherungsweise mit $\sqrt{N}$ zunimmt. Den direkten Vergleich liefert somit

$$\frac{M_{KKF}}{M_{AKF}} \geq \sqrt{\frac{N^2 + N - 1}{N^3}} \approx \frac{1}{\sqrt{N}} \quad ,$$

was den Vorteil längerer M-Sequenzen gegenüber kürzeren aufzeigt. Der Ausdruck stellt eine Schwelle dar, die überschritten wird. Die möglichen KKF-Probleme machen deutlich, dass Sequenzen erfoderlich sind, bei denen eine gute Trennbarkeit verfügbar ist. Sequenzen mit guten Trenneigenschaften sind Gold-Sequenzen, die eine größere Anzahl von Sequenzen ermöglicht, mit denen bei einem Mehrfachzugriff eine geringe gegenseitige Beeinflussung gewährleistet ist. Diese Gold-Sequenzen basieren auf jeweils zwei speziellen M-Sequenzen. Das Auffinden dieser Paare und die sich daraus ergebenden Korrelationseigenschaften sind nicht Gegenstand dieser Betrachtung. Hierzu wird auf die Literatur verwiesen, wie etwa [Gold67].

6.3.8   PN–Autokorrelationsfunktion

Nachdem die Sequenzen erzeugt sind, erfolgt eine Abbildung von der logischen Ebene auf die physikalische, also der Übergang von $\{v_N(n)\}$, mit $n = 0, 1, 2, \cdots, N-1$, in der die Modulo-2-Algebra ihre Gültigkeit hat, nach $\{w_N(n)\}$, wo der unbegrenzte Zahlenbereich besteht. In dem physikalischen Bereich kommt die Pulsformung zum Tragen. Ist der nachrichtentragende Puls $g(t)$, ergibt sich das resultierende Signal mit der periodisch fortgesetzten Sequenz

$$w(l) = \sum_{k=-\infty}^{\infty} w_N(l - kN)$$

zu

$$y_c(t) = g(t) * \underbrace{\sum_{l=-\infty}^{\infty} w(l)\delta(t - lT_c)}_{\substack{x_c(t) \\ \widehat{=} \\ \text{periodisch} \\ \text{gewichteter} \\ \text{Impulskamm}}} \quad ,$$

wobei $w_N(l)$ die abgebildete Periode der PN-Sequenz und T_c das Chip-Intervall darstellt. Mit den oben aufgeführten Zusammenhängen stellt sich nun die Frage nach der Autokorrelationsfunktion und damit dem Leistungsdichtespektrum des periodischen Spreizsignals.

Wie in Kapitel 2 über Wahrscheinlichkeitstheorie dargestellt, lässt sich diese Frage leicht mit dem Filterkonzept beantworten. Hierzu erregt ein Signal, $x_c(t)$, mit gewichteten und auf der Zeitachse verschobenen Dirac-Impulsen ein Filter mit der Impulsantwort $g(t)$.

Hierauf reagiert das Filter mit einem Signal, das der obigen Gleichung entspricht. Für den mit der abgebildeten PN–Sequenz gewichteten Impulskamm ergibt sich die AKF und mit der AKF der Impulsantwort direkt die des Ausgangssignals, $y_c(t)$. Der Übergang in den Frequenzbereich liefert das zugehörigen LDS, wie es

$$R_{y_c}(\tau) \;=\; R_{x_c}(\tau) * g(\tau) * g^*(-\tau)$$
$$\updownarrow$$
$$S_{y_c}(f) \;=\; \left|G(f)\right|^2 S_{x_c}(f)$$

beschreibt. Das erregende Signal und damit dessen AKF sind periodisch mit N Elementen pro Periode, die Impulsantwort ist nicht periodisch. Aus diesem Grund ist diese Art der Faltung zulässig. Eine Periode von $x_c(t)$ ist durch

$$\sum_{l=0}^{N-1} w_N(l)\delta(t - lT_c)$$

dargestellt. Zum periodischen Fortsetzen im Abstand NT_c falten wir diesen Ausdruck mit der Impulsfolge

$$\frac{1}{NT_c}\, \mathrm{III}\left(\frac{t}{NT_c}\right)$$

und führen eine weitere Faltung mit $g(t)$ durch. Damit erhalten wir für das Ausgangssignal

$$y_c(t) = \frac{1}{NT_c}\mathrm{III}\left(\frac{t}{NT_c}\right) * \sum_{l=0}^{N-1} w_N(l)g(t - lT_c) \quad .$$

Zur Berechnung der AKF am Eingang des Filters ersetzen wir einfach die zeitdiskreten Einselemente $\delta(n)$ durch zeitkontinuierliche Dirac–Impulse, $\delta(\tau)$. Der Unterschied ist, wie bereits zuvor dargelegt, durch das Argument gegeben, für das Einselement sind es ausschließlich ganze Zahlen, für den Dirac–Impuls beliebige reelle. Damit ergibt sich die AKF am Eingang des Pulsformungsfilters zu

$$R_{x_c}(\tau) = \sum_{m=-\infty}^{\infty} \tilde{R}_w(m)\delta(\tau - mT_c) \quad .$$

Hierin steht $\tilde{R}_w(m)$ für die um ganzzahlige Vielfache von N fortgesetzte AKF $\tilde{R}_{w_N}(m)$. Die Elemente dieser Folgen repräsentieren die Gewichte der δ–Impulse. Wird die Folge aufgespalten, wie

$$\tilde{R}_{w_N}(m) \;\hat{=}\; \underbrace{\left\{N,\, -1,\, -1,\, \cdots,\, -1\right\}}_{N\ \text{Elemente}}$$
$$\hat{=}\; \left\{(N+1),\, 0,\, 0,\, \cdots,\, 0\right\} - \left\{1,\, 1,\, 1,\, \cdots,\, 1\right\} \quad ,$$

ergibt sich eine kompakte Schreibweise durch Impulsfolgen in der Form

$$R_{x_c}(\tau) = (N+1)\frac{1}{NT_c}\mathrm{III}\left(\frac{\tau}{NT_c}\right) - \frac{1}{T_c}\mathrm{III}\left(\frac{\tau}{T_c}\right) \quad .$$

Das zugehörige Leistungsdichtespektrum erhalten wir leicht durch das Paar der Fourier-Transformation

$$\frac{1}{\Delta}\mathrm{III}\Big(\frac{t}{\Delta}\Big) \quad\longleftrightarrow\quad \mathrm{III}\Big(\frac{f}{1/\Delta}\Big) \quad .$$

Diesen Zusammenhang auf die AKF angewendet resultiert in

$$
\begin{aligned}
S_{x_c}(f) &= (N+1)\,\mathrm{III}\Big(\frac{f}{1/NT_c}\Big) - \mathrm{III}\Big(\frac{f}{1/T_c}\Big) \\[2mm]
&= (N+1)\frac{1}{NT_c}\cdot\frac{1}{\frac{1}{NT_c}}\mathrm{III}\Big(\frac{f}{1/NT_c}\Big) - \frac{1}{T_c}\cdot\frac{1}{\frac{1}{T_c}}\mathrm{III}\Big(\frac{f}{1/T_c}\Big)
\end{aligned}
$$

also einem periodischen Linienspektrum, dessen Periode durch die Liste

$$\frac{1}{NT_c}\underbrace{\big\{1,\ (N+1),\ (N+1),\ \cdots,\ (N+1)\big\}}_{N\ \text{Elemente}}$$

gegeben ist. Auch hierin stellen die Elemente der Liste die Gewichte der δ–Impulse dar, die im Abstand $1/NT_c$ auftreten. Dies ist die Signalsituation am Eingang des Pulsformungsfilters. Die Impulsantwort hiervon sei

$$g(t) = \Pi\left(\frac{t}{T_c}\right) \quad ,$$

womit dessen AKF dreieckförmig ist, wie es

$$g(\tau) * g^*(-\tau) = T_c\,\Lambda\left(\frac{t}{T_c}\right)$$

beschreibt. Die AKF des Ausgangssignals, also das Faltungsprodukt aus der AKF des erregenden Signals und der der Impulsantwort des Filters, sowie das zugehörige LDS gibt der folgende Zusammenhang an,

$$
\begin{aligned}
R_{y_c}(\tau) &= R_{x_c}(\tau) * T_c\,\Lambda\left(\frac{t}{T_c}\right) \\[1mm]
&\quad\updownarrow \\[1mm]
S_{y_c}(f) &= S_{x_c}(f)\cdot T_c^2\,\mathrm{si}^2\big(\pi f T_c\big) \quad .
\end{aligned}
$$

Die AKF des nun zeitkontinuierlichen PN–Signals zeigt Bild 6.12. Wir erkennen im Abstand $NT_c = T_b$, also dem Bitintervall, Dreiecke der Höhe $N+1$ und der Basis $2T_c$, die auf einem konstanten Wert -1 stehen. Diese Konstante ergibt sich aus der Überlagerung der um T_c verschobenen Dreiecksfunktionen, deren Höhe den Nebenwerten der AKF entsprechen. Führen wir im Spektralbereich die Multiplikation des Linienspektrums mit dem si^2–Spektrum aus, erhalten wir unter Berücksichtigung der Tatsache, dass die Nullstellen der si–Funktion bei l/T_c, mit $l = \pm 1,\ \pm 2, \cdots$ liegen, das LDS des PN–Signals. Dieses Produkt besteht aus zwei Summanden, wie es

$$S_{y_c}(f) = T_c\frac{N+1}{N}\mathrm{si}^2\big(\pi f T_c\big)\cdot\frac{1}{\frac{1}{NT_c}}\mathrm{III}\Big(\frac{f}{1/NT_c}\Big)$$

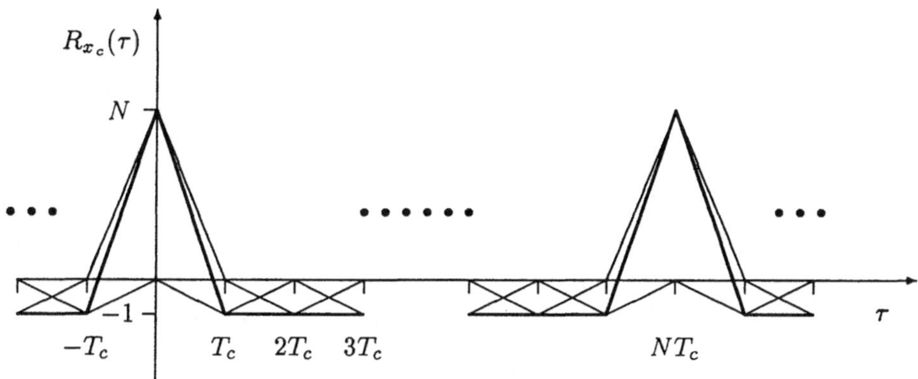

Bild 6.12   Autokorrelationsfunktion eines PN–Signals

$$-T_c\mathrm{si}^2\!\left(\pi f T_c\right)\cdot\frac{1}{\frac{1}{T_c}}\mathrm{III}\!\left(\frac{f}{1/T_c}\right)$$

$$=\;\underbrace{T_c\frac{N+1}{N}\mathrm{si}^2\!\left(\pi f T_c\right)}_{\text{Gewichtsfunktion}}\cdot\underbrace{\frac{1}{\frac{1}{NT_c}}\mathrm{III}\!\left(\frac{f}{1/NT_c}\right)}_{\text{Impulsfolge}}-T_c\,\delta(f)$$

darlegt. Von den Linien, die ausschließlich von den Nebenwerten der AKF herrühren,
verbleibt lediglich die Linie im Ursprung, was auch belegt, dass die Nebenwerte für
den konstanten Wert im Verlauf der AKF verantwortlich sind. Die Einhüllende der
Spektrallinien, die im Abstand $1/NT_c$, also der Bitrate vorliegen, weist Nullstellen auf
der Frequenzachse bei ganzzahligen Vielfachen der Chiprate, $1/T_c$, mit der Ausnahme bei
$f = 0$ auf und ist damit ausschlaggebend für die Bandbreite des PN-Signals. Bild 6.13
zeigt diesen Zusammenhang für das oft herangezogene Beispiel mit $N = 7$. Bislang haben
wir uns mit PN-Sequenzen beschäftigt, welche Eigenschaften sie aufweisen und wie sie
erzeugt werden. Mit diesen Sequenzen, die im zeitdiskreten Bereich vorliegen, konnten
wir zeitkontinuierliche PN-Signale beschreiben. Die Betrachtung im Frequenzbereich
ergab, dass die Chiprate ausschlaggebend für die Bandbreite des PN-Signals ist. Diese
ist um den Faktor N höher als die Bitrate des modulierenden, auf der Frequenzachse zu
spreizenden Signals.

6.4   Das gespreizte Signal

Wie in der Einleitung dieses Kapitel dargelegt, erfolgt der Schritt von einem mehrstufigen
Nachrichtensignal zu einem CDMA-Signal durch eine Art Produktmodulation. Hierbei
wird das modulierende Signal mit einer Spreizsequenz multipliziert. Dieser Vorgang läuft
im Zeitbereich ab.

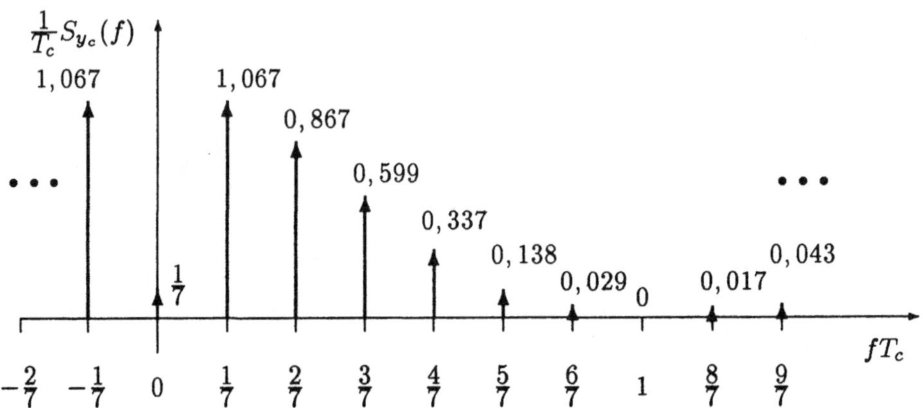

Bild 6.13   Leistungsdichtespektrum eines PN–Signals, $N = 7$

Zur Analyse dieses Vorgangs betrachten wir ein modulierendes Signal, $m(t)$. Dieses sei ein digitales Nachrichtensignal mit unterscheidbaren Stufen und einem nachrichtentragenden Puls, $g_m(t)$. Die möglichen PN–Sequenzen der Spreizsignale seien mit dem betrachteten Nachrichtensignal unkorreliert. Jedes Symbolintervall, T_s, ist aufgeteilt in N Chipintervalle. Für den binären Fall bedeutet dies entsprechend N Chips pro Bit. Den Spreizvorgang gibt

$$z(t) = y_c(t) \cdot m(t)$$

an. Da es sich bei $m(t)$ um ein reinen Zufallsprozess und bei $y_c(t)$ um einen pseudozufälligen handelt, ziehen wir zur näheren Betrachtung die AKF heran. Dies resultiert unter Berücksichtigung der Unkorreliertheit zwischen $y_c(t)$ und $m(t)$ in

$$\begin{aligned}
R_z(\tau) &= \mathrm{E}\big\{z^*(t)z(t+\tau)\big\} \\
&= \mathrm{E}\big\{y_c^*(t)y_c(t+\tau)m^*(t)m(t+\tau)\big\} \\
&= R_{y_c}(\tau) \cdot R_m(\tau) \quad,
\end{aligned}$$

die zugehörigen LDS sind durch das Faltungsprodukt miteinander verknüpft, d.h.

$$S_z(f) = S_{y_c}(f) * S_m(f) \quad.$$

Das linienförmige LDS des PN–Signals haben wir im vorigen Abschnitt betrachtet, das des Nachrichtensignals ist durch

$$S_m(f) = \frac{1}{T} \left|G_m(f)\right|^2 \sum_{l=-\infty}^{\infty} \alpha_l e^{-j 2\pi f l T}$$

gegeben, wie im Kapitel über Wahrscheinlichkeitstheorie hergeleitet. Hierin stellt $\alpha_l = \mathrm{E}\big\{a_k^* a_{k+l}\big\}$ die statistische Verbundenheit der Nachrichtensymbole a_n untereinander dar. Zur Veranschaulichung der Zusammenhänge beschränken wir uns auf ein binäres Nachrichtensignal, das in einem polarem Format dargestellt ist. Bei der Behandlung der grundlegenden digitalen Modulationsverfahren in Kapitel 3 sind folgende Ergebnisse zu finden. Das Nachrichtensignal,

$$m(t) = \sum_{k=-\infty}^{\infty} a_k g_m(t - kT)$$

weist mit $a_k \in \{-1,\ 1\}$ und $\alpha_l = 1$ für l=0 und 0 sonst die AKF

$$R_m(\tau) = \frac{1}{T}\, g_m(\tau) * g_m^*(-\tau)$$

auf. Das LDS ist damit

$$S_m(f) = \frac{1}{T}\left|G_m(f)\right|^2 \ .$$

Hiermit erhalten wir für das LDS des gespreizten Nachrichtensignals

$$S_z(f) = \frac{T_c}{T}\frac{N+1}{N}\text{si}^2(\pi f T_c) \cdot \frac{1}{\frac{1}{NT_c}}\text{III}\left(\frac{f}{1/NT_c}\right) * \left|G_m(f)\right|^2 - \frac{T_c}{T}\left|G_m(f)\right|^2$$

und weiter nach Ausführen der Faltung

$$S_z(f) = \frac{T_c}{T}\frac{N+1}{N}\sum_{l=-\infty}^{\infty} \text{si}^2(\pi\frac{l}{N}) \cdot \left|G_m(f - \frac{l}{NT_c})\right|^2 - \frac{T_c}{T}\left|G_m(f)\right|^2 \ .$$

Für einen rechteckförmigen Verlauf des nachrichtentragenden Pulses über die Dauer einer Bitperiode sind die oben aufgeführten Beziehungen ausgewertet. Den Verlauf dieser Funktionen für $N = 7$ zeigen die Bilder 6.14 und 6.15. Im ersteren sind die Zeitverläufe dargestellt. Das Dreieck mit der Basis $2T$ ist die AKF des modulierenden Signal, dessen Puls die Basis T aufweist. Der Verlauf des PN–Signals ist hierdurch nicht beeinflusst und ist ein periodisches Dreiecksignal, dessen im Abstand T fortgesetzte Dreiecksfunktion die Basis $2T/7 = 2T_c$ aufweist und das auf dem Gleichanteil $-1/7$ steht. Das Produkt dieser beiden Zeitfunktionen ergibt die AKF des gespreizten Signals. Es ist ersichtlich, dass der resultierende Verlauf nicht periodisch ist.

Dies hat ein frequenzkontinuierliches Spektrum zur Folge, wie es in der folgenden graphischen Darstellung gezeigt ist. Das Dreieck der Basis $2T_C$ hat das si^2–förmige Spektrum mit den äquidistanten Nullstellen im Abstand $1/T_c$ (mit Ausnahme im Ursprung). Der periodische Anteil weist ein Linienspektrum auf, dessen Linien im Abstand $1/NT_c = 1/T$ auftreten. Zusätzlich sind sie, wie oben beschrieben, durch eine Einhüllende geformt, die ebenfalls einer si^2–Funktion entspricht, nun mit Nullstellen im Abstand $1/T_c$ (mit einer Ausnahme). Den Zusammenhang hierzwischen gibt die Faltung an. Dadurch erhalten wir eine Überlagerung von si^2–Funktionen, die im Linienabstand vorliegen. Diese sind zudem gewichtet, wobei der entsprechende Gewichtsfaktor durch die im Linienabstand ausgetastete und um den Faktor N gespreizte si^2–Funktion gegeben ist. Es ist klar ersichtlich, dass der Gleichanteil sich durch die Linie im Ursprung bemerkbar macht. Weiterhin nimmt die Auslenkung der einzelnen Spektralanteile beträchtlich ab. Für große Werte von N nähert sich der Maximalwert des LDS früher oder später dem allgegenwärtigen Rauschteppich. Durch Spreizung erfährt damit das Originalspektrum eine entsprechende "Dämpfung", da die Leistung insgesamt konstant sein soll.

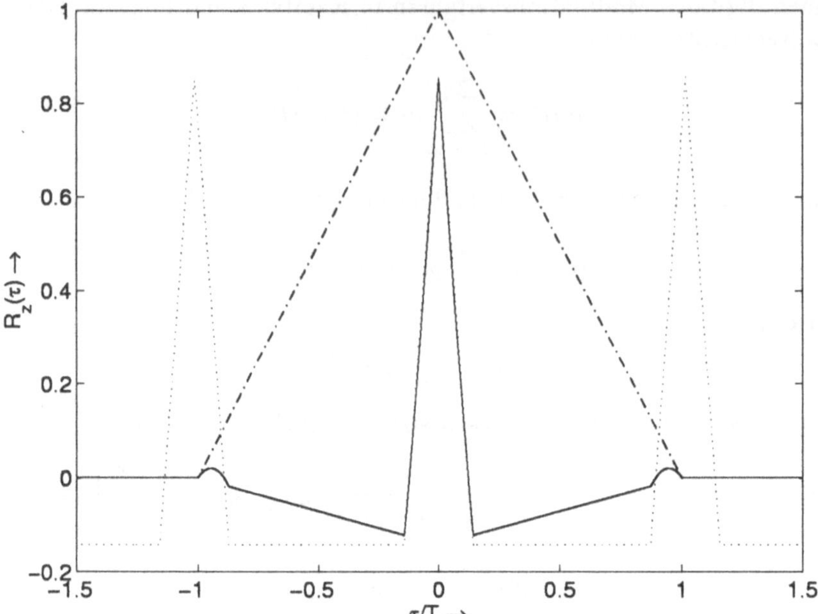

Bild 6.14   Autokorrelationsfunktion des gespreizten Signals

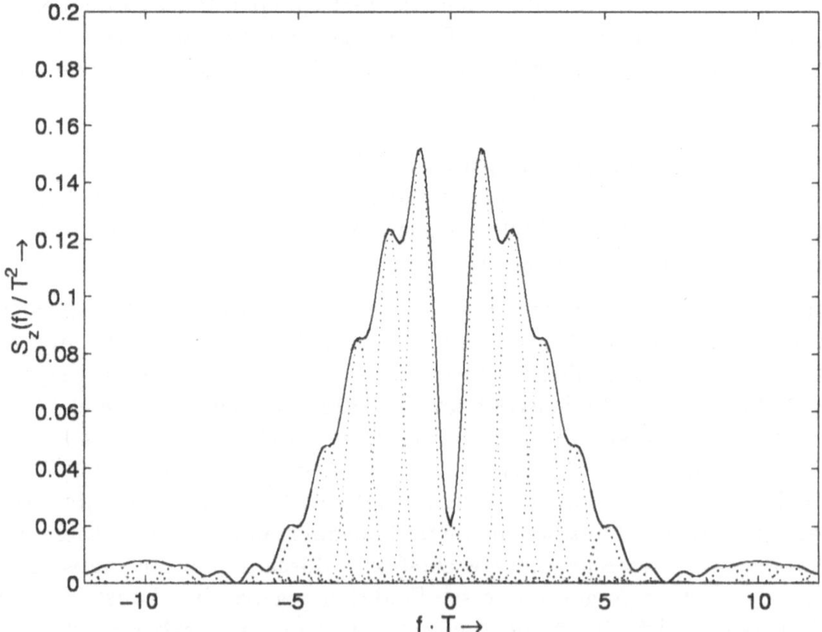

Bild 6.15   Leistungsdichtespektrum des gespreizten Signals

6.5 Prinzip der Modulation und Demodulation

Der letzte Abschnitt der Betrachtung von CDMA in diesem Umriss beinhaltet die Modulation und Demodulation. Im Modulator liegen als Eingangsgrößen die zu übertragende Nachrichtensequenz und die Spreizsequenz vor, beide schon abgebildet auf die physikalische Ebene. Wie es Bild 6.16 zeigt, erregen diese Impulszüge die Pulsformungsfilter mit den Impulsantworten $g_m(t)$ für das Nachrichtensignal und $g(t)$ für das Spreizsignal. Anhand der Argumente der Eingangsgrößen ist ersichtlich, dass das Nachrichtensignal im Intervall T und das Spreizsignal im Intervall T_c vorliegt. In praktischen Systemen wird etwa von einer Nyquist–Pulsformung Abstand genommen, es kommen üblicherweise rechteckförmige Pulse zum Einsatz. Auf die Bandbreite hat dies keine nennenswerte Auswirkung, wohl aber im Zeitbereich bei der Berücksichtigung von ISI. Soll diese eine gewisses Maß nicht überschreiten, ist eine Pulsformung nach Nyquist erforderlich. Hierin ist T ein ganzzahliges Vielfaches von T_c, nämlich N. Der Spreizvorgang ist durch die Produktbildung beschrieben. Zur Übertragung muss das Produktsignal dem Kanal hinsichtlich der Frequenzzuweisung angepasst werden. Dies geschieht durch einen Produktmodulator, dessen Trägersignal ein Eintonsignal mit der Trägerfrequenz f_T ist. Durch diesen Vorgang wird ein BPSK–Signal in ein entsprechendes Signal mit gespreiztem Spektrum überführt, was durch das Ausgangssignal $z_{SSBPSK}(t)$ zum Ausdruck gebracht ist. Hierin steht der Index für *Spread Spectrum BPSK*. Man kann sich leicht vergegenwärtigen, dass ein BPSK–Signal vorliegt. Hierzu muss lediglich die Spreizsequenz ausschließlich durch Einsen und die Impulsantwort des Chipformungsfilters durch eine rechteckförmige Impulsantwort der Dauer T_c ersetzt werden. Damit erhalten wir den bereits bekannten Modulator für BPSK–Signale. Entsprechend können wir auch bei dem Demodulator vorgehen, der im folgenden behandelt wird.

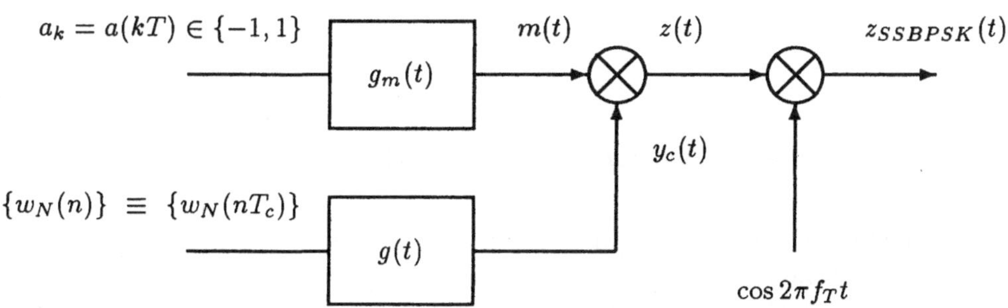

Bild 6.16   CDMA–Modulator für BPSK–Signale

Der Demodulator ist in Bild 6.17 dargestellt. Hierin erfolgt zunächst eine Transformation von einem Bandpass–Signal in ein Tiefpass–Signal durch Zusetzen des Trägers. Hierbei gehen wir davon aus, dass Phasen– und Frequenzversätze, die bei der Übertragung auftreten, durch Phasenregelkreise ausgeregelt sind. Die weitere Signalverarbeitung geschieht nach dem Korrelatorprinzip. Hierzu gelangt das Tiefpass–Signal zunächst zu einem Filter, das dem Chippuls $g(t)$ angepasst ist und somit das S/N–Verhältnis maximiert. Die Reaktion dieses Filters auf das Eingangssignal wird im Intervall T_c abgetastet und liegt nunmehr in zeitdiskreter Form vor. An dieser Stelle erfolgt die Zusetzung der Spreizsequenz. Es ist hierbei wichtig, diese Sequenz zum richtigen Zeitpunkt zuzufügen und macht eine entsprechende Einrichtung zur Synchronisierung erforderlich. Da im vorliegenden Fall N Chips in einem Bitintervall vorliegen, werden N aufeinanderfolgende Elemente der Produktsequenz addiert und bilden damit das Eingangssignal des Entscheiders, worauf dieser mit der Ausgangsgröße $\hat{a}_k$ reagiert. Trat keine Fehlentscheidung auf, entspricht dieser Wert dem in dem ausgewerteten Bitintervall gesendeten, nämlich a_k.

Eine kurze Erläuterung zum Einsatz des signalangepassten Filters. Bei der Herleitung der Impulsantwort dieses Filters sind wir davon ausgegangen, dass additives weißes gaußsches Rauschen vorliegt. Strenggenommen gilt dies in dem Fall von CDMA nur bedingt. So liegt zwar weißes Rauschen als Hintergrundrauschen vor, anders verhält es sich jedoch bei Störungen, die durch andere Nutzer verursacht werden. Da sie alle die gleiche spektrale Formung erfahren, führt das Summensignal nicht zu einem konstanten Leistungsdichtespektrum. Neben dem betrachteten Nutzband werden aber auch entsprechende CDMA–Signale übertragen, sodass das resultierende Signal unter Berücksichtigung der Nachbarkanäle doch als nahezu weißen Prozess angesehen werden kann. Damit ist der Einsatz des Korrelationsfilters als gute Näherung gerechtfertigt.

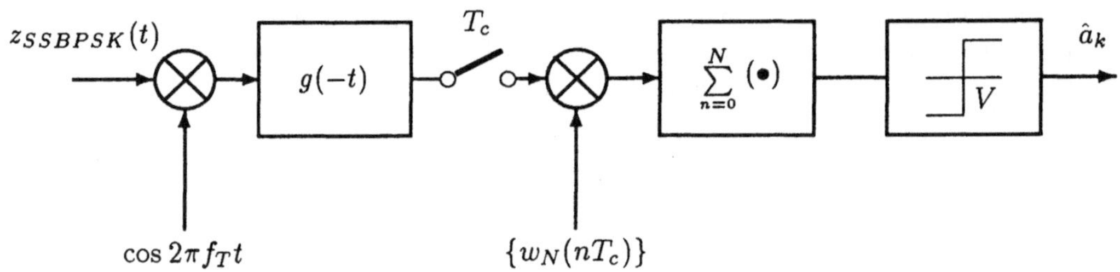

Bild 6.17   CDMA–Demodulator für BPSK–Signale

Die oben aufgeführte Betrachtung gilt auch für I/Q–Signale, wie z.B. für den Fall der QPSK. In den gezeigten Blockschaltbildern muss hierzu der Cosinusträger durch das komplexe Trägersignal $\cos 2\pi f_T t + j \sin 2\pi f_T t$ ersetzt werden. Hiermit erhalten wir (nach der Tiefpassfilterung) den Inphasen– und Quadraturphasenanteil, bzw. Real– und Imaginärteil des anliegenden, umgesetzten Signals. Bei der Spreizung müssen diese beiden Signale getrennt voneinander behandelt werden, damit diese als nahezu unabhängig voneinander gelten können. Entweder geschieht dies durch zwei getrennte Generatorpolynome oder durch unterschiedliche Anfangsvektoren des Generators, das in einem zufälligen zeitlichen Versatz zwischen den beiden Sequenzen resultiert. Ist das Eingangssignal für diesen QPSK–Fall dasselbe wie für den Fall der BPSK–Betrachtung, erhalten wir eine Verbesserung der Signalsituation. Ausschlaggebend hierfür ist die Tatsache, dass bei der BPSK der eindimensionale Fall und bei der QPSK der zweidimensionale vorliegt. Phasenzustände sind somit eindeutig erkennbar.

In großer Breite ist die Anwendung von CDMA nicht nur im Mobilfunk von A. J. Viterbi in [Vit95] beschrieben. In dem Mobilfunksystem UMTS kommen, wie anfänglich dargelegt, Komponenten der CDMA-Technik zum Einsatz.

Dieses Kapitel hat die Beschreibung des Codespreizverfahrens zum Inhalt. Zu Beginn betrachteten wir das Grundprinzip der CDMA mit der Möglichkeit der Störunterdrückung. Im Anschluss daran galt unser Hauptaugenmerk den Korrelationseigenschaften von Folgen, die durch rückgekoppelte Schieberegisterschaltungen erzeugt werden. Die derart generierten Sequenzen zeigen ein nahezu ausgewogenes Verhalten auf und sind zur Spreizung von Nachrichtensignalen geeignet. Dies zeigte die anschließende Betrachtung der Autokorrelationsfunktion und des Leistungsdichtespektrums des CDMA-Signals. Das Kapitel schließt mit der Behandlung von CDMA-Modulation und Demodulation. Aufgaben zu diesem Kapitel sind mit den Lösungen an der im Vorwort angegebenen Stelle zu finden.

Anhang A

Tabellen der
Fourier–Transformation

A.1 Theoreme der Fourier–Transformation

Operation	Funktion	Fourier–Transformierte
Linearität	$a_1 x_1(t) + a_2 x_2(t)$	$a_1 X_1(f) + a_2 X_2(f)$
Verzögerung	$x(t - t_0)$	$X(f)\mathrm{e}^{-j2\pi f t_0}$
Skalierung	$x(at)$	$\dfrac{1}{|a|} X\left(\dfrac{f}{a}\right)$
Dualität	$X(t)$	$x(-f)$
Modulation	$x(t) \cdot \cos(2\pi f_T t + \theta)$	$\dfrac{1}{2}\mathrm{e}^{-j\theta} X(f + f_T) + \dfrac{1}{2}\mathrm{e}^{j\theta} X(f - f_T)$
komplexe Modulation	$x(t) \cdot \mathrm{e}^{j2\pi f_T t}$	$X(f - f_T)$
Bandpaßsignal	$\mathrm{Re}\left\{ x(t) \cdot \mathrm{e}^{j2\pi f_T t} \right\}$	$\dfrac{1}{2} X(f - f_T) + \dfrac{1}{2} G^*(-f - f_T)$
Differentiation	$\dfrac{d^n}{dt^n} x(t)$	$(j2\pi f)^n X(f)$
Integration	$\int_{-\infty}^{t} x(\tau)d\tau$	$\dfrac{1}{j2\pi f} X(f) + \dfrac{1}{2} X(0)\delta(f)$
Multiplikation mit t^n	$t^n x(t)$	$\dfrac{1}{(-j2\pi)^n} \dfrac{d^n}{df^n} X(f)$
Faltung	$x_1(t) * x_2(t)$	$X_1(f) \cdot X_2(f)$
Multiplikation	$x_1(t) \cdot x_2(t)$	$X_1(f) * X_2(f)$

A.2 Paare der Fourier–Transformation

Funktion	Zeitbereich	Frequenzbereich
Rechteck	$\Pi\left(\frac{t}{T}\right)$	$T\,\mathrm{si}(\pi f T)$
Dreieck	$\Lambda\left(\frac{t}{T}\right)$	$T\,\mathrm{si}^2(\pi f T)$
Einheitssprung	$u(t) = \begin{cases} 1 & : & t > 0 \\ 0 & : & t < 0 \end{cases}$	$\frac{1}{j2\pi f} + \frac{1}{2}\delta(f)$
Signum	$\mathrm{sgn}(t) = \begin{cases} 1 & : & t > 0 \\ -1 & : & t < 0 \end{cases}$	$\begin{cases} \dfrac{1}{j\pi f} & : & f \neq 0 \\ 0 & : & f = 0 \end{cases}$
Konstante	1	$\delta(f)$
Impuls	$\delta(t)$	1
si	$\mathrm{si}(\pi F t) = \dfrac{\sin(\pi F t)}{\pi F t}$	$\dfrac{1}{F}\Pi\left(\dfrac{f}{F}\right)$
Euler–Form	$e^{j(2\pi F t + \theta)}$	$e^{j\theta}\delta(f - F)$
Einton	$\cos(2\pi F t + \theta)$	$\dfrac{1}{2}e^{-j\theta}\delta(f + F) + \dfrac{1}{2}e^{j\theta}\delta(f - F)$
Exponential, einseitig	$e^{-at}u(t), \quad a > 0$	$\dfrac{1}{a + j2\pi f}$
Exponential, zweiseitig	$e^{-a|t|}, \quad a > 0$	$\dfrac{2a}{a^2 + (2\pi f)^2}$
Gauß	$e^{-\pi t^2}$	$e^{-\pi f^2}$
Scha	$\mathrm{III}\left(\dfrac{t}{T}\right) = T\displaystyle\sum_{k=-\infty}^{\infty}\delta(t - kT)$	$T\,\mathrm{III}\left(\dfrac{f}{1/T}\right) = \displaystyle\sum_{l=-\infty}^{\infty}\delta\left(f - \dfrac{l}{T}\right)$

Literaturverzeichnis

[Ash93]   Ash, C., *The Probability Tutoring Book*, IEEE Press, 1993

[Ast72]   Abramowitz, M.; Stegun, I.A., *Handbook of Mathematical Functions*, Dover Publications, 1972

[Bir31a]   Birkhoff, G.D., *Proof of a Recurrence Theorem for Strongly Transitive Systems*, Proceedings of the National Academy of Sciences, Vol. 17, pp. 650–655, USA, 1931

[Bir31b]   Birkhoff, G.D., *Proof of the Ergodic Theorem*, Proceedings of the National Academy of Sciences, Vol. 17, pp. 656–660, USA, 1931

[Bdms91]   Biglieri, E.; Divsalar, D.; McLane, P.; Simon, M.K., *Introduction to Trellis-Coded Modulation with Applications*, Macmillan Publishing Company, 1991

[Bra00]   Bracewell, R., *The Fourier Transform and its Applications*, 3rd ed., McGraw–Hill, 2000

[Cyc81]   Clark, G.C.; Cain, J.B., *Error–Correction Coding for Digital Communications*, Plenum Press, 1981

[Cou87]   Couch, L.W., *Digital and Analog Communication Systems*, 3rd ed., Macmillan, 1987

[Esbl96]   Edfors, O.; Sandell, M.; van de Beek, J.J.; Landström, D.; Sjöberg, F., *An introduction to orthogonal frequency–division multiplexing*, Research Report TULEA 1996:16, Div. of Signal Processing, Luleå University of Technology, September 1996

[Dij98]   Dinan, E.H.; Jabbari, B., *Spreading Codes for Direct Sequence CDMA and Wideband CDMA Cellular Networks*, IEEE Communications Magazine, Sept. 1998

[Fan88]   Fante, R.L., *Signal Analysis and Estimation*, John Wiley & Sons, Inc., 1988

[Fet90]   Fettweis, A., *Elemente nachrichtentechnischer Systeme*, B.G. Teubner, 1990

[Fin87]   Finger, A., *Pseudorandom Signalverarbeitung*, B. G. Teubner, Stuttgart, 1997

[For73]   Forney, G.D., *The Viterbi–Algorithm*, Proc. IEEE, vol. 61, No. 3, pp. 268–278, March 1973

[Gal80]   Gardner, F.M., Lindsey, W.C. *Special Issue on Synchronization*, IEEE Trans. on Communications, Part I, Vol. COM–28, No. 8, August 1980

[Ghw92]   Gitlin, R.D.; Hayes, J.F.; Weinstein, S.B., *Data Communications Principles*, Plenum Press, 1992

[Gold67]   Gold, R., *Optimal Binary Sequences for Spread Spectrum Multiplexing*, IEEE Trans. on Information Theory, vol. IT–3, Oct. 1967, pp. 619–621

[Gol82]   Golomb, S.W., *Shift Register Sequences*, (revised edition), Aegean Park Press, Laguna Hills, USA, 1982

[Hwk00]   Hanzo, L.; Webb, W.; Keller, T., *Single– and Multicarrier Quadrature Amplitude Modulation*, John Wiley & Sons, UK, 2000

[Hay83]   Haykin, S., *Communication Systems*, 2nd ed., John Wiley, 1983

[Imh77]   Imai, H.; Hirakawa, S., *A New Multilevel Coding Method Using Error–Correcting Codes*, IEEE Trans. on Information Theory, vol. IT–23, pp. 371–377, 1977

[IMT97]   *Special Issue, IMT–2000: Standards Efforts of the ITU*, IEEE Pers. Commun., vol. 4, Aug. 1997

[Jan00]   Jondral, F.; Wiesler, A., *Grundlagen der Wahrscheinlichkeitsrechnung und stochastischer Prozesse für Ingenieure*, B.G. Teubner, 2000

[Kam92]   Kammeyer, K.D., *Nachrichtenübertragung*, B.G. Teubner, 1992

[Khi49]   Khinchin, A.Y., *Statistical Mechanics*, Dover Publications, New York, 1949

[Lat83]   Lathi, B.P., *Modern Digital and Analog Communication Systems*, Holt, Rinehart and Winston, 1983

[Lch82]   Lindsey, W.C.; Chie, C.M., (Editors), *Phase–Locked Loops*, IEEE Press, 1982

[Lin72]   Lindsey, W.C., *Synchronization Systems in Communication and Control*, Prentice–Hall, 1972

[Lis73]   Lindsey, W.C.; Simon, M.K., *Telecommunications System Engineering*, Prentice–Hall, Englewood Cliffs, NJ, 1973

[Lsw68]   Lucky, R.W.; Salz, J.; Weldon, E.J., *Principles of Data Communication*, McGraw–Hill, 1968

[Luk92]   Lüke, H.D., *Korrelationssignale*, Springer Verlag, Berlin, 1992

[Mas74]   Massey, J.L., *Coding and Modulation in Digital Communications*, Proc. 1974 International Zürich Seminar on Digital Communications, Zürich, Switzerland, March 1974

[Mil97]   Mildenberger, O., *Übertragungstechnik*, Vieweg & Sohn, 1997

[Ops75]   Oppenheim, A.V.; Schafer, R.W., *Digital Signal Processing*, Prentice–Hall International, London, 1975

[Orf88]   Orfanidis, S., *Optimum Signal Processing*, Macmillan Publishing Company, New York, 1988

[Pat99]   Pätzold, M., *Mobilfunkkanäle*, Vieweg & Sohn, 1999

[Pap84]   Papoulis, A., *Probability, Random Variables, and Stochastic Processes*, 2nd. ed., McGraw–Hill, 1984

[Par78]   Park, J.H., *On Binary DPSK–Detection*, IEEE Trans. on Communications, vol. COM–26, April 1978

[Pee87]   Peebles, P.Z., *Digital Communication Systems*, Prentice Hall, 1987

[Pro89]   Proakis, J.G., *Digital Communications*, 2nd ed., McGraw–Hill, 1989

[Rag75]   Rabiner, L.R.; Gold, B., *Theory and Application of Digital Signal Processing*, Prentice–Hall Int., London, U.K., 1975

[Rap99]   Rappaport, T.S., *Wireless Communications, Principles and Practice*, Prentice Hall, New Jersey, USA, 1999

[Ric44]   Rice, S.O., *Mathematical Analysis of Random Noise*, Bell System Technical Journal, vol. 23, pp. 282–333, July 1944; vol. 24, pp. 46–156, January 1945

[Rod83]   Rohde, U.L., *Digital PLL Frequency Synthesizers, Theory and Design*, Prentice–Hall, 1983

[Roh95]   Rohling, H., *Einführung in die Informations– und Codierungstheorie*, Teubner, 1995

[Rmb99]   Rohling, H.; May, T.; Brüninghaus, K.; Grünheid, R., *Broadband OFDM Radio Transmission for Multimedia Applications*, Proceedings of the IEEE, vol. 87, no. 10, Oct. 1999

[Sal68]   Saltzberg, B.R., *Intersymbol Interference with Application to Ideal Bandlimited Signaling*, IEEE Trans. on Information Theory, Vol. IT–14, pp. 563–568, July 1968

[Sbs66]   Schwartz, M.; Bennett, W.R.; Stein, S., *Communication Systems and Techniques*, McGraw–Hill, New York, 1966

[Soh76]   Schonhoff, T.A., *Symbol Error Probabilities for M–ary CPFSK: Coherent and Noncoherent Detection*, IEEE Trans. on Communications, Vol. COM–24, pp. 644–652, June 1976

[Sob98]   Schneider–Obermann, H., *Kanalcodierung*, Vieweg & Sohn, 1998

[Schw90]   Schwartz, M., *Information Transmission, Modulation, and Noise*, 4th ed., McGraw–Hill, 1990

[Shb88]   Shanmugan, K.S.; Breipohl, A.M., *Random Signals: Detection, Estimation and Data Analysis*, John Wiley & Sons, New York, 1988

[Sha48]   Shannon, C.E., *A Mathematical Theory of Communication*, Bell System Technical Journal, Vol. 27, July and October 1948

[Sha93]   Shannon, C.E., *Collected Papers*, IEEE Information Theory Society, IEEE Press, 1993

[Skl88]   Sklar, B., *Digital Communications, Fundamentals and Applications*, Prentice Hall, 1988

[Ste92]   Steele, R., *Mobile Radio Communications*, Pentech Press Ltd., 1992

[Ung82]   Ungerböck, G., *Channel Coding with Multilevel/Phase Signals*, IEEE Trans. on Information Theory, vol. IT–28, pp. 55–67, January 1982

[Vit67]   Viterbi, A.J., *Error Bounds for Convolutional Codes and an Asymptotically Optimum Decoding Algorithm*, IEEE Trans. on Information Theory, vol. IT–13, pp. 260–269, April 1967

[Vit95]   Viterbi, A.J., *Principles of Spread Spectrum Communication*, Addison Wesley, 1995

[vNp00]   van Nee, R.; Prasad, R., *OFDM for Wireless Multimedia Communications*, Artech House, Boston, USA, 2000

[Wag00]   Wang, Z.; Giannakis, G.B., *Wireless Multicarrier Communications*, IEEE Signal processing Magazine, vol. 17, no. 3, May 2000

[Wax54]   Wax, N., *Selected Papers on Noise and Stochastic Processes*, Dover, New York, 1954

[Wel74]   Welch, L.R., *Lower Bounds on the Maximum Crosscorrelation of Signals*, IEEE Trans. on Information Theory, vol. IT–20, May 1974, pp. 397–399

[Woj65]   Wozencraft, J.M.; Jacobs, I.M., *Principles of Communication Engineering*, John Wiley, New York, 1965

[Zie59]   Zierler, N., *Linear Recurring Sequences*, Jour. Soc. Industrial and Applied Mathematics, Vol. 7, 1959, pp. 31–48

Sachwortverzeichnis

Weitere Titel aus dem Programm

Martin Vömel, Dieter Zastrow
Aufgabensammlung Elektrotechnik 1
Gleichstrom und elektrisches Feld.
Mit strukturiertem Kernwissen,
Lösungsstrategien und –methoden
2. Aufl. 2001. X, 247 S. (Viewegs Fachbücher der Technik) Br. DM 36,00 / € 18,00
ISBN 3-528-14932-9

Die thematisch gegliederte Aufgabensammlung stellt für jeden Aufgabenteil das erforderliche Grundwissen einschließlich der typischen Lösungsmethoden in kurzer und zusammenhängender Weise bereit. Jeder Aufgabenkomplex bietet Übungen der Schwierigkeitsgrade leicht, mittelschwer und anspruchsvoll an. Der Schwierigkeitsgrad der Aufgaben ist durch Symbole gekennzeichnet. Alle Übungsaufgaben sind ausführlich gelöst.

Martin Vömel, Dieter Zastrow
Aufgabensammlung Elektrotechnik 2
Magnetisches Feld und Wechselstrom.
Mit strukturiertem Kernwissen, Lösungsstrategien und –methoden
1998. VIII, 258 S. mit 764 Abb. (Viewegs Fachbücher der Technik)
Br. DM 32,00 / € 16,00
ISBN 3-528-03822-5

Eine sichere Beherrschung der Grundlagen der Elektrotechnik ist ohne Bearbeitung von Übungsaufgaben nicht erreichbar. In diesem Band werden Übungsaufgaben zur Wechselstromtechnik, gestaffelt nach Schwierigkeitsgrad, gestellt und im Anschluss eines jeden Kapitels ausführlich mit Zwischenschritten gelöst. Jedem Kapitel ist ein Übersichtsblatt vorangestellt, das das erforderliche Grundwissen gerafft zusammenträgt.

Abraham-Lincoln-Straße 46
65189 Wiesbaden
Fax 0611.7878-400
www.vieweg.de

Stand 1.7.2001
Änderungen vorbehalten.
Die genannten Europreise sind gültig ab 1.1.2002.
Erhältlich im Buchhandel oder im Verlag.